炭素机械设备

蒋文忠　编著

北　京

冶 金 工 业 出 版 社

2010

内 容 提 要

全书共分 12 章,主要内容包括粉碎概论,破碎机械,磨粉机械,筛分原理和筛分机械;起重、运输、给料机械;除尘概述;称量原理与称量秤;混捏机与轧辊机;液压传动原理;炭素制品成形机;沥青制备、输送与浸渍设备;炭素制品机械加工原理与设备。

本书可作大学相关专业的教学参考用书,也可供相关行业的现场生产技术人员参考使用。

图书在版编目(CIP)数据

炭素机械设备/蒋文忠编著. —北京:冶金工业出版社,2010.6
ISBN 978-7-5024-5245-2

Ⅰ.①炭… Ⅱ.①蒋… Ⅲ.①碳素材料—机械设备
Ⅳ.①TQ165

中国版本图书馆 CIP 数据核字(2010)第 067984 号

出 版 人 曹胜利
地 址 北京北河沿大街嵩祝院北巷 39 号,邮编 100009
电 话 (010)64027926 电子信箱 postmaster@cnmip.com.cn
责任编辑 郭冬艳 美术编辑 张媛媛 版式设计 葛新霞
责任校对 侯 瑂 责任印制 牛晓波
ISBN 978-7-5024-5245-2
北京兴华印刷厂印刷;冶金工业出版社发行;各地新华书店经销
2010 年 6 月第 1 版;2010 年 6 月第 1 次印刷
787mm×1092mm 1/16;31.5 印张;759 千字;482 页
95.00 元
冶金工业出版社发行部 电话:(010)64044283 传真:(010)64027893
冶金书店 地址:北京东四西大街 46 号(100711) 电话:(010)65289081
(本书如有印装质量问题,本社发行部负责退换)

前　言

　　人类的生产活动离不开工具,而现代化工业所使用的生产工具就是各种机械设备。机械设备可取代人工劳动或减轻劳动强度,提高劳动生产率,减少生产过程中人为因素的影响,实现生产过程的定量化控制;通过电子技术和计算机控制,实现生产过程的自动化控制。同样,炭素生产也离不开机械设备,而且机械设备的先进程度和自动化水平标志着该产业的现代化程度。

　　炭素生产经历了从手工作坊到现代化工业大生产的发展历程。虽然人类使用炭素是与人类的进化同步的,但是能称之为炭素制品的是我国最早冶炼铜所使用的石墨黏土坩埚,然而当时生产这种坩埚设备是很简单的。它是一个由人力(水力或畜力)带动的,可旋转的木质圆形平台。工匠将混合好的石墨黏土料置于平台上,快速转动平台,石墨黏土料在平台上受到离心力的作用。工匠用手和刮子与刮板等简单工具将其制成"U"形圆柱坩埚坯,坯阴干后置于窑内烧制成为坩埚。这就是最早制造炭素制品的机器。

　　18世纪初工业革命后,工业得到快速发展。电的发现,研制了炭片电极;19世纪中期,开始将木炭、甑炭和焦炭经粉碎筛分的粉粒与黏结剂混合,利用模具成形,经焙烧制成炭电极,这是现代炭素制品的雏形。在生产中,采用了矿山开采、硅酸盐等工业中的破碎机、磨粉机、筛分机等近代的机器。这是由于工业革命后先于炭素工业发展的机械、采矿、硅酸盐等工业已迅速发展,各种钢铁结构的近代机器被研制出来,并被广泛应用。因此在制备炭电极时就采用了这些机器。

　　19世纪末,随着冶金、机电工业的发展,炭素工业也得以发展,特别是电炉炼钢采用的电极被大量使用。1896年美国人艾奇逊(E. G. Acheson)发明石墨化炉,生产出人造石墨化电极。炭素生产形成了煅烧—粉碎(筛分)—配料—混合混捏—成形(使用水压机)—焙烧—石墨化—机械加工的基本工艺路线并保留至今。在这一生产过程中,机器被大量使用,使用的机器有破碎机、磨粉机、筛分机、混合混捏机、成形机(水压机)、机加工机床等,还有辅助机械,如起重机、提升机、运输机、给料机、除尘器等,但是炭素生产的专业机器还很少。

　　炭素工业相对于机械、冶金、矿山、硅酸盐、化工等工业来说发展得较晚,真正的大发展是20世纪,特别是在40年代核石墨被研制出来以后。因此,炭素工业所使用的机器大多数是从矿山、硅酸盐、橡胶、机械等工业中的机械借用过来的,俗称通用机械。50年代后,随着炭素工业的发展,炭素机械也在不断改进和发展,许多炭素工业的专用机器从小型到大型也逐渐被研制出来。美国在20世纪50年代就研制出万吨(10000t)级电极挤压机。苏联设计生产了生产预焙阳极的6300t立式液压机,结构从简单到复杂,从手动控制到机电自动化控制,从单机生产到多机生产自动线乃至电脑程序控制与工业电视监控的全自动化生产。这期间大量的炭素专用机械被研制出来,如单(双)轴连续混机、大型电极挤压液压机、振动成形机、等静压成形机、电极(接头)自动生产线和组合加工机床、铝电解阴极组合加工机床等等。

　　我国现代化炭素工业虽然起步较晚,但近30年来发展很快,炭素机械也迅速发展,先后自行设计制造了3500t电极挤压机、大型等静压成形机、振动成形机等等,同时还引进了多种单轴连续混捏机、高速混捏机、30MN电极挤压机、三工位式和气囊式振动成形机、立式球研磨机、电脑程序控制配料自动线、阴极加工组合机床等等,使我国成为世界炭素大国。

　　在炭素生产中,机械设备是完成物料制备、配料、混捏、成形、浸渍、机械加工等生产工艺的手段,它可完成炭石墨材料与制品生产的大部分工序,并且与生产工艺紧密结合,对生产工艺和产品质量与生产能力产生了极大的影响。产品产生质量问题,到底是生产工艺的影响还是所使用的机械及其操作的影响是很难区分的。因此,有必要对机械的性能及其对产品的影响进行分析与探讨。实际炭素生产中通常所出现的问题,大多数是机械的问题。机器选择的适当和正常运转是保证炭素生产正常进行的前提。

　　炭素生产中使用的机器种类很多,常规炭素生产包括破碎机、磨粉机、筛分机、称量与配料装置、混合混捏机、成形机、浸渍罐、机加工机床等生产机器,还有起重机、运输机、提升机、给料机、除尘器、泵与阀及风机等辅助机器。本书主要讲述常规炭素生产中使用的机械(特别是新引进的先进机械)的结构、工作原理、性能、操作与维修以及对工艺的影响,对机械的改进和设计及辅助机械的操作与维修进行简述,还对热解石墨等特种石墨的生产设备予以介绍。

　　编者讲授"炭素机械设备"课程近40年。在编写过程中,编者总结了自己多年的教学科研成果及生产经验,参考了大量国内外资料,分析了一些国外引进的先进机器,博采众长,在原《炭素机械设备》讲义的基础上编著而成。本书是国内第一次正式出版的炭素机械专著。全书共分12章,内容丰富,特别是编入了近年来引进的新机械和新技术的内容,图文并茂,深入浅出,力求理论与应用相结合,设计与操作相结合,机器性能与工艺要求相结合,可满足不同知识和技术层面读者的需要。

　　本书可作为大专院校炭素专业的教材和企业职工培训教材,也可供从事炭石墨材料的生产和加工及机械设备维修与管理人员,以及使用炭素材料的部门或企业的技术与设备管理人员阅读与参考,对其他无机非金属材料专业师生以及现场相关人员也有参考价值。

本书在编辑出版过程中得到了广州万鹏炭石墨制品有限公司唐军总经理的关心和帮助,书中引用的部分外文资料由蒋颖检索及翻译,在此谨致谢意! 由于编者水平所限,书中不妥之处,敬请广大读者批评指正。

编　者

2010 年 2 月 28 日

目　　录

第一章 粉碎概论

第一节 粉碎的分类与粉碎比

一、粉碎

用机械的方法使固体物质克服内聚力,由大块碎解为小块或细粉的操作过程,统称为粉碎。粉碎过程中,物料的块(粒)度变小,单位质量物料的总表面积增加,同时要消耗能量。通常,固体由大块破裂成小块的操作称为破碎;由小块碎裂为细粉的操作称为磨粉。其相应的机械称为破碎机和磨粉机。

依据被碎物料的大小及破碎后物料颗粒度的不同,可以把物料的粉碎操作分为粗碎、中碎、细碎、中磨、细磨和超细磨等级别。对于炭素材料生产,粉碎分为五级,即:

粉碎 $\begin{cases} 破碎 \begin{cases} 粗碎:又称预碎,将原料碎至 \phi 60 \sim 70mm; \\ 中碎:将煅后料碎至小于 \phi 20mm; \end{cases} \\ 磨粉 \begin{cases} 粗磨:将物料磨至 0.1mm 左右; \\ 细磨:将物料磨至 0.1 \sim 0.074mm; \\ 超细磨:将物料磨至 0.02 \sim 0.004mm 或更小,目前已有纳米级超微粉。 \end{cases} \end{cases}$

炭素材料使用的各种原料,必须粉碎成一定的粒度,这是为了使配料后的物料达到密堆积,提高体积密度,减少孔隙度,提高强度的目的。

预碎的目的:

(1)使物料粒度满足煅烧生产工艺的要求,以便提高煅烧质量。

(2)适应煅烧炉前后的各种设备对物料粒度的要求,例如回转窑的电磁振动给料机,若粒度过大,会卡料,影响正常工作;若粒度过小,则烧损大。

(3)便于运输。

中碎的目的,是制备各种产品配方所要求的不同粒度等级的料;磨粉的目的是制备各种产品配方所需要的各种细粉。

二、粉碎比

为了说明物料在粉碎前后尺寸大小变化的情况,即粉碎程度,用粉碎比(又称粉碎度)i来表示。粉碎比的计算方法有以下几种:

(1)用物料在破碎前的最大粒度 D_{max} 与破碎后的最大粒度(d_{max})的比值来确定。

$$i = \frac{D_{max}}{d_{max}} \tag{1-1}$$

式中 D_{max}——破碎前物料的最大块直径,mm。

d_{max}——破碎后物料的最大直径,mm。

　　最大直径可由筛下累积质量百分率曲线找出,曲线中与 5% 或 20% 相对应的粒度即最大块直径,它也就是物料的 95% 或 80% 能通过的正方形筛孔的宽度。许多经验表明,物料中的最大块约占 5% 或 20% 。

　　由于各国的技术习惯不同,英、美取物料的 80% 能通过的筛孔的宽度为最大块直径,我国取物料的 95% 能通过的筛孔的宽度,前苏联与我国相同。设计中常用这种计算法,因为设计上要根据最大块的直径来选破碎机的给料口的宽度。

　　(2)用破碎机的给料口的有效宽度和排料口的宽度的比值来确定。

$$i = \frac{0.85B}{S} \tag{1-2}$$

式中　B——破碎机给料口的宽度,mm;

　　　　S——破碎机排料口的宽度,mm。

　　因为给入破碎机的最大料块的直径应比破碎机的进料口的宽度约小 15% 才能被破碎机钳住。所以上面公式中的 0.85B 就是破碎机的给料口的有效宽度。对于粗碎机,排料口取最大宽度;对中、细碎机,取最小宽度。这种计算法在生产中很有用,因为只要知道破碎机给料口和排料口的宽度,就可以用上式估算破碎比。也可用破碎机允许最大进料口尺寸与最大出料口尺寸之比作为粉碎比,称为公称粉碎比。

　　(3)用平均粒度来确定。

$$i = \frac{D_{平均}}{d_{平均}} \tag{1-3}$$

式中　$D_{平均}$——破碎前物料的平均直径,mm。

　　　　$d_{平均}$——破碎后物料的平均直径,mm。

　　破碎前后的物料,都是由若干个粒级组成的统计总体,只有平均直径才能代表它们,用这种方法计算得到的破碎比,较能真实地反映破碎程度,因而理论研究中采用它。

　　目前炭素、电炭制品工业所用的各种焦炭、无烟煤的最大块直径约为 100~200mm,炭素、电炭制品所需粒度一般都很细,通常在 8~0.075mm,糊类的最大粒度目前一般也只有 12~16mm。因此,如果把直径为 100mm 的原料块破碎到 0.075mm,粉碎比高达 1333(i = 100/0.075 = 1333)。目前所用的破碎机和磨粉机,由于结构的关系,只能在一定的粉碎比范围内有效地工作,因此不可能一次就能把粗大料块破碎成很细的颗粒,通常是把几个破碎机和粉磨机依次串联,构成破碎和磨粉流程来保证所需的高粉碎比。在整个流程中,每台粉碎设备只实现整个过程的一部分任务,形成破碎和磨粉阶段(粗碎、中碎、细碎、磨粉),这种粉碎方式称为多级粉碎。整个破碎和磨粉流程的粉碎比称为总粉碎比($i_总$),各阶段的粉碎比($i_1, i_2, i_3, \cdots, i_n$)称为部分粉碎比。

　　设 $D_{\max}$ 是原料最大块直径,$d_{\max}$ 是破碎最终产物里的最大粒直径,$d_1, d_2, \cdots, d_n$ 是第一级、第二级…第 n 级破碎产物中的最大粒直径,则

$$i_总 = i_1 \times i_2 \times \cdots \times i_n = \frac{D_{\max}}{d_1} \times \frac{d_1}{d_2} \times \cdots \times \frac{d_{n-1}}{d_n} = \frac{D_{\max}}{d_{\max}} \tag{1-4}$$

物料的粉碎比是确定粉碎工艺以及机械设备选型的重要依据。

三、操作强度和功耗

　　衡量粉碎机工作效果的优劣除上述粉碎比外,还可用操作强度、单位功耗来作为指标。

设机器的生产能力为 $Q(kg/h)$，机器的质量为 $G(kg)$，操作强度用 $E(kg/(h \cdot kg))$ 表示

$$E = \frac{Q}{G} \qquad (1-5)$$

粉碎机每粉碎单位质量 (kg) 所消耗的能量，称为单位功耗 $A(kW \cdot h/kg)$：

$$A = \frac{N}{Q} \qquad (1-6)$$

式中，N 为粉碎质量为 $Q(kg)$ 的物料所消耗的能量，$kW \cdot h$。

显然，就是用同一机器破碎不同物料，其 E、A 也不一定相同。对物料来说，为了说明粉碎的难易程度，可用易碎系数 k 表示。设 A_B 为标准物料单位功耗，A 为所破碎的物料的单位功耗，则

$$k = \frac{A_B}{A} \qquad (1-7)$$

四、粉碎方法对粉末的物理性能的影响

炭素原材料在粉碎过程中，由于粉碎方法及粉碎机的不同，对颗粒的粒度、粒度分布、颗粒形状、颗粒的比表面积、松装密度和粉末的流动性及压制性都有影响，而这些性能又影响制品的性能，因此，对粉碎方法及粉碎机的选择是很重要的。

1. 颗粒的大小及其分布

不同的粉碎方法及粉碎机粉碎的物料，其粉碎后物料的颗粒度是不同的，其粒度的分布也不相同，例如狼牙破碎机和颚式破碎机，都是粗碎设备，颚式破碎机是压碎，破碎物料的粒度不太均匀，细颗粒较多；狼牙破碎机是剪碎，破碎物料的粒度较均匀，细颗粒较少，煅烧烧损小，宜作为煅烧前的预碎设备。狼牙破碎机与对辊破碎机同属辊式破碎，狼牙破碎机破碎的料粒度粗，粒度不易调控，而对辊破碎机破碎料的粒度细，且粒度分布较稳定又容易调控，故对辊破碎机是较理想的中碎设备。

正常情况下，粉碎后物料的粒度呈正态分布，如图 1-1 所示。

2. 颗粒的形状

粉末的颗粒形状，主要由原料的性能决定，如针状焦为长条形，无烟煤为斜立方体，普通石油焦为多角形。但破碎方法与破碎机的影响也很大，如普通石油焦以压碎和击碎的方法破碎，其颗粒为多角形；而以研磨为主的球磨机和轮碾机粉碎的普通石油焦的颗粒表面就比较平滑，表面凸峰被逐渐碾平，趋向椭球体的形状。

3. 粉粒的比表面积

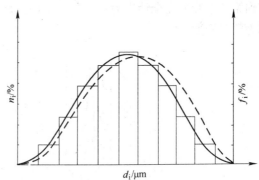

图 1-1　粉末粒度分布曲线

n_i—各粒级颗粒数量分数；

f_i—各粒级颗粒质量分数

由于粉碎后物料的粒度大小和分布及外形的不同，因而影响其比表面积，一般单位质量粒子的比表面积随粒度的减小而增加。粉粒的比表面积可通过比表面积测定仪进行测量。

4. 颗粒的松装密度

粉碎后的物料,由于颗粒分布和粒径的不同,其松装密度也不同。小于 20mm 的不同粒度的颗粒的松装密度约为 $0.4 \sim 0.8g/cm^3$。

5. 粉末的流动性

粉碎后的物料,因粉碎方法与粉碎机的不同,而使粒度、粒度组成,颗粒形状也不同,也使物料的流动性不同。颗粒粒度均匀,表面光滑的流动性好,反之则流动性不好。

6. 粉末的压制性能

表面光滑,趋向球形的颗粒压制压力小,压坯密度高,但弹性后效大。多角形的颗粒其压制压力大,但由于颗粒的互相嵌镶咬合,所以压坯强度高,弹性后效小。

第二节　粉碎机理与粉碎功

粉碎的机理极为复杂。虽曾有过不少较为细致的研究,有了一定的了解,但远未全面掌握它的规律性,尚待深入探讨。

一、粒度分布

一般情况下,一块单独的固体物料在受到突然的打击粉碎之后,将产生数量较少的大颗粒和数量很多的小颗粒,当然还有少量中间粒度的颗粒。若继续增加打击的能量,则大颗粒将变为较小的颗粒,而小颗粒的数目将大大增加,但其细粉的粒度不再变小。这是因为大块物料内部都有或多或少的脆弱面,物料受力后首先沿着这些脆弱面发生碎裂。当物料粒度较小时,这些脆弱面逐渐减少,最后物料的粒度趋近于构成晶体的单元块(嵌镶块),小颗粒受力后往往不碎裂,仅表面受切削而出现一定粒径的微粒。由此可见,小颗粒的粒度由物料的性质决定,而大颗粒的粒度与粉碎过程有密切的关系,如图 1-2 所示,用球磨机粉碎煤的一系列实验证实了上述关系。最初的粒度分布显示了单峰型,它相当于比较粗的颗粒。但随着粉碎过程的进行,该峰就逐渐减小,并且在一定的粒度下产生第二个峰,这样的过程一直到第一个峰型完全消失为止。第二个峰型是物料的特征,可称为持久峰型,而第一个峰型称为暂时峰型。

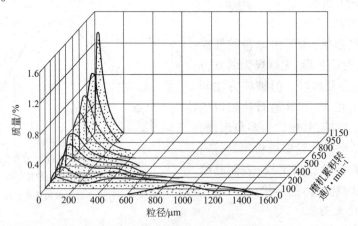

图 1-2　粉碎物料的粒度分布变化

二、裂缝与应力集中

在理想情况下,假如所施加的力没有超过物料的应变极限,则物料被压缩而作弹性变形。在此负荷取消时,物料恢复原状而未被粉碎。实际上,在上述情况下,物料虽未被粉碎(即没有增加新的表面)却生成了若干裂缝,特别是扩展了原来已有的那些裂缝。另外,由于局部薄弱的存在(如解理面,原有的裂缝等)。或因为粒子形状不规则。遂使施加的力首先作用在颗粒表面的突出点上,即所谓应力集中,这些原因都会促使少量新表面生成。所以如图1-3所示,该阶段的曲线中,虚线为真实情况,实线为理想情况。当施加能量等于应变极限时的粉碎效率为最高,当施加能量超过应变极限时表面积理应呈直线上升,但由于粉碎后颗粒数目逐渐增多,必然伴随产生颗粒的移动和颗粒相互间的磨损,这方面的能量损失将使其粉碎效率降低。

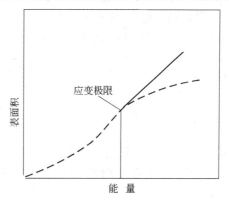

图1-3　粉碎能量与比表面积增加的关系

三、粉碎能量的利用

粉碎能量的利用效率与其施加速率的关系十分密切。因为在达到最大负荷与引起粉碎之间,通常有一个时间的滞后。因此,在保持有充分作用时间的前提下,一个较小的力也将导致颗粒的粉碎。能量的施加与出现粉碎的时间间隔是能量施加速率的函数。施加速率越快,则能量的利用效率越低。不难推断,提供给粉碎机的能量不外乎消耗在下列各方面:

(1)消耗在粉碎前颗粒本身的弹性变形上;

(2)产生非弹性变形而导致粉碎;

(3)使粉碎机本身发生弹性扭变;

(4)克服颗粒间和颗粒与机件之间的摩擦阻力;

(5)产生粉碎中的噪声、发热和机械振动;

(6)粉碎机本身运转部分的摩擦损失。

据分析估计,大约只有消耗功率的10%左右被有效地利用,为使粉碎过程中能量的利用合理化,是研究粉碎过程机理的目的。

四、粉碎功消耗假说

物料粉碎时,尺寸由大变小,单位质量的总表面积不断增加,同时也要消耗能量。粉碎理论就是人们在生产实践和科学实验的基础上加以概括总结,用来解释粉碎机理,找出物料尺寸变化和能量消耗之间的关系。它对于指导和确定物料的粉碎方法和粉碎设备的功率、衡量粉碎效率等,具有重要的意义。由于粉碎过程相当复杂,受到诸如物料的性质、形状、料块粒度及其分布规律、机械类型和操作方法等许多因素的影响,因此长期以来尽管中外许多学者作了大量深入的研究探讨,仍然没有一个完备的能全面概括粉碎规律的理论,而只是一些在一定程度上近似地反映客观实际的假说。其中比较重要的粉碎理论假说有:表面积理论、体积理论、裂纹理论及它们的综合等。

（一）表面积理论

该理论说明粉碎物料消耗的能量与粉碎过程中物料新生成的表面积成正比。

设物料呈球形,粉碎前后的平均直径分别为 $D(\text{m})$ 和 $d(\text{m})$,单位体积的重力称为重度 $\gamma(\text{N/m}^3)$,单位重力物料的表面积在粉碎前后分别为 $S_1(\text{m}^2/\text{N})$ 和 $S_2(\text{m}^2/\text{N})$。

$$S_1 = \pi D^2 Z / \frac{\pi}{6} D^3 \gamma Z = \frac{6}{D\gamma}$$

$$S_2 = \frac{\pi d^2 Z}{\frac{\pi}{6} d^3 \gamma Z} = \frac{6}{d\gamma}$$

式中　Z——每牛顿物料的颗粒总数,个;

G——重力为 $G(\text{N})$ 的物料粉碎后表面积(m^2)的增加为

$$G(S_2 - S_1) = \frac{6}{\gamma}\left(\frac{1}{d} - \frac{1}{D}\right)G$$

按表面积理论,粉碎功 $A(\text{kW}\cdot\text{h})$ 与表面积增加成正比,令比例系数为 C,则有

$$A = C'\frac{6}{\gamma}\left(\frac{1}{d} - \frac{1}{D}\right)G = CG\left(\frac{1}{d} - \frac{1}{D}\right) \qquad (1-8)$$

式($1-8$)为表面积粉碎理论基本表达式,比例系数 $C = C'\dfrac{6}{\gamma}$,是考虑物料性质、形状、密度等有关因素的系数,从实验中可求得。

表面积理论的物理基础是物体由分子、原子或离子等粒子组成,物体内部的粒子被周围的相邻粒子包围,彼此吸引,处于相对平衡状态;物体表面的粒子受到内部粒子巨大的向内拉力的作用,这种粒子使物体表面具有吸附其他物质粒子的本领,说明物体表面有张力和表面能。表面张力力图使表面积缩小。要把物料粉碎,产生更多的新表面积,就必须克服表面张力而作功,使物料具有更大的表面积。故粉碎能量消耗于增加物料的表面能,因而粉碎能量与粉碎过程中生成的表面积成正比。

实验证明,表面积理论适用于粉磨粉碎过程。

（二）体积理论

该理论是说:粉碎物料所消耗的能量与其体积成正比。

此理论的物理基础是,任何物体受到外力的作用必然在物体内部引起应力和产生变形,应力、应变随外力的增加而增大,当应力达到强度极限后导致物体破坏,对于脆性材料,将应力与应变近似地看作线性关系。

假设物料沿压力的作用方向为等截面体,根据胡克定律物体的变形 $\Delta L(\text{m})$ 为

$$\Delta L = \frac{PL}{EF}$$

式中　ΔL——物体的变形;

P——压力,N;

L——物体原长度,m;

E——物体弹性模数,Pa;

F——物体的横截面积,m^2。

物体变形所需的功为

$$\int_o^L Pd(\Delta L) = \int_o^p P\frac{L}{EF}dP = \frac{LP^2}{2EF}$$

而变形时所产生的应力 σ 为

$$\sigma = \frac{P}{F}\text{或}P = \sigma F$$

所以
$$A = \frac{\sigma^2 LF}{2E} = \frac{\sigma^2 V}{2E} \qquad (1-9)$$

或
$$A = \frac{\sigma_{max}^2 V}{2E} \qquad (1-10)$$

式中　A——粉碎功,N·m;

V——物料的体积,m^3;

σ_{max}——物料的强度极限,Pa。

上式说明粉碎能量与物体体积成正比,这种关系也可以用粉碎前后物料的尺寸来表示。

设 $G(N)$ 重量的物料,分几次粉碎,每次的粉碎比相同,粉碎前后的尺寸为 D 和 d,则总粉碎比可表示为

$$i_\Sigma = \frac{D}{d} = i^n$$

$$\ln i_\Sigma = n\ln i$$

即
$$n = \frac{\ln i_\Sigma}{\ln i}$$

依据体积理论,每粉碎一次的功

$$A_1 = KG$$

K 是比例系数,在 n 次粉碎中的总功

$$A_n = nA_1 = nKG \qquad (1-11)$$

令 $K_V = K/\ln i$,是考虑物料性质、强度等因素影响的系数,可从实验中测得。因此粉碎功 $A(kW·h)$ 为:

$$A = K_V G\left(\ln\frac{1}{d} - \ln\frac{1}{D}\right) \qquad (1-12)$$

实践说明,体积理论较适用破碎过程。

(三)裂纹理论

对粉碎过程的进一步研究发现,物体受到力的作用后内部产生应力,当应力超过着力点物料的强度极限时,产生裂纹,当裂纹不断扩大加深,导致物体的碎裂,而且几乎没有明显的残余变形,实际上就是物体在外力反复作用下,产生疲劳破坏。故裂纹理论认为粉碎物料消耗的能量与粉碎期间生成的裂纹总长度成正比,或者说粉碎物料所需的功 $A(kW·h)$ 与物料的直径或边长(正方形的)D 的平方根成反比。即

$$A = K_c G\left(\frac{1}{\sqrt{d}} - \frac{1}{\sqrt{D}}\right) \qquad (1-13)$$

式中，K_c 为比例系数，而且实践证明，即便是同一物料，在不同的粉碎阶段，K_c 值是不相同的，因而要用相应的 K_c 值。

若设无穷大物料的"功位"为零（即未向外界取得任何粉碎功），则物料自无穷大粉碎至粒度 d 时所需功耗（即该粒度的"功位"）为

$$A = \frac{K_c G}{\sqrt{d}}$$

若 $d = 100\mu m$，则

$$A_i = \frac{K_c G}{\sqrt{100}} \tag{1-14}$$

式中，A_i 称为功耗指数（$kW \cdot h/t$）。这样由式（1-14）可算出粉碎所需的功耗。A_i 值适用于不同类型的粉碎机和各种干式、湿式的粉碎，但用于干式粉磨时要乘以 4/3 倍。

表 1-1　功耗指数 A_i

被碎物料	煤	焦炭	碳化硅	金刚砂
密度/$g \cdot cm^{-3}$	1.30	1.31	2.75	3.48
功耗指数 A_i/$kW \cdot h \cdot t^{-1}$	13.00	15.13	25.87	56.70

（四）粉碎综合式

为了进一步分析上述理论的区别，得出较能概括粉碎过程的较普遍的表达式，现将式（1-8）和式（1-12）分别转化为

$$A = CG\left(\frac{1}{d} - \frac{1}{D}\right) = CG\left(\frac{i-1}{D}\right) \quad (kW \cdot h) \tag{1-15}$$

和

$$A = K_v G\left(\ln\frac{1}{d} - \ln\frac{1}{D}\right) = K_v G \ln i_\Sigma \tag{1-16}$$

式（1-15）说明粉碎的能量和 i 有关外，还和原尺寸有关，原尺寸小，所需粉碎功大。而式（1-16）说明功率与 i 有关外，与物料的绝对尺寸无关。实践证明，表面积理论和体积理论都不完全符合客观情况。实际上，若将裂纹的生成看作是物体在局部地方产生新表面，则任何粉碎过程，其粉碎功都包括两部分，一是变形功；一是产生新表面所需的功。粉碎块度大的料，其比表面积较小，物体变形消耗的能量占主要地位，故粉碎功与体积成正比；粉碎细小的物料，其比表面积较大，新表面积生成所需的功占主要地位，故粉碎功与产生的新表面积成正比。一般来说，在粉碎的不同阶段，这两部分功所占的份量也是随粉碎过程而变化的。

设单位重量的尺寸为 D 的物料的粉碎，尺寸减小 dD 时所消耗的能量为 dA，则

$$dA = C\frac{dD}{D^n} \tag{1-17}$$

式中　C——系数；

　　　n——指数。

将 G 重量的物料，从尺寸 D 粉碎成尺寸 d，指数取 2、1、3/2。将式（1-17）积分，便可得到表面积、体积、裂纹理论的数学表达式。由此看出，裂纹理论的表达式的指数 n 值恰为表

面积理论和体积理论的指数的算术平均值,即为两理论的折中。事实上在粉碎各阶段,变形和产生新表面所消耗的功不见得都是各占一半,故在不同的粉碎阶段,对于同一物科,其 K_c 值要修正。

一般条件下,令指数 $n = k$,而 $1 < k < 2$,将式(1-17)积分得

$$A = K_0 \left(\frac{1}{d^{(k-1)}} - \frac{1}{D^{(k-1)}} \right) G \qquad (1-18)$$

式中的系数 K_0 和指数 k 的大小与物料的性质、尺寸大小等因素有关,一般通过实验确定。

[例1-1]　某粉碎机将平均直径为 225mm 的料块粉碎至 6mm,实测单位电耗为 0.51×10^{-3} kW·h/N;再将平均直径为 6mm 的这种物料粉碎到 2.5mm,实测单位电耗为 0.663×10^{-3} kW·h/N。如果将平均直径为 2.5mm 的这种物料粉碎到平均直径为 0.25mm,求单位电耗为多少。

[解]　依式(1-18),在第一种情况,$A_1 = 0.51 \times 10^{-3}$ kW·h/N。

$$0.51 \times 10^{-3} = K_0 \left(\frac{1}{6^{(k-1)}} - \frac{1}{25^{(k-1)}} \right)$$

在第二种情况　$A_2 = 0.663 \times 10^{-3}$ kW·h/N

$$0.663 \times 101^{-3} = K_0 \left(\frac{1}{2.5^{(k-1)}} - \frac{1}{6^{(k-1)}} \right)$$

再将两式相除得

$$0.769 = \left[\frac{1}{6^{(k-1)}} - \frac{1}{25^{(k-1)}} \right] \Big/ \left[\frac{1}{2.5^{(k-1)}} - \frac{1}{6^{(k-1)}} \right]$$

由上式直接求 k 是困难的,用尝试法。

表1-2　系数 k 与物料性质、尺寸大小等的关系

k	$k-1$	$25^{(k-1)}$	$6^{(k-1)}$	$2.5^{(k-1)}$	$\frac{1}{6^{(k-1)}} - \frac{1}{25^{(k-1)}}$	$\frac{1}{2.5^{(k-1)}} - \frac{1}{6^{(k-1)}}$	比值
1.5	0.5	5	2.45	1.58	0.208	0.222	0.925
1.6	0.6	6.9	2.95	1.73	0.196	0.225	0.525
1.7	0.7	9.5	3.5	1.9	0.180	0.239	0.725
2.0	1	25	6	2.5	0.127	0.233	0.542

由表知,当 $k = 1.7$ 时,比值最迫近 0.769,故定 $k = 1.7$,对于第三种情况,单位电耗 A_3 为

$$\frac{A_1}{A_3} = \frac{K_0 \left(\frac{1}{6^{0.7}} - \frac{1}{25^{0.7}} \right)}{K_0 \left(\frac{1}{0.25^{0.7}} - \frac{1}{2.5^{0.7}} \right)} = \frac{0.160}{2.235}$$

$$A_3 = \frac{2.235}{0.160} \times 0.51 \times 10^{-3} = 7.12 \times 10^{-3} \text{kW·h/N}$$

第三节　粉碎方法及粉碎机的分类

一、粉碎方法

无机非金属材料工业中采用的粉碎方法,主要是靠机械力的作用,最常见的粉碎方法有

五种(图1-4)：

(1)压碎。如图1-4a所示,物料在两个破碎工作平面间受到缓慢增加的压力而被破碎。它的特点是作用力逐渐加大,力的作用范围较大,多用于大块物料破碎。

(2)劈碎。如图1-4b所示,物料由于楔状物体的作用而被粉碎,多用于脆性物料的破碎。

(3)剪碎。如图1-4c所示,物料在两个破碎工作面间如同受集中载荷的两支点(或多支点)梁,除了在外力作用点受劈力外,还发生弯曲折断,多用于硬、脆性大块物料的破碎。

(4)击碎。如图1-4d所示,物料在瞬间受到外来的冲击力而被破碎。冲击的方法较多,如在坚硬的表面上物料受到外来冲击体的打击;高速机件冲击料块;高速运动的料块撞击到固定的坚硬物体上;物料块间的相互撞击等。此种方法多用于脆性物料的粉碎。

(5)磨碎。如图1-4e所示,物料在两工作面或各种形状的研磨体之间,受到摩擦、剪力进行磨削而成细粒。多用于小块物料或韧性物料的粉碎。

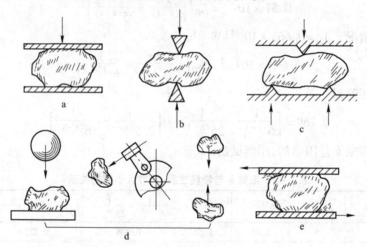

图1-4　物料的粉碎方法
a—压碎;b—劈碎;c—剪碎;d—击碎;e—磨碎

目前使用的粉碎机,往往同时具有多种粉碎方法的联合作用,其中以某一种方法为主。不同形式的粉碎机,其处理物料所使用的粉碎方法亦各不相同。

二、粉碎机的分类与选择

炭石墨材料工业使用的粉碎机械种类较多,部分粉碎机的分类如表1-3所示。

上述粉碎机均应满足下列要求：

(1)粉碎机的结构、尺寸与被碎料的强度、尺寸相适应。

(2)粉碎机应保证所要求的产量、并稍有富余,以免在给料量增加时超载。

(3)粉碎机加工后的物料尺寸要均一,粉碎过程形成的灰尘要少。

(4)粉碎机的粉碎过程均匀不间断,粉碎后的物料应能迅速和连续卸载。

(5)能量的消耗应尽可能小。

(6)机械的工作部件经久耐用,且便于拆换。

(7)粉碎比的调整方便。

表 1-3 粉碎机的类型

分类	图 示	机 名	粉碎方法	运动方式	粉碎比	适用范围	
破碎机机械		颚式破碎机	压碎为主	往复	4~6, 中碎最高达10左右	粗碎 中碎	硬质料 中硬料
		对辊破碎机	压碎为主	旋转(慢速)	3~8	中碎 细碎	硬质料 软质料
		圆锥破碎机	压碎为主	回转	粗碎 3~17 中碎 3~17	粗碎 中碎	硬质料 软质料
		锤式破碎机	击碎	旋转(快速)	单转子 10~15 双转子 30~40	中碎 细碎	硬质料 中硬料
		反击式 破碎机	击碎	旋转(快速)	10 以上,最高可达40	中碎	中硬料
磨粉机机械		笼式粉碎机	击碎	旋转(快速)	数百	粗磨 细碎	软脆 质料
		轮碾机	压碎+研磨	自转公转	数十	细碎	湿粘 物料
		辊磨机	压碎+研磨	自转(公转)	数百以上	磨碎 细碎	中硬料 软质料
		球磨机	击碎+研磨	旋转(慢速)	数百以上	磨碎	硬质料 中硬料
		自磨机	击碎+研磨	旋转(慢速)	数百至数千	细碎 磨碎	硬质料

选择粉碎机要根据所粉碎的物料的物理特性来决定,硬而脆的用击碎或压碎法较好,韧性物料用压碎和研磨相结合的方法,为了避免产生大量粉尘,获得大小均匀的物料,对脆性料适用劈碎法,对于细碎则使用击碎与研磨方法。

三、粉碎方式

粉碎方式分为干式和湿式两种,顾名思义,其不同点是物料含水量多少。一般前者的含水量愈少愈好,而后者则需要加入适量的水。

(一) 干式粉碎

粉碎物料的含水量在 4% 以下者的粉碎称为干式粉碎。其特点是：

(1) 处理的物料及其产品是干燥的。

(2) 进行粉碎时，需设置收尘设备，以免粉尘飞扬。

(3) 在细磨时磨粉的效率低。

(4) 当其含水量超过一定量时，颗粒黏结，粉碎效率降低。

(5) 较细颗粒自粉碎机中排除出来较为困难 (一般常用空气吹吸排除)。

(二) 湿式粉碎

被粉碎物料的含水量在 50% 以上，而且有流动性的粉碎称为湿式粉碎。其特点是：

(1) 原为湿的物料可以不经干燥而直接处理。

(2) 粉碎后的物料排除便利，粉碎效率高，输送方便。

(3) 操作场所无粉尘产生。

(4) 颗粒分级较为简单。

(5) 禁止浸湿的或易溶于水的物质不能用此方式。

(6) 碎成料需要干燥设备。

以上两种粉碎方式各有优缺点。一般干式常用于物料破碎，湿式常用于物料的粉磨。炭素、电炭工业一般多采用干式粉碎。

第四节　粉碎作业和粉碎机的必要操作条件

一、粉碎原则

粉碎物料时，必须遵守一个基本原则，即"不作过粉碎"。

在粉碎作业中，被碎料的加入与碎成料排出的调节都十分重要。特别是在连续作业的场合下，加料速度与排料速度不仅应当相等，而且要与粉碎机的处理相适应。这样才能发挥其最大的生产能力。假使粉碎机滞留有碎成料，则会影响粉碎效果，碎成料的滞留意味着它有继续被粉碎的可能性，从而超过了所要求的粒度，作了过粉碎，浪费了粉碎功。而这些过粉碎的颗粒会将尚未粉碎的颗粒包围起来，包在大颗粒的周围，由于细小颗粒所构成的弹性衬垫具有缓冲作用，妨碍粉碎的正常进行，进一步降低了粉碎效率。这种现象称为"闭塞粉碎"。不可否认，"闭塞粉碎"作为一种粉碎作业的场合还是存在的，例如下述的间歇粉碎。相反，粉碎效率高的"自由粉碎"是依靠水流、空气流将碎成料自由地从粉碎机中通畅带出，即碎成料粒子一旦达到要求，就能马上离开粉碎作业区。

为防止"过粉碎"，可采用下列措施：

(1) 尽量做到"自由粉碎"。碎成料不作滞留，尽快离开粉碎机，避免"闭塞粉碎"。

(2) 物料在进行粉碎前，必须先筛分处理。如日本在破碎机进料口上安装筛网，利用机器工作产生的振动将进料筛分，只让筛上料进入机内破碎，筛下料直接从机器排料处排出。

(3) 使粉碎功真正地只用在物料的粉碎上，粉碎机金属部件的磨损会降低粉碎效率。

二、粉碎流程

在粉碎操作中,有间歇粉碎,开路粉碎和闭路粉碎三种流程。

(1)间歇粉碎。如图1-5a所示,将一定量的被碎料加入粉碎机内,关闭排料口,粉碎机不断运转,直至全部被碎物达到要求的粒度为止。一般适用于处理量不大而粒度要求很细的粉碎作业。

(2)开路粉碎。如图1-5b所示,被碎料不断加入,碎成料连续排出,被碎料一次通过粉碎机(又称无筛分连续粉碎),碎成料被控制在一定粒度下。开路粉碎操作简便,适用于破碎机作业。

(3)闭路粉碎。如图1-5c所示,被碎料在经粉碎机一次粉碎后,除粗粒子留下继续粉碎外,其他粒子立即被运载流体(空气或水)夹带而强行离机。再由机械分离器进行处理,取出其粒度合乎要求的部分,而较粗的不合格粒子返回粉碎机再行粉碎。闭路粉碎是一种循环连续作业,它严格遵守"不作过粉碎"原则。它和开路粉碎相比较,生产能力可增加50% ~ 100%;单位质量碎成料所需要的功可减少40% ~70%。

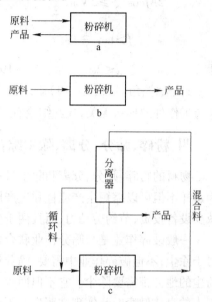

图1-5 粉碎流程示意图
a—间歇粉碎;b—开路粉碎;c—闭路粉碎

上述三种流程的对比见表1-4。

表1-4 粉碎流程的比较

粉碎流程类型	被碎料加入	碎成料排出	碎成料粒度分布幅度	生产能力	机件磨损	适用范围	设备费
间歇	方便	不方便	广	小	大	粉磨	小
开路	方便	方便	广	中	大	破碎	小
闭路	方便	方便	狭	大	小	细碎磨粉	大

三、粉碎机械的必要操作条件

各种类型粉碎机械的粉碎工作件有两平面体(如颚式破碎机)、两同向的曲面体(如环辊磨机)、两异向的曲面体(如辊式破碎机)和曲面对平面(如轮碾机)等。不论何种,要使粉碎顺利进行的必要条件是:

(1)被破碎物块的最大尺寸不能过大,以便能顺利地进入破碎区,一般是应小于粉碎机喂料口的尺寸。

(2)粉碎机工作件能将物料钳住而不被推出。

现以两工作件为圆柱体的辊式破碎机为例,推导出料块能被钳住而进行破碎的必要条件。为简化,设被破碎物呈球形,料块和工作件接触点二切线的夹角称为钳角,以 α 表示。如图1-6所示以物块为分离体,受力有自重 G,轧辊对料块的支反力 N 和摩擦力 Nf,f 是摩

擦系数。略去 G 重不计,料块不被转动的轧辊推出而能被钳住的力学条件是:

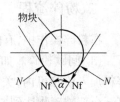

$$2Nf\cos\frac{\alpha}{2} \geq 2N\sin\frac{\alpha}{2}$$

$$f \geq \tan\frac{\alpha}{2}$$

即　　　　　　　$\alpha \leq 2\varphi$　　　　(1 – 19)

图 1 – 6　辊式破碎机物料受力图

φ 是摩擦角。式(1 – 19)表示的条件与工作件的形状无关,故此结论有一定的普遍性。

四、粉碎、筛分、分离、除尘综合流程设计概述

物料的粉碎、筛分、分离和除尘过程往往不是分别单独进行的,而是综合连续进行的,因为这样不但可以缩短生产流程和生产周期,充分发挥机械设备的生产能力,减少辅助设备,减少设备投资,节约劳动力,而且便于生产连续化和自动化,以及科学管理。

一般破碎作业是与筛分作业联合使用的,粉磨作业是与分离(分级)作业联合使用的。对于除尘,不但破碎作业中需要,筛分作业中也需要,粉磨作业更需要。总之,凡作业中产生粉尘的地方都需要除尘。它不但回收了原料,保护了设备,更重要的是保护了环境,保护了工人的身体健康。是实现文明生产不可缺少的环节。

(一)粉碎、筛分、分离和除尘流程设计的原则

设计粉碎、筛分、分离和除尘流程时,应注意的一般原则是:

(1)设计的流程要能满足工艺的要求。

(2)流程的布局要合理,不搞交叉流程,要考虑设备的安装、生产操作和维修的方便。

(3)在满足工艺要求的前提下,流程要紧凑,要尽可能短,要尽量减少不必要的过渡过程和设备,缩短中间连接,最好采用立体流程。

(4)要便于连续化和自动化生产,以及便于科学管理。

(5)要考虑环境保护和安全生产。

(6)一个厂最好只做一次性设计,但是在目前的实际情况下,尤其是一些中小厂,年生产量是在逐年增加的,应预先予以考虑。对于扩建也应有一个最大扩建(改建)上限,并且建厂期、扩建(改建)期与正常生产期应有明显分界,且建厂期、扩建(改建)期与正常生产期相比,时间是很短的。这样做对企业的整体建设是有利的。

(二)机械设备选型的原则

在炭石墨材料厂中采用的粉碎、筛分、分离和除尘设备,一般是通用机械设备,设计中主要是设备的选用,其选型的一般原则为:

(1)要能满足生产量的要求,并且设备的生产能力稍有富裕。

(2)各机器所生产的产品要满足工艺的要求。

(3)流程中各机器的生产能力应一致,要能充分发挥各设备的生产能力,一般后一工序生产能力比前一工序的生产能力稍大,以防止出现"瓶颈堵塞现象"和出现"卡子设备"。

（4）要尽量选用生产效率高、体积小、结构简单、性能好的设备。

（5）要尽量选用便于安装、便于操作、维修方便和便于管理及安全可靠的设备。

（6）要尽量选用能实现连续生产和自动化生产的设备。

（7）要尽可能选用作业时噪声小、粉尘少的设备。

（8）要考虑设备投资和设备的来源。

（三）流程设计和设备选型的步骤

（1）根据厂里产品品种、产量和投资，确定中碎、磨粉、筛分系统是单系统，还是多系统。

（2）确定流程中所处理物料的品种、性能和处理量，以及工艺对处理产物的粒度和性能要求，并确定粉碎比。

（3）根据工艺要求，初定工艺流程路线。

（4）按工艺流程路线，根据各级的总处理物料量、粉碎比和粒度要求，从破碎开始，逐级选型单机设备，在逐级选取单机设备过程中逐渐补充、修改初定工艺流程。

（5）单机设备的选型是根据年处理量，除去节、假日，维修时间（大修、中修、小修）后换算为每天的处理量；另外确定班制（是单班制、两班制、还是三班制），一般破碎、磨粉作业用相同的班次。然后根据每天的处理量和班次以及工艺要求确定设备的型号和台数。

（6）逐级选取附加设备。

（7）根据流程路线和所选设备的外形尺寸、重量及作业时的振动等情况，设计流程布局。

（四）粉碎、筛分、分离和除尘流程举例

[**例1-2**]　用一台对辊破碎机及一台回转筛作为主要设备而组成的破碎无烟煤的生产流程。

煅烧后的无烟煤连续加入对辊破碎机，破碎后的物料经提升机加入回转筛。在回转筛下得到三种不同粒度（如20～4mm、4～2mm、小于2mm）的无烟煤，筛不下去的大颗粒无烟煤经溜子返回对辊破碎机进行第二次破碎。如图1-7a所示。这是一种破碎、筛分流程。另一种流程是将煅烧后的无烟煤直接经提升机给入回转筛，先筛分出合格的颗粒，筛不下去

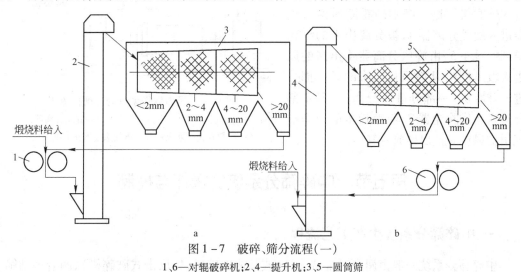

图1-7　破碎、筛分流程（一）

1、6—对辊破碎机；2、4—提升机；3、5—圆筒筛

的大颗粒经溜子加入对辊破碎机破碎,破碎后的物料和煅烧后的物料一起由提升机提升到一定高度进入回转筛进行筛分,如图1-7b所示,这种流程一方面可以减少无烟煤的过粉碎,从而减少小颗粒的产量,同时也使对辊破碎机的工作大大减轻。但这种流程只适用煅烧后无烟煤颗粒已经较小的情况,否则,将加重筛的负担。

[例1-3] 用两台对辊破碎机及两台双层振动筛筛分石油焦的流程,如图1-8所示。

煅烧后的石油焦最大块度为50mm左右,先加入第一台对辊破碎机,对辊间隙调整至20mm左右,破碎后的物料由提升机提升到高位贮料槽经过给料机均匀地加入第一台双层振动筛(上层安4mm筛网,下层安2mm筛网)。筛出的4~2mm颗粒直接进入贮料仓。小于2mm的颗粒落到第二台双层振动筛上(上层安1mm筛网,下层安0.5mm筛网),又得到三种颗粒,即

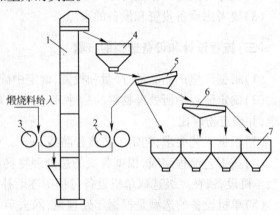

图1-8 破碎、筛分流程(二)
1—提升机;2、3—对辊破碎机;4—料斗;
5、6—振动筛;7—筛分后颗粒料仓

2~1mm,1~0.5mm,小于0.5mm,它们也分别进入贮料仓,在第一台双层振动筛4mm筛网上筛不下去的物料,经溜子加到第二台对辊破碎机,第二台对辊破碎机的对辊间隙调整到4mm左右。破碎后的物料又返回提升机,与经过第一台破碎机破碎后的物料合在一起提升加入到第一台双振动筛去筛分。

[例1-4] 风力输送系统的球磨机流程(图1-9)。

待磨料由料斗经给料机加入球磨机1,磨碎后由鼓风机6的风力带出球磨机后进入分离器3,未达到要求的粗粒重新进入球磨机再磨。磨细的粉随风由分离器进入旋风分离器4,被分离出来的细粉送到贮料斗5,由旋风分离器4出来的风进入鼓风机6,从鼓风机出来的风一部分进入球磨机,一部分进入分离器,多余部分进入布袋除尘器7,除净粉尘的干净空气由抽风机8抽出排放空气中。

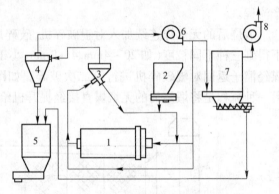

图1-9 风力输送系统的球磨机流程
1—球磨机;2—贮料斗;3—分离器;4—旋风分离器;
5—贮料仓;6—鼓风机;7—布袋除尘器;8—抽风机

第五节 中碎筛分系统的操作与控制

一、中碎筛分系统生产工艺流程

中碎筛分系统一般由两台对辊破碎机(或其他破碎机,如反击式破碎机)、两台振动筛、

斗式提升机、贮料斗、料仓等组成。磨粉系统通常与中碎筛分系统置于同一车间内，并统称为中碎车间，如图1-10所示。

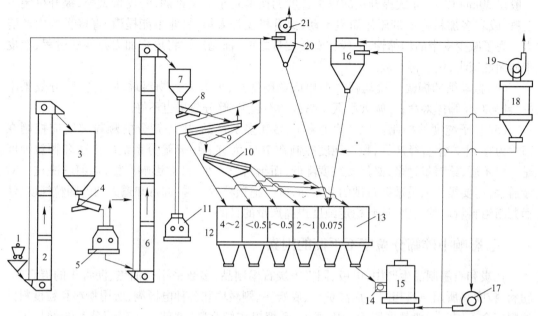

图1-10　中碎筛分系统工艺流程示意图

1—煅后焦;2、6—提升机;3—储料斗;4、8—振动给料机;5、11—大小对辊破碎机;7—贮料斗;9、10—双层振动筛;
12—分级颗粒料仓;13—磨粉料料斗;14—星形给料机;15—雷蒙磨;16、20—大、小旋风分离器;
17—鼓风机;18—袋式除尘器;19、21—抽风机

　　煅烧后料1由提升机2提升到储料斗3,再由振动给料机4加到大对辊破碎机5,破碎后由提升机6提升到贮料斗7,再由振动给料机加到振动筛9(筛网筛孔宽度由产品粒度要求决定),第一层筛网上的料进入小对辊破碎机11,破碎后的料再进入斗式提升机6。振动筛9的1、2层筛网间的料进入颗粒料仓12,第二层筛网下的料进入筛分机10,分级出的三种颗粒进入料仓12中各料斗。12料仓中各料斗的不平衡料进入磨粉料料斗13,经溜子和星形给料机加到磨粉机15进行磨粉,磨碎后由鼓风机鼓入的风带着经分析器进入大旋风16,分离出来的粉料进入粉料料仓,分离后由气流经鼓风机,大部分鼓入磨机循环使用,一部分进入小旋风除尘器、袋式除尘器,经除尘后由抽风机抽出排放空气中。中碎筛分各设备产生粉尘处经抽风除尘后,排放空气中。

二、影响中碎筛分产量的因素

　　(1)加料装置能力。中碎筛分系统一般都采用电磁振动给料机加料,如果电磁振动给料机加料能力有限,或将电流调到最大仍满足不了需要,说明给料装置能力不足,应更换加料机或请有关人员检查给料机是否出现故障。

　　(2)二次对辊间隙。经一次对辊破碎之后,有许多大于第一层筛网的筛上料需进入二次对辊进行破碎,如果二次对辊间隙过小,将直接影响生产能力(因破碎比越大,产量越低);如果二次对辊间隙过大,起不到很好的破碎作用,那么将会增加振动筛的负荷,若减少电磁振动给料机的给料量,则产量也将随之降低。二次对辊的间隙,在破碎混合焦和无烟煤时应根据产品要求的物料粒度和产量随时调整。

(3)提升机皮带长度。中碎筛分系统所用的提升机,一般均采用皮带斗式提升机,高度一般在30mm以上,斗式提升机的皮带长度的调整是十分关键的,若皮带太松,提升机装不上料,或者多加料将皮带压住而提不动;提升机皮带太短,料斗不能提满,直接影响生产能力。为了减少皮带的伸缩性,一般在安装皮带之前,都先经过将皮带加力拉伸的过程,使皮带伸缩性减小,然后再安装。

(4)振动筛的振幅。振动筛的振幅应调整适当,振幅太大物料跳动太高,筛分效果不好,且会减少筛体寿命;振幅太小振动筛振动不起来,筛分效果也不好。

(5)粒子纯度的控制。生产大直径产品和多灰产品,中碎筛分的颗粒纯度应控制在75%为宜,生产小直径产品,颗粒纯度控制在70%为宜。中碎筛分系统的产量和颗粒纯度是一对矛盾,给料量过多,必然使纯度降低,而给料量太少,必然影响产量,如何解决这一对矛盾,就需要操作人员掌握过硬的基本功,接一把颗粒看一看,即可知道大约的颗粒纯度,从而判断给料量增加与否,达到稳定纯度提高产量的目的。

三、影响中碎筛分粒度不平衡的因素

在炭和石墨制品生产中,电极、阳极等炭石墨制品,多数采用石油焦、沥青焦的混合物,粉料、粒度料所用原料相同。而高炉块、底炭块、侧炭块和各种电极糊,所用粉料和粒度料的原料完全不同。一般都采用冶金焦磨粉,无烟煤作粒度料,这就给中碎筛分系统增加了困难,因为中碎筛分系统各种粒度的产量,一般都是不平衡的,如果磨粉和粒度料相同,那么不平衡的粒度料可以送到磨粉机贮料斗用于磨粉。粉料和粒度料不同时,过剩的粒度将不好处理。这就需要中碎筛分操作人员,根据配料方中各种粒度用量的多少,调整好各种粒度的产量,平衡各级粒度料,以满足生产需要。

影响中碎筛分粒度不平衡的因素一般有如下几个方面:

(1)工作配方选择。对于选择生产粉料和粒度料不同的产品的工作配方时,应做到,在技术规程要求允许的范围内,产量高的粒度料多用,产量低的少用。

(2)对辊间隙的调整。应根据生产产品的不同,调整对辊间隙,从而达到平衡粒度料的目的。

(3)个别层筛网漏料。如果在中碎、筛分过程中,发现个别粒度料产量严重不足,但相邻的、小于这个级别的粒度料产量过高,而且有许多大于这个级别的颗粒,这说明有筛网漏料的现象,应停止生产,检查筛网状况。

(4)物料的强度偏高或偏低。物料的强度偏高或偏低,是造成粒度不平衡的重要原因。物料强度过低,容易产生小粒度料过剩现象,而物料强度过高,小粒度料产量将减少,满足不了生产需要,在技术规程允许的条件下,强度高的物料和强度低的物料最好配合在一起使用,使用比例按生产实际情况调整。

四、操作步骤

(一)生产电极和炭块、糊类的中碎筛分系统操作步骤

(1)首先开动袋式除尘器(引风机);

（2）开动二次对辊破碎机；

（3）开动次层振动筛后，再开首层振动筛；

（4）开动电磁振动给料机；

（5）开动皮带斗式提升机；

（6）开启一次对辊破碎机；

（7）开煅烧后料漏斗闸门；向一次对辊机给料；

（8）打开提升机观察口，观察提升机提料情况；

（9）打开有纯度要求的颗粒贮料仓上边的下料溜子接料口，接一定数量的粒度料，检查其纯度是否符合技术规程要求；

（10）调整电磁振动给料机给料量，使产量、粒子纯度均符合要求。

（二）磨粉系统操作步骤

（1）开动袋式除尘器引风机；

（2）开动鼓风机；

（3）开动分析机；

（4）开动主机，若是安装的新机或维修后开机，首先向机内加入正常工作时所需的物料量，才能开机；

（5）开启料仓口，向贮料斗给料；

（6）开动给料机，向磨机内给料。

（三）停机步骤

中碎筛分系统和磨粉系统停机步骤与它们的开机步骤相反。对于磨粉系统，应在除尘系统含粉尘气体完全处理后，方可停引风机。

五、中碎筛分系统操作注意事项

（1）对辊破碎机和带筛球磨机的给料量不能过多，要均匀给料，严禁各设备超负荷或空载运转；

（2）生产各种直径电极，化学阳极板等少灰产品中碎筛分系统，多余的粒度料可进入磨粉料仓准备磨粉；

（3）生产炭块，糊类等多灰产品的中碎筛分系统，粒度不平衡时，要调整配方用量或调整对辊间隙等，找出原因进行处理；

（4）在设备运转时，要经常检查各系统生产情况；

（5）系统换料生产时，要清理漏斗和运输系统，清扫的杂料，按技术要求进行处理，各系统漏出的料在没有被污染时，要及时处理。

六、生产故障分析与处理

中碎筛分操作中，经常遇到对辊破碎机堵料，提升机堵料，振动筛压料等故障，现分析其原因并介绍处理方法，见表1-5。

表 1 - 5　生产故障分析与处理

故障现象	故障原因分析	处 理 方 法
对辊破碎机堵料	(1)对辊进入铁器卡住； (2)物料粒度过大,出现"咬"不住大块物料的现象； (3)给料量过大； (4)对辊磨损严重,表面失去摩擦力	(1)取出异物； (2)要求上工序减小来料粒度； (3)调整给料装置,使给料量减小； (4)更换辊皮
对辊破碎机运转中振动	(1)给料不均匀或料块过大； (2)连接螺栓松动； (3)破碎腔中进入非破碎物	(1)调整给料块度和给料速度； (2)检查拧紧螺丝； (3)取出非破碎物
产品粒度不均匀	(1)对辊破碎机辊皮磨损不均匀； (2)向对辊加料偏,给料不均匀	(1)更换辊皮； (2)将下料调整均匀分布
对辊破碎机电流大	(1)破碎比大； (2)给料粒度过大	(1)调整破碎比； (2)控制给料粒度
振动筛压料	(1)振动筛振幅太小； (2)筛体倾斜角度不够； (3)料块太大,一次对辊没起破碎作用	(1)调整振幅； (2)调整筛体倾斜度； (3)调整一次对辊间隙使之符合技术规程要求
提升机堵料	(1)给料量过大； (2)个别颗粒料斗太满未及时发现； (3)提升机跑偏,将料斗刮掉； (4)提升机皮带过长	(1)调整给料量； (2)将料斗太满的料放掉一部分； (3)取出掉下料斗； (4)调整皮带长度

第二章 破 碎 机 械

炭石墨材料的原料在配料时,要求其颗粒的大小有一定范围,因为原料颗粒的大小、形状和表面状况等对炭石墨材料的生产工艺和制品的性能有很大影响,而粉碎设备的类型与操作的不同又影响被粉碎后物料的颗粒大小、形状和表面状况等,因此,正确地选择和使用粉碎设备对满足工艺的要求起着重要的作用。

为了正确选择和使用破碎设备,下面对几种通用破碎机械的结构、工作原理及主要技术参数予以介绍。

第一节 颚式破碎机

一、复摆颚式破碎机的工作原理和结构概况

图2-1是广泛用于炭石墨材料行业的复摆颚式破碎机结构图。由图知,本机是以平面四杆机构为工作机构,而以连杆为运动工作件的机械。因为作为破碎工作件的动颚(连杆)是作平面复杂运动,故称复杂摆动颚式破碎机,简称复摆颚式破碎机。

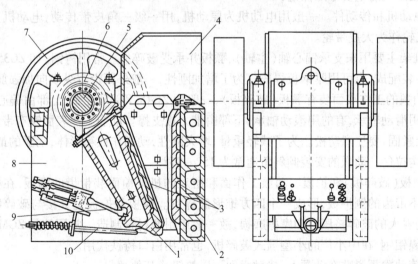

图2-1 复摆颚式破碎机结构图

1—动颚;2—定颚;3—颚板;4—侧板;5—主轴;6—轴承;7—飞轮;8—机架;9—推力板;10—拉杆

图2-2为连杆上几个点的运动轨迹(连杆曲线)。由图知,A点作圆周运动,B点受推力板的约束其轨迹为绕O_2点摆动的圆弧线,其余各点的轨迹为扁圆形,从上到下的扁圆形愈来愈扁平。上部的水平位移量约为下部的1.5倍,垂直位移稍小于下部,就整个颚板而言,垂直位移量约为水平位移量的2~3倍。工作时,曲柄处于Ⅱ区是完全工作行程;处于Ⅲ区,上部靠前下部靠后(卸料);在Ⅳ区是空回行程;在Ⅰ区是上部靠后下部靠前(进料)。动

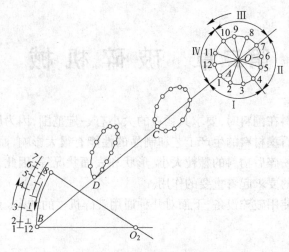

图2-2　动颚板上各点的运动轨迹

颚具有的这些运动特性决定了它的性能：(1)动颚的平面复杂运动,时而靠近固定的定颚,时而离开,形成一个空间变化的破碎室(称为颚膛)。物料主要受到压碎,伴随有研磨、折断作用。(2)这种运动使物料块受到向下推动的力,且大块在上部得到破碎,能促进排料,也能促进物料块在颚膛内翻转。使排出料多为立方体形,这些都有利于提高生产能力;(3)摩擦剧烈,颚板的磨损较快。

颚式破碎机的主要零部件是:

(1)原动机和传动件。一般用电动机为原动机,用一级三角皮带传动,电动机与机架分开安装,飞轮作为大皮带轮。

(2)机架主要用来支承偏心轴(主轴)、颚板并承受破碎力。常用铸钢(如 ZG35)整体铸出,或分件装配成,也可用厚钢板焊成。为了增加刚性,一般外面带有纵横向加强筋。

(3)动颚的工作表面装有颚板(破碎板),一般用 ZG45、ZG35 铸成、上部由偏心轴支撑,轴承有的用滑动轴承,有的用滚动轴承,下部由推力板支撑。动颚工作表面镶有带齿的破碎板,用螺栓紧固,要注意防松。为了减轻重量,增大刚性,动颚作成箱形体,动颚的最底部,用钩头拉杆钩拉住。动颚的安装倾斜角通常为 15°~25°。

(4)颚板(破碎板)和护板。动颚工作面和所对的机架前面装带齿的颚板,在机架的两内侧壁装不带齿的侧护板,形成一个四方锥形破碎室。颚板和护板是直接与破碎物料接触的,要受到强大的破碎挤压力和摩擦磨损,故一般用耐磨材料制造。常用的是 ZGMn13 或昂贵的高锰镍钼钢,在中小厂的小型颚式破碎机,也常用白口铸铁代用。

为了使动颚板紧贴在动颚上,接触面间可以垫铅或其他填料。

高锰钢的特性是耐磨性好,但机械加工性能、焊接性能差,铸锻时性脆,但在 1000~1050℃水淬后,可得到高抗拉、抗剪、延性、韧性,故一般在出厂时,破碎板是经水淬处理的,使用时一般不再重新加热处理。

考虑到不同破碎区的磨损不均匀和调换的可能,颚板与护板都是采用可拆联接,且设计成可以调头使用。

(5)偏心轴(又称主轴)支撑动颚和飞轮,承受弯曲、扭转,起曲柄作用。偏心距一般为 10~35mm,是本机最贵重的零件,常用 42MnMoV、30MnMoB、34MnMo 等高强度优质合金钢锻造加工而成,小型的也用 45 号钢。一般需经调质等处理。

(6)推力板(衬板)的作用是支撑动颚并将破碎力传到机架后壁,推力板的后端有调节装置时,可以用来调整排料口的大小。设计时,常选用灰口铸铁材料按超负载时能自行断裂的条件确定尺寸的大小。推力板也是一种保险装置,在工作中出现不允许的超载时能自动停止工作,使卸料口增大,以保护动颚、偏心轴、机架等贵重零件不致受到破坏。因此,没有特殊原因,不要随便更改原图的材料和尺寸。

(7)安装飞轮的目的是由于颚式破碎机的工作是间歇性的,工作冲程与回程消耗的功差别很大,从而引起负载与速度的波动。这种速度的变动引起的惯性力使运动副受到附加的动压力,降低机械效率和工作的可靠性,另外这种周期性波动会引起弹性振动,从而影响各部分的强度。为此,在偏心轴的两端安装具有一定质量的回转件,当驱动功大于阻力功时,将多余的能量蓄存起来,使动能增大;当阻力功大于驱动功时,飞轮又将这些能量放出来,以使负载、速度的波动控制在一定范围内。

(8)支撑包括偏心轴的支撑轴承和动颚支承。对于中小型颚式机多用双列自位滚动轴承。动颚支承一般用滑动轴承。要特别注意轴承的润滑。

(9)出料口的调节。目前,小型机常用楔铁式,通过旋转螺杆调整楔铁,改变推力板位置,从而调节出料口的大小,当然颚板的倾角也变了。大型机用液压式。原理见图 2 - 3。

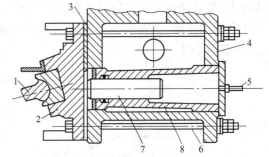

图 2 - 3　液压式排料口调节装置
1—推力板;2—推力板后挡板;3—垫片;4—机架;
5—油管;6—挡板紧固螺栓;7—柱塞;8—油缸

二、主要工作参数的决定

颚式破碎机的规格以进料口宽度(B)和长度(L)表示,表 2 - 1 列出常用的部分规格和技术性能。

表 2 - 1　颚式破碎机部分规格和技术性能

规　格	形　式	进料口尺寸 (宽×长)/mm×mm	排料口调整范围 /mm	最大进料粒度 /mm	生产能力 /t·h^{-1}	偏心轴转速 /r·min^{-1}	偏心距 /mm	功率 /kW
PEF150×250	复杂摆动	150×250	10～40	125	1～4	300	—	5.5
PEF200×350	复杂摆动	200×350	10～50	160	2～5	300		7.5
PEF250×400	复杂摆动	250×400	20～80	210	5～20	300	10	15
PEF400×600	复杂摆动	400×600	40～160	350	17～115	250	10	30
PEF600×900	复杂摆动	600×900	75～200	<480	56～192	250	19	80
PEF900×1200	复杂摆动	900×1200	120～180	650	140～200	180	30	110
PEF1200×1500	复杂摆动	1200×1500	130～180		170			180

(一)入料粒度

破碎机的最大给料粒度是由破碎机啮住料块的条件决定的。一般颚式破碎机的最大给料块度(D)是破碎机给料口宽度(B)的 75% ~ 85% 即 $D = (0.75 ~ 0.85)B$,或者 $B = (1.25 ~ 1.15)D$,通常,复摆式颚式破碎机可取给料口宽度的 85%,简摆颚式破碎机则取给料口宽度的 75%。

由于破碎机的最大进料粒度的大小是由破碎机的给料口宽度决定的,因此它是选择破碎机规格时非常重要的数据。

(二)啮角

啮角(或称钳角)α 是指钳住料块时可动颚和固定颚板之间的夹角。在粉碎过程中,啮角保证破碎腔内的物料不至于推出来,这就要求料块和颚板工作面之间产生足够的摩擦力,以阻止料块破碎时被挤出去。

当颚板压紧料块时,作用在料块上的力如图 2-4 所示,N_1 和 N_2 为颚板作用在料块上的压碎力,并分别和颚板工作面垂直,且 $N_1 \neq N_2$;由压碎力引起的摩擦力为 fN_1 和 fN_2 分别平行于颚板工作面。f 为颚板与料块之间的摩擦系数。料块重量为 G,因与破碎力相比很小,故可忽略不计。

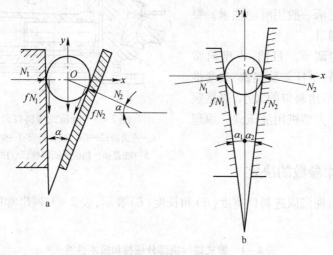

图 2-4　料块在颚板之间的受力情况

如图 2-4a 所示,以料块的中心作为 xOy 坐标系的原点,作用于料块的力 N_1 和 N_2,通过坐标原点,则它们的分力沿 x 轴和 y 轴方向的平衡方程式为:

$$\sum F_x = 0 \quad N_1 - N_2\cos\alpha - fN_2\sin\alpha = 0 \tag{2-1}$$

$$\sum F_y = 0 \quad -fN_1 - fN_2\cos\alpha + N_2\sin\alpha = 0 \tag{2-2}$$

将式(2-1)两端乘以 f,再与式(2-2)相加,并消去压碎力 N_2,则得:

$$-2f\cos\alpha + \sin\alpha(1 - f^2) = 0$$

或

$$\tan\alpha = \frac{2f}{1 - f^2}$$

因为摩擦系数 f 和摩擦角 φ 的关系是:$f = \tan\varphi$,故

$$\tan\alpha = \frac{2\tan\varphi}{1 - \tan^2\varphi}$$

或

$$\tan\alpha = \tan 2\varphi$$

所以 $$\alpha = 2\varphi \qquad (2-3)$$

式中　φ——料块与颚板之间的摩擦角,(°)。

当固定颚板处于如图 2-4b 所示的倾斜位置时,则

$$\alpha = \alpha_1 + \alpha_2 = 2\varphi \qquad (2-4)$$

欲使颚式破碎机能钳住料块并进行破碎工作,必须 $-fN_1 - fN_2 + N_2\sin\alpha < 0$,因而 $\alpha < 2\varphi$,即啮角 α 应该小于摩擦角的两倍。否则,料块就会跳出破碎腔,发生事故。有时破碎机的啮角虽在式(2-4)的限度内,但因两个料块钳住第三个料块的啮角超过了公式(2-4)的规定,这时仍有料块飞出。

大多数情况下,$f = 0.2 \sim 0.3$,$\varphi = 12° \sim 17°$,$\alpha_{max} = 28°34'$,生产实际中常取 $\alpha = 18° \sim 22°$。

应当指出,随着啮角的减少而排料口尺寸必然增大,故啮角大小对破碎机生产能力的影响很大。适当减小破碎角,可以增加破碎机的生产能力,但会使破碎比减小。在破碎比不变的情况下,啮角的减小将会增大破碎机的结构尺寸。若采用一种曲面破碎齿板,则在保持破碎比不变的条件下,啮角会大大减小,而破碎机的生产能力可以提高,且破碎齿板磨损减轻,功率消耗也有所降低。

(三)偏心轴(主轴)的转速(n)

主轴转速是由本机工作机构的性能所决定,破碎工作是间歇性的,偏心轴转一次,完成破碎周期,转速过低,生产能力小;转速过高,破碎了的物料来不及排卸,造成过度粉碎,能耗增加,生产率也不见得高,故主轴的转速应有一个合适的数值。

如图 2-5 所示,设 α 不变,动颚近似地看作是平移运动,S 是排料口的水平位移量。

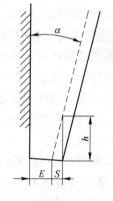

$$S = h\tan\alpha \qquad h = \frac{S}{\tan\alpha}$$

物块自由降落 h 高度所需的时间 $t(s)$。

$$t = \sqrt{\frac{2h}{g}} = \sqrt{\frac{2S}{g\tan\alpha}}$$

现认为一半时间用于破碎,另一半时间为空程,则降落时间(s)为

$$\frac{1}{2} \times \frac{60}{n} = \frac{30}{n}$$

图 2-5　颚式破碎机卸料腔

式中　n 为主轴转速,r/min。

破碎操作的必要条件:

$$\sqrt{\frac{2S}{g\tan\alpha}} = \frac{30}{n}$$

$$n = 665\sqrt{\frac{\tan\alpha}{S}} \qquad (2-5)$$

注意式中 S 的单位用 cm,实际上考虑到各种阻力和滞留的影响,降低30%得

$$n = 665 \times 70\% \sqrt{\frac{\tan\alpha}{S}} \qquad (2-6)$$

一般情况下,$S \approx 1.33e$,e 为偏心轴的偏心距(cm),也有用经验式:

对于　$B \leqslant 1200\text{mm}, n = (310 - 145B)\text{r/min}$

对于　$B > 1200\text{mm}, n = (160 - 42B)\text{r/min}$　　　　　　　　　　　(2-7)

B 为颚口宽度(m)。还要注意,提高转速生产能力虽然高一些,但动力消耗显著增加,惯性力大,机器的稳定性变差,故大型颚式破碎机的转速相应地要低一些。

利用公式(2-7)分别计算的偏心轴转数,与颚式破碎机实际转数比较接近,详见表2-2。

表2-2　颚式破碎机偏心轴转数的计算对比

破碎机形式和规格/mm × mm		颚式破碎机的偏心轴转数/r·min⁻¹	
		按式(2-6)或式(2-7)计算	实际采用(按产品目录)
简单摆动	1500 × 2100	97	100
	1200 × 1500	136	135
	900 × 1200	180	180
复杂摆动	600 × 900	223	250
	400 × 600	252	250
	250 × 400	274	300
	150 × 250	288	300

(四)生产能力

生产能力(产量或生产率)是指一定的给料块度和所要求的排料粒度条件下,单位时间一台破碎机能够处理的物料量(t/台·h),它是衡量破碎机处理能力的数量指标,由于它与物料性质(如硬度、粒度、堆密度),破碎机类型、规格尺寸以及破碎机的操作条件(如给料的均匀程度)等许多影响因素有关,目前还没有比较符合实际的生产能力的理论计算公式,通常是参照已生产的设备来确定破碎机的生产能力,或者采用经验公式进行概算,然后再根据具体条件加以较正。生产能力的理论公式虽然与实际情况出入较大,但仍能从中看出影响破碎生产能力的诸因素之间的关系,而且这些影响因素与实际情况比较相符,所以仍作简要介绍,供分析研究问题时参考。

1. 理论公式

以简摆颚式破碎机为例,其生产能力是以动颚摆动一次(从 A 点移动 A_1 点),从破碎腔中排出一个棱柱形体积(图2-6中影线所示)的物料作为计算的依据。

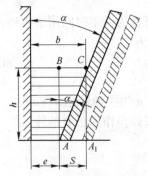

图2-6　确定颚式破碎机的生产能力

该棱柱体的长度等于破碎腔的长度 L,则高度 $h = \dfrac{S}{\tan\alpha}$,棱柱的断面积(即梯形断面积)为:

$$F = \frac{E + (E + S)}{2} \cdot h = \frac{2E + S}{2} \cdot \frac{S}{\tan\alpha}$$

而棱柱体的体积是:$V = FL = \dfrac{LS(2E + S)}{2\tan\alpha}$

如果动颚每分钟摆动 n 次,则破碎机的生产能力为:

$$Q = 60nV\mu\gamma = \frac{30nLs(2E + S)\mu\gamma}{\tan\alpha}$$

假定取 $d_{最小}=E$; $d_{最大}=E+S$, 则破碎产品平均粒径

$$d=\frac{d_{最小}+d_{最大}}{2}$$

则生产能力公式可简化为:

$$Q=\frac{60nLSd\mu\gamma}{\tan\alpha} \tag{2-8}$$

式中 Q——生产能力,t/h;

L——排料口的长度,m;

S——动颚下部的水平行程,m;

d——破碎产品的平均粒径,m;

μ——破碎产品的松散系数,一般 $\mu=0.25\sim0.70$, 破碎硬物料,可取小值,破碎不太硬物料,则取大值;

γ——物料的密度,t/m^3。

式(2-8)是简摆颚式破碎机生产能力的计算公式,对于复摆颚式破碎机的生产能力可按该式计算结果增大 20%~30%。

由式(2-8)可以看出,当破碎相同类型的物料时,破碎机的生产能力与偏心轴转数、给料口长度、动颚行程、破碎产品粒度和产品的松散系数成正比,而与破碎机啮角的正切值成反比。为了提高破碎机的生产能力,往往想从加大给料口长度、动颚行程和产品粒度等方面着手,但这些通常都受到破碎机的结构规格和产品粒度要求的限制。因此,在一定范围内,生产能力随着转数的增加而提高,并且生产能力随着啮角的减小而增大。试验证明,增大破碎机转数时,生产能力增加很小,但动力消耗却显著增加,而且将使排料受到限制,所以,采用增加转数的方法来提高破碎机的生产能力,不是一个有效的措施。但改进破碎齿板的结构型式,采用曲面破碎齿板,减小破碎机颚板的啮角,可提高生产能力。

事实上,由于给料粒度的变化和给料不均匀程度的影响以及产品松散系数的变化范围较大等,所以式(2-8)只是颚式破碎机生产能力的近似计算公式,尽管如此,但该式毕竟还是指出了影响颚式破碎机生产能力的主要因素,以便在生产中加以很好的掌握和调整。

2. 经验公式

由于实际生产能力受物料性质、操作条件、机械本身性能等影响很大。因此,根据经验总结出如下近似估算式:

$$Q\approx(1.2\sim1.25)\frac{dSLn}{\tan\alpha}60\mu\gamma \tag{2-9}$$

式中 Q——产量,kg/h;

d——破碎后物料平均尺寸,m;

μ——松散系数,一般取 $\mu=0.25\sim0.6$, 平均取 0.3;

γ——卸出物料的密度,kg/m^3;

S、L、n、α 意义和单位同前。

(五)功率

以下是经验式,B、L 的单位用 cm,功率 N(kW)

对于　$B \geqslant 600\text{mm}, N = \left(\dfrac{1}{120} \sim \dfrac{1}{100}\right)BL$

对于　$B < 600\text{mm}, N = \left(\dfrac{1}{70} \sim \dfrac{1}{50}\right)BL$ 　　　　　　　(2 – 10)

(六)粉碎比

通常 $i = 3 \sim 8, i_{\max} \leqslant 10$,这主要受到颚板的长度、刚度、钳角、强度等因素的限制。

三、飞轮设计

机械转动时,工作阻力功和驱动功对于大多数机械都不可能在任何瞬时都保持相等。当动力功大于阻力功时,主轴的速度增加;反之则降低。这时速度波动会影响生产工艺,引起弹性振动,多耗功而降低机械效率,甚至影响构件的强度。因此,对于工作阻力呈周期性的或非周期性变化的机械,要解决调速问题。

对于周期性速度波动的调速最常用的办法,就是选择适当质量的构件(如飞轮)来达到目的,以颚式破碎机为例,就是当动颚处于空程时,驱动功大于阻力功,飞轮将能量储存起来,当动颚为工作行程时,驱动功小于阻力功,飞轮将能量释放出来,补充动力功的不足,这样使主轴运转速度的波动调节在允许的范围内,同时功率也可比原先的小。

由物理学知,质量 m、速度 v 的物体具有功能 $E = \dfrac{1}{2}mv^2$,对于定轴转动刚体,回转半径 r,转动角速度 ω,则 $v = r\omega$,

$$E = \frac{1}{2}mv^2 = \frac{1}{2}mr^2\omega^2 = \frac{1}{2}J\omega^2$$

式中　$J = r^2 m$,称转动惯量。

设飞轮在开始的工作冲程角速度为 ω_1,末后工作冲程转速为 ω_2,则在一个冲程内放出的能量。

$$E = \frac{1}{2}J\omega_1^2 - \frac{1}{2}J\omega_2^2 = \frac{1}{2}J(\omega_1^2 - \omega_2^2) = \frac{1}{2}J(\omega_1 + \omega_2)(\omega_1 - \omega_2)$$

引入平均角速度 ω_m,转动的不均匀系数 δ,

$$\omega_m = \frac{1}{2}(\omega_1 + \omega_2)$$

$$\delta = \frac{\omega_1 - \omega_2}{\omega_m}$$

得:　　　　　　　　　　　$E = J\delta\omega_m^2$ 　　　　　　　　(2 – 11)

当给定 E、δ、ω_m,从上式可求需要的飞轮转动惯量 $J(\text{kg} \cdot \text{m}^2)$

$$J = \frac{E}{\delta\omega_m^2}$$ 　　　　　　　(2 – 12)

工程上习惯用飞轮矩 $GD^2(\text{N} \cdot \text{m}^2)$ 来表示飞轮的转动惯量。G 是飞轮折合到轮缘的重量(N),D 是飞轮重心圆直径(m)。

$$J = \gamma^2 m = \frac{G}{g}\left(\frac{D}{2}\right)^2 = \frac{1}{40}GD^2$$

因为 $\omega_m = \dfrac{\pi n}{30}$，$n$ 为飞轮每分钟转数。

$$GD^2 = 3600 \frac{E}{\delta n^2}$$

对于颚式破碎机的主轴系统，如果略去动颚、偏心轴的惯性矩，认为原动机的动功 80% 给飞轮，20% 用于克服摩擦磨损功耗，破碎功全由飞轮供给，空行程为 30/n 得：

$$GD^2 \approx 8.64 \times 10^7 \frac{N}{n^2 \delta}$$

式中　N——功率，kW；

　　　δ——不均匀系数，取 $\delta = 0.01 \sim 0.05$。

对于飞轮设计可认为重量集中在轮缘上，则 $G = bh\pi Dr\,(N)$，$\dot{\gamma}$ 是材料重度（N/m³），轮缘高度 $h \approx (1.5 \sim 2)b$，b 是轮缘宽度（m），轮缘直径选择时要考虑结构条件和满足。

$$v_{\max} = \frac{\pi D n}{60} \leqslant 15 \sim 20$$

式中　$v_{\max}$——飞轮轮缘最高速度，m/s。

高速运转的飞轮，要作动平衡试验。

对于其他机械的飞轮设计，原理相同，只是依据具体条件确定 E 值，E 又称盈亏功。

四、颚式破碎机的其他型式及特点

颚式破碎机的主要优点是：结构简单，零件的检查、更换、维修容易，工作安全可靠，适应范围广。其缺点主要是：受颚板的强度等原因的限制，粉碎比不能过大，工作是间歇性的，往复性的，引起附加的动载荷和振动以及增加了非生产性的功率消耗，使组成本机的许多零件如轴承、颚板等容易损坏，遇有破碎、可塑性较强和潮湿的物料易堵塞出料口，颚腔落入过硬的物块时，又容易"楔死"，造成严重的过载或停车。

图 2-7 是在生产实际中应用的颚式机的主要类型。图 2-7b 已在上面详细讲述了，其结构最简单，因为是以连杆为工作件，使之具有许多优越的破碎性能，但破碎力等直接传到偏心轴、支承等零部件上，使机器的材料选择、寿命等遇到一些困难，故中小型颚式机多用这种形式，大型机制成其他型式，近年来，随着科技水平的提高，一些大型颚式机也做成复摆式的了。

图 2-7a 为简单摆动颚式破碎机，又称简摆颚式破碎机，与图 2-7b 比较，其为六杆机构，将动颚连杆分开，增加一个前推力板，以摇杆为工作构件，因为工作件是作简单的摆动，故称简摆颚式破碎机。该机结构比较复杂，性能也不相同，好处主要是破碎力分散承担，此时动颚位移量下部大于上部，剧烈破碎区在下部。

图 2-7c 称为组合摆动颚式破碎机，虽然一定程度上综合有图 2-7a,b 图的性能，但结构复杂多了。

近几十年来虽然国内外生产了许多型式的颚式破碎机，但其工作原理，工作机构却不变，然而在改善机器的性能，操作系统趋于完善等方面做了一些工作。例如图 2-7d 就是引入液压技术，带液压过载保护装置和液压动颚调节装置。其原理是带有液压油缸，压力由油泵产生并可调。当破碎力过大时，油缸压力升高，溢流阀打开，动颚后移，排料口张大，故障排除，然后动颚在油压作用下，自动恢复原位，此外，大型颚式破碎机都加离合器，以便分段启动。

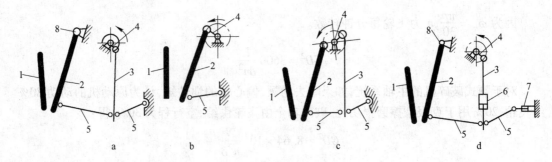

图 2-7 颚式破碎机的主要类型

a—简单摆动；b—复杂摆动；c—组合摆动；d—带液压装置
1—固定颚；2—活动颚；3—连杆；4—偏心轴；5—推力板；6—连杆液压油缸和活塞；
7—卸料口调整器液压缸；8—活动颚悬挂轴

五、颚式破碎机的安装操作与维护检修

颚式破碎机一般是安装在混凝土的基础上面，鉴于破碎机的重量较大，工作条件恶劣，而且机器在运转中又产生很大的惯性力，促使基础系统发生振动。基础的振动又直接引起其他机器设备和建筑物的振动。因此，破碎机的基础一定要与厂房的基础隔开，同时为了减少振动，在破碎机基础与机架之间放置橡皮或木材作为衬垫。

为了保证破碎机连续正常的运转，充分发挥设备的生产能力，必须从思想上重视对破碎机的正确操作，经常维护和定期检修。

（一）破碎机的操作

正确操作是保证破碎机连续正常工作的重要因素之一，操作不当或者操作过程中的疏忽大意，往往是造成设备和人身事故的重要原因，正确的操作就是严格按操作规程的规定进行。

启动前的准备工作：1）在颚式破碎机启动以前，必须对设备进行全面的仔细检查；2）检查破碎齿板的磨损情况，调好排料口尺寸；3）检查破碎腔内有无料块，若有大块料块，必须取出；4）联接螺栓是否松动；5）皮带轮和飞轮的保护外罩是否完整；6）三角皮带和拉杆弹簧的松紧程度是否合适；7）储油箱（或干油储油器）油量的注满程度和润滑系统的完好情况；8）电气设备和信号系统是否正常等。

操作中的注意事项：

（1）在启动破碎机前，应该首先开动油泵电动机和冷却系统，经 3~4min 后，待油压和油流指示正常时，再开颚式破碎机的电动机。

（2）启动以后，如果破碎机发出不正常的敲击声，应停止运转，查明和消除弊病后，重新启动机器。破碎机必须空载启动，启动后经一段时间，运转正常方可开动给料设备，给入破碎机的物料应逐渐增加，直到满载运转。

（3）操作中必须注意均匀给料，物料不许挤满破碎腔；而且给料块的最大尺寸不应该大于给料口宽度的 0.85 倍，同时，给料时严防铁块等非破碎物体进入破碎机，一旦发现这些非破碎物体进入破碎腔，而又通过该机器的排料口时，应立即通知下一岗位及时取出，以免进

入下一段破碎机,造成严重的设备事故。

（4）操作过程中,还要注意大料块卡住破碎机的给料口,如果已经卡住,一定要使用铁钩去翻动物料;如果大块物料需要从破碎腔中取出,应该采用专门器具,严禁用手直接去进行这些工作,以免发生事故。

（5）运转当中,如果给料太多或破碎腔堵塞,应该暂停给料,待破碎腔内的物料破碎完以后,再开动给料机,但这时不准破碎机停车。

（6）在机器运转中,应该采取定时巡回检查,通过看、听、摸等方法观察破碎机各部件的工作状况和轴承温度,对于大型颚式破碎机的滑动轴承,更应该注意轴承温度,通常轴承温度不得超过60℃,以防止合金轴瓦的熔化,产生烧瓦事故。当发现轴承温度很高时,切勿立即停车,应及时采取有效措施降低轴承温度,如加大给油量,强制通风或采用水冷却等。待轴承温度下降后方可停车进行检查和排除故障。

（7）为确保机器的正常运转,不允许不熟悉操作规程的人员单独操作破碎机。

（8）破碎机停车时,必须按照顺序流程进行停车,首先一定要停止给料,待破碎腔内的物料全部排出以后,再停破碎机。当破碎机停稳后方可停止油泵的电动机。

（9）应当注意,破碎机因故忽然停车,当事故处理完毕准备开车以前,必须清除破碎腔内积压的物料,方准开车运转。

（二）破碎机的维护检修

颚式破碎机在使用操作中,必须注意维护和定期检修,在破碎车间中,颚式破碎机的工作条件是非常恶劣的,设备的磨损问题是不可避免的,但应该看到,机器零件的过快磨损,甚至断裂,往往都是由于操作不正确和维护不周到造成的,例如,润滑不良将会加速轴承的急剧磨损。所以,正确的操作和精心的维护（定期检修）是延长机器的使用寿命和提高设备的运转率的重要途径。在日常维护工作中,对于正确的判断设备故障,准确的分析原因,从而迅速地采取消除方法,这是熟练的操作人员应该了解和掌握的。

颚式破碎机常见的设备故障、产生原因和消除方法列于表2-3中。

表2-3　设备故障原因与消除方法

设备故障	产生原因	消除方法
（1）破碎机工作中听到金属的撞击声,破碎齿板抖动	破碎腔侧板衬板和破碎齿板松弛,固定螺栓松动或断裂	停止破碎机,检查衬板固定情况,用锤子敲击侧壁上的固定楔块,然后拧紧楔块和衬板上的固定螺栓或者更换动颚破碎齿板上的固定螺栓
（2）偏心轴瓦或瓦座有异常响声	（1）间隙过大 （2）轴瓦损坏	（1）重新调整间隙 （2）更换轴瓦
（3）推力板支撑（滑块）中产生撞击声	弹簧拉力不足或弹簧损坏,推力板支撑滑块产生很大磨损或松弛,推力板头部严重磨损	停止破碎机,调整弹簧的拉力或更换弹簧;更换支撑滑块;更换推力板
（4）连杆头产生撞击声	偏心轴轴衬磨损	重新刮研轴或更换新轴衬
（5）破碎产品粒度增大	破碎齿板下部显著磨损	将破碎齿板调转180°或调整排料口,减小其宽度尺寸

设 备 故 障	产 生 原 因	消 除 方 法
(6)剧烈的劈裂声,动颚停止摆动,飞轮继续回转,连杆前后摇摆,拉杆弹簧松弛	由于落入非破碎物体,使推力板破坏或者铆钉被剪断;由于下述原因使连杆下部破坏:(1)工作中连杆下部安装推力板支撑滑块的凹槽出现裂缝;(2)安装没有进行适当计算的保险推力板;(3)推力板的支撑垫破损或推力板脱落	停止破碎机,拧开螺帽,取下连杆弹簧,将动颚向前挂起,检查推力板支撑滑块,更换推力板;停止破碎机,修理连杆 更换支撑垫或重新安装推力板
(7)紧固螺栓松弛,特别是组合机架螺栓松弛		全面扭紧全部联接螺栓,当机架拉紧螺栓松弛时,应停止破碎机,把螺栓放在矿物油中预热到150℃后再安装
(8)飞轮回转,破碎机停止工作,推力板从支承滑块中脱出	拉杆的弹簧损坏;拉杆损坏;拉杆螺帽脱扣	停止破碎机,清除破碎腔内物料、检查损坏原因,更换损坏的零件,安装推力板
(9)飞轮显著地摆动,偏心轴回转渐慢	皮带轮和飞轮的键松弛或损坏	停止破碎机、更换键,校正键槽
(10)破碎机下部出现撞击声	拉杆缓冲弹簧的弹性消失或损坏	更换弹簧
(11)破碎机转速减慢或皮带打滑	皮带松弛或拉长	调整皮带的张紧或更新

　　机器设备能否经常保持完好状况,除了正确使用操作以外,一靠维护,二靠检修(修理),而且设备的维护又是设备维修的基础,使用中只要做好勤维护、勤检查、而又掌握设备零件的磨损周期,就能及早发现设备零件缺陷,做到及时修理更换,从而使设备不至于达到不能修复而报废的严重地步。因此,设备的及时修理是保证正常生产的重要环节。

　　在一定条件下工作的设备零件,其磨损情况通常是有一定规律的,工作了一定时间以后就需要进行修复或更换,这段时间间隔叫做零件的磨损周期,或称为零件的使用期限。颚式破碎机主要易磨损件的使用寿命和最低储备量的大致情况,可参考表 2 - 4。

表 2 - 4　颚式破碎机易磨损件的使用寿命和最低储备量

易磨损件名称	材　料	使用寿命/月	最低储备量
可动颚的破碎齿板	锰　钢	4	2件
固定颚的破碎齿板	锰　钢	4	2件
后推力板	铸　铁	—	4件
前推力板	铸　铁	24	1件
推力板支承座(滑块)	碳　钢	10	2套
偏心轴的轴承衬	合　金	36	1套
动颚悬挂的轴承衬	青　铜	12	1套
弹簧(拉杆)	60SiMn	—	2件

　　根据易磨损周期的长短,还要对设备进行计划检修。计划检修又分为小修、中修和大修。

小修是破碎车间设备进行的主要修理形式,即设备日常的维护检修工作。小修时,主要是检查更换严重磨损的零件,如破碎齿板和推力板及支承座等;修理轴颈,刮削轴承,调整和紧固螺栓;检查润滑系统,补充润滑油等。

中修是在小修的基础上进行的,根据小修中检查和发现的问题,制定修理计划,确定需要更换零件项目。中修时经常要进行机组的全部拆卸,详细地检查重要零件的使用状况,并解决小修中不可能解决的零件修理和更换问题。

大修是对破碎机进行比较彻底的修理。大修除包括中、小修的全部工作外,主要是拆卸机器的全部零件,进行仔细的全面检查,修复或更换全部磨损件,并对大修的机器设备进行全面的工作性能测定以达到和原设备具有同样的性能。

第二节　辊式破碎机

一、辊式破碎机的简述

辊式破碎机是一种古老的破碎设备,在炭石墨材料厂中主要用于中碎作业。

辊式破碎机按辊子的表面形状又可分为光面辊式破碎机,槽面和齿面辊式破碎机。按辊子数目有两种基本类型:双辊式和单辊式;光面双辊式破碎机(又叫对辊机),是由两个圆柱形辊筒作为主要的工作机构(图2-8)。工作时两个圆辊作相对旋转,由于物料和辊子之间的摩擦作用,将给入的物料卷入两辊所形成的破碎腔内而压碎。破碎的产品在重力作用下,从两个辊子之间

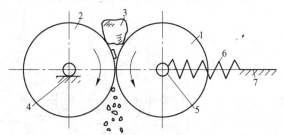

图2-8　双辊式破碎机的工作原理
1、2—辊子;3—物料;4—固定轴承;
5—可动轴承;6—弹簧;7—机架

的间隙处排出。该间隙的大小即决定破碎产品的最大粒度。双辊式破碎机通常用于物料的中、细碎。

单辊式破碎机是由一个旋转的辊子和一个颚板组成,又称为颚辊式破碎机,物料在辊子和颚板间被压碎,然后从排料口排出。这种破碎机可用于中等硬度物料的粗碎。

辊式破碎机的辊子表面分为光滑和非光滑(齿形和槽形)的辊面两类。光面辊式破碎机的破碎作用主要是压碎,并兼有研磨作用。这种破碎机主要用于中硬物料的中、细碎。齿面辊式破碎机(又称狼牙破碎机)以劈碎作用为主,同时兼有研磨作用,适用于脆性和软物料的粗碎和中碎。

辊式破碎机的规格用辊子直径 $D \times$ 长度 L 表示。如2PGC600×750型,2代表双辊(单辊不标);P代表破碎机;G代表辊式;C代表辊面呈齿形状(光面不标)。国产的辊式破碎机规格列于表2-5。

二、辊式破碎机的构造

图2-9为双辊式(光面)破碎机的结构图。它是由破碎辊、调整装置、弹簧保险装置、

传动装置和机架等组成。

表 2 – 5　辊式破碎机定型产品技术规格

规格型式	辊子规格(直径×长度) /mm×mm	给料粒度 /mm	排料粒度 /mm	生产能力 /t·h⁻¹	辊子转速 /r·min⁻¹	电机功率 /kW	机器质量 /t
2PG400×250	φ400×250	2~32	2~8	5~10	200	11	1.3
2PG600×400	φ600×400	8~36	2~9	4~15	120	2×11	2.55
2PG750×500	φ750×500	40	2~10	3~17	—	28	12.55
2PG1200×1000	φ1200×1000	40	2~12	15~90	122.5	2×40	45.3
2PGC450×500	φ450×500	200	0~25,0~50, 0~75,0~100	20,35, 45,55	64	8,11	3.765
2PGC600×750	φ600×750	600	0~50,0~75, 0~100,0~125	60,80, 100,125	50	20,22	6.712
2PGC900×900	φ900×900	≤800	100~150	125~180	37.5	28	13.27

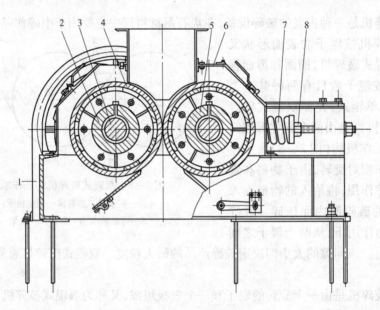

图 2 – 9　双辊式破碎机

1—机架;2—固定轴承;3—轴;4—轧辊;5—活动轴承;6—长齿齿轮罩;7—弹簧;8—调整螺丝

(1)破碎辊是在水平轴上平行装置两个相向回转的辊子,它是破碎机的主要工作机构。其中一个辊子的轴承(图中右边的)是可动的。另一个辊子的轴承是固定的,破碎辊是由轴、轮毂和辊皮构成。辊子采用键与锥形表面的轮毂配合在一起,辊皮固定在轮毂上,借助三角锥形弧铁,利用螺栓螺帽将它们固定在一起。由于辊皮与物料为直接接触,所以它需要时常更换。而且一般都应用耐磨性好的高锰钢或特殊碳素钢(铬钢、铬锰钢等)制作。

(2)调整装置是用来调整两破碎辊之间的间隙大小(排料口)的,它是通过增减可动辊子的两个轴承拉杆与机架之间的垫片数量,或者利用蜗轮调整机构进行调整的,以此控制破碎产品的粒度。

(3)弹簧保险装置是辊式破碎机很重要的一个部件,弹簧松紧程度,对破碎机正常工作和过载保护都有极重要的作用。机器正常运转时,弹簧的压力应能平衡两个辊子之间所产生的作用力,以保持排料口的间隙,使产品粒度均匀。当破碎机进入非破碎物体时,弹簧应被压缩,迫使可动破碎辊横向移动,排料口宽度增大,保证机器不致损坏。非破碎物体排除后,弹簧恢复原状,机器照常工作。

在破碎机工作过程中,保险弹簧总是处于振动状态的,所以弹簧容易疲劳损坏,必须经常检查,定期更换。

(4)传动装置中的电动机通过三角皮带(或齿轮减速装置)和一对长齿齿轮,带动两个破碎辊作相向的旋转运动。该齿轮是一种特殊的标准的长齿,当破碎机进入非破碎物体时,两辊轴之间的距离发生变化,这时长齿齿轮仍能保证正常的啮合。但是,这种长齿齿轮很难制造,工作中常易卡住或折断,齿轮修复也很困难,而且工作时噪声较大,因此长齿齿轮传动装置主要用于低转数的双辊式破碎机,辊子表面的圆周速度小于 3m/s。转速较高(圆周速度大于 4m/s)的破碎机常采用单独的电动机分别带动两个辊子旋转,这就需要安装两台电动机(两套减速装置),故价格较贵。

(5)机架一般采用铸铁件制造,也可采用型钢焊接或铆接而成,要求机架结构必须坚固。

辊式破碎机近几年来的发展缓慢,只是在机器排料口的调整和保险方面采用液压装置,并且出现了多辊辊式破碎机,如四辊破碎机实际上是一种组合的双辊式破碎机,由规格相同的两个对辊机串联所组成,构造上与光面对辊机大体相同,这种破碎机,是用两个电动机通过皮带齿轮减速装置而实现机器的传动的。

三、辊式破碎机的主要参数

影响辊式破碎机生产能力和电机功率的主要参数有啮角、给料粒度和辊子转数。

(一)啮角

以双辊式(光面)破碎机为例。为使推导简化。假设破碎物料为球形。从破碎物料块与辊子的接触点分别引切线,两条切线形成的夹角 α 称为辊式破碎机的啮角(图2-10)。两个辊子产生的正压力 P 和摩擦力 F(F = fP)都作用在物料块上。图2-10中标出来自左方辊子的力。

如将力 P 和 F 分别分解为水平分力和垂直分力,由图可以看出,只有在下列条件下,物料块才能被两个辊子卷入破碎腔:

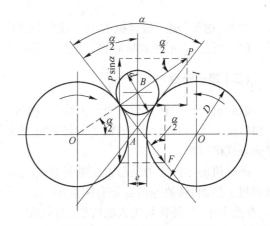

图2-10　双辊式破碎机的啮角

$$2P\sin\frac{\alpha}{2} \leqslant 2fP\cos\frac{\alpha}{2} \tag{2-13}$$

因为,摩擦系数是摩擦角的正切值,所以

$$\tan\frac{\alpha}{2} \leqslant f \text{ 或 } \alpha \leqslant 2\varphi \tag{2-14}$$

由此可知,最大啮角应小于或等于摩擦角的两倍。

当辊式破碎机破碎有用物料时,一般取摩擦系数 $f = 0.30 \sim 0.35$;或摩擦角 $\varphi = 16°50' \sim 19°20'$,则破碎机最大啮角 $\alpha \leqslant 33°40' \sim 38°40'$。

(二)给料粒度和转子直径的关系

仍以双辊式(光面)破碎机为例。当排料口宽度 e 一定时,啮角的大小决定于辊子直径 D 和给料粒度 d 的比值。下面研究当料块可能被带入破碎腔时,辊子直径和给料粒度间的关系。

由图 2 - 10 的直角三角形 OAB 中可以看出:

$$\cos\frac{\alpha}{2} = \frac{\dfrac{D+e}{2}}{\dfrac{D+d}{2}} = \frac{D+e}{D+d}$$

e 与 D 相比很小,可略去不计,则:

$$d = \frac{D(1 - \cos\alpha/2)}{\cos\alpha/2} \tag{2 - 15}$$

当取 $f = 0.325$ 时,$\varphi = \dfrac{\alpha}{2} = 18°$,$\cos18° = 0.951$。

故　　　　　　　　　　　　　$d \approx \dfrac{1}{20}D$

或　　　　　　　　　　　　　$D \approx 20d$ 　　　　　　　　　(2 - 16)

由此可见,光面辊式破碎机的直径应当等于最大给料粒度的 20 倍左右,也就是说,这种双辊式破碎机只能作为物料的中碎和细碎。

对于潮湿黏性物料。取 $f = 0.45$,则

$$D \geqslant 10d$$

齿形(槽形)辊式破碎机的 D/d 比值较光面破碎机要小,齿形的 $D/d = 2 \sim 6$,槽形 $D/d = 10 \sim 12$。所以,齿形辊式破碎机可以用于粗碎。

(三)辊子转数

破碎机合适的转数与辊子表面特征,物料的坚硬度和给料粒度等因素有关。一般地说,给料粒度愈大,物料愈硬,则辊子的转数应当愈低。槽形(齿形)辊式破碎机的转数应低于光面辊式破碎机。

破碎机的生产能力是与辊子的转数成正比地增加。为此,近年来趋向选用较高转数的破碎机。然而,转数的增加是有限度的,转速太快,摩擦力随之减小,若转数超过某一极限时,摩擦力不足,使物料进入破碎腔,而形成"迟滞"现象,不仅动力消耗剧增,而且生产能力显著降低,同时,辊皮磨损严重。所以,破碎机的转速应有一个合适的数值。辊子最合适的转数,一般都是根据实验来确定的。通常,光面辊子的圆周速度 $v = 2 \sim 7.7 \text{m/s}$,不应大于 11.5m/s;齿形辊子的圆周速度 $v = 1.5 \sim 1.9 \text{m/s}$,不得大于 7.5m/s。

破碎中硬物料时,光面辊式破碎机的辊子圆周速度 $v(\text{m/s})$ 可由下式计算:

$$v = \frac{1.27\sqrt{D}}{\sqrt{\left(\dfrac{D+d}{D+e}\right)^2 - 1}} \tag{2 - 17}$$

式中　D——辊子直径,m;

　　　d——给料粒度,m;

　　　e——排料口宽度,m。

(四)生产能力

双辊式破碎机的理论生产能力与工作时两辊子的间距 e、辊子圆周速度 v 以及辊子规格等因素有关。假设在辊子全长上均匀地排满物料,而且破碎机的给料和排料都是连续进行的。当速度为 $v(\text{m/s})$ 时,则理论上物料落下的体积 $Q_0(\text{m}^3/\text{s})$ 为:

$$Q_0 = eLv$$

而物料落下的速度与辊子圆周速度的关系为: $v = \dfrac{\pi Dn}{60}$,其中 n 为辊子每分钟的转数,因此理论上物料落下的体积 $Q_0'(\text{m}^3/\text{h})$ 为:

$$Q_0' = \frac{eL\pi Dn}{60} \times 3600\mu = 188.4eLDn\mu \tag{2-18}$$

或理论上物料落下的质量 $Q(\text{t/h})$ 为:

$$Q = 188.4eLDn\mu\delta \tag{2-19}$$

式中　e——工作时的排料口宽度,m;

　　　L——辊子长度,m;

　　　D——辊子直径,m;

　　　n——辊子转数,r/min;

　　　μ——物料的松散系数,中硬物料,$\mu=0.20\sim0.30$;潮湿物料和黏性物料,$\mu=0.40\sim$ 0.60;

　　　δ——物料的堆密度,t/m^3。

当双辊式破碎机破碎坚硬物料时,由于压碎力的影响,两辊子间隙(排料口宽度)有时略有增大,实际上可将公式(2-19)增大 25%,作为破碎硬物料时的生产能力的近似公式,即:

$$Q = 235eLDn\mu\delta \tag{2-20}$$

式中,符号的意义和单位同上。

(五)电动机的功率

辊式破碎机的功率消耗,通常多用经验公式或实践数据进行计算。

光面辊式破碎机(处理中硬以下的物料)所需功率 $N(\text{kW})$,可用下述经验公式计算:

$$N = \frac{(100\sim110)Q}{0.735en} \tag{2-21}$$

式中　Q——生产能力,t/h;

　　　e——排料口宽度,cm;

　　　n——辊子转数,r/min;

此外的 0.735 是将公制马力换为千瓦的折换系数。

当破碎煤时,可用下式计算 $N(\text{kW})$:

$$N = 0.1Qi \tag{2-21'}$$

式中　i——粉碎比；

　　　Q——生产能力，t/h。

齿面辊式破碎机的功率消耗 $N(kW)$ 可按下式计算：

$$N = KLDn \tag{2-22}$$

式中　K——系数，碎煤时，$K = 0.85$；

　　　L——辊子长度，m；

　　　D——辊子直径，m；

　　　n——辊子转速，r/min。

四、辊式破碎机的使用

辊式破碎机的正常运转，在许多方面决定于辊皮的磨损程度。只有当辊皮处于良好状态下，才能获得较高的生产能力和排出合格的产品粒度，因此，应当了解辊皮磨损的影响因素和使用操作中应注意的问题；定期检查辊皮磨损情况，及时进行修理和更换。

在破碎物料时，辊皮是逐渐磨损的。影响辊皮磨损的主要因素是：(1)待处理物料的硬度；(2)辊皮材料的强度；(3)辊子的表面形状和规格尺寸以及操作条件；(4)给料方式和给料粒度等。

辊皮的使用期限和辊子工作的工艺指标，取决于物料沿着辊子整个长度分布的均匀程度。物料分布如果不均匀，辊皮不但很快磨损，而且辊子表面会出现环状沟槽，从而破碎产品粒度不均匀。因此，除粗碎的单辊破碎机外，所有的辊式破碎机全部设有给料机，给料机口的长度应与辊子的长度相等，以保持沿着辊子长度而均匀给料。同时，为了连续地给入物料，给料机的转动速度应比辊子的转数要快，大约要快 1~3 倍。在破碎机的运转中，还要注意给料块度的大小，给料块度过大，将产生剧烈的冲击，辊皮磨损严重，粗碎时尤为显著。

为了消除辊皮磨损不均匀现象，在破碎机运转时，应当经常注意破碎产品的粒度，而且应在一定时间内将其中一个辊子沿着轴向移动一次，移动的距离约等于给料粒径的1/3。

当需要改变破碎比而移动辊子时，必须使辊子平行移动，防止辊子歪斜，否则会导致辊皮迅速而不均匀的磨损，严重时，还会造成事故。

辊式破碎机工作时粉尘较大，必须装设密闭的安全罩子。罩子上面应留有人孔（检查孔），以便检查机器辊子的磨损情况。

必须指出，在辊式破碎机操作过程中，应当严格遵守安全操作规程，严防将手卷入辊子中造成人身事故。

为了保证破碎机的正常工作，应注意机器的润滑。滑动轴承的润滑，可采取定期注入稀油或用油杯加油的方法；滚动轴承的润滑，可使用注油器（或压力注油器）注入稠油的方法。

五、双辊破碎机的操作技术

(一)开车前的准备

(1)检查破碎机中是否有无杂料，如有物料，应立即清除，否则将使机器带负荷启动；

(2)检查排料口尺寸是否符合要求，两破碎辊沿长度方向的间隙是否一致，如排料口不

符合要求和两辊沿长度方向间隙不一致,应立即重新调整;

（3）检查破碎机的地脚螺栓及其他各部螺栓连接是否松动,长齿齿轮啮合是否正常,如有问题则立即处理;

（4）检查除尘设施,安全防护装置,电气联络,紧急开关及其他一切附属设施是否完好。

（二）开机操作与停机操作

对于由给料机、辊式破碎机,排料输送机和除尘器组成的系统,首先应开启除尘系统,待除尘系统运行正常后在开启排料输送机,其运行正常后再启动辊式破碎机,待运行正常后,最后开启给料机,给破碎机给料。停机次序与开机相反。

（三）操作注意事项及使用维护规范

（1）破碎机空运转正常后,往破碎室送料,进料必须连续均匀地分布于辊全长上,下料粒度不超过最大理论进料粒度。

（2）破碎机运转时要经常注意检查弹簧的松紧情况,当弹簧松弛或两弹簧松紧程度不均匀时,将会使可动辊子不断地在导轨内左右移动,辊皮两端间隙不一致,这不仅使导轨及轴承壳容易磨损,并且大块物料容易通过,使产品粒度不均。

（3）每班要清扫破碎机工作时产生的灰尘,并给轴承、齿轮及各传动件加润滑油 2～3 次。工作时轴承温度不能超过 60℃,如果超过则应停机检查。

（4）检查皮带轮安全销情况,用手转动破碎机皮带轮,破碎机转动轻快无阻碍方可开动电机;发现安全销被切断应立即停电。突然停电时,必须先将电动机电源切断,防止突然来电发生意外。

（5）当破碎机在运转时破碎机腔中进入非破碎物,或大块物料卡住破碎机以及遇上紧急故障时,操作者可直接切断该破碎机主回路上的事故开关。

（6）严格执行交班制度。

六、故障处理

狼牙破碎机常见故障的产生原因及排除方法见表 2 - 6,对辊破碎机常见故障的处理方法见表 2 - 7。

表 2 - 6　狼牙破碎机常见故障及其产生原因和排除方法

故　障	产　生　原　因	排　除　方　法
产品粒度过大	（1）辊皮磨损严重; （2）弹簧装置压紧力不足或衬垫太薄; （3）排料口间隙过大	（1）更换辊皮; （2）增加弹簧预压紧力或增加衬垫的厚度; （3）调整间隙
破碎机运转中振动大	（1）给料不均匀或块度过大; （2）破碎腔中进入非破碎物; （3）联接螺栓松动	（1）调整给料速度和给料块度; （2）取出非破碎物; （3）检查拧紧螺栓
破碎机辊体转动但辊皮不转（或辊皮速度低于辊体速度）	辊皮与辊体固定装置损坏或过松	停机检查辊皮与辊体固定装置的状况,重新拧紧或更换固定装置

故　障	产 生 原 因	排 除 方 法
传动部件转动但辊子不转(卡辊)	(1)长齿齿轮损坏; (2)皮带过松打滑; (3)轴承或轴承密封件损坏	(1)停机更换长齿齿轮; (2)重新调整皮带张力; (3)更换轴承或轴承密封件
轴承温度高于60℃	轴承内缺油或油变质	补充注足润滑油或更换好油
产品粒度不均匀	(1)辊皮磨损不均匀; (2)加料偏斜不均匀	(1)更换辊皮; (2)将下料调整均匀

表 2 - 7　对辊破碎机常见故障的处理

故　障	产 生 原 因	排 除 方 法
破碎后料粒过大	(1)辊皮磨损严重; (2)弹簧装置压紧力不足或衬垫太薄; (3)排料口过大	(1)更换辊皮(或用堆焊补平); (2)增加弹簧预压紧力或增加衬垫的厚度; (3)调整排料口
破碎机运转中振动	(1)给料不均匀或块度过大; (2)破碎腔中进入非破碎物; (3)联接螺栓松动	(1)调整给料机; (2)取出非破碎物; (3)拧紧螺栓
传动部分转动但辊子不转	(1)长齿齿轮损坏; (2)皮带过松打滑; (3)轴承密封或轴承损坏	(1)停机更换长齿齿轮; (2)重新调整皮带张力; (3)更换轴承密封或轴承
料粒破碎后粒度不均匀	(1)辊皮磨损不均匀; (2)加料偏斜不均匀	(1)更换辊皮(用堆焊补平); (2)将下料调整均匀分布
产品粒度波动过大,弹簧端辊子不起作用	(1)辊子之间间隙大; (2)弹簧损坏; (3)活动轴承座卡死	(1)调整辊子间隙; (2)更换弹簧; (3)找出原因并排除
电动机电流大	(1)破碎比大; (2)给料粒度过大	(1)调整破碎比; (2)控制给料粒度

第三节　反击式破碎机

一、反击式破碎机的类型和构造

反击式破碎机按照转子数目不同,可分为两种:单转子反击式破碎机和双转子反击式破碎机。

单转子反击式破碎机的构造(图2-11)比较简单,主要是由转子5、打击板4、反击板7和机体等部分组成。转子固定在主轴上,在圆柱形的转子上装有三块(或者若干块)打击板(板锤),打击板和转子多呈刚性联接,打击板用耐磨的高锰钢(或其他合金钢)制作。

反击板的一端通过悬挂轴铰接在上机体3的上面,另一端由拉杆螺栓利用球面垫圈支承在上机体的锥面垫圈上,故反击板呈自由悬挂状态置于机器的内部。当破碎机中进入非

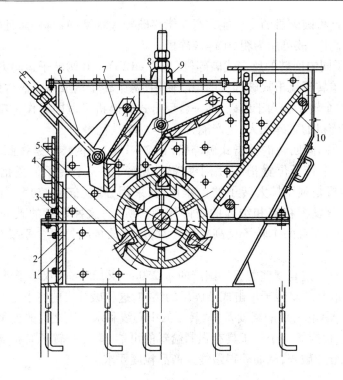

图 2-11　φ500mm×400mm 单转子反击式破碎机

1—机体保护衬板；2—下机体；3—上机体；4—打击板；5—转子；6—拉杆螺栓；

7—反击板；8—球面垫圈；9—锥面垫圈；10—给料溜板

破碎物体时,这时反击板受到较大的反作用力,迫使拉杆螺栓(压缩球面垫圈)"自动"地后退抬起,使非破碎物体排出,保证了设备的安全,这是反击式破碎机的保险装置。另外,调节拉杆螺栓上面的螺母,可以改变打击板和反击板之间的间隙大小。

机体是沿轴线分成上、下两部分。上机体上面装有供检修和观察用的检查孔。下机体利用地脚螺栓固定于地基上。机体的内面装有可更换的耐磨材料的保护衬板,以保护机体免遭磨损,破碎机的给料口处(靠近第一级反击板)设置链幕,是防止机器在破碎过程中物料飞出发生事故的保护措施。

双转子反击式破碎机,根据转子方向和转子配置的位置,又分为三种,如图 2-12 所示。

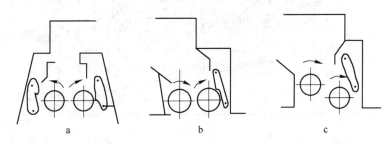

图 2-12　双转子反击式破碎机的结构示意图

(1)两个转子反向回转的反击式破碎机(图 2-12a)。其两转子运动方向相反,相当于两个平行配置的单转子反击式破碎机并联组成,两个转子分别与反击板构成独立的破碎腔,进行分腔破碎。这种破碎机的生产能力高。能够破碎大块度的物料,而且两转子水平配置可以降低机器的高度,故可用为粗、中碎破碎机。

(2)两个转子同向回转的反击式破碎机(图2-12b)。其两转子运动方向相同,相当于两个平行装置的单转子反击式破碎机的串联使用,两个转子构成两个破碎腔。第一个转子相当于粗碎,第二个转子相当于细碎,即一台反击式破碎机可以同时作为粗碎和中、细碎的设备使用。该破碎机的破碎比大,生产能力高,但功率消耗多。

(3)两个转子同向回转的反击式破碎机(图2-12c)。两转子是按照一定的高度差进行配置的,其中一个转子位置稍高,用于物料的粗碎;另一个转子位置稍低,作为物料的细碎。这种破碎机是利用扩大转子的工作角度,采用分腔(破碎腔)集中反击破碎原理,使得两个转子充分发挥粗碎和细碎的破碎作用。所以,这种设备的破碎比大,生产能力高,产品粒度均匀,而且两个转子呈高差配置时,可以减少漏掉不合乎要求的大颗粒产品的缺陷。

下面就以具有一定高度差配置的国产的 $\phi 1250\text{mm} \times 1250\text{mm}$ 双转子反击式破碎机为例(图2-13)详细地介绍双转子反击式破碎机的结构,这种破碎机的特点是:

(1)两个转子具有一定的高度差(两转子的中心线和水平线之间的夹角为12°),扩大了转子的工作角度,使得第一个转子具有强制给料的可能,第二个转子有提高线速度的可能,致使物料达到充分的破碎,从而获得最终的产品粒度要求。

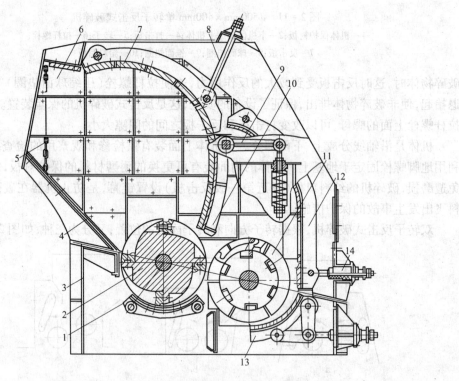

图2-13　$\phi 1250\text{mm} \times 1250\text{mm}$ 双转子反击破碎机

1、13—排料栅板;2—第一个转子部分;3—下机体;4—上机体;5—链幕;6—机体保护衬板;

7—第一级反击板;8—拉杆螺栓;9—连杆;10—分腔反击板;11—第二个转子部分;

12—第二级反击板;14—调节弹簧

（2）两个同向运动的转子分别与第一级反击板、第二级反击板组成粗碎和细碎破碎腔。第一级转子与反击板将物料从小于850mm破碎到100mm左右给入细碎破碎腔；第二级转子与第二级反击板继续将物料碎成小于20mm，经破碎机下部的排料栅板处排出。这种采用分腔集中反击破碎原理，可以充分发挥粗细破碎腔的集中破碎的作用。

（3）两个转子装有个数不等的锤头，锤头高度和锤头形状不同以及两个转子具有不同的线速度，它们的情况大体是这样：第一个转子上固定4排锤头共八块板锤，大约以38m/s的线速度破碎进入破碎机内的大块物料，第二个转子上固定着6排锤头共12块板锤大约以50m/s的线速度，继续将给入的100mm左右的物料破碎成所要求的产品粒度。

（4）为了保证破碎产品的质量（粒度），在两个转子的排料处分别增设了排料栅板。

（5）由图2-13可知，转子、板锤和反击板是构成反击式破碎机的主体。

反击式破碎机的主要结构是：

（1）转子是反击式破碎机最重要的工作部件，必须具有足够的重量，以适应破碎大块物料的需要。因此，不仅重量较大，坚固耐用，而且便于安置打击板。有时也采用数块铸钢或钢板构成圆盘叠合式的转子。这种组合式的转子，制造方便，容易得到平衡。小型的破碎机采用铸铁制作，或者采用钢板焊接的空心转子，但强度和坚固性较差。

（2）板锤又称打击板，是反击式破碎机中最容易磨损的工作零件，要比其他破碎机的磨损程度严重很多。板锤的磨损程度和使用寿命是与板锤的材质、物料的硬度、板锤的线速度（转子的圆周速度）、板锤的结构型式等因素直接有关的，其中板锤的材质是决定磨损程度的主要因素。当前板锤材料我国均用高锰钢。

板锤在转子上面的固定方式有：

1）螺钉固定。这种固定方式，不仅螺钉露在打击板表面，极易损坏而且螺钉受到较大的剪力，一旦剪断将造成严重事故。

2）压板固定。板锤从侧面插入转子的沟槽中，两端采用压板压紧。但是这种固定方式使板锤不够牢固，工作中板锤容易松动，这是因为板锤制造的要求很高，以及高锰钢等合金材料不易加工所致。

3）楔块固定。采用楔块将板锤固定在转子上的方式，工作中在离心力作用下，这种固定方式越来越坚固，而且工作可靠，拆换比较方便。这是板锤目前较好的一种固定方式。各国都在采用这种固定方式。

板锤的个数与转子规格直径有关，一般地说，转子规格直径小于1m时，可采用三排板锤；直径为1.5m时，可以选用4~6个板锤；直径为1.5~2.0m时，可选用6~10排板锤。对于处理比较坚硬的物料，或者破碎比较大的破碎机，板锤的个数应该多些。

（3）反击板的结构型式，对破碎机的破碎效率影响很大。反击板的形式主要有折线或圆弧形等结构。折线形的反击板（图2-11）结构简单，但不能保证物料获得最有效的冲击破碎。圆弧形的反击板（图2-13），比较常用的有渐开线形，这种结构形式的特点是在反击板的各点上，物料都是以垂直的方向进行冲击，因而破碎效率较高。

另外，反击板也可制成反击栅条和反击辊的形式。这种结构主要是可起筛分作用，提高破碎机的生产能力，减少过粉碎现象，并降低功率消耗。

第一级反击板、第二级反击板的一端通过悬挂轴铰接于上机体的两侧，另一端分别由拉杆螺栓（或调节弹簧）支承在支体上。

分腔反击板通过方形断面轴悬挂在两转子之间,将机器分成两个破碎腔,通过改变分腔反击板的位置,可以调整粗碎腔和细碎腔的破碎产品的粒度情况。而悬挂分腔反击板的方形断面轴,又与装在机体两侧面的连杆和压缩弹簧相联接。

转子两端采用双列向心球面滚动轴承支承在下机体上,由于转子的圆周速度高,故轴承需用二硫化钼润滑脂进行润滑。

机体上开设若干个检查孔,以供安装,检查和维修时使用。

(4)破碎机的传动装置。对于双转子反击式破碎机是由两台电动机,经由弹性联轴节、液力联轴器,可使电动机成为轻负荷启动,减小运转过程中的扭转振动和载荷的脉动,并且可以防止电动机和破碎机的过负载,保护电动机和破碎机不致损坏。

二、反击式破碎机的工作原理性能和用途

反击式破碎机(又称冲击式破碎机)属于利用冲击能破碎物料的机器设备。就运用机械能的形式而言,利用冲击力"自由"破碎原理的破碎机,要比以静压力的挤压破碎原理的破碎机优越。上述各类破碎设备(颚式、辊式等)基本上都是以挤压破碎作用原理为主的破碎机,而反击式破碎机则是利用冲击力"自由"破碎原理来破碎物料的。如图 2 – 14 所示,物料进入破碎机中,主要是受到高速回转的打击板的冲击,物料则沿着层理面、解理面进行选择性破碎,被冲击以后的物料获得巨大的动能,并以很高的速度,沿着打击板的切线方向抛向第一级反击板,经反击板的冲击作用,物料再次受到击碎,然后从第一级反击板返回的料块,又遭受打击板的重新撞击,继续给予粉碎。破碎后的物料,同样又以很高速度抛向第二级反击板,再次遭到击碎,从而导致在反击式破碎机中的"联锁"式的破碎作用。当物料在打击板和反击板之间往返途中,除了打击板和反击板的冲击作用外,还有物料之间的相互撞击作用。上述这种过程反复进行,直到破碎后的物料粒度小于打击板和反击板之间的间隙时,就从破碎机下部排出,即为破碎后的产品粒度。

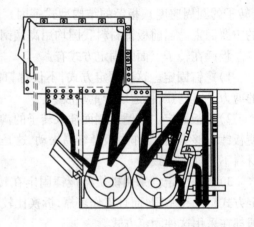

图 2 – 14　反击式破碎机工作原理示意图

反击式破碎机虽然出现较晚,但发展极快,目前,它已在我国的水泥、建筑材料、煤炭和化工以及选矿等工业部门广泛用于各种物料的中、细碎中,也可用做物料的粗碎设备。反击式破碎机之所以如此迅速发展,主要是因为它具有下述的重要特点:

(1)破碎比很大,一般破碎机的破碎比最大不超过 10,而反击破碎机的破碎比一般为 30~40,最大可达 150。

(2)破碎效率高,电能消耗低。因为一般物料的抗冲击强度比抗压强度要小得多,同时由于物料受到打击板的高速作用和多次冲击之后,物料沿着解理分界面和组织脆弱的地方首先击裂,因此这类破碎机的破碎效率高,而且电能消耗低。

(3)产品粒度均匀,过粉碎现象少。这种破碎机是利用动能($E = mv^2/2$,式中 E 为动能;m 为料块的质量;v 为料块的运动速度)破碎物料的,而每块物料所具有的动能大小与该块

物料的质量成正比。因此,在破碎过程中,大块物料受到较大程度的破碎,而较小颗粒的物料,在一定条件下则不被破碎。故破碎产品粒度均匀,过粉碎现象少。

(4)可以选择性破碎。在冲击破碎过程中,物料首先沿着解理面破碎,以利于物料产生单体分离。

(5)适应性大。这种破碎机可以破碎脆性、纤维性和中硬以下的物料,特别适合于脆性物料的破碎。

(6)设备体积小、质量轻、结构简单、制造容易、维修方便。

基于反击式破碎机具有上述这些明显的优点,当前各国都在广泛采用,大力发展。但反击式破碎机也有缺点,破碎硬物料时,其板锤(打击板)和反击板的磨损较快。此外,反击式破碎机是高速转动且靠冲击来破碎的机器,零件加工的精度要求高,并且要进行静平衡才能延长使用寿命。

反击式破碎机的规格是用转子直径 D(实际上是板锤端部所绘出的圆周直径)乘以转子长 L 来表示的。例如,$\phi 1250mm \times 1000mm$ 单转子反击式破碎机,表示转子直径为 1250mm,转子长度为 1000mm。

我国生产的反击式破碎机的产品系列参考表 2-8。

表 2-8 反击式破碎机的技术规格

型式	转子尺寸(直径×长度) /mm×mm	最大给料粒度 /mm	排料粒度 /mm	生产能力 /t·h⁻¹	电动机功率 /kW	转子 /r·min⁻¹	机器质量 /t
单转子	$\phi 500 \times 400$	100	<20	4~10	7.5	960	
	$\phi 1000 \times 700$	250	<30	15~30	40	680	1.35
	$\phi 1250 \times 1000$	250	<50	40~80	95	475	5.54
	$\phi 1600 \times 1400$	500	<30	80~120	155	228,326	12.25
双转子	$\phi 1250 \times 1250$	850	<20(90%)	80~150	130 155	第一转子 565 第二转子 765	58

三、反击式破碎机的工作参数

反击式破碎机的工作参数主要有

(一)转子直径与长度

转子直径 D(mm)可按下式计算:

$$D = \frac{100(d+60)}{54} \tag{2-23}$$

式中　D——转子直径,mm;

　　　d——给料块尺寸,mm。

对于单转子反击式破碎机,将公式(2-23)的计算结果乘以 0.7 倍。

转子的直径与长度的比值,一般为 0.5~1.2。物料抗冲击力较强时,选用较小的比值。

(二)转子的圆周速度

转子的圆周速度(板锤端点的线速度),从冲击碎料的特点来看,它是反击式破碎机的主要工作参数。该速度的大小,对于板锤的磨损、破碎效率、排料粒度和生产能力等均有影响。一般来讲,速度增高,排料粒度变细,破碎比增大,但板锤和反击板的磨损加剧。所以,转子的圆周速度不宜过高,一般在 15 ~ 45m/s 范围以内。用作粗碎时,圆周速度可取小一些;用作细碎时,应取较大的速度。

反击式破碎机转子圆周速度 $v(\text{m/s})$ 的计算公式如下:

$$v = 0.11(1 - \mu^2)^{1/3} \sqrt{\frac{g}{\gamma}} \frac{\sigma_0^{5/6}}{E^{1/3}} \qquad (2-24)$$

式中 μ——物料的泊松比;

g——重力加速度,$g = 981\text{cm/s}^2$;

γ——物料的重度,$\text{kgf/cm}^3 (1\text{kgf} = 10\text{N})$;

E——物料的弹性模量,MPa;

σ_0——物料的抗压强度,MPa。

对于煤炭,当 $\mu = 0.25$ 时,则式 (2-24) 变为:

$$v = 0.01 \sqrt{\frac{g}{\gamma}} \frac{\sigma_0^{5/6}}{E^{1/3}} \qquad (2-25)$$

(三) 生产能力

在生产实践和试验研究中发现,反击式破碎机的生产能力 Q 与转子速度、转子表面和板锤前面所形成的空间有关。假定当板锤经过反击板时的排料量与通路大小成正比,而排料层厚度等于排料粒度 (d),如图 2-15 所示。

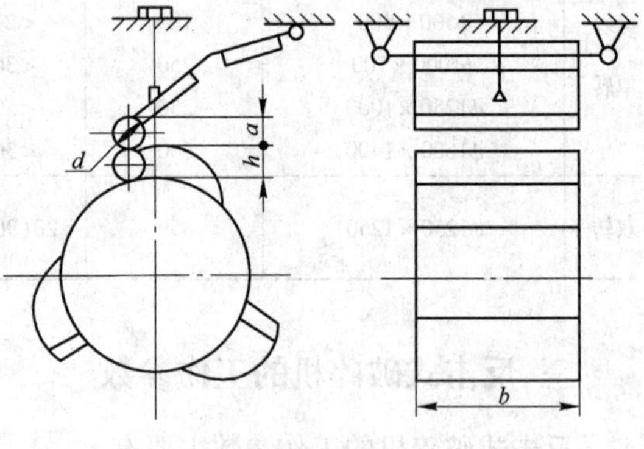

每个板锤前面所形成的通路面积 S (m^2):

$$S = (h + a)b$$

式中 h——板锤高度,m;

a——板锤与反击板之间的间隙,m;

b——板锤宽度,m。

图 2-15 排料通路示意图

每个板锤的排料体积 $V_{\text{板}}(\text{m}^3)$ 为:

$$V_{\text{板}} = (h + a)bd$$

式中 d——排料粒度,m。

转子每转一转排出的物料体积 $V_{\text{转}}(\text{m}^3)$ 为:

$$V_{\text{转}} = c(h + a)bd$$

式中 c——板锤个数。

如果转子一分钟转 n 转,则每分钟排料量 $Q(\text{m}^3)$ 为:

$$Q_1 = c(h + a)bdn$$

而每小时的排料量(已知物料的堆密度为 γ)则 $Q_2(\text{t/h})$ 为:

$$Q_2 = 60c(h + a)bdn\gamma$$

但是,由此得到的理论生产能力与实际生产能力相差很大,因此必须乘以校正系数 K_1,

即得生产能力 $Q(\mathrm{t/h})$ 公式为：

$$Q = K_1 Q_2 = 60 K_1 c (h + a) b d n \gamma \qquad (2-26)$$

式中　K_1——一般取 0.1。

此外，反击式破碎机的生产能力还可按下式计算：

$$Q = 3600 \mu a \gamma v L \qquad (2-27)$$

式中　μ——松散系数，$\mu = 0.2 \sim 0.7$；

　　　γ——物料的堆密度，$\mathrm{t/m^3}$；

　　　L——辊子的长度，m；

　　　a——反击板与板锤之间的间隙，m；

　　　v——板锤的线速度（辊子的圆周速度），$\mathrm{m/s}$。

（四）电动机功率

影响反击式破碎机功率消耗的因素很多，其中主要决定于生产能力、物料性质、转子的圆周速度和破碎比等。目前，还没有比较接近实际情况的理论计算功率公式。一般都是根据生产实践或实验数据，采用经验公式计算电动机功率。

根据生产实际资料计算选择电动功率 $N(\mathrm{kW})$ 公式为：

$$N = KQ \qquad (2-28)$$

式中　Q——破碎机的生产能力，$\mathrm{t/h}$；

　　　K——计算系数，即破碎一吨产品的单位功率消耗，$K = 0.5 \sim 2.0\mathrm{kW/t}$，计算时通常取 $K = 1.2\mathrm{kW/t}$。

根据实验数据得出的经验公式为：

$$N = K_1 Q i^{12} \qquad (2-28')$$

式中　K_1——比例系数，对于中等硬度物料，$K_1 = 0.026$；

　　　Q——破碎机的生产能力，$\mathrm{t/h}$；

　　　i——破碎比。

上述的功率公式不够全面，仅供计算选择反击式破碎机的电动机功率时参考。

第四节　锤式破碎机

一、特性

软质物料和中等硬度的物料焦炭、煤能在锤式破碎机中很好地进行中碎、细碎。

锤式破碎机具有很高的粉碎比（$10 \sim 50$），这是它的最大特点，其他各种类型破碎机（除反击式破碎机外）在这点上是无法和它相比的。此外，单位产品的能量消耗低，体型紧凑，构造简单及具有高的生产能力等都是锤式破碎机的优点，因此，锤式破碎机获得广泛采用。

锤式破碎机的主要缺点在于：当破碎坚硬的物料时，锤子磨损较快，因此需要消耗较多的锤子和检修时间。当有金属零件落入破碎机加料口内时，机器的部件易遭损坏或损伤。

由于物料在锤式破碎机中破碎后，连续穿过机内的出料算条缝隙而卸出，因此为避免堵塞，物料水分含量不应超过 $10\% \sim 15\%$。

二、作用原理

物料在锤式破碎机内受到快速旋转的锤子直接冲击,以及由此引起的料块之间相互撞击而被击碎,此外物料被锤子抛起撞到衬板而击碎。

各种脆性物料由于抗冲击性较差,采用这种破碎机是非常合理的。

三、分类及主要结构

锤式破碎机的种类较多,可分为以下几种。

按转子的数目可分为:(1)单转子(即单轴)破碎机带有锤子的圆盘安装在一根水平轴上,如图 2-16 所示。(2)双转子(即双轴)破碎机装有两根带锤子的平行水平轴,两根轴相对地旋转,如图 2-17 所示。

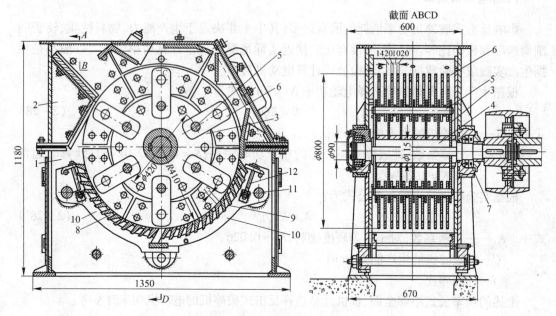

图 2-16　单转子锤式破碎机

1—底座;2—圆盖;3—机盘;4—主轴;5—销轴;6—锤子;7—轴承;8、9—卸料算条;
10—托梁;11—偏心悬挂轴;12—螺栓

按转子旋转方向分定向式和可逆式。

按锤子排列多少分单排式和多排式。

图 2-16 所示系单转子定向转动多排锤式破碎机的结构。机壳内壁全部衬以锰钢衬板。破碎机的转子是若干只圆盘用键固定在主轴上所组成。

物料由加料口进入后遭到高速回转的锤子猛烈冲击,并抛向阶梯布置的衬板,更猛烈地被粉碎,大部分达到破碎要求尺寸的成品即从下面的算条隙卸出,尚未达到尺寸的物料,留在算条上继续受到锤子冲击,同时在锤头与算条之间受到压碎和研磨,直到料块通过算条间隙掉下去为止。

图 2-17 所示系双转子锤式破碎机的结构。破碎机上方加料口的下面有两排进料隔条(又称龙骨),两组相对回转的锤子分别由这些隔条之间的空隙经过。物料落入加料口后,在

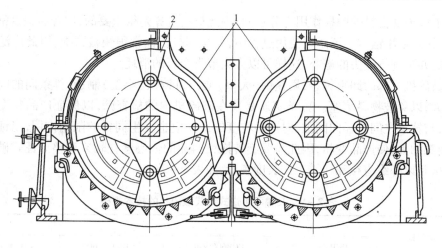

图 2-17　双转子锤式破碎机
1—进料隔条;2—锤子

穿过隔条之前首先便在此预破碎,然后分别进入两边破碎室进一步破碎,最后通过卸料算条卸出。由于物料在进料隔条上受到两边相对回转的锤子预破碎,因此这种破碎机允许进料块尺寸比单转子式大。可达 800mm,而且粉碎比较大。

锤子是锤式破碎机的主要工作部件,它的型式、尺寸和重量,主要决定于所处理物料的大小及其物理机械性质。

图 2-18 示出各种锤子的形状。图 2-18a、b、c 主要用于破碎 100~200mm 大小的软质和中等硬质的物料,每个锤子的质量有 3.5~15kg 不等。图 2-18a、b 两种锤子是两端带孔的,即当磨损后可以调换 4 次使用。图 2-18d 是比较重型的。它的重心离中心较远,故可用于破碎大块(300mm 以上)的中等硬度物料,锤子质量为 30~60kg。图 2-18e、f 两种锤子主要用于较坚硬的物料,锤子质量达 50~120kg。

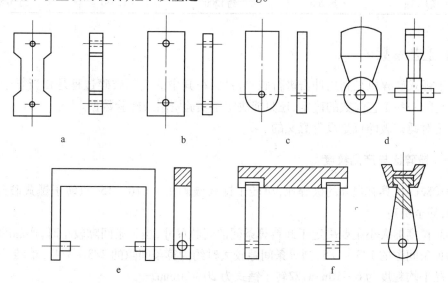

图 2-18　锤式破碎机锤子的型式
a,b—两端有孔的轻型锤;c——端有孔的轻型锤;d—中型重锤;e,f—重型锤

由于锤子受物料的磨损作用十分强烈,因此材料选择是很重要的,用普通碳素钢很快就被磨损,最好是用锰钢。锤子在使用过程中,其端部打击面常很快被磨损,因此广泛使用锰钢堆焊的办法进行锤头的修补,这样可以大大节省金属的消耗。

在破碎机下部的卸料算条,用锰钢(大型)或白口铸铁(小型)制造,算条间的间隙做成内小外大,以免被物料堵塞。算条实质是装在破碎机内的检查筛,以保证产品粒度的最大值,锤头与算条之间的径向间隙,对产品粒度的最大值也发生同样的限制作用,当锤头磨损后,此间隙加大,使产品变粗,因此需要旋转拖梁两端的偏心悬挂轴来调整。锤式破碎机的主要规格是以外缘直径和转子工作长度表示,如表2-9。

表2-9　几种不可逆式锤式破碎机的技术规格

技术规格	型　号			
	PCB400×175	PCB600×400	PCB800×600	PCB1000×800
转子直径/mm	400	600	800	1000
转子工作长度/mm	175	400	600	800
转子转速/r·min^{-1}	955	1000	980	1000
最大进料尺寸/mm	50	100	100	200
出料尺寸/mm	3	5	10	13
生产能力/t·h^{-1}	0.2~0.5	12~15	18~24	~25
锤子数量/只	16	20	36	
电动机型号	JO$_2$-51-6	JO$_2$-64-4	JO-93-6	JR-117-6
功率/kW	5.5	17	55	115
电机转速/r·min^{-1}	955	1460	980	1000
外形尺寸/mm×mm×mm	763×640×560	1055×1020×1122	1495×1698×1020	2514×2230×1515
主机质量/kg	约700	约1200	约2530	约5050

四、工艺参数

由于锤式破碎机是利用冲击进行破碎,物料在其中的实际破碎过程是相当复杂的。因此关于它的一些工艺参数的确定,还只能决定于实验资料或经验数据。

钳角对锤式破碎机是没有意义的。

(一)粉碎比与产品粒度

锤式破碎机具有很高的破碎比,单转子锤式破碎机 $i=10~15$,双转子锤式破碎机 $i=30~40$,甚至更高。

产品粒度的大小主要决定于卸料算条间的间隙尺寸,当算条间隙较小时,产品的平均粒度约为算条间隙的1/3~1/5,当算条间隙较大时约为算条间隙的2/3~3/4。单转子锤式破碎机产品平均粒度为6~10mm,双转子锤式为20~30mm。

图2-19所示 ϕ1270mm×1270mm 单转子锤式破碎机破碎的产品粒度筛析曲线,进料最大粒度为150mm,卸料算条间隙尺寸为13mm,故平均粉碎比 $i=13$。同时由图可知,产品

中只有 6% 左右大于卸料算条间隙尺寸,而在 5mm 以下的产品占 60%,这是锤式破碎机破碎料的特点。

粉碎比的大小对锤式破碎机的生产能力有很大的影响,例如上述示例的破碎机卸料算条间隙由 19mm 缩小为 13mm 时,其产量由 250t/h 降低为 220t/h(降低约 12%)。因此可用缩小卸料算条间隙的办法来减小产品粒度,在加大粉碎比的同时,还要兼顾到对产量的影响。

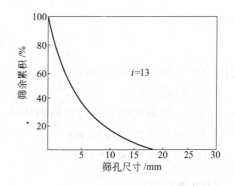

图 2-19 锤式破碎机的产品粒度筛析曲线

(二)锤子质量及转速

锤式破碎机是靠高速回转的锤子所具有的动能来击碎物料块,因此正确选择锤子质量是必要的。每个锤子质量(kg)(打击中心处)可按下式估算

$$M = (0.7 \sim 1) M_n \tag{2-29}$$

式中 M_n——最大物料的质量,kg。

锤式破碎机最低转速是保证转子回转时使锤子呈放射状的转速。最高转速是机器运转时不产生共振现象的转速。当确定锤子质量后,可按下式计算转速 n(r/min)。

$$n = \sqrt[4]{\frac{44 \times 10^6 N}{MD^2 K_1 K_2}} \tag{2-30}$$

式中 D——锤头(工作时)外缘直径,m;

N——电动机功率,kW;

M——每个锤子质量,kg;

K_1——轮子圆周方向的锤子排数;

K_2——横向每排锤子的个数。

由于实际破碎过程十分复杂,上式只能作为估算之用,实际的转速必须通过试验来确定。

一般,单转子锤式破碎机的圆周速度 $v = 40 \sim 55$m/s,转子转速 $n = 700 \sim 1300$r/min。个别重型的单转子锤式破碎机(锤头外缘直径大于 1800mm)和双转子锤式破碎机,锤子圆周速度 $v = 18 \sim 25$m/s,转子转速 $n = 200 \sim 350$r/min。

(三)生产能力

一般多采用经验公式计算,当破碎中等硬度物料、粉碎比为 15 ~ 20 时:

$$Q = (30 \sim 45) LD\gamma \tag{2-31}$$

式中 Q——生产能力,t/h;

L——转子工作长度,m;

D——锤头外缘直径,m;

γ——产品的堆密度,t/m³。

破碎煤时:

$$Q = \frac{yLD^2\left(\frac{n^2}{60}\right)}{i - 1} \qquad (2-32)$$

式中　n——转子转速,r/min;

i——粉碎比;

y——物料硬度和破碎机结构特殊性的特征系数,对于煤 $y = 0.12 \sim 0.22$;

L——转子工作长度,m;

D——锤头外缘直径,m。

(四)电动机功率

$$N = (0.1 \sim 0.15)D^2 Ln \qquad (2-33)$$

式中　D——锤头外缘直径,m;

L——转子工作长度,m;

n——转子转速,r/min。

第五节　残极破碎机

在炭素生产中,在成形、焙烧和石墨化过程中,总会产生一些废品,特别是成形的废品多。这些废品除石墨化废品一部分可作为石墨化废品销售或加工成非标准产品外,都要将其破碎再作为原料投入生产。对于小规格制品残极的破碎,可采用大型颚式破碎机进行破碎。但对于大规格制品残极的破碎,还没有适合的通用破碎机。为此,应设计专门用于破碎残极的破碎机,如 500t 残极破碎机。

一、500t 液压残极破碎机的结构与工作原理

500t 残极破碎机的结构如图 2-20 所示,它是由一个巨大的卧式矩形框架、定齿板、压料头、压料缸与柱塞、动齿板、推料头、回程缸与柱塞、主缸与主柱塞、导轨、算子、液压泵站等组成。

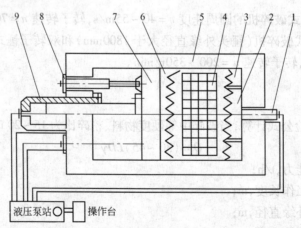

图 2-20　500t 残极破碎机构造示意图

1—压料缸;2—压料头;3—定齿板;4—算子;5—框架;6—动齿板;7—推料头;8—回程缸;9—主缸

动齿板固定在推料头上,推料头又固定在主柱塞上,压料头固定在压料缸柱塞上,推料头和压料头均可在导轨上作往复运动。

定齿板和动齿板是一对破碎工作件,工作时,定齿板紧靠在框架上,由主缸中的高压液推动主柱塞和固联在主柱塞上的推料板带动动齿板向前运动,将动齿板和定齿板间的残极在两齿板的齿尖的挤压作用下而破碎,破碎的细块经箅子卸出机外,主柱塞退回后,再开动主柱塞向前推压将大块料继续挤压破碎,如此反复,将破碎腔内的残极全部挤压破碎与劈碎。

二、主要技术性能

500t 残极破碎机以液压为动力,工作平衡,破碎腔大,破碎时噪声小,残极在两边的齿板的齿尖挤压下剪切破碎,其主要技术参数如下:

最大破碎尺寸:$\phi500\text{mm} \times 2000\text{mm}$;

最大工作能力:5000kN(500tf);

最高使用液压压力:$p = 17.6\text{MPa}$;

生产量:$Q = 10\text{t/h}$。

三、操作步骤

(1)空载卸荷启动;

(2)装料;

(3)主柱塞快进;

(4)破碎,当表压达 4.9MPa 时,关闭快进阀门慢速加压;

(5)返程,当表压达 9.8MPa 时,关闭加压阀门开启卸载阀,主柱塞返程;

(6)推料,当推料头退至适当位置时,推料;

(7)推料后返程;

(8)以上为一个完整工作循环,操作过程中可视具体情况,灵活掌握,如压料头连续两次往返,推料头连续两次往返等。

四、注意事项

(1)破碎机在运行中,操作者随时注意表压,观察有无异常现象及声响。

(2)物料不得翻过保护横梁。

(3)往破碎机破碎腔里投料前,空车启动,往返三次,检查各部运转是否正常,有无异常声音,正常时方可投料使用。

(4)使用前,必须润滑轨道。

(5)使用完破碎机之后,必须清扫设备及周围灰尘杂物。

(6)交接班时,必须交清设备在运行中存在和应注意的问题。

五、一般故障及原因

(1)按启动按钮,不能动,原因是停电或保险丝断。

(2)启动泵后,电接点压力表不上压,高压泵不启动。原因:(1)油箱的油量不够;(2)滤油器不工作;(3)高压泵过流动作。

(3)启动泵后,在工作时,有时受振动停车,原因:控制回路保险丝接触不好。

(4)主缸不进。原因:1)3 号、5 号阀失灵;2)对应点开关小接触器失灵。

(5)不升压。原因:1)4 号、5 号阀失灵;2)对应点开关小接触器失灵。

(6)主缸不退。原因:1)3 号、6 号阀失灵;2)对应点开关小接触器失灵。

(7)推料头不进或不退。原因:1)7 号或 8 号阀失灵;2)对应点开关小接触器失灵。

(8)全部不动。原因:1)1 号、9 号阀失灵;2)对应点开关小接触器失灵。

第三章 磨 粉 机 械

在炭石墨材料生产中,由于配方工艺的要求,需大量的细粉。例如电极的配方中,一般 0.5mm 以下的细粉占 60%～70% ,小于 0.074mm(200 目)的也在 40% 以上。这样多的细粉是将煅后料经中碎或将骨粒料仓的不平衡料通过粉磨机械制备的。可见,粉磨机械在石墨材料工业中是很重要的。

炭石墨材料厂通常使用的粉磨设备有悬辊磨粉机(雷蒙磨)、球磨机,近年来有些厂还采用气流粉碎磨,中小厂和实验室一般采用振动磨和齿盘式快速磨粉机。预焙阳极生产还引进立式球碾磨粉机(又称立式球磨机)。

第一节 悬辊式环辊磨粉机(雷蒙磨)

悬辊式环辊磨粉机是炭素、电炭工业上选用得较多的一种。

悬辊式环辊磨粉机是一种粉磨机械,可获得细度达 0.044mm 的干粉料,并且带有空气分级装置,从而可调地连续自动地工作。

一、雷蒙磨的构造和工作原理

(一)雷蒙磨磨粉系统的结构与工作原理

雷蒙磨磨粉系统是由破碎机、斗式提升机、储料仓、主机(雷蒙磨)、大旋风、鼓风机、小旋风、袋式除尘器、抽风机及传动装置等构成的。图 3－1 是悬辊式环辊磨机在粉磨工艺流

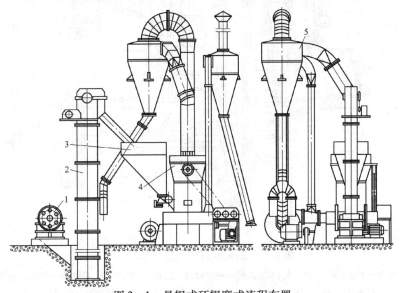

图 3－1 悬辊式环辊磨式流程布置

1—破碎机;2—提升机;3—储料仓;4—环辊磨;5—分离器

程中常用的一种布置:原料用破碎机初碎,经斗式提升机送到贮料斗,由喂料器将物料均匀定量地喂入磨机(主机)粉碎,鼓风机从磨机底部鼓入空气,细粉被气流带向上部的分析器过风筛,粒度大者被挡回再磨,小粉粒随气流进入大旋风分离器进行分离收集成产品,气流大部分循环使用。

(二)雷蒙磨的结构与工作原理

主机包括贮料斗、喂料器、环辊粉磨部分、分级器(风筛)、机壳、机座、传动装置、润滑系统等。

(1)环辊粉磨部分。它是由磨辊、磨环、星形架(梅花架)、中心轴(主轴)、悬轴、铲刀(刮板)等组成(如图3-2所示)。磨辊(悬辊)、磨环、铲刀都要用耐磨材料(如锰钢)制造。磨环固定在底座上,悬辊活套在悬轴下部。铲刀固定在悬轴底部;悬轴采用铸钢,为增加破碎力,直径粗大;梅花架为铸钢,支架均匀分布,支架上铰接悬轴;主轴采用合金钢,安装固定

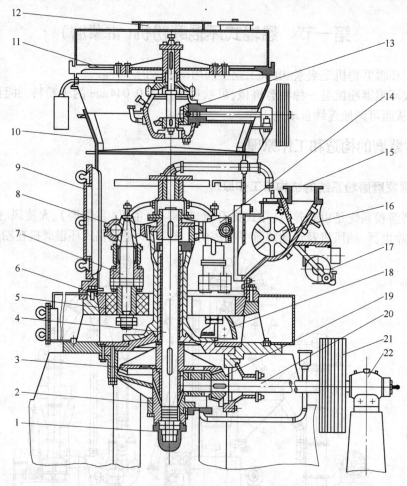

图3-2　悬辊式环辊磨机结构原理图

1—轴承;2—主轴支架;3、19—大、小锥齿轮;4—主轴;5—悬辊;6—磨环;7—悬轴;8—铰链;9—维修门;

10—机壳;11—叶片;12—出风口;13—分级器;14—梅花架;15—进料口;16—星形给料机;

17—棘轮机构;18—铲刀;20—传动轴;21—皮带轮;22—轴承座

于机座上的支架上,下面装有伞齿轮与传动机构相连;机壳为圆筒体,铸造或钢板焊接,上有维修门和进料口,进料口与星形给料机相连,维修门用密封条密封,一般维修门较小,不方便维修;新型磨机或国外的维修门为机壳的半圆柱面,维修方便,但密封较困难;机壳上部安装分析机。工作原理是:主电机启动后,经三角皮带传动一对圆锥齿轮传动并减速,带动主轴与主轴相连的星形架转动。均等地悬挂在星形架上的悬轴是铰接的,磨辊又是活套在悬轴下端的,故星形架转动时,磨辊在离心力作用下绕铰接中心向外摆动而靠贴着磨环内壁公转,在摩擦力作用下又绕悬轴中心自转,使喂入悬辊与磨环之间的物料受到强烈的研磨作用而粉碎。此外,在磨机的底盘上装设有环形风筒,风筒内侧开有若干方形的孔洞,风机鼓入的气流由这些洞吹入机内,将粉末扬起。铲刀随梅花架转动,将物料喂入磨辊碾磨。

(2)分级器。它是由径向辐射状的叶片轮和传动装置组成。叶轮由传动装置带动以一定的转速转动,将气流中的粗颗粒挡落回去再磨,细粉随气流穿过风筛送往收尘器(分离器)收集成为粉料。因此分析器起筛分作用。改变叶轮转速与角度,便可改变粉磨细度,转速愈高,粒度愈小;叶片与水平面夹角越小,粒度越小。

(3)鼓风机。由图3-1知,物料是经初碎、运输、粉磨、分离成为产品的;风路是循环的,鼓风机鼓风入主机,向上吹经过分析器到分离器,又从分离器中心管接到鼓风机的进风口。由于物料所含水分在粉磨过程中气化、进料颗粒间带入空气、系统漏风等原因,会导致风路风量增加。故在鼓风机的送风管路上装有带闸门的溢流管和除尘器,过量的风经除尘后排放空中,以便在磨机和分离器中造成一定的负压,防止粉尘外逸。

(4)喂料器与储料斗。储料斗用以储存达到进料尺寸要求的物料,供喂料器(又称星形给料机)喂料。喂料器是向主机均匀地喂料的装置,一般采用由电机驱动,经三角皮带传动—蜗杆传动—棘轮机构带动叶轮传动,作间歇性喂料。喂料器供料应是可调和具有一定气密性的,使磨机在最佳的进料速度下工作。有些喂料器采用电磁振动给料机。

二、规格和工作参数

悬辊式环辊磨机的规格,是以磨辊的个数和磨辊的直径及其长度(cm)表示。例如4R-3216型悬辊式环辊磨机;4R表示4个磨辊;32表示磨辊直径为32cm;16表示磨辊长度为16cm。雷蒙磨技术性能如表3-1,国内主要使用的为3R机、4R机和5R机,国外有6R机,国内也已有6R机,但没普及。

表3-1 环辊磨机的技术性能

型 号	3R-2714型	4R-3216型	5R-4018型
最大进料尺寸/mm	30	35	40
产品粒度/mm	0.044~0.125	0.044~0.125	0.044~0.125
生产能力(按不同原料)/t·h^{-1}	0.3~1.5	0.6~3.0	1.1~6.0
中心轴转速/r·min^{-1}	145	124	95
磨环内径/mm	$\phi830$	$\phi970$	$\phi1270$
旋叶式分离器直径/mm	$\phi1096$	$\phi1340$	$\phi1710$
磨辊数量/个	3	4	5
磨辊直径/mm	$\phi270$	$\phi320$	$\phi400$

型　号	3R – 2714 型	4R – 3216 型	5R – 4018 型
磨辊高度/mm	140	160	180
鼓风机风量/m³·h⁻¹	12000	19000	34000
鼓风机风压/Pa	1.7×10^4	2.75×10^4	2.75×10^4
旋叶式分离器转速挡数	11	11	11
磨机中心轴的主驱动电动机	JO₂ – 71 – 4 22kW·1450r/min	JO₃ – 200M – 6 30kW·980r/min	JO₃ – 280S – 6 75kW·980r/min
加料器驱动电动机	JO₃ – 820 – 4 1.1kW·1450r/min	JO₃ – 802 – 4 1.1kW·1450r/min	JO₃ – 802 – 4 1.1kW·1450r/min
旋风叶轮驱动电机	JO₂ – 100L – 4 3kW·1450r/min	JO₂ – 1126 – 4 5.5kW·1440r/min	JO₃ – 140S – 4 7.5kW·1450r/min
鼓风机驱动电动机	JO₃ – 160S – 4 15kW·1460r/min	JO₃ – 180S – 4 30kW·1460r/min	JO₃ – 225S – 4 55kW·1460r/min

（一）喂料粒度与工作件尺寸的关系

如图 3 – 3 所示，设磨环内直径、磨辊直径、圆球状物料尺寸分别为 D、d、d_1，钳角 α。

$$\cos\alpha = \frac{(D - d_1)^2 + (d + d_1)^2 - (D - d)^2}{2(D - d_1)(d + d_1)}$$

$$= \frac{Dd - Dd_1 + dd_1 + d_1^2}{Dd + Dd_1 - dd_1 + d_1^2}$$

略去 d_1^2 项，由上式整理得：

$$d_1 = \frac{(1 - \cos\alpha)Dd}{(1 + \cos\alpha)(D - d)}$$

令 $d/D = K$，由表 3 – 1 知，$K \approx 1/3$，取摩擦系数 $f \approx 0.3$ 则摩擦角 $\varphi = 16°20'$。依操作条件 $\alpha \leqslant 2\varphi$，取 $\alpha = 2\varphi = 33°20'$，将这些数据代入上式得

$$d_1 \approx 0.135d$$

实际使用时降低 20%

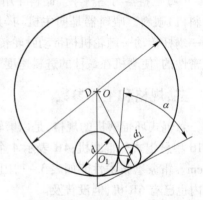

图 3 – 3　环辊磨机喂料尺寸与磨辊直径关系

$$d_1 \approx 0.11d \tag{3 – 1}$$

（二）粉碎压力

当星形架带动悬轴磨辊系统运动时，系统的作用力有：悬轴部分（柄部）的重力 G_1，离心力 $\dfrac{G_1}{g}r\omega^2$；辊子重力 G_2，离心力 $\dfrac{G_2}{g}r\omega^2$，磨环对辊子的支反力 R 和钩链支反力 F。这里 r 表示公转半径，ω 表示公转角速度。

取铰链中心为矩心，可求得粉碎压力 $R(\text{N})$（图 3 – 4）：

$$R = \frac{l_1}{l}(G_1 + G_2) + \frac{r\omega^2}{g}\left(\frac{G_1}{2} + G_2\right)$$

以 $\omega = \frac{\pi n}{30}$ 代入上式，n 为转速（r/min），则

$$R = \frac{l_1}{l}(G_1 + G_2) + \frac{n^2 r}{900}\left(\frac{G_1}{2} + G_2\right) \quad (3-2)$$

式中　l_1 ——辊子自转中心线与摆动中心的距离，m；

　　　　l ——辊子重心的摆动半径，m。

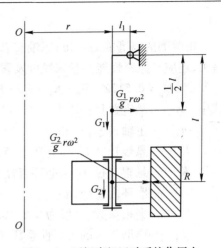

图 3 – 4　环辊磨机运动系统作用力

(三)磨机功率

磨机所需的功率主要用于克服磨辊磨环间的运动阻力所需的功率 N_1（kW）、克服刮板（铲刀）运动阻力所需的功率和机械损失功率。

$$N_1 = \frac{RfvZ}{d/2} \times 10^{-3} \quad (3-3)$$

式中　f ——滚动摩擦系数，一般取 $f \approx 0.01 \sim 0.3$；

　　　　R ——粉碎压力，N；

　　　　d ——辊子直径，m；

　　　　Z ——磨辊数目；

　　　　v ——磨辊自转中心的线速度，m/s。

以 $v = \frac{\pi n}{30} \cdot \frac{D-d}{2}$ 代入上式，刮板阻力以系数 K 值校正（$K = 1.2 \sim 1.5$），机械效率为 η（$\eta = 0.6 \sim 0.8$），电机功率 N（kW）为

$$N = K\frac{1.05RfZn(D-d)}{d\eta} \times 10^{-4} \quad (3-4)$$

式中　n——主轴的转速，r/min。

实际生产中，磨粉功率不稳定，有时增加（主机电动机电流增高），其原因是：

(1)进料过多，增加辊子与铲刀运动摩擦力，使电流增高。

(2)磨环和辊子安装不平，使它们之间的摩擦力增加。

(3)转动部位润滑不好，润滑油少。

(4)主机用皮带传动的，传动皮带太紧。

三、雷蒙磨产量计算

磨机的生产能力和物料性质、粒度要求、操作工艺等许多因素有关，难以准确计算，表 3 – 1 所列范围甚大。一般约为表内数平均值的 50%，如 5R 的生产能力约为 1.7t/h。下面介绍理论计算。

雷蒙磨的产量，是指生产时从旋风分离器中每小时分离出来的粉料量（包括余风系统分离出来的粉料量）。因为雷蒙磨磨碎的物料，它不是直接卸出机外，而是通过风扫带出机外经气粉分离系统分离出来的，故雷蒙磨的产量 Q_c（或称系统产量）不但与磨机的碾磨能力 Q_p 有关，而且与系统的分离效率 η_c 有关，即

$$Q_c = \eta_c Q_p \tag{3-5}$$

雷蒙磨的碾磨能力(t/h)还没有真正的理论计算公式,但它应与磨碎物料所消耗的能量有关,还应与原料性能和粉末粒度及碾磨方式有关,经分析,可用下式计算:

$$Q_p = 0.512 Z \cdot n_o \cdot K_L \cdot K_d \cdot D^3 (1+D) \cdot K_m \cdot K_i \cdot m_B \cdot m_e^{-1} \cdot m_r^{-1} \cdot q_e^{-1} \tag{3-6}$$

式中　Z——悬辊数目;

　　　n_o——主轴转速,r/min;

　　　K_L——悬辊长度 L_B 与磨环直径 D 之比,$K_L = L_B/D$;

　　　K_d——悬辊直径 d_B 与磨环直径 D 之比,$K_d = d_B/D$;

　　　D——磨环内直径,m;

　　　K_m——磨损系数,一般为 0.8~0.95;

　　　K_i——碾磨物料的可磨性系数,磨石油焦 $K_i = 2.0~2.2$,磨无烟煤,$K_i = 1.8~2.0$;

　　　m_B——物料的水分修正系数,一般为 0.9~1.0;

　　　m_e——进料粒度修正系数,一般为 1.0~1.08;

　　　m_r——粉末粒度修正系数,它与风筛(又称分级器)转速(n)有关,依经验,风筛在不同
　　　　　　转速下的 m_r 值如下:

$n/\text{r} \cdot \text{min}^{-1}$	140	160	210	260	310
m_r	1.3	1.7	2.1	2.3	2.5

　　　q_e——磨碎标准物料的单位能耗,kW·h/t;q_e 与磨粉方式有关,由实验,当进料粒度
　　　　　　小于 20mm,出料粒度为 0.075mm,纯度为 36.8% 时,q_e 近似为 18.25kW·h/t。

对于国产雷蒙磨,将 Z、n_o、L_B、d_B 和 D 等数据代入式(3-6)时,可得产量的计算式为

$$Q_p = C \cdot K_m K_i m_B / (m_e m_r q_e) \tag{3-7}$$

对于 3R2714 型,$C = 12.8$;对于 4R3216 型,$C = 24.9$;对于 5R4018 型,$C = 50.5$。

例如,对于 4R3216 型,当取 $K_m = 0.8$、$K_i = 2.0$、$m_B = 0.95$、$m_e = 1.05$、$m_r = 1.7$、$q_e = 18.25$,$\eta_c = 96\%$,对于煅后混合焦,进料粒度小于 20mm,磨至 0.075mm 时,雷蒙磨的碾磨能力(t/h)为:

$$Q_p = 24.9 K_m K_i m_B / (m_e m_r q_e) = 24.9 \times 0.8 \times 2 \times 0.95 / (1.05 \times 1.7 \times 18.25) = 1.2$$

实际生产中,影响磨机产量的因素有:

(1)悬辊、磨环的磨损程度:

1)若均是新辊,辊子张开时,轴中心线与垂直方向有一夹角,辊子表面不能与磨环表面紧密接触,故磨粉效果不佳。

2)当稍有磨损时,辊与环的表面紧密接触,夹住物料多,磨粉效果好,产量高。

3)当辊与环均磨损太多时,产量又减少了。

4)当辊子和磨环磨损不均匀时,产量降低,这时进料愈细,产量愈低。

(2)磨环和辊子安装不平:接触面减小产量降低。

(3)铲刀新旧程度的影响:铲刀磨损,铲入磨环和辊子间的物料少,产量降低,此时应适当增加进料量。

(4)铲刀与铲刀架的角度:角度小,铲上的料就少,产量减少;角度过大,铲上的料就会飞出去,产量也降低,一般,3R 为 33°~34°;4R 为 31°~32°;5R 为 29°~30°。

（5）进料的粒度和进料量：进料粒度小产量高，进料粒度大产量低，如4R，进料粒度小于20mm比进料粒度大于20mm时，每小时产量约高200～300kg。

（6）物料性能：物料不同，产量也不同，磨石油焦比磨沥青焦产量高些，因沥青焦硬度高，磨人造石墨比磨沥青焦和石油焦产量都要低些，因为人造石墨的耐磨性好，且润滑。

（7）风筛的转速和叶片的倾角：转速低，产量高，叶片倾角大，产量高。反之则低。

（8）系统的分离效果。

（9）鼓风量和风压大小的影响：风量大产量高；风量小产量低；风压高产量高；风压低产量低。

（10）磨机内的负压大小和余风管风量大小。

（11）主轴转速的影响：转速高产量高；转速低产量低。

影响磨粉纯度的因素有：

（1）所磨物料不同，纯度也不同，如磨人造石墨粉，其纯度要比磨石油焦或沥青焦时的纯度要低些，粒度要粗些。

（2）进料粒度的影响：进料粒度小，纯度高些。

（3）进料量的影响：1）进料过多，风门易堵塞，产量低，粒度细。解决方法是，暂停进料或停机扒出一些料再生产；或减小或关闭余风管阀门；2）若进料不足，风量大，磨粉纯度变低，粒度变粗。可增加进料，或开大余风管阀门。

（4）风量大小的影响：风量大粒度变粗；风量小粒度变细。

四、风力系统的分析与调控

雷蒙磨磨粉系统，一般由主机（雷蒙磨），鼓风机，大旋风分离器和管道组成的封闭环路系统见图3-1，另外有余风管、小旋风分离器、除尘器、袋式除尘器、抽风机和管道的余风系统。

（一）雷蒙磨运行时的风量与风压

鼓风机将空气鼓入磨机，气流受到物料、扬起的料粉、悬轴悬辊的运动、风筛叶片的运动、管道等的阻力，风压逐渐由正压转为负压。扬起的粉粒与气体的混合气流进入大旋风分离器，粉粒经大旋风分离器分离出来送入料仓，气流压力进一步降低，粉粒分离后的气流由鼓风机再鼓入磨机，气流在此闭路系统中循环流动。气流在循环系统中各处的压力是不同的，也是随时变化的，雷蒙磨磨粉系统的风量和风压见表3-2，运行时各处的压力分布如图3-5所示。

影响磨机内风压的因素有：（1）磨机底部物料层的厚度；（2）进料量的大小；（3）磨机的

表3-2　雷蒙磨磨粉系统风量和风压实测值

雷蒙磨型号	3R 2714	4R 3216	5R 4018
风量/km³·h⁻¹	7～8	10～11	22～23
全压/kPa	2.1～2.0	3.2～3.05	4.7～4.5
余风管风量/km³·h⁻¹	1.0～1.1	1.5～2.5	4.0～4.5

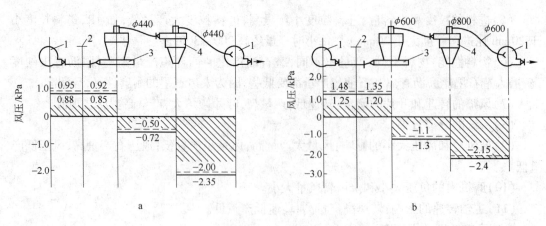

图 3 - 5　雷蒙磨生产运行时的压力分布

——静压线；----全压线

a—4R3216 型；b—5R4018 型

1—鼓风机；2—余风管；3—雷蒙磨；4—大旋风分离器

转速；(4)分析机的转速和叶片倾角。

(二)零压面及其移动

所谓零压面(或称零界面)，它是系统内气流压力为零(表压)的点组成的压力界面。环路气流系统中共有两个零压面，一个在鼓风机内，气流由负压转为正压的界面，鼓风机的风压基本上是稳定的。另一个零界面在磨机内，气流由正压转为负压的界面。

零压面又分为全压零压面和静压零压面。所谓全压零压面是由全压等于零的点所组成的面；而由静压等于零的点组成的面则称为静压零压面。全压与静压的关系为：

$$H_{全} = H_{静} + h_{动} \tag{3-8}$$

在环路系统中，全压零压面和静压零压面两者之间有一定距离，这段距离内的阻力等于全压零压面与静压零压面之间的压力差($\gamma v^2/2g$)。使用全压零压面的概念是为了便于计算，而使用静压零压面的概念是为了便于了解管路冒粉(冒风)或漏(人)风的情况，以便于控制操作。但在移动的零压面的计算中，必须使用全压和全压零压面的概念。全压零压面和静压零压面总是成双出现的，若一个零压面移动，则另一个零压面就会跟着移动。余风管的阻力决定全压零压面的位置，当余风管阻力不大时，运行中零压面在加料口以下，一般不需要移动零压面。生产中应通过控制余风管的流量(控制余风管闸门)使全压零压面稳定地处于悬辊和磨环(钢圈)处；当余风管的风量控制在表 3 - 3 中的数量范围时，阻力又不大于表 3 - 3 中所列值，可以不移动零压面；当余风管采用阻力大的除尘器时，或因除尘要求高，需要整个风力环路在负压状态下工作时，则全压零压面由雷蒙磨内移至鼓风机出口附近，甚至移到鼓风机内。

表 3 - 3　余风管风量及阻力

雷蒙磨型号	余风量/km³·h⁻¹	余风管阻力/kPa
4R 3216	2.5	0.9
5R 4018	4.5	1.5

(三)余风的来源和排除

1. 余风的来源

在雷蒙磨磨粉运行时,环路中余风的来源为:

(1)在整个环路中总有一段是处于负压(如图3-5所示),一般雷蒙磨的加料口和维修门以上至大旋风分离器处于负压区,当加料口、维修门、大旋风分离器卸料口及管路密封不严时,将吸入一部分风。

(2)在给料时,因物料为松散性物料,物料间隙和物料气孔中的空气随给料而带入磨机内。

(3)雷蒙磨磨粉过程中机器运转时,将产生热量,使环路中流体温度总比车间高10~30℃,热气流对物料有一定的干燥作用,使物料中的水分汽化产生水蒸气。

(4)由于系统流体温度升高,则整个流体因温度升高而体积膨胀。

2. 余风的排除

由以上分析可知,在生产运行中,环路系统风量总会增加。然而,系统的总容积一定,若增加的风量不排除,必然会引起系统内风压增高,一方面会影响磨机的产量和产品粒度;另一方面,若系统中有密封不严处,将会漏风冒粉,影响车间环境,且浪费原料。故应将多余风量由余风管经除尘后排放空气中。余风由小旋风除尘器除尘放空,但其除尘效率低(特别是对于小5μm的微粉收尘效率更低),应采用袋式除尘器作二级除尘后再排放。

余风管不能设在鼓风机与大旋风分离器间的风管上,这样会使大量物料进入余风管。余风管以设在鼓风机出口附近的风管上为宜。

当余风管上串联一小抽风机时,余风管的阻力(包括除尘器)由小风机负担,这时可使余风管阻力为零。

五、雷蒙磨的特点和使用

悬辊式环辊磨机是以磨辊和磨环为工作件(凸面和凹面),靠磨辊的惯性力粉碎,以研磨为主的粉磨机械。由于星形架的转速较高,磨辊数较多(3~6个),使物料受到粉碎的机会多,又采用圈流式粉碎,设风送、风筛装置,故是一种综合性的、连续生产、产量大、单位电耗较小、大粉碎比、细度均匀且可控制的粉碎机械。

所有的工作件几乎都是钢铁制品,物料受铁污染较严重;整机装置高,要求有高大的厂房建筑;粉尘较大。

使用磨机时要特别注意如下几点:

(1)主机应在负压下运动。若喂料口等处粉尘大量外逸,应检查各密封处,管路是否漏风,收尘器底管闸门是否关闭严密,溢流系统堵塞等,此时鼓风机送风量应逐渐增大。

(2)由工作原理知,主机不应空载开车,以免损坏磨机。

(3)喂料速度要适宜、均匀。料层过薄,磨耗大;料层过厚,进气孔易堵塞,气阻大,流速减小,已磨料不能及时带走,出现塞机。

为此采取的措施有:给电磁振动给料机或叶轮式间歇喂料器装设自动调节装置。后者的原理如图3-6所示,U形压力计装深颜色的指示液,一端通大气,另一端接旋风分离器。

当料层过厚,将风沟堵小,气阻增大,分离器的负压增大,U形管指示液沿接分离器端上升,遮蔽光电管光束,光电继电器动作,使棘爪吸起,停止喂料;随着磨机的转动,料层减薄直至恢复正常,指示液下降,光电继电器作用,电磁铁断电,棘爪落下,喂料器又开始喂料。

(4)粉磨细度的控制除了调节分析器转速外,还要注意受分离器、鼓风量等操作状态各因素的影响。

(5)进料量的控制操作

1)听主机声音(日本用噪声控制),噪声大时,增加进料;噪声小时,减少进料。

2)看主机电流表:进细料,电流就低些,进粗料电流就高些,某厂 4R 实际生产中,进细料时,电流为 70 ~ 90A;进粗料时为 100 ~ 110A;新换磨环电流低些。磨环使用 6 ~ 7 个月应更换,辊子 3 ~ 4 个月换一次,可轮换,如 4R,每次换 2 个。

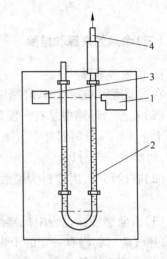

图 3 - 6   自动调节加料量装置
1—发光源;2—U 形压力计;3—光电继电器;4—接旋风分离器

六、雷蒙磨的操作与故障分析及处理方法

(一)悬辊式环辊磨机的操作技术

1. 操作前的准备

(1)接班人员应了解上一班的设备完好情况,及粉料仓的存料和下工序的实际用料情况。

(2)开机前必须检查磨粉机油箱、蜗轮箱、主轴轴承的润滑情况及磨机运转情况。

(3)给磨粉机主机、主轴加油,检查机内弹子、铲刀、磨环和悬辊磨损与否,还需检查磨辊的运转部分以及螺丝的松动情况,发现问题要及时处理。同时检查盘动横轴,如无问题,方可开机。

(4)检查除尘器和风管的有关阀门是否开启,风门是否调整在适当位置,是否堵塞。

2. 操作程序

(1)先启动斗式提升机和破碎机,使物料进入破碎机,按规定粒度进行破碎。在贮料斗约有 50% 料后,便可开动磨粉机。

(2)开启分析机、电磁调速电机,将主机转数调整到所需的转速,以符合粉料细度的要求。

(3)启动鼓风机。

(4)启动磨粉主机。

(5)开动给料机,根据工作要求,调整给料量并达到均匀给料。

(6)停机顺序:先停颚式破碎机,斗式提升机,再停止给料机,停止给料几分钟后,待研磨室内无多余料,停止磨粉主机,而后停鼓风机,最后停分析机。

3. 注意事项

(1)开动磨粉机前,把所有检修门关闭好。

(2)磨粉机在运转中不得进行维护保养或修理及转动部分不准加油,确保安全生产。

(3)磨粉机在运行中,任何部位有不正常声音或负荷突然增大,应立即停车进行检查,排除故障,确信无问题后,方可开机。

（4）凡突然停机及排除故障后又继续生产的,必须将磨粉机内多余料取出,否则,磨粉机启动时会电流过大。

（二）悬辊式环辊磨机的一般故障及处理方法

1. 不出粉（正常情况下突然不出粉或少出粉）

这一般由以下原因引起:出粉阀失灵;锁气器漏装或常开;管道严重漏气;进入鼓风机的管道阀门关得太小;给料过多;管道系统安装太长太高、弯头太多或弯头处角度太小;磨辊装置卡死不转;铲刀头磨损较多或料太湿等。

处理方法:检查出粉阀和锁气器是否卡死或常开,堵住管道漏气和检风门的阀门是否打开。检查磨辊装置是否卡死和铲刀磨损情况。改变管道高度,增大弯头处角度。均匀进料。控制料的湿度在6%以下。

2. 出粉过粗或过细

产生原因:分析机转速未调整适宜;风量控制不当。

处理方法:调整分析机转速及风量。

3. 主机停机频繁,机温过高

产生原因:机内物料太多,出粉太少,使磨机温度上升,而鼓风机电流下降,余风管阀门关闭,热气无法排出。

处理方法:清除回气箱内和管道内的积粉,均匀加料。主机停机频繁还应检查继电器的调整是否偏低于电机额定电流。

4. 主机声响大并有振动

产生原因:主机减速器与联轴器偏差较大,地脚螺钉松动,装配时主机上单向推力轴承上下脱开;安装时由于联轴器中间无间隙,将推力轴承顶起;料太硬,料似粉状或进料太少;基础不牢固。

处理方法:找正中心,二联轴器不同心度保证在0.30mm以下。调整联轴器间隙为5mm左右。如磨料已成粉状,可把主机转速降为110~120r/min;拧紧地脚螺钉和所有紧固件。

5. 鼓风机振动

产生原因:地脚螺钉松动;叶片磨损不均匀或叶片积灰而产生不平衡。

处理方法:拧紧地脚螺栓。清除叶片积灰或调换叶片。

6. 减速机及分析机发热

产生原因:上下轴承装配无间隙;油的黏度大,上部轴承缺油;油加得太多,不易散热;空气过滤器安装时漏装,并把管接头堵死,起不到保护作用,使粉尘从转盘下面进入油池内。

处理方法:调整轴承间隙在0.15~0.20mm范围内。检查油的黏度。

7. 磨轴装置进粉

产生原因:上下轴承间隙较大,运转时磨辊轴容易晃动,密封圈磨损,使粉进入轴承内,这样又加快了轴承的磨损,使间隙更大,出现恶性循环;运转时磨辊上部两只螺母松动,造成上下两轴承间隙增大,引起进粉、断油、加快轴承的磨损。

处理方法:调整轴承间隙,每班开车前应加油,定期清洗。

第二节　球　磨　机

球磨机是炭素、电炭工业广为使用的粉磨机械,它对石油焦、沥青焦,无烟煤等脆性物料的粉磨效果良好,但不太适用天然石墨,人造石墨的粉磨,因钢球撞击会破坏石墨的晶体结构。

球磨机消耗动能大,运转时,噪声大、振动大,维修工作量大,因而逐渐被雷蒙磨所代替,但其产量大,结构简单,且容易制造,故在较大炭素电炭厂仍被广泛采用。

一、球磨机的类型与结构

(一)类型

球磨机的类型很多。按生产方式可分:间歇式球磨机和连续式球磨机;按卸料方式可分:中心卸料球磨机(经空心柄轴卸料)和边缘卸料球磨机(经筒壁上的筛孔卸料);按研磨体的特征分:钢球磨、瓷球磨、棒磨、砾磨;按筒体长径比(L/D)分:球磨和管磨,此外还有锥磨。

球磨机的主要规格以圆筒的直径(未装衬板的内径 D)和长度 L 表示。国产主要的几种球磨机技术性能见表 3－4。管形球磨机和锥形球磨机不太适用于炭素、电炭工业,炭素工业多采用短筒球磨机,为了提高生产效率,一般设有空气分离系统(风力排料及空气选粉),如图 3－7 所示。

筒体的驱动,可由筒体轴头带动,也可由装在筒身或端盖的传动件(皮带轮、齿轮等)带动,前者或称为中心传动式,后者称为边缘传动式。

筒体的支承,可由两端机架上的主轴承支承,也有由拖轮支承。

然而,不管是哪一种类型,其粉碎原理都是靠筒体带动研磨体实现对物料的碰击研磨作用的。筒体的运动参数,结构,研磨体大小,级配和形状,物料的配比和填充率是本机的主要问题。

球磨机可采用干磨,也可采用湿磨,炭素,电炭厂中一般采用干式球磨,风力排料及空气选料。

(二)球磨机构造

图 3－8 是 ϕ1500mm ×3600mm 格子型球磨机。结构可划分为:由筒体、主轴承、机架组成的主机部分;由电机和传动减速装置组成的传动部分;其他的附属装置部分。工作时,筒体内装填着按工艺要求配比好的物料和研磨体(如钢球),当筒体被驱动处在适宜的转速下转动时,研磨体在摩擦力和离心力的作用下升至一定高度,然后抛落下来,使物料受到持续的冲击、研磨和混合。

球磨机的主要零部件有:

1. 筒体

筒体是球磨机的工作部分,由筒身、端盖、内衬、加料口和人孔等组成,形成一个圆筒磨腔、端盖两外侧中心带有轴颈,将筒体支承在机座的轴承上。对筒体的要求是要有足够的强度、刚度、同心度和质量平衡。

表3-4 国产球磨机的主要特征

类型	序号	规格型号	有效容积 /m³	筒体转速 /r·min⁻¹	装球(棒) 质量/t	样本生产能力 /t·h⁻¹	传动电动机			筒体部件重量 /t	设备质量 /t
							型号	功率/kW	电压/V		
混式格子型球磨机	1	MQG900×900	0.45	40	0.67	0.2~1.7	JO₂-180IM-8	15	380		4.3
	2	MQG900×1800	0.90	48	1.6	0.4~3.4	JO₂-200IM-8	22	380	2.084	7.0
	3	MQG1200×1200	1.15	35.7	2.2	0.6~5	JQO-83-3	28	380		14.5
	4	MQG1200×2400	2.30	35.7	4.2	1.2~1.0	JQO-94-8	55	380		18.4
	5	MQG1500×1500	2.50	29.2	5.0	1.4~4.5	JQ-115-8	60	380	3.81	13.7
	6	MQG1500×3000	5.0	29.2	10.0	2.8~9	JR-125-8	95	380	7.12	16.9
	7	MQG2100×2200	6.60	23.8	16.0	5~29	JR128-8	155	220/380	10.92	46.9
	8	MQG2100×3000	9.00	23.8	20	6.5~36	JR-137-8	210	380	14.40	50.6
	9	MQG2700×2100	10.40	21.7	24	6.5~84	JRQ-148-8	240	6000	18.585	69.2
	10	MQG2700×3600	17.70	21.7	41	12~145	TDQ215/29	400	6000/3000	30.681	77.3
	11	MQG3200×4500	32.00	18.6	75	95~110	TZ260/29	900	6000/3000	52.44	141
溢流型球磨机	1	MQY900×1800	0.90	35	1.6	0.58~2	JQ-81-8	20	380	2.084	7.2
	2	MQY900×3000	5.0	29.2	8	2.5~8	JR-125-8	95	380	7.12	16.6
	3	MQY2100×3000	9.00	23.8	20	4~30	JR-137-8	210	380	14.40	49
	4	MQY2700×3600	17.7	21.7	32	10.0~130		400	6000/3000	30.681	74.7
	5	MQY3200×4500	32.00	18.6	75	95~110		900	6000/3000	52.44	141
溢流型棒磨机	1	MBY900×1800	0.90	43	1.8	0.4~3.4	JQ-81-8	20	380	2.084	5.25
	2	MBY900×2400	1.40	35	4.0	2.3~3.6	JQ-82-8	28	380	2.627	6.87
	3	MBY1500×3000	5.0	26	11	2.4~7.5	JR-125	95	380	7.98	16.7
	4	MBY2100×3000	9.0	20	24	14~35	JR-125	155	220/380	14.4	48.9
	5	MBY2700×3600	17.7	18	48	36~75		400	6000/3000	30.681	74
	6	MBY3200×4500	32.0	16	75	81.95		900	6000/3000	52.44	135
干式球磨机	1	φ550×450		46	0.052	0.075		3	380		1.3
	2	MQG900×1800	0.9	43	0.92	0.3~2.6	JQ-81-8	20	380		5.25
	3	MQG1500×3000	4.4	32.7	8.4	2.2~12	JR-125-8	95	380		18

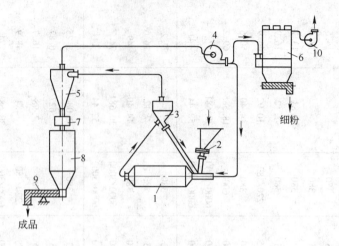

图 3-7　带空气分离器的球磨机工作示意图

1—球磨机;2—进料器;3—空气分离器;4—鼓风机;5—旋风分离器;6—布袋除尘器;
7—磁选机;8—收集料斗;9—自动秤;10—抽风机

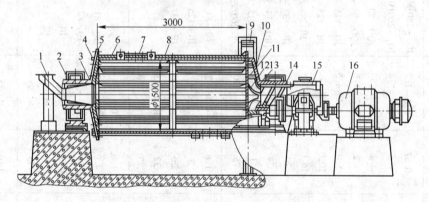

图 3-8　φ1500mm×3600mm 格子型球磨机

1—给料器;2、14—轴颈内套;3—端套;4、13—端盖衬板;5—法兰盘;6—筒壳;7—大孔盖;8—衬板;
9—大齿轮;10—端盖;11—格子板;12—中心衬板;15—圆筒筛;16—电动机

(1)筒身是用低碳钢弯卷焊接成的圆筒体,工艺上应保证有足够的圆度。中间开加料、卸料或人孔的开口(也有将人孔另设在端盖的)。

筒身内的两头焊上通常由锻造或铸件加工成的法兰圈,法兰圈的内孔和外端面应在专用机床加工,其中内孔作为端盖的对中基准。

近来出现整体式筒身,即筒体端盖焊成一体,这种结构要求制造工艺水平较高。

筒身的长径比约为 0.88～1.2。国产球磨机多用 1～1.2,国外多取 0.88～1。筒身钢板的厚度,小型球磨机约为其直径的 0.5%～1%,较大型球磨机在 0.5% 左右。筒身主要承受筒体自重、研磨体、物料的重量及其在运动时产生的离心力,筒体在外力作用下产生弯曲力矩、扭转力矩和切力,其中由扭转力矩和切力产生的应力和变形非常小,根据实践经验,一般只需计算最大弯曲应力和校核径向刚度。

(2)端盖通常用铸铁件,带加强筋。大型球磨机由装配式侧板和轴盘组成(图 3-9);小型磨机用整体式(图 3-10)。两图的上半部都有台肩表示是装齿圈结构,带"V"符号者

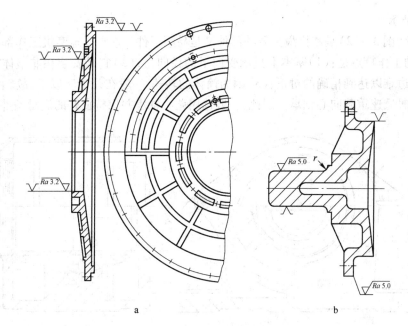

图3-9　装配式端盖

a—衬板；b—轴盘

表示装配定位面。侧板和轴面、端盖和筒体都采用双头螺栓紧固连接。

（3）衬板的作用是保护筒身和防止污染原料。

衬板的材料大多数用耐磨金属，还有刚玉、橡胶等。

橡胶衬板（图3-11）厚25~40mm，用带T形槽的压条压固，压条用T形螺栓紧固在筒身上。也可用T形螺栓直接将带有T形槽的衬板紧固在筒体上，小型磨机亦可用整体式衬套装在筒身上，橡胶衬板的主要特点是较轻、厚度小，因而磨腔的有效容积增加、寿命长（7~10年）、噪声小、一次投资大。设计和选用橡胶衬板磨机时还要考虑到铁锈和橡胶杂质、黏结剂等对原料的污染问题。

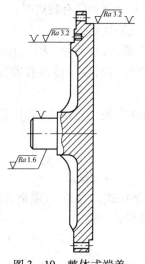

图3-10　整体式端盖

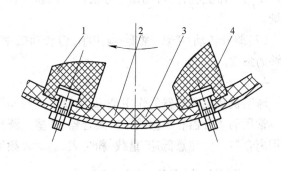

图3-11　橡胶衬板

1—凸衬；2—平衬；3—筒体；4—连接螺栓

2. 主轴承

主轴承(图 3 - 12)是本机最主要的部件又是易磨损件。它承受球磨机工作部分的全部载荷。它的工作特点是:(1)基本上只承受向下的径向力;(2)它是安装在非整体式的两端机座上,两边难以达到精确的对正;(3)因为筒体的转速 一般在几十转以下,故轴头回转的速度较低,属低速重载向心轴承。因此,一般选用调心轴承并保持良好的润滑条件。

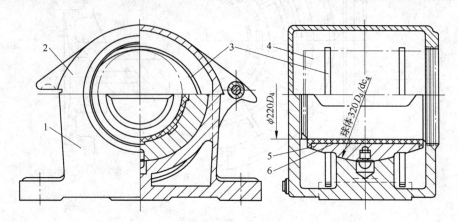

图 3 - 12　球磨机的球面自位滑动轴承

1—轴承座;2—轴承盖;3—油环;4、5—球面轴瓦;6—轴承衬

3. 传动部分

球磨机几乎都采用单独传动,传动比一般在 30 ~ 70 之间,这是一般皮带—齿轮、二级皮带传动或一级蜗杆传动等可能办到的。生产实际中应用如下形式:

(1)托轮摩擦传动常用于实验里;

(2)皮带—直齿(斜齿)圆柱齿轮传动:最常用;

(3)皮带—内齿轮传动:具有紧凑,较清洁、安全,强度大等优点,只是内齿轮的加工较为困难;

(4)皮带—圆锥齿轮传动:主要用在受到空间位置所限或充分利用已有物资时;

(5)皮带—行星齿轮减速器传动:具有紧凑、方便操纵、美观的优点;

(6)皮带—皮带传动:完全用皮带传动的球磨机在国内外都用,它简单、无声、便宜、虽然强度与寿命低些,但可用预装办法,并且随着新型高强度带的出现,皮带传动有着良好的前景。

(7)蜗杆传动:美观、紧凑、噪声小,但转动效率较低。轴盘受到扭转应力,应注意要有足够的强度。

4. 离合器

球磨机装设离合器的作用是:一是便于控制操作;二是便于分段启动。

常用的离合器有摩擦式圆锥离合器、摩擦式圆盘离合器、液压式离合器、电磁离合器等,选用离合器时要注意低速、重载、粉尘大、启动较频繁等工作条件。

二、球磨机研磨体运动分析

球磨机工作时筒体作等速回转运动,带动装填于筒体内的研磨体运动,使物料受到冲击与研磨作用而粉碎(图3-13)。研究研磨体在筒体内的运动情况对于了解研磨体对物料的作用实质,掌握影响效果的各项因素和提高粉磨效率,缩短球磨时间,确定球磨机的主要工作参数(转速、功率、装填量等),以及工作件的受力分析和强度计算等,有很大的实际意义。

由球磨机的透明模型实验观察可以看到,机中研磨体的运动是比较复杂的,有随筒壁的上升运动,有研磨体与筒壁之间的相对滑动,有抛落运动等。

在不同的筒体转速下,研磨体的运动规律可简化为三种基本形式(图3-14):图3-14a是在转速很低时,研磨体靠摩擦力作用随筒体升至一定高度,当面层研磨体超过自然休止角时,研磨体向下滚动泻落,主要以研磨的方式对物料进行细磨,由于研磨体的动能不大,故碰击力量不足;图3-14b是在筒体转速很高时,研磨体受惯性离心力的作用贴附在筒体内壁随筒体一起回转,不对物料产生碰击作用,主要靠研磨;图3-14c是筒体在某个适宜的转速下,研磨体随筒体的转动上升一定高度后抛落,物料受到碰击和研磨作用而粉碎。以下就第三种研磨体的运动形式进行分析,实际上就是求运动轨迹、工作周期等并用数学式表示出来。

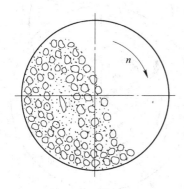

图3-13　球磨机的工作原理图

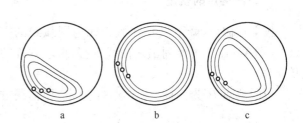

图3-14　球磨机研磨体在筒体内的运动
a—泻落式;b—和筒体一起运动;c—抛落式

在论述实际问题时,由于筒体内还有物料,为使问题得到比较简单的处理。作如下的假设,实用时再作必要的修正。(1)当磨机在一定操作条件下运动时。研磨体互不干扰,一层层作循环运动,运动轨迹近乎封闭曲线;(2)这条曲线的一段是以筒体为中心的圆弧线,另一段是抛物线;(3)忽略研磨物间和研磨体对筒壁的相对滑动,认为研磨体抛出的初速度相当于研磨体所在圆的圆周速度;(4)略去物料对研磨体运动的影响。

(一)脱离点的轨迹

如图3-15所示,取筒体截面中半径为 R 的任意对象,研磨体随筒体运动上升获得一定的速度(v),设重量为 G,研磨体离开圆弧轨迹抛落的条件是:

$$\frac{G}{g}\frac{v^2}{R} \leqslant G\cos\alpha$$

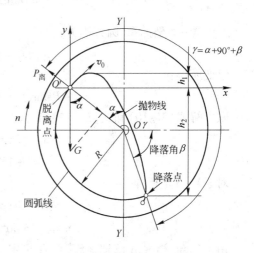

图3-15　研磨运动轨迹

$$\frac{v^2}{gR} \leqslant \cos\alpha \quad 或 \quad \frac{Rn^2}{900} \leqslant \cos\alpha \tag{3-9}$$

式中　α ——脱离角,脱离点 O' 和筒体中心 O 的联线与 Y 轴的夹角。

　　　　R ——研磨体所在层的半径,m;

　　　　n ——筒体的转速,r/min;

　　　　v ——研究层研磨体圆弧运动的线速度,m/s。

　　显然,α 越小,研磨体升得越高;当 $\alpha=0$ 时,升至顶点,此时筒体的转速,称为临界转速。

　　式(3-9)称为球磨机研磨体运动基本方程,表示 R、n、x 的关系,也说明当筒体转速一定时,各层研磨体上升的高度是不同的,靠近筒壁的升得较高。α 与研磨体的自重无关,大小研磨体在同一单层上都在同一位置抛出。

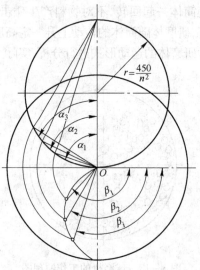

　　将各层脱离点连接,即为脱离点的轨迹线。式(3-9)的图形是圆,半径为 $450/n^2$,圆心在 Y 轴上,圆周通过 O 点。故研磨体脱离点的轨迹是一段弧线(图3-16)。

(二)降落点的轨迹

　　按上述假设,降落点是在抛物线与圆弧线的交点上(图3-15),为此列出两曲线方程,再求方程的联立解。

　　设脱离点 O' 为坐标 $x-x$、$y-y$ 原点,抛物线方程:

$$x = vt\cos\alpha$$

$$y = vt\sin\alpha - \frac{1}{2}gt^2$$

图3-16　研磨体脱离点轨迹

消去时间参量 t,得方程

$$y = x\tan\alpha - \frac{gx^2}{2v^2\cos^2\alpha} \tag{3-10}$$

对于 $X-Y$ 坐标系,圆方程为:

$$x^2 + y^2 = R^2 \tag{3-11}$$

经变换得:

$$(x - R\sin\alpha)^2 + (y + R\cos\alpha)^2 = R^2 \tag{3-12}$$

联立解式(3-10)和式(3-12)得

$$\left.\begin{array}{l} x = 4R\sin\alpha\cos^2\alpha \\ y = -4R\sin^2\alpha\cos\alpha \end{array}\right\} \tag{3-13}$$

对于 $\overline{X}-\overline{Y}$ 坐标

$$\left.\begin{array}{l} \overline{X} = 4R\sin\alpha\cos^2\alpha - R\sin\alpha \\ \overline{Y} = -4R\sin^2\alpha\cos\alpha + R\cos\alpha \end{array}\right\} \tag{3-14}$$

由上式知,当 R,α 已知,降落点 O' 可定。

　　联结降落点和筒体中心的直线与 $\overline{X}-\overline{Y}$ 轴的夹角称为研磨体的降落角,以 β 表示。

$$\sin \beta = \frac{|Y|}{R} = \frac{4R\sin^2\alpha\cos\alpha - R\cos\alpha}{R}$$

$$= -(4\cos^2\alpha - 3\cos\alpha) = -\cos3\alpha$$

故： $$\beta = 3\alpha - 90° \qquad (3-15)$$

各层研磨体降落点的连线称为降落点的轨迹线。设研磨体从脱离点抛出后到降落点为止经过的圆心角为 γ。则

$$\gamma = \alpha + \beta + 90° = 4\alpha \qquad (3-16)$$

(三)研磨体的最内层

为了使球磨机在抛落式下工作,装填的研磨体不能太多,否则塞在一起,在空间相互干扰而无法自由降落。最内层是指研磨体能以某一最小半径(R_1)随筒体上升到一定高度然后不受干扰地抛落。由式(3-9)和式(3-14)得:

$$\overline{X} = \frac{900}{n^2}(4\sin\alpha\cos^2\alpha - \sin\alpha\cos\alpha)$$

令 $\mathrm{d}\overline{x}/\mathrm{d}\alpha = 0$

$$16\cos^4\alpha - 14\cos^2\alpha + 1 = 0$$

$$\alpha \approx 73°50'$$

故最内层半径 $R_1(\mathrm{m})$：

$$R_1 = \frac{900\cos73°50'}{n^2} = \frac{250}{n^2} \qquad (3-17)$$

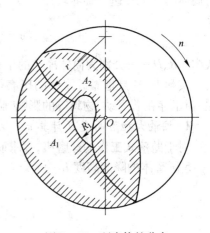

图3-17 研磨体的分布

上式说明,在理论上装填研磨体时务必使 R_1 不小于 $250/n^2(\mathrm{m})$,否则研磨体降落时相互干扰碰撞,损失了能量,降低了球磨效率。

至此,可将研磨体在筒体内运动的分布情况示意如图3-17。当然这些结论具有很大的条件性,它在生产实际中受到检验并依实际情况作必要的修正。

(四)研磨体的回转周期

由于研磨体内有一段是抛落运动,因此,筒体和研磨体的循环周期并不相同。

设筒体的实际转速为 $n(\mathrm{r/min})$,则每一转的时间(t_1)为 $60/n(\mathrm{s})$,研磨体转过一个周期的时间 $t_2(\mathrm{s})$ 为作圆弧运动的时间 $t_3(\mathrm{s})$ 与抛落运动时间 $t_4(\mathrm{s})$ 之和,即:

$$t_1 = \frac{60}{n}$$

$$t_2 = t_3 + t_4$$

$$t_3 = \frac{360° - 4\alpha}{360°} \cdot \frac{60}{n} = \frac{90 - \alpha}{1.5n} \qquad (3-18)$$

$$t_4 = \frac{x}{v\cos\alpha} = \frac{4R\sin\alpha\cos^2\alpha}{\frac{\pi Rn}{30}\cos\alpha} = \frac{19.1\sin2\alpha}{n} \qquad (3-19)$$

$$t_2 = t_3 + t_4 = \frac{90 - \alpha + 28.6\sin2\alpha}{1.5} \qquad (3-20)$$

筒体回转周期和研磨体回转周期之比称为周期率,以 J 表示,

$$J = \frac{60/n}{\dfrac{90 - \alpha + 28.6\sin2\alpha}{1.5n}} = \frac{90}{90 - \alpha + 28.6\sin2\alpha} \qquad (3-21)$$

由式(3-21)知:(1)当 $\alpha = 0$, $J = 1$ 时,即只有当研磨体"附贴"在筒壁与筒体作同步转动时,筒体和研磨体的回转周期才是一样的。一般情况下,研磨体的周期快于筒体, $J > 1$ 。(2)不同层研磨体周期率也是不同的,靠近筒心部分的大些,靠近筒壁的小些。

三、主要参数的确定

球磨机的主要工作参数包括筒体的转速、功率、生产能力等,它直接关系到磨机的生产率、经济指标、机械强度等。

(一)筒体的转速

按上述假设和式(3-9)知,当 $\alpha = 0$ 时,研磨体升到最高,研磨体随筒体转动而不抛落时筒体的最低转速为临界转速。以 n_0 (r/min) 表示

$$n_0 = \sqrt{\frac{900\cos\alpha}{R}} = \frac{30}{\sqrt{R}} \approx \frac{42.4}{\sqrt{D}} \qquad (3-22)$$

式中　R、D——分别为筒体净空的半径和直径,m。

实际上,这是指靠近筒壁的研磨体的那一层,其余各层并未达到临界转速。就是这一层,由于存在着滑动、物料等的影响,临界转速也一定比理论的大。

1. 按最大抛落高度 H 计算 n

对于抛落式工作的球磨机,要求研磨体具有能抛得最高然后落下的最大粉碎功。如图3-15 研磨体的降落高度 H 为

$$H = h_1 + h_2$$

$$h_1 = \frac{v^2\sin^2\alpha}{2g} = 0.5R\sin^2\alpha\cos\alpha$$

$$h_2 = y = 4R\sin^2\alpha\cos\alpha$$

$$H = 4.5R\sin^2\alpha\cos\alpha$$

令 $\mathrm{d}H/\mathrm{d}\alpha = 0$,得

$$4.5R\sin\alpha(2\cos^2\alpha - \sin^2\alpha) = 0$$

$$2\cos^2\alpha - \sin^2\alpha = 0$$

$$\tan^2\alpha = 2$$

$$\alpha = 54°44'$$

此值表示筒体内任意层研磨体若以此脱离角抛出,其降落高度为极大,在确定抛落式工作球磨机筒体的实际转速时一般认为靠近筒壁的那一层个数多,降落高度又最大,从而获得较好的粉碎效果,现将 $\alpha = 54°44'$ 代入得:

$$n = \sqrt{\frac{900\cos\alpha}{R}} = \sqrt{\frac{900\cos54°44'}{R}} = \frac{22.8}{\sqrt{R}} \qquad (3-23)$$

或

$$n = \frac{32}{\sqrt{D}} \qquad (3-24)$$

式中　n——筒体的实际转速，r/min；

　　　D——磨机净空直径，m。

例如按式(3-24)计算 QM2100×2100 球磨机的转速时

$$n = \frac{32}{\sqrt{2.1}} = 22$$

由式(3-17)和式(3-18)，令工作转速与临界转速之比称为转速比 q

$$q = \frac{n}{n_0} = \frac{32/\sqrt{D}}{42.4/\sqrt{D}} \approx 0.758 \qquad (3-25)$$

或

$$n = 0.758n_0$$

2. 按集聚层理论计算 n

另有一种意见认为最适宜转速按"集聚层"确定。所谓集聚层就是假定上升的研磨体质量集聚在某一层上，研磨体在这一层的运动特性和全部研磨体在筒体内的运动情况是相当的。设集聚层所在位置的回转半径为 R_0(m)，所对弧段的圆心角为 δ 弧度，最内层半径为 R_1(m)，最外层半径为 R_2(m)。

$$\frac{\delta}{2}(R_2^2 - R_0^2) = \int_{R_1}^{R_2} \delta R \mathrm{d}R \cdot R^2$$

$$R_0 = \frac{\sqrt{R_2^2 + R_1^2}}{2} \qquad (3-26)$$

以此半径决定球磨机的工作转速(r/min)为：

$$n \approx \frac{37}{\sqrt{D}} \qquad (3-27)$$

转速比：

$$q \approx \frac{37\sqrt{D}}{42.2\sqrt{D}} = 0.88 \qquad (3-28)$$

生产实际中的球磨机，受物料性质与装载量、料球的配比、衬板形状、研磨体的装载量及其级配等许多因素的影响，其工作转速波动范围甚大。当前我国生产的球磨机，其出厂转速比基本上在 0.75~0.85 间取值。球磨机转速，以下经验公式可供参考：

当磨膛内径 $D<1.25$m 时，$n = \dfrac{40}{\sqrt{D}}$；

当磨膛内径 $D=1.25~1.75$m 时，$n = \dfrac{35}{\sqrt{D}}$；

当磨膛内径 $D>1.75$m 时，$n = \dfrac{32}{\sqrt{D}}$。

式中　n——球磨机工作转速，r/min；

　　　D——球磨机净空直径，m。

(二)球磨机功率

球磨机的输出功大部分消耗在将装填的研磨体提升到一定高度并使其获得动能上，小部分消耗在克服机械摩擦阻力上。

由图 3-15 知，长度为 L 的筒体运载研磨体提升高度 h，线速度 v，对于任意层半径 R，

厚度 dR,每秒钟提升重量:

$$\gamma Lv dR = \gamma L \frac{\pi n}{30} R dR$$

将此重量提升 y 高度并以 v 速度抛出使其获得动能所需功率 $dN(N \cdot m/s)$ 为:

$$dN = \gamma L \frac{\pi n}{30} R dR \left(4R\sin^2\alpha\cos\alpha + \frac{v^2}{2g} \right)$$

将式(3-9)代入并整理得:

$$dN = \frac{\gamma \pi^3 n^3 L}{30^3 \times 2g} \left(9R^3 - 8 \frac{\pi^4 n^4}{30^4 g^2} R^3 \right) dR$$

$$N = \int_{R_1}^{R_2} dN = \frac{\gamma \pi^3 L R_2^4}{2^3 \cdot 30^3 g} \left[9(1 - K^4) - \frac{16\pi^4 n^4}{3 \times 30^4 g} R_2^2 (1 - K^6) \right] \quad (3-29)$$

式中　K——比例系数,$K = \dfrac{R_1}{R_2}$;

　　　　γ——研磨体的重度,N/m^3;

　　　　L——筒体的有效工作长度,m;

　　　　g——重力加速度,m/s^2;

　　　　n——筒体的工作转速,r/min。

现以 $n = q \dfrac{30}{\sqrt{R_2}}$,$R_2 \approx \dfrac{D}{2}$,将上式整理得所需功率 $N(kW)$

$$N = 0.68 \times 10^{-4} D^{2.5} \gamma L q^3 \left[9(1 - K^4) - \frac{16}{3} q^4 (1 - K^6) \right] \quad (3-30)$$

令:

$$q^3 \left[9(1 - K^4) - \frac{16}{3} q^4 (1 - K^4) \right] = C \quad (3-31)$$

则:
$$N = 0.68 \times 10^{-4} D^{2.5} \gamma L C \quad (3-32)$$

式中 C 是一个与操作条件有关的系数。由于 $\dfrac{R_1}{R_2} < 1$,故 K^4 和 K^8 是更小于 1 的比例数,忽略之可得:

$$C \approx q^2 \left(9 - \frac{16}{3} q^4 \right) \quad (3-33)$$

在决定球磨机实际配用电机功率时,若按式(3-32)和表3-5代入计算结果是偏高的,这是因为研磨体在筒体内循环运动时,并不是各层都要耗用那么多功。考虑到实际操作情况,式(3-32)引入修正系数 $K'(K' < 1)$ 得:

$$N = 0.68 \times 10^{-4} D^{2.5} \gamma L C K' \quad (3-34)$$

表3-5　q^2 和 C 之间的关系

q^2	0.7	0.75	0.8	0.82	0.9
C	2.64	3.08	3.5	3.42	4.0

计算间歇式球磨机功率的另一个经验式是:

$$N = K \frac{nG\sqrt{D}}{27.2\eta} \times 10^{-4} \quad (3-35)$$

式中　　n——筒体的实际转速,r/min;

　　　　G——料球的总装填量,N;

　　　　η——总效率;

　　　　K——考虑启动等裕量的系数,$K \approx 1.5 \sim 2$。

(三)生产能力

球磨机的生产能力受到很多因素的影响:原料的种类、性质、细磨程度,装填研磨体的装填量、研磨体的形状、尺寸及级配,操作方法和料球的配比等,在工艺设计选型时,对于间歇式球磨机为:

$$Q = K \frac{G_0}{t} \qquad (3-36)$$

式中　　Q——球磨机生产能力,N/h;

　　　　G_0——间歇式工作球磨机每次入料量,N;

　　　　t——每一出料周期的时间,h。其包括球磨时间、装卸时间和其他各种辅助时间;

　　　　K——考虑各种损失的系数,$K < 1$。

对于连续式球磨机其生产能力为:

$$Q = \frac{C\gamma_{球}}{g^{0.4}} \cdot D^{2.4} \cdot L \cdot n^{0.8} \varphi^{0.6} \qquad (3-37)$$

式中　　Q——连续式球磨机生产能力,t/h;

　　　　$\gamma_{球}$——研磨体堆密度,t/m³;

　　　　D——筒体内径,m;

　　　　L——筒体长度,m;

　　　　n——筒体转速,r/min;

　　　　g——重力加速度,m/s²;

　　　　φ——钢球的填充系数;

　　　　C——与物料性质,研磨程度有关的系数。

部分球磨机实际生产能力见表3-6。

表3-6　干式格子型球磨机的规格参数

规格/mm×mm	给料粒度/mm	出料粒度/mm	装研磨体量/t	生产能力/t·h⁻¹	电机功率/kW	质量/t
$\phi 900 \times 900$	≤60	0.15~0.83	0.67	0.23~0.74	15	4.5
$\phi 900 \times 1800$	≤60	0.14~0.89	1.6	0.58~2	22	7.0
$\phi 900 \times 2400$	≤25	0.04~3		1.8~4.7	30	6.6
$\phi 1500 \times 1500$	25	0.07~0.4	4	1~3.5	60	13.7
$\phi 1500 \times 3000$	25	0.07~0.4	10.4	2~6.8	95	16.9

四、影响磨粉产量的因素

这里主要介绍在石墨制品生产中,应用广泛的以圆筒式球磨机和风力输送粉料组成的磨粉系统。虽然影响磨粉产量的因素较多,但主要是球磨机本身的一些因素。

(一)球磨机的转速

球磨机的转速可分为三种情况,见图 3 - 14。

(1)转速快。这时钢球因运转产生的离心力大,在离心力、摩擦力、重力的共同作用下,钢球紧贴在圆筒壁上和圆筒一起转动,这时钢球对物料的磨碎作用即停止。这种情况是要极力避免的。

(2)转速慢。圆筒在回转时,钢球在摩擦力的带动下,随圆筒上升,但上升不高就落到筒底,这时的研磨作用只能借助于钢球和物料之间的磨碰来实现,因此效率极低。

(3)转速适宜。这时圆筒在回转时,利用钢球和圆筒间的摩擦力,把钢球带到一定的高度,然后在重力作用下,钢球与圆筒脱离,沿抛物线落下,砸到物料上,把它击碎,当然物料和钢球间仍有研磨作用。可以看出,其脱离点适当,钢球脱离后所走的路程就远,跌落到物料上的冲力也越大,破碎作用也越明显。

(二)装球量

装球量的多少,直接影响球磨机的产量。球磨机工作时,它的效率,一般决定于每个钢球所做功的总和(撞击次数和撞击力)。因此,必须充分发挥每个钢球的效能,这就要使沿不同轨道(轨迹)运动的钢球,以尽可能不发生碰撞为限。太多,钢球间相互压叠,使一部分钢球升不到需要的高度就落下来,不能充分发挥每个钢球的破碎能力,同时,增加了动能消耗。太少,虽然每个钢球的破碎能力得到充分发挥,但是,总的破碎能力还是有限。因此必须选择适当的装球量(后面再详述)。装球量与产量的关系如图 3 - 18 所示。

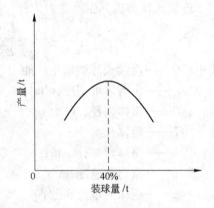

图 3 - 18　装球量和产量的关系

按实验室实际结果,圆筒内钢球填充量为 40%时,产量最高,而生产中一般钢球的填充率在 35%左右,即保持装球体积比水平中心线要低 a:

$$a = 0.16R \qquad\qquad (3 - 38)$$

式中　R——球磨机的净空半径。

为了避免钢球从加料口跳出来,其填充水平要比加料口的下部边缘低一些(约低100mm 左右)。如对 $\phi 1600mm \times 3000mm$ 管式球磨机作实验,其结果如下:

装球量/t	6	7	7.5
产量/t·h^{-1}	1.6~1.7	1.8~2.0	2.0~2.2

球磨机在生产中,还经常达不到这个装球量,填充率只有 30%左右。钢球的大小是根据球磨机的直径,加入物料的性质及块度来决定的。最大钢球的直径,实际生产一般选取钢球直径是球磨机直径的 1/20~1/25,最大钢球的直径,要使它在上升到最大高度落下来时,能打碎最大料块,太小的话,就只有研磨作用,撞击作用就减弱了。因此,球磨机运转一定的时间后,就需要把小球、碎球、不规整的球选出来,并加入新球。某厂对于 $\phi 1600mm \times$

3000mm 球磨机选用的钢球直径为 ϕ60mm，且大小球的比例采用"自然平衡"的办法，即开始加入单一大小的球，运转一段时间，因磨损不均，钢球就成有大有小的了，再把小的 ϕ20mm 的选出来，加入新球，这样自然形成了大小不一了。

（三）衬板形状

球磨机筒体内部都要镶衬板，它一方面是要保护筒体不受磨损，同时也是使钢球上升到足够的高度再下落而撞击物料，这是增加产量的一种手段。

衬板有光面衬板、波形衬板、凹坑形衬板和自动分球衬板等。一般常用凹坑形衬板，这种衬板制造容易，便于安装。

（四）球磨机直径

球磨机直径大小对其产量影响很大，因为随着球磨机直径的增大，在转动时，能把钢球带到更高处，下落时，其击碎能力大大提高，产量也增大，产量与直径的关系由下式决定：

$$Q = C_0 \cdot D^{2.5} \tag{3-39}$$

式中　　Q——球磨机产量；

　　　　D——球磨机直径；

　　　　C_0——比例常数。

从式（3-39）可看出，用增加球磨机直径的办法，对提高产量是最有效的。日本采用的球磨机，直径较大，筒体较短。

（五）操作情况

在球磨机转速适宜、装球量充足，衬板良好的状态下，球磨机产量的高低主要决定于操作人员的责任心和技术水平。一般来说，要使球磨机产量高，操作人员必须做到，根据来料情况和粉子纯度的变化，随时调整球磨机给料量、鼓风机负压风量、空气分离器叶片角度，并做到球磨机运转时噪声小、电流接近上限规定值，勤检查、勤调整。

五、球磨机的装载量和使用

球磨机应有足够的动力驱动和选择适宜转速以获得最佳粉碎效果，此外研磨体的选择、装载、级配、补充、料球比例，操作方法也有很重要的关系。

（一）研磨体的装载和研磨体的选择

除考虑物料的污染外，还要从价格、来源、硬度、密度等考虑。特别是硬度高，密度大的为好。在炭石墨材料工业，常用钢球、钢棒、刚玉等。

研磨体的大小推荐 $d \leqslant (1/18 \sim 1/24)D$，$d$ 为研磨体尺寸（mm），D 为磨机净空直径（mm）。研磨体表面不要有凹坑的。

研磨体总装重量一定时，研磨体小则数量多，表面积大，对研磨有利；研磨体大则数量少，击碎力大，故研磨体级配要有大有小，不能一律。一般认为大中小各占 50%、10%、40% 为好，这时空隙度最小（占 22% 左右）。

研磨体的形状，有球形、扁平、短柱形等。以研磨为主的粉磨，短柱为好，撞击为主的粉磨,球形为好。一般大研磨体选用球形,小研磨体选用扁平和短柱形。

　　研磨体的装填量,太少了球磨效率低;太多了相互干扰碰撞。以填充系数(φ)表示研磨体的装填程度。

$$\varphi = \frac{A}{\pi R^2} = \frac{G}{\pi R^2 L\gamma} \qquad (3-40)$$

则
$$G = \pi R^2 L\gamma\varphi \qquad (3-41)$$

式中　A——研磨体在筒体有效截面上的填充面积,m^2;

　　　　G——研磨体装填重量,N;

　　　　R——磨膛半径,m;

　　　　L——磨膛长度,m;

　　　　γ——研磨体重度,N/m^3。

　　研磨体在静止的筒体内的分布情况如图3-19。筒体运动时,研磨体分成两部分(如图3-17),即圆弧运动部分面积(A_1)和抛落运动部分面积(A_2),而且显然当筒体处于静止和筒体处于运动时它们所占的面积是不同的,但认为是近似相同的,即$A \approx A_1 + A_2$。现在的问题是A值究竟应为多少球磨效果最佳,亦即填充系数如何取值。

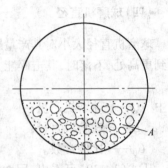

　　设研磨体在筒体运动时作圆弧运动部分的圆心角为δ(rad)。

图3-19　磨机静止时研磨体的分布

$$\delta = 2\pi - 4\alpha = 4\left(\frac{\pi}{2} - \alpha\right)$$

$$dA_1 = \delta R dR$$

$$R = \frac{900}{n^2}\cos\alpha$$

$$dR = -\frac{900}{n^2}\sin\alpha d\alpha$$

$$dA_1 = -\frac{4 \times 900^2}{n^4}\left(\frac{\pi}{2} - \alpha\right)\sin\alpha\cos\alpha d\alpha$$

$$A_1 = -\frac{4 \times 900^2}{n^4}\int_{\alpha_2}^{\alpha_1}\left(\frac{\pi}{2} - \alpha\right)\sin\alpha\cos\alpha d\alpha$$

$$= -\frac{4 \times 900^2}{n^4}\left[\left(\frac{\sin^2\alpha}{2} - \frac{1}{4}\right)\left(\frac{\pi}{2} - \alpha\right) - \frac{\sin2\alpha}{8}\right]\Big|_{\alpha_1}^{\alpha_2}$$

　　由上式知当研磨体最外层有最大降落高度的情况时,$\alpha_1 = 73°50' = 1.29$(rad),$\alpha_2 = 54°44' = 0.954$(rad),取$n = \dfrac{22.8}{\sqrt{R}}$

$$A_1 = \frac{4 \times 900^2}{\left(\dfrac{22.8}{\sqrt{R}}\right)^4}\left[\left(\frac{\sin\alpha}{2} - \frac{1}{4}\right)\left(\frac{\pi}{2} - \alpha\right) - \frac{\sin2\alpha}{8}\right]\Big|_{1.29}^{0.954} = 0.707R^2$$

　　在关A_2的计算。设单位面积研磨体的数目为N_0,任意层的数目为:

$$dN_1 = N_0 dA_1, \quad dN_2 = N_0 dA_2,$$

$$\frac{dA_1}{dA_2} = \frac{dN_1}{dN_2}, \quad \frac{N_1}{N_2} = \frac{\pi - 2\alpha}{\sin 2\alpha}$$

$$dA_1 = \left(\frac{\pi - 20}{\sin 2\alpha}\right) dA_2$$

$$dA_1 = \frac{\sin 2\alpha}{\pi - 2\alpha}\left[-\frac{4 \times 900^2}{n^4}\left(\frac{\pi}{2} - \alpha\right)\sin\alpha\cos\alpha d\alpha\right]$$

$$= -\frac{900^2}{n^4}\sin^2 2\alpha d\alpha$$

$$A_2 = 0.609R^2$$

$$A = A_1 + A_2 = 0.707R^2 + 0.609R^2 = 1.32R^2$$

$$\varphi = \frac{A}{\pi R^2} = \frac{1.32R^2}{\pi R^2} = 0.42 \tag{3-42}$$

上述各式如以聚集层的有关数值代入,即 $n = \frac{37}{\sqrt{D}}$,可得 $\varphi = 0.57$,通常取 $\varphi \approx 0.4 \sim 0.55$。

实际生产中,料面检测装置有:(1)压差检测;(2)噪声检测。

球磨机应尽量在满载下运转,因为研磨体所占的质量分数最大,空载与满载运转的功率消耗相差无几。

通常是通过研究研磨体的选择和装载,优选料球比例来达到缩短球磨机的有效工作时间,即减少球磨时间,提高球磨效率,减少电耗,延长机械寿命,在减少辅助时间和降低操作劳动强度方面,常用的方法是自动化物料入磨、出磨。

(二)球磨机的使用要点

(1)开机前检查各部件的灵活性、离合器位置,上紧紧固件。

(2)磨粉系统在工作时,应注意所有机械运转部分是否正常,润滑部位是否有油,球磨机轴瓦、联轴节,每班至少上油三次。

(3)向球磨机筒体内加料时,应做到连续、均匀。当球磨机内物料给入过多时,初始尚可磨碎,当料给入相当多时,则磨料作用随之降低或不起作用,粒度变粗,磨粉质量降低,此时球磨机发出暗哑的声音。如给料过少,则研磨体(也就是钢球)互相撞击,增加钢球消耗,并容易损坏衬板,此时球磨机发出轰轰声。生产实践中的经验是勤观察,做到"尖声尖气多加料","闷声闷气少加料",如给料不多,仍有暗哑声,说明筒内物料较硬,或混入了难磨物。若设有负压装置,可根据负压值的大小调节进料量。

(4)球磨机内待磨物料太少的时间不得超过10min,否则将造成衬板磨损和增加钢球消耗,球磨机内加入的物料应与球量保持一定比例。

(5)球磨机运转时,应经常观察电流表数值,不应超出规定范围。

(6)应经常检查球磨机主轴承是否有足够的润滑油或冷却水是否畅通,主轴温度不得超过65℃,电动机温度不得超过60℃,当用手触摸时,感觉不到烫手时方属正常。

(7)应严格控制给入物料的水分,注意观察整个系统是否有堵塞和漏料的地方。

(8)球磨料纯度不符合要求时,在一般情况下,适当调整空气分离器,特殊情况下,在空气分离器调到最大限度仍不解决问题时,要适当调整大鼓风机负压闸门和球磨机进口风量,及给料机给料量。

(9)对球磨机装球量,大小球比例,一定要定期检查,及时添加,挑选和更换,衬板螺栓如有松动或折断,应及时拧紧或更换,以免损伤筒体及发生漏料。

(10)生产中原料变化时,应将筒体内残留物料出尽,方能给入换品种物料。

(11)出现不正常噪声,应停机检查。

(12)啮合齿轮的间隙和接触面积要调整适当,调节时,筒体不装载,松开主轴承的紧固螺栓,然后调整筒体位置。

(13)内衬崩塌或磨损过度时,要及时填补或更换。

(14)安装球磨机的地基重约为磨机总重的3~5倍。

(15)要特别注意两端轴头的同心对中,不然的话,易损坏端盖和主轴承。

六、球磨机的操作与维修及故障处理

采用圆筒式球磨机磨粉、风力输送粉料的生产系统时操作步骤如下。

(一)操作前准备

(1)按照交接班制度,认真到岗位上交接班,向上班操作人员详细了解磨粉系统生产情况及球磨粉纯度要求。

(2)检查空气分离器刻度盘位置和大鼓风机负压闸门位置是否正确。

(3)检查球磨机粉料贮料斗贮料情况。

(4)检查给料机贮料斗内贮料情况,粒度大小,水分是否符合要求。

(5)检查紧固球磨机衬板、仓门盖、轴承座、联轴器及各部连接螺丝,不许在螺丝松动下启动。

(6)清除球磨机大齿圈、齿轮间物料尘粒,并检查其是否啮合良好。

(7)检查球磨机齿圈、轴承、联轴节是否注油,主轴承冷却水是否畅通。

(8)检查球磨机周围有无阻碍运转的杂物。

(9)检查球磨机电气设备、联锁装置、音响信号和通风除尘等附属设备的完好。

(二)操作程序

应根据实际情况采用联锁开机和非联锁开机操作(但接班后第一次开机必须采用非联锁开机)。

非联锁开机

(1)将联锁和非联锁控制开关拨到非联锁开机位置;

(2)开动布袋除尘器的通风机(小鼓风机),再开螺旋运输机;

(3)开动布袋除尘器;

(4)开动大鼓风机;

(5)开动旋风除尘器下方的送料机;

(6)开动筒式球磨机,再开给料机;

(7)到粉料贮料斗上方的溜子开口处取一定数量粉料,检查其纯度是否符合要求,如果

符合,则继续生产,如果不符合,应停止给料机和球磨机;

(8)调整空气分离器,大鼓风机负压闸门和给料机给料量,使球磨粉纯度符合要求;

(9)停机时,按相反方向进行。

联锁开机:

(1)将联锁和非联锁开机控制开关拨到联锁开机位置;

(2)按下启动按键;

(3)到粉料贮料斗上方的溜子开口处取一定数量粉料,检查其纯度是否符合要求,如果符合,则继续生产,如果不符合,应按下停车按键,调整空气分离器,大鼓风机负压闸门和给料机给料量,使球磨粉纯度符合要求;

(4)停车时,先按停车按键,再将联锁和非联锁开机开关拨到中间位置。

(三)维修

球磨机主要需要维修的零部件有:(1)主轴承(轴瓦)因受力大,易磨损,须刮研,加深油槽;(2)衬板:衬板受钢球和物料的碰撞和研磨,容易磨损或破裂,须换衬板。固定螺钉易松动或磨损及折断,需要紧固或更换螺钉。(3)离合器易磨损,须更换。(4)其他运动部件和紧固件的维修。

(四)球磨机一般故障及处理方法

球磨机一般故障及处理方法见表3-7。

表3-7 球磨机的故障及处理方法

故障现象	故障原因分析	处理方法
(1)主轴承温度过高,或主轴承发生熔化,冒烟现象,或电机超负荷造成过载,保护装置断电	(1)主轴承润滑油中断或油量太少; (2)主轴承冷却水少或水的温度较高; (3)润滑油不清洁或变质; (4)主轴承安装不正,轴颈与轴瓦接触不良,物料、灰尘落入轴承中	(1)应立即加油; (2)应增加供水量或采取措施,降低水温; (3)更换新干净润滑油; (4)应调整主轴承安装位置,修理轴颈和刮研轴瓦
(2)启动球磨机时,电机超负荷或不能启动	(1)球磨机经过长时间停机,由于筒体内存有潮湿物料,初启动时,研磨体无抛落和沔落能力; (2)久置未用,启动前没有盘动球磨机	(1)应停机打开人孔盖,从球磨机中卸出部分研磨体,然后盘动或启动球磨机对剩下的研磨体进行疏松搅混; (2)应盘动球磨机后再启动
(3)球磨机排料量减少,生产量过低	(1)给料量偏少; (2)物料的水分超出技术规程要求,造成给料器给料量降低; (3)研磨体磨损消耗过多或数量不足	(1)应调整增加给料量; (2)应要求上道工序保持原料水分符合技术规程要求; (3)应向球磨机筒体内添加研磨体
(4)传动齿轮轴及轴承座振动	(1)固定轴承的螺栓松动; (2)传动轴与联轴器安装不同心; (3)轴承损坏	(1)应紧固轴承螺栓; (2)应重新安装找正; (3)应更换轴承

故障现象	故障原因分析	处理方法
(5)齿轮传动时,有不正常的撞击声	(1)齿轮啮合间隙过大或过小(不正确); (2)齿间进入异物; (3)传动齿轮轴偏斜或轴承固定螺栓松动; (4)齿轮轮齿磨损严重	(1)应重新调整齿轮的啮合间隙; (2)应清洗齿轮,更换润滑油; (3)应找正传动轴,检查紧固轴承座螺栓; (4)应将齿轮调面或更换
(6)球磨机筒体衬板和仓门盖螺栓处,人孔和筒体两端法兰结合面处有漏料细粉	(1)衬板螺栓松动或折断; (2)衬板损坏; (3)密封垫圈磨损; (4)人孔盖、端盖与筒体密封不严密,螺栓松动	(1)应拧紧或更换螺栓; (2)更换衬板; (3)更换密封垫圈; (4)应检查更换损坏密封垫,拧紧螺栓
(7)球磨机工作过程中,其电流表数值波动大,超过额定值(不稳或过高)	(1)球磨机装球量过多或给料量过大; (2)主轴承润滑不良; (3)传动系统有过度磨损或故障	(1)应卸出一些钢球或减少给料量; (2)应增加润滑剂; (3)应检查修理传动系统(特别是轴承、轴或齿轮)
(8)球磨机内钢球工作的声音弱而闷	(1)给料过多或粒度增大; (2)待磨物料水分大; (3)物料大量黏附在钢球及衬板工作表面上	(1)应调整给料量或给料粒度; (2)应干燥待磨物料,降低其水分和停机清理进料口和出料口; (3)应及时清除黏附物,或停止给料,球磨机继续运转,直至正常

第三节　气流粉碎磨粉机

　　气流粉碎是利用流体(压缩空气或过热蒸汽)作为能源,高速喷入粉碎室内,带动固体干燥的粗粉料高速运动,使颗粒间直接相互碰撞、摩擦和剪切而达到粉碎的超细磨粉设备,通常从回收器中可以得到 $1 \sim 5 \mu m$ 细度的干粉,属圈流式粉碎。既无需研磨体(故称无介质粉碎),亦无机械运动部分。

　　依气流粉碎磨粉碎室形状和气流情况,有管道式、扁平式和逆流式等几种。

　　图 3 - 20 是以压缩空气为能源的气流粉碎流程图,整个系统包括:(1)气流及其干燥净化储备部分;(2)粉碎部分;(3)粉料回收部分。故气流粉碎设备主机部分并不复杂,尺寸也不大,但附属设备多,且是通用设备,这也是气流粉碎的一个明显特点。

一、管道式气流粉碎磨

　　设备的正视外观图呈椭圆环状(图 3 - 21),置于平底底座上,粉碎室是一管道。工作时料斗中的干粉料经直管由压缩空气喷入粉碎室,另外,压缩空气由集气室的若干对喷嘴高速喷射,使物料呈悬浮状态作高速碰撞运动,由此物料受到冲击、摩擦、剪切作用而粉碎。由于射流的切向分速度导致气流带着细颗粒物料沿管道上升;到了上部的转弯处,混合气流中的

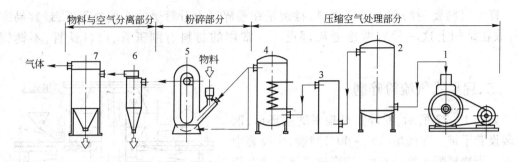

图 3-20　气流粉碎流程示意图

1—空气压缩机;2—贮气罐;3—净化器;4—干燥器;5—气流粉碎机;6—旋风分离器;7—袋式收尘器

物料因惯性力,依据粗细程度自行分层,粗重颗粒靠向外侧壁,细小的粉末靠向内侧壁;到了分离区域,气流忽改向,细小的物料被气流推向输出管道,在分离器里将粉末回收,废气除尘后放空,比较粗的颗粒因有较大的动能,与分离器的挡板碰撞后即被弹开落到下降的循环气流中,带到下部重新粉碎;最粗的颗粒本来就靠外侧壁,故一经转弯后就再落入下部重新粉碎。如此循环不止,直到细度甚小时才被排出机外,改变分离器挡板的倾斜度,便可改变出料粒度。

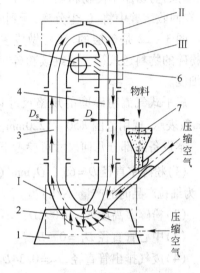

图 3-21　管道式气流粉碎磨结构示意图

Ⅰ—粉碎机;Ⅱ—分级区;Ⅲ—分离区;

1—集气室;2—喷嘴;3—上升管;4—下降管;5—出口管;6—叶片式分离器;7—料斗

管道式气流粉碎磨的规格尺寸通常以粉碎区管内直径毫米数表示。

一般常用的范围为 25.4~203.2mm(1~8in)。

本设备各部分几何尺寸可参考下述关系式取定,以下降管道内径 D 作为模数(见图 3-20)。

(1)$D_k = 1.5D$ 或 $D_k \approx 14\sqrt{Q}$(mm),Q 为产量,N/h;

(2)$D_k = 1.28D$;

(3)管道中线总长度 $L = 26.5D$ 或 $L = 27.8D_k$;

(4)管道直线部分长度 $H_k = 8.9D$ 或 $H_k = 7.5D_k$;

(5)喷嘴直径 $d = 0.039D_i$;

(6)加料器喷口倾角55°;

(7)加料器喷口直径 $d_1 = 0.033D_k$;

(8)集气室喷嘴交汇角 $\beta = 20°$;

(9)喷嘴间隔中心角 $\gamma = 25°$;

(10)喷嘴切向角 $\varphi = 25°$。

管道式气流粉碎磨有简单、产量较大等优点,但难以加工达到理想的形状。

为提高粉碎效果,处于粉碎区域周围的喷嘴的形状、布置,加料器的布置、管道形状、加料速度、风压等都是主要的影响因素,要特别讲究。

管道材料要耐磨和不污染物料,特别是在粉碎区上升管道的连接处附近,最容易磨穿,故在结构上这一段宜考虑能局部更换。常用的材料有刚玉管、白口铁管、不锈钢管。

二、扁平式气流粉碎磨

如图 3-22 所示,粉碎室是扁平的圆环形,四周装设若干带一定倾角(15°~40°)喷嘴,中央装中心管。干物料喷入粉碎室后,被高速气流带动在粉碎室内作回旋运动,呈悬浮状态的颗粒间剧烈的碰撞、摩擦,剪切作用使物料粉碎。气、尘从中心管引出,在回收装置中将气、尘分离,得到细粉料。

图 3-22 是单层的,还可做成多层的,将第一次粉碎的物料送入第二层继续粉碎,直至达到要求的细度。

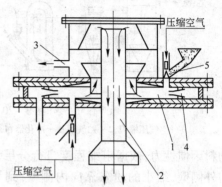

图 3-22　扁平式气流粉碎磨原理图
1—粉碎室;2—中心管;3—废气排出管;
4—喷嘴;5—加料口

扁平式气流粉碎磨的规格尺寸以粉碎室直径 mm 数表示,现用范围 $\phi 50 \sim 1220$mm。

本设备各部分几何尺寸可参考下述关系式取定,当用压缩空气能源时:

(1)粉碎室直径 $D = 65\sqrt{Q_1}$ mm,Q_1 为粗粒产品时的产量(N/h),或 $D = 172\sqrt{Q_2}$ (mm),Q_2 为细粒产品时的产量(N/h);

(2)粉碎室高度 $H = 0.092D$;

(3)中心管直径 $D_1 = 0.5D$;

(4)废气排出管直径 $D_2 = 0.34D$;

(5)喷嘴数目,$D = 60 \sim 100$mm 时,数目 $n = 6$;$D = 250 \sim 500$mm 时,数目 $n = 12$;

(6)喷嘴倾斜角 15°~40°;

(7)喷嘴直径 $d = \sqrt{\dfrac{Q_3}{0.785v}}$(mm),$Q_3$ 为耗气量(m³/h(标态)),v 为气流速度(m/s);

(8)加料口喷嘴与水平面倾角 20°~21°;

(9)加料口喷嘴直径 $d_1 = \sqrt{\dfrac{Q_3}{0.758v}}$。

三、使用

气流粉碎是靠流体能量传递,使物料粉碎的,故气流应有足够的能量。通常粉碎室的进气压不低于 490~588kPa,加料器气压 400kPa。

喷嘴装设角度依具体条件调节至最有利物料喷入粉碎室,又有利于粉碎物料的分离。

一般进料粒度愈粗,出料愈粗,加料器易堵塞,通常进料粒度在 45~1600μm,软质料细些,粉碎后细度约为 1~5μm。

因为是无介质粉碎,若很好控制粉碎室等不污染物料,能获得很高的纯度。

气流粉碎过程中,高压流体喷入低压粉碎区时,体积膨胀加速了流速,温度下降,因此物料不发热,故适用于热敏性强、易受热变质、熔点低和易爆的物料粉碎,气流粉碎还能和其他过程如混合、着色、化学反应等一道进行。

随着科学技术的进步,对物料的细度有的要求比 1μm 还要细,机械粉碎效率在这种情况下显得非常低,当前世界各国正在发展化学方法的超细磨。

第四节　立式球碾磨粉机及其他磨粉机

一、立式球碾磨粉机

立式球碾磨粉机或称立式球磨机,它是近年来预焙阳极生产线引进的设备。

(一)结构

立式球碾磨机是由底盘、碾磨盘、钢球、上圆盘、上压盘、弹簧压力系统、传动系统、进料系统、风力系统、机壳等组成,如图 3-23 所示。

(1)底盘(铸钢铸造)呈圆盘形,上面固联碾磨盘,下部与传动机构连接,在传动机构带动下可旋转运动。

(2)碾磨盘由锰钢铸造,圆环形,在圆盘上面有与圆环同圆心的圆形圆环槽,槽的纵剖面为圆弧形,槽面为锯齿形,圆槽内有研磨体钢球。

(3)钢球由锰钢铸造,在圆槽内起碾磨作用,也可称为研磨体。它可随圆槽绕圆盘中心作公转,也可因摩擦力的作用绕球本身中心作自转运动,钢球上有上圆盘。

(4)上圆盘的结构和材料与碾磨盘相同,为锰钢铸造,有环形圆弧形槽,上圆盘的槽压在钢球上。

(5)上压盘由铸钢铸造,圆环形,它与上圆盘固联在一起。

(6)弹簧系统在上压盘圆环形的上面,沿圆环有 12~16 个弹簧,通过压板压在上压盘上,压板的压力由拉杆和拉杆缸(液压或气压缸,固定在底座上)的压力控制,此力为碾磨体的碾磨压力。

(7)进料由机器顶部的中心圆管进入磨机。

(8)鼓风机将风(气流)从机器下部(底盘与碾磨盘处)侧面进入,将碾磨槽内碾磨碎的细粉扬起,经机器上侧面的出风管流出,通过管道进入粉气分离器,将料粉分离出来,送入粉料料仓,分离后的气流通过鼓风机重新鼓入磨机,风力系统与雷蒙磨等磨粉机相同。

(9)机壳由钢板焊接而成,中、下部为圆筒形,中部圆筒体有维修门,可将中部机壳打开为两个半圆筒体。上部由三段圆锥体连接而成。

(二)工作原理

当传动机构带动底盘和固联在底盘上的碾磨盘转动时,钢球也在碾磨槽内滚动,钢球在上圆盘和上压盘及弹簧系统的压力作用下,将物料在碾磨槽内碾磨碎,碾磨碎的物料通过鼓风机鼓入的气流带入分离器,通过分离器将料粉分离出来送入粉仓,分离后的气流重新进入磨机循环使用,余风通过余风管道和除尘系统,除尘后放入大气。

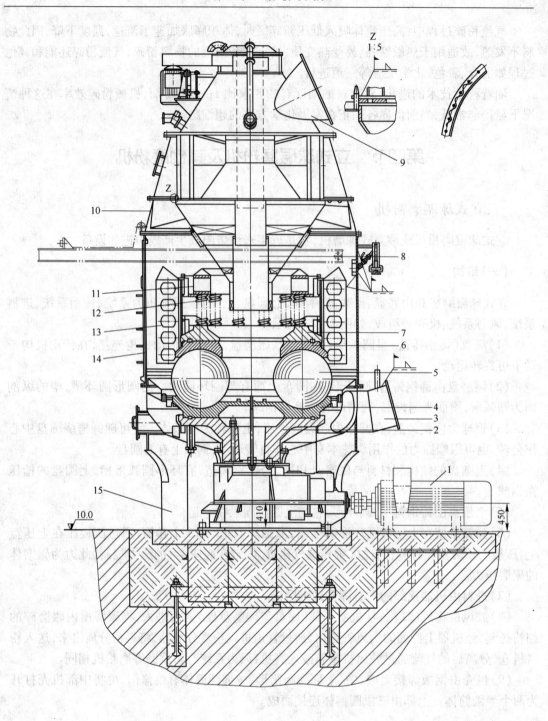

图 3 - 23　立式球碾

1—电动机;2—底座;3—进风管;

7—环形压盘;8—中心管;9—出

12—弹簧;13—环形支架;

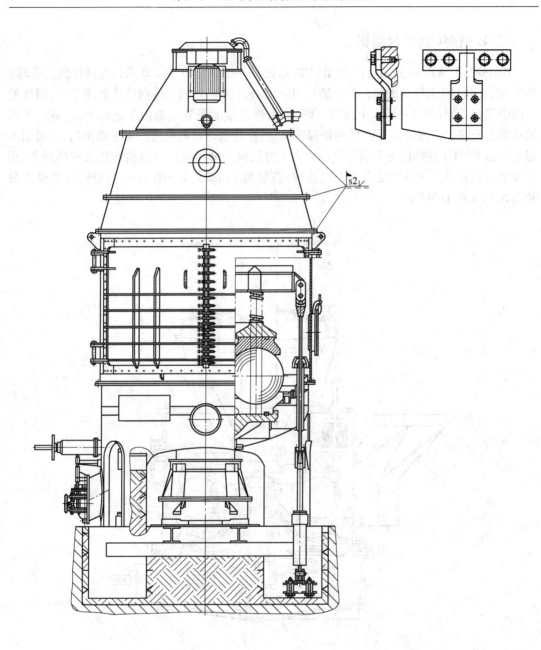

磨粉机结构图

4—研磨盘;5—钢球;6—上磨盘;

风管;10—上机壳;11—环形架;

14—中间机壳;15—下机壳

二、E 型磨 (钢球盘磨机)

Babcock & Wilcox 公司生产 B 型 (100 系列有一排球,200 和 300 系列有两排或三排球) 和 E 型 (一排球) 钢球盘磨机。E 型磨由 10 个左右 (最多 14 个) 铸钢球作磨碎工具,钢球处于两个座圈之间 (图 3–24),上座圈不转动,借弹簧或液压装置施力于钢球上,过载时上座圈可略为升起。下座圈由耐磨损的硬镍铸铁、高铬铸铁等材料制造。对于潮湿物料,可引入温度高达 350℃ 的热风,夹带磨碎产品排入上方的风力分级机。分级机弯折板的倾斜角,用以调节分级粒度。钢球的受力视直径而异:直径为 235mm 或 1070mm 的钢球,每个受力分别为 5.5kN 和 110kN。

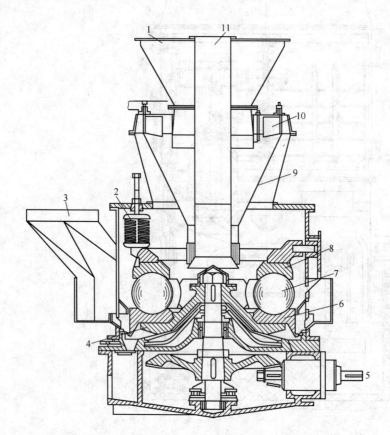

图 3–24　E 型磨 (钢球盘磨机)

1—磨碎产品出口;2—弹簧;3—热风入口;4—机架;5—传动轴;6—磨盘;

7—钢球;8—上座圈;9—分级机;10—叶片;11—给料入口

磨碎煤时,E 型磨的生产量可近似地按下式计算:

$$Q = \frac{1}{4000 \sim 5000} \pi \phi_{球}^2 n_{球} \tag{3–43}$$

式中　Q——生产量,t/h;

　　　$\phi_{球}$——钢球直径,cm;

　　　$n_{球}$——钢球数目。

淮南电厂和陡河电厂等单位装有从国外引进的 E 型磨。E 型磨的技术特征列于表 3-8。

表 3-8 E 型磨的技术特征

型 号	每个钢球受力/kN(kgf)	加力方式	钢球直径/cm	钢球数目/个	磨碎煤时的生产量/t·h⁻¹
E26	5.5(550)	弹 簧	23.5	8	2.6
E35	5.5(550)	弹 簧	23.5	11	4.3
E44	5.5(550)	弹 簧	23.5	14	6.0
E50/47	23(2300)	弹 簧	42.5	8	8.5
E70/62	36(3600)	弹 簧	53.5	9	14.0
7E	27(2700)	液 压	53.5	9	17.0
8.2E	26(2600)	液 压	53.5	12	22.0
8.5E	40(4000)	液 压	65.5	10	27.0
9.1E	55(5500)	液 压	77	9	33.0
12E	80(8000)	液 压	92	10	67.0
14E	110(11000)	液 压	107	10	93.0

三、齿盘式快速磨粉机

对于电炭厂和小型炭素厂,可能采用结构简单的齿盘式快速磨粉机进行粉磨作业,生产冷压制品时,混捏后糊料块的粉磨也可采用这种磨粉设备。快速磨粉机的结构如图 3-25 所示,它的主要工作件是活动齿盘与固定齿盘,活动齿盘以圆周速度为 45m/s 的高速旋转将物料冲击而粉碎。

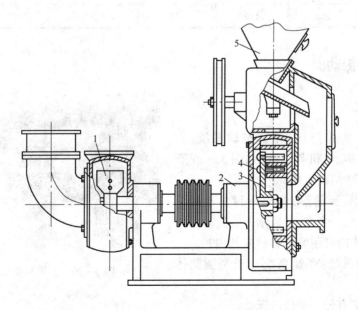

图 3-25 齿盘式快速磨粉结构示意图

1—鼓风机;2—轴承座;3—活动齿盘;4—固定齿盘;5—料斗

快速粉碎机分为两种类型:A 和 B 型,A 型为空气分离式,采用鼓风机和气流来控制粒度大小。调节时可将分离器内部的圆管上下移动,可调节细度在 0.08mm 以下,鼓风机直接连在磨机的一端,已粉碎的料由鼓风机的气流吸入分离器,粗粒落入料斗重磨,细粉入旋风集尘器或布袋集尘器而得到成品。B 型是采用调筛板和根据筛孔大小来控制粒度大小。它适合于粉碎 0.15mm 左右的细粉。筛孔限制不合格颗粒通过,而经反复冲击作用被粉碎的合格粉末则通过筛板为成品。B 型的优点是体积较 A 型小,而产量却比 A 型高。

齿盘式快速磨粉机的优点是体积小、质量轻、结构简单、维修方便、粉碎比高。其缺点是部件的磨损较大,尤其是钢齿的使用寿命短。齿盘式快速磨粉机的技术规格见表 3 – 9。

表 3 – 9　齿盘式快速磨粉机的技术规格

技术规格 ＼ 型号	20A	20B	30A	30B	45A	45B
转速/r·min⁻¹	4500	4200	3800	3800	3200	3200
生产量/kg·h⁻¹	30	50	60	100	120	180
旋转齿盘直径/mm	200	200	300	300	450	450
最大进料粒度/mm	6 ~ 10	6 ~ 10	8 ~ 12	8 ~ 12	10 ~ 15	10 ~ 15
成品粒度/mm	0.084	0.15	0.084	0.15	0.084	0.15
电动机型号	JO₂ – 41 – 2	JO₂ – 31 – 2	JO₂ – 42 – 2	JO₂ – 41 – 2	JO₂ – 60 – 2	JO₂ – 61 – 2
功率/kW	5.5	3	7.5	5.5	17	13
转速/r·min⁻¹	3000	3000	3000	3000	3000	3000
外形尺寸 /mm × mm × mm	1550 × 200 × 2600	660 × 400 × 1600	2200 × 7500 × 3600	1000 × 200 × 2500	3100 × 2410 × 500	1500 × 1100 × 2550
主机质量/kg	260	176	450	250	1310	995

四、双管振动磨

(一)结构

双管振动磨由筒体、弹簧振动系统、主轴、振动器、机架、电机等组成,如图 3 – 26 所示,由图可知,其结构简单。

筒体:铸钢,圆筒形,两端有封头。两个筒体,一个在上,一个在下,成水平布置。

内衬:筒体内有耐磨材料制成的内衬。

弹簧振动系统:弹簧系统处于两圆筒体之间。

图 3 – 26　双管振动磨外形图

振动器:带有偏心重块的圆盘。

双管振动磨:美国、日本、德国等国家均有生产,国内有引进日本或德国技术进行制造,其结构大同小异。此机的特点是结构简单,运动部件少,产量高。但噪声大,出料粒度一般不超过 0.074mm(200 目)。

(二)工作原理

物料在筒体内高速振动,颗粒互相碰撞及与筒壁碰撞而粉碎,物料从上筒体一端进入,经粗粉碎后从另一端进入下面的筒体被继续粉碎,再从下筒体的另一端卸出。

如 2GDZM 振动磨,为引进德国技术制造,容量为 100～800L,最大处理量为 10t/h,出料粒度为 0.30～0.07mm,可自由调节,适用于各种微细粉体加工。

第四章　筛分原理和筛分机械

第一节　粒度组成及粒度分析方法

破碎、磨粉过程中所处理的物料,都是尺寸大小不一,形状各式各样的松散物料。所谓粒度,就是料块(或料粒)大小的量度,一般用毫米(或微米)、目表示。将松散物料采用某种方法分成若干级别,这些级别叫粒级。用称量法称出各级别的质量并计算出它们的质量分数(或累积质量分数),从而说明这批物料是由含量各为多少的那些粒级组成。这种资料就是物料的粒度组成。从粒度组成可以看出各粒级在原料中的分布情况,这种确定粒度组成的实验叫做粒度分析。

由于炭、石墨制品的配方工艺对原料的粒度组成有要求,以及对粉碎机械设备选型的需要,因此,需要对物料做粒度分析。

一、粒度表示法

(一)单个料块的粒度表示法

每一块物料的形状都是不规则的,为了便于表示它的大小,习惯上用平均直径。单个料块的平均直径,就是在三个互相垂直方向上量得的尺寸的平均值。

设平均直径为 d,则

$$d = \frac{a+b+c}{3} \qquad (4-1)$$

式中　a——料块长度,最长的量度;

b——料块宽度,次长的量度;

c——料块厚度,最短的量度;

这种测定方法,常用来测定大料块,如用来测定破碎机的给料和排料中的最大块的粒度。在显微镜下测定微细粒子的平均直径,也可用这种方法。

(二)粒级的表示法

大批松散物料,如果用 n 层筛网把它们分成 $(n+1)$ 个粒度级别,确定每一级别料粒的尺寸,通常以料粒能透过的最小正方形筛孔宽作为该级别的粒度,如筛孔宽度为 b,则:

$$d = b \qquad (4-2)$$

如透过上层筛的筛孔宽为 b_1,而留在下一层筛面上筛孔宽为 b_2,粒度级别按以下方法表示:

$$-b_1 + b_2 \quad 或 \quad -d_1 + d_2$$
$$b_1 \sim b_2 \quad 或 \quad d_1 \sim d_2$$

如 $-10+6$mm 或 $10\sim6$mm

二、平均粒度和物料的均匀度

在破碎、磨粉的研究工作中,有时要计算平均粒度,用它来说明含有各种粒级的混合物的平均大小。

由不同的粒度级别组成的混合物料,可以看作是一个统计体,求混合物料平均值直径的方法,可以用统计学求平均值的方法。

设 r_i 表示各级别的质量百分数;D 为混合物料的平均直径;d_i 为各级别的平均直径。计算混合物料平均粒度有下列几种方法

(1)加权算术平均法:

$$D = \frac{r_1 d_1 + r_2 d_2 + \cdots + r_n d_n}{r_1 + r_1 \cdots + r_n}$$

$$= \frac{\sum r_i d_i}{\sum r_i} = \frac{\sum r_i d_i}{100} \qquad (4-3)$$

(2)加权几何平均法:

$$D = (d_1^{\gamma_1} d_2^{\gamma_2} \cdots d_n^{\gamma_n})\frac{1}{\sum \gamma_i}$$

取对数　　　　　　$$\lg D = \frac{\sum \gamma_i \tan d_i}{\sum \gamma_i} = \frac{\sum \gamma_i \tan d_i}{100} \qquad (4-4)$$

(3)调和平均法:

$$D = \frac{\sum \gamma_i}{\sum \dfrac{\gamma_i}{d_i}} = \frac{100}{\sum \dfrac{\gamma_i}{d_i}} \qquad (4-5)$$

以上三种计算方法所得的结果是:

算术平均值 > 几何平均值 > 调和平均值。

在计算混合物料的平均粒度时,如果混合物料筛分的级别越多,求得的平均值也较准确,其代表性也较高。对于窄级别(d_1/d_2)为 $\sqrt{2}$ 以下时,可以简便地用 $D=(d_1+d_2)/2$ 计算。

平均粒度虽然反映物料的平均大小,但单有平均粒度还不能完全说明物料的粒度性质。因为往往有这种情况,两批物料的平均粒度相等,但它们各相同粒级的质量百分数却完全不同,为了能对物料的粒度性质有完全的说明,除了平均粒度外,还须用偏差系数 $K_{偏}$ 来说明物料的均匀程度。

偏差系数按下面公式计算。

$$K_{偏} = \frac{\sigma}{D} \qquad (4-6)$$

式中　D——用加权算术平均法$\left(\dfrac{\sum \gamma_i d_i}{\sum \gamma_i}\right)$求得的平均粒度;

　　　σ——标准差,$\sigma = \sqrt{\dfrac{\sum (d_i - D)^2 \gamma_i}{\sum \gamma_i}}$。

通常将 $K_{偏} < 40\%$ 认为是均匀的;$K_{偏} = 40\% \sim 60\%$ 为中等均匀;$K_{偏} > 60\%$ 为不均匀。

三、粒度分析方法

常用的粒度分析方法,根据物料粗细不同,可以采用下列几种方法。

(1)筛分分析法。是利用筛孔大小不同的一套筛子进行粒度分析,对于粒度小于100mm而大于0.043mm的物料,一般采用筛析法测定粒度组成。

筛析法的优点是设备简单,易于操作,一般干筛至100μm,再细的可用湿筛。近代用光刻电镀技术制造的微目筛,比编丝筛能精确测定颗粒更细的物料,可以测定细到10μm的细粒。

筛析法的缺点是受颗粒形状的影响很大。

(2)水力沉降分析法。是利用不同尺寸的颗粒在水介质中沉降速度的不同而分成若干级别。它不同于筛析法,因为筛析测得的是几何尺寸,水力沉降分析测得的是具有相同沉降速度的当量球径。此法适用于1~75μm粒度范围的测定。

(3)显微镜分析法。主要用来分析微细物料,可以直接观测出颗粒尺寸和形状,常用于检查产品或校正分析结果,以及研究物料的结构,其最佳测量范围为0.5~20μm。

(4)激光粒度测量法。它是根据光学衍射和散射原理,光电探测器把颗粒粒径大小及分布的信息,转变成电信号,电信号经放大后输入计算机,经计算机数据处理,得出粒度和粒度分布并输出打印,自动进行。

粒度分析还有其他的方法。

第二节　筛分分析

一、标准筛

筛分分析用的筛子有两种:一种为非标准筛(或手筛),可以自己制造,手筛用来筛分粗粒物料,筛孔大小一般为150mm、120mm、100mm、80mm、70mm、50mm、25mm、15mm、12mm、6mm、3mm、2mm、1mm等,根据需要确定,用在破碎各段筛分产品的粒度分析。另一种是标准套筛,用于产品或产品的粒度分析。标准套筛是由一套筛孔大小有一定比例的、筛孔宽度和筛丝直径都按标准制造的筛子组成。上层筛子的筛孔大,下层筛子的筛孔小,另外还有一个上盖(防止试样在筛析过程中损失)和筛底(用来直接接取最低层筛子的筛下产物)。

将标准筛按筛孔由大到小,从上到下排列起来,各个筛子所处的层次序叫筛序,使用标准筛时,决不可错叠筛序,以免造成实验结果混乱。

在叠好的筛序中,每两个相邻的筛子的筛孔尺寸之比叫筛比。

标准筛有一个作为基准的筛子叫基筛。重要的标准筛有以下几种。

1. 泰勒标准筛

这种筛制是用筛网每一英寸(25.4mm)长度上所有的筛孔数目作为各个筛子号码名称。一英寸长度中的筛孔数目称为网目,简称目,如200目的筛子就是指一英寸长度的筛网上有200个筛孔。泰勒筛制有两个序列,一是基本序列,其筛比是$\sqrt{2}=1.414$:另一个是附加序列,其筛比是$\sqrt[4]{2}=1.189$,基筛为200目的筛子,其筛孔尺寸是0.074mm。

对基本筛序来说,以200目的基筛为起点,比200目粗一级的筛子的筛孔约等于0.074

$\times\sqrt{2}=0.104mm$，即150目，更粗一级的筛孔尺寸是 $0.074\times\sqrt{2}\times\sqrt{2}$，比0.074mm细一级的筛孔尺寸为 $0.074/\sqrt{2}mm$，依此类推。一般筛分分析多采用基本筛序，只有在要求得到更窄的级别的产品时，才插入附加筛序（筛比 $\sqrt[4]{2}$ 的筛子）。

2. 德国标准筛

这种筛的"目"有两种，一种是一厘米长的筛网上的筛孔数，或一平方厘米面积上的筛孔数，特点是筛号与筛孔尺寸(mm)的乘积约等于6，并规定筛丝直径等于筛孔尺寸的 $\frac{2}{3}$，各层筛子的筛网有效面积（所有孔的面积与整个筛面面积之比，用百分率表示）等于36%。

3. 国际标准筛

基本筛比是 $\sqrt[10]{10}=1.259$，对于精密的筛析，还插入附加的筛比 $(\sqrt[10]{10})^8=1.41$ 和 $(\sqrt[10]{10})^{12}=1.99$

此外，还有英国 B.S 系列标准筛，各种标准筛见表4－1。

表4－1 常见标准筛

国际标准筛 孔/mm	上海标准筛		泰勒标准筛		英国标准筛（B.S）		德国标准筛	
	网目 /孔·in^{-1}	孔/mm	网目 /孔·in^{-1}	孔/mm	网目 /孔·in^{-1}	孔/mm	网目 /孔·cm^{-1}	孔/mm
8	—	—	2.5	7.925	—	—	—	—
6.3	—	—	3	6.68	—	—	—	—
—	—	—	3.5	5.691	—	—	—	—
5	4	5	4	4.699	—	—	—	—
4	5	4	5	3.962	5	3.34	—	—
3.35	6	3.52	6	3.327	6	2.81	—	—
2.8	—	—	7	2.794	7	2.41	—	—
2	—	—	9	1.981	—	—	—	—
1.6	10	1.98	10	1.651	10	1.67	4	1.5
1.4	12		—	1.42	12	1.4	5	1.2
1.18	14	1.43	14	1.168	14	1.20	6	1.02
1.0	16	1.27	16	0.991	16	1.00	—	—
0.8	20	0.995	20	0.833	18	0.85	—	—
0.71	24	0.823	24	0.701	22	0.70	8	0.75
0.6	28	0.674	28	0.589	25	0.60	10	0.6
0.5	32	0.556	32	0.495	30	0.50	11	0.54
0.4	34	0.533	35	0.417	36	0.42	12	0.49
0.35	42	0.376	42	0.351	44	0.35	14	0.43
0.3	48	0.295	48	0.295	52	0.30	16	0.385
0.25	60	0.251	60	0.246	60	0.252	20	0.3
0.2	70	0.2	65	0.208	72	0.211	24	0.25
0.18	80	0.139	80	0.175	85	0.177	30	0.2
0.15	100	0.13	100	0.147	100	0.152	40	0.15
0.125	120	0.097	115	0.124	120	0.125	50	0.12
0.1	160	0.09	150	0.104	150	0.105	60	0.1

国际标准筛 孔/mm	上海标准筛		泰勒标准筛		英国标准筛（B.S）		德国标准筛	
	网目 /孔·in^{-1}	孔/mm	网目 /孔·in^{-1}	孔/mm	网目 /孔·in^{-1}	孔/mm	网目 /孔·cm^{-1}	孔/mm
0.09	180	0.077	170	0.088	170	0.088	70	0.088
0.075	200	0.065	200	0.074	200	0.076	80	0.075
0.063	230	0.056	230	0.062	240	0.065	100	0.06
0.05	280	0.05	270	0.053	—		—	
0.04	320	0.044	325	0.043	300	0.053		
—	—		400	0.038				

我国标准筛尚未公布，常用的上海筛类似泰勒筛，也列入表 4 - 1 中以供参考。

二、筛分分析

确定松散物料粒度组成的筛分工作称为筛分分析，简称筛析，粒度大于 6mm 物料的筛分属于粗粒物料的筛析，采用钢板冲孔或钢丝网制成的手筛进行，其方法是用一套筛孔大小不同的筛子进行筛分，将物料分成若干粒级，然后分别称量各粒级质量。如果原料含泥、含水较高，大量的泥和细粒物料黏附在大块物料上面，则应将它们清洗下来，以免影响筛析的准确性。

粒度范围为 6～0.043mm 的物料的筛析，用实验室标准套筛进行，如果对筛析的准确度要求不甚严格，通常直接进行干法筛析即可。但如果试样含水、含泥较多，物料互相黏结时，应采用干湿联合筛析法，筛析所得的结果才比较精确。

干法筛析是先将标准筛按顺序套好，把样品倒入最上层筛面上，盖好上盖，放在振筛机上筛分若干分钟（如 10～15min），然后依次将每层筛子取下，用手在橡皮布上筛分，如果 1min 内所得筛下物料量小于筛上物料量的 1%，则认为已达到终点，否则就要继续进行筛析。

筛析的目的在于求得各粒级的质量百分数（产率），从而确定物料的粒度组成，可以把所筛分级别的总质量作为 100%，分别求各级别的产率及累积产率。

$$\frac{某一粒级的质量}{被筛物料的总质量} \times 100\% = 某粒级的产率（\%）$$

累积产率分为筛上累积产率（又叫正累积）及筛下累积产率（又叫负累积）。筛上累积产率是大于该筛孔的各级别产率之和，即表示大于某一筛孔的物料共占原物料的百分数。筛下累积产率是小于该筛孔的物料共占原物料的百分数。

筛分分析结果填入规定的表格，最常用的筛析记录见表 4 - 2，累积产率还可画图表示。

表 4 - 2　筛分分析结果

粒级/mm	质量/kg	粒级产率/%	筛孔宽度/mm	产　率	
				筛上累积产率（正累积）/%	筛下累积产率（负累积）/%
-16 +12	2.25	15	16	—	100
-12 +8	3.00	20	12	15	85
-8 +4	4.50	30	8	35	65
-4 +2	2.25	15	4	65	25
-2 +0	3.00	20	2	80	20
共计	15.00	100	0	100	—

第三节 筛分原理和筛分效率

一、筛分原理

将颗粒大小不同的混合物料,通过单层或多层筛子而分成若干个不同粒度级别的过程称为筛分。松散物料的筛分过程,可以看作两个阶段组成:

(1)易于穿过筛孔的颗粒通过不能穿过筛孔的颗粒所组成的物料层到达筛面。

(2)易于穿过筛孔的颗粒透过筛孔。

要使这两个阶段能够实现,物料在筛面上应具有适当的运动,一方面使筛面上的物料层处于松散状态,物料层将会产生离析(按粒度分层):大颗粒位于上层;小颗粒位于下层,容易到达筛面,并透过筛孔。另一方面,物料和筛子的运动都促使堵在筛孔上的颗粒脱离筛面,有利于颗粒透过筛孔。

实践证明,物料粒度小于筛孔 3/4 的颗粒,很容易通过粗粒物料形成的间隙,到达筛面,到筛面后它很快透过筛孔,这种颗粒称为"易筛粒"。物料粒度大于筛孔 3/4 的颗粒,通过粗粒组成的间隙比较困难,这种颗粒的直径愈接近筛孔尺寸,它透过筛孔的困难程度就愈大,因此这种颗粒称为"难筛粒",下面用料粒通过筛孔的概率理论来作说明。

1. 筛分概率

料粒通过筛孔的可能性称为筛分概率,一般来说,料粒通过筛孔的概率受到下列因素影响:1)筛孔大小;2)料粒与筛孔的相对大小;3)筛子的有效面积;4)料粒运动方向与筛面所成的角度;5)物料的含水量。

由于筛分过程是许多复杂现象和因素的综合,使筛分过程不易用数学形式来全面地描述,这里仅仅从颗粒尺寸与筛孔尺寸的关系进行讨论,并假定了某些理想条件(如颗粒是垂直地投入筛孔),得到颗粒透过筛孔的概率公式。

松散物料中粒度比筛孔尺寸小得多的颗粒,在筛分开始后,很快就落到筛下产物中,粒度和筛孔尺寸愈接近的颗粒,透过筛孔所需的时间愈长,所以,物料在筛分过程中通过筛孔的速度取决于颗粒直径与筛孔尺寸的比值。

研究单颗粒透过筛孔的概率如图 4-1 所示。假设有一个无限细的筛丝制成的筛网,筛孔为正方形,每边长度为 D。如果一个直径为 d 球形颗粒,在筛分时垂直地向筛孔下落,可以认为,颗粒与筛丝不相碰时,它就可以毫无阻碍地透过筛孔。换言之,要使颗粒下落时,其中心应投在绘有虚线的面积 $(D-d)^2$ 内(图 4-1a)。

由此可见颗粒透过筛孔是一个随机现象,如果料粒投到筛面上的次数有 n 次,其中有 m 次透过筛孔,那么颗粒透过筛孔的概率就是

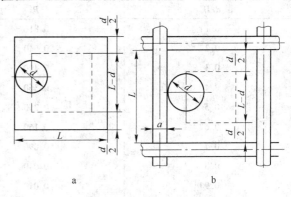

图 4-1 颗粒透过筛孔示意图

a—钢丝直径;b—颗粒直径

$$概率 = \frac{m}{n}$$

当 n 很大时,概率总是稳定在某一个常数 P 附近,这个稳定值 P 就叫筛分概率。因此筛分概率也就客观地反映了料粒透筛可能性的大小。

$$P = \frac{m}{n}$$

既然概率是某事件出现的可能性的大小,它也就永远不会小于零也不会大于 1,总是在 0 与 1 之间,即

$$0 \leqslant P \leqslant 1$$

可以设想有利于颗粒透过筛孔的次数,与面积 $(D-d)^2$ 成正比,而颗粒投到筛孔上的次数,与筛孔的面积 D^2 成正比,因此,颗粒透过筛孔的概率,就决定这两个面积的比值。

$$P = \frac{(D-d)^2}{D^2} = \left(1 - \frac{d}{D}\right)^2 \tag{4-7}$$

颗粒被筛丝所阻碍,使它不透过筛孔的概率之值等于 $(1-P)$。

当某事件发生的概率为 P 时,使该事件以概率 P 出现,如需要重复 N 次,N 值与概率 P 成反比,即:

$$P = \frac{1}{N}$$

在这里所讨论的问题,N 值就是颗粒透过筛孔的概率为 P 时,必须与颗粒相遇的筛孔数目,由此可见,与颗粒相遇的筛孔数目越多,颗粒透过筛孔的概率越小,当 N 值无限增大时,P 越接近于零。

取不同的 d/D 比值,计算出的 P 值和 N 值,见表 $4-3$,利用这些数据可画出图 $4-2a$ 的曲线,曲线可大体划分为两段,在颗粒直径 d 小于 $0.75D$ 的范围内,曲线较平稳,随着颗粒直径的增大,颗粒透过筛面所需的筛孔数目有所增加。当颗粒直径超过 $0.75D$ 以后,曲线较陡,颗粒直径稍有增加,颗粒透过筛面所需的筛孔数目就需要很多,因此用概率理论可以证明,在筛分实践中把 $d < 0.75D$ 的颗粒叫"易筛粒"和 $d > 0.75D$ 的颗粒叫"难筛粒"是有道理的。

表 4-3　颗粒透过筛孔的概率与颗粒及筛孔相对尺寸的关系

d/D	P	$N = 1/P$
0.1	0.810	2
0.2	0.640	2
0.3	0.490	2
0.4	0.360	3
0.5	0.250	4
0.6	0.160	7
0.7	0.090	11
0.8	0.040	25
0.9	0.010	100
0.95	0.0025	400
0.99	0.0001	10000
0.999	0.00001	100000

若考虑筛丝的尺寸(图4-2),与上面所讨论的原理一样,得到颗粒透过筛面的概率公式:

$$P = \frac{(D-d)^2}{(D+a)^2} = \frac{D^2}{(D+a)^2}\left(1-\frac{d}{D}\right)^2 \tag{4-8}$$

式中　a——筛丝直径;

　　　D——方形筛孔的边长。

式(4-8)说明,筛孔的尺寸愈大,筛丝和颗粒直径愈小,则颗粒透过筛孔的可能性愈大。

2. 粒子运动速度分析

当球形粒子沿筛面运动,它的运动速度v,如图4-3所示。由于重力作用,粒子的运动轨迹呈抛物线,其运动方程可表示为:

$$\begin{cases} x = vt \\ y = \dfrac{1}{2}gt^2 \end{cases}$$

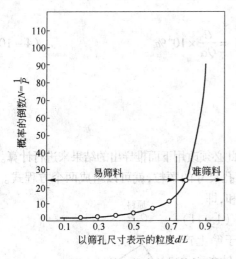

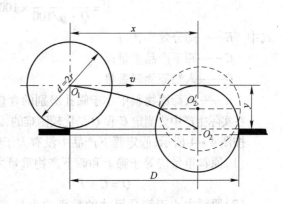

图4-2　颗粒透过筛面概率的倒数与颗粒　　　　图4-3　粒子运动速度对穿过筛孔的影响
　　　　　和筛孔相对尺寸的关系

当$x = D - \dfrac{d}{2}$时,如果$y \geqslant d/2$,则粒子可以通过筛孔。反之,如果$y \leqslant d/2$,粒子就不能通过筛孔。

粒子在垂直向下落$y \geqslant d/2$的距离所需时间为:

$$t = \sqrt{\frac{2y}{g}} = \sqrt{\frac{d}{g}}$$

将$x = vt$代入上式,得到粒子能通过筛孔的最大允许速度v(mm/s):

$$v = \left(D - \frac{d}{2}\right)\sqrt{\frac{g}{d}} \tag{4-9}$$

式中　D——筛孔尺寸,方孔为边长,圆孔为直径(mm);

　　　d——粒子直径,mm;

g——重力加速度，mm/s^2。

当粒子的水平速度大于计算值时，粒子不能通过筛孔，而从筛孔上越过。公式(4-8)未考虑空气阻力和碰撞影响，计算是近似值。

二、筛分效率

在使用筛子时，既要求它的处理能力大，又要求尽可能地将小于筛孔的细粒物料过筛到筛下产物中去。因此，筛子有两个重要的工艺指标：一个是它的处理能力，即筛孔大小一定的筛子每平方米筛面面积每小时所处理的物料吨数($t/(m^2 \cdot h)$)，它是表明筛分工作的数量指标。另一个是筛分效率，它是表明筛分工作的质量指标。

在筛分过程中，按理说比筛孔尺寸小的细级别应该全部透过筛孔，但实际上并不是如此，它要根据筛分机械的性能和操作情况以及物料含水量等而定，因此，总有一部分细级别不能透过筛孔成为筛下产物，而是随筛上产品一起排出，筛上产品中，未透过筛孔的细级别数量愈多，说明筛分的效果愈差，为了从数量上评定筛分的完全程度，要用筛分效率这个指标。

所谓筛分效率，是指实际得到的筛下产物重量与入筛物料中所含粒度小于筛孔尺寸的物料的重量之比，筛分效率用百分数或小数表示。

$$E = \frac{C}{Q \cdot \alpha/100} \times 100\% = \frac{C}{Q\alpha} \times 10^4\% \qquad (4-10)$$

式中　E——筛分效率，%；

　　　C——筛下产品重量；

　　　Q——入筛原物料重量；

　　　α——入筛原物料中小于筛孔级别的含量。

在实际生产中要测定 C 和 Q 是比较困难的，因此必须改用下面推导出的结果来进行计算。

按图4-4所示，假定筛下产品中没有大于筛孔尺寸的颗粒，就可以组成两个方程式。

(1)原料重量应等于筛上和筛下产物重量之和，即

$$Q = C + T \qquad (4-11)$$

(2)原料中小于筛孔尺寸的粒级的重量，等于筛上产物与筛下产物中含有的小于筛孔尺寸的物料的重量之和。

$$Q \cdot \alpha = 100C + T \cdot \theta \qquad (4-12)$$

式中　T——筛上产物重量：

　　　θ——筛上产物中所含小于筛孔尺寸粒级的含

　　　　量，%；

其他符号的意义同前。

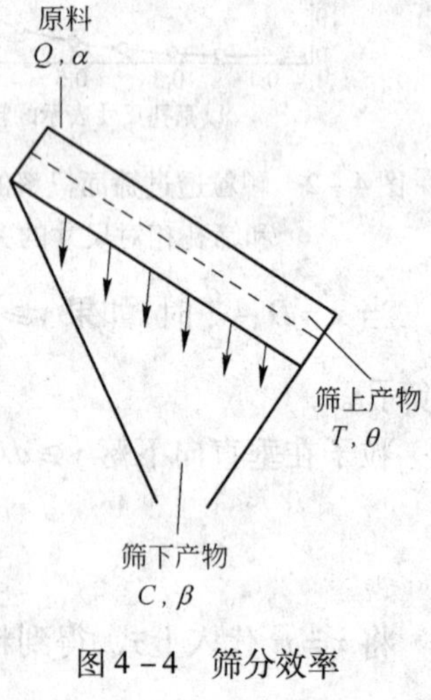

将公式(4-10)代入式(4-11)，得

$$Q\alpha = 100C + (Q - C)\theta$$

$$C = \frac{(\alpha - \theta)Q}{100 - \theta} \qquad (4-13)$$

图4-4　筛分效率

按照公式(4-10)表示的筛分效率的定义，将公式(4-13)代入公式(4-10)中，得到

$$E = \frac{C}{Q \cdot \alpha} \times 10^4\% = \frac{\alpha - \theta}{\alpha(100 - \theta)} \times 10^4\% \qquad (4-14)$$

必须指出,式(4-14)是指筛下产物中不含有大于筛孔尺寸的颗粒的条件下列出物料平衡方程式,由于实际生产中,部分大于筛孔尺寸的颗粒总会或多或少的透过筛孔进入筛下产物,如果考虑这种情况,筛分效率应按下式计算。

$$E = \frac{\beta(\alpha - \theta)}{\alpha(\beta - \theta)} \times 100\% \qquad (4-15)$$

式中 β——筛下产物中所含小于筛孔级别的含量,%。

筛分效率的测定方法如下:在入筛的物料流中和筛上物料流中每隔15~20min取一次样,应连续取样2~4h,将取得的平均试样在检查筛里筛分,检查筛的筛孔与生产上用的筛子的筛孔相同。分别求出原料和筛上产品中小于筛孔尺寸的级别的百分含量 α 和 θ,代入公式(4-14)中可求出筛分效率 E,当没有与所测定的筛子和筛孔尺寸相等的检查筛子时,可以用套筛作筛分分析,将其结果绘成筛析曲线,然后,由筛析曲线图中求出该级别的百分含量 α 和 θ。最好是如上分别求出 α、θ 和 β,按式(4-15)计算筛分效率 E。

有时用全部小于筛孔物料来计算筛分效率,这样计算得到的结果叫总筛分效率。有时只对其中的几个粒级作计算,算得的结果叫部分筛分效率。全部小于筛孔的物料,包含易筛粒和难筛粒。所以总筛分效率就是由这两类粒子的筛分效率组成的。若部分筛分效率是用易筛粒求得的,它必然比总筛分效率大;如果是用难筛粒算出的,它就比总筛分效率小。

由于有以上讲的这些情况,在遇见筛分效率时,就要注意是用什么公式计算的,是总筛分效率还是部分筛分效率,否则就会对所研究的问题认识不清。

三、影响筛分效率的因素

(一)物料性质的影响

1. 物料的粒度特征

被筛物料的粒度组成,对于筛分过程有决定性的影响,在筛分实践中,可以看到,比筛孔愈小的颗粒愈容易透过筛孔,颗粒大于筛孔3/4,虽然比筛孔尺寸小,但却难以透筛。物料中的粒子有三种粒度界限值得注意:

(1)小于3/4筛孔尺寸的颗粒叫"易筛料";

(2)小于筛孔尺寸但大于3/4筛孔尺寸的颗粒叫"难筛料";

(3)粒度为1~1.5倍筛孔尺寸的颗粒叫"阻碍粒"。

显然,含"易筛料"愈多的物料愈好筛。因此,当增加物料中的"易筛料"含量时,筛子的生产率迅速增加;或者说,在保持生产率一定的情况下,可以得到较高的筛分效率。

物料颗粒最大容许尺寸与筛孔尺寸之间的一定比例关系没有明确的规定,一般认为最大粒度不应大于筛孔尺寸的2.5~4倍。

在精确计算振动筛的生产率时,需要测定给料中小于1/2筛孔尺寸的颗粒含量和大于筛孔尺寸的颗粒含量,因为它们既影响生产率,也影响筛分效率。

2. 被筛物料的含水量

物料所含的水分有两种,一种叫外在水分,处于颗粒的表面;另一种叫内在水分,处于物料的孔隙、裂缝中,后者对筛分过程没有影响。

　　物料中所含的表面水分在一定程度内增加,黏结成团,并附着大颗粒上,黏性物料也会把筛孔堵住。这些原因使筛分过程进行较难,筛分效率将大大降低。

　　水分对筛分某种物料的具体影响,需要根据试验结果来判断。筛分效率与物料湿度的关系如图4-5所示。图中曲线说明,物料所含水分如达到某一范围,筛分效率急剧降低,这个范围取决于物料性质和筛孔尺寸,物料所含水分超过这个范围后,颗粒的活动性又重新提高,物料的黏滞性反而消失。此时,水分有促进物料通过筛孔的作用,并逐渐达到湿法筛分的条件。

　　3. 物料的颗粒形状

　　物料颗粒如果是圆形,则透过方孔和圆孔较容易,破碎产物大多是多角形,透过方孔和圆孔比透过长方孔容易,条状、板状、片状物料难以透过方孔和圆孔,但较易透过长方形孔。

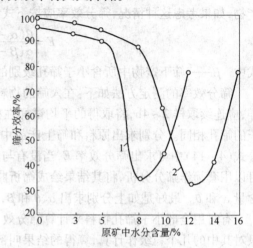

图4-5　筛分效率与物料湿度的关系
1—吸湿性弱的物料;2—吸湿性强的物料

(二)筛面种类及工作参数的影响

1. 筛面种类

　　筛子的工作面通常有三种,钢棒制造的、钢丝编织的和钢板冲孔的。它们对筛分效率的影响,主要和它们的有效面积有关。

　　有效面积愈大的筛面,筛孔占的面积愈多,物料较易透过筛孔,筛分效率就较高,但寿命较短。选用什么样的筛面,应结合实际情况考虑,当磨损严重成为主要矛盾时,就应当用耐磨的棒条筛或钢板冲孔筛;当需要精细筛分的场合,就要用织丝筛。

　　筛孔形状的选择,取决于对筛分产物粒度和对筛子生产能力的要求。圆形筛孔与其他形状的筛孔比较,在名义尺寸相同的情况下,透过这种筛孔的筛下产物的粒度较小,一般认为,实际上透过圆形筛孔的颗粒的最大粒度,平均只有透过同样尺寸的正方形筛孔颗粒的80%～85%。

　　长方形筛孔的筛面,其有效面积较大,生产能力较高,处理含水较多的物料时,能减少筛面堵塞现象,希望筛下产物较多时,采用长方形筛孔比较有利。它的缺点是容易使条状及片状粒通过筛孔,使筛下产物不均匀。

　　在选择筛孔的形式时,最好与物料的形状相适合,如处理块状物料应采用正方形筛孔。处理片板状物料应采用长方形筛孔。

　　不同形状筛孔尺寸与筛下产品最大粒度的关系,按下式计算:

$$d_{最大} = K \cdot D$$

式中　$d_{最大}$——筛下产品最大粒度,mm;

　　　　D——筛孔尺寸,mm;

　　　　K——系数,见表4-4。

表4-4 *K*值表

孔 型	圆形	正方形	长方形
*K*值	0.7	0.9	1.2~1.7①

①板条状物料取大值。

2. 筛孔直径

筛孔愈大,单位筛网面积的生产率愈高,筛分效率也较好,但筛孔的大小取决于采用筛分的目的和要求。倘若希望筛上产物中含小于筛孔的细粒尽量少,就应该用较大的筛孔;反之,若要求筛下产物中尽可能不含大于规定粒度的粒子,筛孔不宜过大,以规定粒度作为筛孔宽的限度。

3. 筛子的运动状况

虽然筛分质量首先决定于被筛物料的性质,但同一种物料用不同类型的筛子筛分,可以得到不同的效果。实际经验指出,固定不动的筛子,它的筛分效率很低,至于可动的筛子,它的筛分效率又和筛体的运动方式有关。筛体如果是振动的,料粒在筛面上以接近于垂直筛孔的方向被抖动,而且振动频率较高,所以筛分效率最好。在摇动着的筛面上,料粒主要是沿筛面滑动,而且摇动的频率比振动的频率小,所以效果较振动筛的差。转动的圆筒形筛,筛孔容易堵塞,筛分效率也不高。各种筛子的筛分效率大致见表4-5。

表4-5 各种筛子的筛分效率

筛子类型	固定条筛	筒形筛	摇动筛	振动筛
筛分效率/%	50~60	60	70~80	90以上

即使同一种运动性质的筛子,它的筛分效率又随运动强度不同而有差别。筛面的运动强度过大,其上的物料运动较快,料粒透过筛孔的机会少,效果就较差。如果筛面的运动强度过小,其上的物料不能撒开,也不利于细粒透过筛孔,因此,筛面的运动强度应适当。

4. 筛子的长度和宽度

在生产实际中可以体会到:对一定的物料,生产率主要取决于筛面宽度;筛分效率主要取决于筛面长度。筛面愈长,物料在筛上被筛分的时间愈久,筛分效率也愈高。筛分时间(或筛面长度)和筛分效率的关系如图4-6所表明的情况。因此,筛分时间太长也是不合理的,因为当筛面倾角一定,要增加筛分时间,只有增加筛面长度。筛面太长,筛子构造笨重,筛分效率提高不多,所以筛子长度必须适当。

筛面的宽度也必须适当,而且必须与筛面长度保持一定的比例关系。一般认为筛子的宽度与长度之比为1:2.5~1:3。

5. 筛面的倾角

在一般情况下,筛子都是倾斜安装的便于排出筛上物料;但倾角要合适。角度太小,达不到这个目的,角度太大,物料排出太快,物料被筛分的时间缩短,筛分效率就低。当筛面倾斜放着时,可以让颗粒顺利通过的筛孔的面积只相当于筛孔的水平投影,如图4-7所示,能够无阻碍地透过筛孔的颗粒直径为

$$d = D\cos\alpha - h\sin\alpha$$

由此可见,筛面的倾角愈大,使料粒通过时受到的阻碍愈大。因此,筛面的倾角应适当,表4-6所示为筛面倾角和筛分效果的关系。

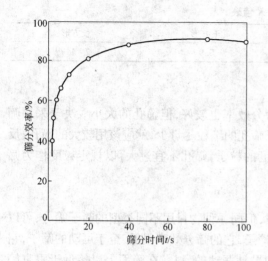

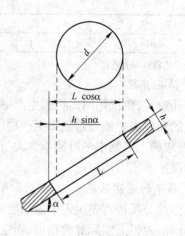

图4-6　筛分效率与筛分时间的关系　　　　图4-7　单个颗粒透过倾斜筛面的筛孔示意图

实际常见振动筛的倾角一般在 0° ~ 25°,固定棒条筛的倾角一般为 40° ~ 45°。

表4-6　筛面水平、倾斜放置时筛下物最大粒度与筛孔宽(适用于 5mm 以上的筛孔)

筛下最大粒直径	保证筛去除最大料所需的筛孔大小			
	圆　孔		方　孔	
	水　平	40° ~ 45°倾斜	水　平	40° ~ 45°倾斜
d	$1.4d$	$(1.75 ~ 2)d$①	$1.16d$	$1.52d$

①物料在 5 ~ 30mm 时用 $2d$,在 40 ~ 100mm 时用 $1.85d$。

(三)操作条件的影响

(1)给料要均匀和连续。均匀、连续地将物料给入筛子上,让物料沿整个筛子的宽度布满一薄层,既充分利用了筛面,又便于细粒透过筛子,因此可以保证获得较高的生产率和筛分效率。

(2)给料量。给料量增加,生产能力增大,但筛分效率就会逐渐降低,原因是筛子产生过负荷。筛子过负荷时,就成了一个溜槽,实际上只起到运动物料的作用。因此,对于筛分作业,既要求筛分效率高,又要求处理量大,不能片面追求一方面,而使另一方面大大降低。

第四节　筛分处理能力与筛分机的分类

筛分处理能力指筛分机在一定的筛孔条件下,单位筛面面积,单位时间所能够处理的物料量(按原料计算)。显然,它与筛分效率有着密切的关系,一般讲,筛分效率提高后,则会降低处理能力。

一、筛分机的处理能力

在一定的筛分效率下,对于大于筛孔的颗粒量,可作如下考虑。

筛面上的颗粒在移动处于稳定状态时,则

$$m/Q = L/v$$

即

$$Q = v(m/L) = v[m/(LB)]B \tag{4-16}$$

式中　Q——大于筛孔的颗粒单位时间加入量,t/h;

　　　m——任意时刻筛面积上逗留的大于筛孔的颗粒总质量,t;

　　　v——颗粒的恒定移动速度,m/h;

　　　B——筛面宽度,m;

　　　L——筛面长度,m。

影响 Q 的颗粒恒定移动速度 v,取决于筛面运动形式,筛面倾斜角和颗粒大小。

设在筛面上的颗粒作为最松懈的填充状态,料层厚度为相当于粒度 d 的 Z 个颗粒,则在单位筛面面积上的颗粒量为

$$(1/d^2)(\pi d^3/6)\rho Z = (\pi/6)d\rho Z \tag{4-17}$$

式中　ρ——颗粒密度,t/m³。

显然,公式(4-17)应与公式(4-16)中的(m/LB)相等,则

$$Q = (\pi/6)d\rho vZB \tag{4-18}$$

据试验得出,一般 Z 为 1～6 个,v 为 10～30cm/s。经验式为 $v \leqslant 7.4\sqrt{d}$ cm/s。

由此可见,从兼顾筛分处理能力和筛分效率的角度出发,应该使 B 大一些,而使 v 和 Z 小一些,就筛分效率而言,则在较大的 L 值之下,v 与 Z 就可以允许比较大些。

二、影响因素

上面所提到的影响筛分处理能力的因素是主要的、基本的。总的来讲,影响的因素还远不止这些,可以归纳为物料和筛分机的两个方面,见表4-7,对于这些因素迄今未能确定其定量的关系,仅是定性的阐述而已。

表4-7　影响筛分处理能力的因素

物料性质方面	筛分机方面			
	筛　面	筛面的运动	粒子的运动	操作条件
粒度及其分布、颗粒形状	宽度、长度	运动形式	筛面料层厚度	加料方法、加料速度
颗粒密度、物料堆积密度	倾斜角度、筛孔形状	运动方向	移动速度	筛分机安装状态
硬度、抗压强度	筛孔大小、物料性质	振幅	成层作用	防止筛孔堵塞的方法
内摩擦系数、含水量	孔间率、筛面曲率	频率	堵塞筛孔作用	大气温度、大气湿度
带电性、附着凝聚性	筛面张力、筛面弹性			

(一)物料方面的因素

(1)在物料的堆积密度比较大(约在 0.5t/m³ 以上)的场合下,筛分处理能力与颗粒密度成正比的关系,但在堆积密度较小的情况下,由于微粒子的飘扬,尤其是轻质物料,则上述正比关系不易保持。

(2)粒度分布是一个十分重要的因素,往往可以左右处理能力的变化幅度达300%。一般讲,细粒多,则处理能力大,最大允许粒度不应大于筛孔的2.5～4倍。物料中含的难筛粒

（粒度大于筛孔尺寸的 3/4 而小于筛孔尺寸的颗粒）、阻碍粒（粒度大于筛孔尺寸而小于 1.5 倍筛孔尺寸的颗粒）数量愈少,筛分愈容易,所得的筛分效率也愈高。

（3）物料中水分含量达到一定程度时,由于颗粒间（尤其是微粒）的相互附着凝聚性而结成的团块易填塞筛孔,筛分能力就会急剧下降,这种影响可以用外界施给的强力振动来消除一部分。

（二）筛分机方面的因素

（1）孔间率也称开孔率,就是筛孔净面积占筛面面积的比率（%）,即

$$S = (1 - Zb)^2 \times 100\% \qquad (4-19)$$

式中　Z——单位长度内的筛孔数;
　　　　b——筛丝直径。

一般,筛网的孔间率可达 80%,但在筛孔较小的情况下,孔间率则为 40% 左右,筛板的孔间率均在 50% 以下。

筛面孔间率愈小,则筛分处理能力愈小,但是筛面的使用寿命相对地会延长。

（2）在一定的范围内,筛孔大小与处理能力成正比关系。但是筛孔过于小（特别在 1mm 以下）的话,筛分处理能力就会急剧下降。

（3）筛孔形状。正方形筛孔的处理能力比长方形的为小,但是就筛分精确度而言,无疑以正方形的为佳。

（4）振动的幅度与频率。振动的目的在于使筛面上的物料不断前进,防止筛孔堵塞,以及使大小颗粒构成一合适的料层。一般讲,粒度小的适宜用小振幅与高频率的振动,振动的条件应以不致使料粒弹出筛面为限;更重要的是筛分效率主要是依靠振幅与频率的合理调整来得到改善的。

（5）加料的均匀性。单位时间加料量应该相等,入筛料沿筛面宽度分布应该均匀。在细筛时,加料的均匀性影响更大。

（6）料速与料层厚度。筛面倾角大,可增快料速,又增加处理能力,但使筛分效率降低,料层薄,虽会降低处理能力,但可提高筛分效率。

三、筛分机分类

筛分机的品种很多,部分筛分机械系列及技术规格见表 4-7。炭素、电炭厂常用的筛分机有:

（1）格筛又称栅筛:可分为固定格筛和滚轴筛等。

（2）筒形筛又称回转筛。有圆筒筛、圆锥筛、角柱筛（如六角筛）和角锥筛。

（3）振动筛按其传动方式可分为机械振动筛和电力振动筛。

格筛结构最简单,又不需动力,一般用于原料预碎机上部,以保证预碎机的入料粒度适宜,另外用于原料场,回转筛在炭素厂一般用于焙烧填充料的处理和石墨化车间的保温料和电阻料的处理,振动筛一般用于中碎、磨粉车间的筛分。

四、筛面

筛面是筛分机的主要工作部件,筛分过程就在筛面上进行,合理使用筛面对完成筛分作

业有着重要的意义。

栅条的断面形状有多种(图4-8a)。断面形状呈上大下小的栅条可以避免物料堵塞。

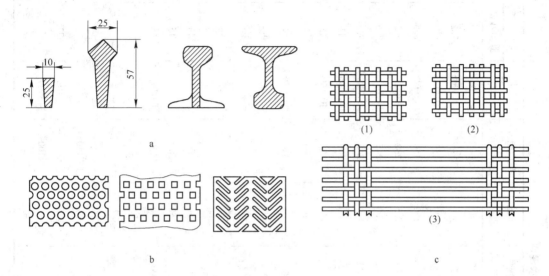

图4-8　筛面示意图

a—栅条的断面形状;b—筛板上的孔形及排列方法;c—编织筛网

(1)筛栅通常用在固定格筛上,格筛倾斜放置使筛面与水平夹有30°~60°的角度,它的筛孔尺寸一般大于50mm。筛栅的机械强度大,维修简单。

(2)筛板系由钢板冲孔制成,常冲成圆形、方形或长条形的筛孔。为减轻筛孔堵塞现象,筛孔稍呈锥形,即向下逐渐扩大,圆锥角约为7°。各种筛板的筛孔形状及排列方法如图4-8b,实际生产证明,交叉排列的筛孔筛分效率较高,长条形筛孔的筛分效率最高。筛板上孔间距离大小应考虑筛板强度和筛面有效面积的变化,一般由经验方法决定。

筛板的机械强度比较高,刚度也大,它的使用寿命也较长,但有效筛面面积比较小,且筛孔尺寸很难做小,因此,一般用于中碎作业中,筛孔尺寸为12~15mm。

(3)筛网是应用最为广泛的一种筛面,它是由金属丝编织而成。筛孔有正方形和长方形两种(如图4-8c)。多数场合是用正方形筛孔,但因长方形筛孔的处理能力要比正方形筛孔的高出30%~40%,且堵塞的可能性较小。

筛网的突出优点是有效筛面面积较大,可达70%~80%,这是前两种筛面达不到的。筛网的筛孔尺寸幅度大,从几十微米到几十毫米,所以它的用途也广,通常用于细筛和中筛作业中。

用同一筛孔尺寸而筛孔形状不同的筛面进行筛分时,筛下产品的粒度并不一样。圆形筛孔的筛下物粒度最小,正方形的居中,长方形孔的粒度最大。它们的筛下物最大粒度,对于圆形孔为筛孔尺寸的0.7倍,方形孔为0.8~0.9倍。长方形(或长条形)孔则接近于1。

筛网的筛孔尺寸(筛孔大小),取决于筛丝之间的最小距离,筛孔尺寸用长度单位(mm或μm)表示,筛网规格可见表4-8。

表4-8 国产筛分机械系列及技术规格

规格型号	工作面积/m²	筛孔尺寸/mm	双振幅/mm	振次/次·min⁻¹	筛面倾角/(°)	最大给料粒度/mm	生产能力/t·h⁻¹	传动电动机 型号	功率/kW	设备质量/kg
SZZ₂900×1800	1.62	1,2,3,6,10,13,20,25	6	1000	15~25	40	20~25	JO₂1004	2.2	420
SZZ₂900×1800	1.62	1,2,3,6,10,13,20,25	6	1000	15~25	40	20~25	JO₂100S4	2.25	572
SZZ₁250×2500	3.13	6,8,10,13,16,25,30,40	2~7	850	15~20	100	150	JO₂112S4	5.5	1020
SZZ₁1250×2500	3.13	6,8,10,13,16,25,30,40	2~7	850	15	100	150	JO₂112S4	5.5	1325
SZZ₂1250×4000	5	6,8,10,13,16,25,30,40	2~6	900	20~25	7.5	232	8000	5.5	1730
SZZ₁1500×3000	4.5	6,8,10,13,16,25,30,40	8	800	15~20	100	245	JO₂140S4	7.5	2150
SZZ₂1500×3000	4.5	6,8,10,13,16,25,30,40	5~10	840	15~20	100	245	JO₂140S4	7.5	2500
SZZ₂1500×4000	6	6,8,10,13,16,25,30,40	5~10	840	25±2	100	300	JO₂140M4	11	4500
SZZ₂1800×3600	6.48	6,8,10,13,20,25	7	750	20	150	300	JO₂1604	15	3000
SZZ₂1800×3600	6.48	6,8,10,13,16,20,25,40,50,70	4	820		100	100			
SZ₂1800×2500	3	6~40	4.8	1440	100		350	JO₂160S4	11	3000
SZZ₁1250×2500	3	6~40	10	1300	23	100			5.5	998
SZX₂1500×3000	4.5	25,50,75,100	9	750	23	400			5.5	1370
SZX₂1500×3000	4.5	25,50,75,100	9	750	20	400				4000
SZX₂1800×3000	6.12	25,50,75,100	8	750	22	400			15	3248
SZX₂1800×3000	6.12	25,50,75,100	300	750	7.30	350			15	4809
悬挂SXG1500×3700	14~23	500	9	300		250	500		15	3600
双轴SXG1500×5500	0.5~100	0.5~100	300	80	29000	300	5160	JO₂160S	15	15
双轴SZZ₁1500×5500	9	9	10	4425		10				5640
单轴ZS1800×5500		JO₂524	9	100		10				23000
双轴座式2000×5500		6,8,10,13,16,25,30,40	10~20	100		300	JO₂140S4			
ZSZG1200×3000		6,8,10,13,16,25,30,40	10~24			10	6925	10	6925	
ZSZG1500×4000						7.5	4100	3500		3500
HSR1010×1580×45°		0.25,0.5,1.0								
HSR1010×1300×45°		0.25,0.5,1.0								

第五节 振 动 筛

振动筛根据筛框的运动轨迹不同,可以分为圆运动振动筛和直线运动振动筛两类,圆运动振动筛包括单轴惯性振动筛和自定中心振动筛及重型振动筛。直线运动振动筛包括双轴惯性振动筛(直线振动筛)和共振筛。

振动筛是炭石墨材料厂中普遍采用的一种筛子,它具有以下突出的优点:

(1)筛体以低振幅、高振动次数作强烈振动,消除了物料的堵塞现象,使筛子有较高的筛分效率和生产能力。

(2)动力消耗小,构造简单,操作、维护检修比较方便。

(3)因为振动筛生产率和效率提高,故所需的筛网面积比其他筛子小,可以节省厂房面积和高度。

(4)应用范围广,适用于中、细碎的筛分和检查筛分。

一、惯性振动筛

(一)惯性振动筛的结构

国产惯性振动筛有 SZ 型和 SXG 型等型号,图4-9为 SZ 型惯性振动筛外形图。图4-10是惯性振动筛的原理示意图。筛网2固定在筛箱1内,筛箱安装在椭圆形板簧组8上,板簧组底与基础固定。振动器的两个滚动轴承5固定在筛箱上,振动器主轴的两端装有偏重轮6,调节重块7在偏重轮上不同的位置可以得到不同的惯性力,从而调整筛子的振幅。安装在固定机座上的电动机,通过三角皮带轮3带动主轴旋转,因此筛子两端运动轨迹为椭圆。根据生产量和筛分效率不同的要求,筛子可安装在15°~25°倾斜的基础上。

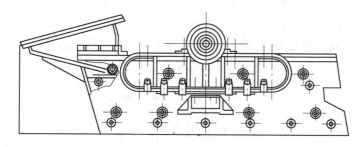

图4-9 SZ 型惯性振动筛外形图

SZ 型惯性振动筛可用于煤、焦炭等原料的筛分,入筛物最大粒度为100mm。

SXG 型惯性振动筛与 SZ 型惯性振动筛的主要区别在于此筛的筛箱是用弹簧悬挂装置吊起。电动机经三角皮带,带动振动器主轴回转,由于振动器上不平衡重块的离心力的作用,使筛子产生圆周运动。此筛适用于煤、焦炭等原料的筛分。

(二)惯性振动筛的工作原理

惯性振动筛是由于振动器的偏心质量回转运动产生的离心惯性力(称为激振力)传给

筛箱,激起筛子的振动,并维持振动不减弱,筛上物料受筛面向上运动的作用力而抛起,前进一段距离后,再落回筛面。

如图 4－11 所示。当主轴以一定的转速 $n(\mathrm{r/min})$ 转动,偏心重块的向心加速度 a_n 为

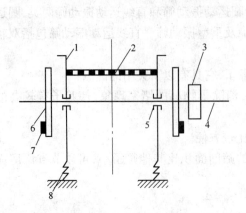

图 4－10　惯性振动筛的原理示意图

1—筛箱;2—筛网;3—皮带轮;4—主轴;5—轴承;
6—偏重轮;7—重块;8—板簧

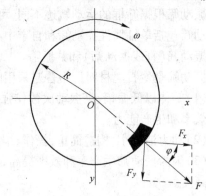

图 4－11　激振力原理图

$$a_n = R\omega^2$$

式中　R——偏心重块的重心的回转半径;

　　　ω——偏心重块的角速度$(\mathrm{rad/s})$,$\omega = \pi n/30$。

于是,有离心力 F 作用在筛箱上

$$F = Ma_n = \frac{q}{g} \cdot R \cdot \omega^2 \qquad\qquad (4-20)$$

式中　M——偏心重块的质量;

　　　q——偏心重块的重量;

　　　g——重力加速度。

这个离心力 F 就叫激振力,它的方向随偏心重块所在位置而改变,指向永远背离转动中心。在任意瞬时 t,F 与 x 轴夹角为 $\varphi = \omega t$,则 F 力在 x 轴和 y 轴方向的分力为:

$$F_x = F\cos\varphi = \frac{q}{g}R\omega^2\cos\omega t \qquad\qquad (4-21)$$

$$F_y = F\sin\varphi = \frac{q}{g}R\omega^2\sin\omega t \qquad\qquad (4-22)$$

这两个分力,一个垂直于筛面,也就是沿弹簧轴线的方向;另一个与筛面平行。第一个分力使支承筛箱的弹簧压缩和拉长,第二个分力使弹簧作横向变形,由于弹簧的横向刚度较大,因此筛箱的运动轨迹为椭圆或近似于圆。

一般振动筛的转速是选择在远离共振区,即工作转数比共振转数大几倍。因为远离共振区工作,振幅比较平稳,弹簧的刚度可以较小。这样,既可以减少弹簧数量,节约材料使机器轻便,而且由于弹簧刚度小,传给地基的动载荷小,机器的隔振效果好。但是,必须注意,选择在远离共振区工作的振动筛,当启动和停车时,筛子的转速由慢到快,或由快到慢,都会经过共振区,短时地引起系统的共振,这时筛箱的振幅很大,在操作过程中常可以见到。因

此,出现了为克服共振可自动移动偏心重块位置的激振器,后面所介绍的重型振动筛就是采用这种结构的筛子。

　　由于振动筛选用的弹簧刚度小,弹簧很软,振幅也不大(一般 $A = 1.5 \sim 2.45\mathrm{mm}$),因此筛箱运动过程中,弹簧变形小,作用于筛箱上的弹性力也很小,可以忽略不计。如果振动中心是选择在弹簧——筛体的静平衡位置,则可以认为弹簧的作用只是用来抵消筛子自重的影响,在运动过程中可以不考虑弹簧的作用。这时就好像筛子悬空一样,若保持两个回转质量平衡,它将不受外力的作用进行自由振荡。

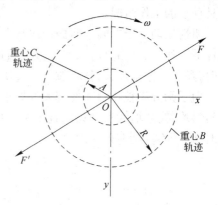

图 4 - 12　激振力与筛箱的惯性力的平衡图

　　偏心重块的重心 B 以 R 为半径和角速度 ω 作等速圆周运动,产生旋转着的惯性力作用在筛箱上,迫使筛箱的重心 C 以振幅 A 为半径和以偏心重块同样的角速度 ω 作圆周运动,它产生旋转着的惯性力 F'。如图 4 - 12 所示,偏心重块的质量及振动体的质量看成集中在各自的重心 B 和 C 上,于是得到以下关系:

$$F = mR\omega^2 = \frac{q}{g}R\omega^2$$

$$F' = mA\omega^2 = \frac{Q}{g}A\omega^2$$

　　由于 $F = F'$,所以

$$mR = MA \qquad\qquad (4 - 23)$$

$$qR = QA \qquad\qquad (4 - 24)$$

式中　q——偏心重块重量;

　　　　m——偏心重块质量;

　　　　Q——参加振动的总重量(包括筛箱、箱网、传动轴、偏重轮及负荷的总重量);

　　　　M——参加振动的总质量;

　　　　A——振幅;

　　　　R——偏心重块的重心至回转轴线的距离。

　　由式(4 - 24)可以看出,偏心重块的重量虽小,但其旋转半径比振幅 A 大,因此它的惯性力矩可以平衡筛箱运动产生的很大的惯性力矩。从公式(4 - 24)还可以看出,当 Q 不变时,改变偏心重块的重量 q 或回转半径 R,可以得到不同的振幅。同理,倘若因给料波动以至 Q 发生变化,在 q 或回转半径 R 不变的情况下,振幅 A 也就相应地要变动,生产中 Q 增大,A 减小,影响筛分,应减少给料,反之亦然。

　　当偏心重块转过不同的角度时,筛箱和偏心重块在空间的位移情况如图 4 - 13 所示。从图中可以看出,激振力的方向与筛箱的运动方向相反,当偏心重块转到上方时,激振力向上,筛箱的位置向下。反之,偏心重块转到下方时,激振方向向下,筛箱的位置向上。这是由于当激振力的强迫振动频率大于筛箱的固有振动频率好几倍时,筛箱和弹簧的运动将滞后于激振力180°相位。因此,当产生激振力的偏心质量转到上方时,筛箱向下运动,弹簧压缩。

3. 惯性振动筛的性能与用途

惯性振动筛的振动器安在筛箱上,轴承中心线与皮带轮中心线一致,随着筛箱的上下振动,从而引起皮带轮振动,这种振动会传给电机,影响电机的使用寿命,因此这种筛子的振幅不宜太大。此外,由于惯性振动筛振动次数高,使用过程中必须十分注意它的工作情况,特别是轴承的工作情况。

惯性振动由于振幅小而振动次数高,适用于筛分中、细粒物料,并且要求在给料均匀的条件下工作,因为当负荷加大时,筛子的振幅减小,容易发生筛孔堵塞现象。反之,当负荷过小时,筛子的振幅加大,物料粒子会过快的跳跃越过筛面。这两种情况都会导致筛分效率减低。由于筛分粗粒物料需要较大的振幅,才能把物料抖动,并由于筛分粗粒物料时,很难做到给料均匀,故惯性振动只适宜于筛分中、细粒物料,它的给料粒度一般不能超过100mm。同时,筛子不宜制造得太大。

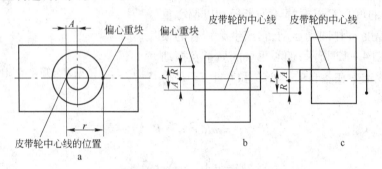

图 4 – 13　筛箱的运动情况

a—筛箱侧视图;b、c—筛箱正视图(r 为重块重心至皮带轮中心的距离,$r = R + A$)

二、自定中心振动筛

国产自定中心振动筛的型号为 SZZ,按筛面面积有各种规格,每种规格筛子又分为单层筛网(SZZ_1)与双层筛网(SZZ_2)两种。一般均系吊式筛,但也有装在座架上的。

自定中心振动筛可供冶金、化工、建材、煤炭等工业部门作中、细粒物料的筛分之用。

(一)自定中心振动筛的构造

图 4 – 14 所示为国产 SZZ_1 1250 × 2500 自定中心振动筛的外形图,主要由筛箱、振动器、弹簧等部分组成。筛箱用钢板和角钢焊接而成,筛网用角钢板压紧在筛箱上。振动器安装在主轴上,在轴的两端并装有可调节配置的皮带轮和飞轮。电动机通过三角皮带带动振动器,振动器的偏心效应与惯性振动筛的情况相同,使整个筛子产生振动,弹簧是支持筛箱用的,同时也减轻了筛子在运转时传给基础的动力。

(二)自定中心振动筛与惯性筛的主要区别

惯性振动筛的传动轴与皮带轮是同心安装的,而自定中心振动筛的皮带轮与传动轴是不同心。下面将两种不同的结构作一比较。

惯性振动筛在工作过程中,当皮带轮和传动轴的中心线作圆周运动时,筛子随之以振幅 A 为半径作圆周运动,但装于电动机上的小皮带轮中心的位置是不变的,因此大小两皮带轮中心距将随时改变,引起皮带时松时紧,皮带易于疲劳断裂,而且这种振动作用也影响电动机的使用寿命。为了克服这一特点,出现自定中心振动筛。

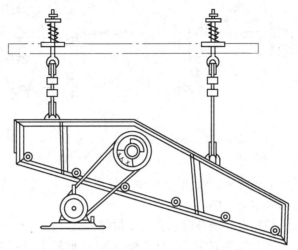

图 4 - 14　SZZ₁1250 × 2500 自定中心振动筛

自定中心振动筛的结构如图 4 - 15 所示,与惯性振动筛相比较,不同的只是传动轴 4 与皮带轮 2 相联结时,在皮带轮上所开的轴孔的中心与皮带轮的几何中心不同心,而是向偏心重块 3 所在位置的对方,偏离皮带轮几何中心一个偏心距 A(A 为振动筛的振幅)。因此,当偏心重块 3 在下方时,筛箱 1 及传动轴 4 的中心线在振动中心线 $O - O$ 之上,距离为 A,同样由于轴孔在皮带轮上是偏心的,因此仍然使得皮带轮 2 之中心总是保持与振动中心线相重合,因而空间位置不变,即实现皮带轮自定中心,大小两皮带轮的中心距保持不变,消除皮带时紧时松现象。

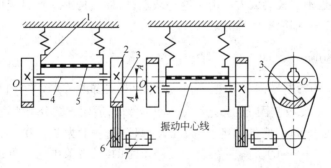

图 4 - 15　皮带轮偏心式自定中心振动筛示意图
1—筛箱;2—皮带轮;3—偏心重块;4—传动轴;5—皮带网;6—皮带轮;7—电动机

此外,还有一种轴承偏心式自定中心振动筛,图 4 - 16 是它的示意图,图中表明,由于轴承与轴的中心线偏离距离 A(约等于振幅),在振动中轴的中心虽有或上或下的位置,但皮带轮相接处的位置却是不变的。

(三) 自定中心振动筛的性能与用途

由前面的讲述可知,自定中心振动筛实质上与惯性振动筛相同。

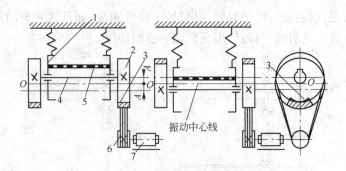

图 4 - 16　轴承偏心式自定中心振动筛

1—筛箱;2—皮带轮;3—偏心重块;4—传动轴;5—筛网;6—皮带与皮带轮;7—电动机

其区别仅仅是采用上述两种措施,使振动中心线不发生位移,即两皮带轮中心距不变,因而两者的性能与用途基本上一样。

自定中心振动筛的筛振中心线有时也会发生位移,正像公式(4 – 24)表示的,如果偏心重块的重量(q)过小,参加振动的总重量(Q)不变,则筛的回转半径就大于皮带轮的偏心距 A。在上述两种情况下,皮带轮中心线作直径很小的圆运动。但是,如果偏心重量的变化不大,皮带轮中心线作直径很小的圆运动,由于变化很微,不会对电动机的挠性传动有什么影响,根据这一点可以认为,自定中心振动筛的偏心重块重量并不需要十分精确的选择。

自定中心振动筛的优点是在电机的稳定方面有很大的改善,所以筛子的振幅可以比惯性振动筛的稍大一些。筛分效率较高,一般可以达到80%以上,但在操作中,也和惯性振动筛一样,表现极为明显的是筛子的振幅变化无常。当筛子负荷过大时,它的振幅很小,不能把筛网上的物料全部抖动起来,因而筛分效率显著下降,当筛子负荷很小时,它的振幅就特别增大,物料抖动得太厉害,很快就跳离筛面,筛分时间短,筛分效率也就降低,因此,使用这种筛子时,给料量也不宜波动太大。由于这一缺点,这种结构形式的自定中心振动筛,也只适宜于均匀给料的中、细粒料的筛分。

三、重型振动筛

国产重型振动筛的型号为 SZX 型,有单层筛和双层筛两种(SZX$_1$ 和 SZX$_2$),这种振动筛结构(如图 4 - 17)比较坚固,能承受较大的冲击负荷,适用于筛分大块度、密度大的物料,最大入料粒度可达350mm,它的结构重,振幅大(双振幅一般为 8 ~ 10mm,而自定中心振动筛的双振幅一般是 4 ~ 8mm)。筛子在启动及停车时,共振现象更为严重,因此采用具有自动平衡的振动器,可以起到减振的作用。

重型振动筛的原理与自定中心振动筛相似,但是振动器的主轴完全不偏心,而以皮带轮的偏心重块的轴孔为偏心,工作时偏心重块自动调整来达到自定中心的目的。振动器的结构如图 4 - 18 所示。装有偏心重块的重锤由卡板 2 支撑在弹簧 3 上,重锤可以在小轴 4 上自由转动,因此振动器的重块定位可以自动调整,采用这种结构的特点是,筛子在低于共振转速时,筛子不发生振动;当超过临界转速时,筛子开始振动,筛子在启动(或停车)时,主轴的转速较低,锤所产生的离心力也很小(因离心力随转速而变),由于弹簧的作用,重锤的离心力不足以使弹簧 3 受到压缩,重锤对回转中心不发生偏离,因此产生的激振力很小,这时

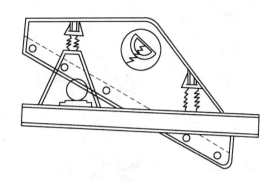

图 4 - 17 重型振动筛的结构示意图

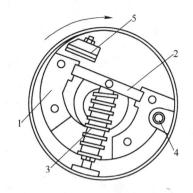

图 4 - 18 重型振动筛的自动调整振动器
1—重锤;2—卡板;3—弹簧;4—小轴;5—撞铁

筛子不产生振动,可以平衡地克服共振转数。这样就可以避免当筛子在启动和停止过程中,达到共振转速时,由于振幅急剧增加,可能使筛子的支承弹簧损坏。当筛子启动后,转速高于共振转速时,重锤产生的离心力大于弹簧的作用力,弹簧 3 被压缩,重锤就开始偏离回转中心,产生足以使筛子振动的激振力,从而使筛子振动起来。

在筛子启动和停车过程中,重锤打开及收回时对撞铁有冲击力,因此撞铁是制成由一组铁片和胶皮垫片所组成的组合件,可以对冲击力起缓冲作用。

筛子的振幅靠增、减重锤上偏心重块的重量加以调整,筛子的振动次数可以用更换小皮带轮的方法来改变。

重型振动筛的筛面是由算条焊接而成的,一个筛子由 20 块筛面组成。为了克服因来料中大块物料过多而影响筛分效率,筛面可焊上高算条,算条沿筛面长度方向呈阶梯状排列,有利于筛上物料沿运动方向排料,不致阻塞筛孔。重型振动筛主要用在中碎机前作预先筛分,代替易阻塞的棒条筛。

四、直线振动筛

直线振动筛主要由筛箱、激振器、吊拉减振装置、驱动装置等组成。如图 4 - 19 所示,(1)由一台电动机经三角皮带带动主轴旋转,主轴的中部有齿轮副,使从动轴向相反方向转动。在主轴和从动轴上设有相同偏心距的重块,当激振器工作时,两个轴上的偏心重块相位角一致,产生的离心惯性力的 X 方向的分力带动筛子沿着 X 方向运动;至于惯性力在 Y 方向的分力,其方向相反而大小相等,所以可以互相抵消,这样就使筛箱沿 X 方向运动,成为直线振动筛。(2)在筛箱上安装两台振动电动机,其振动力大小相等,振动方向相反,使得在一个方向上(如 Y 方向)的分力互相抵消,而只有另一个方向(如 X 方向)的振动力,使筛箱沿一个方向(如 X 方向)运动即直线运动。

物料在筛面上的振动不是依靠筛面的倾角,而是取决于振动的方向角,所以直线振动筛的筛面是水平安装的。振动方向通常选择为 45°角。

五、振动筛生产能力的计算

振动筛的生产能力的计算:

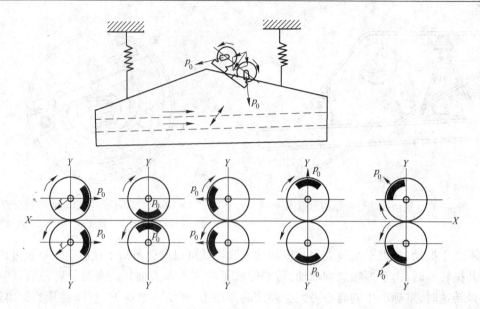

图 4 - 19　直线振动筛双轴振动器的工作原理图

$$Q = F_1 \cdot \delta qKLMNOP \qquad\qquad (4 - 25)$$

式中　Q——振动筛的生产能力,t/h;

　　　F_1——振动筛有效筛分面积,$F_1 = (0.9 \sim 0.8)F(\text{m}^2)$;

　　　F——筛网名义尺寸,长×宽,m^2;

　　　δ——物料堆密度,t/m^3;

　　　q——单位筛面平均生产能力,m^3/m^2;见表 4 - 11。

K、L、M、N、O、P——校正系数,见表 4 - 10。

双层筛生产能力应按单层筛逐层计算。下层筛网的有效面积 $F_2 = (0.7 \sim 0.6)F$。

六、振动筛的安装、操作与维护

(一)安装与调整

(1)筛子按规定倾角安装在基础上或悬架上后,要进行调整,先进行横向水平度调整,以消除筛箱的偏斜,校正水平后,再调整筛箱纵向倾角。

(2)筛网应均匀张紧,防止筛网产生任何可能的局部振动,因为这种振动只要一出现。就会导致这部分筛网受弯曲疲劳而损坏。

(3)三角皮带松紧是靠调整滑轨螺栓而实现的,调整应使三角皮带具有一定的初拉力,但不应使初拉力过小或过大。

(二)操作

在筛子启动前,应检查螺钉等连接部件是否紧固可靠;电气元件有无失效;振动器的主轴是否灵活,轴承润滑情况是否良好。

筛子的启动次序是:先启动除尘装置,然后启动筛子,等运转正常后,才能允许向筛面均匀地给料,停车的顺序与此相反。

(三)维护

在正常运转中,应密切注意轴承的温度,一般不得超过40℃,最高不得超过60℃。

(1)运转过程中应注意筛子有无强烈噪声,筛子振动应平稳,不准有不正常的摆动现象。当筛子有摇晃现象发生时,应检查四根支承弹簧的弹性是否一致,有无折断情况。

(2)设备在运行期间,应定期检查磨损情况,如已磨损过度应立即予以更换。

(3)经常观察筛网有无松动,有无因筛网局部磨损造成漏料,遇有上述情况,应立即停车进行修理。

(4)筛子轴承部分必须设有良好的润滑,当轴承安装良好、无发热与漏油时,可每隔一星期左右用油枪注入黄油一次,每隔两月左右应打开轴壳,将轴承进行清洗,重新注入洁净的黄油。

振动筛或圆筒筛常见故障处理见表4－9。

表4－9　振动筛或圆筒筛常见故障处理

故　障	产 生 原 因	处 理 方 法
筛下料有大颗粒或返还料块	筛网有破损的地方	更换筛网
筛下料过少	料湿使筛网堵塞	换合格料进行筛分

七、改进筛分工艺的一些措施

在生产中常常会遇到改进筛分作业的工作,如果把造成筛分效率低的因素改善,就可以提高筛子的生产率。

(1)采用湿法筛分。湿法筛分的效率比干法筛分的效率高1.25～3.5倍,对于愈细的筛孔,此种差别愈显著,当物料的黏性很大时,采用湿法筛分的效果也是很显著的。

(2)改变筛孔的大小和形状。改变筛孔的大小和形状对筛分作业的指标有着直接关系,一般认为增大筛孔尺寸可以减少堵塞,若筛分潮湿而黏性的物料,有时需要将筛网尺寸放大一倍,才可以使与原来筛孔大小相等的颗粒通过,因此在设计或使用中,允许适当加大筛孔来提高生产率和筛分效率。

系数K、L、M、N、O、P值见表4－10。

表4－10　系数K、L、M、N、O、P值

系数	考虑的因素	筛分条件及各系数值									
K	细粒的影响	物料中粒度小于筛孔之半的颗粒含量K值/%	0 0.2	10 0.4	20 0.6	20 0.6	30 1.0	40 1.0	60 1.4	70 1.6	80 1.8	90 2.0
L	粗粒的影响	给料中过大颗粒(大于筛孔)的含量L值/%	10 0.97	20 0.97	25 1.0	30 1.03	40 1.09	50 1.18	60 1.32	70 1.55	80 2.0	90 3.36
M	筛分效率	筛分效率M值/%	40 2.3	50 2.1	60 1.9	70 1.6	80 1.3	90 1.0	92 0.9	94 0.8	96 0.6	98 0.4

系数	考虑的因素	筛分条件及各系数值			
N	颗粒和物料的形状	颗粒形状	各种粉碎后的物料 （除煤外）	圆形颗粒	煤
		N 值	1.0	1.25	1.5
O	湿度的影响	物料的湿度	筛孔小于 25mm		筛孔大于 25mm 视湿度而定
			干的　　湿的　　成团		
		O 值	1.0　0.75 ~ 0.85　0.52 ~ 0.6		0.9 ~ 1.0
P	筛分的方法	筛分方法	筛孔小于 25mm		筛孔大于 25mm
			干的	湿的	任何的
		P 值	1.0	1.25 ~ 1.4	1.0

单位筛面平均生产能力 q 值见表 4 - 11。

表 4 - 11　单位筛面生产能力 q 值

筛子尺寸/mm	q 值 /$m^3 \cdot (m^2 \cdot h)^{-1}$	筛子尺寸/mm	q 值 /$m^3 \cdot (m^2 \cdot h)^{-1}$	筛子尺寸/mm	q 值 /$m^3 \cdot (m^2 \cdot h)^{-1}$
0.16	1.9	2	5.5	25	31
0.2	2.2	3.15	7	31.5	34
0.3	2.5	5	11	40	38
0.4	2.8	8	17	50	42
0.6	3.2	10	19	80	56
0.8	3.7	16	25.5	100	63
1.17	4.4	20	28		

（3）电热筛网。筛分潮湿、黏性大的物料时，可以采用加热筛网的方法，即使物料不会黏在筛网上，又可以避免细粉物料黏结成团，因而提高了筛分效率。加热方法中，以电加热最为方便，所加热的并非烘干物料。主要是烘干筛网，故温度不高，耗电量也不大。

电源经过变压器降低至不超过 36V，以保证安全，应用低电压（如 8 ~ 12V）高电流（约5000 ~ 10000A）的电，经导线接到筛网，利用筛丝的电阻进行加热，筛子启动时加热到 70 ~ 80℃，工作中保持 40 ~ 60℃，耗电量约为 4 ~ 7.5kW/m^2。筛孔越小的耗电量越大，为了使面积很大的筛网加热均匀，筛面可以分成相互绝缘的几部分，电流分别通过每一部分中。

（4）改变操作条件。现使用的振动筛，可以调节的因素主要是给料速度和筛子倾角，此外还可以根据物料具体情况对筛子的振幅作适当的调整。调整的原则是这样：细粒度、厚料层、高密度、黏滞性大的难筛物料用较大的振幅，细粒度、薄料层、低密度、易筛物料用小振幅。

只有适当的振幅和频率才能取得良好的筛分效果，不适当地提高振幅，会降低物料筛分效率，还会引起物料的自粉碎和增加电能消耗，振动强度过大还可能损坏构件。

（5）等厚筛分法。目前使用的一般筛分方法的缺点是，筛面上物料层厚度从给料端到排料端逐渐减薄，整个筛面长度都有可能存在着供料不合理的现象。在筛子的给料端含有大量的细颗粒，由于料层太厚，处于上层的细颗粒被下层料隔离，大大地降低了细颗粒下落速度,细粒级必须在筛面上流过一个相当长的距离以后才能接触到筛面。在筛子的排料端,则由于料层较薄,大颗粒占用了筛面,细颗粒的数量少,筛面上供料不足的现象更为明显,因此整个筛面的利用率降低。根据试验,小于筛孔的颗粒沿筛面上的透筛率,在筛面的第一段为50%,第二段为25%;第三段为12%;末一段为6%,为了提高其透筛率,应该使给料端物料层有一较大的运动速度,以使物料层迅速变薄。分段加料,在排料端则不需要大的运动速度(避免分层破坏),以便对物料进行检查筛分,这种筛分方法就叫等厚筛分法,它可使透筛率达80%。等厚筛分法的主要特征是:筛面上物料运动速度是递减的,而料层厚度是相等的(或递增)的。

为了达到物料沿筛面全长等厚的目的,可采用以下办法:

1)在一台筛子上安装几段筛面,改变筛面上各段的倾角以获得不同的物料运动速度。或者,采用多个小型筛串联,从入料端到排料端安装角逐渐减小。

2)单轴和双轴振动筛串联,单轴筛倾角30°~40°有高的筛分速度,薄的料层;双轴筛角0°~10°,以正常速度进行检查筛分。

第六节　其他筛分机

一、筒形筛

(一)结构和工作原理

筒形筛(又称回转筛)是以筒形筛面作旋转运动的筛机。它很早就获得了广泛的应用,但目前已不很普遍了。

筒形筛的筛面形状有圆柱形、截头圆锥筛、角锥筛及角柱筛,其中角锥筛中以六边形截面为多,常称六角筛。图4-20为角锥筒形筛的简图。

筒形筛的工作原理很简单。电动机经减速器带动筛机的中心轴,从而使筛面作等速旋转,物料在筒内由于摩擦力

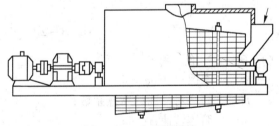

图4-20　角锥筒形筛

作用而被升举至一定高度,然后因重力作用向下滚动,随之又被升举,这样一边进行筛分,一边沿着倾斜的筛面逐渐从加料端移到卸料端,细粒通过筛孔进入筛下,粗粒在筛筒的末端被收集卸出。

筒形筛的优点是它的工作转速很低,又作连续旋转,因此工作平稳。所以它可被安装在建筑物的上层,但筒形筛缺点很多,筛孔容易堵塞,筛分效率也低,筛面利用率不高(往往只有1/8~1/6的筛面参与工作),而且机器庞大,金属用量大。

多角形筒形筛与圆形筒筛相比,筛分效率略高一些,因为物料在筛面上有一定的翻倒现象,产生轻微的抖动。柱形筒筛在制造上比锥形筒筛容易。但为了能使筒内的物料沿轴向移动,必须倾斜安装,常常使轴线与水平夹有4°~9°的倾角,由此给安装调整工作带来一些困难。

在炭素、电炭厂,筒形筛一般用于石墨化车间电阻料和保温料的处理。

(二)筒形筛的参数计算

1. 筒形筛的直径和长度

一般认为筒子的直径 D 应大于最大给料粒径 d_{max} 的 14 倍,即

$$D > 14d_{max} \qquad (4-26)$$

筒体的长度通常按下式选取:

$$L = (3 \sim 5)D \qquad (4-27)$$

2. 筛机的转速

这里仅讨论圆柱筒筛的转速计算,由于筒筛的轴线倾角不大,为简化起见,近似认为筒体为水平安装,物料在筒内的受力分析如图 4 - 21 所示。

当物料颗粒与筛面一起回转时,物料所具有的离心力为:

$$F = m \cdot \frac{v^2}{R} = m \cdot \frac{\pi^2 n^2 R}{900} \qquad (4-28)$$

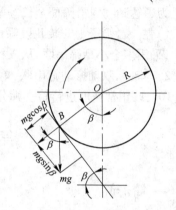

图 4 - 21　物料在筒形筛中的受力分析

式中　m——物料颗粒的质量,kg;

　　　　v——颗粒的线速度,$v = \dfrac{\pi n R}{30}$,m/s。

当物料颗粒沿筒体切线方向的重力等于物料与筒体的摩擦力时,颗粒将开始向下运动,此时:

$$mg\sin\beta - f_0(mg\cos\beta + F) = 0 \qquad (4-29)$$

将公式(4 - 28)代入并化简得:

$$\sin(\beta - \varphi) = \frac{\pi^2 n^2 R \sin\varphi}{900g} \qquad (4-30)$$

式中　β——升角;

　　　　φ——摩擦角,$\tan\varphi = f_0$;

　　　　f_0——物料对筛面的摩擦系数;

　　　　n——筒体转速,r/min。

实际中,当 β 稍大于物料对筛面的摩擦角时,物料才真正开始滑动,假定 $\beta - \varphi = 5°$,当 $f_0 = 0.7$ 时,$\varphi = 35°$,则 $\beta = 40°$。

改变公式(4 - 30),并将 β 和 φ 值代入,则可求得:

$$n = 30\sqrt{\frac{\sin(\beta - \varphi)}{R\sin\varphi}} \approx \frac{12}{\sqrt{R}} \qquad (4-31)$$

由于实际 f_0 有一定的变化,筒形筛的转速通常在下列范围内选取。

$$n = \frac{8}{\sqrt{R}} \sim \frac{14}{\sqrt{R}} (转/分) \qquad (4-32)$$

式中　R——筒体内半径,m。

3. 筒形筛的生产能力

对于圆筒筛可推导出如下计算公式。

$$Q = 720\gamma un\sqrt{R^3 h^3}\tan2\alpha\,(\text{t/h}) \qquad (4-33)$$

式中 Q——圆筒筛的生产能力,t/h;

R——圆筒筛的内半径,m;

γ——物料密度,t/m³;

h——物料层最大厚度,m;

u——松散系数,一般取 0.4~0.6;

α——圆筒筛的倾斜角,(°);

n——圆筒筛的转速,r/min。

二、圆筒振动筛

(一)结构

圆筒振动筛是由筛箱、振动机与机座组成,如图 4-22 所示。

筛箱:圆筒形,由钢板焊接而成,可以是单层筛箱,也可是多层。电炭厂和细结石墨制品厂用于控制压粉纯度的筛,一般采用单层。

振动机:可以是上下振动,也可以是旋转振动。

该机全封闭结构,拆装方便。

(二)工作原理

图 4-22 圆筒振动筛

筛箱是水平安装,物料在筛网上作上下振动或旋转运动,小于筛孔的物料被筛到筛下,筛下物料由筛箱底侧面出料口卸出,筛上料由筛箱侧口卸料口卸出。

该机适用于(3.17~0.038mm)(2~400 目)物料的筛分,一般多用于细粉筛分,可干式筛分,也可湿式筛分。

第五章　起重、运输、给料机械

凡用于固体物料的提升、降落以及搬运工作的机械设备都可称为起重运输机械,对机器喂料的机械称为给料机,或称喂料机。它可以代替或减轻繁重的体力劳动,提高工作效率,以适应大规模生产的要求。

炭素、电炭工业的生产过程中,有大量的固体物料(包括原材料、燃料、半成品、成品等)需要从车站码头运到工厂,在厂内车间之间以及车间内部亦需运移,以及对机器喂料等。显然,要想用人力来解决这个问题,实际上是不可能的。由此可见,起重运输给料机械对于大规模生产的工业具有多么重要的意义。

根据一般起重运输机械在构造和主要部件上的特征,可以将它们分为三大类。

(1)起重机械由一组带有专为起升物品用的机械所组成的机械。它们可以兼作运输之用,但最主要的是用来整批地提升物品,例如桥式起重机。

(2)连续运输机械主要用于运输量稳定连续的物品搬运,它们也有起升物品的机构,有时也可作起升物品之用。例如,胶带输送机、螺旋输送机、斗式提升机、惯性输送机等。

(3)地面运动机械和悬置运输设备,这一类机械设备不一定有起升物品的机构,主要是用来整批地搬运物品。例如,吊式运输机、架空索道以及某些专用设备。

炭素、电炭工业中常用的起重运输机械有以上三类,本章着重介绍抓斗桥式起重机、各种连续运输机械以及电磁振动给料机。

第一节　桥式起重机

桥式起重机有抓斗式和吊钩式,吊钩式又称为行车。抓斗桥式起重机结构如图 5-1 所示,抓斗桥式起重机主要由桥架及其运行机构 1,卷扬小车沿着敷设于桥架上的轨道运行,抓斗由卷扬机构操纵其启闭及垂直升降。显然,抓斗式桥式起重机可以在移动空间的任意

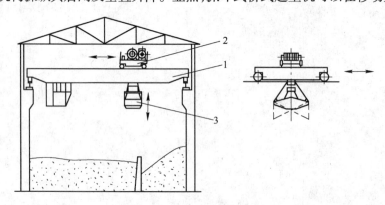

图 5-1　抓斗桥式起重机示意图
1—桥架及其运行机构;2—卷扬小车;3—抓斗

点之间转移物料,这就使它具有很大的灵活性。另外,由于桥架的运行轨道架设于建筑物墙壁或支架上,起重机本身则几乎不占据地面的有效使用面积,使仓库获得充分使用。因此,抓斗桥式起重机广泛地用于联合贮库内物料的搬运工作。另外,车间里块状物体的搬运采用的行车,它也是桥式起重机,只将抓斗换成了吊钩,其他结构和工作原理与抓斗式桥式起重机相同,下面重点讲述抓斗式桥式起重机。

一、抓斗桥式起重机的构造

图5-2为抓斗桥式起重机的构造简图。下面分别叙述其主要部分的构造。

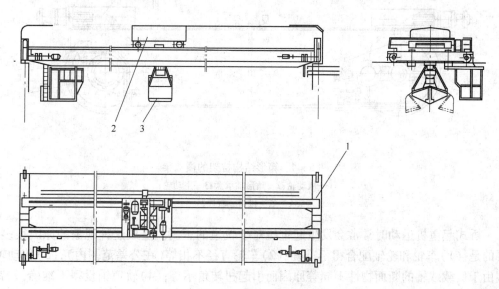

图5-2　抓斗桥式起重机的构造简图
1—桥架及其运动机构;2—卷扬小车;3—抓斗

(一)桥架及其运行机构

桥架多采用箱形结构,如图5-3所示,它由两根用钢板焊成的箱形主梁1和固定在主梁外侧以便安放运动机构的平台2所构成。主梁的顶面敷设轨道3以便运行卷扬小车,两根主梁的两端用横梁4联结成整体。

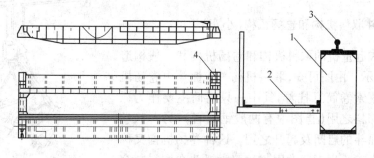

图5-3　箱形结构桥架
1—主梁;2—平台;3—轨道;4—横梁

　　横端梁亦由钢板焊成箱形结构,如图5-4所示,横端梁的两端装有车轮1和3。车轮还常采用可独立装拆的部件——角形轴承盒2,安装在横端梁的外下角处,其中主动轮3由单独的电动机经减速机4驱动,使整个桥架能够沿轨道运行。这种驱动形式的优点是减轻了重量和降低了价格,而且省去使桥式起重机桥架趋向复杂化的长传动轴。但其缺点是电动机和减速机都必须双套,且两者之间尚须电气连锁,以保证两主动轮运动的同步性。因此,这种驱动形式对于起重量及跨度较小的起重机是不经济的。

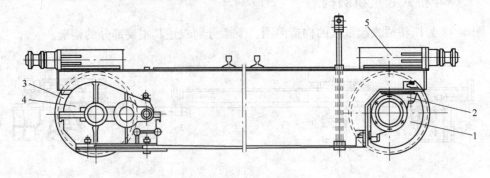

图5-4　箱形结构桥架的横端梁
1—从动轮;2—角形轴承盒;3—主动轮;
4—减速机;5—缓冲器

　　桥式起重机运动时常常会发生起重机对于轨道的歪斜。造成这种现象的原因很多,主要的是:(1)车轮和轮轴配合得不准确;(2)车轮直径不相等(在公差范围内);(3)传动轴两端由于负载或轴的断面物性不同等原因而引起扭转角不等;(4)轨道铺设得不准确,如斜度或不平行度等;(5)车轮由于某些原因而打滑等。如果车轮是圆柱形的话,则起重机的歪斜会使车轮轮缘与轨道侧面间的摩擦加大,从而造成运行阻力的增加及加剧零件的磨损,如果车轮采用圆锥形踏面,并且大头朝内,这样可使起重机在歪斜时自动校正,消除歪斜。必须指出,这种只有当起重机中只有一对车轮是主动轮时才有效,否则主动轮就会产生附加滑动,加速车轮的磨损。起重机的从动轮总是采用圆柱形的,因为它们对校正起重机的歪斜不起作用。如果采用圆锥形车轮,当歪斜时反而引起车轮的磨损,这显然是不利的。

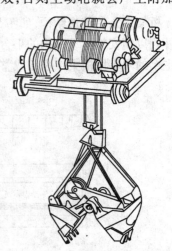

(二)抓斗取料机构和卷扬机构(小车)

　　抓斗桥式起重机的取料机构和卷扬机构和一般构造如图5-5所示。由图可知,取料机构——抓斗由卷扬机构上的两只钢索卷筒悬挂着,其中一只卷筒主要作为抓斗的下降及卸料之用(指图中有两股钢索者);另一只卷筒主要作为抓斗的启闭及起升之用。这种卷扬机构又称为双索抓斗小车。炭素厂常用这种双索抓斗在原料料仓取焦炭、无烟煤等物料。

图5-5　双索抓斗卷扬机构

双索抓斗的操作是由两组不同作用的钢索来完成升降和启闭(或装卸)工作的。其中一组钢索称为卸料索(图 5 - 6 中 S_2)。卷绕在卸料卷筒 a_2 上;而另一组钢索称为闭合索(图 5 - 6 中 S_1),卷绕在闭合卷筒 a_1 上。

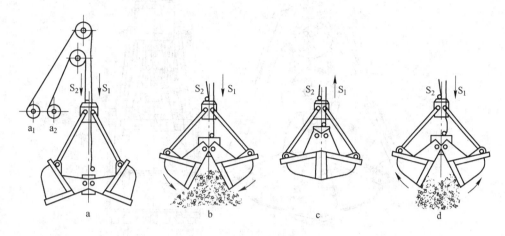

图 5 - 6　双索抓斗的操作原理

双索抓斗的操作,基本上分为四个步骤:

(1)开启抓斗的降落(图 5 - 6a):抓斗的重量作用在卸料索 S_2 上,而另一个闭合索 S_1 保持放松的状态。S_1 和 S_2 分别绕于闭合卷筒 a_1 和卸料卷筒 a_2 上。此时两卷筒作同一方向的转动(顺时针方向)。使抓斗保持张开的形状向下降落至料堆,直至挖进去时为止。

(2)闭合及装料(图 5 - 6b):闭合卷筒 a_1 作起重方向旋转(反时针方向),闭合索被拉紧使抓斗的横梁向上:抓斗开始合拢装料,至抓斗刀口完全闭合为止。此时卸料卷筒不动。

(3)起重(图 5 - 6c):抓斗完全闭合后,使两卷筒同时作起重方向旋转,此时抓斗和物料的重量由闭合索 S_1 和卸料索 S_2 共同承受。

(4)卸料(图 5 - 6d):当抓斗上升至一定高度并移动起重机到卸料地点后开始卸料。使卸料卷筒 a_2 不动,而使闭合卷筒 a_1 作反方向的旋转(顺时针方向),于是抓斗和物料的重量全部作用于卸料索 S_2 上,这时抓斗随闭合索 S_1 的放松而徐徐张开,则抓斗内的物料逐渐卸出,直到抓斗张开至最大程度为止。

之后,又回复到步骤(1)的状态。

空抓斗如作上升运动,钢索受力的情况与(1)相同,但两卷筒的旋转方向与(1)相反。

双索抓斗的构造根据各种类型而不同,图 5 - 7 所示是一种容量为 $0.5m^3$ 带有铸成横架的双索抓斗,这种抓斗适宜于抓取粒度小于 100mm 的焦炭、煤等散状物料。抓斗的下部两半爪板系悬挂在一根中心轴上,轴上安装有铸成的联动横架,横架上有闭合索的复滑轮组,其倍率为 6。用于连接抓斗顶部横架与下部爪板(钳口)的两对拉杆由锻钢制成。尺寸为 $\phi70mm \times 90mm$。一对拉杆与上部横架用心轴铰接;另一对固定联结。爪板上的刀口在一般工作时不装牙齿,这种抓斗本身质量为 1325kg,因此具有足够重量能使钳口切入一般的物料中。

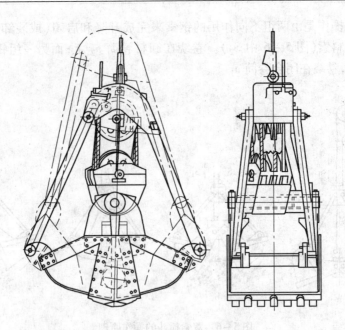

图 5-7　有铸成横架的双索抓斗

　　这种抓斗的重心位置低,结构简单,特别是在铸成的横架上装有许多可拆的半环。当物料容积密度改变时,可通过调整半环的数目以改变抓斗的容量。

　　一般在抓取重而大块物料时抓斗以平底为宜,而抓取易于流动的物料时,则以弧形为适宜。

　　抓斗的钳口,依抓取物料的种类而异,可为光滑直线或齿形。

　　抓斗上的复滑桦为闭合滑轮组,其倍率的大小依抓取物料的种类而异,抓取煤块及焦炭的抓斗其倍率一般为 4~6。

　　由图 5-5 可以看出,卷扬机构是由两组电动机—减速机—钢索卷筒所组成。一个作为闭合卷筒,另一个作为卸料卷筒,每个电动机轴上均装有电磁制动器。这种卷扬机的优点是所有齿轮传动都是封闭的,这样不仅可以保护齿轮,并且可采用标准减速机,大大减少起重机的装配工作。

　　卷扬机构连同抓斗及物料在起重机桥架主梁上的运动是由小车单独的运动机构来完成的。

　　小车运行机构的构造如图 5-8 所示,电动机经减速机直接带动小车车轮运动。

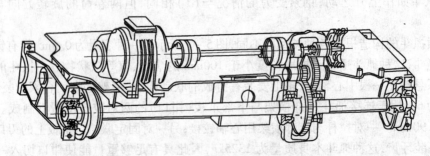

图 5-8　小车运行机构的构造

二、抓斗桥式起重机的选型

(一)选型

起重机的主要参数是:起重量、跨度、起升高度、速度、外形尺寸、质量(轮压)等,这些参数表征着起重机的性能。

抓斗桥式起重机的起重量有 5t、10t、15t、20t 四种。跨度有 10.5m、13.5m、16.5m、…31.5m 等八种,其中每种跨度按 3m 递增。抓斗的容积有 1.0m³、1.5m³、2.0m³、2.5m³、3.4m³、4m³、4.5m³、5m³、6m³、9m³、12m³ 等。根据抓取物料容积密度的不同,抓斗可分为三种类型:

(1)轻型物料容积密度 0.5～1.0t/m³;

(2)中型物料容积密度 1.1～2.0t/m³;

(3)重型物料容积密度 2.1～3.0t/m³。

此外,还有一种重要参数表征着起重机的性能,即起重机的工作制度(有时称为工作类型)。桥式起重机根据工作情况的不同分为三级工作制度:

(1)轻级工作制度。24 小时内使用时间很少,最大荷载工作时间不大于定额的一半以上,速度低。工厂在修理和安装设备时所用的起重机多属此类。

(2)中级工作制度。载荷量不定,中等速度及中等开动次数。石墨化车间、轮窑焙烧车间所用的起重机多属此类。

(3)重级工作车间。具有较长的相对工作时间,载荷量大,速度大,开动次数多。炭素厂原料仓库所用的抓斗桥式起重机多属此类。

以上三级的划分是根据下面因素决定的:

(1)相对工作时间。每一小时中起重机纯工作时间的总和与工作及休息时间之和之比值称为相对工作时间。即

$$JC = \frac{\sum t}{60} \times 100\% \qquad (5-1)$$

式中　　$\sum t$——每小时内纯工作时间之和,min。

(2)每小时开动次数。

按这两个因素划分的桥式起重机的工作制度列于表 5-1。

表 5-1　桥式起重机的工作制度级别

工作制度	相对工作时间 JC/%	每小时开动次数
轻　级	15	~30
中　级	25	30~60
重　级	40 以上	60 以上

在对抓斗桥式起重机进行工艺选型时,除了必须提出起重量、跨度、抓斗类型等详细规格之外,尚须根据起重机的工作情况确定其工作制度级别。

(二)选型注意事项

(1)选型的结果应保证所选用的起重机有适当的设备利用率,一般约在 70% 左右。

（2）根据计算结果，若一台起重机不够用时，可以考虑采用数台起重机，但台数不宜过多。一般以 2 ~ 3 台为宜。台数太多造成投资及管理费用增加。而且工作上往往不易安排，给生产造成困难。但若只选用一台，则在高负荷下难以应付，并且有可能因起重机的临时故障而影响生产。

（3）如选用数台起重机，则其规格型式应保持一致，以免给维修和管理工作带来困难。

三、桥式起重机常见的机械故障的判断与排除方法

桥式起重机常见的机械故障的判断与排除方法，见表 5 - 2。

表 5 - 2　桥式起重机常见机械故障的判断与排除方法

故障名称	原　因	排除方法
吊钩转动不灵活	（1）推力球轴承内进入的粉尘太多，形成油污。 （2）加入的润滑油中混有脏物，轴承发生卡死现象或轴承件损坏	（1）用煤油清洗轴承，注入新润滑油； （2）消除脏物或更换轴承
滑轮倾斜、松动；轮槽磨损不均；滑轮转动不灵活	（1）滑轮轴上的定位件松动； （2）钢丝绳脱离轮槽； （3）轴承损坏； （4）材质不均匀，安装不正，钢丝绳与轮槽接触不均匀； （5）轴和轴套没有润滑油或油污太大，油中混有脏物； （6）滑轮孔磨损变形，轴磨损严重	（1）检查调整轴上定位件并紧固； （2）将绳放入轮槽内； （3）更换轴承； （4）检查，若装配不良，重新校正，材质不好且磨损严重的，应更换滑轮； （5）检查上油，清洗； （6）更换滑轮或轴
钢丝绳磨损迅速或经常破裂	（1）滑轮或卷筒直径太小； （2）卷筒绳槽槽距太小； （3）经常脱离绳槽，产生卡住现象	（1）换上相应的钢丝绳或滑轮； （2）更换卷筒或换上标准钢丝绳； （3）及时放入槽内并查明原因
制动器不好使用，吊起的重物产生下滑	（1）电磁铁铁心行程不够； （2）制动轮上黏有润滑油； （3）制动轮滑磨损严重或闸瓦磨损严重； （4）主弹簧过松或已损坏，张力小； （5）杠杆背帽松动使杠杆窜动	（1）调整制动器； （2）用煤油清洗闸轮或闸瓦； （3）调整闸瓦与闸轮间隙或更换闸皮； （4）调整锁紧螺帽使张力适当，更换新弹簧； （5）调整杠杆背帽并背紧
制动器不能打开	（1）线圈断线或烧毁接电源线已断； （2）闸皮胶黏在闸轮上； （3）活动销轴卡死； （4）顶丝与阻挡板直接顶死； （5）短行程主弹簧张力太大； （6）长行程制动上闸区过分的拉紧	（1）更换线圈或接好断线； （2）用煤油清洗； （3）消除卡死现象并上润滑油； （4）调整顶丝与阻挡间隙； （5）调整弹簧张力； （6）调整锁紧螺帽
制动轮发热，闸瓦很快磨损并产生焦味	（1）闸瓦松闸时没有均匀离开闸轮； （2）副弹簧损坏或弯曲	（1）调整闸瓦与闸轮间隙使左右相等； （2）更换副弹簧

故障名称	原 因	排除方法
电磁铁发热或有响声	(1)电枢不能正常地贴附在铁芯上; (2)杠杆系统被卡住; (3)主弹簧张力太大	(1)调整电枢行程; (2)消除卡住现象; (3)调整弹簧
制动器调整螺丝经常脱落	调整螺钉与阻挡底板顶死,松闸时受冲击力,造成脱落	调整螺钉与阻挡底板间应留有适量的间隙
车轮运行时发热或有不正常的响声	(1)滚动轴承没有润滑油; (2)轴承中有污垢; (3)滚动轴承架损坏或滚动体磨坏	(1)加入润滑油; (2)清洗后上油; (3)更换轴承
减速机振动,运转时有不正常的响声	(1)齿轮啮合不合适,传动齿间的侧隙太大; (2)齿顶上有尖薄的边缘,齿轮工作面磨损后不平或有损坏的地方; (3)减速机地脚螺栓松动; (4)齿轮处于干磨状态	(1)调整、重新安装或更换齿轮; (2)用锉刀修理或更换新齿轮; (3)紧固地脚螺栓的螺帽; (4)加入适量的润滑油
小车打滑	(1)轨道上有油污; (2)轮压不均匀; (3)直接启动电机过猛	(1)用沙子去掉油污; (2)调整轮压; (3)改变电机启动方向
小车三条腿	(1)车轮直径不等,轮压不均; (2)车轮安装过程中误差太大; (3)车体变形	(1)调整或更换车轮; (2)矫正车体
大车运行时啃道	(1)车轮安装偏差太大,装配不正; (2)主动轮直径不等; (3)传动系统偏差过大; (4)车体变形,偏斜; (5)轨道安装偏差过大	(1)调整车轮水平、垂直度或对角线偏差; (2)更换主动轮; (3)检查传动系统,使齿轮啮合同步,电机、减速机与制动器匹配; (4)检查矫正车体; (5)检查轨道接头、标高、轨距并调整
起车或停车时,车体扭斜	(1)电动机或减速机转速不同步; (2)制动器调整松紧程度不同; (3)齿轮联轴器的齿轮磨损严重或有打坏齿的现象; (4)齿轮联轴节或制动轮松动	(1)使电动机与减速机匹配; (2)调整制动器使两边基本相同; (3)检查并更换齿轮; (4)检查、消除松动现象

第二节 多功能天车

一、什么是多功能天车

在焙烧与石墨化的装出炉操作中,操作工序多,需要吊运制品与工装模具,抓走或填充保温料、电阻料、填充料,操作复杂,且出炉时炉温高,粉尘大,给操作上带来很多困难。各种工序的操作方法与作用又不完全相同,因此需要设备多,其设备功能也各不相同,如吊运制品需要行车,抓、挖填充料、保温料、电阻料又需要桥式抓斗起重机。在装出炉工作中:(1)人多(很多工序需要多人协作来完成),机器多,车间秩序常常混乱,容易出事故。(2)且挖抓或充填保温料、电阻料、填充料时,容易扬起粉尘;(3)抓斗、料斗的下料口关闭不严,粉粒掉落,造成车间粉飞扬,工作环境不好。因此,需要将众多的单一功能操作的机器合并起来,组合成一种多功能多用途的机器,以提高功效,并将填充料、保温料、电阻料的填充或挖抓由敞开式变为密闭式,防止粉尘的飞扬,以改善车间工作环境,这种具有多功能的机器就称为多功能天车。结构如图 5-9 所示。

图 5-9　　多功能天车

二、多功能天车的功能与用途

多功能天车主要是焙烧车间与石墨化车间用作装出炉的机器,具体功能与用途有:(1)吊运制品;(2)装填保温料、电阻料、填充料;(3)吸取填充料、保温料、电阻料;(4)对吸取填充料、保温料和电阻料时进行粉粒与空气的分离。(5)吸收并处理装填、吸取填充料、保温料、电阻料时扬起的粉尘。(6)盛装填充料、保温料、电阻料。

三、多功能天车的结构

多功能天车的结构可分为三大部分:一部分为桥架机构;第二部分为起重机构;第三部分为粉粒物料的装填料吸取分离除尘系统。

(1)桥架。桥架为用钢板、槽钢、角钢、工字梁等焊接起来的箱形大梁,它与抓斗桥式起重机(或行车)的桥梁相同,但要比抓斗桥式起重机(或行车)的桥架复杂得多。桥架主要是承载多功能天车的总负载。桥架在驱动机构的作用下可沿车间两侧导轨作纵向运行。

(2)起重机构。它是横向运行小车与卷扬机构组成,小车在主梁的顶面敷设的轨道上作横向运行。卷扬机作垂直上下运行。

(3)粉粒料的装填与吸取分离系统。它是由料斗、吸料罩、引风机、分离器、除尘系统组成。

某炭素厂国产多功能天车功能部分结构如图 5-10 所示,技术指标如表 5-3 所示。

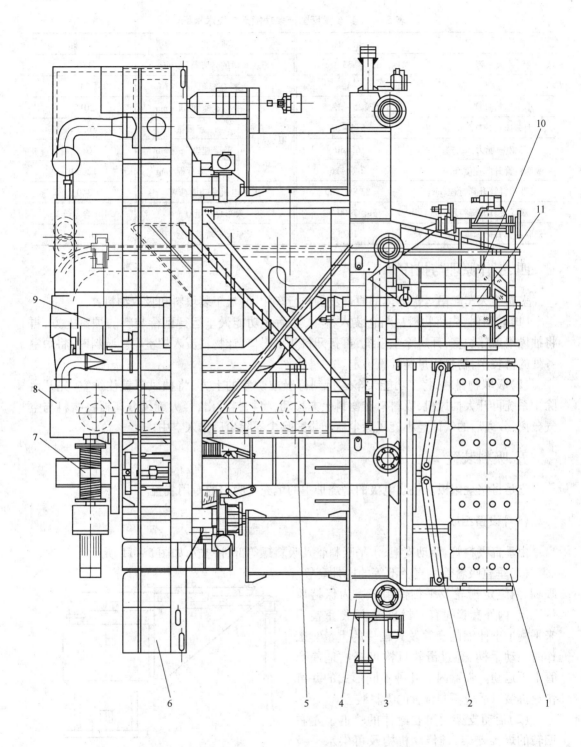

图5-10 某炭素厂国产多功能天车功能部分结构图
1—炭块;2—双联夹具;3—轮;4—下端梁;5—提升装置;6—上端梁;7—夹具起重机构;
8—袋式除尘器;9—旋风分离系统;10—料斗;11—吸、卸料管

表 5 – 3　某炭素厂国产多功能天车技术指标

项　目	指　标	项　目		指　标
天车跨度/m	33	卸灰管口的升降行程/mm		150
工作级别	A_8	大料仓容积/m^3		31
小车运行速度/m·min^{-1}	3.25~32.5	电动葫芦	行走速度/m·min^{-1}	2015
大车运行速度/m·min^{-1}	5.5~55		起重量/t	6.3
吸卸料能力/m^3·h^{-1}	65/80		升降速度/m·min^{-1}	6/1
吸卸料管升降速度/m·min^{-1}	2.6~16		升降行程/mm	12000
吸卸料管升降行程/mm	8300/7860	天车电机总功率/kW		340
双联夹具升降行程/mm	7900	天车总质量/t		210（含电器）
双联夹具升降速度/m·min^{-1}	10/5	天车大车轨道型号		QU100

四、工作原理与操作

多功能天车起吊运送物体的原理步骤与行车相同,对于装填料和吸取物料:

(1)装料时,先将物料从料仓装入料斗,然后多功能天车运行到待装料的炉室上方,再将抽风罩盖住炉室,开启除尘系统,再打开料斗下料口,让物料流入炉室中。装料时,将炉室各处的料装平,物料用量经计算确定。

(2)吸取物料时,将多功能天车运行到待吸取炉室的上方,将抽风罩盖住炉室,先开启除尘系统再开大抽风机,吸料口在物料上方移动,将物料吸出,经大旋风分离器将物料与空气分离,分离后的气体经小旋风除尘器和袋式除尘器除尘后排入空中。

五、吸料装置

它是将焙烧阳极炭块或电极的焙烧炉中的填充料吸出的专用装置。

(一)设备组成

由垂直吸料管、活动支架、水平吸料管及吸料罐等部件构成,如图 5 – 11 所示。

(1)垂直吸料管由直径不等的内外套管、吸嘴、两组定滑轮及平衡锤组成。为保持风压稳定,内外套管间有密封装置,平衡重锤用来平衡上下伸缩的套管及其辅件的重量。工作时拉动手柄,通过滑轮机构可轻松地使套管上下运动。吸嘴内有几种不同形式的并可快速拆装以适应不同位置的吸料装置。

(2)活动支架由可在罐体的轨道上左右回转的焊接支架、链传动机构及可供水平吸料管伸缩的轨道构成。工作时拉动垂直吸料管带动活动支架绕罐体中心线水平回转。

(3)水平吸料管由两级伸缩套管、一级固

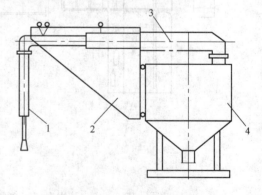

图 5 – 11　吸料装置
1—垂直吸料管;2—活动支架;
3—水平吸料管;4—吸料罐

定套管及两组滚轮构成。两组滚轮分别固定于两级伸缩套管上,并悬挂于活动支架的轨道上,当电动机驱动链条运动时带动套管伸缩、滚轮组在轨道上滚动。固定套管与罐体之间有轴承,可使套管水平回转。在水平吸料管与垂直吸料管连接处设有球形接头,使垂直吸料管可任意摆动一个小角度。

(4)吸料罐为带锥底的圆筒形罐体,坐在底座上。锥底下部有卸料阀,吸料时此阀要关闭。罐体上有供活动支架回转的上下两层轨道及检修的梯子及平台栏杆等。

吸料装置设计时,要计算吸料装置的重心,当料罐内无料、水平吸料管全部伸出时,机体不发生倾翻。

吸料装置用于带盖焙烧炉或没有多功能天车的焙烧车间。

(二)工作原理

用起重机将吸料机放到要吸料的炉箱旁,将机上的活接头与吸风管道相结合,开动机上的电动机,通过牵引机构使水平吸料管(套管式)伸缩,让吸料嘴对准吸料部位,靠负压将炉箱内的填充料吸入料罐内,待装满后卸到专用料坑中。由于炉箱较深,垂直吸料管亦可伸缩,将炉箱任何深度的填充料吸出。吸料后,用起重机将吸料机吊走停放并等待下一次工作使用。

第三节　带式输送机

一、带式输送机的特点和用途

带式输送机是一种适应能力强、应用比较广泛的连续输送机械,如图5-12所示。通常用它来输送散粒物料,有时也用来搬运单件物品。在采用多点驱动时,长度几乎不受限制,用于越野输送时,可远达几十公里。

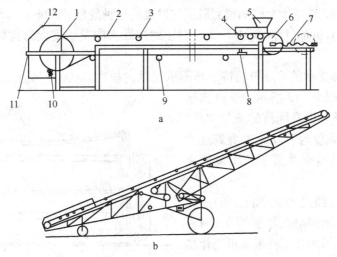

图5-12　带式输送机

a—固定式;b—移动式;

1—传动滚筒;2—输送带;3—上托辊;4—缓冲托辊;5—给料器;6—尾部改向滚筒;

7—张紧机构;8—空段清扫器;9—下托辊;10—弹簧清扫器;11—机架;12—头罩

由于带式输送机单位自重的生产率很高,动力消耗少,所以每吨物料的运费往往低于其他常用的输送方式。

带式输送机除了运送物料的基本用途以外,还用于料仓排料、称量等工作。

带式输送机可能存在的问题有:(1)敞开式粉尘飞扬,因此最好采用封闭式,如贵州铝厂引进工程;(2)黏湿物料对输送带的黏附;(3)硬质块料砸伤输送带;(4)输送带对酸碱及高温的耐受程度低。

二、输送带

由于使用条件等的差别,曾设计出多种类型的输送带,例如:(1)纤维纺织品输送带;(2)橡胶输送带;(3)金属丝编织的输送带;(4)钢带;(5)由钢丝绳支撑的输送带等。简介如下:

(1)纤维纺织品输送带的性能取决于纤维的性能和有无经过浸渍处理。例如帆布输送带取材较容易,但不耐磨,湿度对伸长的影响大,能耐受的最高温度约为348K。但如果浸渗过石蜡,则能防潮,能耐受408K的温度。采用石棉覆面时,最高耐受温度可达588K,但不能用直径太小的滚筒。

(2)橡胶输送带是使用得最普通的一种输送带,它是由纤维纺织品及橡胶制成,其宽度、厚度及帆布层已都有标准。它耐磨耐酸碱和防潮,但怕沾染油脂类,通常最高工作温度在373K左右,硅橡胶用到553K。普通橡胶覆盖面层输送带的倾斜度可达16°左右,采用花纹橡胶覆盖层,倾斜可达40°,但花纹比较容易磨损。

采用橡胶海绵或泡沫塑料覆面层时,输送带表面十分柔软,可以接受依次落下的怕损伤的物品。

国产通用固定式带式输送机所采用的输送带宽度系列是500mm、650mm、800mm、1000mm、1200mm、1400mm,它们能承受的最大张力和帆布层数 Z 及带宽度 B 的数值有关,根据耐磨性的要求,输送带上表面覆盖胶层的厚度有三种规格,即3mm、4.5mm、6mm。对应的下胶层厚度为1.0mm、1.5mm、1.5mm。对于磨损性大的及块度大的物料,应采用较厚的覆盖层。

(3)由钢丝绳支承的输送带的特点是不承受纵向拉力,这种载荷由支撑输送带的两条钢丝绳承受。如图5-13所示。这种输送带不用托辊,钢丝绳由有绳槽的滚轮支承,滚轮的间距在承载段约7~8m,在此跨度内好像吊桥一般,其特点是适于长距离或大跨度的输送。

(4)钢带是由经过淬火和回火的冷轧炭素钢或冷轧不锈钢制成,厚度约为0.4~2mm,很多钢带既可用作平行带也可用作槽形带。与橡胶输送带比较,它不怕油污,还能输送温度在453K以上的物料,但须温度均匀稳定。

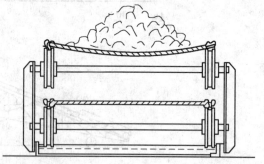

图5-13 由钢丝绳支撑的输送带

采用钢带时,滚筒的直径大于使用普通橡胶带时,所需滚筒直径可根据钢带厚度的

800～1100倍进行计算。

(5)金属丝纺织的输送带的特点是温度范围可为223～1473K。此类输送带有的用驱动滚筒传动,有的用链轮传动。普通炭素钢丝在潮湿的地方容易锈蚀,特别怕酸,在477～588K之间更易氧化。在813K以下表面产生的氧化层比较致密,能够很好地保护内部金属,因而使用效果好。超过813K所产生的氧化层厚,易剥落,使金属丝很快损坏。含碳量(质量分数)在0.10%～0.12%的低碳钢丝适用于温度最高到477K或533K的干燥环境中工作。含35%镍和19%铬的镍铬丝能在1255～1394K的温度下工作。

三、托辊

托辊是用来支持和引导输送带的部分,使输送带不至于过重下垂。在载物带下面的托辊应比空回边配置得间距小些,托辊纵向间距与带的尺寸及装载量等因素有关,一般支承带的托辊间距为1～1.5m,但在喂料段的载物带下面,托辊间距还应小一半左右:因为此处受密集的冲击,而支持空回带的托辊间距一般为2～3m。靠近滚筒的托辊与滚筒的间距不超过1m。托辊的结构与支承形式有如下几种(见图5-14):

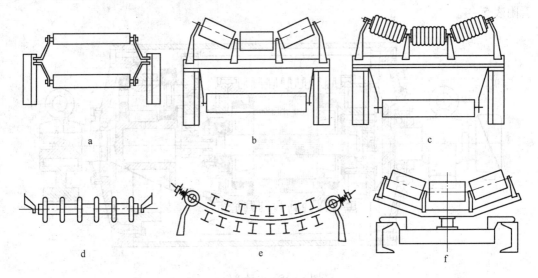

图5-14　托辊的类型
a—平形托辊;b—槽形托辊;c—缓冲托辊;d—橡胶圆盘下托辊;e—挠性槽形托辊;f—调心托辊

(1)平形托辊(图5-14a)用于平带输送机的上下托辊或槽形带式输送机的下托辊。

(2)槽形托辊(图5-14b)用于槽形带式输送机的上托辊,它使输送带的载物带形成槽形,因而装载量增加很多。

(3)橡胶覆面的缓冲托辊(图5-14c)在喂料段的输送带下面装设缓冲托辊能很好地减少输送带被砸伤的情况,此外缓冲托辊还能减少输送带与托辊的磨损。

(4)因为橡胶圆盘下托辊(图5-14d)是与黏有物料的输送带外表面接触,黏附的物料往往使下托辊与输送带产生摩擦,在空回边的载荷不很大,用圆盘形托辊足够支承,这种托辊避开了许多刺入胶带的物料,并有利于使黏附的物料层剥落。

(5)挠性槽形托辊(图5-14e)适用于重载的和载荷不均匀或输送能力经常需改变的输送机上。其结构是由几个硬橡胶圆盘在软轴上旋转,软轴悬挂在输送机两旁的机架上。当输送带空运转时,托辊几乎处于水平位置,但当承载后,根据载荷情况,托辊自然形成适当的槽形。

(6)调心托辊(图 5 – 14f)的作用是避免输送带跑偏,图中的调心托辊其支持架有垂直的转轴,当输送带跑向左边或碰到左边的导向辊轴时,支持架不平衡而绕垂直轴偏转,于是托辊圆周速度的横向分速度使输送带往右边移动,因而实现自动找中心的作用。

四、传动、张紧、制动装置

带式输送机是用传动滚筒来传动输送带的,输送带在传动滚筒上没有足够张力及包角就不能满足传动功率与传送速度的要求,所以设置了张紧机构,它还保持了上托辊之间输送带的垂直范围,使输送的物料比较稳定。

带式输送机的传动机构有两种,一种是电动滚筒,其密封性良好,结构紧凑,已有国家系列产品(见图 5 – 15)。另一种是用标准的减速器驱动传动滚筒。传动滚筒的直径和宽度已有系列,其直径 D 的大小和输送带的层数 Z 及输送带接头的方式有关,TD 型带式输送机按表 5 – 5 选用,选用标准规格,便于采购零部件和易损件。传动滚筒的直径 D 和宽度 B 可参看附表 5 – 4。

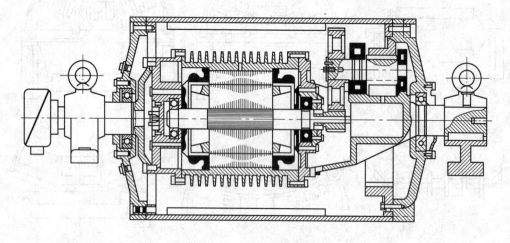

图 5 – 15　电动滚筒

表 5 – 4　传动滚筒的直径 D 和输送带的层数 Z

D/mm		500	650	800	1000	1200	1400
Z	硫化接头	4	5	6	7 ~ 8	9 ~ 10	11 ~ 12
	机械接头	5	6	7 ~ 8	9 ~ 10	11 ~ 12	—

传动滚筒的宽度比输送带宽,以适应运转时皮带的游动范围,带宽为 300mm 时,滚筒每边比带宽 50mm。带宽为 1400mm 时,滚筒每边多 100mm。滚筒的直径与宽度也已标准化。应根据负载情况查标准选用。

传动滚筒有的用铸铁制造,也有的采用钢板焊接,甚至有采用圆钢焊接的笼状滚筒或木结构滚筒等。

传动滚筒的位置一般是根据输送带紧边为载物带,松边为空回带的原则来确定的,所以一般都在卸料的一端。在图 5 – 16 中表示了传动滚筒放置的几种位置,圆圈内打"×"的表示传动滚筒,当传动力不足时采用双传动滚筒,当两端都不允许安装传动机构时,传动滚筒也可借助改向滚筒装于中部。

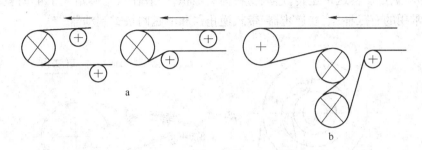

图 5 – 16　输送带的传动方式
a—单传动滚筒;b—双传动滚筒

在一些需要无级变速的传动中,可采用油马达来驱动滚筒,在需要间歇性驱动的传动带上,可采用油马达机构或其他间歇机构来驱动滚筒。

常用的张紧机构有螺旋式、车式、垂直式三种(见图 5 – 17)。

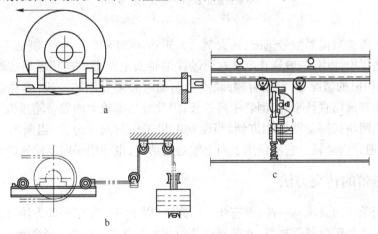

图 5 – 17　输送带张紧机构
a—螺旋式;b—车式;c—垂直式

螺旋式用于长度小于 80m、功率较小的输送机上,按机长的 1% 选取拉紧行程。螺旋式拉紧机构的适用功率度范围和许用张力(即上下两条带张力之和)见表 5 – 5:

表 5 – 5　螺旋式拉紧机构的适用功率范围和许用张力

带宽 B/mm	500	650	800	1000	1200	1400
适用功率/kW	15.6	20.5	25.2	35	42	58
张紧力/N	12000	18000	24000	38000	50000	66000

车式拉紧装置适用于输送机长度较长、功率较大的情况。与垂直式相比,应优先采用车式。垂直式的用于采用车式张紧结构在布置上有困难的场合。它的优点是可以利用输送

机走廊的空间位置,便于布置,缺点是改向滚筒用得多,而且物料容易落入,引起输送带损坏。

　　制动装置如图 5 – 18 所示。它的作用是防止倾斜的带式输送机在停车后或停电事故时,由于物料重量使输送带逆转,造成物料拥塞堆积,一般在平均倾角大于 4°时就应安装制动装置。常用的有三种:滚柱逆止器、带式逆止器和电磁闸块式制动器。

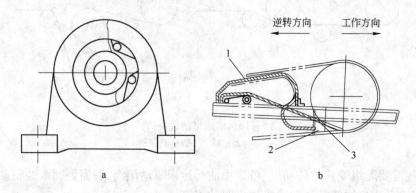

图 5 – 18　制动装置
a—滚柱逆止器;b—带式逆止器
1—限制器;2—止退器;3—逆止带

　　滚柱逆止器按减速器型号选配,最大制动力矩达 4850 ×9.8N·m,制动平稳可靠,在向上输送的输送机中都用,一般逆止器装在驱动端的轴头上。带式逆止器用在输送机平均倾角小于或等于 18°的情况下,制动可靠;缺点是制动时必须先倒转一段,容易造成尾部供料处的堵塞。头部滚筒直径越大,倒装距离越长,因此对功率较大的胶带输送机不宜采用带式逆止器。电磁闸块式制动器使用方便,当驱动电机工作时闸块分开,当断电后驱动电机停转,同时闸块抱紧制动轮。它不仅用于向上输送的情况,也适用于向下输送的情况。

五、输送带的转交方法

　　由于转交条件与要求不一样,没有统一的方法,以下举例介绍一些方法,以示注意事项。
　　炭素厂主要是转交散碎物料,此时应注意防止物料散落,粉尘飞扬和带的磨损问题,采用图 5 – 19 的曲线形滑槽可以改变物料速度的方向,以减少输送带的磨损及动力消耗,而且引导式比溅落式能减少粉尘飞扬,当落差较大时,应有向下过渡的输送带,当交接混合料(粉料及大块料)时,应用栅板过渡,使粉料垫底,防止大块料砸伤下面的输送带,交接处应装有防尘罩和挡帘,必要时装设吸尘器,当转动方向互成角度时,对于磨损性不强的细粉物料可用漏斗导管导向,对于硬质块料可

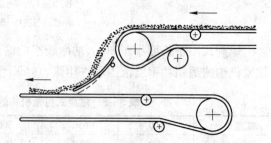

图 5 – 19　同向转动时用曲线形滑槽过渡

采用图 5 –20 中的过渡输送带,以减轻下面主运输带的损伤,短的过渡运输带即使损坏也比较容易更换,费用也少,有时也可用振动加料器来过渡。

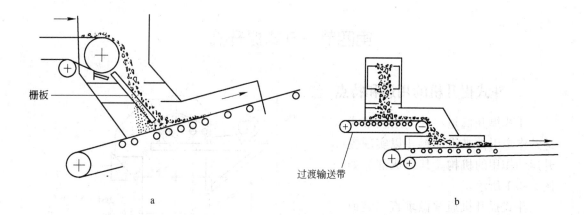

图 5 - 20　大块料转运装置
a—栅板过渡；b—过渡输送带

六、操作技术

(一)操作前准备

(1)开机前要检查送料品种与料斗内的贮料是否一致,消除妨碍设备运行或容易造成混料的杂物。根据各润滑部位规定的油脂种类进行注油。检查卸料开关及电气部分是否灵活好用,对于移动式,可逆式输送机应检查换向开关是否灵敏,滑线部分是否牢固可靠。

(2)开机前应先发出信号,确认无误后方可开机,开机时先开防尘和除铁设备,再开动带式输送机,最后开动给料机。

(二)注意事项

(1)带式输送机应空载启动,不准带负荷启动。为此,停机时必须使带式输送机上物料卸尽。

(2)带式输送机运行时,应不要使输送带成蛇行或偏行,如跑偏应及时调整,两侧如有导向立辊,应使之转动灵活,表面光滑。托辊也要保持灵活。

(3)在受料处,注意使物料的落下方向与输送带运行方向相同。输送带如局部受伤,应及时修理,以防损伤扩大。

(4)设备运转中,严禁清扫、注油、调整、维修和跨越设备,以免发生安全事故。

(5)停机时,先向上、下工序发出停机信号,待上、下工序返还信号后,方可停止带式输送机,最后停通风除尘设备,并拣出磁铁上的杂物。

皮带运输机的常见故障及处理,见表5-6。

表 5 - 6　皮带运输机常见故障及处理

故障	产生原因	处理方法
皮带行走慢或不动	(1)皮带上料太多超负载 (2)主动轴上的减速机三角皮带松了 (3)皮带松弛或拉紧螺栓松动	(1)减少皮带运输机的给料量 (2)更换三角皮带 (3)调整拉紧螺栓或更换皮带

第四节　斗式提升机

一、斗式提升机的用途和特点

斗式提升机是一种利用胶带或链条作牵引件来带动料斗以实现提升运动作用的机构。其组成部分如图 5－21 所示。

斗式提升机通常做垂直安装或作斜度很大（≥70°）的倾斜安装。它的特点是占地面积小，提升高度大，通常可达 30～60m，一般为 12～20m。其料斗在机壳内运动，易于密封，减少灰尘。其缺点是料斗及牵引件容易磨损，环形链的牵引件容易断链，在出料口处的灰尘比较大。

由于它采用料斗装运，所以几乎可以装运各种固体或液体物料，但对于怕损坏的物料和难以从料斗中倒出的黏塑性物料则不能适应。

由于各行业工作条件差别很大，所以通用斗式提升机有多种制法的零部件和规格，并可根据需要安装成各种提升高度。因它的中间机件的长度有几种规格，并可安装不同的节数。在图 5－21 中表示出几种制法，卸料口的 X_1 制法表示卸料口法兰盘倾斜 45°，而 X_2 制法是水平法兰盘的卸料口；进料口的 J_1

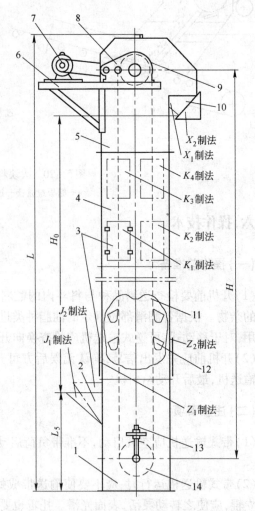

图 5－21　斗式提升机示意图

1—下部区段；2—进料口；3—检视门；4—中间机壳；5—上部区段；
6—平台；7—电机；8—减速箱（其联轴器上装有逆止器）；9—头轮；
10—卸料口；11—牵引件；12—料斗；13—张紧机构；14—尾轮

制法有与水平成 45°的斜底，J_2 的制法的斜底与水平成 50°角；检视门的部位、料斗的深浅等也有几种制法，在上部的区段处的安装平台也可根据设备在厂房中的布置选用左侧安装和右侧安装。

二、结构、原理、类型和主要零部件

斗式提升机依靠料斗装运提升物料，最基本的元件是：料斗、链（或带）、头轮、尾轮和支持头轮及尾轮的轴承支架等。

斗式提升机效能高的表现为：(1)料斗充填系数高；(2)运送过程中斗内物料不散落；

(3)卸料集中而彻底,不会随料斗或从机壳中散落。

对斗式提升机的要求是:节省动力,可靠耐用,噪声小,扬尘量小,调整维修方便等。

根据上述要求,对斗式提升机的装料方法、料斗形状尺寸、机头处卸料的原理等方面进行了研究,发现对于不同的物料性状和特定的工作环境,有必要采用不同的斗式提升机才能取得较好的效果。例如速度较高的带斗式提升机(2m/s)比较适合升运细颗粒的物料,但用于升运粗粒物料,则装料阻力大、充填系数低,表现为效能低、噪声大,磨损严重,甚至皮带打滑不能使用。为了说明以上的差别,将从卸料原理、斗形尺寸和装料方法三个方面加以讨论。

(一)卸料原理

由于运转速度的不同,料斗内物料的卸出状况就不一样,在图5-22中可以看到三种现象,图5-22a是转速较高,物料沿料斗的外壁卸出,图5-22c是转速很低,物料沿料斗的内壁卸出,图5-22b是在某种中等转速下,在料斗的外壁及内壁处都有物料卸出,三种现象的根源是转速不同,离心力的影响不一样。

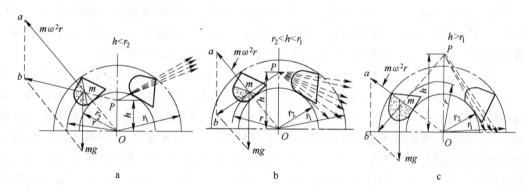

图5-22　三种卸料现象

a—$h<r_2$;b—$r_2<h<r_1$;c—$h>r_1$

分析料斗绕头轮作圆周运动时的受力就会发现,斗内任意质点作圆周运动将受到离心力 $m\omega^2 r$ 及重力 mg 的作用,并且此二力的合力的延长线交垂直坐标轴于 P 点,此 P 点的坐标高度为 h,在转速一定时,将保持不变(P 点称作"极点",h 称作"极距")。此关系可证明如下:当角速度 ω 一定时,从 $\triangle Pmo$ 和 $\triangle mab$ 的相似,可以知道:

$$\frac{h}{r}=\frac{mg}{m\omega^2 r}$$

所以

$$h=\frac{g}{\omega^2}=常数$$

由　$\omega=\dfrac{2\pi n}{60}$代入上式得

$$h=\frac{895}{n^2} \tag{5-2}$$

式中　h——极距,m;

　　　　n——转速，r/min；

　　　　g——重力加速度，$9.81 m/s^2$；

　　　　m——物料的质量；

　　　　ω——物料圆周运动的角速度，rad/s。

　　式（5-2）表明，极距 h 只和转速有关，和质点所在的斗内空间位置没有关系。这个特点，对于分析物料的卸出现象很有帮助，因为物料的卸出，主要是依靠离心力和重力的合力 b 的作用。b 力向斗内作用时，物料不会卸出，b 力向斗外作用时，物料就会卸出，而不论斗在何位置。b 力的延长线总是过极点 P 的，只要转速一定，就可用式（5-2）算出极距 h 而找出 P 点。这样，要分析料斗在任一圆周位置时，斗内任一质点所受力的方向时，则很方便，只要把选定的斗内某点与 P 点连一直线，即为 b 力的作用方向线。b 力的方向是远离极点 P 的。

　　根据上述原理，可以讨论如下：设 r_2 及 r_1 分别为料斗所处的内半径和外半径（图 5-22）则：

　　（1）$h < r_2$ 时（离心卸料），从极点 P 引出的卸料合力 b，当斗在卸料位置时，b 力总是指向斗的外壁或斗的出口。所以斗内任一点的物料都将沿着斗的外壁运动而卸出，为“离心卸料”，此法常用于易流动的粉末状、粒状、小块状物料。斗速通常在 $1～2 m/s$，卸出物料一般都顺机头上盖的引导而卸出，所以上盖的形状对卸料性能及磨损有影响。

　　（2）$r_2 < h < r_1$ 时（离心重力式卸料），在半径 $r_2 < h$ 处的斗内物料所受到的卸料合力 b 的方向斜向斗的内壁，主要靠重力作用，沿斗的内壁滑出。在半径 $r_1 > h$ 处的斗内物料所受到的卸料合力 b 的方向指向斗的外壁，这些物料沿斗的外壁卸出，因此称为离心重力式卸料。此法常用于流动性不太好的物料及含水物料，料斗运动速度在 $0.6～0.8 m/s$ 范围内，常用环形链条或胶带作牵引构件。采用胶带的工作可靠，但胶带不如环形链条能适应高湿或高温的条件。此种卸料法在顶部卸载处链条的下降段须向内偏斜，以免自由落下的物料打在前一料斗的底部妨碍正常卸料。

　　（3）$h > r_1$ 时（重力卸料）此时重力比离心力大，卸料力 b 的方向始终斜向下方，物料将沿斗的内壁卸出，此时料斗的速度最低，约在 $0.4～0.8 m/s$ 范围内。由于块状及有磨琢性的物料具有大的运动速度，总是引起磨损带来冲击。此法卸料时，斗内倒出的物料将落到前一料斗的底上而后滑出，所以在斗底外面两侧有挡板，使斗底外表面成为滑槽，此外为了避免头部卸出孔口太长，减少冲击，此种料斗的间距很小，一个连一个地安装，没有间距（这样做也是适应流入式装料的需要），用重力卸料法时，物料不会碰撞上盖，所以上盖只是为了防尘而设置的。

（二）装料方法

　　装料有两种方法（图 5-23），图 5-23a 为掏取式，它适合于流动性好的细碎物料及磨损性不太严重的物料，图 5-23b 为流入式，需控制入口的物料流量，使物料直接流入料斗实现流入式装料，其料斗排列密接，入料口宽度比料斗略窄，都是为了减少物料撒落。此法适用于大块料及磨损性强的物料，因为这类物料用掏取式时，物料对料斗的阻力很大，而且容易损坏料斗。

　　与卸料方法结合考虑，显然重力卸料的斗式提升机采用流入式装料方法，料斗速度低，不超过1m/s,适用坚硬块料,用离心卸料及用离心与重力的合力卸料时,用掏取式装料,料斗速度可以较高,约0.8~2m/s。

(三)料斗的尺寸形状

从卸料原理及装料方法不难理解,由于物料形状差别,采用不同的装料卸料方法,也就决定料斗的形状尺寸。例如掏取式具有加强的斗口。重力卸料的料斗呈三角形并在底的外表面有挡边(形成滑槽)。

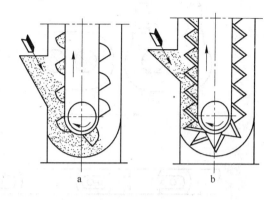

图5-23 装料方法
a—掏取式;b—流入式

为了适应被输送物料的不同掏取和卸出特性,料斗分为深圆底形(S制法)与浅圆底形(Q制法),深圆底形料斗适用于输送干燥的、松散的、易于卸出的物料,浅圆底形料斗适用于输送湿的、容易结块的,难于卸出的物料。

目前国内通用斗式提升机已有定型产品,料斗已系列化,一般应按定型图纸选用,例如D型斗式提升机(带斗式),其料斗图形如图5-24所示。

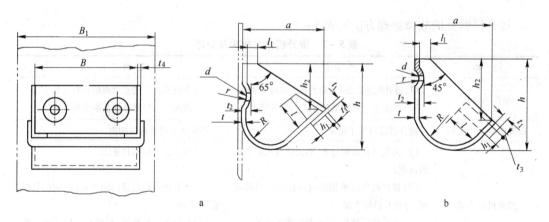

图5-24 D型斗式提升机的料斗
a—正面;b—侧面

D型和其他类型料斗的定型尺寸及图纸号,可按化工起重运输设计手册查找。

(四)牵引件

D——胶带,HL——环链,PL——板链。

带式牵引件采用外胶层厚度为1.5mm的胶带,带宽为160mm及250mm时用层数为4的胶带,带宽为350mm及450mm时用层数为5的胶带。

环链及板链的构造如图5-25所示,所用规格及性能参看有关起重运输机手册。

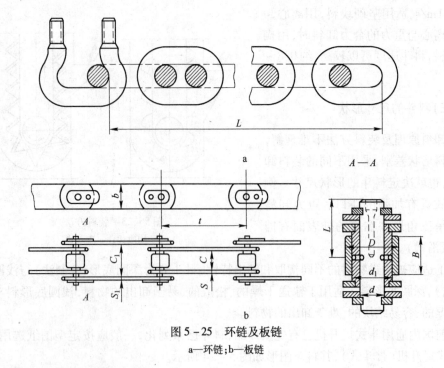

图5-25　环链及板链

a—环链；b—板链

（五）提升机常见故障的处理

提升机常见的故障处理方法见表5-7。

表5-7　提升机常见故障及处理

故　障	产　生　原　因	处　理　方　法
提升机返料	(1)提升机进振动筛或圆筒筛入口溜子堵塞 (2)料湿造成筛网堵塞使入口溜子堵塞	(1)停机将入口堵塞物或填充料大块掏出 (2)将溜子入口导通换新填充料
提升机料斗中无料	提升机进口溜子堵塞	将堵塞处的物料块掏出
提升机提不动	(1)向提升机加料过多，超出提升机能承受的负载； (2)提升机底部槽积满料顶住皮带及转动滚，使提升机转不动； (3)提升机某部位，由于杂物或者皮带上斗子螺丝松动后斗子倾斜卡住皮带造成提升机提不起来	(1)减少提升机给料量； (2)打开提升机底部门向外掏料，使提升机底部转动； (3)打开提升机检视门，将其杂物或松动斗子修好

三、主要参数计算

（一）升运能力 Q（t/h）

$$Q = 3.6 \frac{i_0}{a} v \psi r \cdot \frac{1}{K} \qquad (5-3)$$

式中　i_0——料斗容积，L；

ψ——填充系数（见表5-8）；

a——料斗节距,m;

r——物料堆密度,t/m^3;

v——料斗速度,m/s;

K——供料不均匀系数,$K = 1.2 \sim 1.6$。

表5-8 物料名称与填充系数

物料名称	填充系数 ψ	物料名称	填充系数 ψ
粉末状物料	0.75 ~ 0.95	块度在 50 ~ 100mm 的中块物料	0.5 ~ 0.7
块度在 20mm 以下的粒状物料	0.7 ~ 0.9	块度大于 100mm 的大块物料	0.4 ~ 0.6
块度在 20 ~ 50mm 的小块物料	0.6 ~ 0.8	潮湿的粉末状和粒状物料	0.6 ~ 0.7

(二)机型的选择

根据物料的性质及升运能力 Q 来选择机型及规格,首先需计算出 i_0/a 的比值(L/m):

$$\frac{i_0}{a} = \frac{QK}{3.6r\psi v} \qquad (5-4)$$

按计算所得 i_0/a 值,查表5-9,选取表中与之较接近的 i_0/a 值,即可定出料斗容积,间隔和提升机型号。

在输送块状物料时,还需核算料斗口的跨度 A 与物料最大尺寸 $d_{\max}$ 之间的关系:

$$A \geqslant m \cdot d_{\max} \qquad (5-5)$$

当尺寸为最大 $d_{\max}$ 的物料占25%时则 $m = 2 \sim 2.5$;若占50% ~ 100%时,则 $m = 4.25 \sim 4.55$。

如果不能满足上式所规定的条件,则须更换型号。

表5-9 料斗的各种参数

提升机型号	料斗宽度 B/mm	圆底深斗			圆底浅斗		带导槽尖底斗		
		斗间距 a/m	斗容积 i_0/L	$\dfrac{i_0}{a}$	斗容积 i_0/L	$\dfrac{i_0}{a}$	斗间距 a/m	斗容积 i_0/L	$\dfrac{i_0}{a}$
D135	135	0.3	0.75	2.5	—	—	—	—	—
D160	160	0.3	1.1	3.67	0.65	2.17	0.16	1.6	9.4
D200	200	0.3	2.0	6.67	1.1	3.67	—	—	—
D250	250	0.4	3.2	8.0	2.6	6.5	0.2	3.6	18.0
D350	350	0.5	7.8	15.6	7.0	14.0	0.25	7.8	31.2
D450	450	0.6	14.5	24.2	15.0	25.0	0.32	16.0	50.0
HL300	300	0.5	5.2	10.4	4.4	8.8	—	—	—
HL400	400	0.6	10.5	17.5	10.0	16.7	—	—	—
HL450	450	0.64	14.2	22.2	12.8	20	—	—	—
PL250	250	0.2	—	—	3.3	16.6	0.2	3.8	16.6
PL350	350	0.25	—	—	10.2	41.2	0.25	10.2	40.5
PL450	450	—	—	—	22.4	68	0.32	22.4	70.0
PL600	600	—	—	—	—	—	0.4	34.0	85.0
PL750	750	—	—	—	—	—	0.5	67.0	184.0
PL900	900	—	—	—	—	—	0.62	130.0	206.0

(三)功率计算

斗式提升机功率消耗于提升物料,头轮及牵引机构(皮带或链条)主动阻力和料斗掏取物料的阻力。驱动头轮的轴功率,可按下式计算

$$N_0 = A\frac{HQ}{367} + B\frac{q_0 Hv}{367} + C\frac{Qv^2}{367} \tag{5-6}$$

式中　N_0——斗式提升机功率消耗,kW;

　　　　Q——升运能力,t/h;

　　　　v——料斗速度,m/s;

　　　　H——提升高度(指头轮和尾轮中心距),m;

　A、B、C——系数,见表5-10;

　　　　q_0——单位长度牵引机构的质量,kg/m,$q_0 \approx K_2 q$。

表5-10　　A、B、C系数

提升机型式	A	B	C
带式间隔(离心卸料)D型	1.14	1.6	0.25
带式连续斗(重力式卸料)	1.12	1.1	0.25
单或双链间隔斗(离心卸料)HL型	1.14	1.8	0.70
单或双链间隔斗(重力卸料)PL型	1.13	0.6	0.70

近似计算功率时可按下式进行:

$$N_0 = \frac{QH}{367}(1.15 + K_2 \cdot K_3 \cdot v) \tag{5-7}$$

式中　K_2——与运输量及类型有关的单位长度牵引机构重量系数,其值由表5-11中选取:

　　　　K_3——与牵引机构运动及弯折阻力有关的系数,其值见表5-11。

表5-11　　与牵引机构运动及弯折阻力有关的系数

升运能力 Q /t·h⁻¹	提升机类型					
	带　式		单链式		双链式	
	料斗型式					
	深斗和浅斗	导槽尖底斗	深斗和浅斗	导槽尖底斗	深斗和浅斗	导槽尖底斗
	K_2					
<10	0.60	—	0.1	—	—	—
10~25	0.50	—	0.8	1.10	1.20	—
25~50	0.45	0.60	0.6	0.83	1.00	—
50~100	0.40	0.55	0.5	0.7	0.80	1.10
>100	0.35	0.50			0.60	0.90
K_1	2.50	2.00	1.5	1.25	1.5	1.25
K_3	1.60	1.10	1.3	0.80	1.3	0.80

配用电机的功率 $N(\mathrm{kW})$：

$$N = \frac{K' N_0}{\eta} \tag{5-8}$$

式中 K'——功率储备系数,其值视提升高度 H 而定;当 $H < 10\mathrm{m}$ 时,$K' = 1.45$;$H = 10 \sim$ 20m 时,$K' = 1.25$;$H > 20\mathrm{m}$ 时,$K' = 1.15$;

  η——传动效率。

四、操作技术

(一)开车

(1)开车前要认真检查提升机上部区段驱动装置。传动滚筒和下部拉紧装置及滚筒的螺栓连接紧固,润滑及张紧情况,并使之运转符合要求。

(2)开车前应和上、下道工序联系好,待上、下道工序返还信号后方可开机操作。提升机应在无负荷情况下开机,并在提升机运转正常后才可给料。

(二)注意事项

(1)提升机工作时,加料应保持连续均匀,不应过多,以免下部区段被物料堵塞,造成运动阻力加大,使牵引件(胶带)拉断的事故。

(2)斗式提升机的拉紧装置应调整适宜,保持牵引件(胶带)具有正常工作张力。如发现牵引件松弛和歪斜应及时停机进行调整。并注意维护拉紧装置,使其保持清洁灵活。

(3)经常检查提升机料斗和胶带磨损情况。发现损坏的料斗应拆除并换上新料斗,破损的胶带也应及时修复和更换。

(4)提升机工作时,除检查外,所有检视门必须全部关闭。

(5)提升机工作过程如发生故障,必须停机检查并排除故障。绝对禁止在提升机工作运转时对提升机的运行部件进行清扫和修理。

(6)停机时应和上、下道工序联系好,先停止向提升机加料,待提升机输送的物料全部卸完好,再停止提升机。

(7)设备开动后可打开观测门观察皮带是否刮外壳,料斗是否有固定不牢的,发现后及时处理。

(8)检查溜子是否漏料,外壳是否冒灰,料斗内料量不准超负荷。

第五节 螺旋输送机

一、特点与应用

螺旋输送机是利用刚性螺旋的原地旋转来实现物料的轴向输送,所以它结构简单,体形紧凑,传动方便,不引起粉尘飞扬,便于短距输送粉粒状物料。

它的主要缺点是螺旋与物料有较大的相对滑动速度,因此引起一系列摩擦磨损问题。在螺旋与斜槽之间的间隙中还造成物料的破碎,所以在动力消耗,设备磨损、物料破碎等方面是有缺点的,为了避免过大的相对滑动速度,大于 600mm 直径的螺旋是很少的。

国产 GX 型螺旋输送机已有系列产品,由于此型的机壳内物料有效流通断面较小,故不宜输送大块物料,适宜于输送各种粉状,粉状和小块状的物料,如煤粉、焦粉、石墨粉等,GX螺旋机不适宜输送易黏附和缠绕螺旋的物料,因易造成堵塞。GX 型螺旋机功率消耗大,因此多用在较低或中等输送量及输送长度不大的情况(一般小于 50m)。它可用于水平或倾斜输送(倾角小于 20°),工作环境温度在 253～323K 范围内,输送物料的温度应低于 473K。

二、GX 型螺旋输送机的结构特征

GX 型螺旋输送机(简称 GX 螺旋机)的组成部分如图 5-26 所示。其螺旋机部分由三种节段组成,即头节、中间节和尾节。其螺旋直径 D 的系列是:150mm,200mm,250mm,300mm,400mm,500mm,600mm。各种直径的节段长度和组合总长度的系列可由表 5-12中算出,最短时可以只用头节和尾节,较长时可用头节加数段中间节再加尾节组成。

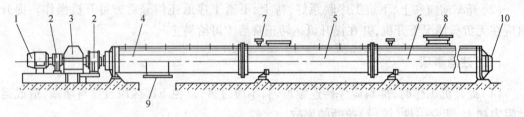

图 5-26　GX 型螺旋输送机
1—电机;2—联轴器;3—减速器;4—头节;5—中间节;6—尾节;
7—油杯;8—进料口;9—出料口;10—轴承

表 5-12　各种节段的长度及其组合长度范围

D/mm	L			螺旋机总输送长度范围
	头节长度/m	尾节长度/m	中间节长度/m	(每隔 0.5m 一级)
150	2	2	2	3～70m
	1.5	1.5	1.5	
200	2.5	2.5	2.5	
250	2	2		3～70m
300	1.5	1.5	1.5	
400	3	3	3	
500	2	2	2	3～70m
600	1.5	1.5	1.5	

GX 螺旋机按使用要求的不同,可选用实体螺旋(S 制法)和带式螺旋(D 制法),实体螺旋的螺距等于直径的 0.8 倍,用于输送粉状物料及有附着性的干燥小颗粒物料。带式螺旋的螺距等于直径,用于输送块状物及黏物料。

根据 GX 螺旋机的安装位置要求,可选择左装或右装的减速器和左装或右装的出料口拉板,当人站在电机后面向尾节看去,减速器低速轴在电动机右侧的和拉板向右拉开的就叫右装,反之为左装。

在总体布置时应注意不要使支撑支座或出料口布置在机壳接头的法兰处,进料口也不应布置在机盖接头处及悬挂轴承或检视口的上方。

轴承及螺旋的结构如图 5 – 27 及图 5 – 28 所示。

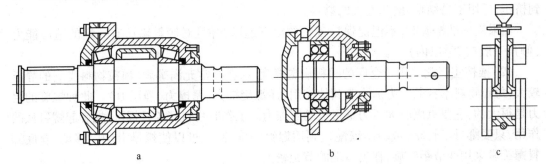

图 5 – 27　GX 螺旋机的轴承

a—在头节前端装的止推轴承;b—在尾节末端装的轴承;c—在螺旋轴上装的悬挂轴承

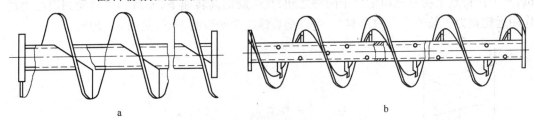

图 5 – 28　螺旋的结构

a—实体螺旋;b—带式螺旋

三、螺旋输送机的原理与应用

从以上的选型计算可以算出,倾斜输送对 GX 输送机的输送量 Q 影响颇大,而且此型规定倾斜角的安装不允许超过 20°,然而其他类型螺旋机并不一定受倾斜角的限制,例如还有垂直向上输送的螺旋机,原因就在于所用的原理及工作参数有差别。

由旋转产生输送作用的螺旋输送机,其工作原理大体可以分为三种:

(1)重力滑下法。螺旋的转速较低,在螺旋面上的物料受到重力的影响远比离心力的影响大,由于螺旋的转动物料不断沿螺旋面向下滑,于是产生轴向的位移(见图 5 – 29),GX 螺旋机基本上属于此种原理。此种原理的螺旋机的填充系数 ψ 值一般都小于 0.5。因为充填过多,物料不是沿螺旋面滑下,而是被螺旋的搅动使它翻越螺旋轴落下,并不能获得大的

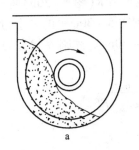
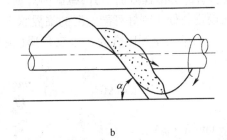

图 5 – 29　重力滑下原理图

a—横向;b—轴向

轴向速度。既然慢速螺旋的物料受重力的影响较大,显然它不能用于垂直螺旋或倾斜角较大的向上输送情况。

滑下法原理,虽然 ψ 值小,输送能力低,但物料处于较松散的自由滚落的状态,较少受到挤压,适用于易结块、磨琢性大的物料。

当采用标准螺旋时,不但能保持较快的滑下速度,并且对倾斜输送有一定的适应能力(倾角一般在 20°以内)。

(2)推挤法。此法用于仓底的卸料输送螺旋,物料经常充满螺旋,颗粒物料受到的静压较大,每粒物料本身的重力远小于其他作用力(螺旋推力、摩擦力、静压力)。此种螺旋的阻力是很大的,它要克服较大压力下形成的摩擦力。工作时物料好象是螺母,螺旋起螺钉似的作用,只要螺母不转动(或转动较慢),利用螺钉的旋转,就可以使螺母沿轴向移动,仓底卸料螺旋常采用变节距螺旋,在出口端的节距较大。

(3)离心诱导法。用于垂直的倾斜度较陡的螺旋输送机,或任何转速较高的螺旋输送机,其工作特点是物料充填量介于两种之间,在螺旋的高转速下,松散的物料受到离心力的作用远比重力等其他外力的影响大,今以垂直螺旋为例说明于下(见图 5 – 30)。

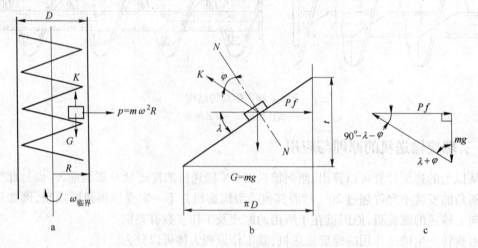

图 5 – 30　垂直螺旋

图 5 – 30a 表示一个垂直螺旋,质量为 m 的物料在螺旋上由于重力的作用,有趋势沿螺旋面滑下,所以螺旋慢转速时,物料难以在松散状态下提升上去。但当转速较高时,由于物料以离心力 $P = m\omega^2 R$ 作用在筒壁上,引起了摩擦力 Pf(P 垂直于筒的内表面,f 为摩擦系数),Pf 力使物料有趋势沿螺旋面上升,螺旋面对物料的反力 K(图 5 – 30b)将与法线 NN 成一个摩擦角 φ,设物料处于刚好可能上滑的临界状态,则图 5 – 30c 中的三个力 K、mg、Pf 处于平衡,即此三个力的矢量图闭合为一个三角形(图 5 – 30c)。此临界状态的转速 $\omega_{临界}$ 可由图 5 – 30b 列出。

$$\tan(90° - \lambda - \varphi) = \frac{mg}{Pf} = \frac{mg}{m\omega_{临界}^2 Rf}$$

所以 $\omega_{临界}^2 = \dfrac{g}{Rf} \tan(\lambda + \varphi)$

所以
$$n_{临界} = \frac{30}{\pi} \sqrt{\frac{g}{Rf} \tan(\lambda + \varphi)} \tag{5 – 9}$$

式中　$n_{临界}$——垂直螺旋刚能出现自动卸空时的临界转速,简称临界转速,r/min;

　　　　g——重力加速度,$g = 9.80$,m/s²;

　　　　f——物料与管的摩擦系数;

　　　　φ——物料与螺旋面的摩擦角;

　　　　λ——螺旋角。

以上的分析和计算说明,垂直螺旋只有利用离心诱导法方能向上输送并卸空,推挤法是不能卸空的,而且垂直螺旋的转速必须超过 $n_{临界}$ 物料才能正常向上输送和卸空。

第六节　悬式运输机

悬式运输机也是一种常用的运输机,应用范围很广,一般多用于物体的运输,如在预焙阳极生产中,振动成形后的生坯可采用悬式运输机。

一、构造及应用

悬式运输机主要由牵引构件、行车机件和装载物料悬架三部分组成。

悬式运输机的构造如图 5 - 31 所示,在牵引构件 1 上固接着行车 2,行车上带有装物料 4 的悬架 3,它沿着封闭的悬置轨道而运动,轨道悬吊在建筑物的构件上,或安装在个别的支承结构上。

悬式运输机通过牵引机构可在悬置的轨道上的水平面和垂直面内向任意方向转向。牵引机构由驱动装置带动,悬架的装料和卸料工作是在运输机行走时由人工(直接地或是用升降装置)或自动地以各种方法在运输

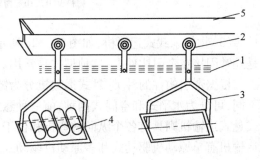

图 5 - 31　悬式运输机的构造
1—牵引构件;2—行车;3—悬架;4—物件;5—梁

机线路上的一个地方或若干个地方进行。运输机封闭的全程上都可装卸物料。

悬式运输机是连续地(很少是间歇的)在车间内部和车间之间运输各种成件物品(毛坯、半成品…)和装在包内的粒状物料。被运物料在形状、尺寸(长达 3 ~ 4m)和质量(1.5 ~ 2t)等方面可以是多种多样的。悬置在运输机上的物品可以在运输时完成各项工艺工序。

悬式运输机的优点是:能够构成空间线路和很容易使它适应所需要方向变化,可以有很长的距离(采用单原动机驱动时达 400 ~ 500m,采用多原动机驱动时达 2000m),节省生产面积(因在大多情况下行车轨道固定在建筑物的天花板上),动力消耗较小等。

由于悬式输送机的应用范围极广,因此,不论是整个机器或是它的个别构件,都有必要创造出各种各样的结构。

按照物料的运移方法,悬式输送机有如下几种模式。

(1)物料曳引式的运输机,见图 5 - 32a 所示。具有经常固接在牵引构件 3 上的悬置行车 1 和特种挂钩 4,吊钩钩住装有物料的地面行车 2 的推杆 5,从而使地面行车沿着工作场所的地面移动。

(2)物料推动式运输机,如图5-32b所示。在这种运输机上,附有装物料用的悬架2的行车的游轮1并不固定到牵引构件3上,而是利用固定牵引构件的推动突爪5沿着附加的轨道4运动。图5-32a、b两种型式的悬式运输机用得较少。

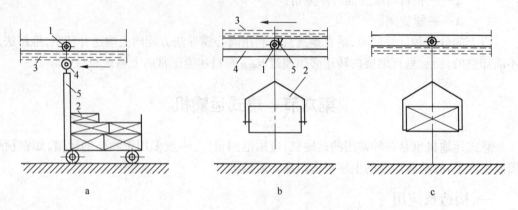

图5-32　各种不同型式的悬式运输机简图
a—物料曳引式;b—物料推动式;c—物料承载式

(3)物料承载式运输机,如图5-32c所示。在这种运输机上附有装物料用的悬架行车是经常固接在牵引构件上,这种型式是常用的。

根据牵引构件的种类,悬式运输机分为链式的(主要型式)和绳索式的。按线路形廓的不同,可分为水平式和空间式两种;前一种悬式运输机的线路只布置在一个水平面内,空间式悬式运输机则具有各个纵向的弯折和位于各个不同高度处的转向。按驱动装置的性质,运输机有单原动机驱动式和多原动机驱动式。

二、悬式运输机的主要构件

(一)牵引构件

牵引构件(特种链条、或在极少情况下是用钢丝绳)在水平方向和垂直方向上都有挠性,因此,悬式运输机可以有空间线路,即在水平面和垂直面内任意转向。牵引构件在水平面内的转向是利用转向轮或转向链轮来进行或利用滚柱来进行;在垂直面内的转向,则利用导弯轨来进行。

作用布置在同一水平面内的(即没有垂直方向弯折的)悬式运输机的牵引构件,可以采用各种型式的普通牵引链条,也可以采用钢丝绳。对于空间式的运输机,要求牵引构件在两个平面内具有一定程度的可挠性,因此,应用各种可拆式链条,如特种片式链条(图5-33)和特种双关节链条(图5-34)。这两种链条应用得最普遍。

为了减少垂直弯折的半径,设计出许多不同结构的双关节链条,具有垂直关节和水平关节的链条(即万向链条)就是其中一种,如图5-34所示。

应用万向的双节链条和刚性三角形关节式悬架(或悬杆)也可以制造出很小的弯折半径(约1.2m)沿垂直方向起升下降的运输机,如图5-35所示。

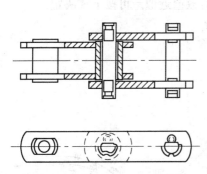

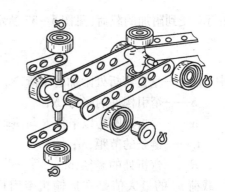

图5-33　特种片式链条　　　　　　　　　图5-34　特种双关节链(万向链)条

被用作悬式运输机牵引构件的标准钢丝绳,通常直径为12.5~13mm,由直径为0.5~1.0mm的钢丝制成。

(二)行走构件——行车

悬式运输机的基本行车构件——行车如图5-36所示。它包括具有轴和轴承的滚子1,滚子上固定着滚轴的支架2,以及用来将链条和支架及装物料的悬架相固接的叉3。行车用来支持装物料的悬架(或横档),并使它沿着悬置的道路而运动(工作行车或横档式行车),或者用来支持链条以防止它在各悬架之间有过大的垂度(非工作行车)。

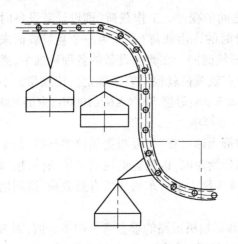

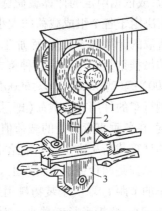

图5-35　具有垂直起升的悬式运输机　　　　图5-36　悬式运输机行车
　　　　　　　　　　　　　　　　　　　　1—轴和滚子;2—滚轴支架;3—叉

行车的滚子用铸铁铸成或者用钢板冲压而成。滚子有带轮缘的和无轮缘的两种,一般采用后一种。滚子轴承都采用各种标准滚珠轴承及圆锥形滚轴轴承(重型)。

滑轮的支架可由锻铸铁或钢来制造,或用钢材冲制,应具备坚固耐用,并且自重小。

链条利用特种夹头固定在行车上,夹头插入在链的链环内,并以刚性固接的方式利用螺栓与链条相连,或利用附加的铰链与链条相连。

对于行车的计算载荷和许用载荷,可根据下述情况来决定。在运输机的水平区段,有载荷P_1作用于一辆受载荷行车,这载荷是由悬置物料的重量及悬架之重量、行车和行车之间的第一段牵引构件的重量相加而得。当通过运输机垂直弯折处的上部时,牵引构件的张力

S 使行车受到附加的载荷(见图 5 – 37 所示),而载荷数值近似地可按下式决定。

$$p_2 = S\sin\frac{\alpha}{2} \approx \frac{t_k}{R}S \qquad (5-10)$$

式中　p_2——垂直弯折处附加的载荷,N;

　　　　S——牵引构件的张力,N;

　　　　α——弯折处圆心以半径 R 与滚轮的夹角;

　　　　t_k——链条的节距,m;

　　　　R——弯折处的半径,m。

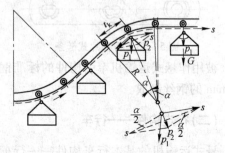

图 5 – 37　行车在垂直弯折处其受附加载荷简图

载荷 p_2 的最大值是在运输机牵引构件的最大张力处,如在驱动装置的附近,作用于行车的还有由垂直力 p_1 的力矩(见图 5 – 37)所产生的载荷值,由于载荷值很小,通常将它忽略不计。加于行车的总载荷 p 等于载荷 p_1 和 p_2 的几何和。对于 α 角很小可拆式链条和片式链条,按照实际上允许的误差,可使加于行车的总的最大载荷等于

$$p_{max} \approx S_{max} \cdot \frac{t_k}{R} + p_1 \qquad (5-11)$$

因此,加于行车的载荷是一个在 p_1 到 p_{max} 之间的变量。工作载荷(即设计新设备时的计算载荷,或依据给定的计算载荷选择标准设计时的许用载荷)是作为一个当量载荷来决定的。它决定于各个组成载荷的大小及其作用延续时间。在典型设备的各种标准中,通常都列出所取的计算静力载荷,而加于行车的许用有效载荷就根据它来确定。按载荷大小一个行车的吊挂重量 G 可分为五种型式:特轻型 $G \le 500N$;轻型 $500N \le G \le 1000N$;中型 $1000N < G \le 3200N$;重型 $3200N < G \le 6000N$;特重型 $G > 6000N$。

一辆行车的许用有效载荷(即悬架上物料的最大许可重量)要根据线路的路径,行车的运动速度,在各垂直弯折处的载荷值和载荷作用延续时间,以及运输机的工作条件,按每个运输机的计算载荷来决定。如果给定的被运物料重量大于行车的许用有效载荷,则利用横档将物料悬挂到两台或四台行车上。

行车的节距 t_k 取决于装物料用悬架的节距和运输机道路的垂直弯折的半径值,因为行车的节距越小,弯折半径就越小。对于有垂直弯折处的运输机,行车的节距通常取不大于0.8～1m。当悬架的节距大于这个数值时,在带有悬距的各个工作行车之间应装设"非工作"行车,用来支持牵引构件以避免产生很大的垂度。在没有垂直弯折处的运输机上,行车的节距可以达到 1.2～1.6m。

如果存在某些特殊条件,行车的节距可以是不相同的,但是,在任何情况下,它都应该是链条节距的倍数。

(三)转向装置及悬置运动道路

1. 转向装置

当运输机在水平内的转向是利用转向装置来实现的,通常采用链轮、滑轮或滚柱组作为

转向装置,如图5-38所示。选用哪一种转向装置要取决于牵引构件的型式,它的张力和转向半径。

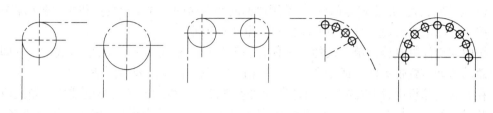

图5-38　悬式运输机的水平转向简图

2. 悬置运动道路

运输机的悬置运动道路如图5-39所示。有下列几种:

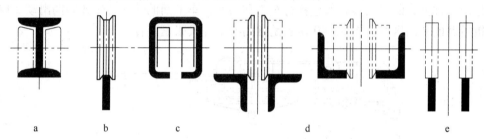

图5-39　运输机悬置道路的断面

　　(1)单轨可采用8~16号工字钢(图5-39a)扁钢(图5-39b)和特种匣形断面的型钢制成(图5-39c)。

　　(2)双轨由两根角钢(图5-39d)或两根扁钢(图5-39e)制成。

　　悬置道路以拉杆固定到建筑物天花板的桁架上,以支架固定到墙上或柱子上。道路的各个区段是利用刚性接头(焊接或用螺柱连接)和活动接头加以连接。

　　在各个水平转向处,悬置道路沿着一定的半径弯成所需要的转向角,转向半径的大小取决于转向装置和牵引构件的型式及尺寸。输送机垂直弯折处的形成方法是按照选定的半径来弯导轨。牵引构件的垂直弯折半径值取决于牵引构件的型式(结构)、节距和张力、悬置道路的断面,行车的节距和牵引构件和行车的连接结构。可拆式链条和片式链条垂直弯折半径的值,可参考表5-13,对于双关链条和绳索,则半径取1~3.5m。

表5-13　悬式运输机的垂直曲线的建议半径(m)

行车的节距 (以链条的 节距计)	节距 $t=80mm$ 的片状链条			节距 $t=100mm$ 的可拆式链条			节距 $t=160mm$ 的可拆式链条		
	链条在弯折处的张力对于许用张力的%								
	<50	<75	<100	<50	<75	<100	<50	<75	<100
	半径/m								
$t_k=2t$	—	—	—	—	—	—	3.5	3.5	4.0
$t_k=4t$	3.0	3.5	4.0	2.5	2.5	3.0	3.5	4.0	4.5
$t_k=6t$	3.5	4.0	5.0	3.0	3.5	4.5	4.5	5.5	7.0
$t_k=8t$	4.5	5.0	6.0	3.5	5.0	6.0	7.0	8.0	9.0

(四)驱动装置和张紧装置

(1)驱动装置。在悬式运输机中,是用恒速的和变速的角式驱动装置和履带驱动装置。按驱动原动机的数量分为单原动机和多原动机两种。

按驱动构件数量分为单一式的——具有一个驱动链轮或履带链条;联合式的——即由一个总的传动装置带动两个或三个(这种情况很少)驱动链轮或履带链条。

在悬式运输机中,用得最普遍的是具有减速器式传动机构的角式驱动装置。角式驱动装置装设在线路上的90°～180°的转向处,并利用与链轮的啮合作用(用于可拆式链条、片式链条和其他的链条),或利用光滑滑轮上的摩擦作用(用于焊接链和绳索)来传递牵引力。

(2)张紧装置。悬式运输机的张紧装置和带式运输机相似,主要有重锤式、弹簧–螺杆式和螺杆式三种。

任何一种型式的张紧装置都包括行车1和装在行车上面的转向链轮或转向滑动2以及运输机道路的转向区段。图5–40所示是常用的重锤式张紧装置。

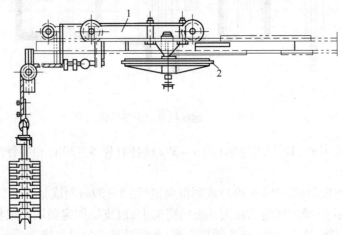

图5–40　重锤式张紧装置

三、悬式运输机主要参数的计算

为了计算悬式运输机,应该给出运输机线路的简图,被运物料的重量和尺寸,运输机的生产率和工作条件的特性。

(一)生产能力计算

$$Q = \frac{3600v}{a} \tag{5–12}$$

式中　a——两悬架的节距,m;

　　　Q——生产能力,件/h;

　　　v——运输速度,m/s。

(二)悬架的节距 a

悬架的最小节距 a 是根据被运物料的主要尺寸来决定,以保证最大长度为 b_{max} 的物料

能在最小半径为 $R_{\min}$ 的水平转向处和最大倾角为 $\alpha_{\max}$ 的垂直弯折处自由地通过。如图 5-41所示。并符合下面条件：

$$a\cos\alpha_{\max} \geqslant b_{\max} + 0.1 \tag{5-13}$$

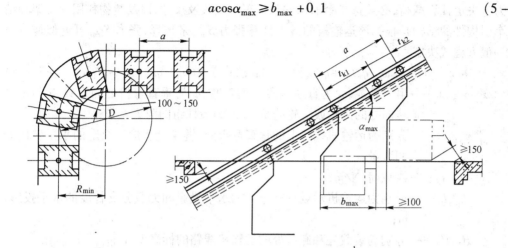

图 5-41　悬架的布置简图
a—在水平转向处；b—在倾斜区段上

　　最小吊架间距应保证货物及吊架运行中，在运输线路的任何位置上，与其周围及相邻货物（包括吊架）的最小间距大于 200~300mm。

（三）运输速度

　　对于悬式运输机的速度是根据物料的重量，给定的生产能力和运输机的装载及卸载方法来选定，通常在 0.05~0.35m/s 范围内，只有在个别情况下才达到 0.5m/s。对于同时用来完成几项生产工艺用的悬式运输机，运输速度应根据生产的节奏或被运物料的工艺要求来决定。

四、牵引力

　　悬式运输机的牵引力计算方法和任何一种具有牵引构件的运输机都相同。为了使运输机正确地工作，在应该出现于承受载荷最重要的下降部分以后区段内最小张力点上，或者（在水平式的运输机上）在链条从驱动链轮绕出的点上，必须保证其张力 s_0 不小于 500~1000N。设运输机每米长度上的计算载荷在无载分支上为 q_0，而在承载分支上为 q_p，则

$$q_0 = \frac{G_n}{a} + \frac{G_h}{t_k} + q_g \tag{5-14}$$

$$q_p = q_0 \frac{G}{a} \tag{5-15}$$

式中　G_n——悬架的重力，N；

　　　　t_k——行车的节距，m；

　　　　G_h——行车的重力，N；

　　　　q_g——牵引构件每米的重力，N/m；

a——悬架的节距,m;

G——一个悬架上有效载荷的重力,N。

为了决定计算载荷,必须选择牵引构件和行车的型式及尺寸,以及装物料用的悬架和结构。牵引构件的结构是根据该运输机的最大计算张力 S_{max} 来选择,张力 S_{max} 可近似地按下面的一般方程式决定:

$$S_{max} = S_0 + \omega'(q_p L_p + q_0 L_x)(1 + A\varphi^x \xi^y \lambda^m) + (q_p - q_0)(H_2 - H_1) \qquad (5-16)$$

式中　ω'、φ、ξ、λ——阻力系数,ω' 为直线区段上的系数,φ 为垂直弯折处的系数,ξ 为水平转向处的链轮或滑轮的系数,λ 为滚柱组的阻力系数;

　　　　x、y、m——分别为运输机线路上的垂直弯折处、链轮上和滚柱组上的水平转向处的数量;

　　　　q_0、q_p——线载荷,N/m;

　　　　L_p、L_x——分别为运输机承载分支长度的水平投影和无载分支长度的水平投影,m;

　　　　H_1、H_2——分别为装载处和卸载处的运输机线路的标高值,m;

　　　　S_0——牵引构件(链条)的最大张力,$S_0 = 500 \sim 1000N$;

　　　　A——随转向处和弯折处的数量及它们在线路上的布置而定的系数;$A = 0.5 \sim 0.35$。

如果要精确计算最大张力时,其方法是依次将运输机线路各个区段上的阻力相加,这些阻力可按下列方程式计算:

水平直线区段　　　　　　　　　$S_n = S_{n-1} + \omega' q' L_g$ 　　　　　　　　　　　(5-17)

转向链轮(滑轮)　　　　　　　　$S_n = \zeta S_{n-1}$ 　　　　　　　　　　　　　　(5-18)

滚柱组　　　　　　　　　　　　$S_n = \lambda S_{n-1}$ 　　　　　　　　　　　　　　(5-19)

垂直弯折处　　　　　　　　　　$S_n = \varphi(\varphi S_{n-1} + \omega' q' L_g \pm q' H)$ 　　　　　　(5-20)

式中　S_n——某区段的终点上的张力,N;

　　　S_{n-1}——某区段的起点上的张力,N;

　　　q'——线载荷,对于承载分支 $q' = q_p$;对于无载分支 $q' = q_0$,N/m;

　　　L_g——线路一个区段的水平投影的长度,m;

　　　H——该区段的终点处和起点处的标高差,m;

"$\pm$"——上升时取正号"$+$",下降时取负号"$-$"。

阻力系数 ω'、ζ、λ、φ 之值可查表 5-14。

驱动链轮上的牵引力可按下式求出:

$$P = S_n - S_{n+1} + P_{n-1} \qquad (5-21)$$

式中　P——牵引力,N;

　　S_{n+1}——某区段的起点的张力,N;

　　S_n——某区段终点的张力,N;

　　P_{n-1}——起点到终点的总阻力,N。

原动机功率 $N(kW)$ 为:

$$N = \frac{Pv}{\eta} \times 10^{-3} \qquad (5-22)$$

表 5-14　悬式运输机的阻力系数值

运输机的工作条件	直线区段(ω')	转向链轮和滑轮(ζ)				滚柱组(λ)			垂直曲线(φ)		
		装设在滑动轴承上的		装设在滚动轴承上的							
		转向角/(°)									
		90	180	90	180	<30	45	60	<25	35	45
		阻力系数									
良好	0.020	1.035	1.040	1.020	1.025	1.015	1.020	1.025	1.010	1.015	1.020
中等	0.025	1.050	1.055	1.025	1.030	1.020	1.025	1.030	1.015	1.020	1.025
繁重	0.040	1.060	1.070	1.030	1.035	1.025	1.035	1.040	1.020	1.025	1.030

式中　P——牵引力，N；

v——牵引构件之速度，$v = 0.05 \sim 0.35\text{m/s}$；

η——驱动装置的传动效率，$\eta = 0.60 \sim 0.80$。

第七节　机械式给料机

机械式加料机是料仓与粉碎系统中不可分割的组成部分，它是在短距离内输送物料的机械，它不仅可以代替人们的笨重体力劳动，而且是实现生产过程综合机械化、自动化所需要的设备。

机械式加料机，由于使用的目的不同又称为给料机，喂料机和卸料机。

机械式加料机的种类繁多，可以按不同方法进行分类，按加料机对物料的衡量方法，可分为质量加料式和容量加料式两种，按加料机的结构和操作原理，可分为回转式的(圆盘加料机、叶轮给料机)。带式的(皮带给料机、钢板加料机)、强制式的(螺旋给料机)、往复式的(薄层加料机、柱塞式加料机)等。

机械式加料机的选择，是依据物料的物理化学性质、颗粒大小和形状，以及加料的工艺要求来决定的，对加料机的基本要求是：

(1)加料量要准确，且符合工艺要求。

(2)加料量要在一定范围内能调节，操作方便。

(3)结构合理，适应工艺要求(运输距离、加料方向、落差高低和密封情况等)。

(4)结构简单、牢固、机件磨损小，不黏料。

一、圆盘给料机

圆盘给料机是应用最广泛的加料机械之一。它主要用来将干燥的或含少量水分的粉状物料、粒状物料及块状物料均匀连续地加入受料装置，具有结构简单、坚固和操作方便之特点，技术规格见表 5-15。

(一)圆盘给料机的构造

图 5-42 为敞口式圆盘给料机，它的操作原理是：固定的刮板 1 将物料从回转的圆盘 2

上推卸下来,料仓卸料口外套有可活动的金属筒3,借螺杆4可以调节套筒的高度达到调节料量的目的。图5-43为圆盘给料机图解。

表5-15　圆盘给料机技术规格

型　号	型　式	圆盘直径 /mm	给料能力 /m³·h⁻¹	圆盘转速 /r·min⁻¹	物料粒度 /mm	电动机功率 /kW	外形尺寸(长×宽×高) /mm×mm×mm
DB6	封闭吊式	600	0.6~3.9	8	25	1.1	555×980×1062
DK6	敞开吊式	600	0.6~3.9	8	25	1.1	855×980×1152
GM60/5 (PBM60/5)	座式给料	600	5	7.5	50	1.5	1346×1000×1120
DB8	封闭吊式	800	0.8~7.65	8	30	1.1	1085×1089×1152
DK8	敞开吊式	800	0.8~7.65	8	30	1.1	1085×1089×1152
DK10	敞开吊式	1000	1.7~16.7	7.5	40	1.5	1350×1350×1427
CK100 (CPG100)	敞开座式	1000	14	7.5	<50	1.7	1350×1350×1427
PZ10	封闭座式	1000	12	6.1	<50	3	2161×1120×880

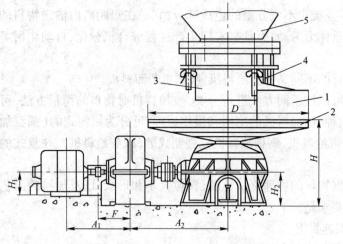

图5-42　圆盘给料机

1—固定刮板;2—转盘;3—套筒;4—螺杆;5—料仓

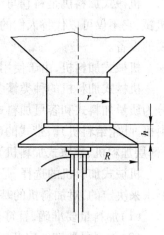

图5-43　圆盘给料机图解

(二)圆盘给料机主要技术指标的计算

1. 加料能力的计算

圆盘给料机加料能力主要取决于盘的转速和每盘一转被刮板刮下的物料量,参照图5-43按下式计算加料能力。

$$Q = 60n\gamma \left[\frac{\pi h}{3}(R^2 + r^2 + Rr) + \pi r^2 h \right] \tag{5-23}$$

式中　n——圆盘转速,r/min;

　　　R——圆盘物料堆底部半径,m;

  γ——物料松散密度,t/m^3；

  r——被刮去的物料环上部半径,m；

  h——被刮去物料的高度,m；

  Q——圆盘给料机加料能力,t/h。

2. 圆盘转速的计算

  圆盘给料机的圆盘转速不能太快,否则盘上的物料将被离心力所抛出。当圆盘转动时,有两个力作用于物料上,一个是离心力(mv^2/R),一个是摩擦力(fmg),前者使物料抛出,后者将物料保留在盘上。

$$\frac{mv^2}{R} \leqslant fmg$$

式中 m——物料的质量,kg；

  f——物料与盘之间的摩擦系数；

  R——圆盘上物料堆底部半径,m；

  v——圆盘的圆周线速度,m/s；

  g——重力加速度。

用转速来取代 v,则：

$$\frac{\pi R n}{30} \leqslant \sqrt{fgR}$$

若取 $f = 0.3$,将其整理,得出计算圆盘临界转速的公式：

$$n \leqslant \frac{16.5}{\sqrt{R}} \tag{5-24}$$

二、叶轮给料机

  叶轮给料机也称作星形给料机(图5-44),当叶轮给料机的转子1不动时物料不能流出,在转子1转动时物料便可被准确的卸出,它适用于气力输送系统的卸料。在旋风收尘器和袋式收尘器等设备上,它是一个组成部分。

  叶轮给料机结构简单,造价便宜,容易维修,封闭性好。

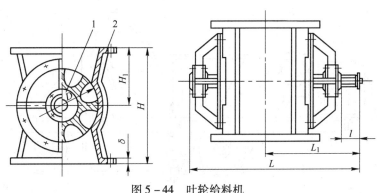

图 5-44 叶轮给料机

1—转子;2—机壳

  叶轮给料机具有一个能与料仓及受料设备衔接的外壳2,中间为叶轮转子1,叶轮转子由单独的电机用链轮传动。

叶轮给料机的技术规格见表 5 – 16。

表 5 – 16　叶轮给料机的技术规格

型　号	转速/r · min^{-1}		加料能力/m^3 · h^{-1}		电动机功率/kW	质量/kg	
						机　械	传动装置
ϕ300(6)			6 （槽子容积总和/L）			200	
ϕ300(12)			12			200	
ϕ200 × 200	20	31	4	7	1.0	66	153
ϕ200 × 300	20	31	6	10	1.0	76	153
ϕ300 × 300	20	31	15	23	1.0	155	153
ϕ300 × 400	20	31	20	31	1.6	174	163
ϕ400 × 400	20	31	35	53	2.6	224	328

三、胶带给料机

胶带给料机的工作原理和结构与带式运输机相似,它用来转移颗粒状物料和粉状物料,如图 5 – 45 为胶带给料机工作原理和结构示意图,胶带 2 由主动轮 1 和从动轮 6 撑起,并由支承轮 3 支承。料仓 4 中的物料卸出量由闸板 5 来控制。根据衡量给料量方法的不同,胶带给料机又可分为容积式(图5 – 46)和重力式(图5 – 47)两类。

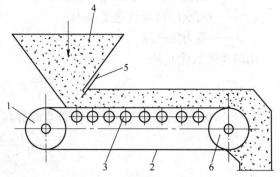

图 5 – 45　胶带给料机示意图

1—主动轮;2—胶带;3—支承轮;
4—料仓;5—闸板;6—从动轮

容积式胶带给料机构造简单,图 5 – 46中胶带 1 由两个鼓轮支承,闸板 2 可活动调节,电动机 3 经链轮,链条 4 带动主动轮运动。

重力式胶带给料机构造复杂些。图 5 – 47 中胶带 1 由装在支架 2 上的主动轮 3 和从动

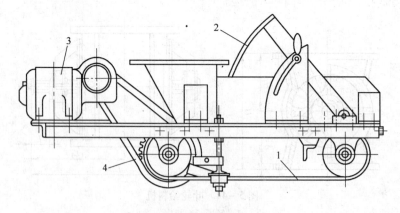

图 5 – 46　容积式胶带给料机

1—胶带;2—闸板;3—电动机;4—链条

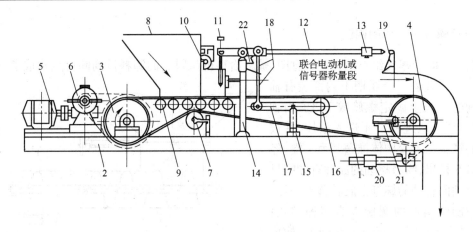

图 5 - 47　重力式胶带给料机

1—胶带;2—支架;3—主动轮;4—从动轮;5—电动机;6—减速器;7—张紧轮;8—料斗;
9—支撑滚轮;10—闸板;11—自动控制闸板;12—秤杆;13—游码;14、15—立柱;16—滚轮;
17—杠杆;18—拉杆;19—指针;20—重锤;21—计数器;22—继电器

轮 4 来支撑。主动轮由电动机 5 经减速器 6 带动。胶带松紧由张紧轮 7 来调节,料斗 8 装在料仓卸料口下面,在料仓下面的一段胶带由一组支承滚轮 9 支承。在胶带上面有两道闸板控制给料量。第一道闸板 10 安装在料斗口处,自动控制闸板 11 安装在秤杆 12 的一端,另一端带游码 13,秤杆由立柱 14 支持。支架上立柱 15 上支有带滚轮 16 的杠杆 17,杠杆另一端铰接拉杆 18 与秤杆相连。由最末一个支撑滚轮到从动轮之间胶带上物料的重力压在滚轮 16 上,并与秤杆 12 上的游码 13 平衡,平衡的标志是秤杆 12 的端部对准固定指针 19。

胶带的松紧程度由松紧轮 7 调节,不要过紧或过松,否则将会影响给料的准确性,从动轮 4 下面有刷子来清除胶带上的残留物料。刷子由重锤 20 的作用而紧贴在胶带上。计数器 21 以计算鼓轮的转速来表示总的给料量,给料量大小由移动秤杆上的游码位置和调节自动控制闸板 11 的高度而决定。给料的精确度随物料粒度由粗到细而提高。一般给料误差不超过 1%。

这种给料机的称量机构一般情况下可以自动控制给料量,当料仓堵塞或料仓中无料时,秤杆急速下降触及继电器 22 而发出信号,与此同时,电动机停止转动。

胶带给料机规格见表 5 - 17。

表 5 - 17　胶带给料机规格

型　号	带宽/mm	带长/mm	带速/m·s⁻¹	给料能力/t·h⁻¹	电动机功率/kW	重量/kg
B = 500	500	3200	0.015 ~ 0.09	0.8 ~ 1.5	1.7	1208
B = 500	500	6200	0.015 ~ 0.09	0.8 ~ 1.5	1.7	1335
B = 800	800	1700	0.246	50	1.7	1754

四、螺旋给料机

螺旋给料机用于给料量不太大但需强制给料的场合,它的特点是本身容易封闭,不产生灰尘,适用于细粉状物料的转移。

(一) 螺旋给料机的构造

图 5 – 48 为螺旋给料机构造示意图,螺旋给料机从料仓的卸料口到卸料点构成了一个物料的溜子装置。金属槽 1 内部装有轴 2,在轴的全长上固定螺旋铰刀 3。当轴旋转时,物料从进料口 4 进入槽体,并被轴上的螺旋面沿着槽体推送到另一端,经卸料口 5 排出,物料移动的原理有如螺母在没有轴向移动的螺杆上旋转移动一样。

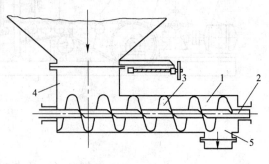

图 5 – 48　螺旋给料机示意图
1—金属槽;2—轴;3—螺旋铰刀;4—进料口;5—卸料口

螺旋给料机的螺旋面有多种型式:(1)标准螺距、螺旋面焊接在轴上,构成一个整体,操作稳当。(2)双螺面,它具有比标准螺距更为均匀料流,为要求精确控制给料的场合提供了平衡的卸料。(3)带状螺面,它适用于黏性或胶结性物料的给料,这种物料通常黏在标准螺旋面和轴的衔接处,而带状螺面与螺杆轴之间的空隙可以消除此弊病。(4)双带状螺面的性能同单带状螺面,并能提供更平衡的卸料。(5)直径渐大的螺面用于料仓卸料,其输送能力沿物料前进方向逐渐增大,使物料得以在螺面全长上卸出,消除料仓内的死角。(6)螺距渐大的螺面,它可以防止给料机产生过负载和粉料被压缩的气体抛扬。

(二) 螺旋给料机主要技术指标的计算

1. 给料能力的计算

螺旋给料机的给料能力,按下式计算

$$Q = 60 \frac{\pi D^2}{4} snr\varphi \tag{5-25}$$

式中　Q——给料机给料能力,t/h;

　　　D——螺旋的直径,m;

　　　s——螺距,m;

　　　r——物料的堆密度,t/m³;

　　　n——转速,r·min⁻¹;

　　　φ——填充系数,0.25 ~ 0.30。

2. 所需功率计算

螺旋给料机的功率,按下列公式计算

$$N = \frac{QLW}{367\eta} \tag{5-26}$$

式中　N——给料机功率,kW;

　　　Q——给料机的给料能力,t/h;

　　　η——传动装置的效率,$\eta = 0.35 ~ 0.75$;

　　　L——给料机长,m;

W——阻力系数,$W = 1.5 \sim 4.0$。

五、槽式给料机

槽式给料机属于往复运动给料的机械,它适用于处理块状、粒状和粉状物料。

图5-49为敞开式槽式给料机,钢板槽1倾斜地放在可转动的4个滚轮4上,滚轮4安装在机架2的臂上。槽体由电动机7经过减速器8和两只偏心轮6及连杆5来带动作往复运动,当槽体向前运动时,物料由于重力作用由料仓卸料口流入槽体中,当槽体向后运动时,整个槽中的物料被卸料口后壁所阻挡不能与槽体一起返回,处于给料机嘴处的物料便从给料机嘴落下。一次往复运动,物料就向给料机嘴移动一个槽体行程的距离,改变连杆5与偏心轮6的铰接位置或改变给料机偏心轮转速,可以调节槽式给料机的给料能力。

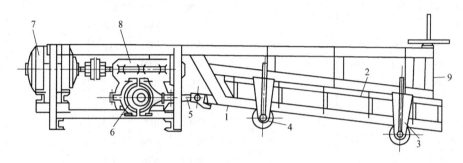

图5-49 槽式给料机
1—槽;2—架;3—臂;4—滚轮;5—连杆;6—偏心轮;7—电动机;8—减速器

槽式给料机的给料能力,可按下式计算。

$$Q = 60SBhn\gamma\varphi \tag{5-27}$$

式中 Q——给料能力,t/h;
　　S——给料槽行程,m;
　　B——料槽宽,m;
　　h——槽中物料厚度,m;
　　n——槽体往复次数,次/min;
　　γ——物料堆密度,t/m³;
　　φ——物料的填充系数。

第八节　电磁振动给料机

一、概述

电磁振动给料机已在工业部门广泛应用,炭素工业从原料加工到配料以及处理过程中都已广泛采用电磁振动给料机。

电磁振动给料机所以能够得到如此广泛的应用,是由于它有很多特点。它无相对运动部件,几乎没有机械摩擦,无润滑点密封性好,功率消耗低,可在湿热环境下工作等,此外,它易于安装,操作简便,维修方便,管理费用低。尤其是这种给料机便于自动控制,可实现生产过程的自动化。电磁振动给料机的制造已经系列化、标准化,电磁振动给料机的技术规格。见表 5 – 18。

表 5 – 18　电磁振动给料机技术规格

型号	给料粒度/mm	生产能力/t·h⁻¹		电压/V		单电流/A	功率/W	激振频率/次·min⁻¹	槽体双振幅/mm	外形尺寸(长×宽×高)/mm×mm×mm	质量/kg
		水平	–10°	直流	交流						
DZ$_1$	0 – 50	5	7.5		220	0.95	60	3000	1.76	1155 × 534 × 442	74
DZ$_2$	0 – 50	10	14.5		220	2.14	150	3000	1.9	1370 × 634 × 580	155
DZ$_3$	0 – 50	25	36.5		220	3.4	200	3000	1.8	1607 × 762 × 650	255
DZ$_4$	0 – 50	50	72.5		220	6.5	450	3000	1.9	1770 × 765 × 760	460
DZ$_5$	0 – 100	100	145		220	10	650	3000	1.8		630
DZ$_6$	0 – 300	150	218		380	12	1500	3000	1.5		1141
DZ$_7$	0 – 400	250	363	22	380	23	3000	3000	1.5		2017
DZ$_8$	0 – 400	400	580	26.4	380	35	4000	3000	1.5		2992
DZ$_9$	0 – 400	600	870	24.5	380	41	5500	3000	1.5		3614
DZ$_{10}$	0 – 500	750	1090	24.5	380	51	7000	3000	1.5		5010
DZ$_{11}$	0 – 500	1000	1420	24.5	380	82	5500 × 2	3000	1.5		6917
DZ$_{12}$	0 – 100	200	285		380	12 × 2	1500 × 2	3000	1.5		2438
DZ$_{13}$	0 – 100	250	360		380	12 × 2	1500 × 2	3000	1.5		2477
DZ$_{14}$	0 – 100	300	430	22 × 2	380	23 × 2	3000 × 2	3000	1.5		4104
45DA	0 – 400	450				38 ~ 40	2800	3000	1	3870 × 1770 × 1770	3770
35DA	0 – 300	350				40 ~ 45	1700	3000	1.5	3906 × 1620 × 1400	3040
15D$_1$	0 – 300	150				15	1200	3000	1.5	2460 × 1340 × 1040	1070
10D$_1$	0 – 100	100				15	1200	3000	1.5	2350 × 1700 × 670	1080
10D$_5$	0 – 250	100				15	1200	3000	1.5	2410 × 1050 × 950	1075

二、工作原理

电磁振动给料机的电磁振动器是一种机、电合一的设备,同电动机相似,都是一种能量转变器,即将电能转变为机械能,所不同的是电动机输出的是旋转运动,而电磁振动输出的是高频振动。

图 5 – 50 为电磁振动给料机,它由给料槽 1、减振器 2、电磁振动器 3 和电气控制箱等四个部分组成,其中电磁振动器为主要组成部分。

电磁振动器的振动原理如图 5 – 51 所示,它是应用电磁驱动和机械共振原理设计的,它由一个双质点定向强迫振动的弹性系统组成。

M_1 由给料槽 1、联接叉 2、衔铁 4 和给料槽上部分物料所组成,M_2 由铁芯 6、线圈 7、电磁振动器壳 8 等组成。M_1 和 M_2 用板弹簧 3 连接起来,在衔铁与铁芯之间有一气隙 5(一般为 2mm),形成一个双质点定向强迫振动的弹性系统,这种给料机根据机械振动的谐振原理,以较小的功率消耗产生较高的机械输送能力。

给料槽上物料的粒子在电磁振动器激振力 P 的作用下分解为 P_1 和 P_2,P_1 使粒子以大于重力加速度的速度上抛;P_2 使料子作水平运动,综合起来物料的粒子是间歇地向前作抛

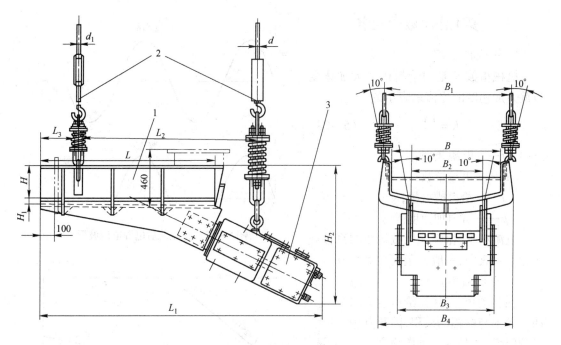

图 5 - 50　电磁振动给料机
1—给料槽;2—减振器;3—电磁振动器

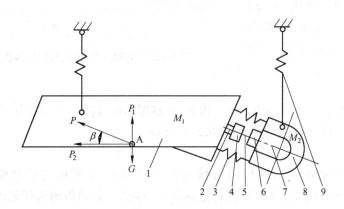

图 5 - 51　电磁振动原理示意图
1—给料槽;2—连接叉;3—板弹簧;4—衔铁;5—气隙;6—铁芯;7—线圈;8—壳体;9—弹簧

物线运动,抛起和下落是在 0.02s 完成的,所以看起来是连续的运动。

单相交流电源经整流后导入线圈,整流前后单相电源电压波形如图 5 - 52 所示,整流后加在线圈上的电压正半周时,线圈有电流通过,在衔铁和铁芯之间产生互相吸引的脉冲电磁力,使加料槽运动,并由于板弹簧变形而储存一定的势能;负半周时,线圈无电流通过,电磁力消失,由于板弹簧储存的能量使衔铁与铁芯朝相反方向移动,这种运动以交流电源 50Hz 即 3000 次/分的频率进行往复振动,使物料在给料槽上向前运动。

电磁振动给料机的主要参数,对于不同物料有不同的最佳值,这些参数是:电磁振动器的频率、振幅和驱动角等。

三、主要工作参数的确定

1. 机械指数 K

机械指数 K 是用给料槽最大加速度与重力加速度的比值来表示的。

$$K = \frac{4\pi^2 f^2 a}{g} \qquad (5-28)$$

式中　f——电源频率；

　　　K——机械指数；

　　　a——给料槽振幅；

　　　g——重力加速度。

电源频率、振幅和机械指数的系数载于图 5-53 中，一般 K 值可取 5~10。

2. 电源频率 f

在驱动角一定时，给料能力取决于频率与振幅的乘积，因此其中一项降低后，另一项则应增高。

电磁振动给料机振动频率有 3600 次/min（电源频率为 60Hz）和 3000 次/min（电源频率为 50Hz）的。个别也有采用 25Hz 的。

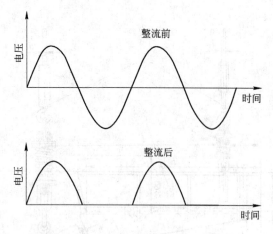

图 5-52　整流前后电源电压波形

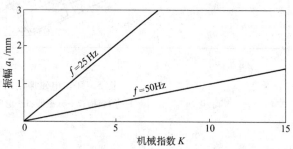

图 5-53　电源频率、振幅与机械指数的关系

3. 振幅 a

给料机的给料能力与振幅成正比。因此，提高振幅可以提高给料能力，但这样会影响物料颗粒破坏的可能性，因此振幅一般为 0.5~1.5mm。

4. 驱动角 β

对于每一个电磁振动给料机的机械指数 K，都有一个对应的最佳驱动角 β（见图 5-54），从图 5-54 中的曲线可以查得这两者的对应值，驱动角的选择范围一般为 20°~45°，目前使用的多为 20°~25°。

5. 安装角度

电磁振动给料器可以水平安装（指槽体）也可以倾斜安装，对于流动性好的物料，推荐向下倾斜 10°，流动性不好的可向下倾斜 12°，以利输送。给料能力与下倾角成正比（见图 5-55），倾斜角在 -12° 至 12° 之间，每变化一度，刚好使给料能力变化 3%，但倾斜角过大时会增加槽体的磨损。

四、调试

1. 气隙的调整

铁芯与衔铁之间的间隔为气隙，一般在 1.8~2.0mm，在使用时可以根据给料量大小适当缩小或扩大，但气隙过大会增大气流、功率消耗和减小振幅；气隙过小会造成衔铁与铁芯

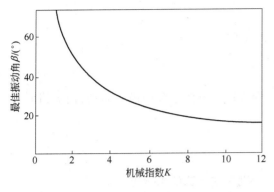

图 5-54　最佳振动角与机械指数的关系

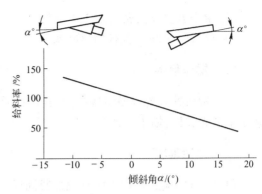

图 5-55　安装角 α 与给料能力的关系

撞击,损坏部件。

在确定了合适的气隙后,还要使铁芯与衔铁的工作面互相平行,保证激振力的作用线通过给料机槽体的重心,如果激励力作用线与槽体重心有偏移,则给料机除产生定向振动外,还要出现扭转振动,损坏机体,同时还要注意使电磁振动器的中心线与槽体的中心线在同一垂直平面内,否则给料机工作时要发生偏斜。

2. 弹性系统的调整

电磁振动给料机的激振频率 f 与固有的频率 f_0 之比称为调谐值 Z, Z 值可在表 5-19 中选定。

表 5-19　调谐值(Z 值)

使 用 条 件		Z
料仓卸料	料仓中物料多时	0.91~0.94
	料仓中物料少时	0.85~0.89
给料及输送	轻质不易碎的粉料	0.91~0.96
	重质不易碎的粉料	0.85~0.94
使用在振动筛上		0.81~0.86

板弹簧是组成弹簧系统的主要元件,可以用改变板弹簧片数的方法改变给料机的固有频率 f,以达到给定的调谐值。

若给料机的弹性元件不是板弹簧而是螺旋弹簧,由于它的刚度值是不可调的,只能采取增减电磁振动器配重(即改变振动质量)的方法来改变固有频率,达到给定的调谐值。

在使用电磁振动给料机时,可在有负载的情况下停车和开车。在安装后开始使用时要注意给料机的螺栓是否松动,板弹簧是否断裂和给料机是否与周围设施有碰撞。在更换给料槽衬板时要注意质量复原。

五、电磁振动给料机的操作技术

(一)开车前的准备

(1)开车前应检查料槽里是否有杂物,并向各润滑点注油;

（2）检查激振器的密封盖是否盖好。

（3）检查弹簧间是否有物料堵塞。

(二)操作程序

给料机所处系统设备组成不同,其操作程序不同,一般在系统中最后启动,而关机时在系统中最先关机,如中碎系统。

(三)注意事项

（1）运行中应经常检查所有螺栓紧固情况,特别是主弹簧的顶紧螺栓。

（2）主弹簧在设备运转中如振动突然发生变化,除马上检查电气控制部分外,还应检查主弹簧是否有断裂现象。如有损坏应换上同样规格尺寸的弹簧。

（3）调节槽体前倾角,可以增减生产能力,但倾角最大不能超过 20°。

（4）在运行中经常检查料槽的振幅和电流稳定情况。

（5）铁芯和衔铁之间的气隙,在任何时候都应保持平行和清洁,标准气隙为 2mm。

（6）槽体更换,铁板厚度应与原来的相同。

（7）严格执行交接班制度,做到面对面交接。

第六章 除尘设备

第一节 概　述

一、除尘的意义

在炭素、电炭工业中,如破碎、粉磨、筛分、运输、成形、焙烧与石墨化装出炉、机械加工等工艺操作,都会产生粉尘;沥青熔化、混捏、浸渍、煅烧、焙烧等操作易产生烟气,如不采取有效的防尘措施,就会污染环境,对生产及工人健康危害很大。

粉尘还能加速机械磨损、引起腐蚀,在电器上破坏绝缘,排至厂外污染环境,影响居民健康和农牧业生产。我国与许多国家都制订了有关工业企业卫生设计标准等文件,限制粉尘烟气等最高允许浓度。

二、常用除尘设备的种类

根据除尘设备是否用水为媒介来促进除尘,可分为干法除尘与湿法除尘。干法回收的粉尘便于处理,但大多数干式除尘器只能收集大于 $1.0\mu m$ 的粉尘,湿法除尘可以收集 $0.01\mu m$ 的粉尘,但湿法收集形成泥浆,较难处理。

常用的干式除尘设备有:(1)重力沉降室;(2)惯性除尘器;(3)旋风除尘器;(4)袋式收尘器;(5)干式电除尘器。

湿式除尘设备有:(1)喷淋式洗涤器;(2)填料式洗涤器;(3)离心水膜除尘器(4)惯性水膜除尘器;(5)鼓泡式除尘器;(6)文氏管除尘器。

各种除尘器的性能列于表 6-1 中,以供参考,目前炭素,电炭厂中常用的是旋风除尘器,袋式收尘器及电除尘器。

三、粉尘特征与收尘操作的关系

(1)粉尘的颗粒组成。它通常用颗粒级配表示,即各种粒级(颗粒尺寸范围)颗粒所分布的百分数。当粉尘中较微小的粉尘含量高时,一般说来其危害性较大,收尘也比较困难,所以颗粒组成是解决收尘问题中重要的依据之一。

(2)粉尘的凝聚性。及其微小的颗粒,由于布朗运动的影响而在空气扩散,尤其烟尘不易沉降和收集,然而微小颗粒如果凝聚为大颗粒,则比较容易沉降和收集,颗粒凝聚性的强弱除与颗粒本身物理化学性质有关外,还受所处境的影响,例如湿度、压力、超声波振动,电场等,超声波收尘器就是利用凝聚作用来促进收尘的。

(3)粉尘的湿润性和黏附性。湿润性反映粉尘吸湿(水或其他液体)的能力,不同材料或表面状况的粉尘,可以表现为亲水性或疏水性,对于 $5\mu m$ 以下的细粉尘,即使为亲水性材料的颗粒,也只有在尘粒与水滴高速相撞时才能湿润,各种湿式收尘器适用于收集湿润性好

表 6 - 1 除尘

序号	种类	除尘原理	除尘器型式	适宜范围/m³·h⁻¹	风速/m·s⁻¹	阻力 Pa(mmH₂O)	应用 粉尘类别	粉尘粒度/μm
1		重力	重力沉降室	<50000	<0.5	50~100 (5~10)	各种干粉尘	>20
2		重力、惯性	惯性除尘器	<50000	5~10	50~100 (10~50)		>10
3	干式除尘器	离心力、惯性	旋风除尘器		对进口			>5
			小型	<15000	10~20	500~1500 (50~150)		
			大型	<100000	10~20	400~1000 (40~100)		
4		过滤惯性	袋式过滤器	按设计	对滤布而言		各种非纤维性干粉尘	>1.0
			简易袋式过滤器		0.2~0.7	400~800 (40~80)		
			机械振打式过滤器		1~3	800~1000 (80~100)		
			脉冲袋式过滤器		2~5	800~1200 (80~120)		
			气环袋式过滤器		2~5	1000~1500 (100~150)		
5			颗粒层过滤器			800~2000 (80~200)		>1.0
6	干式	静电惯性凝聚	干式电除尘器	<300000	0.5~3	100~200 (10~20)	同上,比电阻在 10⁴~10¹⁰ Ω·cm 内	>0.01
7	湿式		湿式电除尘器	<300000	0.5~3	100~200 (10~20)		
8	湿式除尘器	惯性凝聚	喷淋式洗涤器	按设计一般	1~3	100~300 (10~30)	各种非纤维、非粘性、非水化性粉尘	>0.1
			填料式洗涤器	<50000	2~4	300~2000 (30~200)		
		离心惯性凝聚	离心水膜除尘器	<50000	进口 10~20	500~1500 (50~150)		>0.1
			惯性水膜除尘器					
		离心惯性凝聚	鼓泡式除尘器					>0.1
			水浴式除尘器	<30000		400~1000 (40~100)		
			冲激式除尘器	按设计		800~2000 (80~200)		
			泡沫除尘器	<50000	筒体断面 1.5~2.5	600~1500 (60~150)		
		惯性凝聚	文氏管除尘器		对喉口			>0.01
			中、低文氏管	<50000	50~80	500~4000 (50~400)		
			高压文氏管	<50000	60~150	3000~10000 (300~1000)		

注:粗净化—捕集 >100μm 颗粒;中净化—捕集 >10μm 颗粒;细净化—捕集 >1μm 粉粒。

器的性能

范 围		概略收尘效率/%			适用净化程度	经济指标			使用年限/年
粉尘浓度/g·m⁻³	耐温/℃	粒径<1μm	粒径1~5μm	粒径5~10μm		投资	耗钢材/kg·m⁻³	其他(水、电、压气等)	
>10	<450	<5	<10	<10	粗净化	小		—	10~20
>10	<400	<5	<16	<40	粗净化	小	0.1~0.5	—	10~20
<1.5或>20	<400	<10	<40	60~90	粗净化	小	0.07~0.15	—	10~2
		<10	<20	40~70			0.05~0.1		
<5	按滤料棉布70,玻璃纤维280,合成纤维130	<30	<80	<95		较大	较少	少量电能	取决于滤布的性能
3~5		<90	<99	<99	中细净化	较大	0.1~0.25	少量电能	
3~5		<90	<99	<99		中	0.1~0.2	少量电能及压缩空气	
5~10		<90	<99	<99		中			
<10	450				中细净化	中		少量电能	
<30	<350	<90	<99	≈100	中细净化	大	0.7~2.5	直流电源耗电能	10~20
	<80	<95	<99	≈100			1.0~3.0		
<10	<300	<10	<60	<90	粗净化	中	0.1~0.5	耗水量较大	10~20
					粗中净化	中	0.1~0.4		5~20
<10	<200	<10	<50	<90		中	0.03~0.05	耗水0.1~0.3kg/m³	10~20
		<10	<95	<90	中细净化		0.05~0.1	耗水0.1~0.45kg/m³	5~20
<5	<400	<20	<50	95			0.04~0.1	耗水0.1~0.3kg/m³	10~20
<100	<400	<90	<99	99	中细净化	中	0.15~0.3	耗水0.15~0.6kg/m³	10~20
<10	<300	<70	<70	99			0.1~0.2	耗水0.15~0.3kg/m³	10~20
不限	<500	90~95	>98	≈100	中细净化	小	0.1~0.3	耗水0.5~1kg/m³	10~20
	<800	95~98	>99	≈100			0.1~0.3	耗水0.5~1.5kg/m³	10~20

的粉尘,对干式收尘器则应避免湿润性大的粉尘,容易黏附器壁造成结块和堵塞。

(4)粉尘的荷电性。粉尘的荷电量取决于粉尘的大小、质量、温度、湿度等因素。静电的收尘器便是利用粉尘荷电特性使粉尘在电场中得以收集。

(5)粉尘的爆炸性。可燃烧性固体微粒的粉尘分散在空气中,只要达到一定浓度,在有火花或一定温度压力条件下就会引起爆炸。在较低浓度和较低温度下就能爆炸的粉尘,危险性就更大。因此在收集煤粉等可燃性粉尘时要注意防暴措施,1)使粉尘处于低氧环境中;2)设备的机械及电气部分是不产生火花或防暴型的;3)设备用不可燃的材料制成且便于清扫粉尘;4)不同粉尘混合收尘时,如果混合物的化学物理性质会产生爆炸、腐蚀等,则必须分别收尘。

粉尘的其他特征,例如重度,腐蚀、摩擦角、自然堆角及毒性等也都对设备及操作有一定影响。

四、除尘设备的收尘效率及通过系数

收尘效率反映了除尘设备对粉尘物料回收的能力,用百分数表示,其定义为:

$$\eta = \frac{G_2}{G_1} \times 100\% = \frac{C_1 Q_1 - C_2 Q_2}{C_1 Q_1} \times 100\% \tag{6-1}$$

式中　η——收尘效率,%;

G_1——进入除尘设备的粉尘总量,g/h;

G_2——除尘设备所捕集的粉尘量,g/h;

C_1——进入气体中的含尘浓度,g/m³;

C_2——排出气体中的含尘浓度,g/m³;

Q_1——进入的空气量,m³/h;

Q_2——排出的空气量,m³/h。

当除尘设备本身没有漏风时,即 $Q_1 = Q_2$,则式(6-1)可简化为:

$$\eta = \left(1 - \frac{C_2}{C_1}\right) \times 100\% \tag{6-2}$$

实际上粉尘是由多种粒级组成的,而除尘设备往往对不同的粒级有不同的净化效率,从回收产品的角度来看,符合产品粒度要求的粒级,其捕集效率如何更将受到重视。又如最后一级除尘是为了消除公害,因此比较关心最有害的粒级被排出的情况(如 <5μm 的粉尘)。总效率可按下式计算:

$$\eta = \frac{1}{100}(\varphi_1 \eta_1 + \varphi_2 \eta_2 + \cdots + \varphi_n \eta_n) \tag{6-3}$$

式中,$\eta_1, \eta_2, \cdots, \eta_n$ 为各种粒级的收尘效率,%;$\varphi_1, \varphi_2, \cdots, \varphi_n$ 为各种粒级占总粉尘量的质量分数,%。

两台除尘设备串联使用时,总收尘效率按下式计算:

$$\eta_{总} = \eta_1 + \eta_2 - \eta_1 + \eta_2 \tag{6-4}$$

式中　η_1 及 η_2——第一级和第二级除尘器的收尘效率,%。

为了评价除尘器排放气体中的粉尘含量,需计算通过系数,其定义为:

$$\varepsilon = \frac{G_3}{G_1} \times 100\% \qquad\qquad (6-5)$$

或
$$\varepsilon = 1 - \eta\% \qquad\qquad (6-6)$$

式中　ε——通过系数，%；

　　G_3——经除尘设备净化后排气中的剩余粉尘含量，g/h；

　　其余符号同前。

第二节　颗粒沉降原理

　　收尘是将气体中处于悬浮状态的粉尘分离并收集的操作过程，它是基于处于流体介质中的固体颗粒因受外力场（如重力场、离心力场等）的作用，和介质间发生不同的相对运动而实现的。

　　生产实际中处理的颗粒状物料，其形状和大小都是很不规则，用于表示颗粒大小的尺寸（称为粒径），对于理想的球形颗粒，其直径就是颗粒的粒径；对于非球形颗粒，则按照测量手段和颗粒在某种具体条件下其物理的或化学的性能特点（如等沉降速度、等质量、等比表面积等）应用适当的方法将其折算成当量粒径来表示颗粒尺寸。

一、颗粒在流体内作相对运动时的阻力

　　颗粒在黏性流体中作相对运动时，要受到阻力（R_d）的作用。阻力大小与垂直于运动方向颗粒的横截面面积 A（对于球形颗粒可转换成直径 d_p）、颗粒与流体介质间相对运动速度 v、流体的黏度 μ 和密度 ρ 等因素有关。它们的关系，可用函数式表示：

$$R_d = f(d_p、v、\rho、\mu)$$

用因次分析法将上述关系式整理成无因次数群之间的关系：

$$\frac{R_d}{d_p^2 p u^2} = f\left(\frac{d_p v \rho}{\mu}\right) = f(Re_p)$$

或
$$R_d = d_p^2 \rho v^2 f(Re_p) \qquad\qquad (6-7)$$

习惯上将式(6-7)改写成：

$$R_d = \zeta A \rho \frac{v^2}{2} \qquad\qquad (6-8)$$

式中　R_d——运动阻力，N；

　　A——颗粒在垂直于相对运动方向的平面上的投影面积，（对于球形颗粒，$A = \frac{\pi}{4} d_p^2$），m²；

　　v——颗粒在流体中的相对运动速度，m/s；

　　ρ——流体密度，kg/m³；

　　d_p——颗粒粒径，球形颗粒的直径，m；

　　μ——流体的黏度，Pa·s；

　　ζ——阻力系数，无因次。

$$\zeta = \frac{8}{\pi}(Re_p)$$

式中　Re_p——颗粒雷诺数。

由式（6-8）知，计算阻力时需知 ζ 值，而 ζ 与 Re_p 的关系通过实验测定，在不同的流态下，阻力性质不同，ζ 与 Re_p 的关系也不同，对于球形颗粒，ζ 与 Re_p 的关系如图 6-1 所示。

由图 6-1，大致可将曲线划分为四个区域：

（1）层流区，当 $Re_p < 1$ 时

$$\zeta = \frac{24}{Re_p} \qquad (6-9)$$

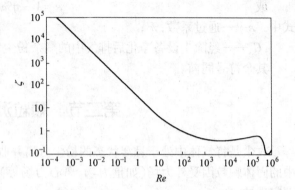

图 6-1　球形颗粒阻力系数与雷诺数的关系

当 Re_p 值很小时，流体一层层平缓地绕过颗粒，在后面又合拢，流线不被破坏，属层流（图 6-2a），颗粒在流体中相对运动的阻力，主要是各层的流体相互滑动的黏性摩擦阻力，阻力的大小，与雷诺数的大小有关。由于在此区域内阻力主要受流体黏性的影响，又称黏性阻力区。

（2）过渡流区。当 $1 < Re_p < 1000$ 时，

$$\zeta = \frac{30}{Re_p^{0.025}} \qquad (6-10)$$

当 Re_p 较大时，在颗粒的尾部产生旋涡（图 6-2b），呈过渡流状态，引起动能损失，这时颗粒在流体内的运动阻力除包括颗粒侧边各层流体相互滑动时的黏性摩擦力外，还有惯性阻力。

（3）湍流区，当 $1000 < Re_p < 2 \times 10^3$ 时，

$$\zeta = 0.44 \qquad (6-11)$$

当 Re_p 值甚大时，颗粒尾部产生旋涡，达到完全湍流状态（图 6-2c），黏性阻力处于次要地位，颗粒在流体内的运动阻力主要决定于惯性阻力，故 ζ 值几乎与 Re_p 值变化无关，ζ 值是接近 0 的常数，上述关系式又称牛顿定律。

（4）强湍流区，当 $Re_p > 2 \times 10^3$ 时，

$$\zeta = 0.1 \sim 0.2 \qquad (6-12)$$

当 Re_p 值很大时，流速很大，颗粒的边界层本身也变为湍流（图 6-2d），实验结果显得

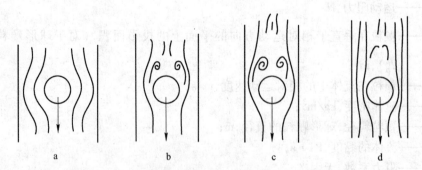

图 6-2　球形颗粒在流体内作相对运动时的流动状态

a—层流；b—过渡流；c—湍流；d—强湍流

不规则;ζ值变小,这一区域在工业生产中很少遇到。

以上区域的划分以及相应的$\zeta - Re_p$关系式,是按不同流动状态划分的,实际上是连续的,各关系式只适用于一定的雷诺数范围。

由此知,颗粒在流体内相对运动也是流体力学的过程,利用具体数值可以计算阻力的大小。

二、颗粒在静止的流体内的运动

(一)自由沉降

当物体在真空中降落时,按自由落体运动规律,降落速度$v(\mathrm{m/s})$。

$$v = gt$$

式中　g——重力加速度,$\mathrm{m/s^2}$;

　　　t——时间,s。

上式显示物体在重力场中的降落规律是按等加速运动规律的。此规律应用于尺寸或密度较大的物体,在空气中自由降落仍然相当准确,因为此时空气阻力不大,可忽略不计,但颗粒在液体内沉降,或颗粒尺寸甚小(小于$100\mu m$)的颗粒在空气中降落时,流体的阻力较大,此时便要考虑流体阻力的作用。

设有一光滑的球形颗粒在无限广阔的流体空间自由沉降,颗粒不受其他颗粒或器壁影响,而在静止的流体内相对运动,颗粒受到重力、浮力、阻力的作用,则颗粒在垂直方向的运动方程式为:

$$m \frac{\mathrm{d}v}{\mathrm{d}t} = G - P_d - R_d \tag{6-13}$$

$$m \frac{\mathrm{d}v}{\mathrm{d}t} = G_0 - R_d \tag{6-14}$$

式中　m——颗粒的质量,kg;

　　　G_0——剩余重力 $G_0 = G - P_d$,N;

　　　P_d——颗粒受的浮力,N;

　　　R_d——颗粒受的阻力,N;

　　　$\dfrac{\mathrm{d}v}{\mathrm{d}t}$——颗粒自由沉降的加速度,$\mathrm{m/s^2}$。

对于球形颗粒

$$m = \frac{\pi}{6} d_p^3 \rho_p$$

$$G_0 = \frac{\pi}{6} d_p^3 (\rho_p - \rho) g$$

$$R_d = \zeta \frac{\pi}{4} d_p^2 \rho \frac{v^2}{2}$$

式中　d_p——颗粒直径,m;

　　　ρ_p——颗粒密度,$\mathrm{kg/m^3}$;

　　　ρ——流体密度,$\mathrm{kg/m^3}$;

v——颗粒沉降速度(相对运动速度),m/s。

将 m、R_d、G_0 值代入式(6 – 14)得:

$$\frac{dv}{dt} = g(1 - \frac{\rho}{\rho_p}) - \zeta \frac{3}{4} \frac{v^2}{d_p} \frac{\rho}{\rho_p} \tag{6 – 15}$$

由式(6 – 15)看出,颗粒在静止流体内降落加速度取决于剩余重力和流体阻力,对于一定尺寸的颗粒在一定流体内降落时,G_e 为常数,即式(6 – 15)右边第一项为常数,而流体的阻力则随相对运动速度的提高而增大,结果,将使 $dv/dt = 0$,此时颗粒的沉降速度达到极大,之后,颗粒是在没有加速度运动的情况下作等速运动,颗粒在静止的流体内作自由沉降运动时,起始是加速运动,经过片刻,速度达到不变的速度降落,这一不变的沉降速度,称为自由沉降速度,又称末端速度,特以 v_0 表示,确切些说,v_0 是颗粒相对于静止流体的相对速度。

生产实际中,通常将颗粒沉降的全过程均当作匀速运动,而不考虑加速阶段,令 $\frac{dv}{dt} = 0$,$v = v_0$,得

$$v_0 = \sqrt{\frac{4gd_p(\rho_p - \rho)}{3\rho\zeta}} \tag{6 – 16}$$

式(6 – 16)不仅可以计算颗粒的自由沉降速度:同时还可以看到,粒径相同而密度 ρ_p 不同的物质,其沉降速度不同,据此可对物料进行分选;同一物质的密度相同而粒径不同,其沉降速度也不同,据此可对物料进行分级。

将式(6 – 9)、式(6 – 10)、式(6 – 11)分别代入式(6 – 16),可得在一定雷诺数范围内的沉降速度 v(m/s):

层流区,$Re_p < 1$,

$$v_0 = \frac{d_p^2(\rho_p - \rho)g}{18\mu} \tag{6 – 17}$$

此式称为斯托克斯(stokes)公式。

过渡流区,$1 < Re_p < 1000$。

$$v_e = 0.2\left[\left(\frac{\rho_p - \rho}{\rho}\right)g\right]^{0.73} \frac{d_p^{1.18}}{(\mu/\rho)^{0.45}} \tag{6 – 18}$$

此式称为阿伦(Aaaen)公式。

湍流区,$1000 < Re_p < 2 \times 10^3$,

$$v_0 = 1.74\left[\left(\frac{\rho_p - \rho}{\rho}\right)g\right]^{0.5} d_p^{0.5} \tag{6 – 19}$$

此式称为牛顿(Newten)公式。

使用上述各式计算颗粒的沉降速度,首先需知 Re_p 值,而求 Re_p 值又包括了待求的沉降速度,故需讲究一定的方法。

一般可用比较简单的式(6 – 17)进行计算,以试算得 v_0 值,代入计算 Re_p 值公式,复验结果是否正确。

其他还有图解法等,可见有关"颗粒流体力学"等资料。

上述各式是依据光滑球形颗粒条件导出的,实际上遇到的颗粒,不一定光滑,也不一定是球形,故沉降时受阻力较大,沉降速度也必然较上述各式的计算值低。

对于非球形颗粒的自由沉降,情况要复杂得多,准确的计算法,还有待通过大量的实验得出系数对沉降速度进行修正。

非球形颗粒的形状与球形颗粒的差异程度,用球形系数(又称球形度)φ 表征,φ 等于球形表面积 A_P 与非球形颗粒的表面积 A 之比,其中球形体积与非球形颗粒的体积相等。

即
$$\varphi = \frac{A_F}{A} \tag{6-20}$$

对于球形颗粒,$\varphi = 1$;对于非球形,$0 < \varphi < 1$。当手头缺乏数据时,可近似取,正方形颗粒,φ 为 0.827;圆柱形颗粒,φ 为 0.833 ~ 0.868;不规划形状颗粒,φ 为 0.9 左右。显然 φ 愈小,阻力系数愈大,因而沉降速度较小,对于非球形颗粒,先按球形颗粒求得阻力系数 ζ 值再乘修正系数 C,即 $\zeta' = C\zeta$,C 值的选取参考表 6 - 2。

表 6 - 2　形状修正系数 C 值

形　状	系数 C 值
当量球形颗粒	1
表面粗糙的球形颗粒	2.42
椭圆形颗粒	3.08
片状颗粒	4.97
不规则形颗粒	2.75 ~ 3.5

计算非球形颗粒时,式中的 d_p 应以当量直径代入。对于以等沉降速度粒径表示的非球形颗粒尺寸,则计算式无需修正。对于以等体积球径来计算非球形颗粒的沉降速度时,一般偏高,故公式求得 v 应予修正,即 $v = kv_0$,式中 k 为修正系数,$k < 1$,由经验决定。

当颗粒在层流区域状态下沉降,非球形颗粒的沉降速度与球形颗粒的沉降速度误差不大,可不必修正。

当利用沉降公式求粒径时,对于非球形颗粒,其当量粒径 d,必然比式中的 d_p 小,$d = k'd_p$,k' 为小于 1 的系数。

利用上述公式时,还有一个条件是颗粒粒径不小于 $1\mu m$(即 $d_p > 1\mu m$)。即流体是连续的介质,无布朗运动的影响。

(二)干扰沉降

在实际的生产过程中,常遇到的情况是颗粒群在有限的空间内沉降,沉降时,各颗粒间不但有直接的接触摩擦、碰撞影响,而且还受到其他颗粒通过流体而产生的瞬接影响,这种沉降,称为干扰沉降。

在干扰沉降情况下,颗粒受的浮力与阻力都较大,另一方面,颗粒群向下沉降时,流体被置换向上,产生垂直向上流动,使颗粒不是在真正的静止的流体内沉降。因此,干扰沉降受较大的阻力作用,使沉降速度降低,显然这种影响随颗粒浓度的增大而增大。

实验证明,当悬浮液的体积浓度不大于 2% ~ 3% 时,按自由沉降各式计算沉降速度误差不大,当超过此值,干扰沉降的速度(以 v_p 表示)用下式计算。

$$v'_p = v_0 \sqrt{\varepsilon^n} \tag{6-21}$$

式中　ε——孔隙率;

　　　n——指数,其值在 5 ~ 7.6 间,平均值取 6。

$$\varepsilon = \frac{V_s - V_p}{V_s} \tag{6-22}$$

式中　V_s——悬浮体体积;

　　　V_p——悬浮体中含固体颗粒的体积。

三、颗粒在流动着的流体内的运动

在除尘操作过程中,还常遇到颗粒在流动着的流体内运动的问题,如惯性除尘、旋风除尘等,有如下三种情况。

(一)颗粒在垂直流动的流体内的重力作用下的流动

设流体是垂直向上流动,现选择固定的器壁作为参考系,流体的速度为 v_f,颗粒在重力作用下的速度为 v_p,则颗粒与流体的相对速度 v。

$$v = v_p + v_f \tag{6-23}$$

按上述方法写出有关的运动方程式,流体对颗粒的阻力为 R_d

$$R_d = \zeta \frac{\pi}{4} d_p^2 \rho \frac{v^2}{2}$$

$$m \frac{dv_p}{dt} = G_0 - R_d = \frac{\pi}{6} d_p^2 (\rho_p - \rho) g - \zeta \frac{\pi}{4} d_p^2 \rho \frac{v^2}{2}$$

$$\frac{dv_p}{dt} = \frac{(\rho_p - \rho)}{\rho_p} g \left(1 - \frac{3}{4} \frac{\zeta \rho v^2}{d_p (\rho_p - \rho) g} \right) \tag{6-24}$$

因为 v_f 为常数,$dv = dv_F$,将式(8-16)代入式(8-24)可写成:

$$\frac{dv}{dt} = \frac{(\rho_p - \rho)}{\rho_p} g \left(1 - \frac{v^2}{v_0^2} \right) \tag{6-25}$$

式中,v_0 是颗粒在同样的静止流体内的沉降速度,式(6-25)表明,颗粒的运动当剩余重力与阻力达到平衡时,$\frac{dv}{dt} = 0$,可解得 $v = v_0$,将此代入式(6-23)得

$$v_p = v_0 - v_f \tag{6-26}$$

由此知,颗粒受重力作用在垂直向上流动的流体中运动时,经若干时间后,流体的摩擦力等于颗粒在流体中的剩余重力时,则颗粒作匀速运动。此时颗粒的相对运动速度 v 是定值。其值大小与其在静止的同一种流体内沉降速度相等,而颗粒的绝对速度 v_p 等于沉降速度与流体的流动速度之差。

显然,当流体的流速 $v = 0$,$v_p = v_0$,这与上述颗粒在静止流体内运动的结论是符合的。

如果 $v_f = v_0$,则由式(6-26)知,$v_p = 0$,颗粒将停留在流体介质中悬浮不动,出现这一情况流体的速度称为该尺寸颗粒的悬浮速度。由此知,悬浮速度在数值上等于该颗粒在静止流体内自由沉降的速度。

由式(6-26)知,当液体的流速 $v = 0$,$v = v_0$,这与上述颗粒在静止流体内运动的结论是符合的。

如果 $v_p = 0_0$，则由式(6-26)知，当 $v_f > v_p$ 为负值时，则颗粒是向上沉降的；当 $v_f < v_p$，v_p 为正值时，则颗粒与流体的流向相反，向下沉降。

（二）颗粒在水平流动的流体内在重力作用下的运动

在这种情况下，颗粒一方面受到流体流动的影响产生水平的横向运动，另一方面受重力影响产生垂直方面的沉降。

水平方面颗粒与流体的相对运动速度 v

$$v = v_f - v_p \tag{6-27}$$

设颗粒呈球形，阻力 $R_d(\mathrm{N})$：

$$R_d = \zeta \frac{\pi}{4} d_p^2 \frac{(v_f - v_t)^2}{2} \rho \tag{6-28}$$

横向运动方程式：

$$m \frac{dv_p}{dt} = \zeta \frac{\pi}{4} d_p^2 \frac{(v_f - v_t)^2}{2} \rho \tag{6-29}$$

运动过程中，作用力是变化的，经片刻之后必然达到 $v_1 = v_p$，$\frac{dv_p}{dt} = 0$，$R_d = 0$，颗粒在水平方向作匀速运动，经 t 时间后，流经的路程 s 为：

$$s = v_f t \tag{6-30}$$

颗粒在垂直方向的运动，由于流体在这一方向没有任何分力，因此颗粒在垂直方向的运动可看作静止体内受到重力作用向下沉降，开始阶段有加速度，片刻后作等速沉降，经 t 时间后降落高度 H 为：

$$H = v_0 t \tag{6-31}$$

因此，水平流动的流体内，颗粒在水平流动和重力场的共同作用下，颗粒作合成运动，其分速度分别为 v_f 和 v。

（三）颗粒在旋转的流体内的重力作用下运动

颗粒在旋转的流体内运动，受到流体圆周运动、离心力场和重力场的共同作用。

设在任意半径为 r 处流体的转动角速度为 ω，流体的圆周速度为 v_r，则处于一半径上球形颗粒受到的剩余惯性离心力 $P_0(\mathrm{N})$ 为：

$$P_0 = \frac{G_0}{g}(r\omega^2) = \frac{G_0}{g} \frac{v_r^2}{r} \tag{6-32}$$

式中 $G_0(\mathrm{N})$ 为剩余重力，$G_0 = \frac{\pi}{6} d_p^3 (p_p - p) g$。

由于 P_0 的作用，颗粒与流体有相对运动，产生了反向的流体对颗粒的阻力 R_d，因此颗粒在径向的运动方程为：

$$m \frac{dv_p}{dt} = P_0 - R_d \tag{6-33}$$

式中　m——颗粒质量，kg；

$\dfrac{dv_p}{dt}$——颗粒在半径方向的加速度，m/s²；

R_d——阻力，N；

将 R_d，P_0 值代入式（8-33）得；

$$\frac{dv_p}{dt} = \frac{v_p^2}{T} \frac{(\rho_p - \rho)}{\rho_p} - \zeta \frac{3}{4} \frac{v_p^2}{d_p} \frac{\rho}{\rho_p} \tag{6-34}$$

由式知，在离心力场的作用下，颗粒运动的加速度 $\left(\dfrac{dv_p}{dt}\right)$ 随颗粒所在位置（r）变化而变，加速度也是变的，实际上，离心力扬起主要作用，故 $dv_p/dt = 0$，可得在半径方向上的沉降速度，以 v_{or}（m/s）表示 v_p 得：

$$v_{or} = \sqrt{\frac{4}{3} \frac{d_p(\rho_p - \rho)}{\rho_0 \zeta} \frac{v_r^2}{r}} \tag{6-35}$$

式中 v_{or} 是颗粒在惯性离心力作用下沿径向的沉降速度，方向沿半径向外，颗粒在重力作用下还有向下的分速度，因此颗粒在旋转流体中运动，实际上是沿半径逐渐增大的螺旋形轨道前进的。

将式（6-35）与式（6-16）比较，仅是以 $\dfrac{v_r^2}{r}$ 代换 g，而 g 在同一地点是不变的，$\dfrac{v_r^2}{r}$ 却是可变的，生产技术上就是利用各种方法使离心加速度远远超过重力加速度，从而使颗粒在流体中的沉降速度比在重力场中的沉降速度大得多，结果使沉降加速进行，或将较小粒径的颗粒分离出来，或使设备体积大为减小，例如工业上广泛使用的旋风除尘器就是利用这一原理设计制造使用的。

第三节　旋风除尘器

一、旋风除尘器的工作特点与工作原理

旋风除尘器是各种收尘设备中应用比较广泛的一种，它能适应粒径大于 $5\mu m$ 的粉尘，收尘效率高达 90% 以上。设备本身无运动部件，能够连续作业，结构简单，体积小而对含尘气体的处理量大，可以装于室内外，因而投资少。旋风除尘器的维护、修理简单、镶嵌耐磨材料内衬的旋风除尘器还经久耐用，其结构可用各种适当材料制造，以适当防腐、耐磨、高温的作业条件。

旋风除尘器利用离心惯性原理工作，所以它的进口风速不能低，一般都大于 10m/s，于收集细小粉尘的旋风除尘，其进口风速高达 25m/s，气流阻力的压降高度达 1500Pa 以上。此外，干式旋风除尘器不能适应纤维及吸湿性强的粉尘，因此这些粉尘易黏附在器壁上而造成堵塞。

旋风除尘器的基本结构有进气管，筒体及排气中心组成。排气管插入壳体内，形成内圆筒，见图 6-3。壳体上部多为圆柱形，下部多为圆锥形，进气管与壳体上部的圆柱部相切。图 6-4 为 CLT/A 型旋风除尘器结构图。

含尘气体从进气管以约 12~25m/s 的速度沿外圆筒的切向进入壳体，并在内外圆筒之间形成回旋向下的气流（外旋流），当旋风达到壳体下端以后，再由下端顺中心回旋向上（内旋风），然后由排气管引出。

外旋流的切线速度随半径的减小而增大,内旋流的切线速度随半径的减小而减小,而且内旋流的切线速度比较小,所以除尘作用主要由外旋流产生。外旋流把粉尘抛向筒壁,顺锥筒向下,粉尘由下部排入集灰斗;气流由中心回旋上升,从排气管排出。如果上升气流卷起了下部粉尘,由于内旋流的转速低,上升较快,不足以把粉尘再抛向外壁,就会把粉尘带出出气管,这样分离效率降低。特别是当排尘口敞开或漏气时,由于中心部压力低于大气,外界空气被吸入,把粉尘卷入内旋流中,使得已经被外旋流分离出来的粉尘又重新混入净化了的空气中,这种情况是应避免的。具体作法是在下面安装集尘箱和阀门,使排尘口与大气隔绝。

图6-3表明,进气在碰到壳体分成上下两股。向上的一股受到上壁的阻力形成了上部的涡流区,涡流区中的粉尘没有出路,浓度大了以后容易短路进入排气中心管。为了减少这种气流的短路,排气管的插入深度约与进气管的下边齐平或稍低。

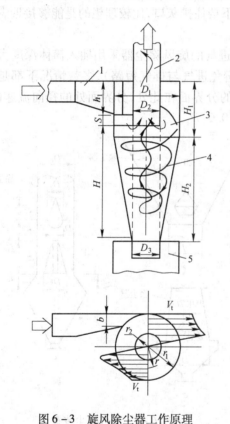

图 6-3　旋风除尘器工作原理

1—进气管;2—排气管;3—圆柱形壳体;4—圆锥形壳体;5—集灰斗

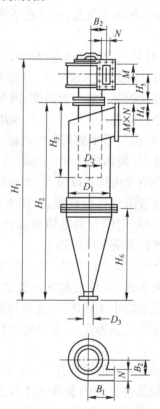

图 6-4　CLT/A 型旋风除尘器

每个旋风除尘器能分离出的最小粉尘是由以下因素决定的:(1)旋风除尘器的尺寸形状;(2)进气的速度;(3)粉粒和气体的性质(例如密度、沉降速度等)

二、结构尺寸对旋风除尘器性能的影响

(1)筒体直径。一般外形细而长的,除尘效率高,直径愈小,愈可捕集较细小的粉尘,但其阻力也将较大,反之短而粗者,分离效率低,但阻力小,处理量大。

（2）筒体长度与锥体长度。在粗分离的除尘器上这两个尺寸不是很突出，但在分离较小的尘粒时，为了加强外旋流的分离能力，希望在气流的动能还没有减弱以前就进入小直径区域，以增加气速，加强分离能力。所以在小直径的旋风除尘器中，采用较长的锥筒长度（设总长不变），可以提高净化效率。

如果进风速度小，筒体直径又大，则进风转不了几圈已经过了很长的距离（因直径大），动能已消耗完了，就在压差作用下向出风口逸去，这样的旋转气流轴向的行程是不会长的，增加筒体长度没有什么作用。但在小直径高进气速度情况下恰好相反，进气旋转了多圈，轴向行程很大，但总行程还不太大，有足够的动能继续旋转向下，这种情况下增加筒体长度就能提高净化效率。如果过短的筒体长度，强有力的下旋气流，在下端会把已经分离了的粉尘翻动起来，容易被旋流带出。

（3）排灰口直径。排灰口通常略小于出气口，这样有利于使下旋流早些离开沿筒壁滑下的粉尘转入上旋流，然后在下滑粉尘的推挤下挡住排灰口，比较理想的是能够接近满口出灰。

（4）排气管的插入深度与尺寸。除螺旋形进气的旋风除尘器采用插入筒体深度大的排气管以外（因为它的进气压力较大，这样可以避免进气与排气短路），多数情况下都是采用插入深度约等于进气管高度，因为上下涡旋流的分界面在此处，分界面处的径向流速向外，可防止旋流进入排气口，一般采用 $D_2 = (0.3 \sim 0.6)D_1$。

（5）阻气排尘装置和贮灰箱。由于旋风的作用，筒体中心部位通常是负压，为了避免空气由排灰口吸入，比较简单可靠的是设置阻气排尘装置，在图 6-5 中示出了三种，它们分别是用在圆锥形、倒锥形和圆筒形旋风除尘器上。

图 6-5a 为阻气锥，锥顶使旋转的粉尘远离锥顶，这样上部旋流就比较清洁，锥底直径略小于排灰口，安装位置必须在内外旋流的临界点上，使环缝中的压力为零。

图 6-5b 的锥顶有一小孔，是用来把由外旋流带进去的少量气体再通过小孔吸入内旋流中，以控制下面贮灰箱内压力，使倒锥体的外旋流容易经环缝排灰。

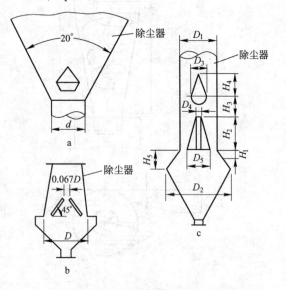

图 6-5　阻气排尘装置
a—阻气锥；b—锥顶开孔；c—带铅垂体

图 6-5c 的分离锥作用与图 6-5b 相仿，在它的小孔上方有一个倒立的"铅垂体"，它迫使从贮灰箱上来的气压向外旋流，进一步把可能卷进的粉尘抛入外旋流，然后才汇合内旋流向上排出。

三、旋风除尘器的结构型式

目前采用的结构型式很多，按结构原理主要分为以下几种：基本型旋风除尘器，螺旋型旋风除尘器，蜗旋型除尘器，圆筒型旋风除尘器，扩散型旋风除尘器，旁路式旋风除尘器，平面旋风除尘器,二次旋风除尘器等。

按照有无出口蜗壳及气流的旋向(从排气中心管方面看)又规定了出气类型和左、右旋向类型,分左右两种旋向是为了并联组合使用时便于连接。规定的符号如下;

带出口蜗壳的——X 型;

无出口蜗壳的——Y 型;

从除尘器顶上看,逆时针旋转的为左旋——N 型;顺时针旋转的为右旋——S 型。

因此各种结构的旋风除尘器,还可分为 XN 型、XS 型、YN 型或 YS 型。以下分别简介各种结构类型的特点,性能和主要参数。

(1)基本型旋风除尘器(图 6 - 6a)。在此图中所示的 CLT 型是最原始的旋风除尘器,其他类型是在此基础上演变发展而来的,故称基本型,其外型特点短而粗,筒部长,普遍采用切向进气,结构简单,特别是通用性广,处理量大,压降较小,缺点是净化效率低,金属耗量多。

(2)蜗旋型除尘器(图 6 - 6b)。此型的外型特征是进气由渐开线或对数螺旋的蜗壳引入筒体,蜗壳的包角有 180°及 360°两种,据试验,180°包角的性能较好,特别是压降少,净化效率高。

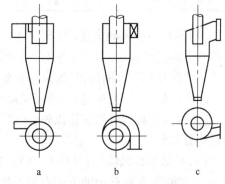

图 6 - 6　几种旋风除尘器

(3)螺旋型旋风型除尘器(图 6 - 6c)。气体由切向引入,顶盖为螺旋型导向板,导板角一般采用 8° ~ 20°,角度增大,压降能减小,但净化效率低。CLT/A 型的导向板角度采用 15°,其外形特征是细长,锥角小。它比基本型的压降大些,但净化效率高,目前应用也很广泛,其规格性能如表 6 - 3。

表 6 - 3　部分旋风除尘器规格和技术性能

型　号	进气速度/m · s⁻¹	风量/m³ · h⁻¹	风量/m³ · h⁻¹	阻力/Pa	
				X 型	Y 型
CLT/A - 1.5	12 ~ 18	170 ~ 250	843 ~ 1875	755 ~ 1705	90 ~ 98
CLT/A - 2.0	12 ~ 18	300 ~ 400	843 ~ 1875	755 ~ 1705	90 ~ 98
CLT/A - 2.5	12 ~ 18	460 ~ 690	843 ~ 1875	755 ~ 1705	90 ~ 98
CLT/A - 3.0	12 ~ 18	670 ~ 1000	843 ~ 1875	755 ~ 1705	90 ~ 98
CLT/A - 3.5	12 ~ 18	910 ~ 1360	843 ~ 1875	755 ~ 1705	90 ~ 98
CLT/A - 4.0	12 ~ 18	1180 ~ 1780	843 ~ 1875	755 ~ 1705	90 ~ 98
CLT/A - 4.5	12 ~ 18	1500 ~ 2250	843 ~ 1875	755 ~ 1705	90 ~ 98
CLT/A - 5.0	12 ~ 18	1860 ~ 2780	843 ~ 1875	755 ~ 1705	90 ~ 98
CLT/A - 5.5	12 ~ 18	2240 ~ 3360	843 ~ 1875	755 ~ 1705	90 ~ 98
CLT/A - 6.0	12 ~ 18	2670 ~ 4000	843 ~ 1875	755 ~ 1705	90 ~ 98
CLT/A - 6.5	12 ~ 18	3130 ~ 4700	843 ~ 1875	755 ~ 1705	90 ~ 98
CLT/A - 7.0	12 ~ 18	3630 ~ 5440	843 ~ 1875	755 ~ 1705	90 ~ 98
CLT/A - 7.5	12 ~ 18	4170 ~ 6250	843 ~ 1875	755 ~ 1705	90 ~ 98
CLT/A - 8.0	12 ~ 18	4750 ~ 7130	843 ~ 1875	755 ~ 1705	90 ~ 98
CLP/B - 3.0	12 ~ 20	700 ~ 1160	49 ~ 1421	412 ~ 1327	

续表 6 - 3

型　号	进气速度/m·s⁻¹	风量/m³·h⁻¹	风量/m³·h⁻¹	阻力/Pa	
				X 型	Y 型
CLP/B - 4.2	12 ~ 20	1350 ~ 2250	49 ~ 1421	412 ~ 1327	
CLP/B - 5.4	12 ~ 20	2200 ~ 3700	49 ~ 1421	412 ~ 1327	
CLP/B - 7.0	12 ~ 20	2200 ~ 6350	49 ~ 1421	412 ~ 1327	
CLP/B - 8.2	12 ~ 20	5200 ~ 8650	49 ~ 1421	412 ~ 1327	
CLP/B - 9.4	12 ~ 20	6800 ~ 11300	49 ~ 1421	412 ~ 1327	
CLP/B - 10.6	12 ~ 20	8550 ~ 14300	49 ~ 1421	412 ~ 1327	

(4)圆筒型旋风除尘器(图 6 - 7)。其外形特征是筒体的全长都是等直径的圆筒。在筒体的下面接贮灰箱,由于它没有下部的锥形收缩旋转,粉尘不易被内旋流带走,同时采用了较长的筒身和阻力隔离锥,所以净化效率高,压降低。

此型的特点是:流量越大、筒径及筒长也越大,与有锥筒的比较起来,圆筒型的金属用量多,除了因为它必须有贮灰箱以外,还因为它用加长筒体的方法来增加分离时间,不像锥筒能强化分离能力。

(5)扩散型旋风除尘器(图 6 - 8)。其外形特征是在短圆筒的下部,连接着一个上部小而下大的锥筒,在锥筒内的下面有阻力排尘装置,内外旋流隔开。它利用减少旋流夹带粉尘的办法来提高净化效率。虽然扩散锥没有收缩锥那种强化分离的效能,但它有利于防止内旋流夹带粉尘,扩散锥比收缩锥体引起的压降小,所以它有条件在总压降不高的情况下,采用长的进气口,这样就改善了筒体上部的分离性能。

此除尘器下部的扩散锥不易被磨损,它对细小粉尘的收尘效率较高。对入口风速而言局部阻力系数较低。

(6)旁路式旋风除尘器(图 6 - 9)。其外形特征是在筒体的外部设有旁路管道,此管道或为直线形或为螺旋形,旁路管道的作用是把筒体内能够发挥分离作用而无法把粉尘引出的死角处的粉尘,经由外面的旁路引出,然后再汇集到下面的筒体中去。

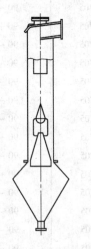　　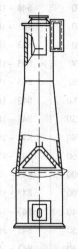　　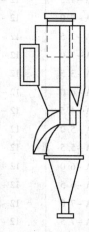

图 6 - 7　圆筒型旋风除尘器　　　图 6 - 8　扩散型旋风除尘器　　　图 6 - 9　旁路式旋风除尘器

它采用切向进气,进气后分上下两路,上面一路在碰到顶盖返回时,就形成了上部蜗旋流,这个死角处的气体在死角内自行循环,它同时还在绕轴心线旋转,所以在离心力作用下分离出来的粉尘积于死角处,当浓度变得很大以后,才又混入进口或出口气流中去,使收尘效率降低,为了消除这种缺点,旁路式旋风除尘器使进气口位置下移一些,使进气向上那一股气流盘旋而上,并分出粉尘。当气流达到顶盖时,在那儿的侧壁上开了一个小孔口,与筒外的旁路相通,于是集中到该处的粉尘由旁路引到下部的锥筒中。

由图6-9可见,此种筒体有两种直径的圆筒身与中部锥筒相连,在中部锥筒的下边开了孔口,使上部圆筒部分已经分离出来的粉尘由此进入旁路,导入下锥筒中,此时经中部锥筒收缩的旋转气流,将以很高的速度在圆筒中旋转,于是进一步分出更小的粉尘。

旁路式旋风除尘器的主要缺点是结构复杂。当有湿气时旁路管道易堵塞并难以清理。

(7)二次旋风除尘器(图6-10)。它有数种结构形式,原理是利用外加的二次风来增加旋流的离心力,主要是加强旋流的动能,但在吸气系统中,不允许采用压降大的除尘器,因此要提高旋流动能就很困难。用外加的二次风来增加旋流的功能,对主系统的流量有些影响,但不受主系统压力的限制。

按二次导入的方式,可分为吸入式(图6-10a)和压下式(图6-10b)两种,图6-10a是在排气管的外面有一套管,干净空气在大气压下进入套管以后,由叶片缝隙沿切向进入除尘器。因此增加了外螺流的动能,特别是增加了排气管口附近气流的旋转,可防止进气与排气的短路,此种型式虽然多吸入了占总风量15%的气体,但可提高效率15%,减少压降30%。图中6-10b的压入式二次风,

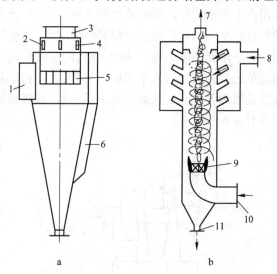

图6-10　二次旋风除尘器
a—吸入式;b—压下式
1—含尘气入口;2—15%干净空气进气孔;3—排气管;4—套管;
5—导流板;6—旁路;7—净化气出口;8—二次风入口;
9—导向片;10—含尘气进口;11—出灰口

主要气流(一次风)为含尘气,它以10~15m/s的速度向导向叶片带动旋转上升,二次风以50~100m/s的速度经导向叶片从侧壁的斜切向喷入,并以高速旋转向下,二次风与一次风轴向对流,旋向一致,转速差别很大。因此在二次风的影响下,一次风越往上,转速越高。一次风的内旋流在下部把大颗粒抛出后,到上部时,由于转速增加很大,所以能把微小尘粒分离出来。二次风形成的外旋流把粉尘抛向外壁然后顺壁向下落入贮灰箱中,此型的最大缺点是二次风需要3000~6000Pa的导入压力。显然动力消耗较多。

四、旋风除尘器的组合

为获得较高的净化效率,可以把除尘器串联使用。为了适应大的气流处理量的要求。可以把多个除尘器并联使用。

当要净化含微小粉尘的含尘气时,要用小直径的旋风分离器,但小直径的旋风分离器的

允许流量很小,为了增加处理流量,必须把多个小直径的旋分除尘器并联,具有统一的进气总管和出气总管,构成所谓组合除尘器。

当串联使用时,目的是为了提高净化效率,由于愈是后段的除尘器,其处理气体的含尘浓度愈低,而且多半是串联在后段的除尘器应具有在低浓度下分离小颗粒的性能,此外不能忘记串联时通过每一段的流量是相同的,所以要找流量能够相同,净化程度有差别的几个除尘器串联使用(图6-11),若把三个完全相同的旋风除尘器串联使用,不能使净化效率成倍提高,因而是不合理的方案。

串联使用时,要根据总阻力乘以(1.1~1.2)系数以后作为选择风机的依据,因为连接管件增加了阻力。

并联使用时为了增加对气体的处理量,或者是在一定的处理量条件下,提高收尘效率,采用多个更小直径的旋风除尘器并联,以代替大直径的除尘器,并联的原则是要求每个组合件具有完全一致的性能,否则将使平均的工况变坏。例如图6-12并联组合的多管除尘器,当其中一单元的阻力较其他的大时,则空气不按照正常的情况在其中通过,而是由总灰斗中通过单元的排灰口进入单元的出气管,并且自集灰斗中带走一部分已经分离了的灰尘,这种现象是因为各单元旋风筒制造的不一致,或者是因为积灰黏附的结果。各型除尘器的性能可参看表6-3。

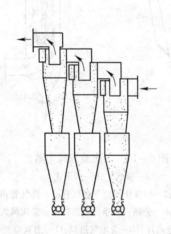

图6-11　三段串联式旋风除尘

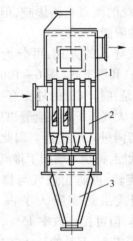

图6-12　多管除尘器(并联组合)
1—壳体;2—单元体;3—集灰头

五、旋风除尘器的主要工作参数与选型计算

在选用或设计旋风除尘器时,对于每个旋风除尘器的性能,首先要考虑的是它能捕集的尘粒的临界粒径、收尘效率,流体阻力和处理量。

(一)可分离尘粒的临界粒径

一般指能够分离出的最小粒径,实际上不论分离效率如何,旋风除尘器所捕集的尘粒和排放气流中的残余尘粒两者的粒径范围是交叉的,较大的尘粒也有被排放气流带出的,较小的尘粒(理论上几乎沉降不出来的)也有被收集的可能,这是因为在除尘器内的气流涡流、短路、再次从底部扬起粉尘等原因造成大粒子卷出,极小的粒子可能集聚成了大的粒团或者一进入就碰到筒壁等原因,因此也有少量会被捕集到,怎样定义临界粒径有过争议,一般部分收尘效率达50%的最小粒径为该除尘器的临界粒径,用符号d_k表示。

由于临界粒径受除尘器的结构型式、操作情况等多种因素影响,实际上是通过试验来确定,为了找出各种因素与临界粒径的关系,以供设计选型或操作时的参考,今分析如下:

今以图6-8为例,虚线表示假想的内筒,可看成是内、外旋流的分界,则分离出最小粒径d_k的条件,可利用以下关系导出:

进气管的流量 = 进入假想出气管的流量

即

$$vbh_1 = v_t 2\pi r_0 h \tag{6-36}$$

式中,各符号见图6-3,v为进口风速。v_t为沉降速度(v_t:进入假想排气管的径向气流速度,其数值小于或等于尘粒的离心沉降速度,才能使尘粒不被排出,故上式中用v_t作为径向气流速度),r_0为假想出气管的半径;v_0为假想出气管处的尘粒圆周速度,h为假想出气管高度;b及h_1分别为进口断面宽度及高度。

为了找出临界粒径d_k与结构尺寸等参数的关系,可联立式(6-17)及式(6-36),并用向心加速度v_0^2/r_0代替重力加速度g,则d_p即为d得:

$$vbh_1 = \frac{(\rho_2 - \rho_f)d_0^2}{18\mu} \cdot \frac{v_0^2}{r_0} \cdot 2\pi r_0 h \tag{6-37}$$

为使上式中引入重要的结构参数r_1及r_2(分别是筒壁及排尘管的半径),引用下列实测关系:

$$v_1 r^n = v r_t^n = v_0 r_0^n = 常数 \tag{6-38}$$

式中　v_1——半径r处尘粒的圆周速度;

　　　r——尘粒圆周运动的半径;

　　　r_t——入口中心气流的圆周运动半径;

　　　n——指数,由试验可知n等于0.5~0.8,小型取小值,大型取大值。

由上式得

$$v_0 = \frac{v r_t^n}{r_0^n} \tag{6-39}$$

此处入口中因入口中心气流的圆周运动半径r_t主要受到筒体半径及入口型式的影响。而假想排出管的r_0,主要受排出管半径r_2及锥部长短的影响,所以r_t及r_0可以表示如下:

$$r_t = er_1 \tag{6-40}$$

$$r_0 = kr_2 \tag{6-41}$$

式中　e——入口结构系数,全蜗壳型、半蜗壳型、普通切向三种可分别近似等于1.1、1、0.9;

　　　k——出口结构系数,$k = 1 \sim 0.65$;

　　　r_2——筒体较大或锥筒较长的取大值。

将式(6-39)到式(6-41)各式代入式(6-37)并整理后得临界粒径d_k(μm):

$$d_k = \left[\frac{9\mu}{\pi(\rho_2 - \rho_f)v}\right]^{\frac{1}{2}} \cdot \left(\frac{bh_2}{h}\right)^{\frac{1}{2}} \cdot \left(\frac{kr_2}{er_1}\right)^n 10^6 \tag{6-42}$$

上式中符号意义同前,式中第一括号内容是反映操作工况对d_k的影响,第二及第三括号内容是旋风除尘器的结构因子对d_k的影响,此式虽然采用了部分经验系数,但基本上是在假设的基础上由理论推导来的,对于结构合理的旋风除尘器可以用此式估算临界粒径。但如果用它来指导改进结构,则应注意到此式与实际有矛盾的方面。例如为了减小 d_k,增加进口气流速度 v,缩小进口断面 bh_1,适当增加筒体长度使 h 大些,这些措施都是有利的,算式与实际基本相符。但算式表明,如果采用 $r_1 \gg r_2$ 的结果,有利于减小 d_k,则与大多数实际经验不符。在进口速度 v 和排出管的 r_2 不变的情况下,加大筒体半径 r_1,确实会提高移近排气管的气流圆周速度,这对于小粒子的离心沉降是有利的。但小粒子的总径向沉降距离 $(r_1 - r_2)$ 却增大许多,如果粒子飞越 $r_1 - r_2$ 的时间愈长,在此时间内随气流带入的粒子就愈多。这些粒子使含尘浓度大为增加,不利于小颗粒的沉降。这些小颗粒在到达筒壁以前如遇到不利的涡流、就被卷入中心气流而带出。以上情况对于沉降速度大的大颗粒则影响不大,因此分离大颗粒时通常采用短的旋风除尘器,分离微尘时采用细而长的结构。通过以上讨论不难理解,并非上述算式中 r_2/r_1 因子的出现不符合物理原理,实际上也有一种能很好分离微尘的旋风除尘器是粗而短的,实现了 $r_1 \gg r_2$,取得了良好效果,但在筒体内装有涡壳形引流集尘板,这就使径向沉降距离变成了集尘板之间的较小距离,并在减小圆运动半径 r 的同时增加了圆周速度 v_0,使向心加速度值 $\dfrac{v^2}{r}$ 增加,所以有利于小尘粒的捕集,这也说明算式理论正确的方面,只是算式没有反映总沉降距离这一重要结构因子与 d_k 的关系,使用算式时应予注意(一般 $r_2/r_1 \approx 0.55 \sim 0.65$)。

(二)收尘效率

影响收尘效率的因素很多,例如粉尘粒度分布、含尘浓度,收尘器型式、收尘器进气口气流速度等。

根据实测数据分析,对于一定型式的收尘器,当含尘气体中粉尘粒度分布为已知时,部分收尘效率 η_k 和粒径 d_p 之间存在以下关系:

$$\eta_k = 1 - e^{-\alpha_p^m} \tag{6-43}$$

式中　α——收尘结构系数,1/m;

m——粒径对收尘效率的影响指数,$m = 0.33 \sim 1.2$,小粒径取小值;

e——自然对数的底,$e = 2.718$。

为利用上式确定各类收尘器的部分收尘效率,需知其结构影响系数 α,如表 6-4 所示,根据对收尘器临界粒径 d_k 的要求,需 $\eta_k = 50\%$,同时取 $m = 1$,代入上式,令 $d_p = d_{50}(\mu m)$,则得

$$d_{50} = \frac{0.693}{\alpha} \tag{6-44}$$

表 6-4　各类收尘器的结构影响系数 α 及 d_{50} 值

收尘器类型	α	$d_{50} = \dfrac{0.693}{\alpha}(\mu m)$
超高效率旋风除尘器	>0.57	2
高效率旋风收尘器	~0.19	4
低压降多管旋风收尘器	~0.092	8
中低效率旋风收尘器	~0.056	13
电收尘器	~0.46	1.5

利用以上关系式即可估算部分收尘效率 $\eta_k(k=1,2,\cdots)$。然后利用式(6-3)即可算出总收尘效率 η。

(三)流体阻力

旋风收尘器的流体阻力是计算管网压降选择分机的依据,不同形式及尺寸比例的旋风收尘器产生的压降不同,对具体型号的收尘器,可由手册等查出阻力系数,再用下式估算其压降。

$$\Delta p = \zeta \frac{v^2 \rho_{s+g}}{2} \tag{6-45}$$

式中　Δp——压降,Pa;

　　　ζ——阻力系数;

　　ρ_{s+g}——气固混合物的密度,kg/m³;

　　　v——进口气体速度,m/s。

如果资料给出的阻力系数是出口阻力系数,则计算时应以出口气流速度计算。

在无法获得实际测定的阻力系数时,可根据以下的试验式来估算;

$$\zeta = \frac{(20 \sim 40) b h_2}{D_2} \frac{\sqrt{D_1}}{\sqrt{H_1 + H_2}} \tag{6-46}$$

式中各符号见图6-3,长度单位用 m,输送黏度大的含尘流体时系数范围应取较大值,一般可取中间值,此式约有20%~30%的裕量。

(四)选型计算

(1)需要条件。包括粉尘性质(干湿程度、硬度、易燃性等),含尘浓度(g/m³),总处理量(m³/h),收尘前的粒度分布,即各粒级的含量百分数,对不同粒度有无特殊收尘要求,对压降和结构尺寸有无限制等。

(2)选型。当含尘浓度较大、处理量大、净化要求不高时,可选用大直径的旋风收尘器;当含尘浓度较小、粉尘粒径较小,净化要求高时,应采用小直径旋风除尘器;如果处理量大,净化要求也高时,则采用小直径旋风除尘器并联使用;如果对各种粒度颗粒有分别收集的要求时,可考虑选择几种直径的旋风除尘器串联使用。选型时应查阅手册及有关资料中关于旋风除尘器性能及安装尺寸的数据。

(3)计算所需各型旋风除尘器数量。同类型除尘器并联的个数 n 可由下式计算:

$$n = \frac{Q}{Q_1} \tag{6-47}$$

式中　Q 及 Q_1——总处理量及每个旋风除尘器的处理量,m³/h。

计算结果为非整数时,应取整数个,但需考虑通过旋风除尘器的流速变化需在该型的性能范围以内,并计算单个除尘器的进口风速。

(4)估算单个收尘器的收尘效率。

(5)计算每个除尘器的压降(Δp)。用式(6-47)算出单个除尘器的处理量 Q_1,或查附录表6-1,表6-2或表6-3,如不能直接查出,可按下式计算。

$$\frac{Q_1}{Q_2} = \frac{v_1}{v_2} \qquad\qquad (6-48)$$

式中，Q_1 是自己算出的，Q_2 及 v_2 是表中查出的，于是可以算出 v_1。

查出阻力系数，用式（6-45）计算压降，如果知道其他进口流速 v_2 时的压降 Δp_2，则可根据下式计算：

$$\Delta p_1 = \frac{v_1^2}{v_2^2} \Delta p_2 \qquad\qquad (6-49)$$

六、旋风除尘器的作用要点

（1）防止除尘器堵塞而失效。

（2）处理量 Q 严重不稳定，会造成排放气体中粉尘含量的增加。

（3）多个旋风除尘器组合工作时为使各除尘器处于正常工作状态，必要时在管道上适当位置设置节流阀，以便控制各除尘器的处理量。

（4）排灰口应当密封，以免气流吸入使工况恶化，降低收尘效率。例如，排灰口漏风 1%，效率会降低 5% ~ 10%；漏风 5% 效率约降低 50%；漏风 15%，效率将趋近于零。密闭的方法：1）排灰接入密封灰仓，仓内粉尘由密封性好的排灰器自动排出。2）在集尘斗下装设锁风阀门，利用重力和真空吸力自动控制锁风阀门启闭。

（5）烘干机等排出的高湿度废气的收尘器，应在器壁外加装保温层，保证器壁及其中的含尘气温度高于露点 283 ~ 293K，以免粉尘粒吸附器壁导致堵塞。

（6）含尘浓度过高时容易造成小直径或小锥度旋风除尘器的堵塞，筒体直径在 600mm 的旋风除尘器，允许最高含尘度约在 200g/m³，直径为 250mm 时，约为 75 ~ 100g/m³。

（7）容易黏附造成堵塞筒壁的粉尘不宜采用多管除尘器。因为个别除尘管的堵塞会改变全体除尘管的工况，使收尘效率下降。

（8）对于有爆炸危险的粉尘如煤粉焦粉等，在收尘器的适当位置应设防爆门，以保障安全，宜采用吸入除尘，风机位置设在除尘以后。

（9）收集磨琢性粉尘的旋风除尘器、在进口转弯处及风壁可涂以辉绿岩等耐磨材料胶泥作内衬或用混凝土、辉绿岩铸石板等作耐磨内衬。

（10）管网尽量采用封闭循环，以减少排放污染和回收有用物料，排出管口的出口尽量设在远离人员和不易引起公害的位置。

第四节　袋式除尘器

袋式除尘器是用纤维纺织品布袋过滤工业粉尘的设备，它适合于捕集非黏结性，非纤维性的干的工业粉尘。根据所用滤布材料的不同，能适应不同的气温范围，滤布材料合适，能对 5μm 以上的粉尘净化效率达 99% 以上，而且在允许的气速范围内工作性能比较稳定，袋式除尘器可算是用干法净化 5μm 左右细小粉尘廉价而又有效的设备。但由于它是过滤除尘，对气流的含尘浓度有一定的限制。它适合于在低含尘浓度的条件下工作（与旋风除尘器不同）当含尘浓度高时，滤布很快被堵塞，会使滤布过滤的压降显著增高。由于各种清除滤布堵塞的方法不同，各种袋式除尘器能适应的最高含尘浓度有差别，一般希望含尘浓度小于 3～20g/m³ 时,可作为第二级净化设备。有的气环反吹袋式除尘器的最高含尘浓度允许达到 70g/m³,玻璃纤维滤布的最高工作气温可达到 523K。

一、滤布滤袋的性能

袋式除尘器的主要元件是滤袋,它是用棉麻丝毛等天然纤维,也可用尼龙、奥纶、涤纶弗费纶、玻璃纤维等合成纤维或人造纤维纺织而成,也有时采用混纺的织品。在经过起绒、缩绒过程,使滤布表面多绒毛且相互交织,构成经纬线为骨架,纤维绒毛架表层的"空间筛子"(图 6－13)。含尘气流通过时,大颗粒则像过筛那样被绒毛层挡住,气体则可通过,绒毛间的间隙远比微小的尘粒大很多,按网眼尺寸是挡不住微小颗粒的,但由于绒毛架设的"空间筛子"使气流在空隙内绕流,粉尘在空隙内惯性碰撞失去动能落在绒毛上。受摩擦的绒毛有静电作用,对微小的粉尘有一定的吸附力,对于大的气速仍会将小于网眼的粉尘吹过绒布层。当滤布上有颗粒沉积层以后,"空间筛子"的作用更为加强,能捕

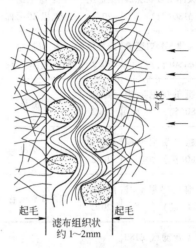

图 6－13　滤布过滤示意图

获大部分微小尘粒。随着空隙逐渐被填满,气流的阻力增加很快,以致由于压降过大,必须清理滤布,不然流量减小,满足不了处理量的要求。

清理滤布的方法有用机械振打或气流反吹,清灰时,要停止原过滤方向的气流,否则滤出的颗粒不易落下;且绒毛空隙中的微小粉尘易被过滤气流吹过滤布,混入清洁气流中。

采用气流反吹,只要能克服过滤气的全压作用,即使过滤气流不停也能达到清理滤布的作用。

用振打抖动的方法,是利用整个颗粒层的惯性力来使颗粒与滤布脱开。

滤布表面经过芳香族基有机硅、聚四氟乙烯、石墨等处理,显著改善其物理性能及抗腐蚀性能,经过有机硅处理后,除能提高耐磨性外,还提高了柔软性,吸湿性降低,表面光滑易于清灰,延长使用寿命。经聚四氟乙烯和石墨处理后提高了耐热程度,防腐能力也明显提高。

滤袋是用滤布制成,也有的是直接纺织成筒状,强度更好,滤袋的形状有圆筒形和扁袋形,圆筒形的是由最初的单个滤袋发展而来。此种过滤,气流从内向外吹,滤袋没有骨架支撑,全凭气流鼓胀,倒挂的滤袋在上;灰箱在下,采用圆筒形有利于出灰。现代的袋式除尘器由于处理量大,都是很多组滤袋并联,并有金属骨架支撑滤袋,不论是内过滤或是外过滤,采用扁形滤袋能更好地减小空间,缩小机械设备的尺寸。

在表 6－5 中列出了几种常用滤袋的结构及其透气性能,可供选型参考。

二、几种袋式除尘器简介

(1)中部振打袋式除尘器。国产的中部振打袋式除尘器又叫 ZX 型袋式除尘器,共分八种型号,其技术性能见表 6－6。

表6-5　几种常用滤袋的结构及其透气性能

序号	滤袋名称及规格	滤袋结构				过滤风速(m/min)为下值时滤袋阻力/Pa (mmH₂O)					
		经线	纬线	总经/根	纬密/根·ft⁻¹	2	3	4	5	6	7
1	天津1号双层棉袋φ180(筒)	维尼纶20/2	表:维尼纶20/2,里:10号棉	1895	180双层	80 (8)	130 (13)	230 (23)	310 (31)	390 (39)	480 (48)
2	天津5号双层棉袋φ180(筒)	维尼纶20/2	表:维尼纶20/2,里:10号棉	1580	140双层	60 (6)	80 (8)	120 (12)	130 (13)	230 (23)	230 (23)
3	粗单层尼毛袋φ180(筒)	维尼纶20/2	5W粗毛	1370	35	20 (2)	20 (2)	20 (2)	40 (4)	40 (4)	40 (4)
4	粗双层尼毛袋φ180(筒)	维尼纶20/2	双层5W粗毛	1370	98双层	30 (3)	40 (4)	50 (5)	60 (6)	70 (7)	70 (7)
5	细双层尼毛袋φ180(筒)	维尼纶20/2	双层8W粗毛	1370	112双层	10 (1)	20 (2)	25 (2.5)	25 (2.5)	25 (2.5)	30 (3)
6	工业滤气φ180(缝合)	棉	毛	1119	38.8	30 (3)	40 (4)	50 (5)	60 (6)	70 (7)	90 (9)
7	尼龙帆布φ180(缝合)	维尼纶	维尼纶	1295	42.8	910 (91)	1320 (132)	1820 (182)	2250 (225)	2830 (283)	—
8	毛毯厚层厚度=1.8~2.0mm	—	—	—	—	19.4 (1.94)	34.9 (3.49)	32.4 (3.24)	37.5 (3.75)	43.4 (4.34)	45 (4.5)
9	尼毛特2号φ180(筒)	维尼纶20/2	表:维尼纶20/2里:5W粗毛	927	136双层	12.7 (1.27)	20 (2.0)	23.8 (2.38)	31.5 (3.15)	32.2 (3.22)	30.1 (3.01)
10	尼棉特4Aφ180(筒)	维尼纶20/2	表:维尼纶20/2;里:棉6号面	1000	120双层	38.1 (3.81)	57 (5.7)	71.4 (7.14)	86.6 (8.66)	100.1 (10.01)	113.9 (11.39)

表6-6　ZX型袋式除尘器的技术性能

型号	滤袋有效面积/m²	袋数/个	室数/个	最大含尘浓度/g·m⁻³	过滤风速/m·min⁻¹	风量/m³·h⁻¹
ZX50-28	50	28	2	70~50	10~15	3000/4500
ZX75-42	75	42	3	70~50	10~15	4500/6750
ZX100-56	100	56	4	70~50	10~15	6000/9000
ZX125-70	125	70	5	70~50	10~15	7500/11200
ZX150-84	150	84	6	70~50	10~15	9000/13500
ZX175-98	175	98	7	70~50	10~15	10500/15700
ZX200-112	200	112	8	70~50	10~15	12000/18000
ZX225-126	225	126	9	70~50	10~15	13500/20250

从表中数值可以看出型号规格的意义,此种设备所用的滤袋标准直径为210mm,长度2820mm,过滤面积1.8m²,振打周期为6min,振打时间10s。

中部振打袋式除尘器的工作原理(见图6-14)是:过滤室1,根据除尘器的规格不同,分成2~9个分室,每个分室内挂有14个滤袋2,含尘气体由进风口3进入,经过隔风板4,分别进入各室的滤袋中,气体经过滤袋以后,通过排气管5排出,排气时,排气管闸板6打开,回风管闸板7关闭。气体的流动是靠排风机抽吸作用。滤袋上口悬挂在挂袋铁架8上,滤袋下口固定在花板9上,顶部的振打装置10,通过摇杆11打棒12与框架13相连接。

含尘气体经过滤以后,气体中的粉尘大部分吸附在滤袋的内壁上,有一小部分粉尘滞留在滤袋纤维缝中,根据一定的振打周期,振打装置的拉杆将排气管5的闸板关闭、回风管14的闸板打开,同时摇杆通过打棒12带动框架前后摇动,滤袋随着框架的摇动而摇动,袋上附着粉尘随之脱落,同时由于回风管14的闸板打开后,回风管有一部分回风,还能将滤袋纤维缝内滞留的粉尘吹出,一起落入下部的集尘斗中,由螺旋输送机15和分格轮16送走。

各室的滤袋是轮流振打的,即在其中的一室振打清灰时,含尘气体通过其他各室。因此每室的滤袋虽然间歇地清理,但整个收尘器却在连续地工作。

电热器17是在气温低或湿度大时使用。

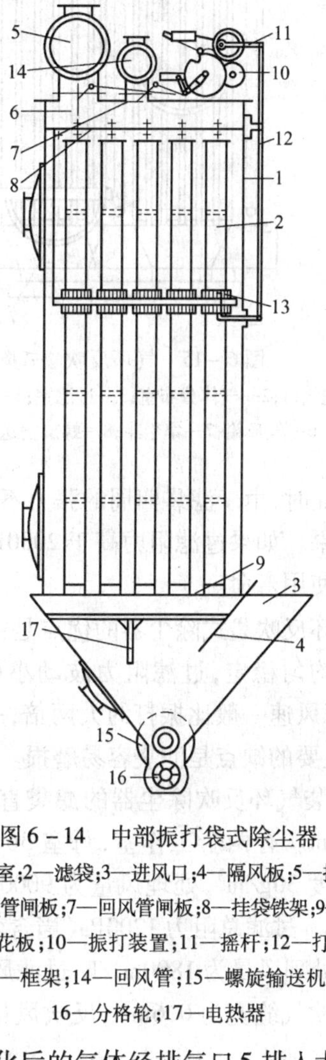

(2)气环反吹袋式除尘器(见图6-15)。含尘气体由上部进风口1进入除尘器顶部的气

图6-14　中部振打袋式除尘器
1—过滤室;2—滤袋;3—进风口;4—隔风板;5—排气管;
6—排气管闸板;7—回风管闸板;8—挂袋铁架;9—滤袋
下口花板;10—振打装置;11—摇杆;12—打棒;
13—框架;14—回风管;15—螺旋输送机;
16—分格轮;17—电热器

体分布室2,然后气体被分布到过滤室3的滤袋4内,净化后的气体经排气口5排入大气中。

吸附在滤袋内壁和滤袋纤维间的粉尘被气环箱6喷出的高速空气吹落在集尘斗7中,由螺旋输送机8送走。气环箱由胶管9与气源相连接,可沿着滤袋上下移动,当它从上向下移动一次后,滤袋上的积灰即被清除,也就是完成一次清灰过程。

图6-16示出气环2吹风的情形,当气环从上向下移动时,环缝吹出的气流吹落粉尘,形成干净的滤袋1。

气环的吹风速度和风量以及气环的移动速度是根据经验设计的。对于轻粉尘如煤炭、焦粉等,气环箱的移动速度为6m/min左右:对于密度较大的粉尘,气环箱的移动速度可以增加到13~15m/min,气环吹气缝宽度一般为0.5~0.6mm,反吹量为处理风量的8%~10%。

气环反吹滤袋的过滤阻力应在2000Pa以下,经常选用为760~1270Pa,当过滤阻力小于

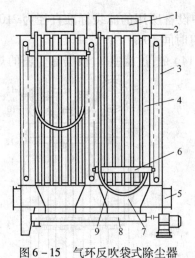

图 6 – 15　气环反吹袋式除尘器
1—进气口;2—气体分布室;3—过滤室;4—滤袋;5—排气口;
6—气环箱;7—集尘斗;8—螺旋输送机;9—胶管

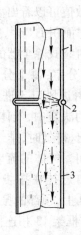

图 6 – 16　气环吹风示意图
1—干净滤袋;2—气环;3—附尘滤袋

于250Pa时,由于滤袋四周的张力不够,滤袋就不可能充分鼓起来紧靠吹气环,就会降低清灰的效果。如果过滤阻力高于2000Pa,则滤袋受到的张力过大,加上气环移动时的摩擦,影响滤袋使用寿命。

气环反吹袋式除尘器的优点是:(1)工作时气流比较均匀稳定,过滤阻力波动小(2)清灰效果好,过滤风速一般比振打约大两倍,所以除尘器体积小,主要的缺点是滤袋容易磨损。

72袋气环反吹除尘器的滤袋直径为120mm,长3.06m。有两个工作室,每室36个滤袋,允许含尘浓度30g/m^3,处理风量为9000m^3/h,过滤风速2m/s。过滤总阻力1200Pa(当含尘浓度为15g/m^3时,处理风量为1800m^3/h,过滤风速为4m/s),气环的吹气缝宽为0.6mm,反吹风量约为4000～6000Pa。

(3)脉冲袋式除尘器。脉冲袋式除尘器如图6 – 17所示,其工作过程为:含尘气体由进风口1进入过滤室2,过滤室内挂有滤袋3,滤袋罩在骨架4上,滤袋及骨架又固定在文氏管(喇叭管)5上,在每排滤袋上都有一根直径为20mm的喷射管8,喷射管上开有与滤袋数目相同、直径为6.4mm的喷孔,孔中心正对文氏管中心,在图中可以看见其中一根喷管和它的喷孔正对着一排滤袋,在喷射管的进气一端装有与压缩空气相连的脉冲阀10、脉冲阀与气包9相连接。控制仪12不

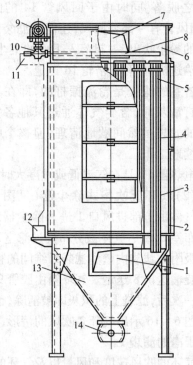

图 6 – 17　脉冲袋式除尘器
1—进风口;2—过滤室;3—滤袋;4—骨架;5—文氏管;
6—排气室;7—排风管;8—喷射管;9—气包;
10—脉冲阀;11—控制阀;12—控制仪;
13—集尘斗;14—螺旋输送机

断发生短促的脉冲信号,通过控制阀11有程序地控制各脉冲阀开闭,当脉冲阀10开启时,压缩空气由气包通过喷射管,并以高速从喷孔射入文氏管,产生一个相当于喷射气流体积5~7倍的诱导气流,经过文氏管进入袋内,使袋紧急膨胀,引起冲击振动,并且使气流从与过滤相反的方向往外冲击,使吸附在袋外及纤维缝间的粉尘吹落下来,并落入集尘斗13中,经螺旋输送器14排出。净化后的气体,从上部排气室6经排风管7和排风机送入大气中。

图6-17中脉冲阀的构造如图6-18所示,它的进气管1与高压包相通,一端出气管2接喷射管。由波纹膜片5将进气、出气管与背压室3隔开,进气管1和背压室3之间有一节流小孔道7连通。背压室3又与控制阀8相连通。活动挡板6靠弹簧力压着膜片盖住出气管入口。

当控制阀8关闭时,高压空气由进气管进入气室4,又经节流孔道7进入背压室,使膜片5两面都受到高压空气作用。由于这时出气管2内没有压力,所以背压室对膜片的总压力大于气室4内对膜片的总压力,加上弹簧的压力,使波纹膜片紧紧盖住出气管2的入口,所以高压空气不能进入。

当控制阀8得到图6-18中控制仪12的输出信号时,控制阀8被开启,背压室3与大气相通。由控制阀8所开启的通道阻力很小(大孔口),而节流通道7很细,所以虽然这时7仍旧连通,但高压空气通过细孔7流动时的压降很大,而背压下降到接近大气压,而膜片另侧的气室4中仍是进气管中的高压,于是膜片5被高压空气向右推动,克服弹簧压力,使出气管2的入口被打开,随后高压空气进入出气管,经由喷射管的喷孔喷出。

控制阀8的种类很多,有电磁阀,气动阀,或由凸轮控制的机控阀三种,电磁阀可由控制仪的电脉冲来控制,气动控制阀则由气动信号控制(例如从气动分配传来的气动信号)。

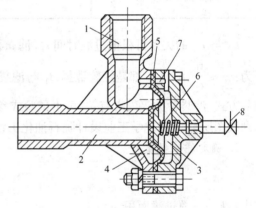

图6-18　脉冲阀构造

1—进气管;2—出气管;3—背压室;4—气室;5—波纹膜片;
6—活动挡板;7—节流通道;8—控制阀

三、袋式除尘器过滤性能的计算

1. 确定过滤面积。

过滤面积 F 是指全部滤袋的有效总过滤面积,可由下式计算

$$F = F_1 + F_2 = \frac{V_1 + V_2}{v} + F_2 \qquad (6-50)$$

式中　F——总过滤面积,m^2;

　　　F_1——滤袋工作部分的过滤面积,m^2;

　　　F_2——滤袋清灰部分的过滤面积,m^2;

　　　V_1——设备通风量,m^3/min;

　　　V_2——系统漏风量,m^3/min,一般为设备通风量的35%~40%;

　　　v——过滤风速,m/min。

当给产生粉尘的设备安装吸风罩以后,由于抽风集尘,必定有一部分含尘气流来源于该设备的各部空隙,这股风量称为设备通风量 V_1。由于吸风罩不可能全密封的,必有一部分漏风量通入系统,或各管接头,风门等处的漏风,统称为系统漏风量 V_2。

设备通风量多为一些经验数据,例如颚式破碎机 $V_1 = 8000 \sim 15000\text{m}^3/\text{h}$,含尘浓度有 $30 \sim 40\text{g}/\text{m}^3$,这个数据反映了含尘气的数量与性质,有时还记下粒度分布。

过滤风速 v 与清灰方式和含尘浓度有关,表 6-7 列出经验数据:

表 6-7　过滤风速与清灰方式和含尘浓度的关系

清灰方式	含尘浓度/g·m^{-3}	过滤风速 v/m·min^{-1}
中部振打袋式除尘器	70~50	2~1.5
气环反吹袋式除尘器	15~40	2~4
脉冲袋式除尘器	3~5	3~4
玻璃纤维布袋除尘器	小于100	0.3~0.9

F_2 与 F_1 的关系可根据过滤时间 t_1(滤布再生间隙时间)及清灰时间 t_2 进行计算,其关系为: $\dfrac{F_1}{F_2} \le \dfrac{t_1}{t_2}$,$t_1$ 及 t_2 都是经验数据,t_1 与滤袋种类、含尘浓度、过滤风速等因素有关,t_2 和清灰方式、滤袋种类等因素有关,可由试验或参考其他种类样机确定。也可从《气体除尘技术列线图册》(上海化学工业设计院石油化工设备设计建设组)查找 t_1。

2. 确定滤袋数量 n

$$n = \frac{F}{f} \tag{6-51}$$

式中　F——总过滤面积,m^2;

　　　f——每个滤袋的过滤面积,m^2,中部振打的滤袋 $f = 1.8\text{m}^2$,脉冲式 $f = 0.75\text{m}^2$(气环反吹式 $f = 1.15\text{m}^2$)。

3. 除尘器总压降 Δp

除尘器的总压降包括过滤引起的压降 Δp_1 及机体(管、室等)的压降 Δp_2。

$$\Delta p = \Delta p_1 + \Delta p_2 \tag{6-52}$$

过滤压降与滤布性质、滤袋吸尘量、气体含尘浓度、过滤风速、清灰周期等多种因素有关。准确数据应通过实际测定。一般用查表法估计,在查表前需先算出滤袋的滤尘量 $G(\text{g}/\text{m}^2)$:

$$G = \rho v T \tag{6-53}$$

式中　ρ——气体含尘浓度,g/m^3;

　　　v——过滤风速,m/min;

　　　T——滤袋清灰周期,min。

根据滤尘量 G 及过滤风速,可由表 6-8 查出过滤压降。

4. 选择风机

根据 v_1 及 v_2 就可知道所需风量(漏气量约占总风量的 25%)知道了除尘器及管道的压降,就可确定风机的风压,根据风量、风压等参数去选择风机。

表6-8　过滤压降 Δp

过滤风速 v /m·min^{-1}	滤袋滤尘量 C/g·m^{-2}					
	100	200	300	400	500	600
	滤袋引起的压降 Δp/Pa(mm 水柱)					
0.5	300(30)	360(36)	410(41)	460(46)	500(50)	540(54)
1.0	370(37)	460(46)	520(52)	580(58)	630(63)	690(69)
1.5	450(45)	530(53)	610(61)	680(68)	750(75)	820(82)
2.0	520(52)	620(62)	710(71)	790(79)	880(88)	970(97)
2.5	590(59)	700(70)	810(81)	900(90)	1000(100)	—
3.0	650(65)	770(77)	900(90)	1000(100)	—	—

第五节　电除尘器

电除尘器是一种性能优良的除尘器,它有如下特点:

(1)除尘效率高。对 $1\mu m$ 细粉尘可达到90%以上;

(2)能量消耗少。处理 $100m^3$ 气体的能量消耗为 $0.1\sim0.8kW\cdot h$,流体阻力也比较低,正常情况下不超过 $30\sim150Pa$;

(3)可以处理高温气体;

(4)操作过程可以达到完全自动化。

但电除尘器存在消耗金属量大,需要电压 $(35\sim70)kV$ 的直流电,价贵及较高的管理技术水平。

一、电除尘器的原理

假设在两个金属导板上,接以电流。因导板间有空气,电流不能通过,但当电压逐渐增加,使两极间的空气发生电离作用(气体分子电离成带正电或负电的离子)时,空气开始导电。随着电压的增加,气体的离子化程度加大,通过的电流越大。当电压加大至某一程度,产生的离子数激增则电流迅速增大,超过某一临界值便产生火花,其电流强度和电压的关系如图6-19所示。

图6-19 中 a 点为开始电离点,ab 为碰撞电离阶段,产生无声放电,bc 为电晕放电,达到 c 点以上则为火花放电,此时电压便为击穿电压。

在电除尘器操作时,不希望产生火花放电,仅要电晕放电即可,因为火花放电时电能消耗剧增。如图6-19所示的电流与电压的关系并不是固定不变的,它与两极间距离有关。因此,要正确的表达这种关系,是利用电场强度这一概念。电场强度即为单

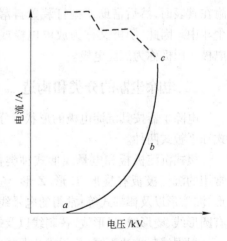

图6-19　通过气体的电流强度与气体空间两极间电压的关系

位长度上电压的变化。产生不同的放电时,其电场强度数值均不相同。

在前述的平板电场中放电时,其空气空间各点的电场强度是相同的,也就是所谓的均匀电场。这样对电除尘是不利的,在电除尘器中,希望形成不均匀电场,因此电极的形状作成如图6-20所示,图6-20a为管状电极,即在圆管中有一导线,各构成一极。图6-20b为板状电极。以管状电极为例,在各点的电场强度可以用以下式表示:

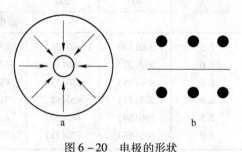

$$E_x = \frac{U}{x\ln\dfrac{R}{r}} \qquad (6-54)$$

图6-20　电极的形状
a—管状电极;b—板状电板

式中　E_x——在 x 处的电场强度,kV/cm;

x——从中心向外算起的距离,cm;

R——外管内半径,cm;

r——导线的半径,cm;

U——两极间电位,kV。

从式(6-54)可以看出,导线与管之间各点的电场强度是不相同的,越接近导线其电场强度越大。因此就有可能加大电压至适当的数值,使靠近中心导线处产生电晕放电,而在远离导线靠近管壁处是一层绝缘层,这样就对除尘创造了极有利的条件。

图6-21所示为电除尘器的工作原理。在高压电场作用下,阴极不断发出电子,在两极间产生电晕放电现象,使在电极通过的气体发生电离,与粉尘颗粒相碰撞而使其带电。这些带负荷的尘粒在电场力作用下趋向阳极,与阳极接触后失去电荷成为中性粒子黏附在其表面,然后借助于振打装置抖落至集尘斗中。因此,阴极又称为放电电极或电晕电极。阳极称为沉淀电极。

二、电除尘器的分类和构造

电除尘器按其沉淀电极的形状可分为管式和平板式两种。

板式沉淀极板和电晕线形式种类很多。常用的沉淀极板有袋形、C形、Z形、鱼鳞板形、波浪形以及棒帷式等;常用的电晕线形式有圆形线、菱形线、星形线、芒刺线以及螺旋线等。

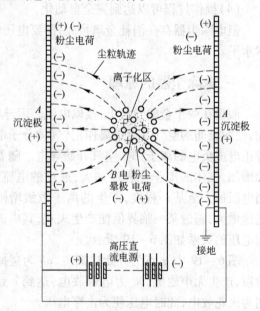

图6-21　电除尘器的工作原理图

根据清灰方法不同,分干式和湿式两种。黏附于沉淀极上的粉末连续用水冲走的称为湿式电除尘器,其效率可达到99%以上;黏附于沉淀极上的粉尘用振打装置定期抖动或敲打极板使其脱落的称为干式电除尘器。

按照气流的运动方向分立式或卧式两种。

含尘气体水平通过电场的称卧式电除尘器。如图6-22所示。

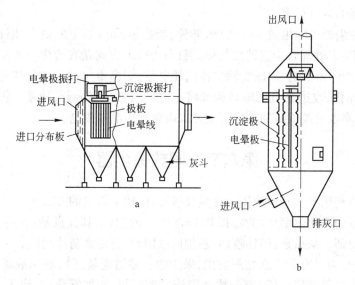

图6-22　电除尘器结构简图

a—卧式电除尘器;b—立式电除尘器

卧式电除尘器可根据需要分为几个室(一般为两个)和几个供电电压不同的区域,前者叫除尘室,后者叫电场。图6-22a为二室三电场卧式除尘器的简图。卧式电除尘器的特点是可根据粉尘性质和净化要求,增加电场数量,同时可根据处理气体增加粉尘室数量,每个电场可供不同的电压,以便获得更高的净化效率。现在干式卧式电除尘器已系列化设计,定型生产。

含尘气体由下部进入,垂直向上经过电场的,称为立式电除尘器,如图6-22b所示。由于电场力竖向布置,气流方向与粉尘自然沉降方向相反,净化效率差,高度较高,安装及维修不便;且常在正压下操作,风机在除尘器前面磨损严重,故近年来很少采用。

电除尘器电场中的风速一般采用0.4~1.5m/s,最高达2m/s。根据净化要求和极板型式等各种因素确定。

电除尘器的允许进口气体含尘浓度为$40g/m^3$,除尘器内为负压,一般低于大气压3000Pa。

电除尘器的压力损失很小,一般不超过200Pa,运行费用较低,在经济上还是合算的。

影响电除尘器净化效率的因素很多,气体的参数(如温度,湿度、流速)。粉尘性质(浓度、分散度、黏性及比电阻等)、结构形式以及操作条件(尤其是电压、比电流值、电极干净程度、气体压力、卸尘状况等)都直接影响净化结果。其中气体参数(温度、湿度)和粉尘性质是设计和使用电除尘器的主要因素。因此在选择除尘设备时必须掌握这方面的特征。粉尘性质中粉尘的比电阻可看作能否用电除尘器来除尘的条件。粉尘的比电阻是一种导电性能,在$10^4\Omega\cdot cm$以上者导电性好,荷电粒子与沉淀极接触时立即放出电荷,同时获得与沉淀极相同的电荷,受到同性电荷的排斥而脱离沉淀极表面,返回到气流中。比电阻在$10^{10}\Omega\cdot cm$以上者,附着沉淀极上的粉尘放电过于缓慢,使粉尘积越来越多,覆盖成层,产生所谓反电晕现象,恶化电除尘的操作。此电阻在$(10^4 \sim 10^{10})\Omega \cdot cm$的粉尘,基本能正常地为电除尘器所捕集。粉尘比电阻与温度、湿度有密切关系。因此在处理高比电阻粉尘时,可预湿含尘气体来改善电除尘器的运行情况。

先进的电除尘器的除尘效率可达99.99%,能捕集$1\mu m$以下的微尘,能在500℃高温及$20 \times 1.01 \times 10^5 Pa$下处理含尘腐蚀性气体。目前研究的方向是在含尘气流中加入少量添加剂,如含钠或含锂的添加剂,以减少除尘器的耗电量;对高电阻的含尘气体运用空调技术使电除尘能很好操作,改进集电极的结构或将荷电室与除尘室分开,使集尘操作处于最佳条件,提高集尘效率以及探索新的粉尘荷电方式避免高压电晕放电。

第六节　湿式除尘器

湿式除尘是利用水或其他液体与含尘气接触;以捕集粉尘的方法。

湿式除尘器的净化效率高,能除掉$0.1\mu m$以下的尘粒,其优点是:容易捕集微小粉尘,在除尘同时也冷却。缺点是:消耗液体,粉尘回收困难,有防腐防冷问题。

在除尘器中,为了充分用水黏附粉尘,采用的一些措施是:(1)利用液滴、液膜与粉尘之间的惯性碰撞而黏附捕集。(2)充分增加附液的表面积,例如雾化、吹泡等。(3)充分缩小粉尘与液相的间距。(4)增湿引起粒子凝集作用,例如粉尘在蒸汽中吸湿形成水滴的核心,这种湿粉尘惯性大,黏附力强。

以上措施中,以惯性碰撞黏附作用最大,湿法除尘器设备通常造价较低,而净化效率高,但洗涤液消耗量大,否则黏附堵塞。对于憎水性粉尘用廉价的水作洗涤液效果差,须使用界面活性剂,因此增加了费用。

湿法除尘器根据其结构原理,大致可分为以下几种基本类型,实际上还有它们的组合类型,种类繁多,现在介绍其中的几种。

一、喷淋洗涤除尘器(图6-23)

利用雨后空气清新的道理,使含尘气流通过设备内部的人造雨雾区域,达到洗涤的目的,根据喷淋的方向、含尘气流的流动方向又可以分为不同类型。此法中水滴靠重力沉降,风速一般不大于$1 \sim 2m/s$,以免把水吹走。由于相对速度低和水滴间距大,此种除尘器只用于捕集$5\mu m$以上的大颗粒粉尘。突出的优点是结构简单、阻力小,因为内腔没有装填料,又称为空塔洗涤器。

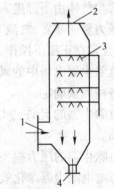

图6-23　喷淋洗涤除尘器
1—含尘气体进口;2—净化气体;
3—喷嘴;4—污水出口

二、填料洗涤除尘器(图6-24)

填料洗涤器比空塔洗涤器提高净化效率,风速可达$2 \sim 3m/s$,但不超过$4m/s$。压降决定于填料情况,一般为$200 \sim 400Pa$。当填料空隙度小,层厚时,净化效率高,但压降也大。填料可用陶瓷、塑料、玻璃、砾石等材料制成的环、球等。

三、旋风水膜除尘器

此法基本上是旋风除尘器用水冲洗内壁,有立式(图6-25)与卧式(图6-26)两种。进口风速取 15~23m/s,速度过高,阻力激增,而且还可能破坏水膜层出现严重的出风带水现象,除尘器的筒长度对净化效率影响较大,立式的一般高度不小于5倍筒径。其净化效率一般可达到90%~95%。

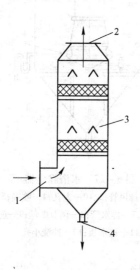

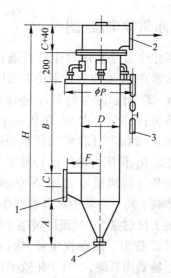

图6-24　填料洗涤除尘器　　　　　　　图6-25　立旋风水膜除尘器

1—含尘气体进口;2—净化气体;3—喷嘴;4—污水出口　　1—含尘气体进口;2—净化气体出口;3—进水口;4—污水排出口

图6-26中的卧式旋风膜除尘器,利用气流冲击,使集尘水箱的水面扬起,在筒内形成3~5mm厚的水膜,黏附的粉尘被水膜带入集尘水箱中,其净化效率可达90%。

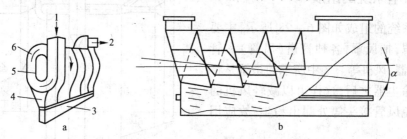

图6-26　卧式旋风水膜除尘器及安装

a—外形;b—切面

1—含尘气体进口;2—净化气体出口;3—集尘水箱;4—供水口;5—内筒壁;6—外筒壁

当水位一定时,有一个形成水膜的最低风速。在固定空气流量的条件下,水位影响内部的通风断面积,影响内部的风速,对水膜的形成情况发生影响,不可忽视。国内经验,以内筒与水面的距离为 80~150mm,螺旋通道内断面风速为 8~18m/s 效率较好。

卧式的断面有倒置卵形,椭圆形和圆形三种,以倒置卵形的净化效率较好,但压降也较大。

为了使卧式旋风水膜除尘器各段螺旋通风道的风速适当,使各段的水膜形成情况良好,则在采用等螺距螺旋内筒时,应使卧式旋风水膜除尘器倾斜安装,即进风口的一端略低,因为在运动时风速作用下,内部各段的水面会如图所示的阶梯形,这样就可控制各段的通风断面,要求在运动时各断面面积相等。

四、水浴除尘器(图6-27)

水浴除尘器是利用含尘气流通过水层形成泡沫水花,从而起到黏附粉尘的作用。

图6-27所示除尘器其净化效率与以下因素有关:(1)气速愈大,净化效率高,一般气速在8~24m/s;(2)喷嘴插水面的深度愈大愈能净化,但阻力增加;(3)喷嘴与水面接触的周长 S 同风量 Q 之比, S/Q 愈大,净化效率愈高。所以在图中可以看到在喷嘴4的下面装了反射盘5。气流经过挡水板1后由排风管2排出。此种收尘器,构造简单、造价和运输费用低廉,一般净化效率均可达到80%~95%。

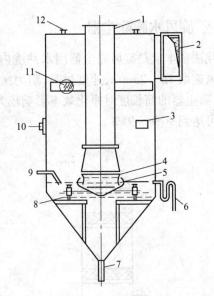

图6-27　水浴除尘器

1—进气管;2—排风管;3、10—人孔;4—喷嘴;5—反射盘;6—溢流管;7—排水管;8—调节螺丝;9—进水管;11—挡水板;12—冲洗小孔

第七节　除尘系统简介

一、除尘系统的组成

除尘系统的组成如图6-28所示,主要有密闭封罩,抽风罩,各种管道(风管)和管接头,除尘器,风机等。图中所示的系统是将风机放在除尘器之后,这样可以减轻风机的磨损和避免风管接头等处漏出粉尘,故应用较多。

密闭罩的作用是将散尘处密闭起来,目前国内使用的密闭形式有三种:(1)局部密闭即在设备尘源安装密闭罩,就地排除粉尘;(2)整体密闭——除传动装置外,将尘源设备全部封闭在罩内,一般在罩上留有观察孔和操作门;(3)密闭室将尘源设备全部封闭在小室内,操作人员可以随时进入室内检修,大修时必须拆去密闭室。前两种形式的密闭罩的结构与尘源设备的结构关系较大,图6-29、图6-30和图6-31的三种设备的密闭罩,

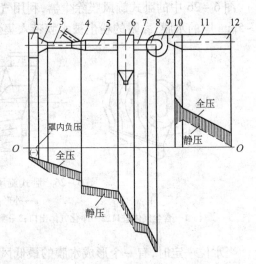

图6-28　机械除尘器系统管网压力的分布

1—密闭罩;2—抽风罩;3、5、7—吸入段;4—三通管;6—除尘器;8—弯管;9—通风机;10—异径管;11—排出段;12—空气出口

依次为局部密闭、整体密闭和密闭室。

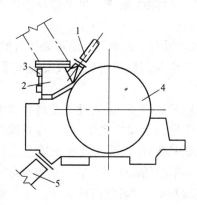

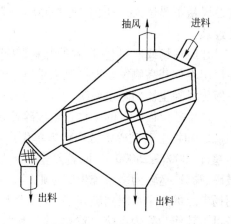

图6-29　颚式破碎机的密闭罩和抽风机

1—抽风罩;2—外壳;3—观察孔;4—飞轮保护罩;5—排料溜槽

图6-30　振动筛密闭罩

　　抽风罩是将风管与密闭罩联系起来的接头,其形状和位置对除尘性能有影响,正确地确定抽风罩的位置和形式能够减少抽出空气中的含尘量而又能保持密闭罩内均匀的负压,并可使抽风量为最小,抽风罩一般装在密闭罩的上部可使抽风量最小,并适当远离粉尘散落处。图6-32示抽风罩安装位置的比较。

二、除尘系统的划分

　　无机非金属材料厂产生或扬起粉尘的地方很多,可以在粉尘产生或扬起处单独设置除尘器进行局部处理,也可以把多个扬尘点抽风共用一级或两级除尘处理,组成一个除尘系统。

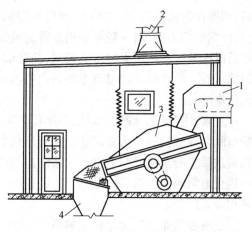

图6-31　振动筛的密闭室

1—进料管;2—抽风罩;3—密闭罩;4—下料口

一般划分除尘系统应考虑:(1)除尘抽风点应尽量靠近,管道应尽量短,以便减少管道阻力。

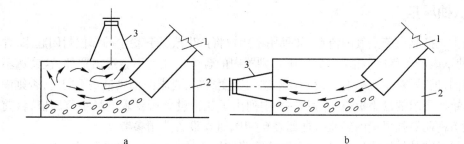

图6-32　抽风罩的位置

a—位置正确;b—位置不正确

1—溜槽;2—密闭罩;3—抽风罩

（2）除尘系统内除尘风量要相对稳定,除尘风量不稳定将降低除尘效率。（3）除尘系统的除尘总风量不要过大,一般不超过 20000～25000m³/h。（4）除尘系统应尽可能与生产设备进行连锁。

在原料场或原料仓,原料的卸料、转仓、预碎、输送均可产生粉尘,一般可采用自然通风,在厂房上部开高侧窗及设排风机排风。最好是在预碎机和运输机进出料口安装风罩,采用一级旋风除尘器的除尘系统。

产生粉尘最严重的工作点是破碎设备、筛分设备、磨粉设备,运输设备及料仓和配料阀门(放料时)。若破碎筛分运输为单生产系统时,可作为一个除尘系统,但一般总除尘风量不超过 20000～25000m³/h,若除尘总风量超过 25000m³/h,可设两个或多个除尘系统。若破碎、筛分、运输为多系统生产时则每个生产系统为一单独的除尘系统。一般料仓和配料阀门扬尘点的除尘可附到破碎,筛分除尘系统中,但不放料时,抽风罩门应关闭。对于磨粉设备可单独作为除尘系统。破碎,筛分和磨粉的除尘系统,一般应设置两级除尘。第一级采用旋风除尘器,第二级采用袋式除尘器。除尘系统应尽可能与生产设备进行连锁。

对于炭素厂混捏和压型除产生粉尘外,还有沥青烟气,混捏中,配料料斗往混捏锅里加料,到搅拌时散发灰尘。2000L/台的混捏锅,每锅的料从加料到搅拌完毕要跑掉 20～30kg料,所跑的均为细粉,一般可采用多管旋风除尘器,所收集的粉尘应返回混捏锅中去。加沥青后混捏及凉料产生大量沥青烟气,沥青烟气最好采用静电除尘或湿式除尘,不要与粉尘共用除尘器。沥青熔化和浸渍主要是产生沥青烟气,可采用静电除尘或湿式除尘,还可采用排风机排风。

炭素、电炭厂的煅烧、焙烧,石墨化车间,有害物主要是沥青烟气和一氧化碳气体,也以静电除尘或湿式除尘为宜。焙烧和石墨化装出炉时将产生大量的粉尘,可以由旋风除尘器和袋式除尘器组成的移动式除尘系统进行局部抽风除尘,或用排风机排风。焙烧填充料和石墨化电阻料及保温料的处理产生的粉尘,可分别作一除尘系统,可采用一级旋风除尘器后采用袋式除尘。

机械加工是产生大量粉尘的场所,除尘系统数量应依据机床的种类和台数,确定总除尘风量后再作决定。一般,同一流水生产线上设备的粉尘除尘为一个除尘系统,一般采用两级除尘,第一级为旋风除尘,第二级为袋式除尘。

实验室各粉尘点可统一作为一个除尘系统,可采用一级多管旋风除尘器除尘。

三、抽风量

粉尘飞扬是由于空气的流动,如果用密闭罩将产生或扬起粉尘的部位封闭起来,并对它抽气,使罩内产生负压(相对于大气压),则罩内的含尘气流就不会逸出罩外,这就达不到除尘的目的,但是,对于各种散尘设备及不同的密度封罩,要求的抽风量是不同的,否则满足不了密闭罩所要求的最小负压,在表 6－9 中列出了几种设备所要求的最小负压值,目前对于常用设备密闭罩抽风量的经验数据如表 6－10,可作设备选用参考。

抽风系统的抽风罩形状、尺寸和风管管路结构及计算可参考除尘手册。

四、炭素厂污染物排放标准

（1）粉尘及烟气排放标准。

表6-9 常用设备密闭罩所需的最小负压值

设 备 名 称	密 闭 方 式	最小值 Δp/Pa(mmH$_2$O)
胶带输送机	局部密闭上部罩	5(0.5)
	下部罩;整体密闭	8(0.8);5(0.5)
振动筛	局部密闭;整体密闭与密闭室	1.5(0.15);1.0(0.10)
颚式破碎机	上部罩;下部罩(胶带机)	2.0(0.20);8.0(0.80)
圆盘给料机	上部局部密闭;下部密闭室	6(0.6);8(0.8)
电振给料机	给料机与受料机整体密闭; 与受料胶带机整体密闭	2.5(0.25);2.5(0.25)

表6-10 常用设备的抽风量

设备名称或规格		抽风量 /m^3·h^{-1}	设备名称或规格		抽风量 /m^3·h^{-1}
颚式破碎机	250×400 及以下者	1000~1200	振动筛		2000~2500
	400×600 及以下者	1200~1800	回转筛或圆筒筛		2000~2200
对辊破碎机	ϕ300 及以下者	1000~1200	混捏锅	1200 立升及已上	1000~1500
	ϕ400 及以下者	1500~1600		800 立升及已下	800~1000
狼牙破碎机		1500~1600	沥青溶化槽		1500~1600
雷蒙磨	3R	3000~6000	回转窑排料口		20000~22000
	4R	5000~6000	罐式炉排料口		1000~1200
	5R	8000~10000	给料机	圆盘式	600~800
带筛球磨机		2000~2500		槽式	900~1000
挤压机圆盘凉料台	2500T	25000~30000		电磁振动式	1000~1200
	2000T	20000~25000	料仓	上	500~600
	1500T	18000~20000		下	500~600
	1000T	15000~18000	C630	车外圆	4000~4500
浸渍罐	卧式	7000~8000		车内孔;车螺纹	3500~3600
	立式	20000~25000	C620 车接头		3000~3500
斗式提升机	上部	600~800	电极加工组合机床		6000~7000
	下部	900~1000	牛头刨床		2500~2800
螺旋输送机		500~600	炭块铣槽床		3000~3200
皮带运输机	水平 B=500mm	1000~1200	龙门刨床		8000~10000
	移动式	1200~1500	钻床		500~600
反击式破碎机	1000×700 及以下	1800~2200	砂轮机		800~900
	1000×700 及以上	2200~2520	实验室:分样台		800~1000
锤式破碎机	600×400 及以下	1300~1600	化验分析橱		1500~2000
	600×400 及以上	1800~2000	磨块用砂轮机		1000~1200
风动球磨机	ϕ1.5m 及以下者	3000~3500	捣料机		1000~1100
	ϕ1.5m 及以上者	3500~5000	马弗炉		1200~1500
			焙烧炉		2400~2600

粉尘及烟气排放标准如下：

粉尘	不大于	$150mg/m^3$
沥青烟尘：	不大于	$50mg/m^3$
二氧化硫：　45m 高烟囱	不大于	$91g/h$
60m 高烟囱	不大于	$140g/h$
80m 高烟囱	不大于	$230g/h$
一氧化碳：　30m 高烟囱	不大于	$160g/h$
60m 高烟囱	不大于	$620g/h$
一般烟尘净化后排放标准：	不大于	$150mg/m^3$
通风除尘设备粉尘排放标准：	不大于	$150mg/m^3$
工业锅炉烟尘最大允许浓度：	不大于	$400mg/m^3$

（2）生产现场空气中有害物含量允许浓度。

生产现场空气中有害物含量允许浓度：	不大于	$10mg/m^3$
生产现场粉末状沥青最高允许浓度：	不大于	$1mg/m^3$

生产现场含有 10% 以上的游离二氧化硅的粉尘量

高允许浓度：	不大于	$2mg/m^3$
生产现场一氧化碳最高允许浓度：	不大于	$30mg/m^3$
生产现场沥青烟尘最高允许浓度：	不大于	$5mg/m^3$
生产现场二氧化硫最高允许浓度：	不大于	$15mg/m^3$
生产现场氯气最高允许浓度：	不大于（生产高纯石墨时）	$1mg/m^3$
生产现场氟气最高允许浓度：	不大于（生产高纯石墨时）	$1mg/m^3$

（3）生产现场环境噪声标准。

生产现场环境噪声标准不得超过 115dB。

接触噪声时间见表 6 – 11。

表 6 – 11　接触噪声时间

每个工作日接触噪声时间/h		允许接触噪声强度/dB
每个工作日接触噪声时间/h	不大于 8	90
	不大于 4	93
	不大于 2	96
	不大于 1	99
生产现场经常性噪声		85

（4）废水排放标准。

废水排放标准如下：

pH 值：		6 ~ 9
悬浮物：	不大于	$300mg/L$
挥发性酚：	不大于	$200mg/L$
挥发物：	不大于	$0.5mg/L$

硫化物：	不大于	1.0mg/L
油 类：	不大于	10mg/L

第八节 风 机

一、气体输送机械的分类与离心通风机的分类

(一)气体输送机械的分类

在磨粉和除尘及某些控制系统中,需要把气体进行输送,在气体输送中,因用途不同,而气体压力也不同,按产生压力的高低,可把气体输送机构分为通风机、鼓风机和压缩机。

(1)通风机。产生的压力小于或等于15kPa。有时把压力低于或等于100Pa的通风机,称为风扇。

(2)鼓风机。产生的压力大于15kPa到0.35MPa。

(3)压缩机。产生的压力大于0.35MPa时,称为压缩机。

按作用原理不同,可把气体输送机械分为透平式和容积式两大类。其详细分类如下:

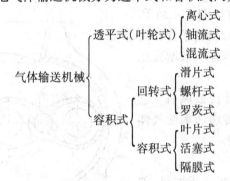

1. 透平式

透平式气体输送机械是一种叶轮旋转式机械。它利用叶轮把原动机的机械能传给气体,从而提高气体的压力。透平式机械可分为离心式、轴流式和混流式三种。

离心式——安装在机壳内的叶轮被原动机带动旋转时,由于叶片与气体之间的相互作用,把原动机输出的能量,通过叶片传给气体。当气体获得的能量足以克服输送管道的阻力时,叶道间的气体就从叶轮沿辐向流入机壳,经出风口排出。这种机械称为辐流式,但在习惯上称为离心式。

轴流式——安装在圆筒形机壳内的叶轮旋转时,叶片将能量传给气体,使气体沿轴向流动,然后经机壳出口流出。

混流式——气体在叶道内既有轴向流动,又有径向流动。它介于离心式和轴流式之间。

2. 回转式

回转式气体输送机械工作时,借助于汽缸内作旋转运动的一个或多个转子,使气体容积减小,以达到提高压力的目的。目前应用较广的有滑片式、螺杆式和罗茨式三种。

滑片式压缩机的结构如图6-33所示。是一个具有多槽的偏心转子安装在圆形筒内,随着转子旋转,槽内的滑片沿径向滑动,使小室内气体的容积减小,以达到增高压力的目的。

　　螺杆式压缩机的结构如图6－34所示。在8字形机壳内有一个阳转子和一个阴转子。两个转子作相反方向旋转时,使转子凹槽与汽缸内壁所构成的容积不断减小,以提高气体的压力。

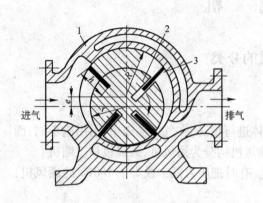

图6－33　滑片式压缩机示意图
1—机体(又称气缸);2—转子;3—滑片

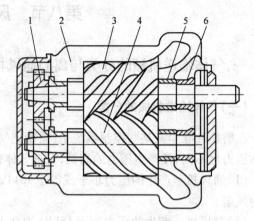

图6－34　螺杆式压缩机示意图
1—同步齿轮;2—气缸;3—阳转子;4—阴转子;5—轴密封;6—轴承

　　罗茨式鼓风机的结构如图6－35所示。它是靠两个两叶或三叶的转子作相反方向旋转,以达到减小气体容积来增高压力的目的的。

　　除上述三种外,还有叶氏鼓风机。它具有两个转子,一个专供传递功率使气体压缩,另一个则作隔板之用。

3. 往复式

　　往复式压缩机又称活塞式压缩机,如图6－36所示。它主要由汽缸和活塞组成。活塞则由曲轴、连杆带动,将原动机的回转运动变为在汽缸内的往复运动。当活塞在汽缸内作往复运动时,便完成进气、压缩、排气等过程,使压力上升。进气与排气由进、排气阀控制。

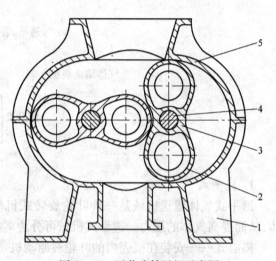

图6－35　罗茨式鼓风机示意图
1—机座;2—叶片;3—转子;4—轴;5—上机壳

(二)通风机的分类

　　常用的通风机有离心式和轴流式两种。此外,还是混流式通风机。

　　离心通风机按所产生的压力高低分为低、中、高压三种:

　　低压离心通风机产生的压力小于或等于1kPa;

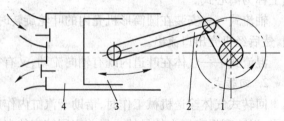

图6－36　往复式压缩机示意图
1—曲轴;2—连杆;3—活塞;4—缸体

中压离心通风机产生的压力介于(1~3)kPa；

高压离心通风机产生的压力介于(3~15)kPa。

轴流通风机分为低、高压两种：

低压轴流通风机产生的压力小于或等于500Pa。

高压轴流通风机产生的压力介于(0.5~5)kPa之间。

通风机还可按用途不同进行分类。

一般地说，通风机作抽气用时称为抽风机、吸风机或引风机，作送气用时称为送风机、排风机或鼓风机。

(三)离心通风机的型号、规格

对离心通风机的命名，国外无统一规定。如对叶片数量多的前向离心通风机，称为西罗柯(Sirocco)型；对宽叶片强后向的离心通风机，称为勃弗罗(Buffalo)型。有的以通风机所产生的流量和压力来命名。如BM40/730型是指流量为40000(即40×1000)m³/h、压力为7300Pa的BM型离心通风机。也有以叶轮的几何参数来命名的，如07-160型是指叶轮内径与外径的比值$D_1/D_2=0.7$，叶片出口安装角为160°的离心通风机。

我国是以离心通风机的型号进行命名的，风机行业已做了规定。根据JB 1418—74离心式和回转式通风机、鼓风机、压缩机产品名称型号编制规则，离心通风机的型号编制包括名称、型号、机号、传动方式、旋转方向和出风口的位置等六项内容，排列顺序如下：

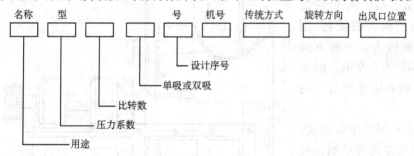

现以Y4-73-11No20D右90°离心通风机为例来讨论其命名方法。

(1)名称指通风机的用途，以用途字样汉语拼音字母的首字来表示，对一般用途的通风机则省略不写。示例中的字母"Y"代表锅炉引风机。

(2)型号由基本型号和补充型号组成。共分三组，中间用横短线隔开。基本型号占两组，用通风机的压力系数乘10和比转数(取两位整数)表示。如通风机为两个叶轮串联结构，则其压力系数用2×压力系数表示。补充型号占一组，是表示通风机的进气型式和设计序号。示例中的"4"，表示通风机的压力系数0.43乘10后化成的整数，"73"表示该通风机的比转数，"11"中的第一个数字"1"，指该通风机采用单侧进气结构，第二个数字"1"指该通风机为第一次设计。

(3)机号用通风机叶轮直径的分米数表示，尾数四舍五入，数字前冠以符号No，示例中的"No 20"指该通风机叶轮外径为20dm，即2m。

(4)传动方式示例中的"D"表示悬臂支承，用联轴器传动。

(5)旋转方向示例中的"右"字表示从原动机一端看，叶轮旋转为顺时针方向，习惯上称为右旋。

（6）出风口位置示例中的"90"表示出风口位置在90°处（见图6-37）

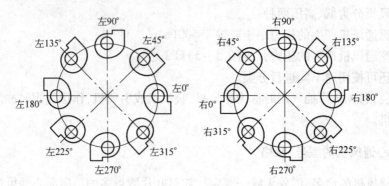

图6-37　出风口角度位置示意图

二、离心通风机的结构型式

离心通风机的结构简单，制造方便，叶轮和蜗壳一般都用钢板制成，通常都采用焊接，有时也用铆接。图6-38是常见的中压离心通风机结构简图。

（1）旋转方式不同的结构型式。离心通风机可以做成右旋转或左旋转两种。从原动机一端正视，叶轮旋转为顺时针方向的称为右旋转，用"右"表示；叶轮旋转为逆时针方向的称为左旋转，用"左"表示。但必须注意叶轮只能顺着蜗壳螺旋线的展开方向旋转。

（2）进气方式不同的结构型式。离心通风机的进气方式有单侧进气（单吸）和双侧进气（双吸）两种。

单吸通风机又分单侧单级叶轮和单侧双级叶轮两种。在同样情况下，双级叶轮产生的风压是单级叶轮的两倍。

双吸单级通风机是双侧进气、单级叶轮结构，在同样情况下，这种风机产生的流量是单级的两倍。

在特殊情况下，离心通风机的进

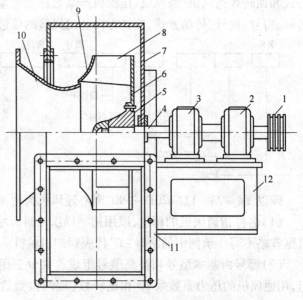

图6-38　离心通风机结构示意图
1—三角皮带轮；2、3—轴承座；4—主轴；5—轴盘；6—后盘；
7—蜗壳；8—叶片；9—前盘；10—进风口；
11—出风口；12—底座

风口装有进气室，按叶轮"左"或"右"的回转方向，各有五种不同的进口角度位置，如图6-39所示。

（3）离心通风机出风口位置不同的结构型式。根据使用的要求，离心通风机蜗壳出风口方向，规定了如图6-37所示的8个基本出风口位置。

如基本角度位置不够,可以采用下表所列的补充角度。

补充角度	15°	30°	60°	75°	105°
补充角度	120°	150°	165°	195°	210°

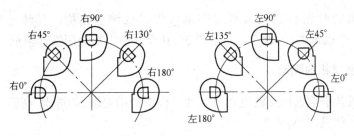

图6-39 进气室角度位置示意图

(4)传动方式不同的结构型式。根据使用情况的不同,离心通风机的传动方式也有多种。如果离心通风机的转速与电动机的转速相同,大号风机可以采用联轴器,将通风机和电动机直联传动,这样可以使结构简化紧凑、减小机体。小号风机则可以将叶轮直接装在电动机轴上,可使结构更加紧凑。如果离心通风机的转速和电动机的转速不相同,则可以采用通过皮带轮变速的传动方式。

通常是将叶轮装在主轴的一端,这种结构叫做悬臂式,其优点是拆卸方便。对于双吸或大型单吸离心通风机,一般是采用叶轮放在两个轴承的中间,这种结构叫双支承式,其优点是运转比较平稳。

三、离心通风机的工作原理与驱动

(一)离心通风机工作原理

气体在离心通风机内的流动如图6-40所示,叶轮安装在蜗壳4内,当叶轮旋转时,气体经过进气口2轴向吸入,然后气体约折转90°流经叶轮叶片构成的流道间(简称叶道),而蜗壳将叶轮甩出的气体集中、导流,从通风机出气口6或出口扩压器7排出。

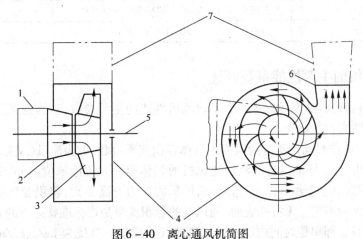

图6-40 离心通风机简图

1—进气室;2—进气口;3—叶轮;4—蜗壳;5—主轴;6—出气口;7—出口扩压器

离心通风机的工作原理:已知气体在离心通风机中的流动先为轴向,后转变为垂直于通风机轴的径向运动,当气体通过旋转叶轮的叶道间,由于叶片的作用,气体获得能量。即气体压力提高和动能增加。当气体获得的能量足以克服其阻力时,则可将气体输送到高处或远处。

离心通风机的叶轮和机壳大都采用钢板焊接或铆接结构。其转速较低,一般 $n <$ 3000r/min,且生产批量大,为便于生产和维护,在设计中大都选用滚动轴承。

(二)离心通风机的驱动

离心通风机几乎均选用交流电动机拖动。根据使用要求,如排尘、高温、防爆等,则应选用不同类型的电动机,参阅表6-12。

目前,其传动方式有下列几类:

A 表示离心通风机无轴承,与电动机直联传动;

B 表示离心通风机悬臂,皮带轮在轴承之间传动;

C 表示离心通风机悬臂,皮带轮在轴承外侧传动;

D 表示离心通风机悬臂,有支撑,联轴节传动;

E 表示离心通风机双支撑,皮带轮悬臂传动;

F 表示离心通风机双支撑,联轴节传动。

其中 A、D、F 三类传动方式的通风机转速等于电动机转速,且随所选电动机而各异。其余传动方式(B、C、D)通过调整皮带传动比的大小,设计中可灵活选择离心通风机转速。

表6-12 电动机类型选择

场所特点	电动机型式	建 议 选 型
一般厂房	防护式	J,J₂,JL
湿度较大	封闭式	JO,JO₂,JO-L,JO₂-LJS,J₂Q,JO₂Q
爆炸危险	防爆式	AJO₂,BJO₂,JBR,JBS,1JB,1JBS,JB,JB₂,BJO₂Q
粉尘高扬	封闭式	JO,JO₂,JS
微量腐蚀性气体(如蒸汽等)	封闭式	JO,JO₂,JO₂-L,JO₂-W,JS,JO₂-F
火灾危险	封闭式	JO,JO₂,BJO₂,BJO₂-Q,JBR
露天工作	封闭式	JO,JO₂,JO₂-L,JO₂-W

四、通风机的主要性能参数简述

流量、压力、转速、功率及效率是表示通风机性能的主要参数,称为通风机的性能参数。这里简单地说明它们的概念。

(1)流量。单位时间内流经通风机的气体容积或质量数,称为流量(又称风量)。

1)容积流量。它是单位时间流经通风机的气体容积。常用单位为 m³/s、m³/min、m³/h,分别用 Q_s、Q_{min}、Q_h 表示。由于气体在通风机内压力升高不大,容积变化很小,故一般设通风机的容积流量不变。无特殊说明,通风机的容积流量是指标准状态下的容积。

2)质量流量。即单位时间内流经通风机的气体质量。单位为 kg/s、kg/min、kg/h,分别用 M_s、M_{min}、M_h 表示。

（2）压力。通风机的压力是指升压（相对于大气的压力），即气体在通风机内压力的升高值，或者说是通风机进出口处气体压力之差。它有静压、动压、全压之分。性能参数是指通风机的全压（它等于通风机出口与进口全压之差），其单位为 MPa。

（3）转速。通风机转子旋转速度的快慢将直接影响通风机的流量、压力、效率。单位为 r/min（每分钟转数），常用 n 表示。

（4）轴功率。驱动通风机所需要的功率 N 称为轴功率，或者说是单位时间内传递给通风机轴的能量，单位为 kW。

（5）效率。通风机在把原动机的机械能传给气体的过程中，要克服各种损失，其中只有一部分是有用功。常用效率来反映损失的大小，效率高，即损失小。从不同角度出发有不同的效率，效率常用 η 表示。

五、通风机的主要无因次参数

将通风机的主要性能参数有：流量 $Q(\mathrm{m}^3/\mathrm{s})$、压力 $p(\mathrm{MPa})$、功率 $N(\mathrm{kW})$、转速 $n(\mathrm{r}/\mathrm{min})$。通风机的特性值有：叶轮外径 $D(\mathrm{m})$、叶轮外缘的圆周速度 $v(\mathrm{m}/\mathrm{s})$，它们之间的关系用无因次参数来表示，它们分别是：

（1）压力系数 $\bar{p}$；
$$\bar{p} = \frac{p}{\rho v^2} \tag{6-55}$$

（2）流量系数 $\bar{Q}$；
$$\bar{Q} = \frac{Q}{\frac{\pi}{4}D^2 v} \tag{6-56}$$

（3）功率系数 $\bar{N}$；
$$\bar{N} = \frac{1000N}{\frac{\pi}{4}D^2 \rho v^3} \tag{6-57}$$

（4）比转数 n_s；
$$n_s = n\frac{Q^{1/2}}{p^{3/4}} \tag{6-58}$$

六、通风机的常见故障

（一）性能方面的故障

1. 流量不够或增大

一般在通风机进口段或出口段装设闸门，调节风量。当闸门全闭，即使通风机正常运转，管路系统中的风量也接近于零。随闸门开度增大，风量亦大；闸门全开，风量最大。同一通风机其管路越短，风量越大。当管路长到一定时，风量亦接近于零。一般管路越长、越细或转弯越多，甚至杂物堵塞，其阻力就越大。通风机的静压能克服管路阻力，使气体输送，克服阻力的能力越大，风量通过的才会越多。因此，管路阻力计算的准确或变化与否，影响到所选用通风机的压力与管路中实际需要的压力差值大小，从而引起流量的不够或增大。

其次是泄漏损失，如叶轮与进气口的间隙太大、管法兰不严等将引起流量不够。

此外，因流量与叶轮转速成正比，当转速波动时也将引起流量的不够或增大。

2. 压力不够或过高

上已述及，同一通风机若压力不够，则对管路表现出流量不足。工业上对通风机的要求大都是风量,故风压是用以克服管网阻力,保证流量要求。

风压与叶轮转速的平方成正比,当转速波动,将引起风压的不够或增大。

此外,已知气体压力与其密度和温度密切相关,且大气条件随地点、时间而变化。当通风机使用条件与设计值有出入时,就会出现压力不够或增大。还有气体中灰尘、杂质的含量(如固体物质)增加,混合密度增大,压力增高,反之亦然。

(二)机械方面的故障

1. 机器振动

(1)转子不平衡引起振动。转子不平衡则引起通风机振动,不平衡惯性力愈大,其振动愈烈。通风机运转后再度出现不平衡的主要原因有:

1)叶片腐蚀或磨损不均;

2)通风机长期停转,因转子自重等因素使轴变形;

3)叶片出现不均匀附着物,如铁锈、污垢等;

4)翼形叶片因磨蚀而穿孔,杂质进入其内;

5)运输、安装等原因造成叶轮变形,使径向跳动或端面跳动过大;

6)叶轮上平衡配重脱落或检修后未校准平衡。

(2)某些固定件引起振动。基础、底座、蜗壳、管路等因刚度低其自振固有频率小于或等于转子转速时,均将引起共振现象。或发生在启动阶段,或发生在正常运转阶段。共振危害很大,甚至损坏机件造成事故停车。

(3)其他原因。

1)管网阻力曲线与通风机性能曲线交在喘振区;

2)通风机与电动机轴间的同心度偏差过大;

3)两皮带轮轴的不平行;

4)通风机的合力(不平衡惯性力、皮带压轴力和通风机自重)不在基底内;

5)固定在轴上的零件出现松动或变形,如叶轮歪斜与机壳或进气口碰擦;

6)轴承的磨损或松动。

2. 轴承过热与磨损

离心通风机中大都选用滚动轴承,其正常工作温度为60℃以下。下列因素将引起过热或磨损。

(1)润滑油(或脂)变质或混入杂质;

(2)轴承元件损坏;

(3)轴承部件安装不良,如固定螺栓或松或紧;

(4)通风机振动;

(5)采用水冷轴承时水量不够;

(6)润滑脂过多,超过轴承座空间的 1/3 ~ 1/2;

(7)当传动型式为 D 或 F 时,通风机轴与电机轴不同心;

(8)轴承间隙不合理。轴颈直径 $d = 50 \sim 100mm$,间隙大于 0.2mm;$d > 100mm$,间隙大于 0.3mm。当轴承外圈与轴承座内孔间间隙超过 0.1mm,若为剖分式轴承则应修配轴承座上半结合面,然后修搪其内孔;若为整体式则应更换其座或加大内孔镶嵌内套。

(三)通风机运转中主要故障及其消除

通风机运转中主要故障及其消除见表6-13。

表6-13　通风机运转中主要故障及其消除

故障	产 生 原 因	消 除 方 法
轴承座剧烈振动	(1)通风机轴与电动机轴歪斜或不同心,或联轴节两半安装错位	进行调整,重新找正
	(2)叶轮等转动部件与机壳或进气口碰擦	修复摩擦部分
	(3)基础刚度不够或不牢固	进行加固
	(4)叶轮铆钉松动或轮盘等变形	更换铆钉或叶轮
	(5)叶轮轮毂与轴松动	重新配换
	(6)联轴节上、机壳与支架、轴承座与盖等连接螺栓松动	拧紧螺母
	(7)通风机进、出气管道本身或安装不良,产生振动	进行调整或修理
	(8)转子的不平衡	重新校准平衡
	(9)轴承间隙不合理	重新调整
轴承温升过高	(1)轴承座剧烈振动引起	如上所述,消除其振动
	(2)润滑油(或脂)质量不良或变质(如含水过多,黏度不适,杂质过多,抗乳化能力差等)	更换润滑油(或脂)
	(3)轴与轴承安装位置不正确,如两轴不同心等	重新找正
	(4)滚动轴承损坏,或保持架与其他机件碰擦	修理或更换轴承
电动机电流过大和温升过高	(1)启动时进气管道内闸阀未关严	开车时关严闸阀
	(2)流量超过规定值或风管漏气	关小节流阀,检查是否漏气
	(3)输送气体的密度增大,使压力增大	查明原因,如气体温度过低应予提高,或减小风量
	(4)电动机本身的原因	查明原因
	(5)电流单线断电	检查电源是否正常
	(6)联轴节连接歪斜或间隙不均	重新找正
	(7)轴承座剧烈振动引起	如上所述,消除振动
	(8)通风机联合工作恶化或管网故障	调整、检修

第七章 称量原理与称量秤

第一节 称量概述

一、称量的重要性

在炭素、电炭生产中，原料称量是一个重要的工序。它不仅确定各种原料的用量和粒度，同时也确定了它们的配比。显然，如果称量时发生错误或称量不够准确，结果将获得不正确的配方，这样将影响生坯乃至制品的性质，同时也浪费人力和物力。所以原料的称量原理虽然比较简单，但却是一项十分重要的工作。况且，自动化称量系统是非常复杂的。

二、称量误差的分析

为了改善称量的准确性，应对称量误差作必要的讨论，以便在误差超出许可范围时提出改进措施。

任何一个物理量真正的实际值是测不到的，因为无论哪个测量系统都不能完全消除误差。然而，对一个物理量作无限多次的正确测定而获得的平均值，是极接近真值的，也称近似真值。所谓测量误差是指测量值与近似真值之差。

一般说，可将误差分成如下几种：

（1）系统误差由几方面因素产生：1）测量仪器不够精密，如刻度不准、砝码未作校正等；2）测量环境的变化，如温度、压力等变化而引起称量值改变；3）测定人员的技术水准不一，如读数偏高或偏低。一般说，这些因素所产生的误差总是偏向一边，其值大小也常不变，故也称为恒定误差。系统误差通过校正是可以排除的。

（2）偶然误差在消除系统误差之后，往往称量读数的尾数仍出现差别，这就是偶然误差。这种误差的大小和方向均不一定，且也不易控制。但经统计分析，偶然误差符合数理统计规律。

（3）过失误差是由操作不当或仪器故障所致。这类误差变化无常，没有一定规律。

减小误差的措施总是通过分析误差的原因而来，将误差按其性质分类就便于这种分析。称量中误差愈小，称量准确度就愈好。但提高准确度不仅取决于称量设备的性能，还决定于使用称量设备的方法。例如每种原料单独称量要比几种原料累积称量时误差小，因为后一方法有可能造成误差积累。合理选用秤的称量范围也是应注意的问题，一般称量值愈是接近秤的全量程时它的相对误差愈小。相反，称量值愈小则相对误差愈大（所谓相对误差即是称量误差与称量值之比）。此外，经常注意设备维护与校验，严格操作规程等都能减小称量误差。

三、误差的表示方法——标准误（离）差

误差的表示方法，通常有以下几种：范围误差、算术平均误差、标准误差和或然误差，一

般采用标准误差。

（1）范围误差指一组计量值中的最高值与最低值之差，但未能表示出偶然误差与计量次数有关，即两次计量与多次计量所得的范围误差可能相同。

（2）算术平均误差的定义为

$$\delta = \frac{\sum |d_i|}{n} \quad (i = 1, 2, 3 \cdots n) \tag{7-1}$$

式中，n 为计量次数，d_i 为计量值与平均值的偏差。设 $x_1, x_2, \cdots, x_n$ 为各次计量值，则算术平均值为

$$\bar{X} = \frac{x_1 + x_2 + \cdots + x_n}{n} = \frac{\sum x_i}{n} \tag{7-2}$$

于是 $d_1 = x_1 - \bar{X}, d_2 = x_2 - \bar{X}, \cdots, d_n = x_n - \bar{X}$ 相加之，并根据上式，则

$$\sum d_i = 0 \tag{7-3}$$

式（7-3）表示计量值与平均值之差 d_i 的代数和为零，而无法表示出各次计量间彼此符合的程度，因为在偏差彼此接近与偏差较大的情况下（即范围误差不同），所得平均值可能相同。

（3）标准误（离）差，也称为均方根误差。当计量次数无限多时，标准误差的定义为

$$S = \sqrt{\frac{\sum y_i^2}{n}} \tag{7-4}$$

式中 y_i——真值与计量值之差。

在有限计量次数中，标准离差不能用式（7-4）计算。因为真值是计量次数为无限多时所得的平均值，而计量次数为有限时，所得平均值只近似于真值。故真值与计量值之差，同有限次计量平均值与计量值之差是不相等的。令真值为 μ，计量次数无限多时所得计量值与真值之差为 $y = x - \mu$，则得

$$\sum y_i = \sum x_i - n\mu \tag{7-5}$$

将式（7-2）、式（7-5）代入 $d_1 = x_1 - \bar{X}$ 式内，得

$$d_i = (x_i - \mu) - \frac{\sum y_i}{n} = y_i - \frac{\sum y_i}{n} \tag{7-6}$$

则

$$\sum d_i^2 = \sum y_i^2 - 2\frac{(\sum y_i)^2}{n} + \frac{\sum y_i^2}{n^2} \tag{7-7}$$

因在计量中正负误差的机会相等，故将 $(\sum y_i)^2$ 展开后，$y_1 \cdot y_2 \cdot y_1 \cdot y_3 \cdots$ 为正负的数目相等，彼此相互抵消，故得

$$\sum d_i^2 = \sum y_i^2 - 2\frac{\sum y_i^2}{n} + n\frac{\sum y_i^2}{n^2}$$

$$\tag{7-8}$$

$$\sum d_i^2 = \frac{n-1}{n}\sum y_i^2$$

式（7-8）表示，在有限计量次数中，自算术平均值计算的偏差平方和永远小于自真值计算的误差平方和。将式（7-8）代入式（7-4），则得在有限计量次数下的标准离差为

$$S = \sqrt{\frac{\sum d_i^2}{n-1}} \tag{7-9}$$

或
$$S = \sqrt{\frac{1}{n-1}\sum_{i=1}^{n}(x_i - \overline{X})^2} \tag{7-9'}$$

标准误(离)差对一组计量中较大误(离)差或较小误(离)差的反应比较敏感,所以,标准误(离)差是表示精确度的较好方法。

(4)或然误差。用 r 表示,其定义乃按误差的正态分布规律,误差落在 0 与 $+r$ 之间的数目将占所有正误差的计量数目的一半。而负误差的情况亦然。从或然积分,可以导出

$$r = 0.6745\sigma \tag{7-10}$$

四、称量方法和配料的种类

目前的称量方法,大多数是间歇分批计量,另外还有连续称量,它与连续混捏(合)密切有关。

(一)称量设备的种类

1. 间歇称量设备

(1)台秤,又称磅秤。是一种机械式的杠杆秤,它的最大允许误差为全量程的 1/1000,以台秤、料斗、小车构成的配料车,在中小炭素厂仍在使用。

(2)机电自动秤是在台秤的基础上加设电子装置,能够实现自动称量,应用较广。

(3)电子自动秤是用传感器作测量元件,以电子装置自动完成称量、显示和控制,是一种新型的称量设备。

2. 连续称量设备

有皮带秤和核称量装置,均可自动控制进行称量。

3. 黏结剂的自动称量

目前也已应用,但较干料的自动称量,在控制和操作上还存在一些困难。

除配料车外,其他称量设备都可采用微机控制,自动配料称量。

(二)秤量程的选择

要合理选用秤的称量范围,不宜以大秤来称量小料,这样称量误差较大,称量值应接近秤的全量程,这样称量误差较小。

(三)并列称量和累计称量

并列称量是指配方料的各种原料及各种粒度由并列着的秤单独进行称量。炭素电炭厂的料仓 S 作直线(或并列的双直线)状排列,各料仓的料由各自的配料秤 W 进行称量,再用带式输送机 C 集料送入混捏(合)机 M(见图 7-1)。目前炭素厂已广泛采用,特别是预焙阳极的配料称量。

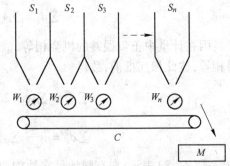

图 7-1　并列称量与排序

累计称量是指所有各粒级料都由一台秤(即配料车)累计称量,目前除少数炭素厂仍用此方法外,大多数厂已采用微机控制的自动配料,自动称量系统。

十分明显,就称量本身来讲,并列称量优于累计称量,因为:

(1)按称量值要求各自选用量程相称的单独秤,有利于提高称量精确度,减小误差。

(2)单独秤的结构较简单,有利于实现自动化;

(3)各个秤间同时进行称量,缩短了总称量时间;

(4)称料斗载料较少,不易粘料和起拱,便于卸料。

缺点是投资大,控制与操作较麻烦。

采用累计称量存在问题有:

(1)小料用大秤,量程相差较大,称量误差较大;

(2)累计误差不易消除;

(3)自动化的累计秤,在技术实现上尚有困难。

优点是设备简单,操作容易,投资少。

第二节　电动配料车与机电自动秤

一、台秤

台秤是一种使用最为广泛的衡量,它的形状及其使用性能都为大家所熟悉。台秤的称量原理取自杠杆的平衡,利用一个或几个平衡杠杆便可实现称量。台秤的结构如图7-2所示。台板通过刀口 D 与 G 将载荷作用在传力杠杆 CE 和 FH 上,小杠杆 FH 又以刀口 K 将以一定比例缩小的力作用到大杠杆 CE 上,杠杆 CE 与标尺 AB 之间由连杆 BC 连接,于是作用力由刀口 B 传递给标尺杠杆 AB,利用改变标尺杆上的砝码 P 的质量和游码 W 的位置,便能达到杠杆系统的平衡。读取此时的相应标尺读数和砝码读数,即为被称重物的质量。

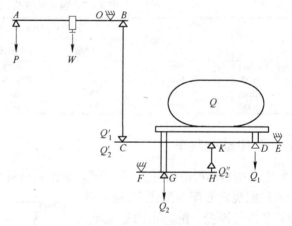

图7-2　台秤的结构与原理

在实际称量中,台秤还应具有这样一种特性:即秤的示值仅仅决定于被称物体的质量,而不随物体在台板上的位置而变化。为此,两传力杠杆的尺寸应满足一定的关系。假如仍以图7-2为例,设台板上放置的重物,质量为 Q,它按平行力系分解成两个分力,作用于杠杆 CE 的刀口 D 上的分力为 Q_1,作用在刀口 G 上的分力为 Q_2。根据杠杆原理,可以求出 Q 在刀口 C 处的作用力 Q'_1 为:

$$Q'_1 = \frac{ED}{EC} \times Q_1 \tag{7-11}$$

而分力 Q_2 在刀口 H 处的作用力 Q''_2 为

$$Q''_2 = \frac{FG}{FH} \times Q_2 \tag{7-12}$$

Q''_2 通过连杆 KH 也作用到 CE 上,此时它在 C 点引起的作用力 Q'_2 应为:

$$Q'_2 = \frac{EK}{EC} \times Q''_2 = \frac{EK}{EC} \times \frac{FG}{FH} \times Q_2 \tag{7-13}$$

由此可知,无论 Q_1 或 Q_2,都是将力变换到 C 点,通过连杆 BC 作用到标尺上,而标尺上的砝码和游码平衡的力应是 Q'_1 与 Q'_2 之和。假如力 Q_1 至 Q'_1、Q_2 至 Q'_2,这两力在传递过程中均以相同的比例进行缩小,且比例尺为 K,则可有下式:

$$Q'_1 + Q'_2 = KQ_1 + KQ_2 = K(Q_1 + Q_2) = KQ \tag{7-14}$$

即是说,不论其 Q_1 与 Q_2 如何分配,只要都有相同的缩尺 K,那么 $Q'_1 + Q'_2$ 之值总是不变,也就是秤的示值不变。于是位置问题就转化成缩尺比例问题,为使其比例相同,则

$$\frac{Q'_1}{Q_2} = \frac{Q'_2}{Q_2} \tag{7-15}$$

由此,从式(7-11)和式(7-13)可得出:

$$\frac{FG}{FH} = \frac{ED}{EK} \tag{7-16}$$

因此,当小杠杆的两臂之比等于大杠杆上短臂部分的两臂之比,称重物位置就不受限制。

表 7-1 列出常用台秤的规格和主要参数。

表 7-1　台秤的规格和主要参数

型　号	最大秤量/kg	计量杠杆/kg		最大秤量	外形尺寸(长×宽×高)
		最大秤量	最小分度值	允差/g	/mm × mm × mm
GT-50	50	5	0.05	50	615 × 546 × 600
GT-100	100	5	0.05	100	615 × 760 × 600
GT-500	500	25	0.2	500	953 × 545 × 1104
GT-1000	1000	50	0.5	1000	1223 × 855 × 1150

二、电动配料车

电动配料车构造如图 7-3 所示。操作人员可以灵活地将不同料仓的各种物料(或颗粒),按照规定的配方配合后,送入混捏设备进行混捏。配料车构造简单,操作与维修均很方便,工艺选择性较强,配料操作灵活,但一般需要在现场手工操作,生产效率低,料仓口不易密封,配料时现场粉尘较大,劳动条件差。

在各种粒度料和粉料的贮料仓下面,铺设有轻型轨道,供电动配料车在其上运行,驱动装置 5(由电动机、减速机和传动齿轮组成)使主动轮转

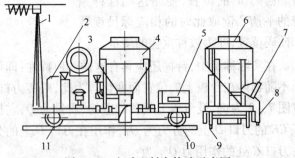

图 7-3　电动配料车构造示意图

1—滑线及支架;2—控制箱;3—称量装置;4—料斗;5—驱动装置;6—料斗口;7—阀门;8—下料口;9—轨道;10—主动轮;11—从动轮

动,也使从动轮随着在轨道上转动,电动配料车的前进与后退是通过控制箱 2 改变电动机的转向来实现的。

配料过程是操作人员驾驶电动配料车,将其运行到应放料的贮料仓下,将料斗口对准贮料仓的下料口,搬动贮料仓的闸门,使物料在自重作用下自由流入料斗口内,当称量装置的秤杆抬起,达到了规定的重量后,即关闭贮料仓的闸门,停止放料,驾驶电动配料车依次运动到各贮料仓下,重复前述动作。

将所需的所有各种物料配好后,即可驾驶电动配料车到应供料的混捏锅进料口位置,将下料口对准混捏锅进料口,打开电动配料车底部的下料闸门,使料斗中的物料下到混捏锅中。下完物料关闭下料闸门,配料车开始进入下一个工作循环。

称量下料时,最好分2~3次下料,先开大料仓闸门,先下应称重量的90%左右的料,然后关小闸门,再下应称重量的8%左右,最后一开(闸门开小缝)一关闸门,使物料重量至应称重量。称量误差控制在1%以内,称量在1000kg以上时,最大误差也应小于1.5%。

三、机电配料秤

机电自动秤现有多种型号,但按其结构特点可以分成两种类型,一种是标尺式,另外一种是圆盘指示数字显示式。下面通过对两种配料秤的介绍来了解这类机电自动秤的结构和工作原理。

(一)标尺式

标尺式机电自动秤以 BCP 型标尺配料秤为例。该秤主要用于工业生产中粉粒状物配料的计量。它的结构见图7-4。由电磁振动加料机和卸料器、称量装置及电气控制箱等组成。图中20为电磁振动加料器,16为电磁振动卸料器,称量装置主要由料斗17,承力杠杆18、19,传力杠杆10、12,读数尺5,拉杆14,可调连杆13、15,平衡重锤11,附加重锤9,砝码托盘7,接触棒3、4、6,游码2及调整游码1等构成。电气控制箱图中未表示,它有自动、半自动及手动三部分控制线路。

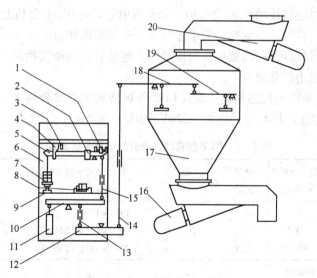

图 7-4 BCP 型标尺式配料秤

1—调整游码;2—游码;3,4,6—接触棒;5—读数尺;7—砝码托盘;8—重锤挂钩;9—附加重锤;
10,12—传力杠杆;11—平衡重锤;13,15—可调连杆;14—拉杆;16,20—电磁振动卸(给)料机;
17—料斗;18,19—承力杠杆

称量前,必须进行零位调整,使读数尺处于平衡位置。调整游码 1 供细调零位之用,平衡重锤一般在设备出厂时已调整好,作为粗调整。

称量开始,先在托盘 7 上加砝码及拨动游码 2,使之符合称量给定值。于是合上开关接通电路,电磁振动加料器开始加料,此时由于托盘 7 处于下位,读数标尺也位于最低位置,标尺的下触点与接触棒 6 接通,电磁振动加料器将串接在阻值较低的电路中,因而进行快速加料。当即将到达给定值,读数尺开始向上抬起而脱离下接触棒,并且挂上附加重锤,这时电路也作相应切换,使加料机进行慢速加料,直至读数尺上触棒 4 连接停止加料。采用快速加料和终点慢速加料相结合的方法,使称量工作既快又易准确。附加重锤的位置调节到如图 7−5 所示。当读数尺还处于最低位置时,附加重锤应平放在橡胶垫上,小钩与环形螺杆间保持 5mm 左右的间隙。因此在加料结束之前的大部分时间里附加重锤并不参与称量,只是当加料接近给定值时,读数尺上升使环形螺杆与小钩接触,附加重锤才参与称量。利用这种结构,便可将加料过程分为读数尺由最低位置到接触小钩作快速加料,和提起附加重锤至最高位置作慢速加料这样两个阶段。慢速加料一般调节在 1kg/s 的流量,当改变慢速加料

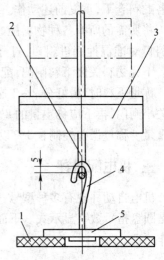

图 7−5　附加重锤
1—橡胶垫;2—环形螺杆;3—重锤托盘;
4—小钩;5—附加重锤

区间的这段间距,使之加料时间有 0.1s 的变化,就可改善 0.1kg 左右的误差。实践证明,通过这种调整可以改善 1kg 左右的误差。

读数尺与接触棒 4 接触,表示物料质量已达到定值。此时控制电路将自动停止加料机运转,并使电磁振动卸料器开始工作,进行卸料。料斗中的物料由于不断卸料而减轻,读数尺则下降,并使触点连接接触棒 6,此时由于延时继电器的作用,不会马上接通加料器,而仍继续完成卸料工作,直到延迟到卸料完毕才开始下一周期的加料。

称量中若发生过载现象,读数尺在与接触棒 4 连接后还会继续抬起,并同时与接触棒 4 和 3 相连,此刻即发出过载讯号。

BCP 型标尺自动秤的规格和性能为:(1)型号规格和主要参数列于表 7−2 中。(2)允许误差为最大称量的 1/400。(3)电源　220V、50Hz。

表 7−2　BCP 型自动秤部分规格及主要参数

型　号	计量范围 /kg	最小分度值 /kg	秤斗容积 /m³	工作能力 /t·h⁻¹	外形尺寸(长×宽×高) /mm×mm×mm	自重/kg
BCP01	10 ~ 100	0.1	0.1	2	1988 × 1710 × 1722	600
BCP02	20 ~ 200	0.2	0.2	3	1977 × 1710 × 2042	650
BCP03	50 ~ 500	0.5	0.5	6	2237 × 1831 × 2360	750

(二)圆盘指示数字显示式

这类机电自动秤以 XSP 型配料自动秤为代表,它是工业自动化生产中正确配置各种粉

状或粒状物料的自动化衡器。生产中可以由几台秤组合成配料秤组来完成多种物料的配料,亦可由一台秤进行自动配置四种以下不同配合比的物料。该秤的称量准确性较高,操作方便,能作远距离控制。

XSP型配料秤主要由电磁振动加料机和卸料器、称量系统、圆盘指示机构、数字显示系统及自动控制系统等组成。前两部分的结构和工作原理与标尺式秤大致相似,称量系统也是采用多级杠杆组,为了提高称量速度,还增设一个油阻尼器。下面着重介绍圆盘指示机构等的工作原理。

圆盘指示机构的简图见图7-6。当电磁振动加料器通电后,被称物料进入料斗,物料的重量通过杠杆系统传递,然后作用在图示的挂钩9上,这个作用力通过挂钩上方的十字接架8和两根柔性钢带(即传力钢带)7作用到凸轮2上,每个凸轮与前后两个扇形轮以其固定在轮廓上的支承钢带1与支架相连,于是这个作用力经过凸轮、扇形轮、钢带轮最后由支架承受。重锤杆5与凸轮是固定联结(一般在出厂前调节完毕后不再作更动),平衡锤即安装在重锤杆上,当凸轮回转时重锤杆也作等角度摆动,由此改变平衡锤的力臂长度。

由凸轮2、平衡锤6、拉板4、齿条12和齿轮11组成的回转机构是用四根钢带1悬挂着的,受力后钢带7将带动凸轮向下转动。这时同轴的扇形轮3则沿着支撑钢带向上滚动。为了不使扇形轮在沿钢带滚动时偏斜摆,故须用拉板4支撑着。与此同时,由于凸轮在向下运动时,改变了钢带对它的作用臂长度,也改变着平衡锤的作

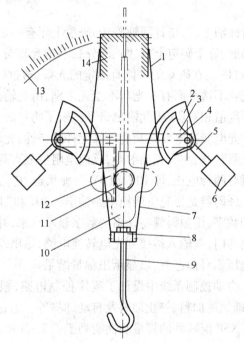

图7-6　圆盘指示机构

1—支撑钢带;2—凸轮;3—扇形轮;4—拉板;
5—重锤杆;6—平衡锤;7—传力钢带;
8—十字接架;9—挂钩;10—指针;
11—齿轮;12—齿条;13—刻度盘;14—支架

用臂长,即改变平衡力矩,促使回转机构停止滚动,在新的位置上取得平衡。所以作用力只要不超过平衡锤的平衡范围,回转机构总可以凭借平衡力矩变化在一个相应的位置上静止下来。作用力越大,静止位置就越高,这就是重量向线位移转化的过程。利用装在拉板上的齿条12与齿轮11啮合,实现了线位移改变为齿轮轴的角位移。

齿轮轴的前端安装着指针10,指针的转角对应于物料的重量,以便在刻度盘13的分度值上读得被测重量。为了便于绘制刻度盘,凸轮的轮廓曲线应满足这样的要求:即指针的转角应按线性变化。

数字显示和数字控制的原理如图7-7所示。

数字显示是将秤的角位移用光敏元件转换成电讯号而实现的。秤的指针旋转角正比于被称物的质量,不同的旋转角用不同的代码通过光短讯号输出,经电子逻辑系统将响应的讯号译成十进制数字,通过数码管显示。秤用玻璃码盘作为转角—代码转换器,码盘固定在秤

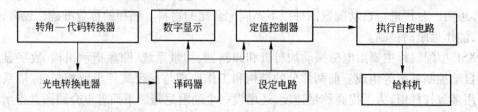

图 7 - 7　数字显示和控制示意图

的指针轴上,与指针同轴旋转,码盘上印有一定数量同心的码道,每一位十进制数字占用四个码道,每个码道上有透光部分和不透光部分,码道上不透光部分称之为"0",透光部分称之为"1"。在码盘的一侧有固定的光束,透过码盘射在光敏元件上,各光敏元件由于码盘的透光或不透光而有受光与不受光之别,由此输出相应的光电讯号,因码盘的编制是与刻度盘的分度值相对应,因此输出讯号代表了物料的重量。

光电转换电路是利用光敏元件的特性,光敏元件在无光照射时,它的内阻值很大,相当于电路断开,在有光照射时,反向电阻值显著降低,相当于电路接通。由此,在电路的输出端上就有两种电压,即 10V 和 0V 两种状态,它们分别表示"1"和"0"。

译码器是把光电转换电路输出的"0"和"1"状态,根据编码制度,译成人们所熟悉的十进制数字,用数码管将译出的数字显示出来,并用其进行称量控制。它是由四个二极管组成逻辑与门,其输入端接到光电转换电路,输出端与译码三极管相连。数码管即按译码三极管的电压讯号而起辉,以显示出称量结果。

自动控制系统中设计了程序控制电路,根据需要控制相应的电钮,配料秤即能自动工作,即快速加料、停止加料及自动卸料等。当超过给定值时,系统还会发出报警信号。

XSP 配料秤的规格和性能列于表 7 - 3 中。

表 7 - 3　XSP 配料秤的规格和性能

项　目	型　　号		
	XSP006	XSP010	XSP100
最大称量/kg	60	100	1000
最小分度值/kg	0.1	0.2	2
允差/kg	0.15	0.25	2.5
秤斗容积/m³	0.4	0.4	0.7
单机外形尺寸/mm × mm × mm	850 × 400 × 1400	850 × 400 × 1500	850 × 400 × 1400
电源/V	220	220	220
气源/Pa	$(5 \sim 6) \times 10^5$	$(5 \sim 6) \times 10^5$	$(5 \sim 6) \times 10^5$
计量周期/min	2	3	8
质量/kg	400	400	800

第三节　电子自动秤

电子自动秤是新发展起来的一种自动秤。它的结构简单,体积小、质量轻,适用远距离控制,因此正在为需自动化配料的工厂所采用。由于它的性能和设计已得到发展和完善,目前已得到推广使用。

电子自动秤完全脱离了机械杠杆的称量原理,它是由多种不同规格的电阻式测力传感器作为称量参数变化器,用以代替机械秤中的杠杆系统,利用电位有效期计及二次仪表实现自动称量物料质量。已被应用的 DCZ 型电子自动秤的工作原理图见图 7-8。

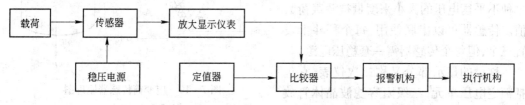

图 7-8 DCZ 型电子自动秤的工作原理图

电子自动秤由传感器和稳压电源组成一次仪表,当载荷作用于传感器后,机械量随即由一次仪表转换成电量,输出一个微弱的讯号电压,经滤波后馈送到下一级晶体管放大器放大后,输出一个足以推动可逆电机转动的功率。可逆电机转轴带动测量桥路中滑线电阻的滑臂,改变滑线电阻的接触点位置,从而产生一个相位相反的电压来补偿一次仪表的电压差值,由此使测量系统重新获得平衡。由于一次仪表输出的电压正比于载荷大小,测量桥路又是一个线性桥,标尺刻度又同滑线电阻触头在同一位置上,因此标尺将线性地指示出载荷的量。

为实现自动称量,还设置程序控制装置。系统中的比较器对上述放大后的信号和定值器送来的给定信号进行比较,在物料量到达给定值时立即停止加料。当被测质量超出给定值时,比较器将输出脉冲记号给报警机构,并通过执行机构动作。

在这类电子自动秤中采用的传感器为电阻式的,它可装配成筒式或梁式两种。如图7-9所示。应变筒或应变梁是由金属弹性材料制作的元件,电阻丝应变片将仔细地粘贴在应变元件上,当应变筒或应变梁因受力而变形时,应变片能随同一起作相应的变化。电阻丝应变片有丝式和箔式两种,一般是用康铜丝绕成,或用康铜腐蚀成栅形结构,它们往往分组地粘贴在应变元件上,相互连接成电桥形式。应变筒传感器上电阻应变片的布置方式及相应的电路如图 7-10 所示。当应变筒受力作用而产生压缩变形时,贴在筒上的一组横向应变片的电阻丝受到拉伸使其直径变细而长度伸长,故电阻值增大,另一组轴向粘贴的应变片

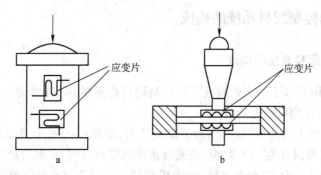

图 7-9 传感器的结构

a—应变筒式;b—应变梁式

受到压缩,故其直径将变粗,长度则缩短,电阻值减小。因而由这些电阻应变片组成的电桥在受力后失去了平衡,在对角输出端上有一不平衡电压输出,该电压值正比于作用在传感器上的载荷,因此可以利用这种不平衡电压的大小来度量被测载荷数值。传感器可以串联使用,每个秤斗上设置三个,但每个传感器需一套稳压电源。

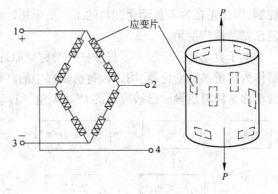

图 7 – 10　应变筒传感器原理图
1,2,3,4—接头

称量的显示部分又称二次仪表,它包括额定电压单元、三级阻容滤波晶体管放大器和可逆电机、刻度盘等。其工作原理与通常的电子电位差计一样。

DCZ – 1 系列电子自动秤的主要品种见表 7 – 4,仪表的测量范围为 10kg ~ 70t,其分度范围为 10kg、20kg、30kg、50kg、70kg 等五种(或 100 ~ 700kg,1000 ~ 7000kg,10 ~ 70t)。

表 7 – 4　DCZ – 1 系列电子秤类别

型　号	传感器数	桥压	附加装置	电　源
DCZ – 1/01	1	20V	两点给定或电阻比例	380V 或 220V
DCZ – 1/03	3	6V ×3	两点、四点给定或电阻比例	220V
DCZ – 1/04	4	6V ×3	两点、四点给定或电阻比例	220V

与该电子秤配用的传感器有三种:

BLR – 1 型拉压式传感器,为应变筒式,其测量范围从 100kg ~ 100t。

BHR – 4 型梁压式传感器,它的测量范围从 0 ~ 100kg,或 0 ~ 100t。

BHR – 7 型梁式传感器,它的测量范围从 0 ~ 100kg。

属于这类由承重传感器和二次数字仪表组合成的电子自动秤,还有 SDC 数字式电子起重吊秤,电子轨道衡,电子皮带秤等。随着传感器和电子器件的性能不断完善,这类电子秤将会得到进一步发展。

第四节　微机自动控制配料系统

一、微机自动控制配料系统的构成

(一)微机自动配料系统的构成

自动配料是利用安装于每个贮料仓下的特制磅秤称量机构,再增设一些控制机构系统来实现的,该系统按作用可分七部分:

(1)控制部分:由 1 台主微机,若干台子微机组成,如某厂:子微机为 32 台;另有 1 个操作台,4 个弱电控制柜,4 个强电控制柜,完成对系统的管理,控制实现自动配料。

(2)称重部分:某厂由 32 台电子秤(子微机),32 只接线盒,96 只负荷传感器,以及传输线组成,完成对物料的高精度称量。

(3)执行机构:某厂由18台电磁振动给料机,3台螺旋给料机,21台卸料装置,8台喂油阀,16台排油阀,2台油系统安全总阀组成。完成干料系统的配料、排料、油系统的喂油、排油及安全供油工作。

(4)显示部分:由主微机显示器,子微机显示板、模拟显示板组成。完成自动配料的动态显示,及生产过程的显示。

(5)声光报警部分:对系统工作的不正常状态,例如超上限、无流量、排料口未关到位、电源断电等进行声光报警。

(6)运输部分:由3条运输线(振动输送机)组成。完成对10台混捏锅3个生产系统的干料运输工作。

(7)电源部分:由3台UPS不间断电源,2台直流稳压电源,向机房设备提供高质量电源,工业电网电源为执行机构供电。

干料系统工艺流程如图7-11所示。

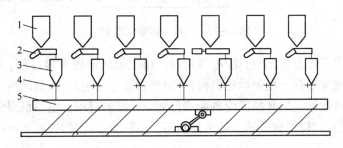

图7-11　干料系统工艺流程图
1—料仓;2—给料机;3—料斗;4—排料插板;5—振动输送机

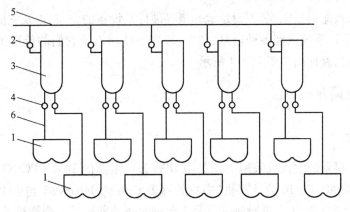

图7-12　油系统工艺流程图
1—混捏锅;2—喂油阀;3—称量斗;4—排油阀;5—喂油总管路;6—排油管

(二)自动配料

某厂采用33台微机构成主从式集散控制方式。其中32台PR1592/00型微机为直接控制机(DDC)。1台IBMPC/XT微机为中央控制机(SCC)。完成对3个生产系统配干料,10台混捏锅下油的工作。系统的框图如图7-13所示。

该系统的工作过程如下:

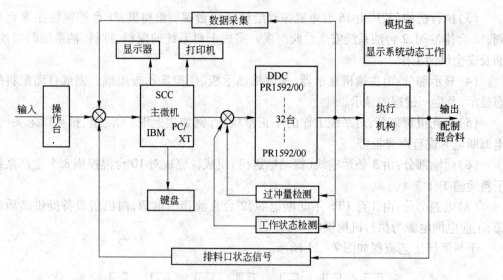

图 7 - 13 微机配料系统框图

由操作台设定工作方式：全自动/单称自动。由主微机监视配料过程，系统异常自动报警。由子微机直接发出指令控制执行机构，子微机自动检测过冲量，自动修正下次配料冲量保证精度。子微机按设定的高精度配料曲线自动完成配料过程。主微机采集子微机配料的数据，打印配料报表。模拟盘显示系统工作状态。单称自动配料时，在子微机面盘上直接操作。

（三）自动配料系统流程

为深刻认识该配料系统，必须清楚地知道各硬件及设备的分布，以及它们之间的连接关系，必须清楚地了解系统内部各种信息、命令、数据的性质以及它们的传递关系。为简便明了特绘制系统信息流程图如图 7 - 14 所示。

二、主微机简介

（一）硬件简介

某厂自动配料系统主微机采用的是美国 IBM 公司生产的 IBM·PC/XT 微型机。它是具有 640K 内存容量的准 16 位计算机，中央处理器 CPU 为 Inter8088 与 1 个彩色显示器、1 个标准键盘、1 台打印机、1 台软盘驱动器及 1 台硬盘驱动器构成 1 个微机系统。

该机原为储存、处理各种信息、数学计算、管理文件等而设计的。由于该机具有价格较低，寿命长，运行可靠使用方便等特点。经研制开发，将其应用到工业控制中，作为集散型控制系统中直接控制机（DDC）——"电子秤"的上级监控管理机（SCC）。

在该机系统板扩展槽上，选用一片 RS - 232 异步通信接口板，配合研制的 JL - A 多路通信分配板，进行主微机与 32 台子微机之间的通讯工作（传递数据）。选用一片 4201 大规模开关量处理接口，配合光电隔离板，进行主微机与子微机之间的各种命令的输出，各种状态信息的输入活动。

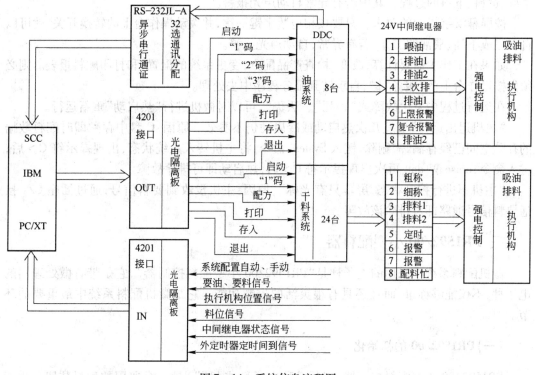

图 7−14　系统信息流程图

(二) 软件功能简介

某车间主微机目前采用 BASICA 语言编制的程序进行管理和控制,它有以下的功能:

(1)运行程序自动启动,主微机启动后,自动地将控制程序由 C 盘装入内存,并自动地运行。

(2)检查系统的配置,将三个干料配料系统分配给 10 台混捏阀,并且封闭检修的混捏锅,中断对其下料下油。

(3)采集、存储、打印各种配料的即时数据。计算、打印配料误差、精度超差声光报警。

(4)打印配料报表。

(5)检查配料系统执行机构工作状态。喂料机构故障无流量报警,排料机构故障,声光报警拒绝下次配料工作。

(6)计算、检查、打印各系统的炭石墨制品的配方。

(7)检查各贮料料仓的料位状态。

(8)根据生产工艺的要求,自动发出配料、下油、运输、下料等指令,屏幕自动汉字显示运行状态。

(三) 使用方法简介

由于采用屏幕汉字提示,因此,使用起来特别方便,只要按屏幕提出的要求,用键键入“n”或“y”或相应数字键,即可完成操作。

按屏幕汉字提示的要求,只要按相应的数字键一次,就可自动地完成干料系统的配料、排料、运料、下料的过程。其中若有异常自动声光报警。

按屏幕汉字提示的要求。只要按相应数字键一次，并拨动操作台上的转换开关，就可以自动完成下油、喂油的工作，若有异常，自动声光报警。

如果在工作中需要计算，改变、检查产品配方；变更系统的配置；和打印配料报表。则必须先按操作台上的"服务"键，自动转到服务程序中去处理。

在运行过程中发生故障或"锁死"、"丢失"，可以对微机进行"热启动"重新运行。

"主机退出运行"反复几次热启动或冷启动仍不奏效。原因：C盘中存贮即时配料数据的存贮空间已经存满，需删除，键入 System 命令，将主机转入系统状态，出现提示符 C > 后，键入命令，erase W dat、再次出现提示符 C > 后，热启动即可排除故障。

"主机不进行控制状态，屏幕只有光标"，原因：主机没收到要料信号，通过插座 CZ_2 接通要料信号通路即可排除该故障。

三、PR1592/00 小型配料器

微机配料系统中采用的电子秤是"PR1592/00 小型配料控制器"，它是带有微处理器的电子秤，不仅能够称重，而且还具有很灵活的控制功能。它是微机配料系统中最重要的环节。

(一) PR1592/00 的初始化

PR1592/00 小型配料控制器(以后简称电子秤或"秤")是一个通用的配料装置。为了使它能够为炭石墨制品配料工艺所用，使用前必须进行"初始化"设定。所谓"初始化"通俗地讲就是让这台秤如何为我们服务。而其中最主要的是设置秤内的八只输出继电器去控制配料系统中的那些装置。经过初始化的设定，PR1590/00 就成了一台专用于炭石墨制品配料用的带"电脑"的电子秤了。

1. 秤的标定

初始化过程中另一个主要的一步是"秤的标定"。这步完成得如何直接影响该秤的精度，因此必须认真地操作，电子秤、传感器、称量斗、传输线，安装好了，还必须经过标定。所谓"秤的标定"就是进行去皮重，设置零点，设定满量程值，并且使秤在满量程内显示值与所称实际物重值之间的误差满足千分之一精度要求。

2. F_4 参数的意义

初始化过程中"步阶宽度"F_4 参数的意义，它是表明秤能够分辨出最小重量能力的参数。

当 F_1 参数设置为1位小数时(F_1 是关于小数点位置的参数)，F_4 取值分别为：1、2、5、10、20(秤分辨能力对应为：0.1kg、0.2kg、0.5kg、1kg、2kg)。

当 F_1 参数不设置小数时：F_4 取值分别为：1、2、5、10、20(秤分辨能力对应为：1kg、2kg、5kg、10kg、20kg)。

3. 调零范围

初始化过程中"调零范围"F_{12} 参数的意义：它是表明将秤的起始点值调解到零值能力的一个参数。它与 F_4 参数的设置相关。调零范围在设定小数点为一位条件下，等于步阶宽度设定值乘以 0.1 再乘以 F_{12} 设定值的积，不设小数点时 0.1 用 1 代替。例如：$F_4 = 2$、$F_{12} = 50$ 调零范围 $= 2 \times 0.1 \times 50 = 10kg$，其意义为秤零点值在 10kg 以内可以通过调零操作(按 ZERO

键)将其调为 0 值。大于10kg 调零操作不起作用。使用过程中每次零点漂移值调去后都存在秤内的某个存贮器内,当各次调掉的值累加代数和大于设定值时,调零操作不起作用,同时秤的最大可称量值等于满标值减去调去的零点值。因此,如果调零范围设置过大可能引起秤不能正常工作。例如:秤的满标值 300kg,调零范围 100kg,调零操作不起作用后,该秤最多只能称量 200kg 物料,若想称量值大于 200kg 只有重新标定。

一般在初始化之前都要作"清内存"的操作。不作"清内存"的操作,可以对秤作"自检"操作。可以进行"初始化"操作,修改初始化参数中的输出、输入功能等,或检查初始参数是否有问题。秤的标定一步可以直接越过,不必重新标定,但调零范围存贮器内容没被消除,因此调零操作仍保持初始化之前的状态。

(二)预置配料步骤,设置"配方表"

"配方表"是 PR1592/00 具有的一大特点。这里的配方与工艺中的配方是两个不同的概念。因此叫"配方表"。

"配方表"就是完成一次配料所需要进行的几个不同步骤。PR1592/00 可以贮存 9 个不同的配方表,每一个配方表内可以实现 9 个步骤。因此,使用起来相当方便、相当灵活。

配方表内所安排的内容,在秤启动以后按先后顺序一步步自动执行。每一步没有执行完毕决不会执行下一步。例如:在喂料时,物料供不上了,只要料没喂够,不管多长时间,总执行喂料指令,不会执行下步。或者你按"暂停"键,秤就停止在喂料阶段,直到再按"启动"键时,才继续执行喂料的指令。排料时的情况也一样。

配方表内的内容安排在正常生产时不得随意变动,但在生产遇到特殊情况时,可以调用空余的配方,其内容根据生产需要灵活安排。

当配方表的内容已经执行到某一步,或某一步的某个阶段企图终止这一过程,可以用"终止配方"或"终止物料"的操作来实现。

PR1592/00 对称量过程中的重量显示值有"毛重"、"净重"、"差重"三种状态。在配料时可以根据需要任选其中一种。"毛重"指的是包含秤的零点漂移,料斗内挂存的料,料斗上积存的料,以及所称物料重量的代数和。"净重"指的是所称量的物料(本次称量)的重量值。"差重"指的是本次称量的物料即时值与配方设置值之差。想选用哪种显示,只要在称量过程中按秤面盘上相应键即可,称量过程结束按键不起作用。若配料系统选用的是"净重"显示方式,称量结束后自动转为"毛重"显示。

(三)保证配料精度,正确设置"物料表"

物料表的设置是 PR1592/00 又一大特点。"物料表"是为了保证配料精度而事先设置的一些参数。按这些参数的要求去完成称重过程。这些参数是:细称值、过冲量、精度范围、无流量、配料方式、最小水准、脱离时间。这些参数设置得是否合理将影响配料过程及配料误差。"物料表"、"配方表"不属于初始化的范围之内。但一台新秤初始化后,不设置"物料表"、"配方表"照样不能工作。而且必须先设置"物料表",后设置"配方表",否则"配方表"输入完毕将显示"输入有错"的信息,即使物料表中有的参数不用,也必须输入一个"0",否则会同样出现以上情况,PR1592/00 可以控制五种物料:C01、C02、C03、C04、C05。每种物料都必须对应自己的"物料表"。

首先,要明确"设定值"这个概念。设定值就是电子秤一次配料预期称量的值。设定值需事先设置。例如:我们想称量 100kg 物料,我们将"100kg"输入到秤内。这"100kg"就是该次的设定值。

其次要知道电子秤的配料流程,如图 7-15 所示。

配料开始后,给料机往斗内加料,秤随之显示所加入物料重量的即时值;达到设定值,自动停止加料;然后自动打开排料插板,料斗内排空后,自动关上插板。到此一配料周期结束。

1. 细称量和过冲量

从以上配料过程分析,物料进入秤斗时对秤斗有个冲击力,秤斗受到冲击后会发生抖动,使传感器受到横向力的干扰。冲击力、横向力附加到重力之上必然会影响称量的准确性。配料越快,给料量越大,影响越大。为了解决这一问题,在称量值快到设定值时,改为慢速加料,这样既保证了配料速度又解决了对称量的影响。为保证配料精度,事先在秤内设定的,在配料即将结束时改为慢速加料的那部分的重量值称细称值。快加料部分称粗称值。精称值等于设定值减细称值再减过冲量之差,它是由秤自动算出来的。

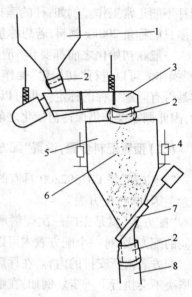

图 7-15 单秤配料流程
1—料仓;2—软连接;3—电磁振动给料机;
4—传感器;5—称量斗;6—过冲量;
7—排料机构;8—运输线入口

从上述配料过程还可看出:给料机停止喂料后,在一瞬间有一部分料脱离给料机而未落到称量斗上,喂料的速度越快,这部分物料越多。电子秤发出停机指令时,必须估计出在空间这部分料的重量,且在设定值中事先留有余量,否则也会影响配料的准确性。这种情况和我们手扳闸门配料留有"提前量"是一样的道理。电子秤自动估算空间这部分料的重量就叫做"过冲量"。物料表中的"过冲量"数值是我们根据经验设置的。开始配料以后,秤内自动记录配料状态,分析"过冲量"的大小,自动确定下次配料的"过冲量"的值。经过几次称量跟踪,就将"过冲量"调到最佳值。要注意的是喂料速度要稳定。

2. 精度范围

再好的秤配料时也会存在误差,当然误差越小越好,但是一味追求误差小就必然要作出其他性质的牺牲。精度范围就是保证配料误差的要求范围之内在物料表中设置的另一个参数,此参数是一个重量值。例如:设定值为 100kg,精度范围设置 2kg,配料结束后,所称的物料在 98~102kg 都是满足要求的,在大于 102kg 或小于 98kg 时精度超差会报警。若误差带太窄,系统会频繁报警,反而影响正常工作。根据炭石墨生产工艺对配料误差的要求,根据设备的运行状态等,干料系统粒子精度范围设置"2kg",粉子设置"5kg",油系统喂油设置"5kg",排油设置"2kg",配料系统的累计误差可达到3‰以内(工艺要求为 1%)。

3. 流量

流量是表明喂料速度的一个参数,单位是 kg/min。例如:粉子的喂料速度大约在 200kg/min,也就是说每分钟大约有 200kg 粉子加入到秤斗内。"无流量"是在物料表中设置的监视喂料系统正常与否的一个参数。

4. 配料方式

物料表中的第五个参数是配料方式。配料方式参数在生产中要根据不同情况作相应的调整。

5. 最小水准和脱离时间

物料表中除了设置喂料的参数外,还必须设置排料参数"最小水准"和"脱离时间"。配完料后必须将料完全排出料斗,何时结束排料过程、关死排料机构这是排料参数决定的。在排料过程中,称量斗内的料是逐渐减少的,假定将秤斗内剩余某一数值物料的时刻为一个计时起点,再设定一段定时时间,定时时间一到就发出排料结束的信号,这样便把排料结束关闭排料机构与排料过程有机地结合起来,设定的对应计时起点的秤斗内剩余物料的数值叫"最小水准"。那段定时时间叫"脱离时间"。

以上这些参数是配料精确的保证,综上所述:可以得出单秤配料过程曲线,如图 7 - 16 所示。

（四）PR1592/00 小型配料器的故障处理

电子秤的故障可分两大类:一类是由于操作不当造成的不能正常工作,而设备本身并无问题,一类是属于设备方面的问题,生产中通常遇到的情况总结如下:

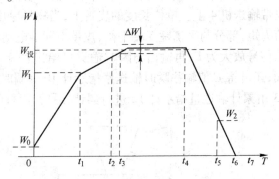

图 7 - 16　单秤配料过程曲线

W—重量轴;T—时间轴;$W_设$—设定值;W_1—粗称值;W_2—最小值准;W_0—零点范围;ΔW—精度范围

（1）秤启动后不进行配料操作而直接转为"定时"一步,然后停机。原因是:

1）配方的设置不合理,各步骤配料量的累计之和大于秤的满量程值。

2）初始化设置物料表参数时忘记设置排料参数,尤其是油系统不用排料参数（减量法配料）,但也必须设置为"0"。

（2）配完料以后,不进入卸料状态。原因是配方表中没设置或没"输入进去"卸料功能。

（3）排完料后,排料插板不关。原因是最小水准值"小于""皮重"值。

（4）每锅料排不净,原因是"脱离时间"设置太短。

（5）打印表打出的数据（净重）反映误差过大,原因是:1）配料方式选择不当;2）精度范围设置太宽;3）稳定时间设置太短;4）"过冲量"太小。

（6）秤启动后,直接细称,没有粗称阶段。原因是细称值设置过大,大于设定值。

（7）按秤面盘的功能键,不作相应的反映。原因是由于盲目操作按键使秤内逻辑"锁死",可以按"暂停"键＋"退出"键＋"配方"键,然后按"启动"键,或断掉电源再送电试一试,如果仍不解除,那就不是由于操作失误而造成的了,而是设备本身有问题。

（8）按调零键不起作用,原因是"皮重"的值大于初始化时设置的零点调整的范围。

（9）秤在正常的使用条件下,突然显示"erre08"或"erre09"。一般是传感器有问题,应该找出坏的那一只,换上同一规格（批号、量程、灵敏度相同）的传感器。

（10）秤的零点漂移呈跳跃状态,由一点跳到另一点,持续一段时间又跳回原来的数值附近。此种情况,多半是传感器接线盒中的接点有虚焊现象造成的。

(11)用砝码检定秤时,秤的线性指标不好,误差过大。多数是称量斗没处于平衡状态造成的。

第五节　连续称量设备

一、皮带秤

(一)皮带秤的工作原理

如图 7-17 所示,物料自贮料斗 1 借振动器 2 而卸出,再由电磁振动给料机 3 加于恒速皮带输送机 4 上。单位长度的皮带上,当物料厚度均匀时,物料的重量是一定的,皮带的载荷力矩,部分与平衡锤 5 相平衡,皮带由同步电动机 6 带动。放大器 7 将应变传感器 8 的输出信号放大为 E,再输出与瞬时输送量给定器 9 的 E_0 相抵而得差电压($E_0 - E$)。另一方面,还可将 E 值输往瞬时输送量指示计 10 和瞬时输送量记录仪 11,或者也可经脉冲变换器 13 由累计输送量指示计 12 进行累计,最后,由打印机 14 进行记录。

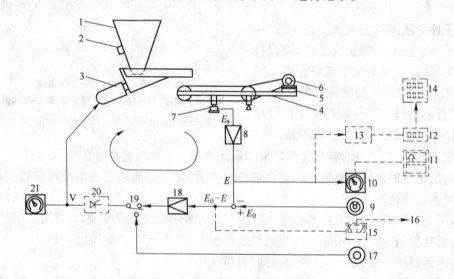

图 7-17　皮带秤

1—料斗;2—振动器;3—电磁振动给料机;4—皮带输送机;5—平衡锤;6—电动机;7、18—放大器;8—应变传感器;
9—输送量给定器;10—输送量指示计;11—记录仪;12—累计输送量指示计;13—脉冲变换器;14—打印机;
15—偏差指示计;16—偏差警报器;17—调整器;19—切换器;20—整流器;21—电压计

如果,实际输送量与给定值不一致,即 $E_0 \neq E$,则($E_0 - E$)值由偏差指示计 15 示出,或者立即发出偏差警报 16,由人工用手动调整器 17 调节电磁振动给料机。若为自动操作,则($E_0 - E$)值经放大器 18、切换器 19 与整流器 20 来调整电磁振动给料机,其操作电压由电压计 21 表示。

(二)皮带秤的称量原理

匀速运动的皮带,当皮带速度 v 一定时,若皮带上物料层厚度 h 均匀,因皮带宽度 B 是

一定的,则单位时间从皮带秤上卸下的料 $Q(\mathrm{N})$ 就可按下式计算:

$$Q = B \cdot v \cdot h \cdot \gamma \qquad (7-17)$$

式中,γ 为物料重度,$\mathrm{N/m^3}$。

由上式,Q 与皮带速度 v 和物料层厚度 h 及皮带宽度 B 成正比;也与物料重度成正比。所以,控制皮带速度与皮带上料层厚度就可控制皮带秤的称量值。

二、核称量秤

它是利用物料对核辐射能量吸收的作用原理进行称量,核称量技术它也是在皮带输送机上进行连续称量,如图 7–18 所示,物料 1 被皮带 2 向前输送着,其上方有一核辐射源 3,核辐射线 4 射向物料,在皮带的下面设一检示器 5,它接收被物料吸收后所剩下的核辐射能量,由此来衡量物料的多少。

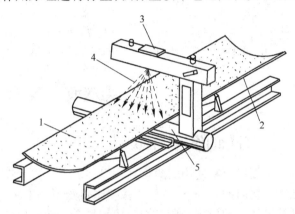

核称量采用的是 γ 射线,它是一种纯电磁能量。物料暴露在 γ 射线下,部分辐射被物料吸收而变成热量,其吸收的程度可由下列指数关系来表示:

$$I = I_0 e^{ux} \qquad (7-18)$$

图 7–18　核称量装置
1—物料;2—皮带;3—核辐射源;4—γ 射线;5—检示器

式中　I——核辐射透过强度;

　　　I_0——入射给物料的核辐强度;

　　　u——质量吸收系数,$\mathrm{m^2/kg}$;

　　　x——皮带质量负荷,$\mathrm{kg/m^2}$。

由此式可知,吸收的对数值与皮带的质量负荷呈正比。辐射吸收的变化取决于辐射本身的特性以及物料的元素相对原子质量(见表 7–5)。

表 7–5　在铯–137 辐射源下(波长 $\lambda = 0.0024\mathrm{nm}$)的 u 值

物质	质量吸收系数 $u/\mathrm{m^2 \cdot kg^{-1}}$	物质	质量吸收系数 $u/\mathrm{m^2 \cdot kg^{-1}}$
碳 C	0.008	铅 Pb	0.021
铁 Fe	0.008	锡 Sn	0.010
铜 Cu	0.0081	氢 H	0.0165
铝 Al	0.0079	水 H_2O	0.009

核称量采用的 γ 射线辐射源,一般为同位素铯—137,约为 50~2000(毫居里)。核辐射被安放在专门的转盒内,如图 7–19 所示,辐射源 1 放在转子 2 内,转子以其枢轴 3 可在固体 4 内旋转,当辐射源转至瞄准孔 5 时,为处于工作状态。当不工作时,辐射源必须转离瞄准孔,以保安全。

检示器为高效的离子室,按接收到的辐射能量的大小,转换成相应的电流(约为 10^{-10}~

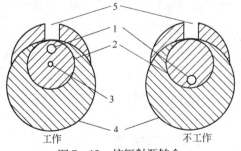

工作　　　　　　不工作

图 7–19　核辐射源转盒
1—辐射源;2—转盒;3—枢轴;4—外盒;5—瞄准孔

10^{-9}A)。

核称量的操作如图 7-20 所示,上述的电讯号经放大与线性化之后,与测速计所得关于带速的讯号一起进行倍增处理,最后就可将物料的质量予以累计或记录。

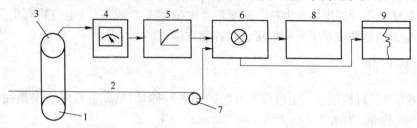

图 7-20　核称量的操作图

1—辐射源;2—皮带;3—检示器;4—放大器;5—线性化器;6—倍增器;7—测速仪;8—累计器;9—记录仪

第六节　料仓设计

一、料仓的作用与种类

炭石墨材料使用的原料种类很多。在生产过程中,根据各个工序情况的变化,往往需要把物料暂时贮存一下,然后再按要求供给下一工序,使设备操作合理化。能起到暂时存放物料这种作用的设施主要是堆料场和料仓。随着生产过程自动化程度的提高,料仓的地位显得越加重要。

料仓的类型,按用途不同,料仓分贮料仓、加料仓、配料仓、混料倒料仓和料斗等。按外形分圆筒仓、多边形仓和梯形仓等。按封闭情况分密闭式和敞开式。按料仓分布情况分单仓、排仓和圆仓等。按建筑材料分混凝土仓和钢板仓等。

此外,按贮存物种类、容量的不同,还有多种名称和类型。

圆筒仓的有效容积较大,不受气候的影响,也不会有细粉、灰尘飞散外扬的情况。互不相关的料仓称为单仓。把若个干单仓按一定分布规律联系起来,合用加料、卸料设备,称为组合仓。单仓成排排列的组合仓称为排仓。单仓成圆排列的组合仓称为圆仓。建筑材料多用钢筋混凝土。当用钢板制造时,为避免原料中引入铁质,应在其内壁镶上不会锈蚀的衬里。钢筋混凝土料仓和钢板料仓的使用性能比较列于表 7-6。

表 7-6　料仓使用性能比较

料仓材料	价格	重量	基础工程	吸湿性	保温性	密封结构	隔热性	耐火性	耐腐蚀性	建造工程	修理改建	移动位置
混凝土	较高	大	大	有	好	难	好	好	好	费事	难	不能
钢板	较低	小	小	无	差	易	差	差	易锈	较易	易	可以

二、料仓的设计

(一)设计注意事项

设计过程中主要应考虑下列几个方面的问题。

(1)位置。料仓位置的选择,不仅要根据工艺流程布置、使用方便,还必须考虑整个工程条件和将来发展规划。对于容量较大的贮料仓,由于基础工程要求较高,所以要选择土质好、工程费低、便于施工的地方。

(2)形状。在贮量一定时,料仓的直径与高度间有一个基建费用量最经济的尺寸比例关系。但从有效地利用土地面积的观点看,适当增大其高度是有利的。料仓形状还受到装料(卸料)方式、土质、地理条件及气象条件等因素的限制。当几个料仓组合并设时,要根据地形及环境情况合理地决定各个料仓的形状和配置。

(3)容积。料仓容积按生产工艺确定的物料存贮量决定,同时注意留有适当的富裕空间。料仓过大时,设备费用和使用费用增高。而且,由于物料的自然堆积角,使得料仓边缘部位空间的利用率降低。在卸料时,这些部位的物料容易产生停滞现象,特别是平底形的料仓,更难以均匀地卸料。若作成圆锥形或角锥形底部,则要求料仓的支承结构加大,造价增高。因此,在需要贮存大量物料时,通常采用组合仓。每个单仓容量以不超过500t为宜。配料仓容积,可根据各种物料在配料中所占百分比,来确定它们的对应关系。但考虑到施工的方便和与配料仓的通用性,料仓的规格宜少。

(4)装料和卸料。根据物料性质和料仓使用条件,选择合适的装、卸料方式和机械设备。

1)装料。

①用桥式吊车或电动葫芦直接将物料起运入仓。对块状软质物料和散粒状硬质物料都适用。

②先用斗式提升机和倾斜式刮板运输机或爬斗,再用螺旋输送机或皮带运输机或刮板运输机,后经溜槽或溜管运料入仓。

③用气力输送设备装料,只适用于粉状和细粒状物料。

2)卸料。料仓能否顺利地卸料,会影响到整个工艺过程。配料仓是否能顺利地卸料,是原料车间能否实现称量、配料自动化的关键。对一些吸湿性较强、含水率较高的软质物料,要保证其顺利地卸料,必须选用合适的卸料设备,并采取其他有效措施。常用的卸料设备有:

①闸板适用于细粒状的硬质物料和干燥的软质物料等容易下落的物料。将料仓底部作成圆锥形或角锥形。只要调节闸板开合度,就能接近定量地卸料。闸板分为沿水平、垂直或倾斜方向作直线运动的挡板;旋转的铰链式闸门;使弧形板作旋转运动的切断式闸门;形状特殊的转动弯管等。闸板开合度调节可用杠杆、螺旋、齿轮、链轮等方式传动。

②转轴式卸料器能接近定量地卸料,对粉料最适用。一般安装在闸板之下,与闸板配合使用,便于维修。转轴式卸料器有旋转叶轮式、旋转滚筒式等数种。

③螺旋卸料器应用也很广。结构与螺旋运输机相似。物料是按体积运送的,具有很好的定量性。其缺点是消耗功率较大,螺旋叶磨损严重,维修工作量较大,容易给物料引入铁质。

④运输机式卸料器有皮带式、板式、链式等数种。当料仓底部作成平底形时,能可靠地卸出物料。适应性强。缺点是设备费用、维修费用较高,消耗功率较大。

⑤圆盘式卸料器的主要部件是一个作水平方向旋转的圆盘,被安装在料仓底部卸料口下方。依靠固定刮板将转动圆盘上的物料刮落来卸料。卸料量主要由刮板插入圆盘上物料

堆深度来调节。适用于卸料量少、流动性好的物料。

⑥振动式卸料器是一种依靠电磁振动器或机械振动器使输送槽产生斜向的往复振动,使槽内物料产生向前跳跃运动而卸料的机械。特点是除振动器外,没有其他转动部件,构造简单,物料对输送槽的磨损小。

⑦空气斜槽是一个稍带斜度的槽体。用具有许多微小细孔的多孔介质(如帆布)把此槽体分隔成上、下两层,当下层通入压缩空气时,这些空气就会透过多孔介质层,进入上层,拱托起置于多孔层上的粉状物料,使其流态化。这种流态化的粉料,在自重作用下,像水一样顺着斜槽从高端流向低端。但对潮湿粉料不适用。

(5)防止"离析"。对粒度分布范围很广的物料,由于加料时受到离心力作用,或从高处落下时受到重力作用,会使粗细颗粒自然分离,这种"离析"现象,在设计加料方式时也要注意到。若在生产过程中,要求粒度均匀分布时,就应设法避免产生这种情况。

(6)强度和结构。要根据料仓内贮存料的压力以及积雪、地震力、风压等因素进行料仓的结构设计。各部件应具有足够的强度。如要存贮吸湿性较强的软质物料,则在料仓结构上应采取防湿措施。

(7)防止"成拱"。这个问题在设计时必须十分注意,在后面还要详述。

(8)附属设备。通常在料仓顶部盖上应开有检查、清扫孔。在内外仓壁上设置必要的支架和梯子。大型料仓上要建造楼梯、平台、扶手和栏杆等。为了保证料仓使用中的安全性、合理性,应安装压力计、温度计、湿度计、除尘设备、通用装置,装卸料设备,运转信号系统及自动计量、料位控制等装置。

(9)调查研究。在设计料仓时,必须搜集整理以下几方面原始资料:1)物料存贮量、贮存天数、装料、卸料周期。2)物料性质,如粒度、密度、温度、水分、吸湿性、潮解性、黏结性、变质性、带电性、爆炸性、腐蚀性、磨损性、破碎性、飞散性、毒性、腐蚀性、流动性、自然堆积角等。3)建造料仓材料的来源和品种。4)所需附属设备的种类、重量和配置情况。5)其他载重情况。6)地质、气象资料。7)工艺流程布置。8)其他工厂使用类似结构料仓的经验。

(二)圆筒形料仓主要结构参数的设计与选择

料仓的形状很多,设计计算方法不尽相同,现以圆筒形料仓为例,进行主要结构参数的设计。

1. 料仓的容积

料仓各部分的尺寸如图 7 - 21 所示。

料仓的容积应根据额定物料存贮量来确定。设物料存贮量的额定值为 W_s,此物料松散堆积时的密度为 ρ,则料仓中物料堆的体积 V_s 应为

$$V_s = \frac{W_s}{\rho} \qquad (7-19)$$

由图 7 - 21 可知

$$V_s = \frac{\pi}{4}D^2 h + \frac{\pi}{12}D^2 s + \frac{\pi}{12}D^2 L$$

$$= \frac{\pi}{4}D^2 \left(h + \frac{D}{6}\tan\alpha + \frac{D}{6}\tan\varphi \right) \qquad (7-20)$$

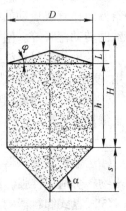

图 7 - 21　料仓的尺寸

整个料仓的容积 V_t 应为

$$V_t = \frac{\pi}{4}D^2H + \frac{\pi}{12}D^2s = \frac{\pi}{4}D^2\left(H + \frac{D}{6}\tan\alpha\right) \qquad (7-21)$$

因为在料仓内部要装料位探测器、安全阀、排气口、人孔、人梯等。加入物料是以静止角堆积的。所以,料仓上部必留一定空间。通常取填充系数

$$\phi = \frac{V_s}{V_t} = 0.75 \sim 0.85 \qquad (7-22)$$

2. 料仓仓壁倾斜角

在计算料仓容积时,首先应确定仓壁倾角 α 值(见图 7-21)。当然,料仓圆锥形底部的仓壁,必然有足够大的倾斜角,以保证物料依靠自重从料仓内顺利地卸出。但仓壁角度的增大,会减小总高度相同时的料仓容积,过大的仓壁倾角,反而会增大卸料的困难。

对仓壁倾斜角的适宜值,应根据物料性质、仓壁材料与表面情况、物料贮存时间和贮存量等因素选择。一般可采用下列经验公式估算

$$\alpha = \varphi + (5° \sim 10°) \qquad (7-23)$$

式中 α ——料仓仓壁倾角(仓壁与水平面夹角);

  φ ——物料与仓壁的摩擦角。

当用混凝土料仓贮存时,可取 $\alpha = 50° \sim 55°$;当用钢板仓贮存时,可取 $\alpha = 45° \sim 50°$。

3. 直径与高度之比

在计算料仓容积时,还存在着如何确定直径 D 与高度 H 值的问题。

料仓的基建费用与占地面积、基础工程大小、附属设备等因素有关,同时还与料仓的容积有关,通常与料仓的表面面积成正比。所以,在容积一定时,具有最小表面面积外形的直径与高度之比,就是基建费用最小、称为经济的直径与高度之比。根据数学推导可知:

对平底的圆筒形料仓:$H/D = 1$。

对圆锥形底部高度为 s、且 $s = D/2$(图 7-21)的圆筒形料仓 $\dfrac{H+s}{D} = 1.62$。

实际上,料仓的尺寸,除考虑基建的经济性之外,还需要考虑其他有关工艺、料仓使用时的经济性、发展规划等。对基础工程较大的大型贮料仓,适当增加料仓高度是有利的。

4. 料仓内物料的压力

贮存在料仓内的粉粒状物料的重量,必然会产生对料仓侧壁及底部的压力。这个压力的大小与料仓直径、仓壁摩擦系数、物料密度、物料内摩擦角、物料层深度以及外部载荷等因素有关。

(1)圆筒部侧压 p_d。先设圆筒垂直方向上,深度为 z 处物料的压力为 p_b,则 p_b 的值可按下式计算:

$$p_b = \frac{\rho g}{f} \cdot \frac{D}{4K}[1 - e^{-(4fk/D)z}] + p_0 e^{-(4fk/D)z} \qquad (7-24)$$

式中 p_b——正压力,Pa;

  f——物料与仓壁摩擦系数;

  ρ——物料密度,kg/m³;

  D——圆筒的直径,m;

  g——重力加速度;

z——料层的深度，m；

K——侧压系数，若散状物料的内摩擦角为 φ_i，则 $K = \dfrac{1 - \sin\varphi_i}{1 + \sin\varphi_i}$；

p_0——作用于物料层表面的外部载荷，Pa。

这样，作用于圆筒侧壁的压力 p_d 就为

$$p_d = Kp_b \tag{7-25}$$

假设物料层很深处的压力为 p_∞，即 $z \to \infty$，由式（7-24）可知

$$p_\infty = \frac{\rho g}{f} \cdot \frac{D}{4K} \tag{7-26}$$

对一般的粉粒状物料，$4fK = 0.35 \sim 0.90$。若取 $4fK = 0.5$，那么在忽略 p_0 且当 $z/D = 4$ 时，$p_b/p_{4D} = 0.865$；当 $z/D = 6$ 时，$p_b/p_{4D} = 0.956$；即当 $z \to \infty$ 时，$p_b \to p_\infty$。

由此可知：深度为圆筒直径数倍处、物料对仓壁的压力接近于定值。在基建中，考虑对仓壁强度要求时，可以式（7-26）计算值作为依据。

（2）料仓锥底部的压力 p_i。设 C 是由料仓底部的圆锥角 θ（等于仓底顶角一半）、物料内摩擦角 φ_i 和物料与仓壁之间的摩擦系数 f 所决定的常数。

$$C = 2fc\tan\theta(K\cos^2\theta + \sin^2\theta) \tag{7-27}$$

当 $C \neq 1$ 时，

$$p_C = \frac{\rho g s_0}{C-1}\left[1 - \left(\frac{s_0}{s_0 + s}\right)^{c-1}\right] \tag{7-28}$$

当 $C = 1$ 时，

$$p_C = \rho g s_0 \ln\left(\frac{s_0 + s}{s_0}\right) \tag{7-29}$$

式中　ρ——物料密度，kg/m³；

s_0——从仓底物料流出口到截头圆锥底部假想顶点之间的垂直距离，m；

s——圆锥部料层距仓底的深度，m；

g——重力加速度，m/s²。

所以，从上述几个公式可见，在物料表面和圆锥底部假想顶点处的压力为零，在料堆某一深度处为最大。这种压力分布的情况和压力最大值的位置是与物料性质、仓壁性质和料仓结构等因素有关的。

（3）卸料时的压力。以上计算是静止料层的压力理论值。实际上，由于料层分布是不均匀的，压力的分布也是不规则的。特别在料仓开始卸料时，上部物料的压力对底层的影响很小，而只受卸料口尺寸及操作方式等因素的影响。可用下列公式作近似的计算。

1）料仓侧壁的压力　　　$p_d' = 5.6K_0\rho gRK$ \hfill (7-30)

2）圆锥底部倾斜面的压力

$$p_c' = 5.6K_0\rho gR(\cos^2\alpha + K\sin^2\alpha) \tag{7-31}$$

3）圆锥底部水平面压力　　　$p_c'' = 5.6K_0\rho gR$ \hfill (7-32)

式中　K_0——操作特点系数，一次打开全部卸空，取 $K_0 \geqslant 2$；打开一次卸去大部，取 $K_0 \geqslant$ 1.5；打开一次卸去小部，取 $K_0 = 1$；

R——卸料口水力半径，m，当圆形卸料口直径为 d、物料的平均粒度为 d_b 时，圆形卸

料口的水力半径 $R = \dfrac{d - d_b}{4}$。要求 $d \geqslant (3 \sim 6)d_b$。

'5. 卸料能力

物料从卸料口自然通过时的能力为

$$G = 3600\rho A v \qquad (7-33)$$

式中　G——卸料口卸料能力,t/h;

　　　A——卸料口面积,m²;

　　　ρ——物料密度,t/m³;

　　　v——卸料速度,m/s。

圆形卸料口面积为

$$A = \frac{\pi}{4}(d - d_b)^2 \qquad (7-34)$$

底开式水平卸料口的卸料速度为

$$v = \lambda\sqrt{3.2gR} \qquad (7-35)$$

式中　λ——卸料系数,干燥易流的粉、粒状物料,$\lambda = 0.55 \sim 0.65$;经破碎后的块状矿石,
　　　$\lambda = 0.3 \sim 0.4$;潮湿的粉粒状物料、尘状物料,$\lambda = 0.2 \sim 0.25$。

三、粉状物料成拱的原因及防止的措施

(一)成拱的一般情况

成拱是物料堵塞在机械或料仓卸料口,以致不能排料现象的总称。它是料仓以及其他处理粉粒状物料设备经常遇到的困难问题之一。成拱的情况比较复杂,大致上有如图 5-22 所示的几种。

(1)在卸料口附近,粒子互相支撑,形成"拱架"状态。多见于卸料口较小或卸放夹着有棱角的粗粒子和大块的粉粒状物料时的情况(图 7-22a)。

(2)物料积存在机械的溜槽部分或料仓的圆锥形底部。这种形式最常见,也最难防止(图 7-22b)。

(3)物料只在卸料口上部近乎垂直方向向下落,形成洞穴状(图 7-22c)。多见于粉状物料黏附性较强的情况。

(4)物料附着在料仓圆锥底部表面,形成漏斗状(图 7-22d)。当锥部倾斜角过小、仓壁对物料的附着性较好及物料黏结性较强时,容易发生这种情况。

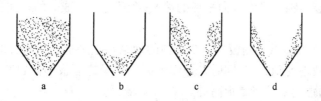

图 7-22　成拱现象的种类

(二)成拱的原因

实际情况表明,物料粒度越小、粒子形状越复杂、物料内摩擦力越大、密度越小、物料水分较多、黏附性较大时,成拱现象越容易发生且较为严重。料仓壁面越粗糙,圆锥部倾角不够大,卸料口越小时,成拱的可能性越大。所以,产生成拱的原因,大致上可以归纳为三个方面。

(1)由于物料颗粒之间及颗粒与料仓壁面之间的摩擦力:成拱的形式是由与摩擦力有关的其他因素决定的。例如,有棱角的粗粒子之间内摩擦力较大,如果仓壁不光滑,那么物料与仓壁的摩擦力也较大,这就可能产生图 7 – 22a 所示的成拱形式。

(2)由于物料颗粒之间及颗粒与仓壁之间的黏附力:物料的黏附性可能由静电感应、局部真空等原因造成,随物料性质和环境条件的不同而有很大的差异。这方面的机理,研究得还不够深入,所以,对由此而产生的成拱问题的处理,最为困难。

(3)由于物料的黏结力:如物料层的压力、物料的水分、吸湿性等原因,都可能使粉粒状物料互相黏结成大块,不能顺畅地从卸料口通过,而产生成拱。

此外,方形料仓棱角处,特别是方锥的棱角处成拱的可能性很大,也比圆锥形大。

(三)防止和消除成拱的措施

(1)加大卸料口。这是加强卸料、消除成拱的最有效措施。所以,贮存不容易卸料的物料的料仓,往往作成直筒形结构。但卸料口的加大,引起卸料闸门等卸料设备和机械尺寸规格加大,设备费用增加。另外,卸料速度与卸料口尺寸还具有式(7 – 35)的关系。卸料口加大后,正常情况下的卸料量就会增大,这样又要涉及到与下一工序的配合问题。所以,卸料口的加大是有一定的限度的。

(2)将料仓内壁加工光滑。由于物料与仓壁的摩擦与黏附是产生成拱的基本原因,所以,对仓壁、特别是圆锥底部的内壁,应作得尽量光滑。对壁面采取打磨、刷漆等措施。

(3)加大圆锥底部倾斜角。定性地说,壁面倾角越大,物料越容易下落。按经验公式(7 – 23)估算的倾角值,取其上限。由于物料与仓壁的摩擦角不是一个定值,所以应按条件最差的情况来决定。

可是过大地增加倾角是有害的。一方面使料仓有效容积减小。另一方面,圆锥顶部卸料口附近的仓壁大大增加,反而容易发生物料堵现象。因此倾角的增大,也是有限制的。

(4)将料仓圆锥底部作成非对称型。成拱的主要原因之一,是由于物料受到物料层的压力与受到各种摩擦力相平衡,形成了稳定的静止层。所以,将料仓中容易成拱的底部形状作成非对称型,以破坏物料受力各向平衡的情况,在理论上是成立的。在实际上也有一定效果。

(5)在料仓内部加装纵向隔板。这个措施的理论基础是上述非对称原理。但由于增加了摩擦面,使实际效果受到影响,同时在操作中要注意保持隔板两侧料仓中物料量的均衡,否则对隔板结构的强度要求将是很高的。

(6)在料仓内部悬挂钢丝绳或链条。这种办法对解决轻微的成拱现象有效。

(7)减小卸料口承受的物料压力。这是解决由于上层物料将卸料口物料压实黏结而产生成拱的措施。

（8）将圆锥底壁面作成抛物线形的曲线。这是根据物料压力分布情况，从力学观点出发，物料容易沿抛物线曲面滑落的原理提出来的。实践证明，这种方法对各种性质的物料都有效。但由于制作抛物线曲面比较困难，所以常采用几个直的斜面来代替。

（9）安装打击装置。它对粒度较粗、黏附黏结性较小的物料有效。

（10）安装仓壁振动器。仓壁振动器有气动活塞式、电磁式、机械振动式等数种。对多种物料是适用的。振动器的安装位置要选择在仓壁振动波腹处，一般取 $a = (0.3 \sim 0.4)L$，如图 7-23 所示，如果安装位置不当，效果不佳，甚至起助长成拱的反作用。

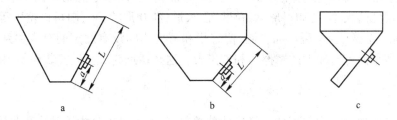

图 7-23 仓壁振动器安装位置

a—小型料仓；b—大型料仓；c—带溜槽料仓

（11）采取防潮措施。贮存吸湿性较大的物料的料仓，最好采用密闭式结构，防止湿气侵入。必要时，应定期通入干燥空气，作干燥处理。

（12）对料仓保温。当料仓内温度降低到该湿度的露点以下时，就会产生露水，造成物料结块、成拱。所以在低温地区要特别注意对料仓的保温。必要时需要电热器或蒸气管加热。

（13）鼓入压缩空气。向料仓中容易成拱的部位鼓入压缩空气。可用吹气管或多孔板向料仓直接鼓气、使粉料流态化。或者用薄膜吹鼓法推动料层运动，以防止成拱。如图 7-24所示。这种办法对于粉料极为有效。

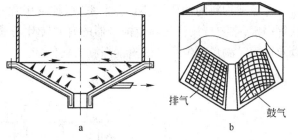

图 7-24 鼓气法装置

a—多孔板鼓气装置；b—薄膜鼓气装置

（14）安装机械搅拌装置或仓内振荡格栅。这些装置如图 7-25 所示。对防止各种物料的成拱都有效。

（15）开设手孔或人孔、采取强迫耙落办法。在发生难以预计的成拱情况，或产生严重的成拱、依靠预先设计安装的设备不能解决，或成拱的危害性大，需要及时解决时，可打开在卸料口附近及容易成拱部位上设的手孔或人孔，采用耙落等办法来处理。

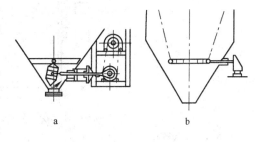

图 7-25 防止成拱的机械装置

a—摇动式搅拌机；b—仓内振荡格栅

四、料仓料位测量

1. 料位测量的意义和特点

在料仓中物料的堆积高度和表面位置称为料位。

为了准确地测知料仓中物料的体积或重量;监视料位高低变化的情况;对料位的上、下限发出报警信息;就需要对料位进行测量。

与液位比较,料位的特点是:(1)在料仓中自然堆积时,存在自然堆积角,料面是不平的。(2)在物料装、卸时,仓壁附近常有一个物料滞留区,该区中的物料因不能排出而滞留在仓内。滞留区的大小,与物料形状、粒度、含水量;料仓形状;装、卸料口位置等因素有关。(3)料堆中常存在着孔隙、裂口和空洞,使容积和密度之间没有固定的对应关系。(4)物料装、卸时,对测量元件有较大的摩擦力和冲击力。这些特点,在选择、安装和使用料位测量仪器时,都应充分注意到。

2. 料位计

测量料位的仪器称为料位计。料位计种类很多,大致可以分为接触式和非接触式两类。

接触式是料位计的检测元件与物料直接接触。有电极式、电容式、重锤式、回转叶轮式数种。

非接触式料位计的检测元件不与物料直接接触。有称重式、核辐射式、光电式、超声波式等数种。

部分料位计的安装方式如图 7-26 所示。

考虑到物料的性质(电阻、介电系数、料堆中存在空洞等)、使用中的安全可靠性、经济性等因素,主要选用作为料位信号器的有回转叶轮式料位计、薄膜式料位计、吹气式料位计以及可随时测量料位高度的重锤探测式料位计。

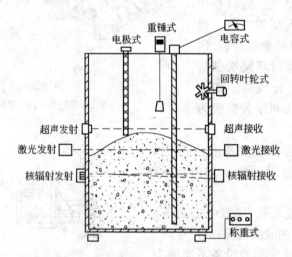

图 7-26　料位计安装方式示意图

第八章　混捏机与轧辊机

第一节　混捏(混合)原理

一、混合的定义与原理

在炭素、电炭生产中,制品中的各种成分、粒度的原料,需要进行混捏(混合)以使其成分和粒度分布均匀才能进行成形(如挤压或模压)。所谓混合,它是指将制品所需的各种成分和粒度的干粉经过某种操作,使其成分和粒度分布均匀的工艺操作过程。而混合所使用的机械,称为混合机。

混合是在外力作用下进行的,物料在混合机中从最初的整体未混合达到局部混匀状态,在某个时刻达到动态平衡。这之后,混合均匀度不会再提高,而分离和混合则反复地交替进行着。一般认为在混合机中物料的混合作用原理为如下三种:

(1)对流混合。物料在外力作用下位置发生移动,所有粒子在混合机中的流动产生整体混合。

(2)扩散混合。在粒子间相互重新生成的表面上粒子做微弱的移动,使各种组分的粒子在局部范围扩散达到均匀分布。

(3)剪切混合。由于物料群体中的粒子相互间的滑移和冲撞引起的局部混合。

在粉末混合时粉末混合物的颗粒分布的情况及混合均匀程度如图8-1和图8-2所示。

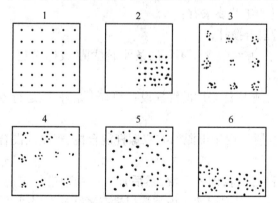

图8-1　粉末混合物中颗粒的分布
1—完全有序的;2—部分有序的;3—有序的粉末团;4—粉末团的
无规则分布;5—颗粒无规则分布;6—未混合

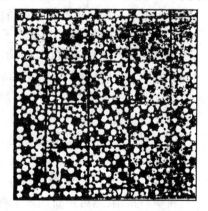

图8-2　充分混合的粉末中颗粒的
良好分布示意图

二、混捏的定义、目的及原理

混捏是指将各种颗粒的粉粒干料与黏结剂经过某种操作使其达到均匀、密实且具有一定可塑性的糊料的工艺过程。

混捏的目的是：(1)使各种不同粒径的骨料均匀分布，使颗粒之间的空隙用更小的颗粒充填，以提高糊料的密实程度。(2)使黏结剂均匀地包裹在干料颗粒的表面，并部分地渗透到颗粒的孔隙中去，由黏结剂的黏结力把所有颗粒互相结合起来。(3)使干料与黏结剂分布均匀，结构均一，并使糊料具有良好的塑性，以利于成形。为完成上述工艺要求所使用的机械称为混捏机。

要使颗粒、粉末和黏结剂等原料达到分布均匀、结构均一，且具有塑性等目的，通常采用的混捏方法有两种，一是挤压混捏，如图8－3所示，这种方法是把应变力 P 反复地加在不同的相互接触的糊料上，此应力加在糊料的各个部位，而力的方向交错地通过糊料的不同平面，使物料相互挤压变形，相对流动以达到分布均匀、结构均一，具有塑性的糊料。第二种是分离混捏法，此法是从一部分糊料中分出少量的糊料加到另一部分中，这样反复分离、重合而使糊料整体分布均匀。结构均一、具有塑性的目的。此外，还有揉搓、高压、负压等混捏方法。

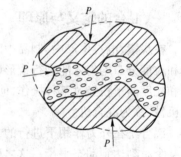

图8－3　搅刀式混合机内变形力对糊料的作用

三、混合混捏机的分类

根据不同的混合混捏原理可制成各种不同类型的混捏机，但一般混捏机不是用单一的混捏原理制造的，而是以某种混捏原理为主，其他混捏原理为辅制造的。

混捏、混合质量的好坏对生坯、乃至成品的质量都有很大的影响，而混合混捏料的质量除了原料成分和粒度的正确配方外，还与所采用的混合混捏机的类型、结构及操作等因素有关。

炭石墨制品工业使用的混捏设备应满足的工艺要求有：

(1)对不同粒度的颗粒(包括粉子)进行混合搅拌；

(2)既能干混，又能在 200～250℃ 温度下，黏结剂含量不等的条件下湿混(或称热混)；

(3)其生产能力能满足下道工序的需要。

能适应上述三个要求，且为炭石墨制品工业广泛采用的混捏设备约有十余种，按运行方式大致可分为三类：

(1)接力式。干混和湿混在不同设备内进行，用于干混的有双螺杆混合机、辊碾式混合机、滚筒式混合机等。

(2)间歇式。干混和湿混在同一台设备内进行，即先干混，然后加入黏结剂进行湿混，混好后将糊料排出，然后重新加入干料开始下一混捏周期。该类混捏机有桨叶式混捏机、转筒式混捏机和双搅刀混捏机等。

(3)连续式。有单轴、双轴连续混捏机。这种连续混捏机需要和连续配料设备配套使用。

按带不带黏结剂可分为：一种是粉末颗粒和黏结剂在搅刀推动下进行的热混捏的混捏机，这是一种带黏结剂的热混捏的混捏机，如 Z 形双搅刀混捏机、密炼机、螺旋连续混捏机、高速混捏机。单、双轴连续混捏机，多用于制备配方稳定且大批量生产，如阳极糊和预焙阳极。

　　第二种是冷混合机,常用于不带黏结剂的冷混合,如电炭厂用于混合金属－石墨料的圆筒混合机、鼓形混合机。在电炭或机械用炭的生产中,对于一些高强度,高密度制品,原料多采用细粉或超细粉,用一般的卧式双 Z 轴混捏机混捏,不能保证把黏结剂均匀地分布在所有粉末的表面,也不能保证多组分料粉作均匀的混合。为了补充混捏的不足,因而采用轧辊机进行辊压,称为轧片。可采用双辊或多对辊子的轧辊机进行一次或多次辊压糊料,通过辊压可消除混捏的不均匀性,提高糊性的塑性及提高压粉的致密度。

第二节　粉末混合机

一、粉末混合机的分类

　　粉末混合机是将各种成分和粒度的粉末物料通过扩散、对流和剪切作用使物料分布均匀的一种机械,也称为冷混合机。粉末混合机依其外壳形式和内部结构的不同可有多种类型,目前国内外常见的粉末混合机的外形如图 8－4 所示。

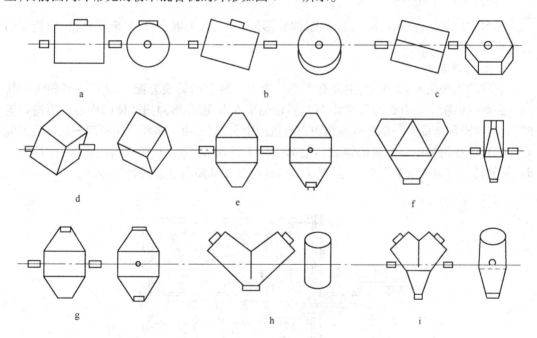

图 8－4　常见的粉末混合机

a—水平旋转混料机;b—偏心旋转混料机;c—偏心旋转六角形混料机;d—旋转立方体混料机;
e—双圆锥混料机;f—棱锥形混料机;g—双圆锥混料机;h—V 形混料机;i—Y 形圆锥混料机

　　由图可知,粉末混合机的主要构件是筒体,有圆筒形,六角形或立方体的,也有圆锥的;有简单的,也有是几个筒体组合的;筒体的安装有水平式的,也有倾斜式的;筒内有安装搅拌器的,也有不安装搅拌器的;轴有在中心的,也有是偏心的;有容器转动的,也有容器固定的。还有筒体在空间做三维旋转的新型混合机。这些混合机都是靠料粉在机壳内依靠自重无秩序地抛撒和撞击壳壁进行混合。各种类型混合机中粉末迁移机理如表 8－1 所示。

表 8 – 1　各种类型混合机中粉末迁移的机理

混料机类型	混合机理		
	扩　散	对　流	剪　切
旋转式混料机(圆筒形、鼓形、锥形、立方体形、V形)	××		
旋转式混料机(带叶片)	××	×	
重力混料机	××		
空气流混料机	××	×	
立式螺旋混料机		××	
旋转叶轮混料器		××	×
条板式混料机		××	×
Z形叶片混料机		××	××
轮式混料机		×	××

注:××主要作用。×次要作用

二、国内常用的混合机

国内常用的混合机有:圆筒混合机、圆锥形混合机、鼓形混合机、V形混合机、螺旋锥形混合机等。

1. 圆筒混合机

它的结构如图 8 – 5 所示,主要有水平钢筒 1 上装有两铸铁套圈 2,筒在支承轮 3 上转动。在筒的内壁上装有螺旋形桨叶 4,及斜切隔板 5,隔板并不伸到圆筒的中心。当筒转动时,将物料沿侧壁提升一定高度后再由自重抛向中央部分,由于料粉的相碰而开始强烈地混合。物料经在筒体中心安装的螺旋的上部管口 7 进入,由螺旋 6 送入筒内搅拌,搅拌终了时,筒的转动方向改变为反转,于是料从筒内经螺旋 6 从筒内经卸料管 8 卸出。

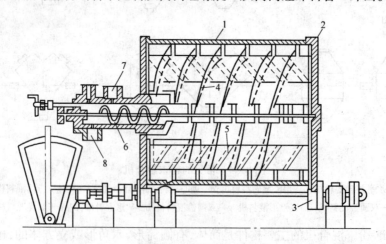

图 8 – 5　圆筒混合机
1—筒;2—套圈;3—支承轮;4—螺旋桨叶;5—隔板;6—螺旋输送器;7—进料管;8—卸料管

也有圆筒混合机是外壳不动,中心轴带动安装在轴上的搅刀转动,而把物料从侧壁抛向中央部分进行混合的。

国内有些电炭厂还使用一种简易圆筒混合机,它是用一个钢筒装上料粉后,放在支承轮上,由支承轮带动其钢筒转动,而把料粉进行混合。

实验证明,当圆筒的长度和直径的比例为 1.5∶1,圆筒的倾斜角约为 20°,转速约为 55r/min 时,此种混合机的效果较好。

2. 鼓形与圆锥形混合机

双圆锥形混合机如图 8－6 所示。鼓形混合机它主要由转鼓1,主轴2,支架3,及转动机构组成,转鼓断面是正六边形。转鼓倾斜安装倾斜角为 20°时,混合料均匀度较好,如图 8－7 所示。

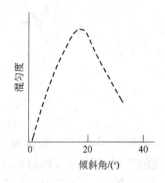

图 8－6　双圆锥形混合机　　　　　　　图 8－7　混匀度与鼓形混料机倾斜角的关系
1—双圆锥;2—主轴;3—支架;4—装卸料口

鼓形混合机主要是靠料粉在自重作用下改变其所取空间位置而互相混合的。160L 鼓形混合机的技术特性是:最大容积:160L;最大混合质量:60kg;转鼓转速25r/min;电动机功率:1.7kW;转鼓倾斜角:30°;机重:约320kg;混合机外形尺寸(长×宽×高):1.7m×0.9m×1.3m。

3. V 形混合机

V 形混合机如图 8－4h 所示,它是由两个圆筒组成"V"字形。当轴带动筒体转动,筒体处于"V"形位置时,上面两圆筒里的物料由自重抛撒下来并合到锥尖处,但当筒体转到处于"∧"位置时,则锥尖里的物料倒撒到下面的两圆筒里而分为两部分,这样随着轴的不断旋转,筒体不断转动、使物料反复分开、合并起来而使物料混合均匀,混合效果比以上两种好。

4. 螺旋混合机

螺旋混合机是一个圆锥形筒体,安装有轴中心线与筒锥体侧壁平行的螺旋,螺旋有单轴也有双轴;螺旋距有相等的,也有不相等的。双螺旋的,一般长螺旋的螺距小,短螺旋的螺距大。图 8－8 所示为双螺旋悬臂锥形混合机,这是一种新型混合机。

各种不同种类不同粒度的物料,在筒体内受到螺旋叶的强烈搅拌抛撒,撞击与分离作用,而逐渐混合均匀,混捏效果好。

此外,还有多向运动混合机,如图 8－9 所示。

三、混合质量与均匀度

在粉末混合中影响混合质量和混匀度(即混合均匀程度)的因素很多,主要是由物料在混合机内的运动来决定,混合机内物料的运动情况如图 8－10 所示,物料的运动与物料性质和混合机结构有关。物料方面的因素有:(1)粉末粒度(图 8－11a)及粒度的变化。(2)粉

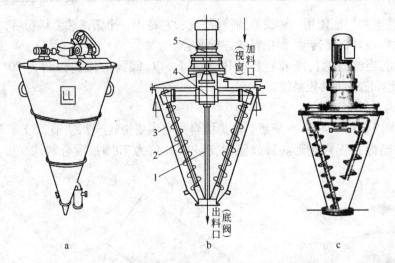

图 8-8 双螺旋悬臂锥形混合机

a—螺旋形混合机外形;b—双螺旋形;c—长、短螺旋形

1—拉杆;2—螺旋杆;3—锥形筒体;4—传动装置;5—减速机

末的颗粒形状;(3)混合物中各组分的比例及分散度的比例;(4)混合物的密度及各组分密度的比值;(5)混合物颗粒间的摩擦系数(图 8-11b);(6)混合时粉末移动速度;(7)粉粒的凝集和相互的研磨作用;(8)各种粉末间的性能差异及氧化情况等。

混合机方面的因素有:(1)混合机的结构型式;(2)混合机的容积及装料量(图 8-11c、e);(3)混合机的转速(图 8-11j 及图 8-11k);(4)混合机的倾角(图 8-11i)。

操作方面的因素有:(1)混合时间(图 8-11d、f、g、h、l、m、n);(2)混合温度;(3)一次混料量。

以上因素,有些是经常对混合的均匀性起固定不变的影响,有些只是偶然起作用。

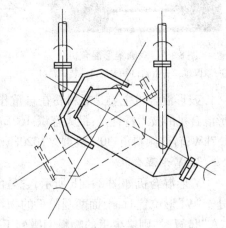

图 8-9 HDJ 系列多向运动混合机

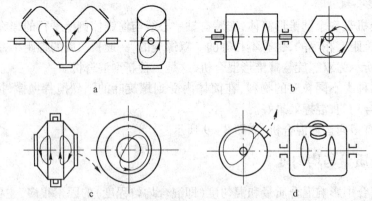

图 8-10 旋转型混合机内物料运动情况

a—V 形混合机;b—水平六角形混合机;c—双圆锥形混合机;d—球磨机(水平筒形混合机)

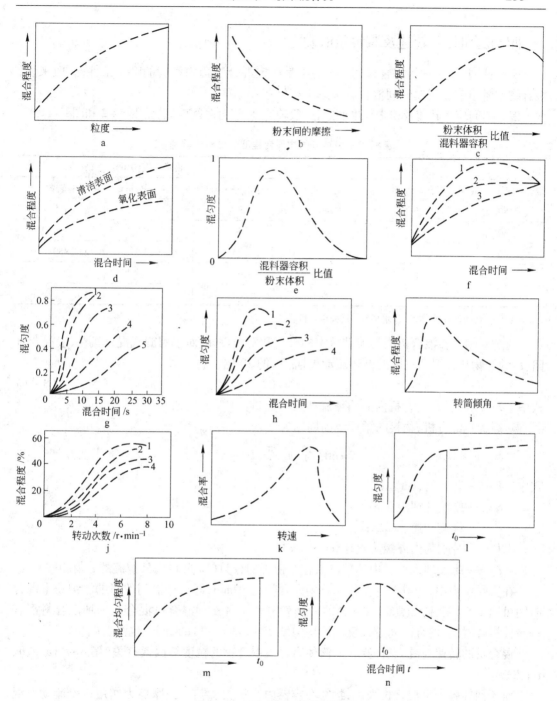

图 8-11　影响混匀度的诸因素

a—粉末粒度对混合程度的影响;b—粉末间的摩擦对混合程度的影响;c—混料器容积与粉末体积之比对粉末混合程度的影响;

d—金属粉末的氧化膜对混合的影响;e—粉末体积与混料器容积之比对混匀度的影响;f—混合时间对混合程度的影响

(1、2、3 表示三种不同类型的混料机);g—在五种转速下的混匀程度与混合时间的关系:1—80r/min;2—60r/min;

3~40r/min;4~25r/min;5~16r/min;h—混合时间和混合机转速对混合程度的影响;1—高速转;2、3—中等转速;4—低转速;

i—圆筒形混合机倾角对混合程度的影响;j—不同挡板状况下混合程度与转动次数的关系:1—无挡板;2—挡板高度 = 0.66R;

3—挡板高度 = 0.5R;4—挡板高度 = 0.33R;圆筒形混料机半径 = R;转速 = 25r/min;k—混料机转速对混合程度的影响;

l—混合很快达到均匀,延长混合时间不经济;m—必须长时间混合,才能达到最佳状态;n—经 t_0 后延长混料时间混合变坏(分离)

四、混合时间、转速及装料量的确定

实验证明,粉末物料混合时间的长短不是决定混合物均匀程度的唯一条件,一般来说,混合物中各组分经很短时间混合就可达正态分布。

混合时间应视转速及粉末粒度而定,一般转速高,混合时间就短,见表8－2和图8－11g。

表8－2　为达到同样混合程度的混料机转速

混合程度(0.4)			混合程度(0.6)		
混合速度/r·min⁻¹	混合时间/min	总转数	混合速度/r·min⁻¹	混合时间/min	总转数
80	3	240	80	5	400
60	4	240	60	7	420
40	8	320	40	12	480
25	17	425			
16	30	480			

注:材料:红砂和白砂;混料机:水平旋转圆筒混料机。

通过对物料在混合机内的流动状态的分析和实验可知,对于螺旋式混合机,一般混合时间(t)约为物料在混合机内的循环流动周期(T)的20倍左右。即

$$t = 20T \qquad (8-1)$$

式中　T——物料在混合机内的循环流动周期,min。

对螺旋式混合机,物料的循环流动周期为

$$T = 60F / \left[Sn\zeta \frac{\pi}{4} (D^2 - d^2) \right] \qquad (8-2)$$

式中　F——装料量,cm³;

　　　S——螺旋的螺距,cm;

　　　n——螺旋转速,r/min;

　d、D——分别为内外螺旋直径,cm;

　　　ζ——螺旋埋入粉料中的部分占整个螺旋的分数(%)(设内外螺旋的ζ值相同)。

在实际生产中,一般混合金属－石墨混合物约30min,即可达混匀的目的。细粉末混合时间可达1.5h,粉末粒度愈细,混合的时间就愈长。每一种混合机混合某一种混合料都有一最佳混合时间,混合时间过长反而使均匀度变坏(图8－11n),同时也浪费电。

混合机的转速与混合机的结构、筒体直径及混合物的粒度等因素有关(图8－11a、g、h、i、j、k)。

对于回转容器型混合机来说,物料在容器内受重力、离心力、摩擦力作用产生流动而混合,当重力与离心力平衡时,物料将随筒体以同样的速度旋转,物料间失去相对流动而不发生混合,此时的回转速度称为临界转速,实际工作转速小于临界转速。经过实验,发现最佳转速与容器最大回转半径和混合物料的平均粒径有如下关系:

$$n_{最佳} = 60 \sqrt{cg} \cdot \sqrt{d_{平均} / R_{最大}} \qquad (8-3)$$

式中　$n_{最佳}$——最佳转速,r/min;

　　$d_{平均}$——混合物平均粒径,cm;

　　　　g ——重力加速度,cm/s^2;

　　　　$R_{最大}$ ——容器(筒体)最大回转半径,cm;

　　　　c ——实验常数,与混合机构型有关,一般对水平圆筒混合机 $c=15$,对 V 形、二重

　　　　　　圆锥形和正立方体混合机 $c=6\sim7$。

　　对于固定容器混合机,如桨叶式混合机其转速与桨叶直径成反比,即

$$n \cdot d_{桨叶} = 2v_{搅拌} = 常量 \qquad (8-4)$$

一般 $v_{搅拌}$ 取为 1.3~1.6m/s,根据已知的桨叶直径可确定转速大小。

　　装料量一般根据混合机的容积来决定,通过实验,物料装满容器是不利于混合的,一般水平圆筒形混合机其装料比 F/V(即装料体积与容器容积之比,也可称为填充系数。)为 30% ~40% ,V 形、正立方体混合机的 F/V 可取 40% ~50% ,一些固定容器混合机可达 60% 左右。

五、混合机的选择

　　混合机的结构决定了各种粉末颗粒群和单独颗粒的移动方式和速度。根据混合机的结构和混合机理可将混合机分为两大类。一类是粉末颗粒在混合机的搅刀或螺旋叶及其他机构的直接作用下混合;另一类是粉末颗粒在其自重作用下改变其所处空间位置而互相混合,故选择混合机须视被混合粉末的特性而定。目前,新型混合机的种类很多,注意根据具体情况选用。

　　混合机选型时,应注意的是,粉末混合机都是间歇操作的机器,工作繁重,特别是装料卸料;因为间歇式工作,故产量不高。但设备结构简单,维修方便,操作方便。

　　混合机选型时还应考虑混合时间和能耗,三种不同类型混料机中粉末混合的最佳时间 t_0 如图 8 – 11m、l、n 所示,不同直径的圆筒混合机能耗与转速的关系如图 8 – 12 所示。

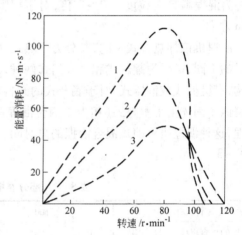

图 8 – 12　不同直径的圆筒混料机能量
消耗与转速的关系
1、2、3—不同直径的圆筒

第三节　卧式双轴混捏机

　　在炭素、电炭生产中,卧式双轴混捏机被广泛地用于带黏结剂糊料的热混捏,因为它能以挤压和分离与聚合两种混捏方法进行混捏而使糊料混匀。

一、结构与类型

　　卧式双轴混捏机的结构如图 8 – 13 所示,它主要是由锅体、搅刀和减速转动装置构成。

　　锅体的上部是立方体,下部是两个半圆形长槽,两半圆形槽的中间构成一个纵向的脊背形。锅体内镶锰钢衬板(根据磨损程度可定期更换)。锅体外为蒸汽加热或导热油(有机介

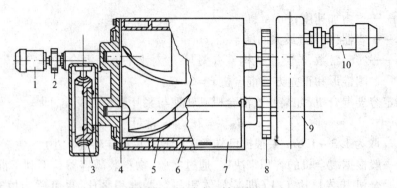

图 8 - 13　卧式双轴混捏机

1,10—电动机;2—对轮及抱闸;3—蜗轮翻锅减速机;4—衬板;5—搅刀;6—加热套;
7—锅体;8—齿轮;9—减速机

质)加热的夹套。有盖混捏锅锅盖上有干料和黏结剂加入口及粉尘与烟气排出口。在两半
圆槽内有两根平行的相同形状的麻花形搅刀,分别在锅底两个半圆形长槽内转动,彼此相对
转动。转速也不一样。根据配方料的不同。搅刀外径边缘与锅底保持不同的间隙,间隙距
离约为混捏料最大粒度的 2 ~ 3 倍,对于粗颗粒料,一般为 20 ~ 30mm;对于细粉料一般为
1mm 左右。

　　混捏机依加热方式不同,又分为汽热式和电热式及有机介质加热式三种;混捏机依排料
方式的不同,又分为翻转式和底开门式两种,还有锅底螺旋输送式;对于翻转式的锅体翻转
机构,有机械式或液压式,对于底开式的卸料口开启和关闭装置,也有机械式和液压式。还
有将两个锅体上下重叠式(相当于两台混捏锅串联),上锅体进行干混与预热,下锅体进行
混捏,这种混捏机可缩短混合混捏的总时间。炭素、电炭厂常用的混捏机的主要技术特性见
表 8 - 3。

表 8 - 3　部分混捏机的主要技术特性

槽的工作容积/L	5	25	100	200	400	800	2000	3000	3500
槽的总容积/L	10	45	160	300	600	1200	3000	4500	5300
前搅刀的转速 /r · mim^{-1}	37	33	31	29	27	21	17	20.4	20.4
后搅刀的转速 /r · mim^{-1}	21	19	17	17	15	11	9	13	13
搅刀的直径/mm	109	184	294	368	463	583	798	900	900
搅刀的长度/mm	199	334	529	668	838	1048	1438	1798	2098
槽的长度/mm	200	335	530	670	840	1050	1440	1800	2100
槽的宽度/mm	220	370	590	740	930	1170	1600		
侧壁高度/mm	165	250	300	400	500	650	850		
电机容量/kW (马力)	0.7 (0.5)	1.1 (1.5)	7.4 (10)	11.2 (15)	18.6 (25)	29.8 (40)	44.7 (60)	27.6/41 (37/55)	27.6/41 (37/55)

　　注:此外,我国炭素、电炭工业采用 15L、50L、500L、1200L、3000L 混捏机。

目前已有每次搅拌容量达 3~4t 的大型混捏锅。表 8-4 为德国生产的三种大型双轴搅拌混捏锅的性能参数。

表 8-4　大型双轴搅拌混捏锅的性能参数（德国产）

性能参数	规格型号		
	2500	3000	3500
计算容积/L	3700	4500	5050
有效容积/L	2500	3000	3500
电动机功率/kW	30/18.5	45/30	45/30
搅刀转速/r·min^{-1}	13/20.4	13/20.4	12/20.4

二、工作原理

这种混捏机同时有挤压和分离与聚合这几种混捏作用。糊料在混捏机内,由于两根搅刀相向以不同转速转动,从而依次将应变力作用于糊料的各个点上,这时所进行的是挤压混捏,当糊料被挤压到混捏机锅底的脊背上时,就马上被劈成两部分,如图 8-14 所示,当一部分糊料被脊背劈下而脱离搅刀 1 的作用后,则聚合到搅刀 2 带来的物料中并被搅刀 2 带走。同样当搅刀 2 转到脊背处时,被劈下的糊料将被搅刀 1 所带走。这时进行分离与聚合混捏。两搅刀不断转动,这样把糊料进行挤压、分离、捏合、松散、摩擦等作用,从而达到混捏均匀的目的。并使黏结剂薄薄的包裹着粉粒及渗透到粉粒的表面微孔中去。

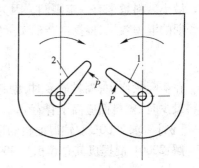

图 8-14　混捏原理图

为了避免被劈分的糊料在旋转一周后重新相遇,和有助于两个半圆形槽内的糊料互相混合,两根搅刀的转速比为奇数,一般前后搅刀转速比约为 1:1.8,见表 8-5。

表 8-5　前后搅刀转速

混捏锅有效容积/L	3500	3000	2000	800	400	200
前搅刀转速/r·min^{-1}	20.4	20.4	20	21	27	29
后搅刀转速/r·min^{-1}	13	13	10.5	11	15	17

由长期使用可知,双轴混捏机的混捏效果是较好的,但这种混捏机是间断式生产,工作效率低,劳动强度大,操作环境差,所以国外铝用炭素生产中,一般采用连续混捏机,我国目前也有些厂采用连续混捏机。

三、主要技术参数计算

(一)混捏机搅刀直径

混捏机搅刀转动时最边缘点的最大运动轨迹,如图 8-15 所示。在设计计算中,一般混

捏机的填充系数为0.4(即所混物料的
体积为混捏机总容积的40%)。

则搅刀的直径为

$$D = \sqrt[3]{\frac{V_{物}}{\pi}} = \sqrt[3]{\frac{0.4V_{总}}{\pi}} \qquad (8-5)$$

式中　D——搅刀直径,dm;

　　　$V_{物}$——待混物料的容积,dm³;

　　　$V_{总}$——混捏机的总容积,dm³。

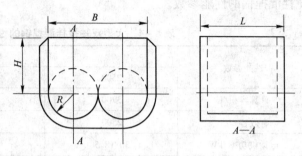

(二)装料量

$$V_{物} = \frac{Q}{\gamma} \qquad (8-6)$$

图8-15　搅刀运动轨迹图

式中　Q——待混物料的质量,kg;

　　　γ——待混物料的密度,炭素糊料的密度,一般为1.3~1.4kg/dm³。

因为混捏机的填充系数一般为0.4,则其最大装料量为:

$$Q_{最大} = 0.4V_{总} \times \gamma = 0.4 \times V_{总} \times (1.3 \sim 1.4) \qquad (8-7)$$

最小装料量也有一定限制。因为装料过小,脊形座两边的物料不能完全交换,因而达不到预期的混捏效果,根据生产的实际实验,一般最大与最小装料量的比值为2~2.5。

$$Q_{最小} = \left(\frac{1}{2} \sim \frac{1}{2.5}\right)0.4 \times V_{总}\gamma \qquad (8-8)$$

在实际操作中,糊料最多时,糊料面最高位置比搅刀转到最高位置时约高50~60mm,糊料最少时,糊料面应高于脊背。

[例]　求2000L双轴混捏机的搅刀直径(dm),最大、最小装料量(kg):

解:2000L混捏机其总容积为3000L。则其搅刀直径

$$D = \sqrt[3]{\frac{0.4 \times 3000}{3.14}} = \sqrt[3]{382} = 7.5$$

$$Q_{最大} = 0.4 \times 3000 \times 1.3 = 1560$$

$$Q_{最小} = \frac{1}{2} \times 0.4 \times 3000 \times 1.3 = 780$$

(三)混捏机几何尺寸的确定

(1)混捏机的长度。目前还没有理论上的计算,一般根据经验,由搅刀的最适宜长度来决定,搅刀最适宜的长度由下式计算

$$L_{刀} = (1.84 \sim 2.05)D \qquad (8-9)$$

式中　$L_{刀}$——搅刀长度,cm;

　　　D——搅刀直径,cm。

混捏机搅刀的长度与直径之比值$L_{刀}/D$是一个十分重要的数据,对混捏质量和设备使用寿命有着很大影响。但是具体的计算,到目前为止还没有见到较多的资料,根据使用经验,当$L_{刀}/D \geqslant 2$时,搅刀两端的物料交换困难,同时,由于底部面积较大,因而对设备的摩擦量较大,颗粒组成改变也较大,这是不利的。但是,当$L_{刀}/D < 1.84$时,搅刀的螺旋角度

小,这对物料的轴向移动不利,因而就影响两端物料的交换。混捏机的几何尺寸如图 8-15所示。

根据搅刀长度,考虑工艺及设备结构要求,就可计算混捏机长度

$$L_{机} = L_{刀} + \delta_1 \tag{8-10}$$

式中 $L_{刀}$——搅刀长度,cm;

δ_1——搅刀与槽端面的间隙,一般其数值不大于1mm(即搅刀两端各0.5mm间隙)。

(2)混捏机宽度(B),主要是考虑搅刀与侧壁的间隙应适当。因为间隙稍大,而且被混捏的物料是散状的,被混捏的物料就会进入间隙中去,从而加速混捏机的磨损,降低使用年限;搅刀与槽壁间隙过小,则会给制造安装甚至使用带来困难。混捏机宽度计算公式为:

$$B = 2D + \delta_1 + \delta_2 \tag{8-11}$$

式中 D——搅刀直径,cm;

δ_1——搅刀之间的间隙,一般 $\delta_1 = 1$,mm;

δ_2——搅刀与侧壁面间间隙,$\delta_2 = 1 \sim 1.5$mm。

搅刀和锅壁在使用中都会磨损,搅刀与锅底间间隙会增大。但其间隙须在一定范围内,否则就要修理。混捏机搅刀距锅底间隙规定:生产电极类少灰产品应不大于 $20 \sim 30$mm,生产炭块和电极糊等多灰产品应不大于60mm,生产细结石墨制品,锅底间隙为1mm左右,一般为最大粒度的 $2 \sim 3$ 倍。

(3)混捏机槽壁高度计算:

$$H = (1.5 \sim 1.64)D \tag{8-12}$$

式中 H——混捏机槽的侧高(从搅刀中心线算起),cm;

D——搅刀直径,cm。

(四)搅刀的转速

搅刀的转速对混捏时间,混捏质量和所需功率均有很大影响,而搅刀转速的快慢,受传动电动机功率大小的限制。搅刀的线速度一般为 $0.8 \sim 4$m/s。

搅刀转速可按下式计算:

$$n_1 = \frac{15 \sim 20}{\sqrt{D}} \tag{8-13}$$

式中 n_1——双轴搅刀中转速较快的搅刀转速,r/min,现有混捏机多取 $n_1 = 15$;

D——搅刀直径,m。

为了避免被脊形座劈分的物料在搅刀旋转一周后重新相遇,因此两搅刀应有不同的转速,而搅刀转速之比接近于2,但是此比值又不能为整数,实践表明,两搅刀转速之比,$n_1/n_2 = 1.2 \sim 1.89$ 为好。实际生产上用得较多的是1.2和1.89两种。

(五)混捏机的功率计算

混捏机的工作,一般都是空载启动、所以启动功率很小,可以不予考虑。

混合物料所消耗功率可按下式进行计算:

$$N_0 = QN_i \tag{8-14}$$

式中　N_0——混合物料消耗功率,kW;

　　　Q——一次待混物料总质量,kg;

　　　N_i——混合单位质量物料消耗功率,kW/kg,$N_i = K \cdot D^{1/12}$;

　　　K——与黏结剂、转数有关的系数、可由实验中测得;

　　　D——搅刀直径,cm。

传动电动机功率为:　　　　　　　　　　$N = \dfrac{N_0}{\eta}$　　　　　　　　　　(8-15)

式中　η——系统传动效率,一般为0.8~0.85。

实际生产中,电能的消耗量主要是与糊料的种类和黏结剂的软化点有关。混捏黏结剂含量低的糊料比混捏黏结剂含量高的糊料要消耗较少的电能。如果提高黏结剂的软化点,则电能的消耗量就要增加。另外,还与混捏时间有关。

如图8-16所示,为800L的混捏机在混捏不同质量的糊时所需的功率容量曲线图。

图8-16a为混捏阳极糊的容量图,阳极糊系由石油焦和少量黏结剂制成。图8-16b为制做石墨化电极用糊的容量图,这种糊料要挤压成形。图8-16c为炭素电极用糊的功耗图。

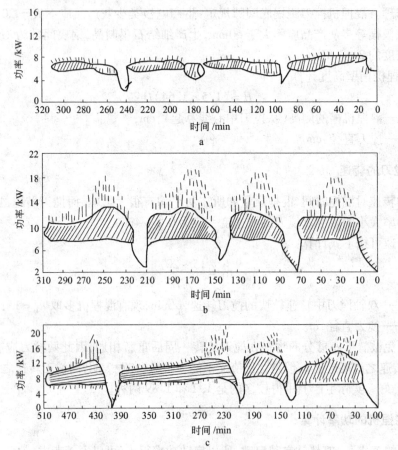

图8-16　混捏机功率容量图

a—阳极糊;b—石墨化电极用糊;c—炭素电极用糊

由图 8-16a 很明显看出,混合机空转时所需要的容量约 2kW,加入干粉以后所需容量便增加到 5kW,而在加入黏结剂后则达 8kW;对于炭素糊(图 8-16c)混合所需要的最大容量为 20kW。当糊加热到最高温度,黏结剂均匀分布后,容量曲线便逐渐下降到一定低值(对于炭素糊为 10kW),很少变化,所确定的容量低值即表示混合已经结束。所以说,根据瓦特计的读数很容易控制混合机的操作,示出用于空载、搅拌干粉料、搅拌带黏结剂的时间以及卸料时间。且混合机电动机电路上的记录式瓦特计还对混合规定的控制起着辅助作用。

每吨糊料所消耗的电能,如图 8-16 所示,取决于糊料的种类。黏结剂含量低的糊料,其电能消耗量为 24~30kW·h,而黏结剂含量高的糊料为 42~50kW·h。含无烟煤的炭素糊所需要的电能比焦炭糊多一些。如果用液体黏结剂,所需要的最大容量必少于固体沥青所需要的容量。国外还采用单搅刀混捏机。其结构特点是轴不仅转动,还作往复运动。因此,所需要的混合时间短而混合质量好。

(六)混捏机搅刀的螺旋角及断面类型

为了便于对 S 型搅刀进行计算,把 S 型搅刀展开如图 8-17 所示。

搅刀曲线为 $\overset{\frown}{OA}$

$$\overset{\frown}{OA} = \sqrt{\left(\frac{1}{2}\pi D\right)^2 + \left(\frac{1}{2}L_{刀}\right)^2}$$
(8-16)

式中 D ——搅刀直径,cm;

$L_{刀}$ ——搅刀长度,cm;

因为搅刀叶板的直线长度为搅刀螺距的 1/4,则搅刀螺旋角 α 可由下式求出:

$$\tan\alpha = \frac{2L_{刀}}{\pi D} \quad (8-17)$$

对长径比 $L_{刀}/D = 2$ 的 S 型

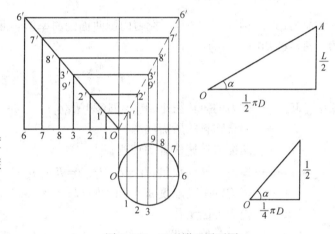

图 8-17 S 型搅刀展开图

搅刀螺旋角为 50°30′。螺旋角大小影响着混料效果。最初,随着螺旋角增大,混捏效果亦提高,当 $\alpha = 45° \sim 52°$ 时混捏效果最好,而后逐步减小。

S 型搅刀的边幅(即搅刀两端的径向长度)和中幅(即搅刀中间的径向长度)的相对位置(见图 8-18a),目前有两种情况如图8-18所示,其一是边幅和中幅垂直(图 8-18b),其侧投影夹角为 90°,另一种边幅与中幅侧投影交成 90°(图 8-18c),第一种情况由于搅刀受力对称,所以抗弯扭的能力强,这种搅刀适合正反方向旋转,这

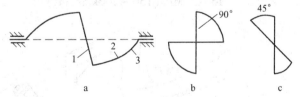

图 8-18 边幅与中幅相对位置
1—中幅;2—叶板;3—边幅

对均匀混料是很必要的,而后者由于受力不对称,因此只适用于单方向旋转。目前炭素工业

生产中采用的搅刀为前者。

搅刀的断面形状归纳起来有以下几种(如图 8 - 19 所示):在炭素工业中,常采用图 a 形或图 b 形。因为这两种形状的搅刀具有强度高、阻力小、抗摩性能好等优点。并且由于搅刀对物料阻力较小,而便于物料从搅刀的径向分离出来,从而便于物料的均匀混合。

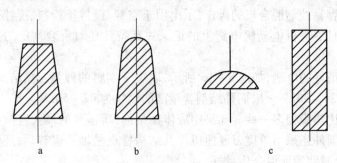

图 8 - 19　搅刀断面形状

a—等腰梯形;b—等腰三角形;c—矩形

(七)搅刀叶板的计算

搅刀形状如图 8 - 20 所示,搅刀内侧曲面的曲率影响混合效果,搅刀工作时主要作用力约束扭转的切向应力为:

$$\tau = \frac{M_K}{J_K} \cdot \delta \leqslant [\tau] \tag{8-18}$$

式中　M_K ——搅刀的扭转扭矩, $M_K = 71620 N_e / n_i$;

　　　N_e ——混合物料的所需功率;

　　　n_i ——两搅刀转速快者的转速;

　　　J_K ——搅刀的转动惯量, $J_K = \delta^2 d / 3$; $\delta = R - r$;

　　　d ——搅刀的平均厚度, $d = (a + b) / 2$;

　　　R ——搅刀外圆半径;

　　　a ——搅刀外侧厚度;

　　　b ——搅刀内侧厚度;

　　　r ——搅刀内圆半径;

　　$[\tau]$ ——搅刀材料的许用剪应力,若搅刀材料为 ZG35、ZG45、ZG55 铸钢,取 $[\tau] =$
　　　　　15 ~ 20MPa(150 ~ 200kgf/cm²)。

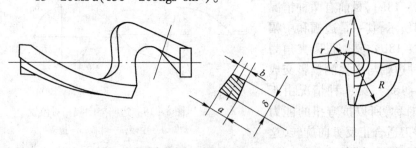

图 8 - 20　搅刀形状

由上述公式便可计算出搅刀断面尺寸。根据生产实践,一般认为 Z 型搅刀优于 S 型搅刀。目前一般采用 Z 型。

四、双轴混捏机的操作技术与维护

(一)开机前检查准备

(1)应认真检查轴承润滑油杯的润滑油(脂),检查减速机及水平轴传动齿轮的润滑情况,减速机油位应保持中限;

(2)检查地脚螺栓和各连接螺丝的紧固情况;

(3)检查锅内有无物料和其他大块物料,如有障碍物应清除以保证设备正常运转;

(4)认真检查电气、除尘和安装防护装置的完好与否;

(5)检查蒸汽压力或导热油压力,锅体温度是否符合工艺要求。

(二)开机操作程序

(1)开机操作:开通风、开搅拌(转子回转方向应正常),下料,处理通风粉,出锅前 15min 检查油量。

(2)出锅操作:对于底开门式,开锅底门电机或液压装置卸料,卸完料铲净卸料口物料,涂上润滑油、关闭锅底门。注意,卸料时不停机。

对翻转式,停搅拌,再打开锅门,开翻锅电机,倾翻最大 110°角停。再开搅拌,出尽糊料,停搅拌,关闭锅门,回转锅到位,再开搅拌通知加料。

(三)双轴混捏机的维护

双轴混捏机主要维护处有,轴和轴承的磨损,磨损后刮研或更新;加热夹套,阀门及管道漏气的修复;锅体衬板磨损后的修复与更换;搅刀磨损后的修复与更换,搅刀容易折断,搅刀折断的原因有:

(1)下料时带进铁块卡住搅刀又没有及时停机。

(2)搅刀与衬板的间隙过大,在补搅刀和衬板时没焊牢固掉下卡住搅刀,电动机在继续运转能把搅刀卡断。

(3)锅体没有加热,或温度不符合要求,锅内有大凉料块将搅刀卡住,在试车时一次开起能把搅刀卡断。

处理方法是:

(1)出现锅体跳动或有较大的振动应马上停车将料倒出,检查取出铁块。

(2)检修后试车时,不要将搅刀一次开动;锅内有凉料时,要先加热,等温度正常后再试车。

第四节　连续混捏机

卧式双轴混捏机,不但是间歇式生产,而且平均单位时间产量小,也不便于生产的自动化,因此,近年来国内外研制了连续混捏机,它产量高,能连续生产和便于自动化生产。

　　连续混捏机又分为单轴式和双轴式。

　　双轴连续混捏机的结构如图 8 - 21 所示,它是一个带有加热夹套(电加热或其他方式加热)的铸钢或钢板焊接的椭圆形锅体,目前使用的双轴连续混捏机锅体内径为 $\phi560mm$,长 3000mm,分为三节,锅体内有两根平行配置的螺杆或带搅刀的轴(它们也通称为转子),轴由电动机经减速机带动。轴上安装有正向搅刀和反向搅刀。搅刀的对数和配置情况不同,对混捏的质量影响很大。$\phi560$ 混捏机每轴安装 15 对搅刀,且安装方向也不完全相同。如表 8 - 6 所示。正向搅刀使糊料前进,反向搅刀使糊料后退或停滞。两轴相对转动,使糊料受挤压,糊料在脊形座处被劈为两部分,分别为两边搅刀带走或被分离,以使物料受到混捏。为了使加入的物料一边搅拌,一边向下料口移动,正向(或增压)搅刀的数量比反向搅刀的数量多。正向搅刀数量愈多,糊料被混捏的时间就愈短,此时产量高,但质量要差。反向搅刀数量愈多,糊料被混捏的时间就愈长,此时产量低。

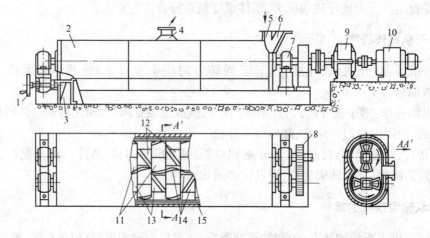

图 8 - 21　双轴连续混捏机示意图

1—加热介质进管;2—锅体;3—出料口;4—排烟口;5—干料下料口;6—沥青下料口;7—轴承座;8—齿轮;
9—减速机;10—电动机;11,13—轴;12—正向搅刀;14—反向搅刀;15—加热夹套

表 8 - 6　两轴上搅刀的排布

搅刀编号		1	2	3	4	5	6	7	8	9	10	11	12	13	14	15
I 轴	搅刀的正反	正	正	正	反	正	反	正	反	正	反	正	反	正	正	反
	搅刀与轴中心线的夹角/(°)	45	45	75	60	60	45	60	60	60	75	45	60	75	60	60
II 轴	搅刀的正反	正	正	正	反	正	反	正	反	正	反	正	反	正	正	反
	搅刀与轴中心线的夹角/(°)	45	45	45	60	45	75	60	75	60	60	60	75	75	45	60

一、双轴连续混捏机的结构和工作原理

　　双轴连续混捏机的加热和保温方式有介质加热和电加热。介质加热,可用高压蒸汽 $(5 \sim 7) \times 1.01 \times 10^5 Pa$ 加热,或采用联苯和联苯醚等有机载热体加热;电加热通常采用工频

线圈加热。

二、单轴连续混捏机

(一)单轴连续混捏机的结构和工作原理

从近年来的引进工程可知,在炭素工业中,目前国外已广泛采用单轴连续混捏机进行混捏,如美国、德国、瑞士、日本等国。我国国内也已研制了 $\phi500$ 单轴连续混捏机,其结构和工作原理与瑞士 bussk500KE 连续混捏机(图 8 – 22)大致相同。下面综合加以介绍。

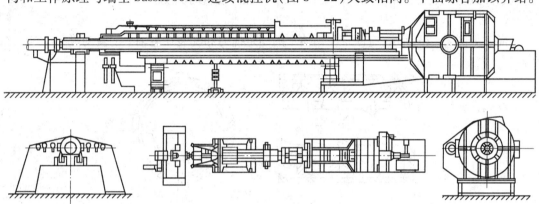

图 8 – 22　bussk500KE 连续混捏机

单轴连续混捏机的结构为:(1)锅体。为圆筒形,沿纵轴对开,内衬以衬板,在其内腔上按左旋螺旋线轨迹上每导程均布有三个脊型固定浆刀。(2)主轴。安装在锅体的中心轴线上。它是一根中空并设有套管的轴,主轴上活动套装表面堆焊有硬质合金的转动浆刀,浆刀在左旋螺旋线一个导程上分三段(即成三齿),三齿均布。浆力在锅体内随主轴作顺时针方向旋转的同时,主轴进行轴向往复窜动。混捏时,主轴在旋转窜动的过程中,借转动浆刀与固定浆刀的运动学关系大大提高其工效。

在这种混捏机中,同时进行着挤压和分离及揉搓掺和的作用,这种作用在混捏的操作过程中对糊料进行混捏。在转动浆刀旋转和窜动中所作用的力,其方向是向糊料内部挤压,由于固定浆刀的作用,其着力点是依次地交替改变,这个过程是挤压过程;在此过程中糊料被压至固定搅刀表面上,并马上劈分为两部分,如此交替,这个过程就是分离聚合过程;主轴轴向窜动,在此过程中搅刀对糊料的作用为揉搓掺和。

在混捏过程中,糊料在锅体内既作轴向推送又有径向运动。因此糊料在混捏过程中是一种复合运动,由此达到混捏的效能。随着混捏过程的进行,同时还伴有交混、松散、部分摩擦等物理现象,从而使糊料混捏非常均匀,黏结剂亦达到良好的浸润。

混捏机是由电动机经减速机减速后驱动的。最好采用启动力矩大,启动电流小的电动机(如国产 JR – 127 –8DZ$_2$ 型;130kW、730r/min)。主轴转速,一段混捏机一般为 35 ~ 40r/min,二段混捏机一般为 38 ~ 42r/min,转向在顺时针旋转的同时作轴线方向的往复运动,窜动频率同转速,窜动的全行程为 140mm。

1. 锅体

锅体采用对开式圆筒形结构,材质采用 ZG35 铸钢。壁厚 30mm,长度 4480mm,内径

ϕ500mm。锅体内部衬以厚度15mm的50Mn钢板,可延长使用寿命和降低糊料的含铁量,衬板除由固定浆刀贯穿定位外,还进行断续焊固定在锅体上。对开式锅体下部两端部设有铰接销轴以便开合转动;中部装有支承用铰接销轴供施力支承锅体不致因自重而下拱;锅体在全长上两边均用螺栓卡夹合拢紧密。锅体在内部搅拌力的作用下受到轴向拉压、糊料的内压、载热体的外压和糊料的外摩擦力所引起的扭转等力和力矩的联合作用。

混捏机的生产,依工艺要求是在加热的条件下进行,锅体外部安有夹套,以压力达1.3MPa(13kgf/cm^2)、温度为220~320℃的载热体(罗马尼亚使用矿物油载热体,瑞士采用的载热体其组成成分尚未完全弄清楚)来调节被混捏物料的温度。

2. 搅刀

搅刀如图8-23所示,有固定在锅体上的固定搅刀和套装在主轴上的转动搅刀。

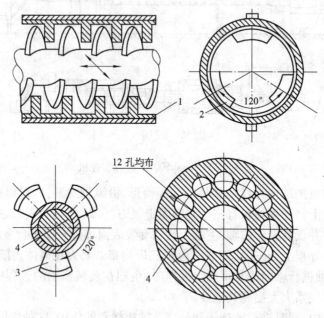

图8-23　锅体、固定搅刀、主轴和转动搅刀示意图
1—锅体;2—固定搅刀;3—转动搅刀;4—主轴

固定搅刀长度为190mm(即直径500mm圆的弦长),厚度为60mm。固定搅刀在锅体内腔上沿圆周分成三等分(相位差为120°)成直线排列,排列规律为左螺旋形式,其导程为200mm。材料选用锰钢表面淬火处理。固定搅刀尾部有M42螺栓,借以贯穿衬板和锅体,在外部用螺母旋拉固定。为防止在受力时转动,在搅刀与衬板贴合面处装有定位销轴,工作时,其主要的作用力为弯扭合成应力。

主轴上的转动搅刀由14段毂套组成,每套在圆周上均布(即三段分角差120°)三个铸成一体的搅刀。搅刀在200mm长套上,左螺旋形式,导程为200mm,依7°30′~13°30′由外径向内径的螺旋角排列。搅刀材料采用45号铸钢,表面堆焊硬金属以提高耐磨耐腐蚀性能。生产时其主要受力状态与固定搅刀相同。毂套用双键套装在主轴上。

在14段套的前部(加料口外)还装有三段导程为400mm的外形同转动搅刀的半连续和连续螺旋桨叶。其目的是在加料口处将糊料增速推进到工作锅体内。以增高装料容量提高混捏工效。同样为提高混捏的剪切、分裂效果,在加料口处增设了 4 个固定搅刀。

3. 主轴

工作时的主要的受力状态是受拉压和扭转联合作用。在主轴中心钻大孔,周围钻 12 小孔,可加设套管通以载热体以加热与调温,如图 8-23 所示。轴长 8300mm。

(二)主要技术参数计算

1. 确定混捏机内径 D

根据连续混捏机的特点,取混捏机总容积(工作容积)的 100%(即装填系数为 1.0)

混捏机内径 $D(m)$ 国内目前推荐用下式计算。

$$D = \sqrt{\frac{Q}{12.5\gamma sn\phi} + d^2} \qquad (8-19)$$

式中　Q——生产率,t/h;

　　　　γ——糊料的密度,t/m^3;

　　　　s——转动搅刀的螺距,m;

　　　　n——主轴转速,r/min;

　　　　ϕ——糊料装填系数;

　　　　d——转动搅刀毂壳的外径,m。

若取 $Q = 16$t/h;$\gamma = 1.0$t/m^3;$s = 0.2$m;$n = 40$r/min;$d = 0.275$m;则

$$D = \sqrt{\frac{16}{12.5 \times 1.0 \times 0.2 \times 40 \times 1.0} + 0.275^2} = 0.485$$

取锅体内径为 $\phi 500$mm。

2. 混捏机的有效工作长度

混捏机的混捏质量,主要是由混捏温度和混捏时间来决定的,因此,混捏机最适宜的有效工作长度 $L(m)$,国内目前推荐为:

$$L \approx 5.5D \qquad (8-20)$$

式中　L——转动搅刀组长度,m;

　　　　D——锅体内径,m。

转动搅刀的 L/D(即长径比)在混捏机设计中,是一个十分重要的参数。根据分析:L/D 过大时,混捏机的技术经济指标要降低,同时设备重量增大;L/D 较小时,对混捏质量也有直接的影响。

$\phi 500$ 单轴连续混捏机的转动浆刀组长度为 2.8m。

3. 转动搅刀的转速 n

搅刀的转速对混捏时间、混捏质量和所需功率均有很大的影响。而且搅刀转速的快慢直接影响到卸料的速度,浆刀的线速度一般为 1m/s;卸料的速度一般为 40mm/s。

转动搅刀的转速推荐用下式计算:

$$n = \frac{25 \sim 30}{\sqrt{D}} \qquad (8-21)$$

式中　n——转动浆刀的转速,一般为 15~100r/min;

　　　　D——锅体内径,m。

为了避免被脊形固定搅刀劈分的物料在搅刀旋转过程中快速向前推进,达不到有效的挤压和分离作用,因此转动搅刀应有通过轴线的轴向窜动。窜动的全行程受搅刀的螺距和被混捏物料中最大粒级颗粒的粒度的限制,窜动的全行程一般为160mm,ϕ500单轴连续混捏机采用140mm。

综上所述,转动搅刀除了旋转外,同时转动搅刀还具有过轴线的轴向往复窜动,这样再加上脊形固定搅刀的边缘起着剪刀的作用,因而就加大了混捏机的剪切作用和分离作用,从而提高了混捏工效。

4. 混捏机的效率计算

混捏机的工作,因为一般都是空载启动,所以启动功率很小,可以不予考虑。

混捏机电动机的功率耗费在克服下列阻力:

(1)糊料对衬板的摩擦阻力;

(2)混捏机中糊料挤压和揉搓掺和等的阻力;

(3)糊料对转动搅刀和固定搅刀的摩擦阻力;

(4)支承构件上的阻力;

(5)转动装置中的阻力;

鉴于糊料对衬板的摩擦系数;混捏挤压和揉搓和的阻力,和与此相应而产生糊料对衬板的正压力(相当于受内压)所引起的摩擦阻力均应通过实验来确定,目前在无实验的情况下,可按下面推荐的并经与实际情况比较过的计算方法。下式基于:根据混捏机装容总体积和糊料的单位体积消耗功率来考虑,混捏机混捏糊料所消耗的功率N(W)可按下列的表达式进行计算:

$$N = 745.7 \cdot K \cdot (D^2 - d^2) \cdot L \cdot W \qquad (8-22)$$

式中　745.7——换算系数,1马力 = 745.7W;

$\quad\quad W$——混捏单位体积糊料消耗功率,马力/m^3;

$\quad\quad K$——与黏结剂加入量,转动搅刀转速有关的系数;

其他符号和因次同前。

ϕ500单轴连续混捏机采用:$K = 1.2$(低黏度黏结剂和中等转速);$W = 220$马力/m^3;$D = 0.5m$;$d = 0.275m$;$L = 2.8m$;代入上式得

$$N = 745.7 \times 1.2 \times (0.5^2 - 0.275^2) \times 2.8 \times 220 = 96195$$

传动电动机的功率(取$\eta = 0.75$时)

$$N_e = \frac{N}{\eta} = \frac{96195}{0.75} = 128260$$

实际选用JR - 127 - 8DZ$_2$型电动机,130kW,730r/min。

5. 夹套的计算

锅体夹套工作时承受内压作用,其壁厚t(cm)可用下式计算:

$$t = \frac{pD_2}{2[\sigma]E - 2p(1-K)} \qquad (8-23)$$

式中　p——夹套内的工作压力,取16kgf/cm^2;

$\quad\quad D$——夹套内径,ϕ500单轴混捏机取68cm;

$\quad\quad [\sigma]$——钢板的许用应力,取1000kgf/cm^2;

　　E——焊接系数为 0.7；

　　K——参数，$\phi500$ 单轴连续混捏机取为 0.4。

　　将各值代入上式得 $\phi500$ 单轴连续混捏机的壁厚

$$t = \frac{16 \times 18}{2 \times 1000 \times 0.7 \times 2 \times 16(1 - 0.4)} = 0.9$$

实际取壁厚为 10mm。

6. 预热螺旋参数

　　混合料加热温度：107℃；螺旋转速：6～1r/min；热煤流量：40m³/h；热量入口温度：250℃；螺旋直径：405mm；螺距：152mm；预热长度：6100mm。

　　预热螺旋机截面如图 8-24 所示。

三、连续混捏系统

　　连续混捏机需要和连续配料、连续预热及连续冷却设备配合使用。连续加入混捏机的各种颗粒的骨料及黏结剂的数量必须均衡稳定，要求机械化、自动化程度较高。连续配料一般采用皮带秤、

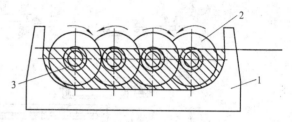

图 8-24　预热螺旋机截面图
1—槽体；2—螺旋；3—轴

电子秤等，进行连续称量，称量后用螺旋输送机或皮带运输机将料送到预热机预热，贵阳铝厂引进工程是采用四轴预热螺旋机，如图 8-25 所示。四轴预热螺旋机主要是由槽体和带螺旋的中空轴构成，见图 8-24，槽体有夹套可通热媒，轴和螺旋都是空心的，可通热媒。四根螺旋轴，两根轴顺时针转动，另两根逆时针转动。且相邻的两根转动方向相反。转速为 6～7r/min。物料预热到 170℃。

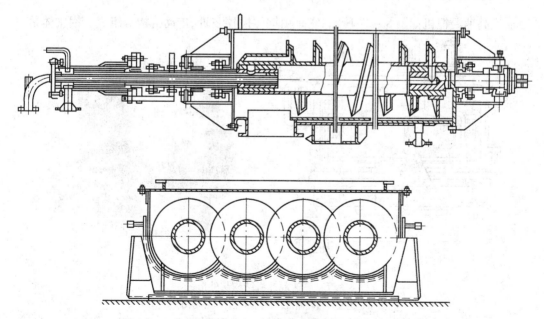

图 8-25　四轴预热螺旋机

混捏分为两段。二次混捏后的糊料由冷却螺旋机(或其他冷却设备)冷却。冷却螺旋机有单轴冷却螺旋机和2轴冷却螺旋机。它们主要都是由槽体和带螺旋的轴构成,槽体有夹套,可通水冷却。轴中空,也可通水冷却。

连续混捏系统,虽然劳动条件比较好,但整个配料及混捏工序设备较多,调整复杂,只适宜于单一配方的生产,不适宜于经常改变配方的多品种生产,因此目前主要用于预焙阳极和阳极糊的混捏。生产阳极糊的连续配料及连续混捏生产流程如图8-26所示。

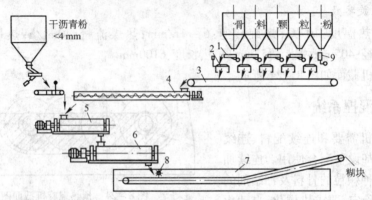

图8-26　连续配料连续混捏阳极糊生产流程示意图

1—电磁振动给料机;2—皮带秤;3—胶带运输机;4—预热螺旋机;5—连续混捏机一段;

6—连续混捏机二段;7—螺旋冷却机;8—星形给料机

第五节　高速混捏机及其他混捏机

一、逆流高速混捏机的结构与工作原理

逆流高速混捏机如图8-27所示,它是由锅体搅拌装置、传动机构等组成。锅主体是一

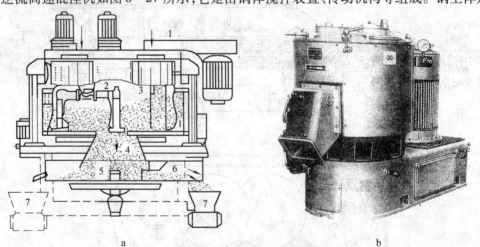

图8-27　高速混捏机结构与外形图

a—逆流高速混捏机;b—高速捏合机外形图

1—旋转的混合机锅体;2—犁形搅拌器;3—高速星形搅拌器;4—排料口;

5—盘式排料机;6—排料刮刀;7—排料溜槽

个可以作水平方向旋转的圆筒。从筒体上部向筒内插入搅拌装置。搅拌轴的转动方向与圆筒的转动方向相反。搅拌装置有各种形状,搅拌轴的安装是偏心的。由于搅拌的同时圆筒也在旋转,所以使圆筒内各部分的物料受到剧烈的反复搅拌。

二、逆流高速混捏锅的技术性能

日本制造的逆流高速混捏锅的性能参数见表8-7。德国产对流式高效混捏机容量有3~10000L。

表8-7　逆流高速混捏锅的性能参数

性能参数	规格型号				
	DE-14	DE-18	DE-22	DEV-22	D₂V-29/1000
公称容量/L	500	1000	1500	2250	6000
最大混捏量/kg	800	1600	2400	3500	4000
驱动动力/kW(马力)	15.7(21)	25.4(34)	44(59)	58.9(79)	64.1~97 (86/130)各一台
电功热功率/kW	23	50	80	80	128
设备质量/kg	2350	4300	5500	6950	16000

三、美国生产的高速混捏机

(1)类型。高速混捏有逆流式、对流式、并流式和混流式等多种类型。

(2)逆流高速混捏锅的结构。其锅体为圆筒形,可水平旋转,有水平安装,也有倾斜安装,其搅拌装置安装在筒体上部并插入筒内,搅拌装置的轴与筒体中心是不同心的(偏心)。锅体可旋转,方向与圆筒转向可相同或相反。大型混捏机还安装一个小的搅拌装置。

(3)工作原理。筒体转动的同时搅拌器转动,在高速旋转搅拌器的作用下糊料被快速搅拌,混捏时间短,混捏均匀,质量好,热气由抽气风管抽出。由筒体转动产生的离心力卸料,卸料干净,设备结构简单,维修方便。

德国产对流式高效混捏机容量有3~10000L。DWV29/6型,容积6000L,装料量为5t,产量7.5t/h,混捏40min。

四、其他混捏机

(1)真空混捏机。

该机结构与卧式双轴混捏机相同,但增加了抽真空装置,规格有1500~3000L,真空混捏机如图8-28所示。

(2)加压式混捏机。

该机结构与卧式双轴混捏机相类似,但增加了加压装置,规格有500~2000L,加压式混捏机如图8-29所示。

(3)螺旋混捏机。其结构与螺旋输送机相类似。

图 8-28　真空混捏机外形图　　　　　图 8-29　加压式混捏机外形图

第六节　密闭式炼胶机

一、概述

密闭式炼胶机简称密炼机,主要用于橡胶的塑炼和混炼。炭素电炭工业也已广泛用于机械用炭或其他高强度高密度制品的混捏。

图 8-30 所示是椭圆形转子密炼机结构示意图。它主要是由一对具有一定形状、速比并相对回转的转子 2 与密炼室 1,以及压料机构 3、加料口 4,上顶气缸 5 和卸料机构 6 等组成。当物料加入到密炼室后,在密炼室内受到捏炼,捏炼完毕打开卸料机构便可排料。

(1)密炼机的优点。1916 年出现密炼机,在混炼过程中显示了它的一系列优点。如:1)混炼时间短;2)生产效率高;3)操作容易;4)较好地克服粉尘飞扬;5)减少黏结剂的损失;6)改善劳动条件;7)减轻劳动强度等。

(2)密炼机的类型。现代密炼机发展的标志之一是高速、高压、高效能机。通常将转子转速为 20r/min 的称为低速密炼机;30 ~ 40r/min 的称为中速密炼机;60r/min 以上的称为高速密炼机。

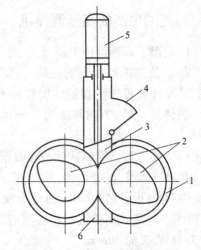

图 8-30　椭圆形转子密炼机构的示意图
1—密炼室;2—转子;3—压料机构;
4—加料口;5—气缸;6—卸料机构

近年来,出现了转速达 80r/min 甚至更高的密炼机;亦有对工艺和效能有广泛适应性和处理手段的双速、三速、变速密炼机,也有转子速比亦能调节的密炼机。操作时间也大大缩短。

密炼机除了如上述可按转子转速来区分外,还可按转子的断面形状来区分,有:椭圆形转子密炼机、三棱形转子密炼机、圆筒形转子密炼机。

密炼机的结构也在不断发展。密炼机工作过程及整个机组的机械化、自动化水平不断提高,采用了程序控制甚至电子计算机控制。

总之,这种发展大大强化了捏炼过程,提高机器效能,减轻体力劳动和改善工作环境。

在这种剧烈的混炼过程中,当然会带来许多新问题。因此,对机械研究设计来说,从机器的捏炼系统、冷却系统、密封系统、加料及压料系统、卸料系统、传动系统、控制系统、主要零部件的材料到各种参数的技术决定以及理论,都需要有相应的发展。以使机器的性能好,为生产过程提供可能的适应性和调节性。

近年来,我国国产的密炼机已从无到有地迅速发展起来。先后生产了250L、20r/min;250L,20、40r/min;75L,30、60r/min;75L,35、70r/min,以及50L等规格的密炼机。

本节以椭圆形转子密炼机为例进行讲述。

二、基本结构

密炼机由转子、密炼室及密封装置、加料及压料机构、卸料机构、转动装置、气动控制系统、液压系统、加热冷却系统、润滑系统、电控系统等组成。

现以图8-31所示的XM-250/40型椭圆形转子密炼机的结构为例叙述如下:

密炼室、转子及密封装置主要由上、下机体6、4,上、下密炼室7、5,转子8,密封装置等组成,上、下密炼室位于上、下机体内,上、下密炼室外圆弧面与上、下机体构成一空腔,可通入冷却水或蒸汽。转子两端用双列圆锥滚柱轴承安装在上、下机体的轴承座中,转子在密炼室内作相向回转。上、下密炼室内表面及转子工作部分的突棱及全部椭圆形外表面均堆焊硬质合金,提高硬度,以增加使用寿命。

为了防止捏炼时粉料及糊料向外溢出,转子两轴端设有反螺纹与端面接触式自动密封装置。密封装置的摩擦端面由油泵强制注入甘油进行润滑。甘油泵由前转子带动,调节油泵遥杆的长度和油泵活塞的螺钉,可调节油泵的供油量。

加料及压料机构,由加料装置10和压料装置9组成,安装在密炼室的上机体6上面。加料装置10主要由斗形加料口和翻板门11组成。翻板门的开或关由气缸来完成。压料装置9主要由上顶栓和使上顶栓升降的气缸14组成。各种物料从加料装置加入,由上顶栓将物料压入密炼室中,并在捏炼过程中因上顶栓给物料以一定的压力得以强化。在加料口上方,安装有吸尘罩,为达到良好的吸尘效果可在吸尘罩上方安置管道和抽风机。加料装置的后壁设有方形孔,可根据操作的需要装上辅助加料管道。

上顶栓与物料接触的表面,堆焊耐磨合金,增加耐磨性能。上顶栓内腔通水冷却。

卸料机构安装在密炼室下面,它由卸料装置3和卸料门锁紧装置2组成。卸料装置主要部件为下顶栓和旋转轴。旋转轴由安装在下机体侧壁上的旋转油缸17带动。下顶栓内腔可通水冷却。下顶栓与物料接触"Λ"形面可堆焊耐磨合金,增加其耐磨性。

在下顶栓和密炼室机体上分别装有热电偶,用以测量糊料在捏炼过程中的温度。

卸料门锁紧装置2主要由旋转轴和紧锁栓组成。紧锁栓的运动由往复式油缸驱动。

机座1供安装密炼机用,传动系统中的电动机和减速器,安装在传动底座上,传动系统由电动机22、弹性联轴节19、减速器20和齿轮联轴节21等组成。

液压系统主要由一个双联叶片泵15、油箱、阀板、冷却器及管道16组成。它是卸料机构的动力供给部分。

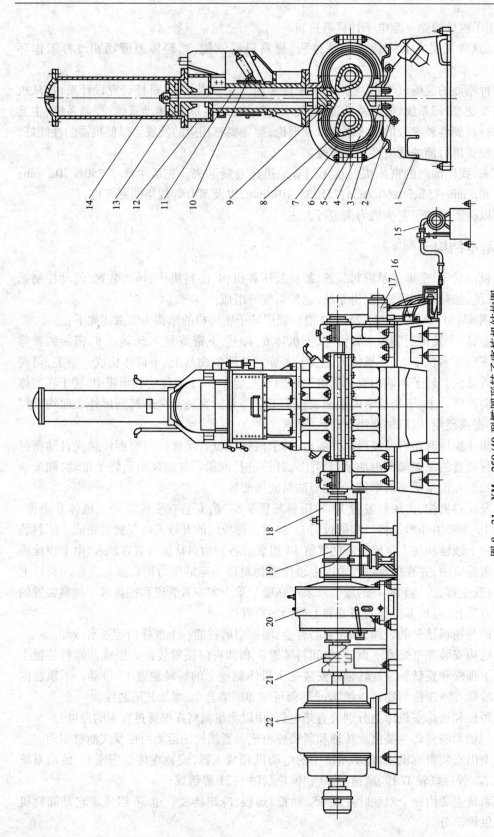

图 8－31　XM－250/40 型椭圆形转子密炼机结构图

1—底座；2—卸料门锁紧装置；3—卸料装置；4—下机体；5—下密炼室；6—上机体；7—上密炼室；8—转子；9—压料装置；10—加料装置；11—翻板门；12—填料箱；
13—活塞；14—气缸；15—双联叶片泵；16—管子；17—旋转油缸；18—速比齿轮；19,21—联轴节；20—减速器；22—电动机气动控制系统(图中未标注),由气阀、管道组成。它是加料压料机构的动力供给部分。

为了使各个转动部分(如旋转轴、轴承,密封装置的密封环摩擦面等)减少摩擦,增加使用寿命,而设有润滑系统。

电控系统主要由电控箱、操作台和各种电气仪表组成。

加热冷却系统(图中未标注),它主要由管道、阀门等组成。

此外,椭圆形转子密炼机的转子轴承采用滑动轴承时,则在转子轴端部位,设有转子轴向调整装置。

三、规格与技术特征

密炼机规格、型号的表示,在我国如 XM – 250/40 型,其中 X 表示橡胶;M 表示密炼机;"250"表示密炼机的有效容量,L;"40"表示转子的转速,r/min。又如 XM – 75/35 × 70 表示有效容量为 75L,双速(35r/min 和 70r/min)橡胶密炼机。表 8 – 8 为国产常用密炼机的技术特征,表 8 – 9 为某炭素厂密炼机技术特征,表 8 – 10 为转子位置与间隙的关系。

表 8 – 8　国产常用的密炼机技术特征

项　目		2L	M – 25	X(S)M – 30	XM – 50/35 × 70	XM – 140/20	XM – 140/40
密炼室有效容量/L		4.3	46	50	75	253	245
密炼室工作容量/L		2	25	30	50	140	140
转子转速/r · min⁻¹		33 ~ 100	50	42	35/70	20	40
电动机	功率/kW	7.3 ~ 22	55	75	110/220	240	630
	转速/r · min⁻¹	470 ~ 1410	980	980	490/980	985	1500
卸料门形式		滑动	滑动	下落	滑动	滑动	下落
外形尺寸	长/m	1.505	3.535	4.10	6.6	8.66	9
	宽/m	1.085	1.210	1.85	4.85	3.012	2
	高/m	3.037	2.973	3.15	4.14	4.685	5.54
重量(包括电动机)/t		2.5	7.5	11	18	45	50

表 8 – 9　某炭素厂密炼机技术特征

型　号		技　术　参　数			台数/台	技　术　参　数
密炼室有效容积/L		75			蒸汽压力/MPa	0.4 ~ 1.0
密炼室工作容积/L		50			蒸汽消耗/kg · h⁻¹	250 ~ 300
转子转速 /r · min⁻¹	前轴	37			电机转速/r · min⁻¹	585
	后轴	42			功率/kW	55
压缩空气压力/MPa		0.4	0.6	0.8	重量/t	22.5
上顶栓气缸直径/mm		280			外形尺寸(长×宽×高) /mm × mm × mm	6500 × 3500 × 4000
上顶栓压力/kN(kgf)		24.6(2462)	37(3692)	50(4924)		

表 8 – 10　转子位置与间隙的关系

项　目	在 a 时				在 b 时				在 c 时			
	CD		EF		CD		EF		CD		EF	
转子位置												
间隙/mm												
壁和转子 1 间 δ_1	83		83		83		2		83		2	
转子 1 和转子 2 间 e	166		166		4		166		83		83	
壁和转子 2 间 δ_2	83		83		83		2		2		83	
相对速度/m·min^{-1}												
壁和转子 1 间	21.1		21.1		21.1		29.1		29.6		21.2	
转子 1 和转子 2 间	3.3		3.3		4.5		3.3		13.0		5.2	
壁与转子之间	24.4		24.4		24.4		34.1		24.4		34.1	
转子间的速比	1:1.16		1:1.16		1:1.16		1:1.16		1:1.091		1:1.47	
速度梯度/s^{-1}												
壁和转子 1 间	25		25		25		1480		1480		25	
转子 1 和转子 2 间	2		2		112		2		15		61	
壁和转子 2 间	29		29		29		1705		29		1705	

四、工作原理

图 8 – 32 所示为椭圆形转子密炼机工作原理示意图。

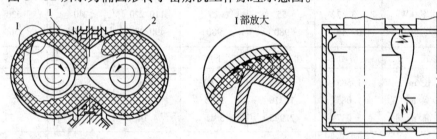

图 8 – 32　椭圆形转子密炼机工作原理示意图
1—密炼室;2—转子

在捏炼时,干粉和黏结剂加入到密炼室后,物料就在由两个具有螺旋棱的、有速比的、相反回转的转子与密炼室壁、上顶栓、下顶栓组成的捏炼系统内,受到不断地变化的反复进行的强烈剪切和挤压作用,使糊料产生剪切变形,进行强烈的捏炼。由于转子有螺旋棱,在捏炼时糊料反复地进行轴向往复运动,起到了搅拌作用,致使捏炼更为强烈。糊料在捏炼过程中,其经受流动和变形的捏炼作用是很复杂的,大致可分为四种作用。

(1)转子突棱顶与密炼室内壁间隙的捏炼作用(对于椭圆形转子密炼机,这一作用是重要的);

(2)转子间的搅拌作用;

(3)转子间的折卷作用;

（4）转子间的轴向往返切割、搅拌作用。

从糊料加工流变学知，糊料在加工过程中是属非牛顿型流体，混炼过程的流动形态较复杂。有的认为要把大量的黏结剂与干粉混炼均匀，大体上分两个步骤：首先，要把这些粒状固体和液体黏结剂，在外力作用下，混入到干粉中形成黏结块（称之为简单混合）；其后，再把这些已形成的黏结块进一步分散均匀（称之为强烈混合）。简单混合主要由剪切变形而定；强烈混合主要是一定的剪切应力把黏结块压碎并进一步分散，当剪切应力低于压碎黏结块所必须的程度，就难于起到进一步分散效果。实践证明，良好的分散，需要高的剪切应力。

换言之，要使简单混合进行很好，希望糊料流动变形速度要快，要求黏结剂软化点低一些，即黏度要小；要使强烈混合激烈，则要求软化点高一些，即黏度要高，这样糊料吸收的剪切力就大，分散效果就会好。否则难于达到好的分散效果。这是一个过程中流动性质的变化问题。

若单从机构所产生的作用来说，对密炼室捏炼过程的流变分析，则大体上可着重于转子突棱顶与密炼室内壁间的作用以及转子间的作用两个方面来讨论。

（1）转子突棱顶与密炼室内壁间的捏炼作用。糊料在密炼室内进行捏炼时，流动情况较为复杂，大体上可分为紊流及层流。在紊流区内低剪切速率和剪切应力有利于完成简单捏炼工作；在层流区内高剪切速率和剪切应力压碎黏结块，有利于完成分散工作。

转子突棱顶与密炼室内壁形成的间隙是产生高剪切应力的层流区，密炼室内其余部分是产生低剪切应力的紊流区。

在捏炼过程中，转子表面与密炼室内壁的间隙是不断变化的，其最小间隙在转子棱顶与密炼室壁间。因此，由于转子转动，其速度梯度在每瞬间都在变化，有时可能增大几十倍。因此，转子棱顶与密炼室内壁间产生的剪切应力是很大的，使糊料受到强烈的剪切作用。如图 8 - 33 和表 8 - 11 所示。从表 8 - 11 中列举的运动情况分析中可看出：在捏炼过程中，转子表面与密炼室内壁之间距离 h 为 2 ~ 83mm，而转子之间的间隙为 4 ~ 166mm，转子间距中的速比便在1:1.091 ~ 1:1.47 之间变化，故物料各部分受到较好的搅拌，其搅拌速度差达2 ~ 1705cm/min。

（2）转子间轴向捏炼作用。如图 8 - 33，糊料加入密炼室后，糊料不仅在两个相对回转的转子间隙中，而且在转子与密炼室壁的间隙中，以及转子与上、下顶栓的间隙中受到不断变化的剪切作用，使糊料产生剪切变形、搅拌混合等作用而进行捏炼。如此，循环进行，使糊料产生紊流。因两个转子具有一定的速比，两个转子相对位置也经常变化，因而使紊流形态更加剧烈，糊料受到较好的捏炼。

转子突棱是螺旋形的，糊料不仅围绕转子轴线转动，而且由于转子螺旋对糊料产生轴向作用力，使糊料沿着转子轴向移动。

每个转子都有两个方向不同、长短不一的螺旋棱，例如通常转子长螺旋角 $\alpha = 30°$，短螺旋棱

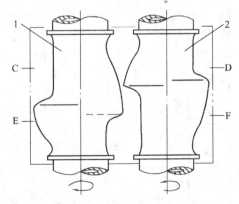

图 8 - 33　转子相对位置的变化
1,2—转子

的螺旋角 $\alpha = 45°$（见图 8 - 34）。当转子旋转时，转子螺旋棱表面对糊料产生一个垂直作用力 P，这个力可分解为轴向分力 P_2 和圆周分力 P_a。

表8-11 国外几种密炼机技术特征

型 号	1D	3D	F160	11D	F270	F370	GK15 UK	GK30 UK	GK50 UK	GK100 UK	GK160 UK	GK230 UK	K_2	K_2a	K_4	K_5	K_6	K_7
密炼室有效容量/m³	0.0165	0.0705	0.160	0.237	0.270	0.370	0.029	0.058	0.086	0.156	0.255	0.330	0.019	0.046	0.084	0.123	0.168	0.298
传动动力/kW 低强度混炼	55	175	270	550	600		75	120	165	295	460	625	51	118	213	316	493	662
传动动力/kW 高强度混炼	110	660	1000	1800	2000	2250	150	236	330	590	920	1250	103	235	426	691	985	1324
转子速度/r·min⁻¹ 低强度混炼	60	50	40	40	40	最高值	33	28	26	23	21	20	33	33	33	33	33	33
转子速度/r·min⁻¹ 高强度混炼	150	105	80	80	80	60	66	56	52	46	42	40	66	66	66	66	66	66
转子的圆周线速度/m·s⁻¹ 低强度混炼	0.7	0.9		1.2		最高值			0.6	0.6	0.9	0.7	0.5	0.7	0.8	0.9	1.0	1.2
转子的圆周线速度/m·s⁻¹ 高强度混炼	1.8	1.9		2.3		2.1			1.2	1.3	1.7	1.4	1.0	1.4	1.6	1.8	2.1	2.5
转子长度/m	0.22	0.61		0.81		0.656			0.55	0.70	0.80	0.90	0.40	0.50	0.65	0.75	0.85	1.00
转子直径/m		0.34		0.56					0.43	0.52	0.60	0.68	0.30	0.40	0.50	0.55	0.60	0.70
转子棱顶与密炼壁间隙/m	0.003	0.005		0.068		0.0095			0.0040	0.005	0.005	0.007	0.004	0.006	0.006	0.008	0.006	0.008
转子棱顶宽/m	0.012	0.012		0.025									0.11	0.16	0.19	0.21	0.25	0.30
剪切速率/s⁻¹ 低强度混炼	235	180		146		最高值			150		175	100	125	110	135	115	176	165
剪切速率/s⁻¹ 高强度混炼	585	375		290		225			295		350	195	245	225	275	230	350	310
剪切应力/kPa(kgf/cm²) 低强度混炼	265 (2.65)	245 (2.45)		224 (2.24)		最高值			235 (2.35)		246 (2.46)	202 (2.02)	214 (2.14)	214 (2.14)	224 (2.24)	214 (2.14)	214 (2.14)	235 (2.35)
剪切应力/kPa(kgf/cm²) 高强度混炼	345 (3.45)	306 (3.06)		275 (2.75)		255 (2.55)			286 (2.86)		296 (2.96)	245 (2.45)	255 (2.55)	255 (2.55)	275 (2.75)	265 (2.65)	265 (2.65)	286 (2.86)

注：本表假定剪应力 $\tau = 50000\gamma^{0.2}$；γ——剪切速率。

圆周力 P_a 使糊料绕转子轴线转动

$$P_a = P \cdot \cos\alpha \qquad (8-24)$$

轴向力使 P_x 糊料沿转子轴线移动

$$P_x = P \cdot \sin\alpha \qquad (8-25)$$

因为糊料与转子表面的摩擦力 T 企图阻止糊料轴向移动,由此可见,要使糊料产生轴向移动的条件是:

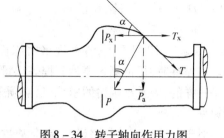

图 8 – 34 转子轴向作用力图

$$P_x > T_x$$

$$P \cdot \sin\alpha > P \cdot \tan\varphi \cdot \cos\alpha \qquad (8-26)$$

$$P \cdot \tan\alpha > P \cdot \tan\varphi$$

$$\alpha > \varphi \qquad (8-27)$$

式中 φ——糊料与转子金属表面的摩擦角,它随糊料温度(黏度)变化而变化。

从实验知,摩擦角一般推荐为 $37° \sim 38°$。

因转子长螺旋段的 $\alpha = 30°$,$\alpha < \varphi$,料不会产生轴向移动。转子短螺旋段的 $\alpha = 45°$,故 $\alpha > \varphi$,所以此处的糊料会产生轴向移动。

一般两个转子的螺旋长段和短段是相对安装的,从而使糊料从转子的一端移向另一端,在捏炼过程中,这样往复不断地推压糊料,加剧了糊料紊流形态。四棱转子产生的效果更为显著。

此外还可指出,在转子外形设计上有将突棱的工作面的圆弧曲率半径选得小些,这样会使棱的圆弧面与密炼室内壁形成的挤压力增加,迫使糊料更紧密的通过间隙 h,棱的另一面,设计成凹形的,工作区的容积由小变大,糊料通过 h 后压力也就由大变小,导致糊料由紧密变松散,而更容易流动,增加了紊流形态,强化了捏炼过程,这种转子称为"S"转子。如图 8 –35 所示。

五、主要参数的确定

(一)转子的转速与速比

1. 转子的转速

转子的转速是密炼机主要性能指标之一,它直接影响密炼机的生产能力、功率消耗、捏炼质量等。

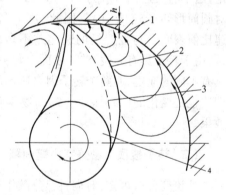

图 8 –35 "S"转子捏炼示意图
1—密炼室壁;2—小曲率半径棱的圆弧;
3—大曲率半径棱的圆弧;4—转子

从流变分析中知,转子棱顶与密炼室内壁间隙处的剪切速率 r 可概略地从下式求得:

$$r = \frac{v}{h} \qquad (8-28)$$

式中 r——剪切速率,$1/s$;

h——转子棱顶与密炼室内壁间隙,m;

v——转子外圆回转速度,m/s。

$$v = \pi D n$$

式中　　D——转子外圆直径,m;

　　　　n——转子转速,r/s。

从表 8 - 10 可看出,各种规格密炼机的间隙大小差异不大,只在一个有限的范围内变动。在捏炼时,每种糊料要达到捏炼质量指标所需的剪切速率,不管密炼机规格大小,几乎是一样的,因此小规格的密炼机,必须采用较高的转速才能达到和大规格密炼机相应的剪切速率。

对于某一台密炼机来说,h 是个常数,剪切速度的大小,仅由转子的转速而定,就是说,转子转速越高,剪切速率越大,糊料变形越快,捏炼效果越好,且可缩短混炼时间。然而转子转速的提高在一定条件下是有限的,因为一般来说,随着转子转速的提高,糊料温度也升高,从而糊料黏度下降,使剪切应力减小,结果可能导致降低了分散效果。反之,速度过低,因剪切速率小,减少了剪切应力,也会降低捏炼效果。在混炼时,一般排料温度控制在 150 ~ 170℃ 及以下,否则会引起分散不良。为了获得最有效的混炼,应按不同的糊料选择最适宜的转子转速。目前多速和调速密炼机的应用均被重视。图 8 - 36 所示为转子转速与混炼时间的关系。

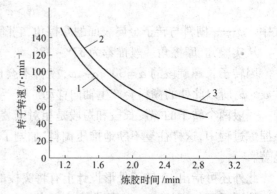

图 8 - 36　转子转速与混炼时间的关系
1—上顶栓压力为 0.598MPa;2—上顶栓压力为 0.422MPa;
3—上顶栓压力为 0.235MPa

2. 转子速比

两个转子的名义速比则由速比齿轮决定,这个名义速比一般为 1:1.07 ~ 1:1.12,对圆筒形转子速比为 1。因此,这个名义速比值表面上与混捏机的速比差不多,但是,由于转子具有突棱,转子表面上每一点具有不同的速度,而两个转子因有速比齿轮而有不同的转速,因此,转子之间间隙处的实际速比也是变化的(参见表 8 - 9)。物料各部分搅拌速度也在变化,导致紊流加剧,提高捏炼效果。

(二)转子棱顶与密炼室内壁间隙

从流变分析可知,对糊料起分散作用的主要在转子棱顶与密炼室内壁间隙 h 形成的高剪切区内,间隙大小直接影响糊料的剪切应力。生产实践证明:密炼机使用时间久后,由于磨损,致使 h 增大,一般要延长混炼时间,或增加装料量,才能得到弥补,以维持捏炼质量,h 大小的确定目前一般用类比分析的方法。

(三)生产能力与填充系数

密炼机生产能力是由密炼机的工作容量决定的,而工作容量又由密炼室有效容量算出。

$$Q = 60 \frac{V_1 r}{t} \qquad (8 - 29)$$

式中　　Q——生产能力,kg/h;

　　　　V_1——密炼机工作容量,L;

r ——糊料的密度,kg/L;

t ——一次捏炼时间,min。

作为车间生产能力计算时,公式(8-29)应乘一个 ψ 值(机器时间利用系数),因为密炼机属间歇式生产的机械,它主要与生产组织有关,通常 $\psi = 0.8 \sim 0.9$。

工作容量 V_1 由下式计算:

$$V_1 = V \cdot \beta \tag{8-30}$$

式中　V ——密炼室有效容量(密炼室总容量减去转子所占体积),L;

　　　β ——糊料的填充系数。

由此可知,填充系数直接影响密炼机的工作容量,即影响生产能力的大小。但填充系数过大或过小均会影响捏炼质量,也影响生产能力。

影响填充系数值大小的因素很多,如上顶栓压力、转子转速、机器结构、糊料性质、加料方法等。例如在一定范围内加大上顶栓的压力,增加转子转速,改变转子的结构等以增大 β 值。故 β 值的大小十分重要。β 值大小的合理选定,目前尚未有一个确切的计算方法,一般通过类比分析和试验的方法确定。长期以来在普通典型密炼机中一直认为 β 值在 0.54 左右为合理。但现代发展情况是 β 值已在 $0.5 \sim 0.75$ 或以上。

(四)上顶栓对糊料的单位压力

糊料混炼的关键在于分散,分散好坏的决定因素是剪切应力。增加上顶栓对糊料的压力作用,可以提高糊料中的流体静压力,而不直接影响剪切应力,但是,由于减少了密炼室内糊料的空隙,增加了糊料之间的接触面积,并减少了糊料与密炼室内壁及糊料与转子表面的滑动。所以,增加上顶栓压力,能间接地导致较高的剪切应力,加速分散过程,从而缩短混炼时间。

当上顶栓压力低时,糊料经常发生滑动,导致剪切应力和剪切速率的下降,从而减少糊料的分散作用,延长混炼时间。

上顶栓对糊料单位压力的范围,一般在 $0.1 \sim 0.5$ MPa($1 \sim 5$ kgf/cm²),有的达 1MPa(10kgf/cm²),有的压力可调。

提高上顶栓压力的措施一般采用加大上顶栓气缸直径,但这又增大了压料装置的结构尺寸,现在已有采用油压,采用油压后,油缸直径可以减小。压料装置结构尺寸可减小,但要注意解决好油的渗漏问题。

表8-12列举不同型号密炼机的上顶栓气缸(油缸)的尺寸以作参考。

表8-12　几台密炼机上顶栓气缸(油缸)直径尺寸

型　号	上顶栓气缸(油缸)直径/mm	动力来源	型　号	上顶栓气缸(油缸)直径/mm	动力来源
XG = HM - 250/20	200	风压 0.6~0.8MPa(6~8kgf/cm²)	11D	460	风压
XM - 250/40	410	风压 0.6~0.8MPa(6~8kgf/cm²)	K 型	600	风压
XN - 75	280	风压 0.6~0.8MPa(6~8kgf/cm²)	GK160	520	风压
XSM - 50	100	油压 2.0MPa(20kgf/cm²)	No27	838	风压

（五）功率

1. 功率消耗的确定

电动机的功率主要消耗在：糊料捏炼过程中的剪切、搅拌混合和机器各转动部的摩擦。前者是主要的。从生产实践证明，在一个捏炼过程中功率消耗的变化是很大的，且有高峰负荷，这是由于随着黏结剂的加入及其进入转子之间、转子棱与密炼室内壁间的高剪切区时，产生强烈的剪切捏炼作用之故。而后，随着黏结剂逐渐分散到干料中，功率也逐渐下降。

假定糊料是在黏度不变等温下的捏炼过程，转子单位长度上的功率消耗表示为：

$$N = 4 \cdot \eta \cdot v^2 B / h \tag{8-31}$$

式中　N——转子单位长度上的功率消耗；

　　　η——糊料的黏度；

　　　v——转子棱顶的回转线速度；

　　　B——转子棱顶宽度；

　　　h——转子棱顶与密炼室内壁间隙。

对于非牛顿型流体，对一台特定的密炼机来说，其功率消耗表示为：

$$N = C v^{K+1} \tag{8-32}$$

式中　K——糊料特性系数，$K < 1$；

　　　v——转子棱顶回转线速度；

　　　C——系数。

上面两个关系式中，由于它们应用范围有局限性或者一些常数难于确定，故都不能作为密炼机功率消耗的理论计算公式，但是可用它们来作密炼机功率消耗的定性分析，有利于从中了解影响密炼机功率消耗的因素及其相互关系。

在实际设计中，一般采用类比分析的方法来确定功率消耗值。以下则介绍一些有关影响密炼机功率消耗的因素。

2. 影响密炼机功率消耗的因素分析

（1）功率随密炼机工作量的增大而增大。

（2）功率消耗与转子棱顶和密炼室内壁间的间隙（h）成反比。

（3）转子棱顶越宽、功率消耗越大。也就是说，转子棱顶越宽，在转子棱顶与密炼室内壁间隙处，与糊料接触面积就大，糊料受剪切的量就多，故消耗功率就大。

（4）功率消耗与转子转速近似成正比。

（5）功率与上顶栓压力的关系。上顶栓压力增加，可间接导致对糊料剪切应力的提高，也就是说，导致功率消耗的增加。

（6）功率与转子结构的关系。转子由两个螺旋棱增加至四个螺栓棱时，加剧了糊料在捏炼中的分流和增加了糊料的剪切次数，故增加了功率消耗。如 11 号 40r/min 密炼机，转子由两个螺旋棱变为四个螺旋棱后，功率增加30%。

第七节　轧　辊　机

电炭制品和其他冷压制品，其原料的粒度细，在混捏中，很难保证黏结剂非常均匀地分布在混合物整体中,也难保证糊料的塑性均匀。为了提高糊料的密实度、塑性和均匀程度,目前国内外实际生产中,对混捏后的糊料广泛采用一次或多次辊压。

一、轧辊机的结构

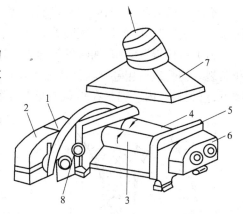

轧辊机是一种古老的辊压设备,由于它结构简单、操作容易、清理方便,故至今仍广泛使用,其结构如图8-37所示。两个轧辊安装在装有滑动轴承的机架5上,后辊的轴承固定在机架上,前辊的轴承可用轮(8)机构来移动,这样一来就可以改变辊子之间的距离。距离的大小可用专门的刻度盘和指示器来检查。辊子是通过变速箱2由电动机1带动运转的,通过齿轮6使后辊向着前辊转动。辊子摩擦值(圆周速度差)取决于这些齿轮齿数的比值,在上述结构中的辊子摩擦值等于10%,辊子由冷硬铸铁铸成。

图8-37 轧辊机的组成

1—电动机;2—减速箱;3—前辊;4—后辊;5—机架;6—速比齿轮罩;7—排风罩;8—手轮

二、工作原理

如图8-38所示的O_1,O_2两个不断相向旋转的辊筒,分别对物料有径向作用力T(姑且看成集中载荷)和切向作用力F。

将力T和F沿坐标分解(设Y轴正方向向下)。垂直分力($F_y - T_y$)将物料拉进辊隙,故称为钳取力。水平分力($F_x - T_x$)对物料进行挤压,同为挤压力。

钳取力和挤压力都来自两个辊筒,同时作用在物料上。

要使物料不断进入辊隙,必须使

$$F_y \geq T_y \qquad (8-33)$$

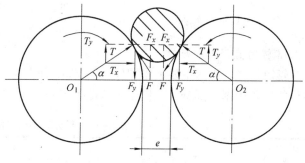

图8-38 辊筒的受力状态

而

$$T_y = T\sin\alpha$$
$$F_y = F\cos\alpha$$

式中 α——接触角。

切向作用力F实际上等于物料对辊筒的摩擦阻力,只是方向相反。

设物料与辊筒的摩擦系数为f

则

$$F = Tf = T\tan\varphi \qquad (8-34)$$

式中 φ——摩擦角。

式(8-34)代入式(8-29),得

$$T\tan\varphi\cos\alpha \geq T\sin\alpha$$

即

$$\tan\varphi \geq \tan\alpha$$

所以

$$\varphi \geq \alpha \qquad (8-35)$$

这就是说,要使物料不断进入辊隙,必须摩擦角大于或等于接触角,否则便不可能。

事实上,由于对辊筒加热,糊料受热变软变黏,因而其与辊筒的摩擦总是比较大的。当反复滚压后成为薄片,温度容易降低,塑性变差,强度增加,因而给下次辊压增加困难,当糊料需反复滚压时,应尽量缩短间隙时间。

为了强化辊压,通常两辊的转速不一样,如图 8-39 所示,使物料受挤压之外,还有剪切和撕裂。物料最后包卷在辊速较慢或温度较高的辊筒上。包卷在辊上的糊料由辊下的刮刀刮下,落到料斗内。物料在辊隙中受力分布如图 8-40 所示。

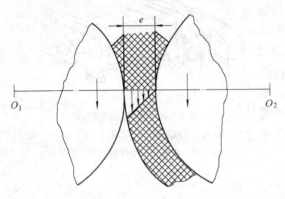

图 8-39　辊隙内物料的速度分布

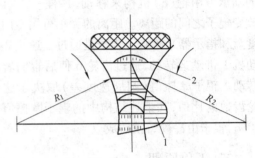

图 8-40　物料在辊隙内的受力分布
1—挤压力;2—剪切力

三、主要技术参数

1. 辊筒直径与长度

辊筒是轧辊机的主要工作零件,其工作部分直径与长度表示机器的规格特征,是选择轧辊机的重要依据。部分轧辊机技术特征见表 8-13。

表 8-13　部分轧辊机技术特征

型　　号	前辊直径/mm	后辊直径/mm	工作长度/mm	前辊速度/m·min^{-1}	速　比	辊筒表面形状
XK-360	360	360	900	16.25	1:1.25	光面
XK-400	400	400	1000	18.65	1:1.27	光面
XK-450	450	450	1200	25.4	1:1.27	光面
XK-550	550	550	1500	27.5	1:1.2	光面
XK-650	650	650	2100	32	1:1.2	光面
XKY-660	660	660	2130	30	1:1.08	光面

2. 辊筒线速度与速比

辊筒的工作速度常用线速度(m/min)来表示,线速度高,生产能力大。目前轧辊机的线速度正向高速发展。目前国内最高线速度约为 32m/min(φ650mm × 2100mm)。

两辊线速度之比简称速比。若后辊线速度为 v_1,前辊为 v_2,并且 $v_1 > v_2$,则:

$$速比 = \frac{v_1}{v_2}$$

$$(8-36)$$

速比增大,对物料的剪切强烈,可以缩短操作时间。但速比过大,发热多,物料中的黏结剂易挥发,尤其当辊距很小时,更容易过热。速比的大小,取决于轧辊机的用途。

若辊距为 e 米,并且物料的速度就是辊筒表面的线速度,则物料在辊隙处的速度梯度 $v_梯(1/min)$ 为:

$$v_梯 = \frac{v_1 - v_2}{e} \qquad (8-37)$$

通常,速度梯度在 5000/min 以下。

部分轧辊机的线速度与速比见表 9 - 13。

3. 生产能力

生产能力是单位时间内轧辊机的产量,以 kg/h 表示。

$$Q = \frac{60qr}{t}\alpha \qquad (8-38)$$

式中　Q ——生产能力,kg/h;

　　　q ——一次投料量,L;

　　　r ——物料密度,kg/L;

　　　t ——一次辊压时间,min;

　　　α ——设备利用系数,可取 0.85 ~ 0.9。

一次投料量 $q(L)$,是轧辊机的合理容量。通常根据物料全部包覆前辊后,并在两辊间存有适量积料来确定的。一般可以用下面的公式计算:

$$q = (0.0065 \sim 0.0085)DL \qquad (8-39)$$

式中　D ——辊筒直径,cm;

　　　L ——辊筒工作部分长度,cm。

影响轧辊机生产能力的因素,除了 q,D 和 L 以外,辊距、辊速、速比、辊温以及操作方法等都有关系,所以准确计算生产能力是困难的。

4. 驱动功率

影响轧辊机功率消耗的因素较多,如工艺方法、操作温度、辊筒规格、辊距、线速度、速比和被加工物料的性质等,因此至今尚无准确的计算公式,一般通过实测或类比确定。

在每次辊压开始的短时间内,功率消耗到达最大值,通常为数分钟后功率消耗值的 2 ~ 3 倍,因为此时的料温低,若辊筒线速度和速比提高,功率的消耗也增大。辊距减小,功率消耗增大更明显。

轧辊机的功率消耗较大,因为轧辊机不仅要维持粗大的辊筒及传动零件的高速回转,而且要把黏滞的物料,在相当大的宽度上反复辊压。

下面的经验公式,对 $\phi400mm \times 1000mm$ 以上的轧辊机较为适用,可供参考。

$$N = 92 \cdot L \cdot \sqrt{R} \qquad (8-40)$$

式中　N ——轧辊机功率消耗;

　　　R ——辊筒半径,m;

　　　L ——辊筒工作长度,m。

5. 一次投料量

由于轧辊机是间隙生产,如果每次加料多,自然可以提高生产率,但加料过多,会使包覆后辊间的积料量太大,不能及时进入辊隙,使每次操作时间延长,仍然达不到提高生产率的目的。所以必须适当控制一次投料量,以维持适当的积料。

四、主要零部件

(一)辊筒

辊筒是轧辊机的主要零件,其内部可加热和冷却,其外表面直接与物料接触,并对物料进行挤压和剪切,直接完成辊压过程。

根据作用力和反作用力的原理,两辊筒受到物料企图使之分离的力的作用,其大小正好等于辊筒给予物料的挤压力,据计算,这个力是相当大的,通常为几百千牛甚至上千千牛。

为便于辊温的调节,辊筒材料还应有良好的导热性。由于辊筒表面与物料经常反复地接触摩擦,因此,辊筒表面(辊皮)应选用耐磨损材料。通常轧辊机筒材料为冷硬铸铁,即辊筒外表面为白口,内部为灰口,从而达到外表硬、内部韧、强度高又耐磨。

一般来说,由于轧辊机不是成形设备,表面粗糙度为 $R_a 1.60 \sim 0.80$ 即可。

根据系列规定,辊筒白口深度的要求见表 8 – 14。

表 8 – 14　辊筒白口深度

辊径/mm	160	360 ~ 400	450	550 ~ 650
白口深度/cm	3 ~ 12	5 ~ 20	5 ~ 24	6 ~ 25

系列要求辊筒工作表面的肖氏硬度为 $68 \sim 75 \mathrm{Hs}$,轴颈表面硬度 $37 \sim 48 \mathrm{Hs}$。辊筒各部分尺寸,可根据辊径导出,其关系如图 8 – 41 所示。

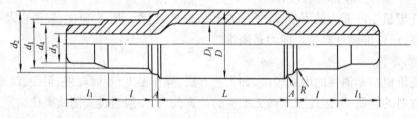

图 8 – 41　辊筒各部分尺寸

$$L = (2.2 \sim 3.2)D; \qquad d_1 = (0.63 \sim 0.7)D(\text{滑动轴承});$$
$$d_2 = (1.5 \sim 1.2)d_1; \qquad d_3 = 1.1d_1;$$
$$d_4 = (0.83 \sim 0.87)d_1; \qquad l = (1.05 \sim 1.35)d_1;$$
$$l_1 = (0.85 \sim 1)d_1; \qquad A = (0.07 \sim 0.12)D;$$
$$R = (0.06 \sim 0.08)d_1; \qquad r = (0.05 \sim 0.08)d_1$$

由于后辊是传动扭矩的主动轴,其受力情况较前辊恶劣,通常只对后辊进行弯、扭方面的强度核算就可以了。

(二)机架

上面讲了,辊筒间的挤压力很大,通常为几百千牛(几十吨力)甚至几千千牛(几百吨力），这就要求机架的强度大，刚度大。通常用整体铸造成或钢板焊接。

（三）调距装置

为适应多种物料的工艺要求，通常把轧辊机的辊距设计成可调的。当 $D \leqslant 450mm$ 时，辊距约在 $0.1 \sim 10mm$ 的范围；当 $D > 450mm$ 时，辊距约在 $0.1 \sim 15mm$ 范围内。

调距装置的结构形式分手动、电动和液压传动三种。

（四）安全装置

由于轧辊机是在敞开情况下进行操作的，坚硬的金属或其他块状物容易掉入辊隙，损坏辊面；抑或操作不慎，而引起严重的事故，所以轧辊必须有可靠的安全装置。

轧辊机的安全装置一般同调距装置相连。如安全垫片，当发生过载，安全垫片因受力过大被剪断，从而使辊距开大，避免其他零件的损坏，但更换安全垫片麻烦。采用液压保护结构，是比较好的，当辊隙内进入硬块，就使油缸内的油压升高，达到调定数值时，通过电接点压力表来实现自行停车。再用反转或放大辊距的办法，排除故障，便可开车生产。

另外，为防止机械或人身事故的发生，轧辊机必须有紧急刹车装置。其结构有带式和块式两种，都是在电磁铁的作用下产生摩擦力矩使辊筒停止的，一般要求制动作用后，辊筒回转不得超过 1/4 圈。

（五）辊温调节

辊筒一般用饱和蒸汽加热或导热油及电加热，蒸汽加热和导热油的主要缺点是密封困难。电加热的缺点是绝缘较困难，相比较而言，还是采用有机载热体（导热油）加热较好。

五、维护与操作

轧辊机在每次运转前，必须检查制动装置的可靠性，制动作用后，辊筒继续回转不得超过 1/4 圈。否则，就应调整制动器调节螺钉，减少闸瓦与制动轮间的间隙。

辊筒的冷却必须在回转中缓慢进行。冷却过急，筒壁内外温差过大，将导致辊筒损坏，静止中冷却，沿圆周冷却不均，将导致辊筒弯曲。所以，物料卸完，空车继续回转一段时间，待辊温较低时再停车。

轧辊机轴承，传统齿轮，速比齿轮等承受载荷较大，操作中要经常检查温升和润滑情况，保证良好的润滑。

投料时，应先沿传动端少量添加，然后逐渐增加，以避免冲击。

要尽量避免金属等硬块物料进入辊隙，损坏辊面。

要注意调节适当的辊筒温度。

操作轧辊机的劳动强度较大，温度高，有粉尘和沥青烟气，应注意通风和劳动保护。

第九章　液压传动原理

液压技术是研究怎样利用液体作为工作介质传递能量和进行控制的一种工程技术,液压传动主要是利用液体的压力能来传递能量,又叫静压传动。

液压传动具有形体小而力大,易实现无级调速和远程控制等特点,在各个工业部门都有广泛的应用,也是成形用的模压机、挤压机等不可缺少的组成部分。

炭石墨材料成形机械的液压系统一般是以压力变换为主的中高压系统。因此,本章将讲述液压传动基础知识;流体动力学的基本方程;中高压液压元件的结构和工作原理,即泵和阀的结构和工作原理。

第一节　液压传动基础知识

一、静压力和帕斯卡定律

将液体密闭在如图9-1所示的容器内,活塞上面加重物,液体内就会产生反作用力,此力就是液体的静压力。液体在单位面积上所承受的作用力叫压力强度(工程上简称为压力),即

$$p = \frac{W}{A} \tag{9-1}$$

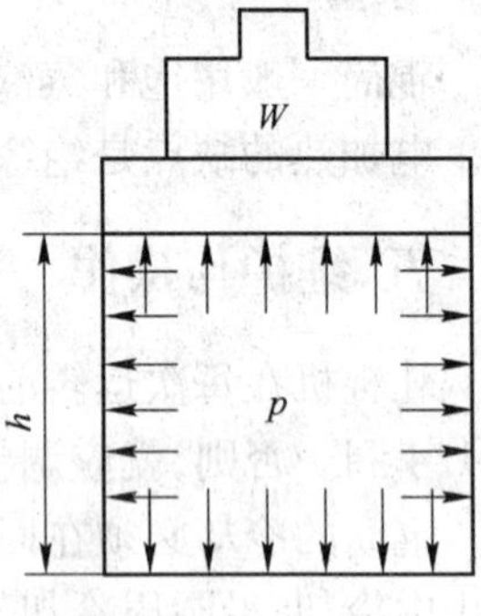

式中　p——单位压力;

$\quad\quad W$——重物的重量;

$\quad\quad A$——活塞的截面积。

液体为了保持其静止状态,静压力具有下列特性:

(1)静止液体中的任何一点,其各方面的压力均相等;

图9-1　压力容器

(2)液体静压力是一种纯粹的压应力,其作用方向与承压面的法线重合。

如果液体中各点的压力是不均匀的,则液体在某点上的压力即由该点的压力极限值决定。液体中的静压力,主要是由液体表面承受外力,或其自重作用而产生的。

液体自重所产生的压力与距液面的深度成正比,而与容器的截面积无关。即

$$p = \rho g h \tag{9-2}$$

式中　p——液体自重产生的单位压力,Pa;

$\quad\quad g$——重力加速度,m/s^2;

$\quad\quad h$——液体深度,m。

例如:$h = 4m$,矿物油密度 $\rho = 900kg/m^3$,则在该深度下由于液体自重所产生的静压力为:

$$p = 900 \times 10 \times 4 = 36000(Pa) = 0.036MPa$$

在液压传动中,一般液柱的高度不大,所以,液体自重所产生的压力可以忽略不计。

压力值可以从不同的基准算起,故有不同的表示方法。如果以理想的没有气体存在的完全真空为零算起,该压力值称为绝对压力(图9-2);凡以大气压力为零算起的压力值,称为相对压力(计算压力),液压传动中一般都用相对压力表示。

单位换算:

1个工程大气压(1atm) = 1kgf/cm^2 = 735.56mmHg = 10mH$_2$O = 0.1MPa

1个标准大气压(1atm) = 760mmHg = 10.33mH$_2$O = 1.0332kgf/cm^2 = 0.10332MPa

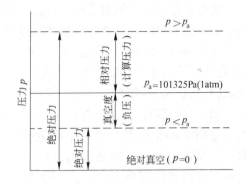

图9-2 绝对压力和相对压力

在液压传动中,我国油泵等液压元件的公称压力 MPa(kgf/cm^2)为:2.5(25)、6.3(63)、8(80)、10(100)、12.5(125)、16(160)、20(200)、25(250)、32(320)(小于2.5(25)和大于32(320)均未列入),其压力分级(JB 824—66)见表9-1。

表9-1 压力分级

压力分级	低 压	中 压	中高压	高 压
压力范围/MPa(kgf/cm^2)	0~2.5(0~25)	2.5~8(25~80)	8~16(80~160)	16~32(160~320)

注:1Pa = 1N/m^2;1at = 10^{5}Pa;1atm = 101325Pa。

在密闭容器中静压力的传递是按帕斯卡定律进行的。所谓帕斯卡定律即在相互连通而充满液体的若干容器内,若某处受到外力的作用而产生静压力,则该压力将通过液体传递到各个连通器内,且压力值处处相等。

图9-3所示为一连通器。在驱动力 R 的作用下,液体表面产生压力 p_1,而活塞5在负载 W 的作用下,产生压力 p_2,根据帕斯卡定律得

$$p_1 = p_2 = p \qquad (9-3)$$

由于

$$p_1 = \frac{R}{A_1}; \quad p_2 = \frac{W}{A_2}$$

则

$$\frac{W}{R} = \frac{A_2}{A_1} = K \qquad (9-4)$$

式中 A_1、A_2——分别为活塞1、5的截面积。

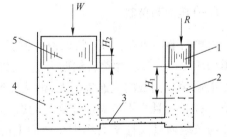

图9-3 帕斯卡定律
1、5—活塞;2、4—缸体;3—管道

若 $K \gg 1$ 时,只需要较小的驱动力就能承受很大的负载,故这是一种力的放大机构,其放大倍数为 K 值。

若 A_2 一定时,p_2 与负载 W 成正比,即容器的压力大小取决于负载大小。但是,实际上随着负载无限增加,容器内的压力不会趋于无穷大。这是由于压力升高时,密封处可能漏油;容器及管道等也可能破裂;同时还受到驱动力大小的限制,这三个因素就决定了容器内压力所能达到的极限值。

二、液压传动原理及其基本参数

帕斯卡定律仅仅说明了密闭的液压系统内静压力是如何建立及传递的,实际上,即使像油压千斤顶那样的简单液压系统,也还需从运动的观点来分析,才能更深刻地理解它。

图9-4是油压千斤顶的工作原理图,它是由手动油泵(能源)和单作用柱塞缸(执行机构)等组成。

当手柄上提时,油泵小柱塞下面的密闭容积逐渐增大,压力随之下降造成真空。左边单向阀在弹簧力的作用下关闭。右边单向阀在大气压力的作用下克服弹簧力而顶开钢珠,油箱中的油液被吸入泵内。手柄上升到最高位置,完成吸油过程。随着手柄下降,小柱塞下面的容积逐渐缩小,由于油液几乎不可压缩,密闭在该容积中油液的压力逐

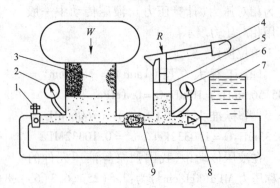

图9-4　油压千斤顶原理
1—放油阀;2、6—压力表;3—大柱塞;4—手柄;
5—小柱塞;7—油箱;8、9—单向阀

渐升高,与吸油过程相反,右边单向阀在油压及弹簧力的作用下关闭。同时,油压力克服弹簧力顶开左边单向阀,压力油进入大柱塞缸,推动大柱塞向上运动,将重物举升一段距离,实现对外作功。如此往复循环,就可将重物举升到一定高度。

若将放油阀打开,大柱塞缸与油箱接通,缸内油液排回油箱,大柱塞降落。

综上所述,无论是油泵或油缸都是利用密封的工作容积变化来进行能量转换的,即油泵是将机械能转换成液压能,相反,油缸是将液压能转换成机械能,这就是容积式液压传动的本质。

液压传动过程基本参数如下。

(一)压力和负载

由帕斯卡定律知:油压千斤顶中油的压力取决于负载。但是,只有在下述条件下油压千斤顶的压力传递过程才符合帕斯卡定律:即(1)油液是不可压缩的;(2)连接泵与大柱塞的通道很短;(3)油液的流速也不大,则从泵到大柱塞由于油液的黏性所引起的压力降可以忽略不计;(4)而且也不考虑油柱高度的影响。此时,驱动力通过小柱塞而作用到液面上的压力才与负载通过大柱塞而作用在液面上的压力相等,且在该液压系统中的压力到处相等,即

$$p = \frac{R}{A_1} = \frac{W}{A_2}$$

(二)速度和流量

油压千斤顶是一个充满油液的密闭容器,如果泵、油缸和通道等密封良好,即油液不会向外泄漏;且泵、油缸和通道等都是不变形的刚体;油液不可压缩等,那么,泵输出的油量应该全部进入大柱塞缸。这样,泵小柱塞向下移动所产生的容积变化值等于大柱塞向上移动

所改变的容积数值(见图9-3),即

$$A_1 H_1 = A_2 H_2 \qquad (9-5)$$

同理,泵小柱塞下降的平均速度 v_1 和大柱塞上升的平均速度 v_2 与柱塞截面积成反比,即

$$A_1 v_1 = A_2 v_2 \qquad (9-6)$$

$A_1 v_1$ 及 $A_2 v_2$ 分别表示单位时间内泵排出的油液容积和进入大柱塞缸的油液容积,该物理量称容积流率(工程上简称为流量),分别用 Q_1 和 Q_2 表示,即

$$Q_1 = A_1 v_1 \quad 及 \quad Q_2 = A_2 v_2 \qquad (9-7)$$

因为 $Q_1 = Q_2 = Q$,则速比 $\phi = \dfrac{v_2}{v_1} = \dfrac{A_2}{A_1} = \dfrac{1}{K}$

由于 $K > 1$,则 $\phi < 1$。

这说明了油压千斤顶在增力的同时,速度要下降。

当 A_2 一定时,执行机构(这里指大柱塞)的速度 v_2 与进入大柱塞缸的流量成正比,调节进入大柱塞缸的流量(与手动油泵的往复次数有关)就可改变其速度,这就是调整的基本原理。

(三)功率和效率

液压传动是依靠密封工作容积的变化来传递能量的。在理想条件下,油泵小柱塞以 v_1 向下所作的功率等于工作油缸大柱塞以 v_2 向上所作的功率。

即 $$R v_1 = W v_2$$

或 $$p_1 A_1 v_1 = p_2 A_2 v_2$$

故 $$p_1 Q_1 = p_2 Q_2$$

液压系统的传动效率 η,由下式决定:

$$\eta = \frac{输出功率}{输入功率} = \frac{p_2 Q_2}{p_1 Q_1} \qquad (9-8)$$

当 $p_1 = p_2$、$Q_1 = Q_2$ 时,$\eta = 100\%$。这一理想状态,实际上是达不到的。

在实际液压传动系统中,不可避免地存在着三种损失,即压力损失、容积损失和机械损失,相应的液压系统的总效率可用这三种效率的乘积来表示,

即 $$\eta_总 = \eta_压 \cdot \eta_容 \cdot \eta_机 < 100\%$$

式中 $\eta_压$——压力效率,$\eta_压 = p_2/p_1$; $\qquad (9-9)$

$\eta_容$——容积效率,$\eta_容 = Q_2/Q_1$; $\qquad (9-10)$

$\eta_机$——机械效率。

在液压系统的各个元件中所产生的能量损失是不一样的;油泵及油缸中主要是机械损失和容积损失;控制阀及管道中主要是压力损失和容积损失,所有损失能量均转化为热量而使油温升高。

三、液压系统的组成

油压千斤顶是简单的液压系统,它不能满足一般机器对液压系统的各种要求。为了改善其性能,系统中需要增加若干液压元件,如图9-5所示。

为了使油缸的活塞能够往复运动，液流方向需要改变，因此，接入一只换向阀。

为了适应机器的要求，可接入一只节流阀，当调节节流阀使油缸活塞速度降低时，油泵输出的油液过剩，压力就升高，当压力超过溢流阀的调定压力时，溢流阀就打开，余油溢回油池。相反，油缸速度增大时，压力低于溢流阀的调定压力，溢流阀关闭，使系统压力保持在一定的压力范围内。溢流阀的作用是限制系统中的最高压力，防止系统过载。

由于油泵的流量总是有些不

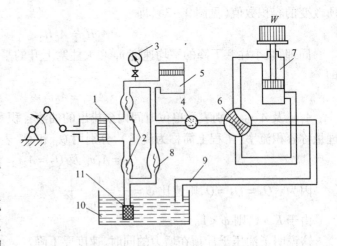

图 9 – 5　液压系统的组成
1—泵；2—单向阀；3—压力表；4—节流阀；5—蓄能器；6—换向阀；
7—油缸；8—溢流阀；9—管道；10—油箱；11—滤油器

均匀，这将会造成油缸活塞速度的波动。对于要求很高的液压系统，可接入一只蓄能器，它可以降低活塞速度的波动程度。此外，蓄能器还可用于短期用油量超过油泵输油量的场合。

为了过滤油液中的杂质，提高液压元件的使用寿命，需在吸油管上设置滤油器。

压力表是检测元件，它能反映系统压力随负载变化而变化的情况。

上述这些元件均需用管接头、管道等连接起来。一个完善的液压系统应由下列几部分组成：

动力元件——油泵，它是将机械能变换成液压能的元件，也是液压系统的心脏。

执行元件——油缸或油马达，它将液压能变换成机械能，推动执行机构动作，对外作功。

控制元件——它包括溢流阀（压力阀的一种）、流量控制阀和换向阀等；以便控制系统中的压力、流量和流向，实现所需的运动规律和动力参数。

辅助元件——油箱、滤油器、蓄能器、管道、管接头和压力表等。

工作介质——液压用油是液压系统的"血液"，利用它来进行能量的转换、传递和控制。

四、液压介质

液压介质有水和矿物油等，它不仅要有效地传递能量，还需保证液压元件正常工作，灵敏可靠、寿命长和泄漏小。

（一）密度及重度

液体所具有的质量，用密度表示，对于均质液体来说，单位体积内所含有的质量叫做密度。

$$\rho = \frac{m}{V} \tag{9-11}$$

式中　ρ——密度，kg/m^3；

　　　V——均质液体的体积，m^3；

m——均质液体的质量,kg。

在国际单位制(SI)中质量 m 的单位为千克(kg),体积 V 的单位为米^3(m^3)。因而密度 ρ 的单位是千克/米^3(kg/m^3)。

单位体积液体所具有的重量,用重度表示。对于均质液体来说:

$$\gamma = \frac{W}{V} \tag{9-12}$$

式中 γ——重度,N/m^3;

V——均质液体的体积,m^3;

W——均质液体的重量,N(牛)。

在国际单位制(SI)中,力的单位是牛顿(N),因而重度 γ 的单位是牛/米^3(N/m^3)。

力的单位换算为:1 公斤力(1kgf) = 10 牛顿(N)。

因为重量 W 等于质量 m 与重力加速度 g 的乘积,即

$$W = mg \tag{9-13}$$

两边同除以体积 V,则得

$$\gamma = \rho g \tag{9-14}$$

式(9-14)表示了重度 γ 和密度 ρ 的关系,式中重力加速度 $g = 9.81 \text{m/s}^2$。

(二)液体的压缩性

液体在压力作用下,容积总要减小一点。

设压力为 p 时的液压容积为 V,当压力增为 $p + \mathrm{d}p$ 时容积变为 $V - \mathrm{d}V$,油液的压缩性用容积压缩系数 β(cm^2/kgf)来衡量
即

$$\beta = \frac{\mathrm{d}V/V}{\mathrm{d}p} \tag{9-15}$$

容积压缩系数表示液体在单位压力作用下,单位容积的变化率。

容积压缩系数的例数叫容积弹性系数 K(kgf/cm^2)

$$K = \frac{1}{\beta} \tag{9-16}$$

不同的液体其 β 和 K 值不同。

对于同一种液体 β 和 K 也随温度和压力而变化,但一般变化不大。

由于矿物油或其他液体介质的压缩性很小,当 $p \leqslant 350 \times 10^5 \text{Pa}$ 时,压力每升高 $70 \times 10^5 \text{Pa}$,液体的容积仅减少 0.5%,故在一般的液压系统中可以忽略不计,只有在研究液压传动的动态过程及高压系统中才考虑液体的压缩性对系统工作性能的影响。但是,若液体中存在气泡,液体的压缩性大大增加,将给液压系统带来不良的影响。

(三)液体的黏度

液体在剪切作用下流动时,会在其分子间产生阻碍液体相对滑动的摩擦力,这种性质称为液体的黏性。黏性的大小可用黏度表示,黏度是液压用油的重要指标,通常有三种表示方法。

1. 动力黏度(绝对黏度)

液体流动时,由于液体与固体壁面的附着力及液体本身的黏性,其各点的速度是不同的。如图 9 – 6 所示,根据液体的内摩擦定律,液体流动时,其内部产生的剪切应力 τ 与速度梯度 $\mathrm{d}v/\mathrm{d}y$ 成正比,即

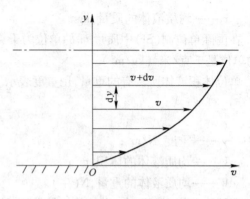

$$\tau = \pm\mu\frac{\mathrm{d}v}{\mathrm{d}y} \qquad (9-17)$$

其中,正号表示 τ 与 $\dfrac{\mathrm{d}v}{\mathrm{d}y}$ 方向相同,负号则相反。

图 9 – 6　液流速度分布

式中　τ ——使相邻液体产生速度梯度 $\mathrm{d}v/\mathrm{d}y$ 所需的剪应力;

　$\mathrm{d}v/\mathrm{d}y$ ——相邻液体在间距 $\mathrm{d}y$ 上所产生的相对滑动速度,称为速度梯度或剪切速度;

　μ ——液体的动力黏度,其数值随液体的种类而异,也和温度及压力有关。

在给定温度下,剪切速率变化时,μ 为常数的液体称为牛顿液体,μ 为变数的液体称为非牛顿液体。除了含有特殊添加剂的油液以外,一般的液压油都可视为牛顿液体。

在 CCS 制中 μ 的单位为 P(泊)。

$1\mathrm{P}(泊) = 10^{-1}\mathrm{Pa}\cdot\mathrm{s},1\mathrm{cP}(厘泊) = \dfrac{1}{100}\mathrm{P}(泊)$。

μ 是液体黏性大小的度量,μ 愈大,黏性作用愈强。

2. 运动黏度

动力黏度 μ 与液体密度 ρ 的比值称为运动黏度,用 ν 来表示。

$$\nu = \frac{\mu}{\rho} \qquad (9-18)$$

在 CCS 制中 ν 的单位为 St(斯托克斯),$1\mathrm{St}(斯托克斯) = 10^{-4}\mathrm{m}^2/\mathrm{s},1\mathrm{cSt}(厘斯) = \dfrac{1}{100}$ St(斯托克斯)。

由于运动黏度的单位具有运动学的要素,故而得名。一般在理论计算中常用到它,机油的牌号就是指温度为 50℃时运动黏度的平均值。例如,20 号机油在温度为 50℃时的平均运动黏度为 20cSt(厘斯)。

对于液压用油来说,动力黏度和运动黏度是很难测量的,工程上常用相对黏度计来测量。

3. 相对黏度

各国采用的相对黏度计是不同的,相对黏度的单位也不一样,英国用雷氏秒,美国用赛氏秒,我国和欧洲用恩氏黏度。

恩氏黏度是用恩氏黏度计来测量的。在某个标准温度下,将 $200\mathrm{cm}^3$ 的试验油装入恩氏黏度计的容器内,把所测定的该液体在自重作用下流经容器底部小孔(直径为 2.8mm)的时间与同量的 20℃时蒸馏水流经该小孔所需的时间(平均值为 51s)的比值称为恩氏黏度,用 E_1 表示。工业常用的标准温度为 20℃、50℃和 100℃,写成 E_{20}、E_{50} 和 E_{100}。

赛氏秒和雷氏秒均以一定量的液体在自重作用下流过一定直径的孔道所需的时间(s)来表示。对于赛氏通用黏度计,试油的容积为 $60\mathrm{cm}^3$,定径管为 $\phi0.176\mathrm{cm}$、长度为 1.225cm,测

量温度为定常温度所测得的以秒为单位的时间称为赛氏通用秒,简写为 SSU 或 SUS。

各国的相对黏度以及与运动黏度之间的换算见图9－7的纵坐标。

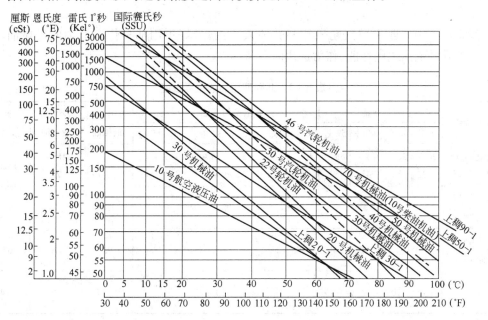

图9－7 国产油的黏温特性

液体黏度随温度变化而变化的性质叫黏温特性,国产油的黏温特性如图9－7所示。黏温特性可用黏度指数来表示,黏度指数越高,液体黏度随温度的变化越小,称之为黏温特性越好,液压油的黏度指数一般高于90。

此外,压力对油液的黏度也有影响,压力增高,黏度变大。如果工作压力在7MPa以下,可以忽略压力对黏度的影响;压力大于20MPa时黏度的变化较大,不容忽视。

(四)液压用油的选择和使用

液压用油应具有适当的黏度、良好的黏温特性,还要求能抗氧化,防止对金属产生锈蚀、耐磨损、不易乳化以及具有一定的消泡能力等。为此,常在基础油(常用汽轮机油)中,加入为了达到上述性能所需的添加剂,这就构成各种液压传动专用油。

选择液压用油时,应根据油泵的种类、环境温度、系统压力等因素,确定黏度范围,然后选择合适的液压油品种。由于油泵对液压油最敏感,通常根据它来选择液压油的黏度和品种。见表9－2。

表9－2 油的黏度推荐范围

油泵类型		环境温度5~40℃(50℃)/cSt	环境温度40~48℃(50℃)/cSt
叶片泵	$p \leqslant 7$MPa(70kgf/cm^2)	17~29	25~44
	$p > 7$MPa(70kgf/cm^2)	31~40	37~54
齿轮泵		17~40	63~88
轴向柱塞泵		25~44	40~98

注:压力高、温度高、运动速度低时,取大值。

液压用油过去一般用汽轮机油，近来都用液压油。石油基的液压油有四大品种：普通液压油、专用液压油、抗磨损液压油（高压高速油泵用）、高黏度指数液压油（用于温度变化较大的场合）。

炭素机械中一般采用汽轮机油和普通液压油，最好不用那种作润滑油的机械油。表 9 - 3 列出几种液压油的性能，作为选用时参考。

表 9 - 3　几种液压油的主要性能

油的品种	汽轮机油				普通液压油						10 号航空液压油	数控机床液压油	稠化液压油
	20 号	30 号	46 号	57 号	10 号	20 号	30 号	32 号	40 号	60 号			
运动黏度(50℃)/cSt	20 ~ 23	28 ~ 32	44 ~ 48	55 ~ 59	8 ~ 12	18 ~ 22	28 ~ 32	38 ~ 42	57 ~ 63	77 ~ 88	≥10	18 ~ 22	18.67
黏度指数,不低于							95				130	175	>130
闪点(开口),不低于/℃		180	195	140	170	180		190			92	170	185.5
凝点,不高于/℃	-15	10	0	-15			-10				-70	-10	-49

液压油在使用中，由于工作温度、工作压力的变化，以及与空气中的氧化合而逐渐变质。尤其是外界杂质（尘埃与水等）的侵入，均使液压油恶化，因此需要定期检查、过滤或更换。现场检查的内容有：油的色泽及透明度、杂质含量（不大于 0.1%）以及水分（可在 250℃ 左右的热铁板上滴上一滴液压油，如有爆炸声，说明有水分，无水分的油是无声燃烧）。工作条件良好的中级液压油其平均寿命均为 5000h，维护得好，寿命更长。

油泵吸入端的温度一般在 55℃ 以下，理想系统的工作温度为 30 ~ 55℃，达到 55℃ 时容积效率会下降，因此温度在 55 ~ 65℃ 范围内要设置油冷却装置。油泵启动时的温度不能太低，一般在 16 ~ 30℃，温度过低启动比较危险，当然也与油泵种类及液压油的特性有关。

五、泵的分类、特点和选择

泵是液压传动的动力源，它是将机械能变为液压能的转换装置。根据输出液压的高低可分为高压泵（16 ~ 32MPa）、中高压泵（8 ~ 16MPa）、中压泵（2.5 ~ 8MPa）和低压泵（0 ~ 2.5MPa）。根据结构和工作原理的不同又可分为叶片泵、柱塞泵（往复式和轴向式）、齿轮泵。

液压机械中常用的泵有叶片泵，柱塞泵和齿轮泵，它们都是容积式泵。容积式泵的共同特征是它的流量取决于可变的密封工作空间的大小，其理论流量与压力无关，压力仅通过泄漏大小影响其实际流量。压力的大小，主要取决于工作空间的密封性能，及其有关零件的承载能力。而压力和流量的乘积则决定了泵的输出功率。

泵的种类主要是根据液压系统的工作压力、流量及机器的工作特点等选择。在液压机械中，液压传动一般作为主传动，压力较高，流量也很大，但对执行机构的速度稳定性要求不高,这是一种以压力变换为主的中高压系统。因此,液压机常用柱塞泵和低压齿轮泵(润滑系统)。液压系统的工作压力取决于负载的大小等。炭素液压机械液压系统的工作压力一般为 5～32MPa。

第二节　流体动力学基本方程

一、流体动力学的基本方程

液压传动是将原动机的机械能变为液体的压力能,然后经过输送控制再将压力能转变为机械能,流体动力学是其重要的理论基础。下面介绍一维流动时流体动力学的三个基本方程。

(一)稳定流的连续方程

如果液体中任意一点的压力、速度和密度均不随时间的变化而变化,则称液体在管内流动是稳定的。由此,根据质量守恒定律,在单位时间内通过管子任一截面的质量是不变的。

在图 9-8 中,管道入口处的平均流速为 v_1,相应的截面积为 A_1,液体的密度为 ρ_1,在出口处分别为 v_2、A_2、ρ_2,根据质量守恒定律,则有

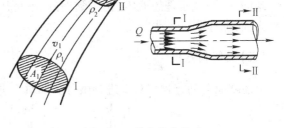

$$m = A_1 v_1 \rho_1 = A_2 v_2 \rho_2 = Av\rho = 常数$$

$$(9-19)$$

式中,m 为质量。

若液体是不可压缩的,$\rho = 常数$

得　$Av = Q = 常数$

式中,Q 为流量。上式表明液体在管道

图9-8　管内稳定流动

内稳定流动时,通过任一截面的流量是不变的,即管道细的地方流速大,粗的地方流速低,这就是稳定流的连续性。

(二)液体的运动方程

我们在液体中任取截面为 dA、长度为 dl 的微小流束(图9-9)来研究其运动状况。对于不可压缩液体的流束来说,其任一截面上的压力和速度均是位置及时间的函数。

设计入口处的压力为 p,则作用于出口处的压力为 $p + dp$,

而　　　$$dp = \frac{\partial p}{\partial l}dl + \frac{\partial p}{\partial t}dt$$

稳定流动时,$\dfrac{\partial p}{\partial t} = 0$

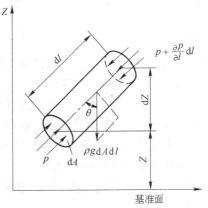

图9-9　液体中微小流束的受力情况

所以,出口处的压力为 $p + \frac{\partial p}{\partial l}\mathrm{d}l$。

该流速的重力为 $\rho g \mathrm{d}A \mathrm{d}l$,其方向垂直向下。如果不考虑液体的黏性,根据牛顿力学第二定律,有

$$F = m\frac{\mathrm{d}v}{\mathrm{d}t} \tag{9-20}$$

即

$$F = p\mathrm{d}A - \left(p + \frac{\partial p}{\partial l}\mathrm{d}l\right)\mathrm{d}A - \rho g\mathrm{d}A\mathrm{d}l\cos\theta = \rho\mathrm{d}A\mathrm{d}l\frac{\mathrm{d}v}{\mathrm{d}t} \tag{9-21}$$

式中

$$\cos\theta = \frac{\mathrm{d}z}{\mathrm{d}l}$$

又,速度

$$v = f(l,t)$$

则加速度

$$\frac{\mathrm{d}v}{\mathrm{d}t} = \frac{\partial v}{\partial t} + v\frac{\partial v}{\partial l}$$

对于稳定流动:

$$\frac{\partial v}{\partial t} = 0$$

所以,$\frac{\mathrm{d}v}{\mathrm{d}t} = v\frac{\partial v}{\partial l}$,将此式代入上式,并注意到压力和速度仅是位置的函数。

得

$$v\frac{\mathrm{d}v}{\mathrm{d}l} = -\frac{1}{\rho}\frac{\mathrm{d}p}{\mathrm{d}l} - g\frac{\mathrm{d}z}{\mathrm{d}l} \tag{9-22}$$

式(9-22)就是理想液体(指无黏性的、不可压缩的液体)的微小流束在稳定流动时的运动方程,也称欧拉运动方程。

(三)贝努利方程

上述欧拉运动方程仅对 1 进行微分。如对 1 进行积分,可得:

$$\int v\frac{\mathrm{d}v}{\mathrm{d}l}\mathrm{d}l = -\frac{1}{\rho}\int\frac{\mathrm{d}p}{\mathrm{d}l}\mathrm{d}l - g\int\frac{\mathrm{d}z}{\mathrm{d}l}\mathrm{d}l + c \tag{9-23}$$

式中　c——积分常数。

即

$$\frac{v^2}{2} + \frac{p}{\rho} + gz = 常数$$

由于

$$\gamma = \rho g$$

则有

$$\frac{v^2}{2g} + \frac{p}{\gamma} + z = 常数$$

式中　$v^2/2g$ ——单位重量的液体所具有的动能(速度水头);

p/γ ——单位重量的液体所具有的压力能(压力水头);

z ——单位重量的液体所具有的位能(高度水头)。

式(9-23)称为理想液体稳定流动时的贝努利方程,也称能量方程。其物理意义是理想液体稳定流动时任一截面上的能量形式可以相互转换,但总能量不变。显然,这是物质能量守恒定律在流体力学中的具体应用。

将贝努利方程应用于图 9-10 的管内流动时,速度应理解为相应截面的平均速度,可得:

$$\frac{v_1^2}{2g} + \frac{p_1}{\gamma} + z_1 = \frac{v_2^2}{2g} + \frac{p_2}{\gamma} + z_2 \tag{9-24}$$

若 $\qquad z_1 = z_2$

则 $\qquad \Delta p = p_1 - p_2 = \dfrac{\gamma}{2g}(v_2^2 - v_1^2)$

又若 $A_1 \gg A_2$（A_1、A_2 分别为入口、出口的截面积）时，入口速度 v_1 相对 v_2 来说近似等于零，则上式可写成

$$v_2 = \sqrt{\dfrac{2\Delta p}{\rho}} \qquad (9-25)$$

以上两式表示了功能和压力能之间的相互转换关系。

由于实际的液体是黏性的，液体沿管道流动时具有黏性摩擦损失，其能量损失将全部变成热能而丧失。因此，实际液体稳定流动时的贝努利方程应为

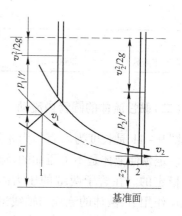

图 9 - 10　液体流动时的能量转换

$$\dfrac{v_1^2}{2g} + \dfrac{p_1}{\gamma} + z_1 = \dfrac{v_2^2}{2g} + \dfrac{p_2}{\gamma} + z_2 + \Delta h \qquad (9-26)$$

式中　Δh——黏性摩擦损失所需的水头。

二、流体的黏性流动

水和液压油都具有黏性，属黏性流体，其流动为黏性流动，下面讨论黏性流体的流动情况。

（一）流态与雷诺数

黏性流体在管路中流动时有两种流态：层流和紊流。层流的流线（在此线上质点的流速与该点切线重合）与管路的中心线平行并且流体内部不存在任何涡流现象，紊流则与此相反。

根据实验，层流与紊流的划分是由雷诺数 Re 的大小来判别的。对于任意形状的管道，雷诺数的大小是由下式决定的。

$$Re = \dfrac{4vR}{\gamma} \qquad (9-27)$$

式中　v——平均流速，m/s；

　　　γ——液体的运动黏度，m^2/s；

　　　R——水力半径，其定义为：$R = A/L(\mathrm{m})$，A 为截面积，L 为润湿周长，例如，充满液体的、半径为 r 的圆管，$R = A/L = \pi r^2/2\pi r = r/2$。

雷诺数是一个无因次数，其物理意义是液体流动时的惯性力与黏性阻力之比值，雷诺数大，表示惯性力比黏性阻力大，黏性影响小，层流与紊流状态分界处的雷诺数称为临界雷诺数，表 9 - 4 列出几种流道的临界雷诺数。

层流时雷诺数小于临界雷诺数，紊流时则相反。前者一般产生于流体黏度较大、流速较小的场合，后者则相反。

表 9-4　　几种情况的临界雷诺数

管道类型	光滑金属圆管	橡胶软管	环形缝隙	平板缝隙
临界雷诺数	2000～2300	1600～2000	1000～1100	1000

(二) 黏性流体的圆管内流动

图 9-11 是长度为 l、直径为 d 的圆形截面直管。

假定黏性液体是不可压缩的、流动是稳定的。在管子两端的压力差 $p_1 - p_2$ 作用下,液体的流线与轴线平行且无涡流,即为层流状态,此时流速 v 仅是半径 r 的函数。由于液体的黏性,管壁的流速为零,任一截面上的速度分布是不均匀的。

在半径为 r 的圆柱面上,其流速是一定的,但与其相邻的 $r + dr$ 圆柱

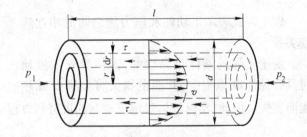

图 9-11　黏性流体在圆管内流动

面之间有相对速度,即具有速度梯度。因此在外层作用下在 r 圆柱面上的剪应力 τ 为

$$\tau = -\mu \frac{dv}{dr} \tag{9-28}$$

式中,负号表示速度梯度与剪应力方向相反。

根据作用在半径为 r 的圆柱面上力的平衡条件,可得

$$(p_1 - p_2)\pi r^2 = -\mu \frac{dv}{d\tau}\pi r^2 l \tag{9-29}$$

或

$$\frac{dv}{dr} = \frac{(p_1 - p_2)r}{2\mu l}$$

对上式进行积分,可得管中任意一点的流速公式:

$$v = -\frac{(p_1 - p_2)r^2}{4\mu l}\bigg|_r^{\frac{d}{2}} = \frac{p_1 - p_2}{4\mu l}\left(\frac{d^2}{4} - r^2\right) \tag{9-30}$$

当 $r = 0$ 时,$v_{max} = \frac{p_1 - p_2}{16\mu L}d^2$,整个截面上的流速分布呈抛物线形状,如图 9-11 所示。

液体流经直管的流量 Q,按下式计算

$$Q = \int_0^{d/2} 2\pi r v dr = \frac{\pi(p_1 - p_2)}{2\mu l}\int_0^{d/2} r\left(\frac{d^2}{4} - r^2\right)dr$$

$$= \frac{\pi d^4(p_1 - p_2)}{128\mu l} \tag{9-31}$$

任一截面上的平均流速 v_{cp} 为:

$$v_{cp} = \frac{Q}{\pi d^2/4} = \frac{(p_1 - p_2)d^2}{32\mu l} \tag{9-32}$$

且

$$v_{cp} = \frac{1}{2}v_{max}$$

黏性液体在圆直管中作层流流动时的压力损失 Δp 为

$$\Delta p = p_1 - p_2 = \frac{128\mu l Q}{\pi d^4} = \frac{32\mu v_c l_1}{d^2} \tag{9-33}$$

由此可知:当流量一定时,单位长度上的压力损失 $\frac{p_1 - p_2}{l}$ 与直径 d^4 成反比,而与动力黏度 μ 成正比。

(三)节流孔

在液压元件中,经常利用节流孔来控制流量或压力,最简单的节流孔有细长节流孔和薄壁节流孔。

1. 细长节流孔

细长节流孔是指小孔的长径 $l/d > 4$ 的情况(图 9-12a),液流经过该节流孔时一般为层流状态,这就可以直接应用前面已导出的公式

即

$$Q = \frac{\pi d^4 \Delta p}{128\mu l} = \frac{A^2 \Delta p}{8\pi\mu l} \tag{9-34}$$

式中,$A = \pi d^2/4$ 为节流孔的截面积。

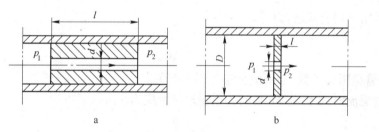

图 9-12　节流孔的流量计算

由式(9-34)可知,若 A 一定,通过细长孔的流量不但与压力差成正比,还与液体的黏度成反比,若油温升高,黏度下降,也会使流量增大,因此,在液压技术中,要精确地控制流量是比较困难的。

另外,这种细长孔还可用于控制压力,此时该孔称为阻尼孔。

2. 薄壁节流孔

薄壁节流孔是指小孔的长径比 $l/d \leqslant 0.5$ 的情况(图 9-12b),该节流孔流量和压力的关系,可用贝努利方程求得。

$$\frac{v_1^2}{2g} + \frac{p_1}{\gamma} + z_1 = \frac{v_2^2}{2g} + \frac{p_2}{\gamma} + z_2 \tag{9-35}$$

由于

$$z_1 = z_2, 且\ Q = A_1 v_1 = A_2 v_2$$

得

$$Q = \frac{A_2}{\sqrt{1 - (A_2/A_1)^2}} \cdot \sqrt{\frac{2g(p_1 - p_2)}{\gamma}} \tag{9-36}$$

式中　p_1、p_2 ——分别为节流孔前及节流孔后的压力;

v_1、v_2 ——分别为节流孔前及节流孔后的流速;

A_1、A_2 ——分别为节流孔前及节流孔后的截面积。

对于薄壁节流孔,实际的流动情况是比较复杂的,而且液体有黏性,流经小孔时的流线也要收缩,考虑到这些情况引入流量系数 α,则

$$Q = \alpha A_2 \sqrt{\frac{2g}{\gamma}(p_1 - p_2)} \qquad (9-37)$$

α 值由实验求得,并与 D/d 的比值、雷诺数等有关,一般 $\alpha = 0.5 \sim 0.7$。

这两种节流孔的流量与压力差的关系曲线如图 9 – 13 所示。

(四)管路中的压力损失

黏性液体在各种管路内流动时,由于阻力而引起的压力损失可分为两种情况:沿程压力损失和局部压力损失。

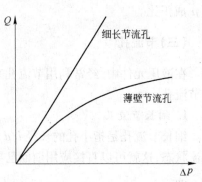

图 9 – 13　节流孔的流量特性曲线

1. 沿程压力损失

液体沿不变截面的直管流动时,由于黏性摩擦及流态不同等原因而造成能量损失,这种损失称为沿程压力损失。

工程上常用下列公式进行计算

$$\frac{\Delta p_{沿}}{\gamma} = \lambda \frac{l}{d} \frac{v^2}{2g} \qquad (9-38)$$

式中　λ——管路阻力系数,与液流状态等因素有关。

水在圆管层流时,λ 值与 Re 数的关系在理论上应为

$$\lambda = \frac{64}{Re} \qquad (9-39)$$

$$Re = \frac{vd}{v} = \frac{\rho vd}{\mu}$$

将 λ 值代入上式,得 $\Delta p_{沿} = \dfrac{32\mu l v}{d^2}$,此式与前面导出的理论公式相同。

圆管紊流时,λ 值与管壁的粗糙度有关,但对于光滑的管壁可用如下的简单公式计算:

$$\lambda = 0.3164 Re^{-\frac{1}{4}} \ (Re < 8 \times 10^4)$$

$$\lambda = 0.0032 + 0.221 Re^{-0.237} \ (3 \times 10^5 > Re > 10^5)$$

2. 局部压力损失

当管路截面形状突然变化或流线方向改变时,不但有黏性摩擦损失,还有涡流造成的能量损失,这种能量损失称为局部压力损失。

工程上常用下列公式进行计算:

$$\frac{\Delta p_{局}}{\gamma} = \xi \frac{v^2}{2g} \qquad (9-40)$$

式中　ξ——局部阻力系数。

液体在管系中流动时总的压力损失为

$$\Delta p_{总} = \sum p_{沿} + \sum \Delta p_{沿} \qquad (9-41)$$

　　上述管系中的压力损失计算均需在已知管系布置的情况下才能进行,而且实际的液压系统比较复杂,初步计算时可用下列经验数据作为参考,如表9-5所示。

表9-5　局部阻力损失系数

入口型式	管道扩大形式	
 入口处为尖角　入口处为圆角	 突然扩大	 逐渐扩大
$\xi = 1.0$　$\xi = 0.06 \sim 0.005$	$\xi = \xi_1 \left(1 - \dfrac{A_1}{A_2}\right)^2$ $\xi \approx 1$	$\xi = \xi_1 \left(1 - \dfrac{A_1}{A_2}\right)^2$ $\xi = 0.145$ (当圆管 $\theta \approx 6°$ 时)
 突然缩小	 折管　　均匀弯管	 平底锥形阀

A_2/A_1	0.1	0.3	0.5	0.7	0.9	1	$\xi = 0.946\sin^2\dfrac{\theta}{2} + 2.05\sin^4\dfrac{\theta}{2}$	$\xi = 2.65 - 0.8\dfrac{l}{d} + 0.24\left(\dfrac{l}{d}\right)^2$
ξ	0.41	0.34	0.24	0.14	0.13	10	$\xi = \left[0.131 + 1.847\left(\dfrac{d}{2R}\right)^{2.5}\right]\dfrac{\theta}{90}$	(当 $0.1 < \dfrac{l}{d} < 0.25$;$\dfrac{b}{d} = 0.1$ 时)

　　对于管路简单、流速不大的液压系统,其总的压力损失(包括管系及阀类元件)约为0.2~0.5MPa;对于管路复杂、高压大流量的系统总的压力损失约为0.5~1.5MPa。

三、液压冲击和气蚀

(一)液压冲击

　　若将导管中流动的液体突然制止,液体的功能就会转变为可压缩液体的弹性能量,使导管末端的压力急剧升高,并形成压力波以一定的速度在液体中进行传布,并经常伴随着相当大的噪声,这种现象称为液压冲击。

　　防止阀门换向时在导管内产生液压冲击的一般办法是:尽量降低换向速度、在阀门完全关闭前减小液体的流速、适当加大管径以及缩短其长度或者采用软管等。

　　液压冲击不但在换向阀迅速开、关时存在,而且当运动着的油缸突然被制动时以及某些液压元件反应不灵敏时也同样存在。液压冲击将会使密封装置、导管及其他液压元件损坏。

(二)气蚀

在液压传动中产生气蚀的机理有待于深入研究。一般认为,当液流中某处的局部压力低于一定压力时,溶解在液体中的气体开始游离而形成气泡,压力继续下降到低于液体的饱和蒸汽压时,液体就会大量蒸发而产生气泡。这些气泡混在液体中,会使本来充满管路或元件的液体变成不连续的。气泡随着液流进入高压区便迅速破裂而消失,破裂时因液体碰撞而引起局部的高压冲击和高温,并产生噪声,而附近的金属表面被氧化和剥离,这种现象称为气蚀。可见,气蚀现象除了力学作用之外,还有化学腐蚀作用。一旦产生气蚀,器壁就受到显著的损伤。

20 号液压油在 50℃时的饱和蒸汽压力约为 133.322kPa,虽然很低,但实际上压力还远远高于上述压力时就有气泡产生,这是溶于油液中的空气分离出来的缘故。在常温常压下,溶解在矿物油中的空气量约为 6% ~ 20%(体积分数),无法除掉。防止气蚀的办法就是避免局部压力过低和抑制油液中的气体含量。例如,要防止泵吸油口压力过低;泵的转速过高、吸油不足,阀的开口过小,局部流速过高等。

第三节　叶　片　泵

叶片泵结构紧凑、外形尺寸小、流量均匀、噪声小、寿命长。目前在中压系统中应用很广。叶片泵根据每转吸、压油的次数和轴承上受径向液压力的情况,分为单作用不平衡型和双作用平衡型两种。单作用叶片泵一般压力不太高,为 2 ~ 7MPa,多为变量泵。双作用叶片泵一般是定量泵,工作压力约为 6.3 ~ 14MPa,炭素机械中常用后者。

一、双作用叶片泵的结构和工作原理

(一)YB 型双作用叶片泵的结构

这种泵的额定工作压力为 6.3MPa,流量为 4 ~ 200L/min,是单级双作用叶片泵,其结构见图 9 - 14。

叶片泵的心脏零件是定子 4,配流盘 2、5 及转子 11、叶片 12,它们均安装在左泵体 1 内,转子的宽度比定子略小,由传动轴 10 通过花键带动,左右配流盘通过四个大螺钉紧紧地压在定子的两侧面上并用圆柱销将这三件定位,转子上均匀地开有 12 条或 16 条槽(不是径向开设的,与径向有一定夹角)。叶片能在槽内自由滑动,但它们间的间隙不能过大。这样,转子、叶片、定子和左右配流盘所包围的空间就构成了密封的工作容积。

左右配流盘上开有对称分布的两个吸油窗和两个压油窗,如图 9 - 15a 所示。

传动轴是由安在配流盘上的滚针轴承 3 及安在右泵体 6 上的滚珠轴承 7 来支承的。用来防止向外泄漏的密封圈 9 安装在盖板 8 和轴 10 之间,盖板用四个小螺钉固定在右泵体上,左右泵体用四个大螺钉连接。

(二)工作原理

叶片泵的工作原理是依靠叶片间的容积变化来实现吸油和压油的。叶片泵定子的内表

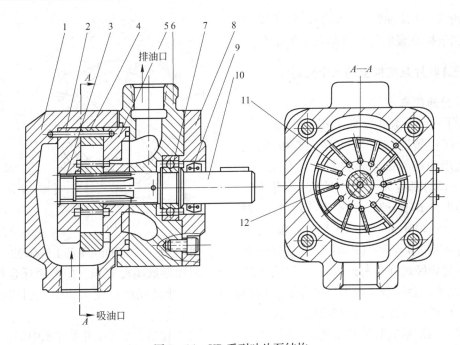

图 9 - 14 YB 系列叶片泵结构

1、6—泵体;2、5—配流盘;3—滚针轴承;4—定子;7—轴承;8—盖板;9—密封圈;10—轴;11—转子;12—叶片

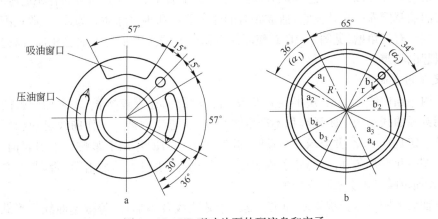

图 9 - 15 YB 型叶片泵的配流盘和定子

面为近似于椭圆形,由四段圆弧(长、短半径)和四段工作曲线(或过渡曲线)光滑连接而成,见图 9 - 15b 转子的外表面、定子的内表面及两端面的配流盘组成环形空间,并以叶片将其分割成若干个小容积(与叶片数相同),如图 9 - 16 所示当电动机带动转子逆时针旋转时,叶片在离心力和槽底的液压力(叶片槽底部通过配流盘与压油腔相通)作用下紧贴在定子环的内表面上。当叶片从 1 - 2 转到 2 - 3 位置时,两叶片间容积逐渐由小变大,并与吸油窗相通时,从吸油窗口进行吸油,当叶片转过吸油窗时,停止吸油,此时所围的密封容积最大;当叶片转过长半径后,密封容积由大变小,并与压油窗相通进行压油。转子旋转到下半圈时,每两个叶片间的密封容积重复上述过程,连续地输出压力油。由于转子每转一圈,两叶片间就有两次吸油与压油过程,故称为"双作用式"叶片泵,如图 9 - 16 所示。此外,由于配流盘的吸、压油窗是对称分布的,压力油作用在轴承上的径向力是平衡的,又称为平衡型

（或卸荷式）叶片油泵。这种泵的轴承受力小，有利于提高泵的使用寿命和工作压力。

（三）叶片泵结构上的几个问题

1. 困油现象

为了使叶片泵正常地工作，需要保证转子在任何位置时，吸、压油腔互不相通，因此，吸、压油腔间的圆弧密封区域角 α_1、α_2（图 9–15b）都应大于或至少等于相邻两叶片间的夹角 β（$\beta = 2\pi/Z$，Z 为叶片数）。对于 $Q = 12 \sim 200 L/min$ 的 YB 型叶片泵，$\alpha_1 =$

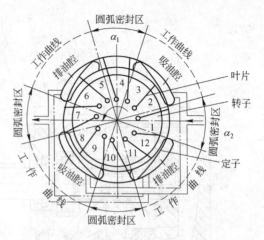

图 9–16　双作用叶片泵的工作原理图

$36°$，$\alpha_2 = 34°$，$\beta = 30°$（$Z = 12$）。这样两叶片间的容积经过圆弧密封区域时，油液被困在该空间而形成闭死容积。如果闭死容积产生变化，油液就会被挤压或形成局部真空（视容积由大变小还是由小变大而定），引起压力急速升高或产生气蚀，这种现象称为困油。

除了制造或安装误差之外，上述闭死容积是不会变化的。但是，闭死容积中的油液，从吸油腔进入定子内表面曲线的圆弧部分时，其压力基本上与吸油腔的压力相同，而当叶片再转过某一角度时，油液的压力急剧地升高到输出压力，此时，这部分油液的容积被压缩，而压油腔中的油液就倒灌回来补充它，造成瞬时的流量脉动和压力脉动。为此，一般在配流盘压油窗的一端开有三角槽，见图 9–15a，使闭死容积中的油液逐步与压油腔相通，以避免压力突变而引起的噪声。

2. 定子内表面曲线

定子内表面曲线除了长、短半径为 R 及 r 的圆弧外，还有连接长、短半径圆弧的工作曲线。采用圆弧曲线是为了闭死容积不产生容积变化，避免困油。工作曲线可使相邻叶片间的容积按一定规律变化，并要求在启动时，叶片在离心力的作用下紧贴定子内表面，叶片间的工作容积变化要均匀；叶片与定子内表面之间不要产生过大的冲击等，否则，对泵的流量均匀性，磨损及噪声等会有很大影响。

工作曲线有阿基米得螺旋线、正弦曲线、余弦曲线及等加速、等减速曲线等形式。若工作曲线采用阿基米得螺旋线，则叶片在转子槽中移动的径向速度是不变的，瞬时流量比较均匀，但不能避免叶片与定子内表面之间的硬性冲击（从圆弧段的径向速度突变到某种速度），使连接处附近产生严重的磨损和噪声，所以具有这种工作曲线的叶片泵使用久了会在连接处出现波纹状的磨损痕迹。

YB 型叶片泵目前均采用等加速、等减速曲线。故叶片的径向加速度按等加速、等减速规律变化，这就避免了硬性冲击。另外，由于这种工作曲线允许的定子 R/r 比值较大，使叶片泵在同样体积下的流量较大。

3. 叶片的倾角

若叶片沿转子径向放置，在压油区时，定子工作曲线的内表面作用于叶片的法向反作用力 N 与叶片成 β' 角（一般称为压力角），见图 9–17，N 可分解为沿叶片的径向分力 P 和垂直叶片的切向分力 T，P 力使叶片沿槽缩回，T 力使叶片发生弯曲（$T = N\sin\beta'$）并使叶片压紧

在叶片槽的侧壁上,增大了叶片和槽之间的
摩擦和磨损,叶片运动也不灵活。根据试验
结果,$\beta' = 22.5°$ 时会使叶片卡住(自锁现
象),甚至折断。

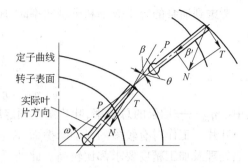

　　为此,对于双作用叶片泵,将叶片相对转
子半径方向前倾一个角度 θ(不通过转子圆
心)放置(与旋转方向一致),减小压力角 β',
即实际压力角 $\beta = \beta' - \theta$,从而使 T 力减小,以
免叶片卡住并减少磨损。根据理论分析及实

图 9 - 17　双作用叶片泵的叶片倾角

践经验,一般取 $\theta = 10° \sim 14°$,YB 型叶片泵取 $\theta = 13°$。

二、双作用叶片泵的流量、压力和效率

　　当不考虑叶片所占有的容积时,泵每转的理论排量 $q(\text{cm}^3/\text{r})$ 由下式确定:

$$q = 2\pi(R^2 - r^2)B \quad (\text{cm}^3/\text{r}) \tag{9 - 42}$$

式中　R——定子内表面曲线的长圆弧半径,cm;

　　　r——定子内表面曲线的短圆弧半径,cm;

　　　B——定子宽度,cm。

　　设油泵的转速为 $n(\text{r/min})$,则双作用叶片泵的理论流量 $Q_{理}(\text{L/min})$ 为

$$Q_{理} = qn \times 10^{-3} = 2\pi B(R^2 - r^2)n \times 10^{-3} \quad (\text{L/min}) \tag{9 - 43}$$

　　由此可见,叶片泵的理论排量是由内部的几何尺寸和转速确定的。但转速太高会产生
吸油不足,而造成容积效率降低并因空气的吸入而产生振动和噪声,加剧泵的磨损;相反,转
速太低,叶片有可能甩不出来,容积效率也会降低。因此,YB 型叶片规定,$4 \sim 10\text{L/min}$ 的泵
其转速为 1450r/min,$12 \sim 20\text{r/min}$ 的泵为 960r/min。一般允许转速为 $500 \sim 1500\text{r/min}$。

　　由于有泄漏所以泵的实际流量要比理论量小些,即:

$$Q_{实} = Q_{理} - Q_{容} \tag{9 - 44}$$

　　泵的实际流量与理论流量之比,称为泵的容积效率:

$$\eta_{容} = \frac{Q_{实}}{Q_{理}} = 1 - \frac{Q_{容}}{Q_{理}} \tag{9 - 45}$$

　　泵的理论流量(压力为零时的流量)与工作
压力无关,泵的泄漏量则随着工作压力的提高而
增大,所以泵的实际流量随着工作压力的增加而
减小(图 9 - 18),泵的容积效率也随着压力的增
加而下降。

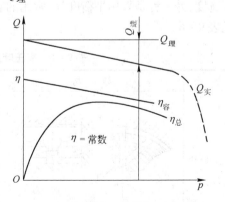

　　叶片泵的容积效率一般为 $0.90 \sim 0.95$,考虑
到容积效率,实际流量 $Q_{实}(\text{L/min})$ 应为

$$Q_{实} = 2\pi B(R^2 - r^2)n\eta_{容} \times 10^{-3} \tag{9 - 46}$$

　　油泵的输出功率 $N_{出}$ 为

$$N_{出} = \frac{pQ}{612} \tag{9 - 47}$$

图 9 - 18　泵的性能曲线

考虑到油泵的容积效率和机械效率时,驱动油泵所需的功率(即电动机功率)$N_出$(kW)为

$$N_出 = \frac{pQ}{612\eta_总} \tag{9-48}$$

$$\eta_总 = \eta_容 \, \eta_压 \, \eta_机$$

式中　$\eta_总$——油泵的总效率,叶片泵在额定压力下的总效率一般为 0.75 ~ 0.85。

叶片泵工作时有较多的滑动摩擦面,而且间隙很小,为了提高其寿命,对主要零件材料的热处理及加工精度要求都比较高。此处要合理地选择液压油(黏度为 2.5°E_{56} ~ 5°E_{50}),加强油液的管理和保养,如果油液中混入污物,叶片易咬死,影响泵工作的可靠性。

三、高压叶片泵的特点

额定压力为 14 ~ 21MPa(140 ~ 210kgf/cm²)的单级叶片泵称为高压叶片泵,并在此压力范围内与轴向柱塞泵并用。

双作用叶片泵在压油腔的叶片的上下作用力是平衡的,但在吸油腔内,叶片顶部没有压力油,根部的液压力通过叶片全部作用在定子内表面上,接触处的挤压应力很大,所以,吸油腔处的定子内表面及叶片顶部较易磨损。

叶片根部的液压力 p 为

$$p = \frac{pBb}{100}(\text{kgf}) = \frac{pBb}{10}(\text{N}) \tag{9-49}$$

式中　p——作用在叶片根部油压,kgf/cm²;

　　　B——叶片根部承压宽度,mm;

　　　b——叶片根部厚度,mm。

为了提高泵的工作压力,高压泵除了选用更好的材料,热处理及选择抗磨损的液压油以外,还需在结构上采取必要的措施,减小或消除叶片上的不平衡力。

通常采用下列办法达到以上目的:

(1)适当减小作用在叶片根部的油压。如在吸油腔,在叶片根部通入减压后的压力油。使叶片与定子间不会造成很大的挤压应力,以便保证在压油腔处叶片的上下作用力基本平衡。

(2)采用卸载叶片。一种是采用复合叶片或阶梯叶片等,其目的是减小叶片根部的承压宽度,另一种是采用平衡叶片,常用的有双叶片或弹簧片等,它们的结构特点及工作原理见表 9-6。

表 9-6　高压叶片泵的几种结构、原理与特点

方　法	结　　构	原理与特点
复合叶片		复合叶片(子母叶片)间有一小腔,它始终与配流盘上引入的压力油相通。母叶片 1 底部通过转子 3 上的孔与顶部相通,其顶部与底部压力相同。这样,叶片在吸油腔时,仅以子叶片 2 面积上的推力与定子曲线接触。即减小叶片的承压宽度

续表9-6

方　法	结　　构	原理与特点
阶梯叶片		叶片底部通过转子2上的孔而连通使上下压力相同,而叶片的阶梯与叶片槽的阶梯形成腔1,它始终与配流盘上引入的压力油相通。其工作原理与复合叶片相同,但结构的工艺性较差
双叶片		两叶片能相对运动,叶片底部压力油经中心孔通到顶部,叶片上下作用力平衡。叶片顶部棱边宽度选择得好。可使叶片与定子内表面贴紧,不致产生过大的压力。该结构对零件精度要求高,两叶片工作不灵敏时,将影响性能及缩短寿命
弹簧叶片		叶片1较厚,顶部与两侧有圆弧槽与压油腔或吸油腔连通,中间小孔沟通叶片顶部与底部,使叶片上、下作用力平衡。叶片较厚,增加离心力。并在叶片孔中装有三个小弹簧,以保证叶片可靠地与定子接触

我国目前生产的高压叶片泵有减压式叶片(其配流盘是浮动的)及弹簧叶片两种。

四、双联叶片泵和双级叶片泵

双作用叶片泵除了上述单级的以外,还有双联叶片泵和双级叶片泵。

(一)双联叶片泵

如图9-19所示,双联叶片泵是在一个泵体内安装两个转子,并由同一根传动轴驱动,其油路成并联形式,每个泵和单级双作用叶片泵性能一样,驱动功率为两个单泵相加,泵体有一个共同的吸油口,两个泵的流量可以任意组合,两泵输出的流量可以单独地使用。例如

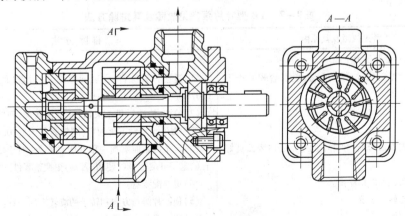

图9-19　双联叶片泵

在轻载快速时,两泵可以同时供油;而重载慢速时由小流量泵单独供油,大流量泵卸荷。

双联叶片泵常用于中小型油压机和机床等的液压系统。

(二)双级叶片泵

双级叶片泵也是在一个泵内安装两个转子,用同一根传动轴驱动,但其油路成串联形式,即第一级油泵的出口和第二级油泵的进口相连,这样油液经过两次升压,使第二级油泵的出口压力提高一倍。目前我国生产的双级叶片泵其额定压力为 14MPa,转速为 1000r/min。

双级叶片泵的工作原理如图 9 – 20 所示。

为了保证每一级的负荷相同,在双级叶片泵上采用了平衡阀,平衡阀的滑阀两端面积比为 2:1,所以在滑阀平衡时,第二级的出口压力为第一级的出口压力的 2 倍。如果第一级出口压力增高,滑阀向左移动,1 和 2 不通,而 1 和 3 相通。一部分油液排回吸油口,使第一级出口压力降低,如果第二级出口压力增加,滑阀向右移动,1 和 3 不通,1 和 2 连通,一部分油液排回

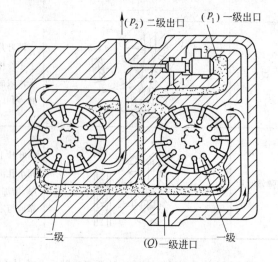

图 9 – 20　双级叶片泵工作原理图

第二级吸油口(即第一级的出油口),使第二级出口压力降低。这样,始终保持第二级出口压力为第一级出口压力的 2 倍。

双级叶片泵因其结构庞大效率较低,势必逐渐淘汰,而由高压叶片泵或轴向柱塞泵取代。

五、YB 型叶片泵的常见故障及其排除方法

叶片泵是精密的液压元件,进行维修不但要懂得其结构和工作原理,而且还要有一定的实践经验。表 9 – 7 作为维修时参考。

表 9 – 7　YB 型叶片泵常见故障及其排除方法

常见故障及其原因	排 除 方 法
(一)流量不足及压力不高	
(1)顶盖处螺钉松动,轴向间隙增大,容积效率下降。	(1)适当拧紧螺钉,保证间隙均匀、适当(间隙为 0.04 ~ 0.07mm)。
(2)个别叶片滑动不灵活。	(2)清洗,清洗后仍不灵活,应单槽研配,使叶片在自重状态下能慢慢地自动下落为宜(间隙为 0.015 ~ 0.025mm)。
(3)定子内表面磨损,叶片不能与定子内表面良好接触。	(3)定子内表面磨损一般在吸油腔处,对于已预加工好销孔的定子可翻转 180°使用,否则,更换新零件。
(4)配流盘端面磨损严重。	(4)更换配流盘。
(5)叶片与转子装反。	(5)使叶片倾角方向和转子的旋转方向一致。
(6)系统泄漏大	(6)逐个元件检查泄漏,同时检查压力表是否被脏物堵塞

常见故障及其原因	排除方法
(二)油液吸不上,压力也没有	
(1)电机转向反了。	(1)纠正电机转向。
(2)油面过低,油液吸不上来。	(2)检查,并加油至油标规定线。
(3)油液黏度过大,使叶片在转子槽内滑动不灵活。	(3)一般用 20 号液压油或 22 号汽轮机油。
(4)配流盘端面与壳体内平面接触不良,高低压腔窜通。	(4)整修配流盘的端面。
(5)泵体内部有砂眼,高低压腔窜通。	(5)更换(出厂前未暴露)泵体。
(6)花键轴折断	(6)更换花键轴
(三)泵的噪声过大	
(1)滤油器堵塞,吸油不畅。	(1)清洗滤油器。
(2)吸入端漏气。	(2)用涂黄油的办法,逐个检查吸油端管接头处,若噪声减小,应紧固接头。
(3)泵端密封磨损。	(3)在轴端油封处涂上黄油,若噪声减小,应更换油封。
(4)泵盖螺钉由于振动而松动。	(4)将螺钉连接处涂上黄油,若噪声减小,应适当紧固螺钉。
(5)泵与电机轴不同心。	(5)重新调整两轴,使之同心。
(6)转子的叶片槽两侧与其两端面不垂直,或转子花键槽与其两端面不垂直。	(6)更换转子。
(7)配流盘卸荷三角槽太短。	(7)用什锦锉适当修改,使前一叶片过卸荷槽时,后一叶片已脱离吸油腔。
(8)花键轴端的密封过紧(有烫手现象)。	(8)适当调整密封或更换。
(9)泵的转速太高	(9)按规定转速使用

第四节 柱 塞 泵

常用的柱塞泵有往复柱塞泵和轴向柱塞泵。往复式柱塞泵主要用于水压机的水泵——蓄压器传动中,轴向柱塞泵主要用于油压机的直接传动。

一、往复式柱塞泵

往复式柱塞泵,也叫曲柄柱塞式泵。按柱塞方位可分为立式和卧式两种;按柱塞数目可分为单柱塞、双柱塞和三柱塞等。按其作用方式可分为单作用及双作用两种。由于三柱塞单作用泵给水量比较均匀,能减少水击和振动,因而多被采用,其作用原理如图 9-21 所示。

往复柱塞泵的给水量最大可达 5000L/min,压力为 35MPa。被广泛采用的是卧式三柱塞式泵,其给水量达 1000L/min,压力为 20~32MPa。如图 9-22 所示为现代结构的卧式三柱塞式水泵,其性能规格列于表 9-8。

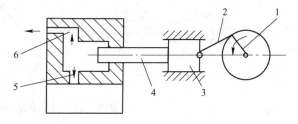

图 9-21 单作用式柱塞泵工作简图

1—曲轴;2—连杆;3—滑块;4—柱塞;5—吸水阀;6—压出阀

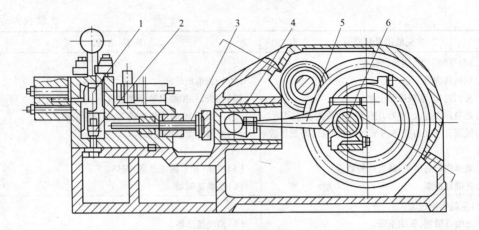

图 9 – 22　卧式三柱塞式泵结构图

1—出油阀；2—进油阀；3—柱塞；4—滑块；5—连杆；6—曲轴

表 9 – 8　卧式三柱塞水泵性能表

柱塞直径 /mm	柱塞行程 /mm	工作压力 /MPa （kgf/cm²）	每分钟行程数 /次·min⁻¹	给水量 /L·min⁻¹	电动机功率 /kW	管子内径/cm	
						低压管 （吸水）	高压管 （出水）
40	300	29.4（300）	100	100	59	64	38
55	300	19.6（200）	100	200	74	76	38
55	375	29.4（300）	95	230	132	76	50
70	375	19.6（200）	95	375	148	100	76
70	450	29.4（300）	95	450	264	100	76
90	450	19.6（200）	95	750	296	150	80

曲柄柱塞式水泵是由曲柄连杆机构带动的，柱塞速度和曲柄转角 α 有关，如图 9 – 23 所示。由图 9 – 23 可看出，三柱塞泵给水量是均匀的。

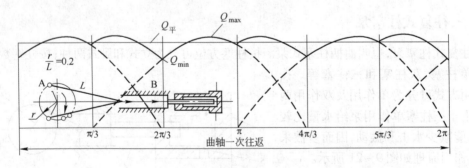

图 9 – 23　三柱塞泵给水曲线

柱塞的速度一般取其平均值：

$$v_{平} = \frac{nl}{3000}（而不大于 3\text{m/s}）\tag{9-50}$$

故柱塞泵平均给水量 $W(\text{L/min})$

$$W = \frac{ZlSn}{1000}\eta_0 \tag{9-51}$$

式中 Z ——柱塞数；

  S ——柱塞面积，cm^2；

  l ——柱塞行程，cm；立式为 $6 \sim 20$ cm；卧式为 $30 \sim 60$ cm；

  n ——曲柄转速，r/min；

  η_0 ——水泵效率，$\eta_0 = 0.92 \sim 0.94$。

水泵所需功率 $N(kW)$ 为：

$$N = \frac{pW}{612\eta_0\eta_s} \tag{9-52}$$

式中 p ——供给液体的压力，kgf/cm^2（$1kgf = 0.1MPa$）；

  η_s ——机械效率（$0.8 \sim 0.85$）。

由于供液量和压力的不均匀性，所选电机功率一般大于计算的 $10\% \sim 15\%$，如表 9-9 所示。

表 9-9 立式三柱塞水泵规格

柱塞直径 /mm	柱塞行程 /mm	工作压力 /MPa（kgf/cm²）	每分钟行程数 /次·min⁻¹	供液量 /L·min⁻¹	电动机功率 /kW（马力）	管子内径/cm	
						低压管（吸水）	高压管（出水）
20	100	29.4(300)	150	13	6.1(8.2)	25	
25	100	19.6(200)	150	20	6.1(8.2)	25	
20	150	19.6(200)	130	17	7.7(10.3)	25	
25	150	19.6(200)	130	26	8.2(11.0)	32	
30	200	29.4(300)	115	46	20.3(27.2)	32	
35	200	19.6(200)	115	60	18.0(24.2)	38	
35	250	29.4(300)	105	70	31.3(42)	50	
45	250	19.6(200)	105	125	37.3(50)	64	

二、轴向式柱塞泵

轴向柱塞泵可分为直轴（斜盘）式和弯曲（摆缸）式两类，它们在采用对称结构的配流盘时，都可作为高速油马达使用。

SCY14-1 型轴向柱塞泵属于直轴式轴向柱塞泵，其最大工作压力为 32MPa（320kgf/cm²）。

（一）SCY14-1 型轴向柱塞泵的结构和工作原理

该泵的结构如图 9-24 所示，它是由泵的本体和变量机构两部分组成。

1. 泵的本体部分

中间泵体 4 和前泵体 8 组成壳体；缸体 6、柱塞 10、配流盘 7 及斜盘 1 组成工作部分，并装在泵体中，通过传动轴 9 带动缸体转动。

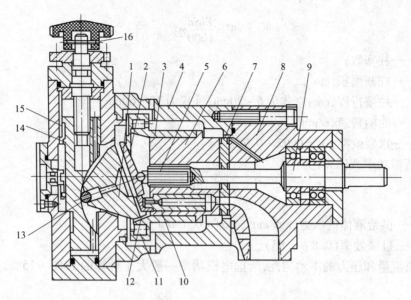

图 9 - 24　SCY14 - 1 轴向柱塞泵

1—斜盘；2—压盘；3—钢套；4—中间泵体；5—弹簧；6—缸体；7—配流盘；8—前缸体；
9—轴；10—柱塞；11—轴承；12—滑履；13—销轴；14—活塞；15—导向键；16—销

缸体(图 9 - 25)上有七个轴向孔，其中装有七个柱塞(如图 9 - 24 所示)，缸体中部的花键孔与传动轴相连；其外部镶有钢套 3，作为滚柱轴承 11 的内圈。缸体在定心弹簧 5 的作用下压在配流盘上，使缸体端面 A 与配流盘紧密接触。另外，通过压盘 2 使滑履 12 与斜盘 1 紧密接触。保证在启动时有可靠的端面密封及一定的自吸能力。

配流盘(图 9 - 26)上开有两个油窗口，用来向柱塞孔配油，配流盘装在前泵体的端面上，通过定位销定位。若要求缸体反转，需将配流盘翻转 180°，配流盘密封区上的五个盲孔用来储存油液，在缸体端面和配流盘之间起润滑作用。配流盘上的固定节流孔，通过前泵体上的沟槽与排油腔相通，用来消除工作容积由低压腔过渡时所产生的困油现象。

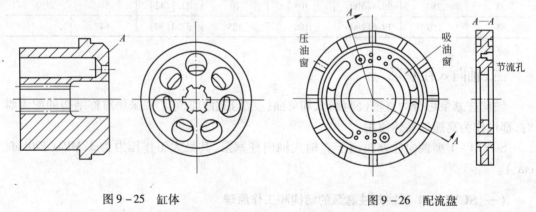

图 9 - 25　缸体　　　　　　　　　　　　图 9 - 26　配流盘

柱塞头部装有滑履 12，它要绕柱塞球头转动，通过柱塞滑履中心孔将压力油引至滑履的端面。这既可平衡柱塞底部的油液压力，又可在滑履与斜盘间形成油膜，减小滑履与斜盘的磨损。

斜盘装在调节机构的壳体上，并以销轴 13 支承，可绕钢球中心转动，借此改变斜盘与缸体的倾角,由于柱塞工作时会产生弯矩,对缸体形成倾覆力矩,故这种直轴式柱塞泵的倾角一般不大于20°。

2. 变量机构

变量机构的形式很多,图9-24为手动变量机构。活塞14由于导向键15的作用不转动,只能上下移动,通过销轴13将斜盘与活塞连在一起。当调节手轮16使活塞上下移动时,斜盘倾角改变(只能空载调节),倾角为零时无压力油输出。

3. 工作原理

轴向柱塞泵的工作原理也是靠密封容积。斜盘相对缸有一倾角。柱塞在定心弹簧的作用下始终压向斜盘。当缸体旋转时,柱塞相对缸体孔作相对运动,这就引起工作容积的变化。位于吸油腔处的柱塞向外运动,进行吸油;位于压油腔处的柱塞向里运动,进行压油。位于吸、压油腔之间的密封区时,柱塞孔与两腔都不相通,保证高低压腔分离。这样当传动轴带动缸体不断旋转时,就实现了吸压油过程。

(二)轴向柱塞泵的流量

流量的大小及其均匀性是油泵性能的一个重要指标。当斜盘倾盘一定时,轴向柱塞泵的流量变化与柱塞的运动速度有关,图9-27为柱塞运动规律示意图。

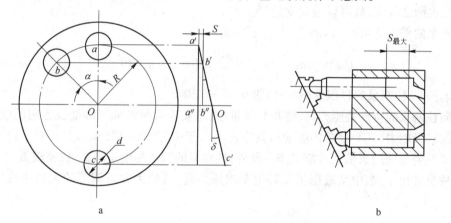

图9-27 柱塞运动规律示意图

当柱塞从缸体中开始伸出(a点),并运动到b点时,其转角α为

$$\alpha = \omega t$$

式中 ω——角速度,rad/s;

t——缸体转动时间,s。

柱塞在t时间内的位移S为

$$S = a''b'' = O'a'' - O'b'' = R\tan\delta(1 - \cos\omega t) \tag{9-53}$$

式中 δ——斜盘的倾角,一般为0°~20°;

R——柱塞在缸体上的分布圆半径。

则柱塞的运动速度v为

$$v = ds/dt = \omega R\tan\delta \cdot \sin\omega t \tag{9-54}$$

由式(9-54)可知:柱塞的运动速度是按正弦规律变化的,因此其瞬时流量是脉动的。

可以证明柱塞数为单数时,其脉动率较小(见表9－10)。因此,柱塞数7或9是最常用的。

表9－10　流量的脉动率

柱塞数 Z	5	6	7	8	9	10	11	12
$e = \dfrac{Q_{最大} - Q_{最小}}{Q_{平均}}/\%$	4.98	14.03	2.53	7.81	1.53	4.98	1.02	3.45

轴向柱塞泵的排量 $q(\mathrm{cm^3/r})$ 为

$$q = \frac{\pi d^2}{4} S_{最大} Z \tag{9－55}$$

或

$$q = \frac{\pi d^2}{2} ZR\tan\delta \tag{9－56}$$

式中　d ——柱塞直径,cm;

　　　Z ——柱塞数;

　$S_{最大}$ ——柱塞的最大行程,cm。

由此可见,轴向柱塞泵的排水量是由它的内部几何参数决定的。当改变倾角的大小时,它的排量也随之改变,故可以做成变量泵。

柱塞泵的平均流量 $Q_{实}(\mathrm{L/min})$ 按下式计算

$$Q_{实} = qn\eta_{容} \times 10^{-3} = \frac{\pi d^2}{2} ZR\tan\delta n\eta_{容} \times 10^{-3} \tag{9－57}$$

式中　$\eta_{容}$ ——柱塞泵的容积效率,一般为 $0.85 \sim 0.98$。

轴向柱塞泵的特点是压力高、体积和重量小,易实现流量的调节和油流方向的改变,并有一定的自吸能力。CY型泵的吸油口真空度不大于 $16.7\mathrm{kPa}(125\mathrm{mmHg})$。对于自吸能力差的柱塞泵要用辅助泵供油才能工作。此外,柱塞泵的滤油精度要求高,价格较贵。

这种泵常用于大、中型液压机及其他要求压力高、流量大并需调节的大功率液压系统中。

第五节　齿　轮　泵

齿轮泵的结构简单、工作可靠、制造维护方便,应用较广。但是,它的流量和压力脉动大,噪声也较大,流量一般不能调节。

齿轮泵根据其啮合特征可分为内啮合和外啮合、直齿和斜齿等型式,常见的是外啮合的直齿齿轮泵。

齿轮泵的最大工作压力一般为 $2 \sim 17.5\mathrm{MPa}$,个别的内啮合齿轮泵可达 $30\mathrm{MPa}$。压力低于 $0.5\mathrm{MPa}$ 的齿轮泵一般用于润滑及冷却系统。

一、齿轮泵的结构和工作原理

齿轮泵的结构型式很多,下面介绍最大工作压力为 $2.5\mathrm{MPa}$ 的 CB－B 型齿轮泵的结构和工作原理。

（一）CB-B型齿轮泵的结构

如图9-28所示,泵的壳体由前盖3、泵体2、后盖1组成。一对齿数相同的直齿渐开线齿轮6装在泵体中,主动齿轮用键固定在长轴4上。从动齿轮用键固定在短轴5上,四个滚针轴承7分别装在前后盖上。油液通过齿轮端面与前后盖平面之间的间隙润滑滚针轴承,然后通过泄油孔8、9、短轴中心孔及小孔与低压腔相通。为了防止油液向外泄漏,用两个压盖及密封圈密封。为使有关的零件正确地装配在一起,采用两个圆柱销定位。然后用6个螺钉拧紧。在泵体的两个端面上各开有卸荷槽10,使侧面间隙泄漏的油可通过卸荷槽流回吸油腔,并减小螺钉的拉力。

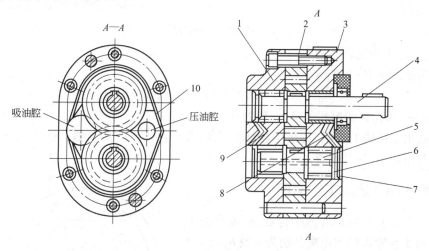

图9-28　CB-B型齿轮泵结构

1—后盖;2—泵体;3—前盖;4—长轴;5—短轴;6—齿轮;7—滚针轴承;8、9—泄油孔;10—卸荷槽

后盖上有进、出油口,分别与吸油管及排油管相连。

（二）工作原理

齿轮泵靠一对齿轮和泵体内孔之间的间隙、齿轮端面和前后盖侧面间的间隙以及相互啮合的轮齿,沿齿宽的接触线而将泵壳内的空间严格分成左右两个不相通的密封工作空间(图9-29)。

当电动机带动主动齿轮按顺时针方向旋转时,由于啮合着的每一对轮齿运动到左腔而逐渐退出啮合,而退出啮合的齿间容积逐渐增大,使左腔形成局部真空,油箱中的油液被吸入该腔。充满两齿间的油液,随着齿轮的不断旋转而被带到泵的右腔,在右腔内齿轮的轮齿逐渐占据另一个齿轮的齿间,使其容积逐渐减小,并挤压其中所贮存的油液而形成压油过程。由于齿轮泵的轮齿啮合是一对一进行的,因此其瞬时流量是脉动的,齿数减少,齿间越深,脉动越大,流量的脉动也会引起压力的波动。

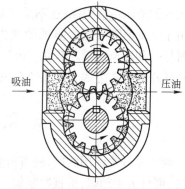

图9-29　齿轮泵工作原理图

(三)齿轮泵的流量计算

齿轮泵的排量等于两个齿轮的齿间容积之和。

由图 9 – 30 可知,每个齿间容积近似为

$$\frac{t}{2}hB$$

式中　t——分度圆周节;

　　　h——全齿高,这里取 $h = 2m$(m 为模数);

　　　B——齿轮宽度。

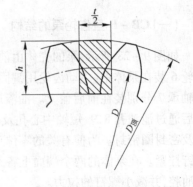

图 9 – 30　齿轮泵的流量近似计算图

则排量 $q(\mathrm{cm^3/r})$ 为

$$q = thBZ = 2\pi m^2 BZ \tag{9 – 58}$$

式中　Z——单个齿轮的齿数。

泵的实际流量 $Q_{实}(\mathrm{L/min})$ 为

$$Q_{实} = qn\eta_{容} \times 10^{-3} = 2\pi m^2 BZn\eta_{容} \times 10^{-3} \tag{9 – 59}$$

式中　$\eta_{容}$——齿轮泵的容积效率,一般为 0.7 ~ 0.9。

齿轮泵由于结构上的原因,存在着困油现象,需在端盖上开卸荷槽。此外,齿轮泵对油中的污染并不敏感,是其优点。

二、齿轮油马达的工作原理

图 9 – 31 中 p 为两轮齿的啮合点,全齿高为 h。啮合点到两个齿轮齿根的距离分别为 a 及 b,当压力油通入齿轮油马达时,压力油就对齿面施加作用力(如图中箭头所示,凡齿面两边受力平衡的部分均未用箭头表示),在两个相互啮合的齿面上,油压作用面积总有一个差值$(h - a)B$ 和 $(h - b)B$,这样,就有不平衡的液压力作用于两个齿轮的齿面上,构成了驱动力矩,迫使齿轮按图示方向旋转,随着齿轮的转动,油液被带到低压腔排出。

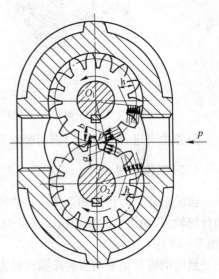

图 9 – 31　齿轮油马达的工作原理

齿轮油马达由于密封性较差,容积效率较低,所以输入的油压不能很高,也不能产生较大的扭矩,并且由于 a、b 值随着啮合点的改变而变化,所以它的瞬时扭矩和转速也随之脉动。齿轮油马达的平均扭矩和转速的计算公式和其他的容积式油马达相同,也是一种高转速低扭矩的油马达。

第六节　液压控制阀

液压系统中使用的阀,种类很多,分类方法不同,可分为各种不同的类型,如根据控制的方法,可分为手动阀,机械控制阀,气动阀,液动阀,电磁阀等。

液压系统中通常是通过压力、流量及流向三个参数来控制能量的传递,为此,对各种形

式的控制阀,按阀的作用可分为三大类:

(1)方向控制阀。将传递能量的油液在需要的时刻送到系统的适当部位。例如单向阀、换向阀等。

(2)压力控制阀。主要是用来控制压力的大小以及当压力达到某一定值时,对其他液压元件进行控制。例如溢流阀、减压阀、顺序阀等。

(3)流量控制阀。主要利用节流口的液阻来调节流量的大小,以达到控制速度的目的。例如节流阀、调速阀等。

液压控制阀是液压传动系统中的控制元件,它们不对外作功,而是用来实现执行机构所提出的压力、速度、换向的要求,因此,对阀的共同要求是:

(1)动作要灵敏、工作可靠。阀在动作过程中要平稳,冲击和振动要尽量小,但是阀的灵敏性与稳定性之间是有矛盾的,使用时要注意。

(2)油液经过阀的阻力损失要求。

(3)密封性要好。

(4)结构要简单紧凑、体积小、通用性大等。

我国目前生产的液压控制阀按工作压力分为三种系列:

(1)中低压系列——最大工作压力为6.3MPa。主要用于机床等中低压系统。

(2)中高压系列——工作压力为6.3~21MPa,主要用于中小型塑料注射成型机,炭素机械、工程机械、矿山机械、农业机械等中高压系统。

(3)高压系列——最大工作压力为32MPa。主要用于大型塑料机械,炭素机械、锻压机械等高压系统。其结构与中高压系列类似。

这三种系列控制阀的工作原理是类似的,但由于工作压力不同,结构有差别,且每种系列自成体系。

下面分别对方向阀、压力阀和流量阀予以介绍,另外,还对顺序阀作简单介绍。

一、方向阀

方向阀在液压传动中是用来控制油流的方向,以改变执行机构的运动方向和动作顺序,一般分为单向阀和换向阀两大类。

(一)单向阀

单向阀的作用是使油液只能向一个方向流动,不能反流,它主要又分两种:直控单向阀和液压单向阀(液压单向阀不作讨论)。

直控单向阀就是通常所称的单向阀。图9-32为常用单向阀。图9-32a为钢球单向阀,以钢球为阀芯,结构简单,但钢球容易磨损成凹件,失去密封作用,一般用于小流量的场合。图9-32b为锥阀式单向阀,具有锥形阀芯。当压力油p_1进入进油口以后,克服弹簧δ的作用力,顶开锥形阀芯2,经阀芯上四个径向孔a及内孔b,从出油口流出p_2,当油液反向流动时,在压力油和弹簧双重作用下,阀芯2锥面紧靠阀体1上,关闭通路。图9-32c也是锥形单向阀,是板式连接的,前两者是管式连接。图9-32d是代号。

(二)换向阀

换向阀常用润滑式和转阀式两种,前者应用最广,它是靠阀杆在阀体内轴向移动而改变

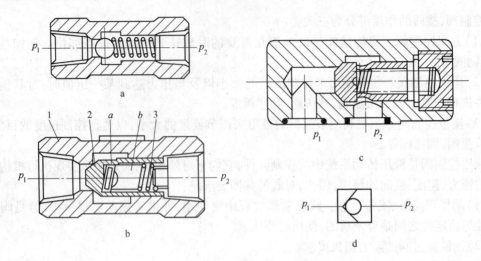

图 9 - 32　单向阀的结构及其图形符号
1—阀体;2—阀芯;3—弹簧

液流方向,本书只讨论前者。

　　润滑式换向阀结构原理及其图形符号,略论于后。图 9 - 33 是它的结构原理和图形符号。

　　它主要由阀杆和阀体等零件组成,阀体内加工了几条环形通道,阀杆上加上几个台肩与之配合,以便某些通道连通。而另一些通道则封闭。当阀杆在阀体内作轴向移动时,可改变各通道之间的连通关系,从而改变液流的流动方向。

　　通常将阀与液压系统中油路相连通的油口数目称为“通”;为改变液流方向,阀杆相对于阀体的不同工作位置数目称为“位”。因此,图 9 - 33a 为二位二通换向阀,图 9 - 33b 为二位三通换向阀,图 9 - 33c 为三位三通换向阀,图 9 - 33d 为二位四通换向阀,图 9 - 33e 为三位四通换向阀等,还可以有更多的位数和通数。

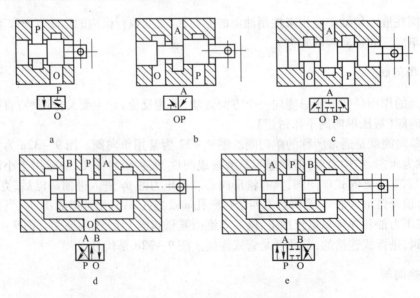

图 9 - 33　滑阀式换向的结构原理

在换向职能符号中,方块数代表位数,在一个方块内的连接管数代表通数。方块和箭头,表示两个相应油口的连通,箭头所指为它的流动方向;方块的"T"型符号表示相应油口被封闭。

为了叙述方便并有利于连接管道,将各油口标以不同字母,以示区别。阀和供油系统的油路连通的进油口,以 P 表示;阀的回油口,以 O 表示;阀和执行机构相连接的油以 A、B 等表示。如图 9-33d 所示,P 是供油系统进油口,O 是回油口;油液从 A 口通向油缸,再由油缸回油,通过 B 口而回到 O 口流回油箱。

三位四通换向阀杆在中间位置时,各油口的连通关系有多种多样,因而构成不同的滑阀机构,分别以 O、H、Y、K、M、X、P、J 等表示。不同机能的滑阀是由阀杆的形状和尺寸的变化而得到的,而阀体结构都是相同的。只要更换一个阀杆便可改变阀体机能,例如图 9-34 是三位换向阀中的一个机能特殊的换向阀。中间位置时,通路为 M 型,右腔位置时为 P 型,组成 MP 功能。既得到差动连接油缸,又能使泵卸荷;工作原理是这样的:在中间位置时,通路为 M 型压力油经 P 直接由 O 回油箱 1,阀的两口 A、B 被封闭,活塞不移动,油泵 2 在低压下卸荷;阀处于右位时,压力油由 P 同时进入 A、B,而回油口 O 是封闭的,由于油缸活塞的存在,油缸左、右腔之作用力不同,推

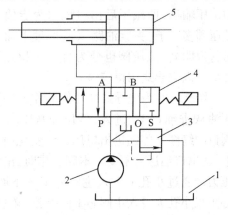

图 9-34　特殊滑阀机能的回路
1—油箱;2—油泵;3—溢流阀;4—MP 阀;5—油缸

动活塞向左移动(液压相同,左腔受力面积比右腔的小)——这便形成差动连接油缸;阀处于左位时,压力油经 P 到 A,使活塞右移,排出的油由 B 经 O 回到油箱 1。

根据上述,滑阀的操纵方式可以是手动、机动、电动、液动等。

二、压力阀

压力阀是用来控制液压系统中工作压力的。主要是溢流阀、减压阀和顺序阀。

(一)溢流阀

溢流阀的作用主要保证液压系统压力稳定,防止系统过载。按工作原理可分成直流式和先导式两类。先导式在结构上分为两部分,下部是主阀,上部是先导调压部分(图 9-35)。

图 9-35 是直动式溢流阀结构和图形符号。其工作原理是这样:P 是进油口,O 是回油口。压力油通过阻尼小孔 b

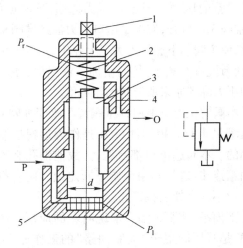

图 9-35　直动式溢流阀结构和图形符号
1—调整螺钉;2—弹簧;3—阀芯;
4—回油小孔;5—阻尼小孔

作用在阀芯 3 的底部端面上。当进口油压较低时,在弹簧作用下,处于图示位置。P、O 隔

开。当进口油压增高,即 $P_1 > P_r$ 时,弹簧压缩,阀芯上移。P、O 连通而回油。多余的油流回油箱,从而压力不再升高。调整螺钉 1,可以调整弹簧的弹力 P_r,漏入弹簧腔的液油可经 a 孔回油。

溢流阀通常是在定量油泵液压传动中和节流阀配合使用。调节进入液压系统内的流量,保持一定压力。

(二)减压阀

减压阀是一种利用缝隙节流的原理使阀的出口压力低于进口压力的压力调节阀。一般为定压输出,即减压后出口压力为定值。这种减压阀多用于"夹紧油路"(其原理下面将作图另行说明)。减压阀也分为直动式和先导式等类型。以先导式用得较多。

图 9-36 为先导式减压阀工作原理图。高压油从进油口 P_1 进入,低压油从 P_2 口流出。阀口的缝隙 h 能随进出口压力的变化而自动调整,使出口油压力不变。本阀工作时,出油口的压力油通过小孔 c 进入主阀芯 1 的下腔,经中心阻尼小孔 b 进入主阀芯 1 的上腔,又通过孔 a 作用在调压锥阀 3 上。当出口油压力低于本阀的调整压力时,锥阀 3 在弹簧 4 的作用下关闭锥阀所在导阀口,主阀芯上下两腔压力相等。在弹簧 2 的作用下,主阀芯 1 向下移动,使节流口 h 增大,节流损失减小,于是出油口压力上升到所调整的压力。当出口压力超过调整压力时,锥阀 3 被打开,使少量出口压力油经锥阀从泄油口 L 排出。这时由于阻尼小孔 b 的节流作用,使主阀芯下腔压力大于上腔压力。当上下腔压力所产生作用力大于弹簧力时,主芯上移,使节流口 h 减小,从而增加节流损失,使出口油压力降到原来所调整的压力值。

本阀的压力调整用调压螺钉 5 改变弹簧 4 的压缩量进行。控制油口 K 是作为远程控制而用的。本阀进出口都有压力,故泄油孔必须与油箱连接,这是和溢流阀不同之处。两者符号图形不同之处也在于此。

下面举"夹紧油路"来说明它的应用。图 9-37 是减压阀用于"夹紧油路"的工作原理,所谓夹紧油路是在系统主油路上并联另一油路,这条油路要求压力可调整为恒量,以使它的执行机构能夹紧定重物体。图 9-37 主油路上并联一个次油路,用减压阀 3 来作定压保证,

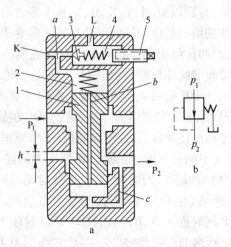

图 9-36　先导式减压阀工作原理和符号
a—先导式减压阀的结构;b—符号
1—主阀芯;2—弹簧;3—锥阀;4—弹簧;
5—调压螺钉;L—排油口

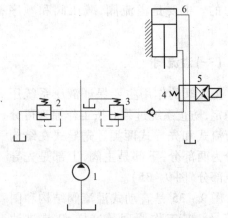

图 9-37　减压阀用于夹紧油路
1—油泵;2—溢流阀;3—减压阀;
4—单向阀;5—换向阀;6—夹紧油缸

从而保证夹紧定重物体而起落。

三、流量阀

流量阀是改变流通面积或通道长短而改变液体阻力,使通过流量发生变化的。它的主要作用是调节执行机构的运动速度。流量阀通常包括节流阀、调速阀及其复合阀门。

(一)节流阀

它实际上是改变通道进出油口的大小或沿通道长度,从而可以改变细长小孔而实现的,前者更易实现。

1. 节流口几种形式

如图9-38所示。图9-38a为针式节流口,针状阀芯作轴向运动,便可改p_1的出口面积。图9-38b为偏心式节流口,在圆柱形阀芯上,沿圆周方向开有三角形断面的沟槽,当旋转阀芯时,即改变三角沟槽的流通面积。图9-38c为轴向三角槽式节流口,在圆柱形阀芯上,沿轴向开有三角形断面的斜槽,当轴向转动轴芯时,即改变三角沟槽的流通面积。

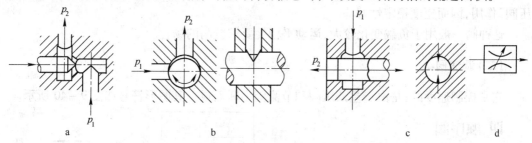

图9-38　节流口的几种形式
a—针式节流口;b—偏心式节流口;c—轴向三角槽式节流口;d—符号

2. 节流阀的应用举例

图9-39a、b分别代表进油节流调速回路及回油节流调速回路。

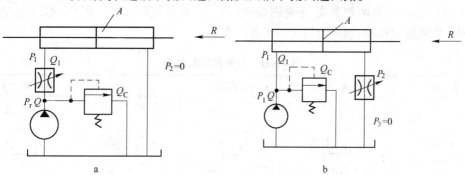

图9-39　节流阀调速回路

(1)进油节流调整速度时,如图9-39a所示。节流前后压力差:
$$\Delta P = P - P_1 = P - R/A \tag{9-60}$$
式中　P——油泵出口压力,由溢流阀调定;

　　　R——负载总压力;

A ——活塞面积。

流量关系：
$$Q = Q_1 + Q_0 \tag{9-61}$$

式中　Q ——泵的额定流量；

　　Q_1 ——通过节流阀的流量；

　　Q_0 ——通过溢流阀的流量。

由式(9-60)可以看出，由于压力 P 是调定不变的(溢流阀的作用)，当 R 增大时，则 ΔP 减小，因而 Q_1 也减小，工作机构速度变慢；反之则快(如果 R 突然消失，速度突然增大，会引起意外事故，这是应避免的)。这样便可达到调速的目的。

由式(9-61)，定量泵的 Q 是恒定的。当进入油缸的 Q_1 变化时，Q_0 也起变化，故必须有溢流阀泄油才能达到调速目的。

这种调速回路一般用于负载变化较小、功率较小、调速质量要求不高的液压系统中。

(2)回路节流调速回路，如图9-39b 所示。其压力差及流量关系的式(9-60)、式(9-61)仍可成立。不过这种系统中，节流阀装在回油管路上，对油缸活塞运动会起阻尼作用，故当 R 突然消失时，工作机构速度不会突然猛增而造成意外事故。由于节流阀起着"背压阀"作用，因而速度稳定性好些。

这种阀一般用于负载变化较大，运动平稳性要求较高的场合。

(二)调速阀

它是控制速度的；是由定差减压阀和节流阀串联而成。其图形符号如图9-40 所示。

四、顺序阀

顺序阀实质上也是一种压力阀，它是利用压力来控制液压系统中执行元件动作先后次序的。其结构与溢流阀基本相同，区别在于控制和泄油的方式不同，

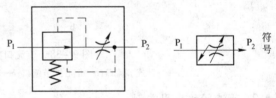

图9-40　调速阀

如表9-11 所示，它有两种型式，一是内控顺序阀，二是外控顺序阀。图9-41 是前者的工作原理。如将装置移换，则成为后者的工作简图。

表9-11　顺序阀与溢流阀

名　称	溢流阀(内控)	内控顺序阀	外控顺序阀	卸荷阀(外控)
符　号				
排油方式	内　泄	外　泄	外　泄	内　泄

内控顺序阀是利用进口油路的压力来控制阀的开启的。进油口 A 的压力油通过孔 a 作用在阀芯 4 的底部。油压低于弹簧压力时，A 与 B 隔开。当油压高于弹簧压力时，4 上移，A 与 B 通，油从 B 流出，而油口 A 和 B 都是压力油，它的泄油口 L 要从阀的外部单独回

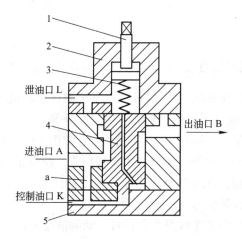

图9-41　顺序阀工作原理

1—调节螺杆;2—阀盖;3—弹簧;4—阀芯;5—阀底盖

油。故它的符号与溢流阀的区别在于"排油口"的位置不同。

将上述内控顺序阀的底盖5安装转换一下,即切断油路a,而将控制油口K与外来的控制油路接通,这时顺序阀的开启或关闭就由控制油路的压力决定,这就构成外控顺序阀。

第七节　液压辅件

液压辅件主要包括:油箱、油管、滤油器以及密封装置等。

一、油箱

油箱用来储油与散热,沉淀油中的杂质,分离油中的空气等。油箱的容积可取油泵流量的2~3倍,如图9-42所示,滤油器如图9-43所示。

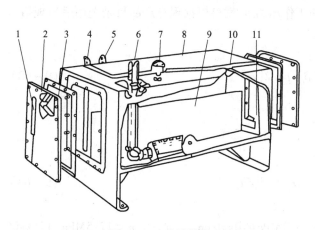

图9-42　油箱结构

1—液位计;2—加油口;3—端盖;4—回油管;5—泄油管;
6—油泵吸油管;7—空气滤洁器;8—箱体;9—隔板;
10—液压元件安装板;11—放油口

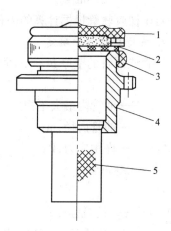

图9-43　空气滤油器结构

1—盖;2—泡沫塑料;3—挡板;4—壳体;5—油网

二、油管

(一)油管的种类、材料和性质

油管的作用是连接各种液压元件,保证液压系统循环和能量的传递。常用油管有钢管、紫铜管和橡胶软管,有时也可采用塑料软管和尼龙软管等。

钢管能受较高压力,广泛应用于中、高压系统中,常用 10 号、15 号无缝钢管。工作压力小于 16×10^5 Pa(16kgf/cm²)的低压油路可用焊接钢管。缺点是弯曲较难。

紫铜管容易弯曲,装配方便,摩擦阻力小。但只能承受中、低压力,还会促使液压油氧化,而且价格比较昂贵,尽量少用。

橡胶软管特点是可以用来连接两个有相对运动的液压元件。不怕振动,装配方便,并能吸振。缺点是成本高、制造难、寿命不长,高压软管的内层夹有钢丝编织网,低压管则由夹有麻布、帆布的耐油橡胶制成。

耐油塑料管价格低、装配易,但易老化、承受压力低,只适用工作压力小于即 5×10^5 Pa(5kgf/cm²)以下的场合。尼龙管可用于中、低压系统,弯曲时易断裂。

(二)油管截面积的计算

1. 油管内径的确定

油管的内径 d 应与流通能力相适应。若 d 太小,则管内流速过高,压力损失增大,而且产生噪声和振动;若 d 过大,则弯曲困难,还使系统结构庞大。故 d(m)应根据流过油管最大流量 Q(m³/s)及允许流速 v(m/s)来决定:

$$d = \sqrt{4Q/\pi[v]} \qquad (6-62)$$

式中　　$[v]$——对于吸油管路 $v < 1.5$m/s;对于压油管路,$v < 5$m/s;对于回油管路,$v = 1.5 \sim 2.5$m/s。

对于橡胶软管根据计算的内径 d 和工作压力 p,就可根据现有产品目录选用适当规格。

2. 管壁厚度 δ 的确定

钢管或铜管的壁厚 δ(m)计算如下:

$$\delta = pd/2[\sigma] \qquad (9-63)$$

式中　　p ——油管内最大工作压力,Pa;

　　　　d ——油管内径,m;

　　　　$[\sigma]$——许用应力,Pa。

对于无缝钢管:

$$[\sigma] = \sigma_b/n \qquad (9-64)$$

式中　　σ_b ——抗拉强度;

　　　　n ——安全因素,其取值如下:$p < 7$MPa(70kgf/cm²),$n = 8$;$p < 17.5$MPa(175kgf/cm²),$n = 6$;$p \geqslant 17.5$MPa(175kgf/cm²),$n = 4$。

对于铜管:$[\sigma] \leqslant 35$MPa(350kgf/cm²)。

算出之 d 和 δ 换算成 mm 后进行圆整并根据系列取标准值。

三、滤油器

液压系统的故障,往往是由于液压油中含有杂质而引起。为了排除故障,提高液压元件的寿命,必须用各种滤油器对油液进行过滤。一般滤油器精度分为三类:粗滤油器(能滤去 $d_杂 \leqslant 0.1mm$ 的杂质),普通滤油器($d_杂 = 0.1 \sim 0.01mm$),精滤油器($d_杂 = 0.01 \sim 0.005mm$),滤油器的有效面积为管道截面积的20倍以上。

四、密封装置

密封装置是防止压力油泄漏的一种手段,密封装置可分为两类。

(一)间隙密封

不加密封附件,主要依靠加工精度高,尽量减少间隙量,造成油液在其中流动时很大的阻力来减少泄漏量,主要用于传动密封。由于有一定泄漏量,因而不宜用于防止外泄漏的密封间隙上。

(二)接触密封

是靠弹性密封件在装配时的预加压缩力以及工作时油压力的作用发生弹性变形所产生的接触力实现密封。密封效果较好,但摩擦力大,易发热和磨损。这种密封既可作固定密封,又可作运动密封,用途较广,下面着重介绍这种密封方式。

1. O 形密封圈

O 形密封圈的形状如图9－44所示。它具有结构简单、阻力小等优点。固定密封、运动密封、回转密封都可用。这种密封件,以一定预压力装在槽中。在低压时,O 形密封以其自身弹性进行密封;而在高压时,在油压力作用下,它移向一边,依靠其被挤压变形后与密封面的紧密接触而密封。其缺点是磨损后不能自动补偿,故寿命短。

2. Y 形密封圈

Y 形密封圈形状如图9－45所示。 D 和 d 分别是它的公称外径和内径。它具有像嘴唇一样的内外唇边,安装时使唇边面对有压力的油腔。低压时,靠唇边的弹性,两唇贴紧轴和

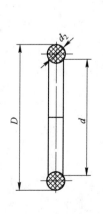

图9－44　O 形密封圈

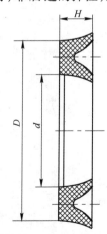

图9－45　Y 形密封圈

孔的表面;当压力更大时,贴得更紧。由于两唇安装时有弹性变形,故磨损可自动补偿。密封好,摩擦阻力小,安装空间尺寸不大,故宜用于液压缸活塞的密封。$p > 10\text{MPa}$ 时宜用之。若 $p > 20\text{MPa}$,容易被挤出,要设保护挡圈。

3. V 形密封圈

V 形密封圈由多层涂胶织物压制而成,它的形状如图 9 - 46 所示,由支承环 1、密封圈 2、压环 3 三个环叠在一起使用。当 $p < 10\text{MPa}$ 时,已有足够密封性。当压力更高时,应适当增加密封圈的数量。它也像 Y 形圈一样依靠压力帮助唇边张开而密封。圈的接触面较长,密封性能好,但结构尺寸大,摩擦力也较大,故用于相对速度不高的油缸活塞处较多。

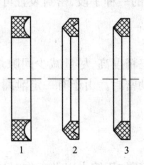

图 9 - 46　V 形密封圈

第十章 炭素制品成形机

第一节 成形方法与成形原理

一、成形方法及其选择

在前面经混捏制成的糊料或糊料经辊压轧片冷却后磨成的粉料（又称压粉）及其他混合的干粉料，是分散性的，还没有固定形状与尺寸，也没有达到较高的体积密度，更没有整体强度。所谓"成形"就是将混捏后的糊料或粉料，通过某种方法和一定压力，将其在模具内压成具有一定形状、一定尺寸、一定密度和机械强度的块状（棒状）的工艺操作。

炭素生产的成形方法有多种，主要有模压成形、挤压成形、振动成形、等静压成形四种。

（1）模压成形法（Moulding）。这种方法是采用立式压机，先按制品的形状和大小制成模具，然后把一定数量的混捏好的糊料或压粉装入压机工作台上的模具内，开动压机对糊料或压粉施加压力，并维持一定时间使其密实，且使其具有与模具横截面一样的形状，之后把压实好的压块从模具中顶出，即为压坯（又称生坯）。

模压法可根据工艺及设备情况不同，分为单向压制和双向压制、热压与冷压，模压法适用于压制三个方向尺寸不大、密度均匀、结构致密强度高的制品，但产品具有各向异性，主要用于生产电炭产品和特种石墨产品。

（2）挤压成形法（Extrusion）。挤压法是采用卧式挤压机，先将糊料装入压机的料室内，用压力机的主柱塞对糊料施加压力。先进行预压，然后施压使糊料通过安装在料室前面的与产品截面形状、大小一致的型嘴被挤压出来，再根据所需要的长度用切刀切断，即为挤压生坯。

挤压法适应于 L/D 比较大的棒材、管材或其他异形制品。挤压法可连续生产，生产效率高，操作简单，机械化程度高。但产品的体积密度与机械强度低，且具有各向异形。主要用于生产石墨化电极、炭素电极与炭块。

（3）振动成形法。振动成形是将糊料装入放置在振动成形机的振动台上的模具内，然后在上面放置一重锤，利用振动台的高速振动，使糊料达到密实而成形的目的。

振动成形机结构简单，只要对糊料施加较小的成形压力即可生产较大尺寸的制品，特别适合生产长、宽、厚三个方向尺寸相差不大的粗短产品和一些异形产品。如预焙阳极、阴极、炭块及大规格炭电极与坩埚。振动成形与模压成形相类似，产品也是各向异性的。

（4）等静压成形法（Old Isostic Pressing）。等静压成形是在液体等静压压力容器里完成的，它将压粉装入橡胶或塑料制成的弹性模具内，封好后放入高压容器内，用超高压泵打入高压液体介质（油或水），使压粉受压密实而成形。等静压成形有冷等静压成形和热等静压成形两种，其设备结构也不同，分别称为冷等静压成形机和热等静压成形机。

等静压成形可生产各向同性产品和异形产品，其制品的结构均匀，密度与强度特别高。一般用于生产特种石墨，特别是生产大规格特种石墨制品。

成形方法对制品性能的影响如表 10-1 所示。

表 10-1　成形方法对制品性能的影响

特　　性		挤 压 成 形	模 压 成 形
密度/g·cm^{-3}		1.64	1.75
电阻率/μΩ·cm(//、⊥)		860、(1620)	960、(1320)
各向异性比(⊥//)		1.88	1.38
线[膨]胀系数/℃$^{-1}$(//、⊥)		1.1×10^{-6}、(4.1×10^{-6})	1.9×10^{-6}、(3.2×10^{-6})
各向异性比(⊥//)		3.70	1.68
弹性模量/MPa	//	1262(126.2)	954(95.4)
(kgf·mm^{-2})	⊥	535(53.5)	659(65.9)
各向异性比(⊥//)		2.40	1.45
抗弯强度/MPa	//	35.3	32.14
	⊥	20.68	27.05
各向异性比(⊥//)		1.45	1.25

二、压制过程中压力的传递与物料的密实

成形过程中物料的受力变形和运动(位移),是一个很复杂的物理变化过程,它对成品的性能影响很大,是炭石墨材料及制品生产中很重要的环节。

压粉或糊料在模内或料室与嘴型内被压制时(见图 10-1),压力经上模冲传向粉末或糊料,粉末或糊料在某种程度上表现出与液体相似的性质,力图向各个方向流动,同时向各个方面传递压力。在压块内部,压力的传递是通过颗粒间的接触面来传递的。当压力传递至模壁,引起垂直于模壁的压力,称为侧压力。压力在物料颗粒间的接触面上产生应力(或称剪应力),当此应力大于物料间结合面上的结合力时,则物料颗粒产生位移与变形,压粉或糊料被压实。

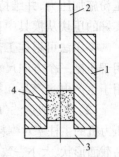

图 10-1　压制示意图
1—阴模;2—上冲头;
3—下模冲;4—粉末

压粉或糊料在模内所受压力的分布是不均匀的,与液体的各向均匀受压情况有所不同,因为粉末或糊料颗粒之间彼此摩擦,相互楔住,使得压力沿横向(垂直于压模壁)的传递比垂直(纵向)方向要小得多。并且粉末或糊料与模壁在压制过程中也产生摩擦力,此摩擦力随压制力的增减而增减。因此,对于模压,压坯在高度上出现显著的压力降。接近上模冲断面的压力比远离它的部分要大得多,同时中心部位与边缘部位也存在着压力差。结果,压坯各部分的致密化程度也就有所不同。

物料颗粒之间的结合力包括颗粒之间的摩擦力、黏结剂对颗粒的表面张力,黏结剂对颗粒的吸附力等。物料的塑性愈好、流动性愈好则其结合力就愈低,其需要密实的剪应力就愈低。物料被密实时,压力使物料产生塑性变形时的应力称之为物料的流动屈服极限应力,用 σ 表示,一般对于挤压制品的糊料来讲:$\sigma = 1.8 \sim 2.5MPa$,对于模压制品的压粉:$\sigma = 2.0 \sim 3.0MPa$,σ 的大小决定于粉末颗粒的特性和黏结剂的特性及黏结剂的加入量等。对于挤压制品,还与黏结剂软化点和加热温度有关。

在压制过程中,物料由于受力而发生弹性变形和塑性变形,因而压坯存在着很大的内应力,当外力停止作用后,压坯便出现膨胀现象称为弹性后效。

三、物料压形时的位移与变形

物料装填在压模内,经受压力后就变得较密实且具有一定的形状和强度,这是由于在压制过程中,颗粒间的空隙大大减小,彼此的接触显著增加,也就是说,物料在压制过程中出现了位移与变形。

(一)粉粒的位移

粉粒在松装堆积时,由于表面不规则,彼此间有摩擦,颗粒相互搭架而形成拱桥孔洞的现象,叫做拱桥效应。

粉粒体具有很高孔隙度,如焦粉(粒)的松装密度为 $0.5 \sim 0.8 g/cm^3$,糊料的体积密度为 $1.30 \sim 1.40 g/cm^3$ 左右,而石墨的理论密度为 $2.26 g/cm^3$,即使是煅后焦,其真密度也在 $2.05 \sim 2.10 g/cm^3$ 左右。当施加压力时,粉粒体内的拱桥效应遭到破坏,粉末颗粒间使彼此填充孔隙,重新排列位置,增加接触面。粉粒的位移如图 10-2 所示。然而,实际粉粒体在受压状态时所发生的位移情况要复杂得多,一个颗粒可能同时发生几种位移,而且位移总是伴随着变形的发生而发生。

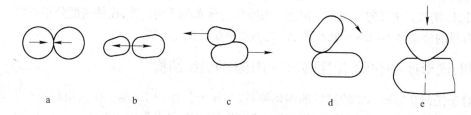

图 10-2　粉末位移的形式

a—粉末颗粒的接近;b—粉末颗粒的分离;c—粉末颗粒的滑动;
d—粉末颗粒的转动;e—粉末颗粒因粉碎而产生的移动

(二)粉粒的变形

如前所述,粉粒体受压后其体积大大减小,这是因为粉粒受压后不但发生了位移,而且发生了变形,粉粒变形有如下三种情况:

(1)弹性变形。外力卸除后,粉粒形状可以恢复。

(2)塑性变形。压力超过粉粒的弹性极限,外力卸除后,粉粒变形后不能恢复原形。

(3)脆性断裂。压力超过粉粒的强度极限后,粉粒发生粉碎性破坏,脆性断裂。

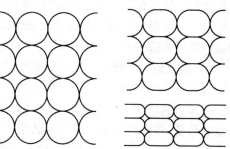

图 10-3　压制时粉末的变形

粉粒的变形如图 10-3 所示。由图可知,压力增大时,颗粒发生变形,由最初的点接触逐渐变成面接触;接触面积随之增大,粉末颗粒由球形(假设)变成扁平形,当压力继续增大时,粉末就可能破碎。

(三)压粉及糊料的塑性与流动性

在压制过程中压粉及糊料存在一定的塑性。糊料的塑性大小与物料的塑性、黏结剂的软化点高低、黏结剂加入量的多少、成形温度等有关,物料的塑性愈好,则成形时所需的压力愈小,而压坯的密度愈大,机械强度愈高。但塑性太高将使压坯容易产生变形,其成品的机械强度反而降低。所以在成形时,必须控制物料保持一定的塑性。物料塑性大小可以用公式(10-1)来量度。

$$\beta = \frac{\rho_2 \sigma_{压}}{\rho_1 p} \tag{10-1}$$

式中　β——物料的塑性指标;

ρ_1——物料的松装密度;

ρ_2——压形后生坯的密度;

p——制品成形时的单位压力,MPa;

$\sigma_{压}$——生坯的抗压强度,MPa。

如前所述,压粉与糊料具有一定的流动性,在物料受压时能同时向各个方向传递压力,它力图使整个模腔内上下左右压力分布均匀,减少压力损失,促使物料在压形过程中,流向模腔的各处,以增加其密度的均匀性。但由于前述压力分布的不均匀性,而使密度分布不均。

物料的流动性与物料的颗粒形状、大小及颗粒的配比有关。

四、成形过程中的"择优取向"与压坯的组织结构

对于任何非球形不等轴颗粒的固体物料,在压力的作用下,粒子在自由移动时,都具有取向性。在静压力作用时,粒子截面较大的面将处于垂直于作用力的方向;在移动时,粒子截面较大的面将与移动方向一致,粒子能自然地处于力矩最小的位置,这种不等轴颗粒受到压力作用时产生的自然排列现象,就称为"择优"取向。它取决于两个因素:(1)颗粒的不等轴程度愈大,其择优取向愈明显,制品的各向异性也愈明显。例如针状焦颗粒呈针状,不等轴程度很大,故其制品的各向异性很明显。(2)成形时颗粒移动的行程越长,则颗粒的取向过程越充分,择优取向效果越好,从而使制品的各向异性越大。

对于炭素物料,其粉料的形状不是球形而是立方体、多角形及长条形,即不等轴粒子,具有长轴与短轴。在模压、挤压和振动成形时,因粒子的自然取向作用,而造成制品的层状分布结构。由于组织结构的各向异性,使制品在性能上也是各向异性的。但成形的方法不同,制品的成层面排列的方向也不同。

(1)模压成形。压粉在模内受到压力的作用产生移动、变形而逐渐密实,粒子移动时,长轴方向与移动方向一致,此时移动阻力最小。当达到一定的密度时,粒子的位移量减小,粒子在压力的作用下产生转动、使长轴方向(截面较大的面)垂直于压力方向分布(此时粒子重心最低、最稳定),而表现出层状结构。

其次是距离上冲头端面距离相等的面上压力是近似相等的,因此在此层面上粒子的分布基本相同。随着距上冲头端面距离的增加,层面间距也增加,其密度下降。故模压成形制品的层面方向与成形压力方向垂直。模压成形制品的层状结构如图10-4所示。

振动成形的原理与模压成形原理相似,因而其成形的制品在结构上(层状分布)大致相同。

（2）挤压成形。挤压成形,糊料在料室内预压时粒子的分布情况与模压相同。但是挤压时糊料经嘴型口挤出,糊料在运动时粒子的长轴方向与运动方向一致(此时运动阻力最小)。粒子从料室向嘴型运动时,随着嘴型曲线的变化,粒子产生转动、使长轴方向总与运动方向一致。嘴型口有一段等直径段,糊料粒子通过等直径段,使粒子长轴方向与嘴型口中心平行排列分布。

其次是,糊料在料室和嘴型内的流动状态近似于液体,同一横截面上速度呈抛物线分布,随距离圆心的半径的不同而不同,中心的流速为最大,边缘的流速为最小。因此,粒子在同一横截面上距离中心线不同半径的圆周上的受力不同,所以分布不同。反之,在同一圆周上粒子的受力与分布状态相同,因而是同心圆式的层状分布。中心的流速大密度小,边缘的流速小,密度大。层面方向与成形压力方向平行。挤压成形的层状分布如图 10 - 5 所示。

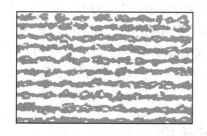
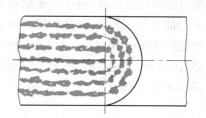

图 10 - 4　模压成形制品层状结构示意图　　　图 10 - 5　挤压成形制品层状结构示意图

（3）等静压成形。等静压成形时物料被置于软模具内,模具外的液体以相同的压力作用在模具上,并传递到物料上,使物料从周围向中心密实,颗粒的运动主要为平动。因各个方向上的力相等,故粒子不产生转动。粒子在装料时处于杂乱无序状态,密实后仍然处于杂乱无序状态。故不表现出规律性的层状分布结构。等静压制品的组织为均一结构(如图10 - 6 所示),也就是各向同性。

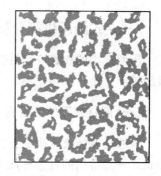

图 10 - 6　等静压成形制品
结构示意图

成形时形成的结构,通过焙烧与石墨化后仍然保留下来,因此,挤压成形、模压成形与振动成形的制品在结构和性能上都是各向异性,而等静压成形的制品在结构和性能上都是各向同性的。

五、成形过程中的抽气(抽真空)措施

成形质量对制品的很多性能都有影响,特别是体积密度与强度。为了成形时能对制品性能提供更多的贡献,可对常规成形工艺进行某些改进,目前采用的最主要措施是:压制过程中抽真空。

煅后焦粒与焦粉在自然堆积状态下,依粒度的不同,其松装密度约为 $0.5 \sim 0.8 \mathrm{g/cm}^3$,粒度愈小,其松装密度愈小,而生产中煅后焦的真密度约为 $2.05 \sim 2.08 \mathrm{g/cm}^3$,经过计算,其粉粒堆积体中的空隙(孔隙)率约为 60% ～ 70%,含黏结剂的压粉稍有降低。在成形时,部分空气从阴模与阳模(冲头)间隙被排出模外,其余空气或挥发分都被压缩在生坯中。

对于糊料,自然装模的堆积密度一般为 $1.2 \sim 1.3 \mathrm{g/cm}^3$,若取煅后焦真密度为 2.05 ～

$2.08g/cm^3$，黏结剂沥青用量为 20%，中温沥青密度为 $1.2 \sim 1.3g/cm^3$，经计算，糊料装入模具后，其空隙(孔隙)率一般为 40% 左右。

在成形时，由于糊料或压粉间及粉料颗粒中，存在很多空隙，这些空隙中有空气或挥发分，若不排除，将全被压缩在压坯中，形成气孔而降低压坯的密度。更重要的是，这些被压缩的空气或挥发分给压坯造成较高的内应力，脱模时内应力释放与压坯弹性膨胀，易造成生坯开裂；此外，这些被压缩的空气与挥发分，在焙烧加热时，因温度升高而膨胀，况且，气孔周围沥青焦化时，析出的挥发分进入气孔，使压力更加增高，若快速从制品中排出，将造成制品开裂，因此，应在成形时将其除去。这种在成形过程中排除糊料或压粉间及粉粒中的空气和挥发分的措施，称为抽气(抽真空)。

抽气装置是在料室或成形模具上装有密封罩，柱塞前端或模具内装有抽气气流通道。在成形过程中用真空泵，将压粉或糊料间的空气与挥发分抽出(经过处理)。

采用抽真空工艺后，制品的质量得到较大的提高。在其他条件不变的前提下，生坯体积密度可提高 5% ~ 6%；特别是模压超细粉的制品脱模后膨胀率可低 30% ~ 50%；石墨化后的产品，体积密度可提高 3% ~ 5%，强度可提高 10% ~ 15%，电阻率降低 5% ~ 10%，总成品率可提高 3% ~ 5%。

第二节　立式液压机

一、立式液压机简介和结构

压形常用的立式液压机有四柱式万能液压机和框架式液压机。

(一)四柱式万能液压机

四柱式万能液压机是立式液压机的最常见的典型结构形式之一。常用的有公称压力为 0.63MN、1.0MN、2.0MN、3.15MN、5MN 液压机。

如图 10 - 7 所示的是 2.0MN(200tf)液压机。从图中可见，主机为三梁四柱结构，主缸 1 布置在上横梁中心，在工作台 3 的中心布置了顶出缸，活动横梁与主缸活塞刚性连接并由主缸活塞驱动，由四柱导向完成压制和回程动作。上滑块行程限位装置可调整活动横梁上限、减速和下限位装置。另有动力机构(包括电动机、泵阀元件等)和操纵控制机构。

四柱式结构最显著的特点是工作空间宽敞、便于四面观察和接近模具。整机结构简单，工艺性较好，但立柱需要大圆钢或锻件。

四柱式液压机最大的缺点是承受偏心载荷能力较差，最大载荷下偏心距一般为跨度(即左右方主柱的中心距)的

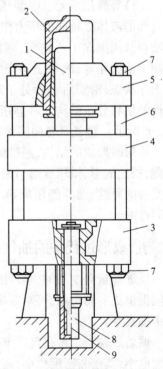

图 10 - 7　2.0MN(200tf)液压机构造
1—工作柱塞；2—工作缸；3—工作台；
4—活动横梁；5—上横梁；6—立柱；
7—螺母；8—顶出缸；9—顶出柱塞

3%左右。由于立柱刚度较差,在偏载下活动横梁与工作台间易产生倾斜和水平位移,同时立柱导向面磨损后不能调整和补偿,这些缺点在一定程度上限制了它的应用范围。

部分四柱式液压机技术参数见表10-2。

表10-2　部分四柱式液压机技术参数

型　号		Y32K-100	Y32-315	Y32-500	800吨压机
总吨位公称压力/MN(tf)		1.0(100)	3.15(315)	5.0(500)	8.0(800)
最大工作液压力/MPa(kgf/cm²)		25(250)	25(250)	25(250)	20(200)
上油缸	最大压制压力/MN(tf)	1.0(100)	3.15(315)	5.0(500)	8.0(800)
	回程力/MN(tf)	0.27(27)	0.6(60)	1.0(100)	
	工作行程/mm	600	800	900	
	空载下降速度/mm·s⁻¹	21	80	150	
	负载下降速度/mm·s⁻¹	6.3	8	12	
	空载上升速度/mm·s⁻¹	60	42	90	
上工作台面(长×宽)/mm×mm		630×630	1160×1260	1400×1400	
下油缸	最大压制压力/MN(tf)	0.25(25)	0.35(35)	1.0(100)	8.0(800)
	工作行程/mm	200	250	350	700
	空载下降速度/mm·s⁻¹	64		40	10
	负载下降速度/mm·s⁻¹	106		90	10
	空载上升速度/mm·s⁻¹	64		40	2
下工作台面(长×宽)/mm×mm		630×630	1160×1260	1400×1400	1059×950
上下工作台面间距离/mm		900	1250	1500	1410
上油缸直径/mm		230	400	500	720
下油缸直径/mm		110	135	160	720
油泵	名称与型号	25YCY14-113(柱塞泵)		100YCY14-1A(柱塞泵)	3A-7B₂(卧式柱塞泵)
	最高输出压力/MPa(kgf/cm²)	32(320)	32(320)	32(320)	32(320)
	空载流量/L·min⁻¹	40			45
	负载流量/L·min⁻¹	25			

(二)框架式液压机

常用的框架式粉末制品液压机有公称压力为0.63MN、1.25MN、1.60MN、2.50MN(63tf、125tf、160tf、250tf)等液压机。粉末制品液压机有全自动和半自动的,也可手动,如图10-8所示为1.25MN(125tf)粉末制品液压机,其技术参数见表10-3。

框架式粉末制品液压机,框架机身是由上横梁、工作台和左右支柱组成,框架可以是整体焊接框架,也可以是整体铸钢框架,一般为空心箱形结构,抗弯性能较好,支柱部分做成矩形截面,便于安装平面可调导向装置,也可做成"Π"字形,以便在两侧空间安装电气控制元件和液压元件(图10-8)。一般情况下,如图10-8所示液压机上横梁布置主缸和侧缸,工作台上固定模具,左右立柱内侧作为导轨的安装定位基准。上活塞下安装上冲头,下工作台下正中安下油缸,油缸内的下活塞上安装下冲头。另外,还有给料装置和泵及油箱等安装在机后。

表 10－3　YA－125 型粉末制品全自动液压机的主要技术参数

项　目			数　值
上油缸	最大工作液压力/MPa(kgf/cm²)		31(310)
	高压压制压力(所用泵压 31MPa)/MPa(kgf/cm²)		0.16～1.25(16～125)
	低压压制压力(所用泵压 12MPa)/MPa(kgf/cm²)		0.05～0.16(5～16)
	回程力(所用泵压 3.5MPa 或 24MPa)/MPa(kgf/cm²)		0.65(65)
	工作行程/mm		400
	下降速度	空载下降(高压)/mm·s⁻¹	100
		空载下降(低压)/mm·s⁻¹	100
		负载下降/mm·s⁻¹	28～8
	动载上升/mm·s⁻¹		80
	上工作台面(长×宽)/mm×mm		650×420
下油缸	最大顶出压力/MN(tf)		1.25(125)
	拉下压力(泵压 3.5MPa 或 24MPa)/MPa(kgf/cm²)		0.65(65)
	浮动压力/MN(tf)		0.04～0.25(0.4～25)
	工作行程/mm		200
	上升速度	空载上升/mm·s⁻¹	55
		负载上升/mm·s⁻¹	28～8
	空载下降/mm·s⁻¹		80
送料器	模具安装螺杆/mm		M80×2(左)
	送料器面积/mm×mm		100×100
	行程/mm		250
	上下工作台面间距离/mm		950
	固定工作台面(长×宽)/mm×mm		650×650
油泵	液体最高工作压力/MPa(kgf/cm²)		31(310)
	空载流量/L·min⁻¹		140
	负载流量/L·min⁻¹		25.7
	齿轮泵卸载压力/MPa(kgf/cm²)		1.0(10)
电动机	型号、功率(kW)		JO₃－140M－σ(7.5)
外形尺寸:前后×左右×高度/mm×mm×mm			1750×350×260

二、立式液压机的工作原理

液压机系根据帕斯卡原理制成的,是一种利用液体压力能来传递能量的机器。水压机是以泵站为动力源,油压机是泵直接供给液压机各执行机构及控制机构以高压工作油。操纵系统属于控制机构,它通过控制工作液体的流向来使各执行机构按照工艺要求完成应有的动作。本体为液压机的执行机构。当高压液体进入工作缸后,对主柱塞(上活塞)产生很大的压力,推动主柱塞(上活塞),活动横梁(上工作台)和上冲头运动,使上冲头对模内物料进行压制。保压完成后,主缸高压液进入蓄液罐或油箱,同时高压液进入回程缸,使主柱塞(上活塞)退回到原处。同时向顶出缸通入高压液体,推动下活塞并带动下冲头将模内的制品顶出。然后下活塞退回原处,给料装置给模内送料,送料后主缸又进高压液,再重复如上动作,即压机继续进行工作。

三、立式液压机的基本参数

现以三梁四柱式液压机为例,介绍液压机的基本参数。

(一)公称压力(公称吨位)

公称压力一般是液压机的主参数,它反映液压机的主要工作能力。公称压力为液压机名义上能发出的最大力量,在数值上等于工作液体压力和工作柱塞总工作面积的乘积(取整数)。

$$p_{总} = p_{液} \cdot S_{柱} \tag{10-2}$$

式中　$p_{总}$——公称压力(最大总压力);

$p_{液}$——工作液体单位压力;

$S_{柱}$——工作柱塞的总工作面积。

在使用时,可根据液压机的最大总压力来确定液压机的压制能力。

$$N = \eta P_{总} \tag{10-3}$$

式中　N——压制能力;

η——液压机的效率,一般取 $\eta = 0.8 \sim 0.9$。

$$S_{制} = \frac{N}{p_{液}} = \frac{\eta P_{总}}{p_{液}} \tag{10-4}$$

式中　$S_{制}$——压制品面积,cm^2;

$p_{压}$——单位压制压力,kgf/cm^2($1kgf = 0.1MPa$)。

电炭生产采用的压制压力为 $50 \sim 350MPa$($500 \sim 3500kgf/cm^2$),通常为 $100 \sim 250MPa$($1000 \sim 2500kgf/cm^2$),压制含铜粉多的料粉时,压制压力不超过 $200MPa$($20000kgf/cm^2$)。对于压制炭素料粉,压制压力在 $250 \sim 300MPa$($2500 \sim 3000kgf/cm^2$)以下。

反之,可以根据压制品的面积和压制压力来确定液压机的公称压力,以便对液压机进行选型。公称压力为

$$P_{总} = S_{制} p_{压} \tag{10-5}$$

式中　$p_{压}$——单位压制压力,kgf/cm^2($1kgf = 0.1MPa$)。

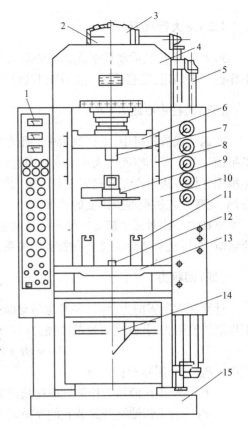

图 10-8　1.25MN(125tf)粉末制品液压机

1—操纵控制箱;2—主柱塞;3—主缸;4—上横梁;5—油管;
6—活动横梁;7—上冲头;8—导轨;9—加料装置;
10—机身支架;11—模具支架;12—下冲头;
13—下工作台;14—下油缸;15—机座

(二)最大行程 H

最大行程 H 是活动横梁能移动的最大距离,最大行程应根据成形过程中所要求的最大工作行程来确定,它直接影响工作缸和回程缸及其柱塞的长度,以及整个机架的高度。

(三)立柱中心距 $L \times B$

在四柱式液压机中,立柱宽边中心距和窄边中心距分别为 L 和 B,立柱中心距反映液压机平面尺寸上工作空间的大小。立柱宽边中心距应根据工件及模具的宽度来确定。使用中是根据立柱宽边中心距来确定模具的最大宽度。立柱窄边中心距应考虑更换模具、涂抹润滑剂、观察工艺过程等操作上的要求。

立柱中心距对三个横梁的平面尺寸和重量均有直接影响,对液压机的使用性能具有重要影响,与压机本体结构尺寸有着密切关系。

(四)回程力

计算回程所需的力量时,要考虑活动部分的重量、回程工艺所需要的力量(如拔模力)、工作缸排液阻力,各缸密封处的摩擦力以及活动横梁导套处的摩擦力等。

$$P_回 = P_1 + P_2 + P_3 + P_4 + G \tag{10-6}$$

式中　$P_回$——回程力;

P_1——工作液从工作油缸中排出的阻力;

P_2——工作油缸密封装置的摩擦阻力;

P_3——活动横梁在导轨上运动时的摩擦阻力;

P_4——活动横梁作加速运动时的惯性力;

G——运动部分的重量。

也可根据实际经验选定回程力的大小,立式液压机的最大回程力一般为立式液压机吨位的 20% ~ 50%。

(五)允许最大偏心距 e

在液压机工作时,不可避免地要承受偏心载荷。偏心载荷在液压机的宽边与窄边都会发生。最大允许偏心距是指压形阻力接近公称压力时所能允许的最大偏心值。在结构设计计算时,必须考虑此偏心值。

(六)活动横梁运动速度

活动横梁运动速度分为工作行程速度及空程(充液及回程)速度两种。应根据不同的工艺要求来确定工作行程速度,它的变化范围大。一般在 750mm/min 以内。工作行程及空行程的速度直接影响泵(泵站)供液量的计算。

四、压模结构与压制原理

电炭制品和密封材料的压模如图 10-9 所示,它是由阴模 1,上、下冲头 2 和 3 组成。冲头的截面比阴模内径稍微小些,以免楔住。冲头端上固定有模片。阴模壁和冲头间的间隙,以能保证粉末压制时空气能正常排泄为准。但间隙尺寸过大,下冲头和阴模间会有粉末跑出的可能。一般说来,间隙是二级精度转动配合和二级精度轻转动配合。

为了保证能做双面压制,如图 10－10 所示的浮动压模,阴模 1 装于弹簧 4 上,弹簧固定在柱 6 上,如果压力机有顶出器,则下冲头固定在顶出器上,粉末装入压模后,压力机用上活

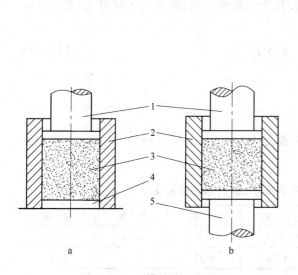

图 10－9 压模结构示意图
a—单向压制;b—双向压制
1—上冲头;2—阴模;3—粉末;
4—定位板;5—下冲头

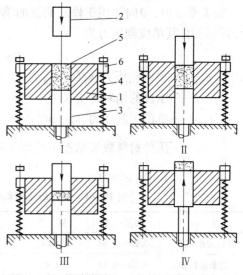

图 10－10 "悬浮"式压模工作简图
Ⅰ—装料粉;Ⅱ—初压制;
Ⅲ—制品底层压实;Ⅳ—制品从压模内推出
1—阴模;2、3—上下冲头;4—弹簧;5—被压材料;6—支柱

塞向下工作时,上冲头开始压实粉末(压入粉末所占高度的2/3),随着压力的进一步增加,固定阴模的弹簧 4 开始被压缩。阴模向下移动,压制件下部便被下冲头压实。达到所需压力并在此压力下维持后,载荷取消,上冲头由阴模内退出,顶出器顶起下冲头,将成形的半成品顶出压模。

炭环压模如图 10－11 所示,炭环的内孔是用固定在压模内的模芯 6 压成的,阴模内的粉末最初系由上冲头 3 和上压环 2 压实至所需压力,然后取消载荷,取出插销 5。再加压力,由于压制件和阴模壁的摩擦力,于是压模向下移动到插销原先占据的位置,下冲头便由下向上压实粉末,这样,料粉便得到双面压制。

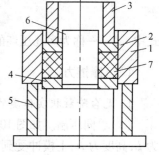

图 10－11 压制炭环用压模
1—阴模;2、4—上、下压环;3—冲头;
5—销子;6—芯子;7—料粉

第三节 压模设计

一、压制力分析

(一)压制压力 N

$$N = pS \tag{10-7}$$

式中　p——单位压力；

　　　S——受压横截面积。

(二)侧压力

粉末受压时，横向作用于模腔侧壁的单位压力叫做侧压力，压模在压制时，阴模承受较大的侧压力，其单位侧压力为

$$p_侧 = \xi_0 \theta p_压 \tag{10-8}$$

式中　$p_侧$——单位侧压力，kgf/cm^2；

　　　θ——压件的相对密度；

　　　$p_压$——单位压制压力，kgf/cm^2；

　　　ξ_0——压件材料致密状态下的侧压系数，$\xi_0 = \dfrac{\mu}{1-\mu}$，$\mu$ 为压件材料的泊桑系数（如表

　　　　10-4 所示）。

表 10-4　某些粉末材料的侧压力系数 ξ_0 和泊桑系数 μ

材　料	多晶石墨	铜　粉	铁　粉	锡　粉	铝　粉	金　粉
侧压力系数 ξ_0	0.25~0.50	0.54	0.39	0.49	0.56	0.72
泊桑系数 μ	0.20~0.33	0.35	0.28	0.33	0.36	0.42

粉末受压时，横向作用于模腔侧壁的力，叫侧压力，其值为

$$P_侧 = S_侧 \cdot p_侧 = \xi_0 \cdot \theta \cdot p_压 S_侧 \tag{10-9}$$

式中　$S_侧$——压模侧壁受力的面积。

$$\xi = \xi_0 \theta = \theta \frac{\mu}{1-\mu} \tag{10-10}$$

式中　ξ——称为多孔压坯的侧压系数。

(三)摩擦力

1. 无台阶柱状实体类的压制

(1)单向压制。如图 10-12 所示，压坯截面积为 S，周长为 L，高度为 H，上模冲受到正压力 $P_上$，该力一部分用来克服阴模壁的摩擦力 F，压坯底面受到的压力为 $P_下$。

即　　　　　$P_上 = P_下 + F \tag{10-11}$

或　　　　　$F = P_上 - P_下 \tag{10-12}$

压坯最上部 $x=0$ 处，受到单位压制力 $p_上 = P_上/S$，压坯最下部 $x=H$ 处，受到单位压制力 $p_下 = P_下/S$。压坯上下之间某处 $x=i$，受到单位压制力 p_i。并存在单位侧压力 $p_{侧i} = \xi_i p_i$。

在 i 处取一小段微体 dx 来分析。该微体产生侧压力为

$$dp_{侧i} = p_i \xi L dx \tag{10-13}$$

由 d$p_{侧i}$ 产生的微体摩擦力 dF_i 为

$$dF_i = f dp_{侧i} = f \xi_i p_i L dx \tag{10-14}$$

压坯总的摩擦力 F 为

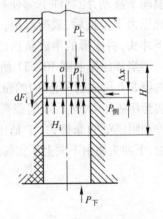

图 10-12　无台阶柱状实体
单向压制示意图

$$F = \int_o^H \mathrm{d}F = \int_o^H f\xi p_i L \mathrm{d}x \tag{10-15}$$

式(10-15)中周长 L 为常数,摩擦系数 f 和侧压系数 ξ 也可以当作常数。唯单位压力 p_i 不仅是 x 的函数,而且在同一截面上的不同点亦不相同。为了便于计算,假设 p_i 为常数,且 $p_i = p_上$,则得

$$F = f\xi p_上 LH = f\xi p_上 S_侧 \tag{10-16}$$

由式(10-16)可知,摩擦力正比于摩擦系数、侧压系数、单位压制力和压坯的侧面积。式(10-16)是在各处单位压制力 p 相差不大时才适用。过大的长径比 H/D 或截面上有过分狭长处的压坯不适用。长径比小于 $1\sim3$ 的圆柱体(摩擦系数越小,允许值越大)和截面上粉末横向流动受阻不严重时可用式(10-16)计算。

由式(10-16)除以 $P_上$ 可得

$$\frac{F}{P_上} = \frac{f\xi p_上 S_侧}{p_上 S_截} = f\xi \frac{S_侧}{S_截} \tag{10-17}$$

由式(10-17)可知,摩擦力与正压力的比与侧面积与横截面之比成正比。

(2)双向压制。如图 10-13 所示,双向压制时,上、下模冲对于阴模均有相对运动,故均有摩擦力 F,且上、下相等,方向相反。对于压坯来讲,从上、下模冲至中间,因摩擦力的消耗,压力逐渐减小,密度也随之减小。在压坯中间 $H/2$ 处为最小密度。双向压制时,上、下模冲的压力相等,即

$$P_上 = P_下 \tag{10-18}$$

则有 $$p_上 = p_下 \tag{10-19}$$

最大压力差产生在上部与中部(或下部与中部)之间,因此双向压制相当于把压坯高度缩短一半的单向压制,其摩擦力为上部(或下部)与中部的压力差($F = P_上 - P_中$)。从式(10-16)可得双向压制时的摩擦力 F,即

$$F = f\xi p_上 L \frac{H}{2} = f\xi p_上 \frac{S_侧}{2} \tag{10-20}$$

由式(10-17)可知,双向压制时,摩擦力与侧面积比的关系为

$$\frac{F}{P_上} = f\xi \frac{S_侧}{2S_截} \tag{10-21}$$

2. 无台阶柱体带孔类的压制

(1)单向压制。如图 10-14 所示,压坯截面积为

$$S_截 = S_阴 - S_芯 \tag{10-22}$$

式中 $S_截$——压坯截面积,cm^2;

$\qquad S_阴$——阴模孔截面积,cm^2;

$\qquad S_芯$——芯棒截面积,cm^2。

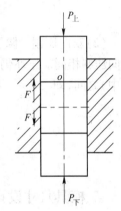

图 10-13 无台阶柱状实体双向压制示意图

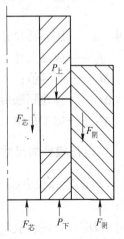

图 10-14 无台阶柱体带孔件单向压制示意图

相应的截面周长为 $L_阴$ 和 $L_芯$,压坯高度为 H。与实体类单向压制相似,区别点在于压坯有孔。除了阴模壁有摩擦力 $F_阴$ 之外,芯棒也有摩擦力 $F_芯$,两者方向相同。总摩擦力 F 为

$$F = F_阴 + F_芯 \tag{10-23}$$

根据公式(10-16)可知

$$F = f\xi p_上 (S_{侧阴} + S_{侧芯}) \tag{10-24}$$

式中　$S_{侧阴}$——压坯外侧面与阴模接触面积,cm^2;

　　　$S_{侧芯}$——压坯内侧面与芯棒接触面积,cm^2;

不难看出

$$P_上 = P_下 + F_侧 + F_芯 = P_下 + F \tag{10-25}$$

或

$$F = P_上 - P_下 \tag{10-26}$$

由式(10-24)可知摩擦力与侧面积的关系为

$$\frac{F}{P_上} = f\xi \frac{S_{侧阴} + S_{侧芯}}{S_截} \tag{10-27}$$

(2)双向压制。除了多了芯棒上下相等方向相反的摩擦力之外,其余与柱状实体类的双向压制相同。压坯仍是上下密度相等,中间密度最低。最大压力差发生在上与中(或下与中)之间,即

$$F = P_上 - P_中 = f\xi p_上 \left(\frac{S_{侧阴} + S_{侧芯}}{2} \right) \tag{10-28}$$

$$\frac{F}{P_上} = f\xi \frac{S_{侧阴} + S_{侧芯}}{2S_截} \tag{10-29}$$

二、模具尺寸设计

(一)压制尺寸确定

成形制品的尺寸由下式确定

$$l = l_2 + \Delta l_1 - \Delta l_2 + \Delta l_3 \tag{10-30}$$

式中　l——压制件尺寸;

　　l_2——成品尺寸;

　　Δl_1——收缩值;

　　Δl_2——弹性膨胀值;

　　Δl_3——加工裕量。

(二)压模径向尺寸计算

(1)阴模孔径 $D_阴$。

$$D_阴 = D_{最小}(1 + C - g) \tag{10-31}$$

式中　$D_阴$——阴模孔径,mm;

　　$D_{最小}$——压件外径最小尺寸,mm;

　　C——压坯收缩率,%;

g——压坯回弹率,%。

(2)芯棒外径 $d_芯$。

$$d_芯 = D_{最大}(1 - C + g) \tag{10-32}$$

式中 $d_芯$——芯棒外径,mm;

$D_{最大}$——压件内孔最大尺寸,mm;

其他符号如上式。

(3)模冲。模冲外径 $D_冲$ 和模冲内径 $d_径$ 采用基轴制时,则模冲内外径相应的尺寸,可直接按配合种类及精度标注,而不必计算。

(三)轴向尺寸的计算

轴向尺寸主要是指装粉高度方向的尺寸,往往是根据结构上的需要(如定位、脱模、装粉、连接等)来选定,从而确定阴模、芯棒和上下模冲的轴向尺寸。

1. 装粉高度

装粉高度由装粉体积算出,装粉体积取决于压缩比和压坯体积,压缩比是指压坯密度与粉末松装密度之比,即

$$\varepsilon = \frac{\rho_k}{\rho_0} \tag{10-33}$$

$$\overline{V}_0 = \varepsilon \overline{V}_k = \frac{\rho_k}{\rho_0}\overline{V}_k \tag{10-34}$$

式中 ε——压缩比,炭制品的压缩比约为3.0:1;铜-石墨电刷压缩比约为$(2.0 \sim 3.0):1$;

ρ_k——压坯密度,g/cm³;

ρ_0——粉末松装密度,g/cm³;

$\overline{V}_k$——压坯体积,cm³;

$\overline{V}_0$——装粉体积,cm³。

压坯密度 ρ_k 是产品所要求的(或工艺确定的),压坯体积根据要求可先求出,代入公式(10-34)可先求出得装粉体积,从而求出装粉高度。

无台阶柱体装粉如图10-15所示。其体积之比即高度之比。即

$$\varepsilon = \frac{\overline{V}_0}{\overline{V}_k} = \frac{h_0}{h_k} = \frac{\rho_k}{\rho_0} \tag{10-35}$$

$$h_0 = \frac{\rho_k}{\rho_0}h_k \tag{10-36}$$

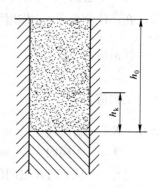

图10-15 无台阶柱体
装粉示意图

式中 h_0——装粉高度,mm;

h_k——压坯高度,mm。

2. 模具高度计算

对于阴模:阴模高度 h 一般由三个高度组成,如图10-16所示,即

$$h = h_0 + h_1 + h_2 \tag{10-37}$$

式中　　h——阴模高度,mm(一般压模高度等于 3~4 个压制件
　　　　　所需高度加下模冲的定位厚度);

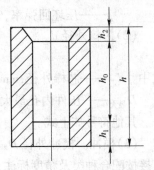

　　h_0——装粉高度,mm;

　　h_1——下模冲定位高度,mm,一般为 10~50mm;

　　h_2——手动模装粉锥高度,mm,不需要此锥时 $h_2=0$。

下模冲定位高度 h_1,选择的原则是:

(1)手动模比机动模,h_1 选大值。

(2)对于机动模,当压机或模架导向差时,h_1 选大值。

(3)压坯高度大时,h_1 选大值。

图 10-16　阴模高度计算图

在计算芯棒长度时,要考虑以下几点:

(1)芯棒上端面应与阴模上端面平,或略低一点,便于自动送粉。

(2)芯棒成形面的长度应与阴模高度相等。

(3)手动模,芯棒长度与阴模高度相等。

(4)机动模,芯棒除了成形面长度外,还应加上根据压制方式、脱模方式和连接方式等具体结构条件来选定的其他长度。

在计算上下模冲高度时,要考虑以下几点:

(1)足够的压缩行程。

(2)足够的脱模行程。

(3)适宜的定位高度。

(4)连接所需要的高度。

在设计时,根据具体结构需要来确定模冲的高度。

三、阴模强度计算

对于单层圆筒阴模,外径与内半径之比 R/r 总是大于 1.1,在材料力学上叫做厚壁圆筒。在单位侧压力 $p_{侧}$ 作用下,其应力计算公式为:

径向应力 $$\sigma_r = \frac{p_{侧}\, r^2}{R^2 - r^2}\left(1 - \frac{R^2}{r_i^2}\right) \tag{10-38}$$

切向应力 $$\sigma_t = \frac{p_{侧}\, r^2}{R^2 - r^2}\left(1 + \frac{R^2}{r_i^2}\right) \tag{10-39}$$

式中　　R——阴模外半径,mm;

　　r——阴模内半径,mm;

　　r_i——从 r 到 R 之间的任意半径,mm。

当 $$m = \frac{R}{r} = 2.5$$

$$\sigma_{t内} = 7.25\,\frac{p_{侧}\, r^2}{R^2 - r^2}$$

$$\sigma_{t外} = 2\,\frac{p_{侧}\, r^2}{R^2 - r^2}$$

$$\sigma_{r内} = -5.25 \frac{p_{侧} r^2}{R^2 - r^2}$$

$$\sigma_{r外} = 0$$

其应力分布情况按式(10－38)和式(10－39)计算后可画出图10－17。σ_t为负,即径向应力是压应力。

由图10－17可以看出,最大σ_t及σ_r均发生在内壁处($r_i = r$)处,其值为

$$\sigma_r = -p_{侧} \qquad (10-40)$$

$$\sigma_t = p_{侧} \frac{R^2 + r^2}{R^2 - r^2} = p_{侧} \frac{m^2 + 1}{m^2 - 1} \qquad (10-41)$$

式中 $m = \dfrac{R}{r}$。

阴模一般采用淬火工具钢或硬质合金,均属脆性材料,故应按第二强度理论建立强度条件,即

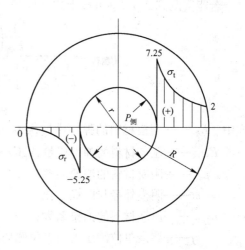

图10－17 单层圆筒应力分布图

$$\sigma = \sigma_t - \mu \sigma_r = p_{侧}\left(\frac{m^2 + 1}{m^2 - 1} + \mu\right) \leqslant [\sigma] \qquad (10-42)$$

式中 $[\sigma]$——许用应力;

μ——泊桑系数。

公式(10－42)可改写成下面的形式

$$m \geqslant \sqrt{\frac{[\sigma] + p_{侧}(1 - \mu)}{[\sigma] - p_{侧}(1 - \mu)}} \qquad (10-43)$$

对于钢模,其泊桑系数$\mu = 0.3$,则上式变为

$$m \geqslant \sqrt{\frac{[\sigma] + 0.7 p_{侧}}{[\sigma] - 1.3 p_{侧}}} \qquad (10-44)$$

四、脱模压力的计算

脱模压力$P_{脱}$可按下式计算

$$P_{脱} = f p_{侧剩} S_{侧} \qquad (10-45)$$

式中 f——摩擦系数;

$S_{侧}$——压坯与阴模接触的侧面积,cm²;

$p_{侧剩}$——压制完卸压后,阴模弹性收缩时作用于压坯的力,即剩余单位侧压力,可按下式计算:

$$p_{侧剩} = \frac{E \Delta_{R剩} (m^2 - 1)}{2} \qquad (10-46)$$

式中 $p_{侧剩}$——剩余单位侧压力,kgf/cm²;

E——模具材料的弹性模量,kgf/cm²;

$\Delta_{R剩}$——卸压后阴模外半径上剩余的变形量,mm;

m——阴模外半径与内径之比;

R——阴模外半径,mm。

若能实测到 $\Delta_{R剩}$,则可按上式计算,若不能测到 $\Delta_{R剩}$,则可按下式计算:

$$p_{侧剩} = \frac{\dfrac{1}{E_{侧}}\left(\dfrac{m^2+1}{m^2-1}+\mu_{阴}\right)}{\dfrac{1}{E_{侧}}\left(\dfrac{m^2+1}{m^2-1}+\mu_{阴}\right)+\dfrac{1}{E_{压坯}}(1-\mu_{压坯})}p_{侧} \tag{10-47}$$

$$p_{侧剩} = jp_{侧} \tag{10-48}$$

式中　$E_{侧}$——阴模材料的弹性模量,kgf/cm²;

$E_{压坯}$——压坯材料的弹性模量,kgf/cm²;

$\mu_{阴}$——阴模材料的泊桑系数;

m——阴模外径与内径之比;

$\mu_{压坯}$——压坯材料的泊桑系数;

j——剩余单位侧压力与单位侧压力的比;

$p_{侧}$——压制时的单位侧压力,kgf/cm²。

一般压制件由模内推出所需之压力为压制力的 5%~20%,表 10-5 列出一些压力机的推出压力。

表 10-5　一些压力机的推出压力

压力机压力/MN(tf)	1.0(100)	1.6(160)	2.5(250)	4.0(400)	6.3(630)	10(1000)	16(1600)
推出压力/MN(tf)	0.2(20)	0.35(35)	0.5(50)	0.5(50)	0.65(65)	1.0(100)	1.6(160)

第四节　电刷专用成形机

一、电刷一次成形压机

随着汽车、摩托车、电动工具的不断发展,其配套的各类电机的市场需求量也日益增加,而电刷是各种电机中的易耗配件。所以,电刷的需求量也越来越大。但是,常规的电刷生产过程是先生产坯料,再进行切割、磨面、钻孔、穿导线、填塞等多道工序。虽然可以采用生产自动线来完成多道工序,但生产效率仍然不是很高,且生产自动线所占生产场地大。若将压制成形与切割、磨面、钻孔、穿导线、填塞等工序由一次压制成形来完成,将可极大地提高生产效率,带刷辫一次成形电刷压机的生产效率约为人工生产效率的十倍以上。

我国从 1989 年开始,陆续从美国、日本、英国等国家引进不少带刷辫一次成形电刷压机,国内也通过引进压机技术,自行研制出这种压机。

(一)压机结构与技术参数

压机主机是由床身、主传动系统、送料机构、上模梁、剪切装置、润滑系统、气动控制、电气控制、模架等组成,如图 10-18 所示。以国产压机(TZJ160 型)为例,其主要技术参数如下:

最大压制压力： 160kN；　　　　最大下拉力： 80kN；

压制最大支撑力： 50kN；　　　　模具最大复位力： 5.5kN；

上冲头行程： 120mm；　　　　上冲头可调距离： 70mm；

最大装料高度： 65mm；　　　　最大压制行程： 30mm；

最大下拉行程： 35mm；　　　　最大顶压行程： 6mm；

压制次数： 8~12 次/min；　　　　主传动电机： $P=3kW, n=1430r/min$；

气动离合器压力： 0.55MPa(5.5bar)；　　最大耗气量： 25L/min；

润滑电机： 0.37kW；　　　　送线电机： 0.30kW；

加油量： 21.5L；　　　　机床净重 2300kg；

电刷压制厚度： 4~10mm；　　　　剪线长度： 22~40mm；

外形尺寸(高×宽×进深)2300mm×1125mm×1120mm。

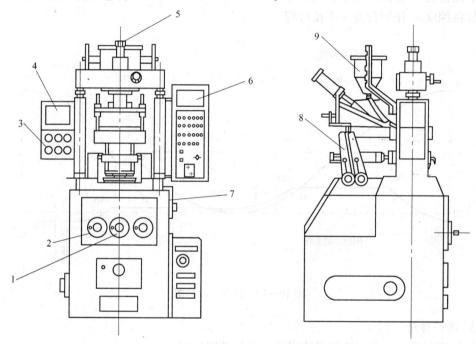

图 10-18 压机外形简图

1—顶压行程调节手柄；2—压制行程下拉行程；3—气阀控制柜；4—剪刀装置柜；5—压力传感器；

6—电器柜；7—凸轮信号发生器；8—送料及抖动装置；9—料斗

(二)压机的工作原理

电刷压机主要工作由上冲头运动、模架运动、送料运动及剪线运动完成。

1. 上冲头运动

上冲头安装在横梁上,上横梁由连杆与床身内大齿轮上的偏心轮连接,齿轮匀速运动,带动上模梁及上冲头上下往复运动。剪切铜线时,上冲头被挡块限位挡住,剪切完毕,挡块退回,上冲头气缸充气迅速上升至原位。

2. 模具运动

电刷压机为机械式全封闭自动压力机。其中下冲头固定而阴模浮动,阴模一个运动周期可分为压制、中行、下拉、下拉停留、复位及装料六个阶段。该机床全部主运动通过床身内一对大齿轮上所装的偏心轮及凸轮组,作用于一对连杆及数块横梁而实现。阴模运动由复位气缸加以向上的作用力,另外,由凸轮组带动安装在主轴上的中停横梁、下拉横梁,可分别产生中停、下拉运动,阴模复位到装料高度后当上冲头插入阴模到一定位置时,由主横梁压迫控制横梁从而带动主轴产生阴模下移运动,到达下始点中停滚轮与中停凸轮接触使阴模产生一个短暂的停顿过程,即所谓的中停。中停结束后随着下拉凸轮与下拉横梁上的下拉滑垫接触,而产生阴模的下拉运动使压制品脱出模腔,阴模停留一段,以便于加料盒推出压制品后,又向上复位到装料高度。阴模及上冲头的整个运动连续、准确、协调。

冲程 – 时间图(图 10 – 19)给出了压坯的压制和脱模及其有关数据。

下拉行程 = 制品厚度 + 插入深度 C

装料深度 = 压制行程 + 下拉行程

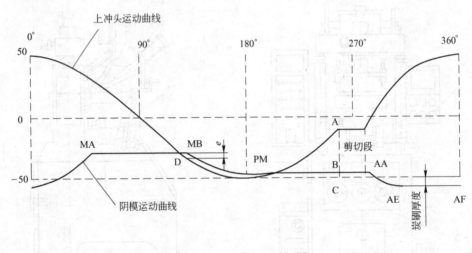

图 10 – 19　冲程 – 时间图

3. 送料传动

推料板运动由一套四连杆机构以及一凸轮装置控制。

凸轮传动机构装在床身左侧,主电机通过一对齿轮及一对链轮传动,将动作传到凸轮机构,再利用滚子杠杆带动四连杆机构,从而最终驱动料盒在一个运动周期内完成送料动作。强制复位系统在装料凸轮位置正确的前提下,可保证上冲头不与推料相撞,正确调整装料凸轮,可使推料板料盒尽早达到模腔并来回抖动三、四次,以保证装料充分。凸轮片用来调整使装料动作符合实际需要。

4. 剪切运动

剪切运动主要靠两组三个气缸完成,上冲头被挡块挡住后,光电开关发出信号,剪切座被气缸送到剪切位置,并剪断铜线,再通过电器延时后,电控阀换向,剪刀座被气缸送回。铜线的剪切长度可调。

5. 循环润滑

压机后面装有油路循环机构的主要部件。叶片泵靠马达驱动、两者用联轴节相联。泵将机仓中的油吸出并经低压过滤器输送到分配器,再经过管道系统送到各独立的润滑点,在低压过滤器中油被强迫通过一个过滤器芯子(孔径 = 10μm)以便除去所有的粉末颗粒和磨损物,所需油压由管道上装的压力监测器控制。

(三)其他性能

TSLJK62 - 15A 压力机工作电源为 380V,50Hz 三相五线制电源,控制电源为 220V、50Hz,额定电流为 11A,保护电流为 21A。

该压机配置有工时计时器,冲次计数器,峰值显示器。工时计时器显示开机的累积时间,主电机一旦接通,则开始计时。冲次计数器用于计算机从调整开始以来的压制数量。峰值显示装置用于产品压制时的压力显示和控制,当压力超出产品工艺要求时可立即报警。

另外,TSLJK62 - 15A 压机,还配有两套送线装置,单导线电刷用一套送线装置,双导线则用两套。送线装置的作用是保证导线进入上冲头时处于自由松弛状态,以克服绷线现象。该装置由送线电机、导轮、线架等组成。其动作如图 10 - 20 所示,电机驱动导轮送线,挡块上有一动滑轮,带动导线自由降落,降落高度由时间继电器控制,继电器动作,电机断电。当导线用到一定的长度后,挡块升高碰到限位开关,送线电机启动。限位开关离地面高度为 1.1m,一般电机启动可送线 2m 多,供压机使用 6 ~ 10min,电机送线一次只需一分钟左右。

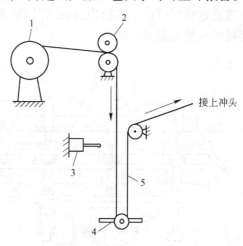

图 10 - 20　送线装置
1—线架;2—导轮;3—限位开关;4—挡块;5—导线

二、旋转式多冲压片机

(一)结构

旋转式多冲压片机可作为小型电刷、炭片、触点的压形设备。它主要由动力部分,传动部分及工作部分组成。工作部分中有绕轴旋转的机台,机台分为三层。机台的上层装着上冲,中层装模圈,下层装着下冲;另有固定不动的上下压轮、片重调节器、压力调节器、加料器、刮料器、推片调节器以及吸粉器和防护装置等。机台装于机器的中轴上并绕轴而转动,机台上层的上冲随机台而转动并沿固定的上冲轨道有规律地上下运动;下冲也随机台转动并沿下冲轨道作上下运动。在上冲上面及下冲下面的适当位置装着上压轮和下压轮,在上冲和下冲转动并经过各自的压轮时,被压轮推动使上冲向下,下冲向上运动并加压。机台中层之上有一固定位置不动的刮粉器,固定位置的加料器的出口对准刮料器,物料可源源不断地流入刮料器中,由此流入模孔。压力调节器用于调节下压轮的高度,下压轮的位置高则压缩时下冲抬得高,上下冲间的距离近,压力增大,反之则压力小。片重调节器装于下冲轨道上,调节下冲经过刮板时的高度以调节模孔的容积。

旋转式多冲压片机的压形流程如图 10 - 21 所示。下冲转到加料器之下时,其位置较低,物料流满模孔;下冲转动到片重调节器时,再上升到适宜高度,经刮料器将多余的物料刮去;当上冲和下冲转动到两个压轮之间时,两个冲头之间的距离最小,将料粉压制成形。当下冲继续转动到推片调节器时,下冲抬起并与机台中层的上缘相平,压坯被刮料器推开。

旋转式多冲压片机有多种型号,按冲头数(转盘上模孔数目)分,有 16 冲、19 冲、27 冲、33 冲、55 冲等。按流程分有单流程和双流程。单流程的压片机仅有一套压轮(上下压轮各一个);双流程的有两套压轮,每一副冲(上下冲各一个)旋转一圈可压两个压片。双流程压片机的能量利用更合理,生产效率较高。国内使用较多的是 ZP - 33 型压片机,其外形如图 10 - 22 所示。该机结构为双流程,有两套加料装置和两套压轮。转盘上可装 33 副冲模,机台旋转一周即可压制 66 片。压片时转盘的速度、物料的充填深度、压片厚度均可调节。机上装有机械缓动装置,可避免因过载而引起的机件损坏,机器内配有吸风箱,通过吸嘴可吸取机器运转时所产生的粉尘,避免黏结堵塞,并可回收原料重新使用。ZP - 33 型压片机主要技术参数见表 10 - 6。

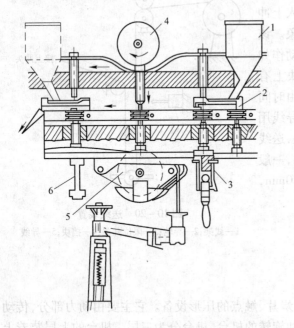 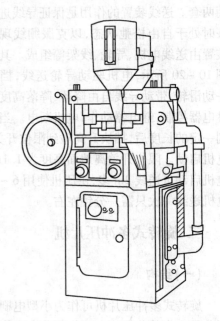

图 10 - 21　旋转式多冲压片机的压片流程　　　　图 10 - 22　ZP - 33 型压片机外形
1—加料斗;2—刮料器;3—片重调节器;
4—上压轮;5—下压轮;6—出片调节器

表 10 - 6　ZP - 33 型压片机主要技术参数

参　数	数　据	参　数	数　据
冲模数/副	33	转台转速/r·min⁻¹	11～28
最大压片压力/kN	40	生产能力/片·h⁻¹	43000～110000
最大压片直径/mm	12	电动机	2.2kW,960r/min,380V/50Hz
最大充填深度/mm	15	外形尺寸/mm×mm×mm	930×900×1600
15mm 最大压片厚度/mm	6	主机质量/kg	850

(二)旋转式多冲压片机的工作原理

图 10 - 23 是旋转式多冲压片机的工作原理示意图,为说明压片过程中各冲头所处的位置,图中将圆柱形机器的一个压片全过程展成了平面形式。图 10 - 24 为加料器的工作原理示意图。

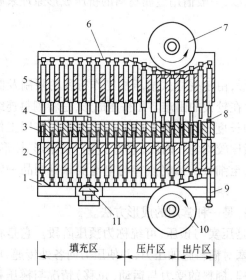

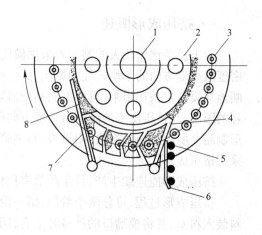

图 10 - 23   旋转式多冲压片机的工作原理
1—下冲圆形凸轮轨道;2—下冲;3—中模圆盘;4—加料器;
5—上冲;6—上冲圆形凸轮轨道;7—上压轮;8—压片;
9—出片调节器;10—下压轮;11—片重调节器

图 10 - 24   加料器的工作原理
1—中心轴;2—转盘;3—中模;4—加料器;
5—压片;6—刮片板;7—刮料板;
8—物料

工作时,圆盘绕轴旋转,带动上冲和下冲分别沿着上冲圆形凸轮轨道和下冲圆形凸轮轨道运动,同时中模也作同步转动。根据冲模所处的工作状态,可将工作区沿圆周方向划分为填充区、压片区和出片区。

在填充区,加料器向模孔填入过量的物料。当下冲运行至片重调节器上方时,调节器的上部凸轮使下冲上升至适当位置,将过量的颗粒推出。推出的颗粒被刮料板刮离模孔,并在进入下一填充区时被利用。通过片重调节器可调节下冲的上升高度,从而可调节模孔容积,进而达到调节片重的目的。

在压片区,上冲在上压轮的作用下进入模孔,下冲在下压轮的作用下上升。在上、下冲的联合作用下,模孔内的颗粒被挤压成片。

在出片区,上、下冲都开始上升,压成的片块被下冲顶出模孔,随后被刮片板刮离圆盘并沿导槽滑入接受器。随后下冲下降,冲模在转盘的带动下,进入下一填充区,开始下一次操作循环。通过出片调节器可将下冲的顶出高度调整至与中模上部相平或略高的位置。

在电炭厂,将压片机适当改造,即可使用。

此外,有些电炭厂,将小型立式四柱式(或二柱式)液压机进行改装,增加自动进料和自动剪切及自动顶出装置,生产带刷辫电刷,一次成形 2 ~ 4 个电刷,效率与效果均很好。

第五节　挤压成形原理

炭素制品的挤压成形原理的专门研究资料极少,我国的炭素技术资料大多来源于前苏联,国际上炭素工业发达的美、日、德、法、英等国,对炭素生产技术资料公布更少。因为炭素制品的成形原理类似于金属材料挤压形成,所以,一般借用金属材料的挤压成形原理来解释炭素制品的成形原理。

一、挤压成形概述

对于长径比比较大的制品若采用模压成形,由于受立式模压机工作行程的限制及制品密度沿高度方向的不均匀性的影响,其生产存在较大的困难。而挤压成形,是将糊料连续不断地从模嘴口挤压出来,再根据制品所需要的长度进行切断。制品的长度不受挤压工作行程的限制,且挤压出来的制品沿长度方向质量比较均匀。因此,适宜于生产长条形、棒形、管形制品。所以,电极、炭块、阳极板、石墨管,甚至细长的弧光炭棒与电池炭棒等制品一般都采用挤压成形。

挤压成形能连续生产,且生产效率比较高,是一种常用的成形方法。

挤压成形过程,可分两个阶段:第一阶段是压实与预压,可统称为预压阶段。它是将糊料装入料室,并将模嘴口的挡板升上后,用柱塞对糊料施加压力,并使压力向各处传递,从而使糊料达到密实的目的。这一阶段的压制过程、糊料的受力与运动(位移)情况与模压相类似。第二阶段是挤压,糊料预压后,将预压力卸除,移开挡板然后重新对糊料加压,将糊料从模嘴口挤压出来,按所需长度切断,即成为所需长度和形状的制品。

糊料在挤压过程中的受力与运动情况是很复杂的,它与料室和模嘴的结构有关。料室是圆筒形,模嘴是圆锥形(若是方形制品、靠近模嘴口处从圆形过渡到制品的横截面形状),是以中心线为轴的轴对称几何体,即以料室和模嘴内壁曲线绕中心轴旋转一周形成的圆柱和圆锥形,其横截面为圆形,故可沿中心线切开,取纵剖面(或纵剖面中心线以上部分)为研究对象,它可代表整个料室和模嘴内糊料的受力和运动情况。而挤压成形过程中,影响生坯及制品质量的关键是模嘴的形状,即模嘴曲线。所以,我们研究糊料的挤压过程中的受力和运动情况,主要是模嘴部分。紧靠料室与模嘴内壁的糊料的运动(位移)轨迹,就是料室与模嘴内壁曲线。理想情况是其曲线为连续光滑的流线形曲线。若设中心线为 x 轴,垂直方向为 y 轴,则模嘴曲线可用下面函数表示,即

$$y = f(x) \qquad (10-49)$$

所以,沿料室与模嘴内壁运动的糊料的运动路程 s 为 $f(x)$,其运动速度与加速分别为

$$v = \frac{ds}{dt} = \frac{df(x)}{dx} = f'(x) \qquad (10-50)$$

$$a = \frac{dv}{dx} = \frac{d^2f(x)}{dx^2} = f''(x) \qquad (10-51)$$

由牛顿定律可知,推动糊料运动的力 $F = ma$,理想状态下,力 F 应是连续变化的。也就是说糊料运动的加速度与速度都应是连续的,这就要求模嘴曲线应连续,并且其一阶导数和二阶导数也应连续。这就是模嘴曲线设计的理论依据。

上面分析是沿料室与模嘴内壁的糊料受力与运动规律,其他各层糊料的受力与运动规律也应与它相同。

二、挤压过程中的变形程度

料室与嘴型结构如图 10 - 25 所示,挤压过程中的变形是相当复杂的,在糊料通过料室与嘴型锥形接交处部分时,它的外围部分与中心部分的糊料将发生连续交流,交流的程度与料室的横截面积(S_D)、模嘴口的横截面积(S_d)的比值(S_D/S_d)有关,即当料室直径 D 与模嘴直径 d 的比值 D/d 愈大,则这时糊料的交流就愈深入到中心去。由于这种交流,使制品在整个长度上的结构

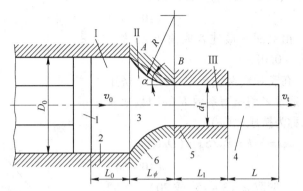

图 10 - 25　料室与嘴型结构示意图

Ⅰ—压实区;Ⅱ—成形区;Ⅲ—定径区

1—柱塞;2—料室;3—嘴型;4—毛坯;5—口径;6—喇叭口

比较均匀。但是:(1)D/d 的比值过大,制品从模嘴口被挤出的速度过快,制品体积密度下降,且距中心线不同半径的层面流速差增大,层面间产生较大的相对滑动,使层面间层状结构更明显,及其强度下降。况且使变形过程复杂化。同时,挤压所消耗的能量增加,这在生产上是不经济的。(2)若 D/d 比值过小,将使制品内外层的性能差别增大,且内层的糊料得不到压实。因此,压制一定直径的制品时,须选择适当的压力机料室的直径。

在工艺上,为了描述挤压时糊料的变形情况,则用相对压缩程度 δ 来表示,也称为变形程度,即

$$\delta = \frac{S_D - S_d}{S_D} \times 100\% \tag{10 - 52}$$

式中　S_D——压力机料室的横截面面积,mm^2;

　　　S_d——模嘴口(或制品压坯)的横截面面积,mm^2;

变形程度 δ 的大小,对于挤压过程中的糊料变形过程和挤压出来的制品质量有很大的影响。分析如下:

(1)如果 $S_D - S_d = 0$,即模嘴口的横截面面积与料室截面面积相等($S_d = S_D$),糊料通过没有锥形的模嘴口被挤压出来,其内外层糊料没有得到交流和颗粒转向的机会,则压坯(或称生坯)基本上是预压时产生的组织结构,它实际与模压一样。

(2)$S_D - S_d$ 的值很小,即 S_d 与 S_D 相差不大,糊料经过模嘴锥形部分时,因模嘴锥角小,糊料的变形不能深入到压坯横截面的中心,而仅限于表面,这样表面和中心的结构相差较大,表面层密实而中心部位疏松。

(3)若 $S_D - S_d$ 的值过大,而使糊料经过锥角过大的模嘴时的变形程度过大,将使压坯由于过大的内应力而在出模后变形开裂。

(4)$S_D - S_d$ 的值足够大时,整个糊料在经过模嘴时,才能全部经受变形的过程,压坯内外组织结构的不均匀性才能减少。然而,最适当的 S_D 和 S_d 值须由实验决定。通过实验,一

般采用 $\delta = 0.67 \sim 0.93$ 较适宜。

变形程度也可用压缩系数 $K = S_d/S_D$ 来表示，K 与 δ 的关系为：

$$\delta = 1 - K \quad 或 \quad K = 1 - \delta$$

$$(10 - 53)$$

由上面的最佳 δ 取值可知，$K = 0.33 \sim 0.07$。

在实际炭素生产中，对电极挤压机，通常采用压缩系数 K 的倒数来表示，称为挤压比 (φ)

$$\varphi = 1/k = S_D/S_d = (D/d)^2$$

$$(10 - 54)$$

一般取 $\varphi = 3 \sim 15$（或 20）。不同吨位的电极挤压机的挤压比 (φ) 选择的范围如图 10 - 26 所示。日本东洋公司在自己的《炭电极用挤压机》说明书中从工艺和经济角度建议采用料缸与毛坯截面之比（变形系数）为

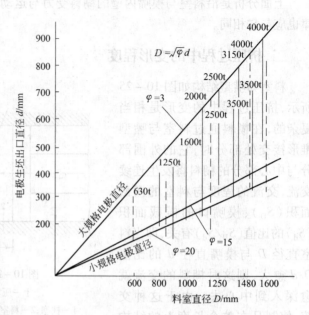

图 10 - 26　挤压比图表
（实线为日本神户制钢所电极挤压机挤压比；
虚线为国产电极挤压机挤压比）

$3 \sim 15$ 的压形制度。对于小型压机生产小截面电极来说，挤压比可达到 50。表 10 - 7 是日本和德国液压机的性能。

表 10 - 7　日本和德国液压机的性能

压力/MN	6.3	10.0	12.0	16.0	20.0	25.0	31.5	40.0
料室直径/mm	500(—)	600(—)	(—)900	760(1000)	860(1190)	1040(1250)	1200(1420)	1400(1600)
φ_{min}	5(—)	3(—)	—(4.3)	3(3.3)	3(3.0)	3(2.8)	3(2.8)	3(2.8)
φ_{max}	32(—)	16(—)	—(30)	14(22)	13(20)	12(15.5)	10(11)	8(9)

注：无括号的为德国数据，括号内的为日本数据，—或（—）为空白。

三、挤压过程中力的分布规律

挤压过程的实质是挤压力使糊料发生塑性变形，即当挤压力（外力）超过糊的流动极限应力时糊料就产生塑性变形。糊料的流动极限应力的大小与糊料骨料材料的材质和粒度、黏结剂的黏度及糊料的温度有关，特别是黏结剂沥青的黏度随温度的变化大，如煤焦油和中温沥青的黏度，在 25℃ 时为 $2 \times 10^8 Pa \cdot s$（$2 \times 10^9 P$（泊））；100℃ 时降为 $5.5 \times 10^2 Pa \cdot s$（$5.5 \times 10^3 P$（泊）），170℃ 时却只有 $3 \sim 4P$（泊）。表 10 - 8 是使用软化点为 70℃ 的中温沥青的糊料试验结果。

表 10 - 8　使用软化点为 70℃ 的中温沥青的糊料试验结果

糊料温度/℃	60	70	80	90	100
挤出时的表压力/MPa	24 ~ 42	20 ~ 30	18 ~ 24	16 ~ 20	16 ~ 20

糊料在压实与预压时,挤压力的分布规律与模压类似。

挤压时由于糊料不是理想流体,它不能像液体一样按帕斯卡定律将单位挤压力(p)大小不变地在料室和模嘴内向各处传递。因糊料的黏度很高,摩擦力较大,而使挤压力损失增大。挤压力在横截面上随半径 R 的增大而减小,中心处最大,边缘处最小(此处还受外摩擦的影响);在纵向方向,随距离柱塞压料板的距离的增加而减小,至模嘴出口处,仅为推动生坯克服电极小车的滑槽(或滑板)的阻碍作匀速运动的力;挤压力的方向与 x 轴方向一致。模嘴壁处,其挤压力可分解成 x(轴向)方向和垂直方向的力,x 方向之力是推动糊料沿 x 方向运动之力;垂直方向之力是使颗粒转动和使糊料内外层交换之力。

挤压过程中,糊料所受挤压力和摩擦力的分布如图 10 - 27 所示。

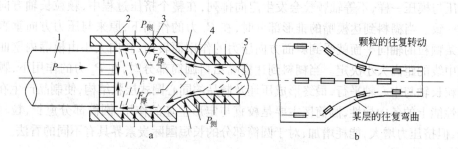

图 10 - 27　挤压时糊料受力和颗粒的转动情况

a—挤压时糊料的受力情况;b—挤压过程中各层颗粒的转动情况

1—柱塞;2—料缸;3—糊料;4—嘴型;5—压出产品

挤压时的摩擦力有内、外摩擦力两种。外摩擦力的大小与颗粒和模具材料性质及糊料温度有关,其方向与糊料运动方向(流线或模壁切线方向)或运动趋势相反。内摩擦力是糊料颗粒间及糊料层面间的力,它的大小取决于糊料的特性,如骨料种类与粒度、黏结剂的软化点和含量及糊料温度等。其方向是糊料运动流线的切线方向,并与糊料运动方向相反。这种内外摩擦力形成对糊料挤压的反作用力,正是挤压力与这种反作用的共同作用,使得糊料产生密实作用。内外摩擦力太小,糊料受到较小的挤压力便可以成形,故不能达到理想的密实程度;若内外摩擦力太大,则将使挤压力减小,将增加设备负荷和能量消耗,同时使生坯内部将产生较大的内应力,当生坯从嘴型口挤出时,内应力释放使生坯产生内、外裂纹或增加焙烧开裂的几率。另外,内、外层摩擦力之间不得相差太大,内、外层摩擦力相差太大,则使生坯内外密度不均而形成同心圆式的壳层结构,这是应当避免的。

四、挤压过程中糊料运动与颗粒转向的规律

糊料在挤压过程中的运动(速度)和颗粒转动规律如图 10 - 27b 所示。图 10 - 28 是不同层糊料的轴向流速分布。

由前述可知,在料室和模嘴内,随半径 R 的增大而摩擦力增大及挤压力减小,所以糊料在挤压力作用下的运动速度随半径 R 的增大而减小,中心的流速为最大,模壁处为最小,不同层糊料的轴向流速分布,如图 10 - 28 所示,在料室内,内外层流速相差不大,料层弯曲不大。在料室与模嘴接交处及模嘴内,由于模嘴为

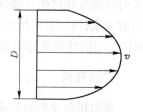

图 10 - 28　不同层糊料的轴向流速分布

锥形,挤压力和摩擦力与轴向(x 方向)存在一定的夹角(α),使得糊料的运动方向产生改变,颗粒产生转动,糊料发生较大的位移,并使内外层糊料进行交流,其交流程度与模嘴曲线和糊料性能有关。模嘴曲线在国外炭素界均被作为保密的资料不对外公布。流动较快的内层糊料,对流动较慢的外层糊料由于内摩擦而产生一个作用力,此力使外层的变形速度增大。同时,外层糊料也给内层糊料以相反的作用力,使内层的变形(流动)速度减小,但是,内层糊料流动的超前现象仍占优势,超前的大小取决于模嘴曲线与轴向(x 轴)的夹角。此外,由于内外层糊料流动速度不同,而引起内应力。

当压坯从模嘴挤出后,内应力将使压坯变形。当压坯冷却固化或内应力释放到一定低值时变形停止,但此时压坯存在一部分残余内应力。

挤压与模压一样,不等轴颗粒会发生定向排列,在整个挤压过程中,颗粒长轴方向始终与流线一致。当糊料到达模嘴的锥形部分时,在 P_z 力的作用下,原来与压力方向垂直的扁平或长条颗粒的轴向平面就受到斜面方向压力的作用而转向,转向大小由模嘴内壁曲线与颗粒距中线的距离大小决定。当糊料到达模嘴出口圆筒部分时,在 P_z 力的作用下,颗粒转动使颗粒长轴与中心轴平行,最终形成压坯及制品的同心圆式层状结构,使制品产生在组织结构和性能上的各向异性,圆筒区主要是校直与定形生坯的作用,圆筒部分愈长,粒料定向愈完全,但挤压力增大,能耗增加,对于圆筒部分的长短国际炭素界具有不同的看法。

五、压坯密度分布、超层与死角

(一)压坯的密度分布

压坯的密度分布与糊料的性质、保温温度、模嘴曲线和模嘴口大小(制品规格)及挤压速度等因素有关,特别是模嘴曲线影响较大。若以上因素不变时,压坯密度沿长度方向变化不大,主要在压坯的横截面上,随距中心半径的增大而密度增大,但同一半径层面上密度相同,中心密度最小,边缘处最大。

(二)超层现象

前面已述,糊料在挤压过程中在料室与模嘴内,处于中心的糊料间的摩擦力小,故糊料的流速快,而远离中心或边缘处摩擦力逐步增大或达到最大,因而其流速逐渐减少或达到最小。由于糊料层面间的摩擦力或流速具有梯度,因而造成距中心的不同层面上,内层糊料因流速快而超过外层糊料。这种现象就称为超层现象。这种现象在变形区内有利于密度的提高和均匀性。但是糊料到模嘴出口时仍然存在较大的超层现象,容易造成制品内疏外密,严重时将使压坯产生开裂现象或明显的同心壳层(层与层间强度很小)现象。这在工艺上应引起重视,特别是所生产的制品的横截面积(或直径 d)远远小于料室横截面积 F(或直径 D)时,超层现象更加明显。

(三)死角

所谓死角是料室与模嘴接交处,由于其内壁曲线不能连续光滑过渡,而出现拐点,糊料流动时需按其流线流动,因而料室与模嘴交接处部分糊料在挤压过程中不动,形成死区(或称死角)。挤压过程中,死角的大小是随挤压过程的进行(即料室中糊料的减小)而减小,如

图 10 - 29 所示。

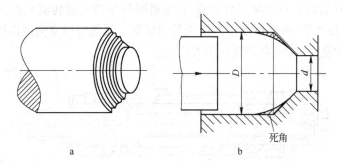

图 10 - 29　超层与死角示意图
a—超层现象;b—死角

死角的形成是由于模嘴在与料室交接处的过渡不连续不光滑,出现拐点,或过渡区曲线斜角 α 过大所引起,还与挤压比、摩擦应力及糊料性能有关。一般认为在 $\alpha = 45° \sim 60°$ 的范围内较好。所以,在设计模嘴曲线时应加以注意。

死区与糊料塑性变形的流动区的界面线(或界面)实际上是糊料按其自身流动规律形成的实际嘴型曲线(或曲面)。从能量的角度来看,糊料沿死区界面运动所需的能量小于沿模嘴曲线运动的能量。同时,死区的存在对产品的质量有很大的影响。界面处存在着剧烈滑移区,剧烈滑移区的大小与糊料的均匀性有很大关系,它对糊料的组织结构与性能起一定影响。死区在挤压过程中是不断变化的,界面的糊料被带入压坯,使压坯因界面缺陷而产生裂纹及使质量不均。死区与塑性流动区交界处会发生断裂,死区断裂的后果是会在制品上产生裂纹或起皮。

第六节　电极挤压机的分类

一、电极挤压机的分类

电极挤压机从总体结构形式来看,大致可分立式和卧式两种,但由于炭素制品的细长和制品容易处理及压机设备条件所致,目前国内外的电极挤压机几乎全部采用卧式。

卧式电极挤压机的结构又有多种多样,首先是传动介质的不同,传动介质为水的称为电极挤压水压机;传动介质为油的称为电极挤压油压机。其次主要区别在于料室。若根据料室的结构形式可分为固定单料室电极挤压机和旋转料室电极挤压机。

(1)固定单料室电极挤压机。它只有一个料室,目前国内一般使用的卧式电极挤压机为这种固定单料室电极挤压机,结构如图 10 - 30 所示。它的特点是结构简单,但料室不能转动,工作时,糊料从料室的上方加料口加入,由主柱塞卧式捣固(压实)、预压及挤压,将糊料从料室经嘴型压缩后挤压出来成为压坯。

(2)旋转单料室(立捣卧挤)挤压机。其:(1)料室可以与嘴型连接,这种形式的挤压机、先将料室(与嘴型连成一体)旋转90°成垂直位置,进行加料捣固,抽真空,然后逆时针旋转90°成水平位置进行预压和挤压,结构如图 10 - 31 所示。这种形式的挤压机国外使用较多,上海重机厂设计的 3500 吨(35MN)挤压机就是这种旋转式(立捣卧挤)单料室挤压机。
(2)单料室挤压机的料室与嘴型还有分离的,装料时只使料室旋转成垂直,装料后再旋转成
水平与嘴型对中心连续,再进行预压与挤压及抽真空。其他与料室嘴型连接式相同,如某引
进工程中的 3000 吨(30MN)立捣卧挤压力机。

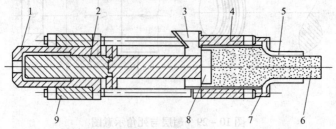

图 10 - 30　固定单料室电极挤压机
1—主缸;2—主柱塞;3—加料斗;4—料室;5—嘴型;6—电极;7—上下套;8—挤压头;9—后横梁

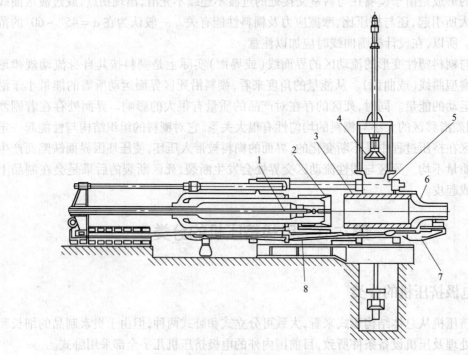

图 10 - 31　单料缸翻转式挤压机
1—主柱塞;2—挤压板;3—料缸;4—捣固装置;5—机架;6—嘴子;7—嘴子装卸装置;8—料缸旋转装置

　　(3)双料室式挤压机。其料室与嘴型均为分离,如图 10 - 32 所示,它的主机结构形式
和立捣卧挤单料室挤压机差不多,所不同的是,前者有两个料室,加料、捣固糊料由单独的辅
助柱塞完成,主柱塞只管预压和挤压。必要时可利用料室和压型嘴之间插入的挡板。一个
料室挤压时,另一个料室则在加料台上装料和捣料。空料室和装满糊料的料室的转换是由
运输装置完成的,运输装置有两种形式:一为小车式,另一为转盘悬吊式。
　　由于装料和挤压是同时进行的,所以与旋转式单料室挤压机相比,这种双料室挤压机具
有生产效率高的优点。其缺点是,每一料室的料必须全部挤出后方可更换另一料室。
　　下面以小车式转换为例,介绍一下该挤压机的动作次序(图 10 - 33)。

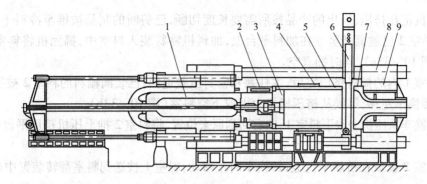

图 10 – 32 双料缸式挤压机

1—主柱塞;2—密封装置;3—挤压板;4—料缸夹持器;5—料缸;6—挡板;7—嘴子;8—机架;9—嘴子壳体

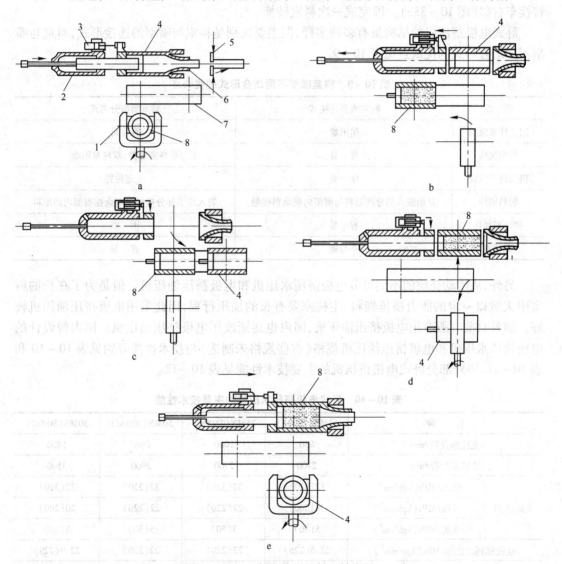

图 10 – 33 双料室挤压机料室转换图

1—料缸翻转装置;2—主油缸;3—密封阀油缸;4—料缸1;5—剪刀;6—压形嘴;7—料缸装卸转运车;8—料缸2

1）压机正在挤压,压出的产品按所需要长度切断,已剪断的制品被推至冷料平台上;与此同时,料室2已被翻转竖立在加料平台上,加料机将料装入料室中,捣固机将料室中的糊料捣实(图10-33a),同时抽真空。

2）料室1内的糊料挤压完后,主柱塞和密封压盖退回;已装满糊料的料室2被推上料室转换车,转换车左移,等候从挤压机平台上取下空料室(图10-33b)。

3）转换车从压机上取下料室1,向右回到原来位置,将料室2推上压机挤压平台(图10-33c)。

4）料室2被放在挤压平台上,转换车向左移动,料室1被送到料室翻转装置中(图10-33d)。

5）压机正在挤压料室2中的糊料,料室1被翻转装置垂直竖立在加料平台上等待加料,转换车右移(图10-33e)。即完成一次料室转换。

卧式电极挤压机的结构虽有多种多样,但主要区别是料室与嘴型的连接形式,料室与嘴型不同结合形式的优缺点见表10-9。

表10-9　料室嘴型不同结合形式的优缺点

形　式	料室嘴型连接式	料室嘴型分离式
用主柱塞预压	稍困难	容　易
料室加热	容　易	单料室容易,双料室困难
挤压终了位置	任　意	一定位置
装料顺序	开始装入部分的原料与嘴型内剩余料接触	装入终了部分接触原剩余在嘴型内的原料
挤压板加热	容　易	困　难
双料室	不可能	容　易

另外,从传动介质的不同可分电极挤压水压机和电极挤压油压机。但是为了在长的料室中大致以一定的能力挤压糊料、主柱塞要有长的加压行程,因此采用电极挤压油压机较好。国外目前一般改用电极挤压油压机,国内也逐渐改用电极挤压油压机。国内曾设计的电极挤压水压机和电极挤压油压机规格(有些规格未制造)与技术性能分别见表10-10和表10-11,国外部分卧式电极挤压机的主要技术性能见表10-12。

表10-10　卧式电极挤压水压机的主要技术性能

名　称		10MN(1000tf)	25MN(2500tf)	50MN(5000tf)	50MN(5000tf)
主柱塞直径/mm		630	1000	1400	1400
主柱塞行程/mm		2700	2700	2900	3500
主缸压力	挤压/MPa(kgf/cm²)	32(320)	32(320)	32(320)	32(320)
	预压/MPa(kgf/cm²)	20(200)	22(220)	22(220)	20(200)
	压实/MPa(kgf/cm²)	5(50)	5(50)	5(50)	5(50)
电极糊料之比压/MPa(kgf/mm²)		22.6(226)	22(220)	22(220)	22.9(229)
料室直径/mm		750	1200	1700	1480
料室有效长度/mm		2000	2000	2000	3100

续表 10 – 10

名　称		10MN(1000tf)	25MN(2500tf)	50MN(5000tf)	50MN(5000tf)
主柱塞速度	挤压/m·min⁻¹	0.17	0.17	0.17	0.17
	压实/m·min⁻¹	5	5	5	5
	回程/m·min⁻¹	15	15	10	10
嘴型规格/mm		50~300	200~650	300~1000	300~1000
气动操纵压力/MPa(kgf/mm²)		0.6(6)	0.6(6)	0.6(6)	0.6(6)
剪切装置		立剪和对剪	对剪	自动对剪	对剪
加热方式		蒸汽	工频(插棒式)感应加热		蒸汽
加热温度/℃	料室	95~130			
	嘴型	110~165			
	嘴型口	180~230			
设备总重量/t		174	270	720	1210
制造厂		沈重	上重	一重	一重
使用厂		南通炭素厂等			兰州炭素厂
备　注					立式加料17MN(1700tf)卧式挤压50MN(5000tf)

表 10 – 11　卧式电极挤压机(JB 1801—76)系列表

名　称　单位	主要技术性能			
公称吨位/MN(tf)	8.0(800)	16(1600)	25(2500)	35(3500)
结构形式	卧式三缸四柱固定单料室间歇加料连续挤压,自动剪切			
主柱塞直径/mm	580	800	1000	1190
行程/mm	2700	2700	2700	3000
料室直径/mm	700	900	1200	1500
挤压比/φ	3.4~49	3.2~20	3.44~23	3.1~18.4
嘴型规格/mm	100~380	200~500	250~650	350~850
单位压力:压实/MPa(kgf/cm²)	0.63(63)	6.3(63)	14(140)	21(210)
预实/MPa(kgf/cm²)	22~32(220~320)			
挤压/MPa(kgf/cm²)	约32(约320)			
电极糊料之比压/MPa(kgf/cm²)	21(210)	25(250)	22(220)	15.5(155)
挤压速度/m·min⁻¹	0.18	0.18	0.18	0.18
电极挤出速度/mm·s⁻¹	10~140	10~55	10~70	10~55
压实速度/m·min⁻¹	5			
回程速度/m·min⁻¹	8			
剪切速度/m·min⁻¹	10			
挡板速度/m·min⁻¹	4			

名 称 单 位	主要技术性能			
感应加热:料室/℃	95 ~ 130			
嘴型/℃	110 ~ 165			
主电机功率/kW	40	75	80	115
总功率/kW	300	330	410	445
传动方式	三缸直接转动	侧缸压实　主缸预压和挤压		立式压实,卧式预压和挤压
气动操纵压力/MPa(kgf/cm²)	0.6(6)			
凉料台直径/mm	5000	5000	6000	6500
挤压机年产量/t	15000	30000	45000	60000

此外,从传动方式可分为液压机和机械挤压机(螺旋挤压机和螺杆挤压机)。

二、电极挤压液压机的传动和传动介质的选择

电极挤压液压机的动力源是由泵 – 蓄势罐供给的高压液。传动介质可以用水(乳化液),也可用油。乳化液是软化自来水加 2% ~ 3% 的切削脂,搅拌均匀呈悬浮状的白色液体;油为专门的液压用油。

我国目前使用的电极挤压液压机的传动介质大多数为油,用水在逐步淘汰中,用水者用泵 – 蓄势罐联合传动,用水者:

(1)设备易生锈、密封圈易损坏;

(2)不适宜水质差和高原山区缺水的地区使用;

(3)水泵站庞大,高压容器(蓄势罐)等一般不易解决,且占地面积大,投资高;

(4)工作压力不稳定;

(5)水的成本低,来源容易,易密封等。

目前国内外大都采用液压油作为传动介质,国内对用水者也已逐步改用油作为传动介质,采用高压油泵直接传动。用油作为介质:

(1)不受水源和地理条件的限制;

(2)工作平稳,泵、阀等液压元件可采用标准件;

(3)泵站小,不需要蓄势罐等高压容器,占地少,投资少;且日常维护和保养简单;

(4)油的成本高、密封性要求高;

(5)主柱塞的行程速度 v(cm/s)取决于泵的供液量

$$v = \frac{Q}{0.06 \sum F}(\text{cm/s}) \tag{10 – 55}$$

式中　Q——泵的供液量,L/min;

　　　$\sum F$——液压机主缸柱塞的总工作面积,cm²。

当泵的供液量为常量时,则液压机的工作速度不变;故易于实现恒速,适用于要求恒速的液压机;

(6)可根据工艺对行程速度的要求,采用多台定量泵(流量相同或不同)或变量泵,以达

表10-12　国外卧式电极挤压机的主要技术性能

项目\国别	法国	英、美	英、美	日本			
压机能力	40MN(4000tf)	20MN(2000tf)	35MN(3500tf)	25MN(2500tf)	20MN(2000tf)	12.5MN(1250tf)	12MN(1200tf)
压机形式	四柱三缸卧式	立式加料与压实,卧式预压与挤压	双料室,料室与嘴型连接式	单料室,料室与嘴型连接式	双料室,料室与嘴型分离式	单料室,料室与嘴型连接式	双料室,料室与嘴型分离式
主柱塞直径/mm	1600	1150	1220	1080	1150	750	800
挤压压力/MPa(kgf/cm²)	21(210)	16~20(160~200)	30(300)	27.5(275)	20(200)	29(290)	21(210)
料室尺寸/mm	φ1250×1500	φ1150×1500	φ1500×2600	φ1130×3000	φ1130×2500	φ800×1600	φ1000×1800
嘴型/mm		最大750	300~660	300~600	300~500	180~350	180~300
挤压比	32.6(326)	2.35~20	5.2~25	35~14	5~14	5.2~20	11~30
电极比压/MPa(kgf/cm²)		20(200)	25(250)	25(250)	20(200)	25(250)	15(150)
挤压速度/m·min⁻¹		0~0.35	0~0.24	0~0.35	0~0.13	0~0.2	0~0.15
装料装置/MN(tf)		立式加料 8.5(850tf)	压板式 5(500tf)	压板式 1(100tf)	连续加料 0.045(4.5tf)	连续加料 0.025(2.5tf)	连续加料 0.035(3.5tf)
嘴型加热器	工频感应加热	120~125℃	分四个区域75kW	蒸汽	分四个区域50kW	分两个区域40kW	分四个区域50kW
料室加热器			50kW分两区	温水,蒸汽	蒸汽	蒸汽	
主油泵/MPa(kgf/cm²)	8台 p=21(210)/7(70)　4台 p=21(210)	p=20(200) 四台	p=30(300) Q=260L/min一台	p=21(210) Q=436L/min一台	p=27.5(275) Q=125L/min一台	p=29(290) Q=80L/min一台	p=21(210) Q=125L/min一台
主电动机	总功率 N=426kW		n=1500 N=160kW	n=1200 N=180kW	n=1500 N=65kW	n=1800 N=50kW	n=1500 N=55kW
剪切机	上下斜切自动剪切	小电极用剪切,大电极剪切用钢丝吊	平衡同步剪切,附制品提升机	电动伺服同步剪切,附制品提升机	平衡同步剪切,附制品提升机	平衡同步剪切,附制品提升机	平衡同步剪切,附制品提升机
其他	附圆筒冷料机和16m³之充液油箱	附三台φ2000圆筒冷料机	挤压板和压盘加热料室喷射器	挤压板与盘加热料室喷射器	挤压板加热料室喷射器	挤压板加热料室喷射器	挤压板加热料室喷射器

到无级自动调节压力和流量,这样既可实现自动控制,又可充分利用电动机功率,减少功率消耗。

第七节　固定单料室卧式电极挤压液压机

一、结构

我国目前使用的固定单料室电极挤压机,不论是用水压机,还是用油压机,其结构与工作原理大体相似,下面以 2500 吨卧式水压机为例予以介绍。

2500 吨卧式电极挤压机为卧式三缸四柱固定单料室间歇加料连续挤压,自动剪切并带有自动凉料台和冷却水槽的卧式结构。

2500 吨卧式挤压机的主体部分如图 10－34 所示,它是主缸水平卧在后横梁中,四根立柱把前后横梁以及前挡架联结成一个整体,料室在前横梁中与嘴型相连,嘴型在前横梁与挡架中间,并有嘴型接头与料室连成一体,下有油缸支柱支承。挡架两边装有由液压缸带动的剪切电极的剪刀,用来剪切电极。嘴型口处有挡板,下连挡板液压缸,可使挡板上升或下降,挡板为保证在压实和预压时堵嘴型口,不让电极挤出。挡板前还有接受电极小车,将挤压出来的电极,输送并翻转入冷却水槽。压机上面有凉台,将混捏好的料糊均匀地冷却到工艺所规定的温度后,再由下料漏斗分次装入压机料室。

此外,挤压机还有一个泵房、各种阀门、复杂的管道系统、润滑系统和电气操纵系统,以及嘴型保温系统和电极冷却系统。

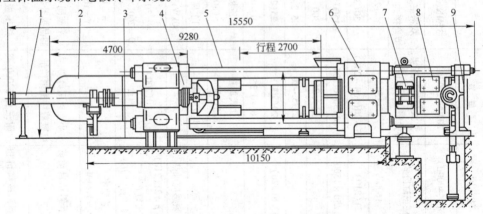

图 10－34　2500 吨卧式电极挤压机主机

1—回程缸部分;2—主缸与后横梁部分;3—机座;4—托轮部分;5—立柱部分;
6—前横梁与料室部分;7—嘴型接头部分;8—嘴型部分;9—挡架部分

二、工作原理

卧式挤压机是由高压液进入主缸推动主柱塞,主柱塞推挤料室中的糊料,料室中的糊料在主柱塞的推挤作用下,经嘴型而从嘴型口被挤压出来,经切断为规定的长度,即为挤压生坯。具体工作步骤如下:首先主柱塞退到料室下料口后,同时升上嘴型口前的挡板和将凉料台上凉好的糊料分次(一般为三次)经下料口装入料室。每装一次料后,侧缸以 5MPa

（50kgf/cm²）压力使主柱塞对料室内的糊料进行压实（捣固），然后侧缸卸压，主柱塞退回，同时向主柱塞压板喷润滑油，防止黏料。如上动作进行第二次、第三次……加料。当最后一次加完料后，主缸高压液以 20～25MPa（200～250kgf/cm²）的压力使主柱塞对糊料进行预压，一般预压 3～5min，预压完后，主缸暂时卸压，同时退下嘴型口前的挡板。然后主缸高压液以 25～32MPa（250～320kgf/cm²）的压力使主柱塞对糊料进行挤压，糊料经嘴型口被挤压出来进到电极小车上，挤出到规定长度时，主缸暂时卸载，开动剪刀将电极剪断，剪刀剪断电极后退回原处，剪断了的电极由电极小车在气缸的作用下送到冷却槽处，再将电极翻入冷却槽，然后小车翻为立式再返回原处。主缸再进入 25～32MPa（250～320kgf/cm²）的高压液，主柱塞再挤压料室中的糊料，重复以上动作，当主柱塞到达料室和嘴型分界处时，接通限位开关，电铃或红灯报告操作者，则主缸卸载，主柱塞退回原处。这是挤压的一个循环过程，这个过程一般需要 25～30min。主柱塞退回后就可再次加料，再重复以上整个过程。

三、卧式挤压机主要技术参数的计算

（一）压机吨位的确定

2500t 卧式电极挤压修改后的主要技术参数如表 10-13 所示。压机的吨位主要是根据产品的规格和产量以及工艺要求来确定。生产电极时，一般电极直径为料室直径的 1/4～1/2 较为适宜。例如，生产 ϕ350mm 左右的电极时，可选用 ϕ1200mm 料缸，一般挤压力为 20～30MPa，则总挤压力

$$P_{总} = \pi R^2_{料缸} \cdot p_{比} = 0.785 D^2_{料缸} p_{比} \qquad (10-56)$$

式中　$R_{料缸}$ 和 $D_{料缸}$——料缸（料室）的半径和直径，cm；

$\quad\quad p_{比}$——料缸中接触主柱塞端面处糊料单位面积上所受的最大挤压力，kgf/cm²，若取 $p_{比} = 220\text{kgf/cm}^2$，$D_{料缸} = 1200\text{mm}$，则

$$P_{总} = 0.785 \times 120^2 \times 220 = 2486880（kgf）$$
$$= 2486.88\text{tf} \approx 2500\text{tf} \approx 25\text{MN}$$

可取　　　　　　　　　　$P_{总} = 25\text{MN}（2500\text{tf}）$

表 10-13　修改后的 2500t 卧式电极挤压机的主要技术参数

序　号	项　目	技　术　规　格
1	公称压力/MN(tf)	2500(25)
2	主柱塞直径/mm	870
3	侧缸活塞直径/mm	360
4	主柱塞行程/mm	2700
5	料室:直径/mm	1200
	长度/mm	2000
	容积/m³	2.26
6	公称压力:压实、剪切/MPa(kgf/cm²)	6.3(63)
	预压、挤压/MPa(kgf/cm²)	32(320)
	气动/MPa(kgf/cm²)	0.6(6)

序　号	项　目	技术规格
7	电极比压/MPa(kgf/cm²)	22(220)
8	电极规格:直径/mm	300 ~ 550
	方形/mm	400 × 400
9	真空度/kPa(Torr)	26.7(200)
10	工作速度:压实/m·min⁻¹	1.2
	挤压/m·min⁻¹	0 ~ 0.25
	回程/m·min⁻¹	3.5
11	加热系统:工频加热、料室/℃	90 ~ 140
	嘴型/℃	110 ~ 165
	加热管加热、嘴型口/℃	180 ~ 230
	挤压头/℃	80 ~ 100
12	主电机功率/kW	55 × 2
13	圆筒凉料机装料量/t	3
14	挤压机产量/t·h⁻¹	1 ~ 2
15	挤压机总质量/t	310

(二)主柱塞的直径

目前国内卧式电极挤压机,主工作缸为单缸,所以主柱塞的直径 $D(cm)$ 为

$$D_主 = \sqrt{\frac{P_总}{0.785 p_{max}}} \tag{10-57}$$

式中　$D_主$——主缸直径,cm;

　　　$P_总$——压机总压力,kgf;

　　　p_{max}——工作液最大单位工作压力;一般用 320kgf/cm²,由压机主工作缸得公称压力为

$$P_公 = 0.785 D_主^2 \cdot p_{max} \tag{10-58}$$

式中　$D_主$——主缸直径,cm;

　　　p_{max}——主缸工作液最大工作压力,kgf/cm²。

对于 2500t 压机,$D_主 = 1000mm$,当取 $p_{max} = 320$kgf/cm² 时

则　　　　　$P_公 = 0.785 × 100^2 × 320 = 2512000(kgf) ≈ 2512tf ≈ 25MN$

压机的总压力就是压机主缸公称吨位。

(三)回程力的决定

(1)初步计算时,可以约取总吨位的 2.5%,即

$$P_回 = 2.5 P_总 \% \tag{10-59}$$

(2)若考虑主柱塞的摩擦和回程阻力,则回程力可用下式计算

$$P_回 = \mu G + P_阻 \tag{10-60}$$

式中　μ——主体塞摩擦系数(取 0.5 ~ 0.6);

　　　G——主体塞等移动部分的总重量,对于 2500t 压机,取 $G = 35\text{tf}$;

　　　$P_{阻}$——回程时的主缸阻力,$P_{阻} = 0.785D^2 p_{低}$,D 为主缸直径,$p_{低}$ 为回程时低压液单位

　　　　　压力,取为 $50\text{kgf}/\text{cm}^2$。

（3）回程缸设计计算中实际回程力

$$P_{阻} = 0.785(D_{侧}^2 - d_{侧}^2) \cdot p_{低} \cdot n \tag{10-61}$$

式中　$D_{侧}$——回程柱塞大端直径,cm;

　　　$p_{低}$——一般为 $50\text{kgf}/\text{cm}^2$;

　　　$d_{侧}$——回程柱塞小端直径,cm;

　　　n——回程缸数,一般 $n = 2$。

（四）电极挤压机的行程速度

　　工作行程速度越快,产量就越高,但是行程速度太快,糊料来不及在嘴型中成形,会使质量疏松和产生开裂。一般电极挤压机的工作速度在 3 ~ 5mm/s,回程速度在 300mm/s 左右为宜。一般主柱塞工作行程速度 $v_{挤}$(cm/s)为

$$v_{挤} = \frac{Q}{F} \tag{10-62}$$

式中　Q——挤压液之流量,cm^3/min;

　　　F——主柱塞横截面积,cm^2;

　　　而电极挤出的速度为:

$$v_{电} = v_{挤} \Big/ \left(\frac{d_{电}}{D_{料缸}}\right)^2 = v_{挤}(D_{料缸}/d_{电})^2 \tag{10-63}$$

式中　$v_{挤}$——主柱塞工作行程速度,mm/s;

　　　$v_{电}$——电极挤出速度,mm/s;

　　　$d_{电}$——电极直径,mm;

　　　$D_{料缸}$——料缸直径,mm。

　　对于 2500t 压机,若工作速度在 3 ~ 5mm/s,当挤压 ϕ300mm 电极时,电极的速度为 50 ~ 80mm/s,挤压 ϕ200mm/电极时,电极的速度可达 100mm/s 以上。

（五）挤压比

　　料室内径直径之比的平方,也就是料室与电极的横截面积之比,称为挤压比。

$$\varphi = \left(\frac{D_{料}}{d_{电}}\right)^2 \tag{10-64}$$

式中　$D_{料}$——料室直径;

　　　$d_{电}$——电极的直径。

（六）电极糊料之比压

　　料室内糊料单位横截面所受到的最大压力称为电极糊料之比压($p_{比}$):

$$p_{比} = \frac{P_{总}}{0.785 D_{料室}^2} \qquad (10-65)$$

式中　$P_{总}$——压机总吨位,$P_{总} = 0.78 D_{主}^2 \cdot p_{max}$;

　　　$D_{料室}$——料室直径。

(七)电极挤压机一次循环时间的计算

$$t_{循} = t_{挤} + t_{加} + t_{预} + 0.15n \qquad (10-66)$$

式中

$$t_{挤} = \frac{L}{v_{挤}} \qquad (10-67)$$

　　　$t_{加}$——分三次加料,一般每次为 3 min,共计 9 min;

　　　$t_{预}$——预压时间,一般取 3 min;

　　　n——循环时间内挤出电极根数;

　　　L——料室长度;

　　　$v_{挤}$——挤压速度,mm/min。

$$n = \frac{L}{l} \left(\frac{D_{料室}}{d_{电}} \right)^2 \qquad (10-68)$$

式中　$D_{料室}$——料室直径;

　　　L——料室长度;

　　　$d_{电}$——电极直径;

　　　l——电极长度。

对于 2500t 电极挤压机,生产不同规格的电极的设计根数参见表 10 – 14。

表 10 – 14　2500t 电极挤压机生产不同规格电极的设计根数

电极规格 /mm	电极长度 /mm	电极速度 /mm·s^{-1}	循环时间内		循环 /次数·h^{-1}	电极生产量	
			电极根数	总时间/min		根·h^{-1}	t·h^{-1}
φ200	2100	105	34	27.5	2.1	71.5	6.3
φ250	2100	70	21.8	25.7	2.3	50	6.9
φ300	2100	45	15.2	24.7	2.4	36.5	7.2
φ350	2100	32	11.2	24	2.5	27.9	7.5
φ400	2100	25	8.5	23.7	2.5	21.3	7.5
400 × 440	2100	25	8.5	23.7	2.5	21.3	7.5
φ500	2100	16	5.5	23.2	2.5	13.6	7.5
φ600	2100	11	3.8	23	2.5	9.8	7.8
φ650	2100	10	3.4	23	2.6	8.8	7.8
650 × 650	2100	10	3.2	23	2.6	8.43	7.8

(八)年产量的计算

全年 365 天,扣除 52 个星期天与星期六和 10 天固定假及检修 18 ~ 24 天,若实际生产按每年 230 天计,每天生产 18h,则全年生产时数为

$$T = 18 \times 230 = 4140$$

若每小时产 $q(t)$,则年产量 $Q(t)$ 为:

$$Q = qT = knG \qquad (10-69)$$

每小时生产 n 根电极,每根电极质量为 G ,成品率为 K ,一般 $K = 0.9$,若取 $n = 13$ 根; $G = 780kg$ 则年产量 $Q(t)$ 为:

$$Q = 0.9 \times 13 \times 0.78 \times 4140 \doteq 37780$$

国内卧式电极挤压的主要技术参数见表 $10-10$ 和表 $10-11$,对于 $2500t$ 油压机各液压缸的工作能力和柱塞行程速度见表 $10-15$ 。

表 10 – 15　2500t 油压机各液压缸的工作能力和柱塞行程速度

名　称	直径/mm	数量/个	面积/cm²	工作液压力/MPa(kgf/cm²)	工作能力/MN(tf)	速度/mm·s⁻¹	
						计算	实取
主柱塞	1000	1	7850	32(320)	25(2500)	3	2.8
侧　缸	320、300（拉杆）	2	1017、707（拉杆）	14(140)	2.84(284)（压实）、0.86(86)（回程）	80、175	83 135
挡板缸	260、90（拉杆）	1	530、63（拉杆）	6.3(63)	0.33(33)（上升）、0.29(29)（下降）	63、70	67 67
剪切缸	180、100（拉杆）	2	255、78（拉杆）	6.3(63)	0.32(32)（剪切）、0.22(22)（回程）	163、235	166
卡　缸	280、80（拉杆）	2	615、50（拉杆）	6.3(63)	0.77(77)（上升）、0.71(71)（下降）		
翻料缸	150、40（拉杆）	1	176、126（拉杆）	0.6(6(气))	0.01056(1.056)（工作）、0.0098(0.98)（回程）		
气动卸料缸	120、30（拉杆）	1	113、7（拉杆）	0.6(6(气))	0.0078(0.78)（卸料）、0.00635(0.635)（回程）		

四、主要零部件及其计算

(一)主工作缸

缸体主要是受内压力,作用在工作缸内的压力,引起了缸壁的轴向拉应力,径向压应力和切向拉应力,如图 $10-35$ 所示。根据第四强度理论,这三种作用力的结果,在工作缸内壁引起了最大的合成应力:

$$\sigma_{合} = \frac{\sqrt{3}K^2}{K^2-1}p_{\text{max}} \qquad (10-70)$$

式中, $K = D_外/D_内$, $D_外$ 、 $D_内$ 分别为缸体的外径和内径。 p_{max} 为缸内液压,取 $320kgf/cm^2$ 。

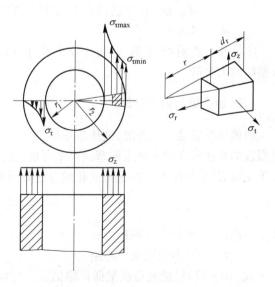

图 10 – 35　主缸中段应力图

为了保证油缸的强度,最大合成应力 σ_{max} 应等于或小于许用应力 $[\sigma]$,即

$$\frac{\sqrt{3}K^2}{K^2-1}p_{max} \leq [\sigma] \qquad (10-71)$$

式中　$[\sigma]$——35 锻钢许用应力,取为 1500kgf/cm² (1kgf/cm² = 0.1MPa)。

$$t = \frac{D_{内}}{2}\left(\sqrt{\frac{[\sigma]}{[\sigma]-\sqrt{3}p_{max}}}-1\right) \qquad (10-72)$$

缸壁厚度为 t,缸底厚度,对于球形底

$$t_{底} = \frac{D_{内}}{2}\sqrt{\frac{p_{max}}{\varphi[\sigma]}} \qquad (10-73)$$

式中　φ——挤压比。

(二)主柱塞的内壁应力

主柱塞的端面所受到的压应力为:

$$\sigma_{底} = \frac{P_{总}}{F} \qquad (10-74)$$

为了减轻主柱塞的重量,可采用空心柱塞,其内壁所受的合成应力(同主缸)可用第四强度理论计算

$$\sigma_{合} = \frac{\sqrt{3}K^2}{K^2-1}p_{max} \leq [\sigma] \qquad (10-75)$$

由上式可得

$$K = \sqrt{\frac{[\sigma]}{[\sigma]-\sqrt{3}p_{max}}} \qquad (10-76)$$

式中　p_{max}——高压液体单位压力,320kgf/cm² (1kgf = 0.1MPa)。

$[\sigma]$——柱塞材料的许用应力,当 $[\sigma]$ 取 1500kgf/cm² 时,可得 $K = 1.6$。$K = d_{外}/d_{内}$,$d_{外}$ 和 $d_{内}$ 分别为空心主柱塞的外径和内径。2500t 压机的 $K = 100/70 = 1.43$。

主柱塞一般用 45 锻钢,表面应淬火处理,硬度为 40～50HRC,空心柱塞的头部厚度可取壁厚的 1.5 倍。

(三)后横梁的强度计算

后横梁中安装主工作缸,液压机加压工作时,后横梁承受其反作用力。后横梁强度计算可假设为自由放在两支点上的弯曲梁来考虑,支点间距离即为张力柱宽面中心距。挤压机是单主缸,故后横梁受力情况最简化的方法是可视为受一集中力,则中间截面处弯矩:

$$M_{max} = \frac{1}{4}P_{总} \cdot l \qquad (10-77)$$

式中　$P_{总}$——液压机公称压力;

l——张力柱宽面中心距。

式(10-77)仅能对后横梁做粗略估算。在加压工作时,由于通过主油缸的抬肩将作用力传递给后横梁,因此可认为力作用在平均半圆亦即支承台肩的半环形的重心上,平均环形

重心至油缸中心的距离为：

$$S = \frac{2}{3\pi} \cdot \frac{D_台^2 + d_台 \cdot D_台 + d_台^2}{D_台 + d_台} \tag{10-78}$$

式中　$D_台$——油缸台肩外径，2500t 压机，$D_台 = 1600\text{mm}$。

　　　　$d_台$——油缸台肩内径，mm。

由于油缸台肩内外径一般在 $(0.87 \sim 0.93):1$，故式（10-78）可简化为

$$S = \frac{D_台}{\pi} \tag{10-79}$$

后横梁受力分布及弯矩如图 10-36 所示，最大弯矩在台肩半环重心点处：

$$M_{\max} = \frac{P_总}{2}\left(\frac{l}{2} - \frac{D_台}{\pi}\right) \tag{10-80}$$

台肩半环重心处的截面形状，如图 10-37 所示。其截面模量为

$$W = \frac{BH^3 - bh^3}{6H} \tag{10-81}$$

所以弯曲应力 $\sigma_弯(\text{kgf/cm}^2)$ 为

$$\sigma_弯 = \frac{M_{\max}}{W} \tag{10-82}$$

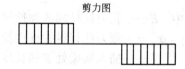

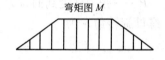

图 10-36　后横梁受力图

则　　　　　　　　　　　$\sigma_弯 \leqslant [\sigma] \tag{10-83}$

式中　$[\sigma]$——45 铸钢许用应力，取 $500 \sim 700\text{kgf/cm}^2$（$1\text{kgf} = 0.1\text{MPa}$）。

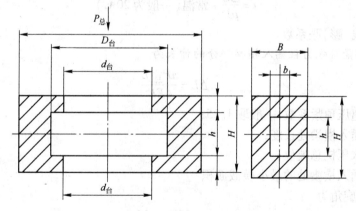

图 10-37　后横梁截面简图

（四）张力柱的强度计算

对卧式电极挤压机来说，没有偏心载荷，且又是静压力，故没有冲击载荷，所以仅计算它的拉应力 $\sigma_拉(\text{kgf/cm}^2)$ 即可

$$\sigma_拉 = \frac{P_总}{4F} \tag{10-84}$$

则　　　　　　　　　　　　　　$\sigma_拉 \leqslant [\sigma]$　　　　　　　　　　　　　　(10-85)

式中　$[\sigma]$——许用应力,一般采用 45 锻钢,45 锻钢许用应力为 1500kgf/cm² (1kgf =
　　　　　　0.1MPa);

　　　　F——张力柱最小横截面面积。

(五)张力柱的预紧和螺母计算

张力柱螺母的预紧方式一般有两种,预紧方式不同,预紧效果不同,螺母的旋转角也不相同。

1. 电加热预热

张力柱插入横梁部分加热后的伸长为:

$$\Delta L = \frac{[\sigma] L}{E} P$$　　　　　　　　　(10-86)

式中　E——张力柱材料的弹性模量,一般取 2.1×10^6 kgf/cm²;

　　　$[\sigma]$——张力柱材料的许用拉应力,取为 1500kgf/cm²;

　　　L——插入横梁处加热长度;

　　　P——张力柱受到的拉力。

螺母旋转角 α 为

$$\alpha = \frac{360° \cdot \Delta L}{S}$$　　　　　　　　　(10-87)

式中　S——螺母的螺距;

　　ΔL——张力柱加热后的伸长。

加热温度 t 为

$$t = \frac{\Delta L}{\mu L} + 常温(一般为 20℃)$$　　　　　　　　　(10-88)

式中　μ——线[膨]胀系数。

2. 超压预紧时张力柱插入横梁部分的伸长为

$$\Delta L = \frac{n P_总 L}{4EF}$$　　　　　　　　　(10-89)

式中　n——超压预紧系数,一般取 1.25;

　　　L——插入横梁处长度;

　　$P_总$——水压机总吨位;

　　　F——插入横梁处的最小横截面积。

螺母的螺旋角为

$$\alpha = \frac{360° \cdot \Delta L}{S}$$　　　　　　　　　(10-90)

式中　S——螺母的螺距。

从以上两种预紧方式来看,电阻丝加热预紧比超压预紧好,不但不容易损坏管道和机构而且旋转角度大,预紧效果好。当然连接串片螺母的螺栓也应一次拧紧,否则易松动。

(六)料室

料室也称为料缸,它是圆柱形,挤压机的料室有固定式、也有旋转式;有单料室、也有双料室;双料室是可旋转的,立式加料、预压、卧式挤压。单料室有固定式、也有旋转式。

　　料室内径与主缸内径相比,有料室内径小于主缸内径,也有大于的。料室比主缸小的特点是能用中高压挤压成高强度的电极,如法国 4000t 压机,用 21MPa 挤压,则电极的比压都有 326kgf/cm² ,正如增压器一样,所以能获得较高强度的电极。但是,料室直径与主缸直径的关系和油压有关,当油压小于 220kgf/cm² 时,则主缸直径大于料室直径($D_{主} > D_{料}$);当油压大于 220kgf/cm² 时,则主缸直径小于料室直径($D_{主} < D_{料}$),目的都是使电极之比压保持在 200kgf/cm² 以上,根据我国油泵情况(如选用 250ycy14 – 1 轴向柱塞变量泵),选用主缸直径小于料室直径结构。

(七)嘴型(模嘴)

　　模嘴的锥形孔的末端应呈压制件断面形状,它是由锥形和圆柱形两部分组成。如图 10 –38所示。压型嘴子的形状在炭素材料挤压过程中起着重要作用,它可使炭素制品获得所需的形状和断面,为了有充分的断面收缩率,要使其挤压比 φ 大于 3。但是从经济效果考虑,通常采用 $3 < \varphi < 15$ 较好。但英国 2000t 压机,料室直径为 1150mm,却能生产出合格的 $\phi750mm$ 的电极,其挤压比只有 2.35。电极糊料之比压为 193kgf/cm² 。

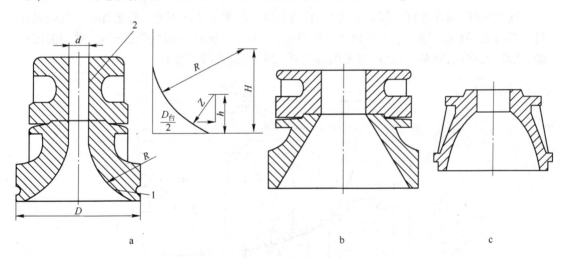

图 10 – 38　挤压电极模嘴锥体部分的形状
a—圆弧形;b—直线形;c—曲线外凹形
1—变形部分;2—定形部分

　　嘴型圆柱形段的挤压条件是最难的,为了克服模嘴内摩擦,需要较大的力,带有锥形模嘴的圆柱部分,在压制时足以保证糊料的成形。增加压型嘴子圆柱部分长度引起压形压力极显著的增加。但制品密度却只有微小的增加。如直径 50mm 圆柱部分的长度,若由100mm 增至 400mm,则炭素电极糊料的压出压力约需增加一倍。被挤压的混合物,其密度的提高在距离模嘴口 200mm 时,即在模嘴直径四倍的距离时终止。但是,目前国内外在模嘴变径段(喇叭口)有的很长,有的却很短。如英国 2000t 压机,$\phi600$ 电极嘴型,变径段只有300mm 长,而嘴型长 2000mm,圆柱形部分有 1700mm 长。锥体形状对制品的压出压力、密度以及电极糊料的流动性有影响,嘴型形式如图 10 –38 所示:a. 曲线向内凸出;b. 直锥形;c. 曲线向外凹。

　　有些资料认为,压制炭素糊料时,曲线向外凹入的锥体是最理想的,而曲线向内凸出的锥体效果不佳,但向外凹入的锥体与直线体就指标来讲并没有太大的区别。

　　锥体的倾斜度影响到挤压压力和压件的密度,模嘴的锥度为 90°时压出压力最小,锥体角度下降至 45°所需压力便又提高,同时压件的单位体积重量也增加。

　　国内一直使用的不同直径的一般型式压形模嘴曲线为圆弧形,曲线不连续,有拐点,有关数据见表 10 – 16。

表 10 – 16　部分一般模嘴的有关数据

压型嘴子直径/mm	200	250	300	350	400	450
R	600	600	550	500	450	400
H	530	510	470	430	370	350
Z	260	260	260	260	260	260
h	260	260	260	260	260	260
R/d	3.0	2.5	1.83	1.43	1.11	0.8
H/d	2.65	2.04	1.57	1.21	0.925	0.700

　　嘴型曲线,国外进行了深入的研究,其研究成果就像工艺的配方一样被保密。国内虽作过一些研究,但还不够。本作者做了一些研究,认为用三次样条函数设计较好,嘴型曲线连续,光滑,无拐点,对瑞士 ϕ500 型模嘴(图 10 – 39)的曲线拟合性好。

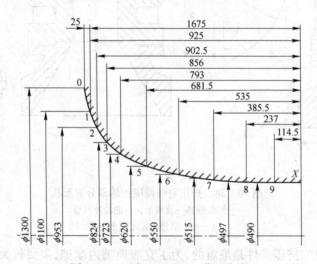

图 10 – 39　瑞士 ϕ500mm 嘴型曲线

第八节　挤压力的计算

　　炭素糊料的挤压过程是一个复杂的物理过程,糊料的受力状况是复杂的,另外炭素糊料不是单纯的塑性物质,在某些方面还具有脆性。在挤压过程中的糊料主要发生塑性变形,但也存在着脆性变形。为使问题简化,我们把炭素糊料看成单纯的塑性物质,把它的挤压过程看成是类似于塑性金属的挤压过程。

在进行挤压力计算以前我们先了解塑性变形的几个基本概念。

一、塑性变形的几个基本概念

（1）剪应力原理。物体发生塑性变形，只有当物体内的剪应力达到一定数值时才有发生的可能，剪应力数值的大小取决于物体的种类、性能及变形情况。若物体在受力过程中，其各个面上具有均等的压应力，则物体将不可能发生塑性变形。

（2）体积不变原理。炭素糊料在挤压过程中，当经过预压以后，在实施挤压时可以认为：糊料在变形过程中其体积保持不变，为一常数。这就是体积不变原理。实际上糊料在挤压时其体积或多或少存在着变化，现忽略不计。同时应指出的是，它不包括挤出后的弹性变形。

（3）最小阻力原理。物体在变形过程中，其质点有向各个方向移动的可能性，然而各质点将是向着阻力最小的方向移动，这就是最小阻力原理。炭素糊料在挤压过程中同样遵循这一原理。

（4）塑性方程。物体在变形过程中，有可能受到各个方向的力，为三向应力（图 10 – 40）。但物体产生塑性变形时所需要的变形剪应力（也叫流动极限应力）σ_s 只与物体所受的各个方向的剪应力中绝对值最大的及绝对值最小的剪应力有关。

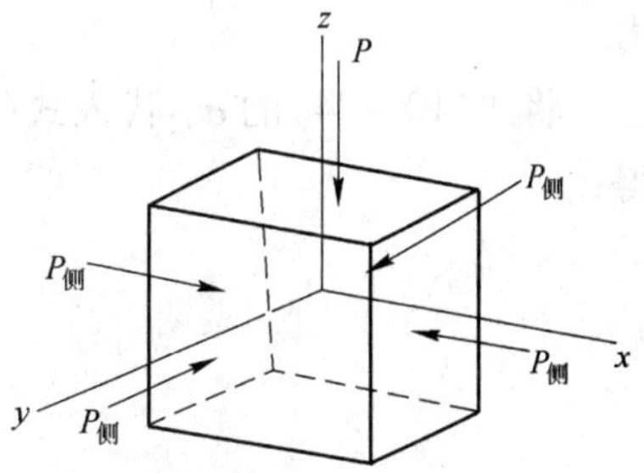

即　　　　　　　$\sigma_{\max} - \sigma_{\min} = \sigma_s$　　　　　（10 – 91）

式中　$\sigma_{\max}$——所有应力中绝对值最大的剪应力；

$\sigma_{\min}$——所有应力中绝对值最小的剪应力；

σ_s——使物料产生塑性变形的流动极限应力。

图 10 – 40　糊料变形时的三向应力

式（10 – 91）称为塑性方程式，$\sigma_{\max}$ 与 $\sigma_{\min}$ 的符号表示压应力为负，拉应力为正。

了解了上面这些基本概念之后，下面进行挤压力的计算。

二、挤压力的计算

计算挤压所需压力，各研究者略有不同，但大都是从研究金属挤压过程推导出来的计算式，却并没有真正去测量挤压过程中，糊料在料室和嘴型的各处的运动速度、加速度、挤压力的大小和方向及其分布，并总结其规律及推导其计算公式。因此，应强调的是，金属压力加工的压力计算定律不能完全用于炭材料的挤压力计算，因为当塑性变形材料的阻力最小时，炭糊仍有张力。但是，在目前尚未推导出真正符合炭素材料的挤压力的公式时，仍采用金属挤压的计算公式。为推导出压机主柱塞的挤压力，需将压机的料室与嘴型内的糊料分成三部分：料室部分，嘴型锥形部分、直圆筒模嘴部分，分别求解。

（一）料室部分

如图 10 – 41 所示，设料室的直径为 D，有效装料长度为 L，在料室中取出一微小段糊料 dx 来分析其力的平衡状态。从图中可知，此段糊料受正压应力为 σ_{11}，反向应力为（σ_{11} – $d\sigma_{11}$），$d\sigma_{11}$ 为糊料在该段的压力损失，同时由于侧压力的影响还受有侧面压应力为 σ_{12}，并由 σ_{11} 的影响产生糊料与料室壁的摩擦力为 $\sigma_{12}\mu\pi D dx$，方向向左。

建立力的平衡方程式

$$\sigma_{11}\frac{\pi}{4}D^2 - \left[(\sigma_{11}-\mathrm{d}\sigma_{11})\frac{\pi}{4}D^2 + \sigma_{12}\mu\pi D\mathrm{d}x\right] = 0 \qquad (10-92)$$

将上式整理得：

$$\mathrm{d}\sigma_{11} = \sigma_{12}\frac{4\mu}{D}\mathrm{d}x \qquad (10-93)$$

分析比较此段糊料所受的各个方向的力，知 σ_{11} 是绝对值最大的力，σ_{12} 为绝对值最小的力，并均为压应力取负号。

则：$(-\sigma_{11}) - (-\sigma_{12}) = \sigma_\mathrm{s}$

$$(10-94)$$

$$\sigma_{12} = \sigma_{11} + \sigma_\mathrm{s}$$

σ_s 为受挤压糊料的塑性变形极限应力。

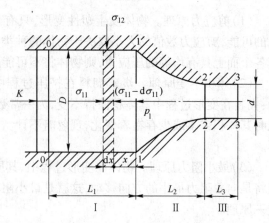

图 10-41　料室中糊料受力情况

将式（10-94）的 σ_{12} 代入式（10-93）得：

$$\mathrm{d}\sigma_{11} = (\sigma_{11} + \sigma_\mathrm{s})\frac{4\mu}{D}\mathrm{d}x$$

$$\frac{\mathrm{d}\sigma_{11}}{\sigma_{11} + \sigma_\mathrm{s}} = \frac{4\mu}{D}\mathrm{d}x \qquad (10-95)$$

对式（10-95）进行积分得：

$$\sigma_{11} = Ce^{\frac{4\mu L_1}{D}} - \sigma_\mathrm{s} \qquad (10-96)$$

式中，C 为积分常数。

利用边界条件求积分常数 C，当此糊料段推至锥形口时，此时 $x = 0$，压应力 σ_{11} 即为 I—I 截面的单位挤压力 p_1，代入式（10-96）得：

$$p_1 = C - \sigma_\mathrm{s}$$

$$C = p_1 - \sigma_\mathrm{s}$$

将 C 代入式（10-96），并考虑料室糊料长度的影响，其长度修正系数为 β，则得：

$$K = (p_1 - \sigma_\mathrm{s})e^{\frac{4\mu L_1\beta}{D}} - \sigma_\mathrm{s} \qquad (10-97)$$

根据实验测得：

$$\beta = \frac{D}{2L_1} + 0.1$$

L_1 为糊料在容料室中的实际长度。

（二）锥形部分

如图 10-42 所示，设此锥形部分的夹角为 2α（实际嘴型轮廓线不是直线，而是曲线，故其夹角是变化的）。料室的直径为 D，圆筒形模嘴部分直径为 d。

在此部分料中取一微小段 $\mathrm{d}x$ 来分析力的平衡关系，从图中可知，此段受到正应力为

σ_{21},其产生的力为 $\sigma_{21}\cdot S$(S 为截面面积,严格地说,应为半径 ρ 的球面的面积),此段料受的反作用力由三部分组成:

第一部分由反向正应力($\sigma_{21}-\mathrm{d}\sigma_{21}$)·($S-\mathrm{d}S$)引起的反作用力。

第二部分由侧向压力 σ_{22} 分解出的反作用力:

$$\sigma_{22}\pi D_x\mathrm{d}l\sin\alpha$$

第三部分由侧向压力 σ_{22} 产生的摩擦力分解出的反作用力:

$$\sigma_{22}\mu\cdot\pi D_x\mathrm{d}l\cos\alpha$$

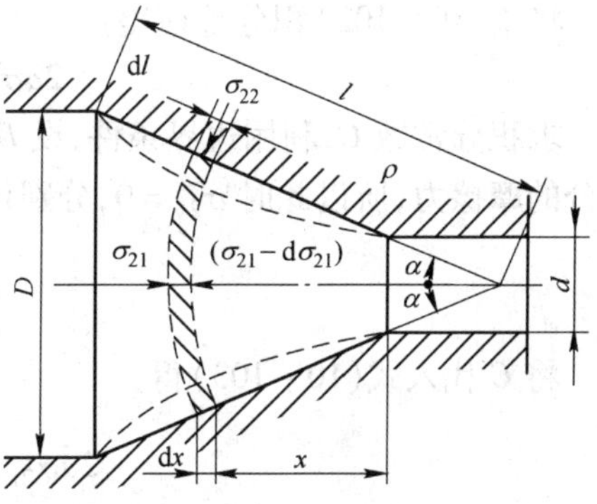

图 10 - 42　锥形嘴型糊料受力分析

将作用力与反作用力建立平衡方程式

$$\sigma_{21}S=(\sigma_{21}-\mathrm{d}\sigma_{21})(S-\mathrm{d}S)+\sigma_{22}\pi D_x\mathrm{d}l\sin\alpha+\sigma_{22}\mu\pi D_x\mathrm{d}l\cos\alpha \qquad (10-98)$$

式中

$$S=\frac{\pi}{4}D_x^2$$

$$\mathrm{d}S=\frac{\pi}{2}D_x\mathrm{d}D_x$$

$$\mathrm{d}l=\frac{\mathrm{d}D_x}{2\sin\alpha}$$

分别代入方程中,整理,舍去二阶导数 $\mathrm{d}\sigma_{21}\mathrm{d}S$ 一项得:

$$\sigma_{21}\mathrm{d}D_x+\frac{1}{2}D_x\mathrm{d}\sigma_{21}-\sigma_{22}\mathrm{d}D_x-\sigma_{22}\frac{\mu\mathrm{d}D_x}{\tan\alpha}=0 \qquad (10-99)$$

建立塑性方程:

分析比较各个方面的应力,发现绝对值最大的力为 σ_{21},绝对值最小的力为 σ_{22},且均为压应力。

$$(-\sigma_{21})-(-\sigma_{22})=\sigma_s$$

$$\sigma_{22}=\sigma_s+\sigma_{21} \qquad (10-100)$$

将式(10-100)代入式(10-99)得:

$$\sigma_{21}\mathrm{d}D_x+\frac{D_x}{2}\mathrm{d}\sigma_{21}-(\sigma_{21}+\sigma_s)\mathrm{d}D_x-(\sigma_{21}+\sigma_s)\frac{\mu\mathrm{d}D_x}{\tan\alpha}=0$$

整理得:

$$\frac{\mathrm{d}\sigma_{21}}{2\sigma_{21}\dfrac{\mu}{\tan\alpha}+2\sigma_s\left(1+\dfrac{\mu}{\tan\alpha}\right)}=\frac{\mathrm{d}D_x}{D_x} \qquad (10-101)$$

因为 μ、α 均为常数,为简化书写起见,设:

$$a=\frac{\mu}{\tan\alpha}$$

$$b=1+\frac{\mu}{\tan\alpha}$$

代入式(10-101)为:

$$\frac{\mathrm{d}\sigma_{21}}{2a\sigma_{21}+2b\sigma_s}=\frac{\mathrm{d}D_x}{D_x} \qquad (10-102)$$

将式(10-102)积分整理得:

$$2a\sigma_{21} = 2CD_x^{2a} - 2b\sigma_s \qquad (10-103)$$

求积分常数 C,利用边界条件,设 $D_x = d$ 时,即糊料推至直圆筒部分,此时不考虑直圆筒部分的摩擦力,所以此时 $\sigma_{21} = 0$,分别代入式(10-102)得:

$$C = \frac{2b\sigma_s}{d^{2a}}$$

将 C 代入式(10-103)得:

$$2a\sigma_{21} = 2b\left(\frac{D_x^{2a}}{d^{2a}}\right)\sigma_s - 2b\sigma_s \qquad (10-104)$$

又当 $D_x = D$ 时,即糊料在锥形口时,$\sigma_{21} = p_1$

代入式(10-104)得:

$$2ap_1 = 2b\left(\frac{D}{d}\right)^{2a}\sigma_s - 2b\sigma_s$$

整理上式:

$$p = \frac{b}{a}\sigma_s\left[\left(\frac{D}{d}\right)^{2a} - 1\right] \qquad (10-105)$$

将 $a = \dfrac{\mu}{\tan\alpha}$ 与 $b = 1 + \dfrac{\mu}{\tan\alpha}$ 代入式(10-105),整理得

$$p_1 = \sigma_s\left(1 + \frac{\tan\alpha}{\mu}\right)\left(\frac{D}{d}\right)^{\frac{2\mu}{\tan\alpha}} - 1 \qquad (10-106)$$

式(10-106)即为著名的古布金公式。

将公式(10-106)与公式(10-97)联立起来我们就可以计算主柱塞的挤压力 K。

$$K = (p_1 + \sigma_s)e^{\frac{4\mu L_1 \beta}{D}} - \sigma_s \qquad (10-107)$$

但是以上在推算过程中,将圆直筒部分的摩擦力看作为零。即当糊料推至圆直筒的入口处时 $\sigma_{21} = 0$,实际上它是不等于零的。所以我们还必须将这一部分的作用力计算出来。

(三)圆直筒部分

设圆直筒部分的直径为 d,长度为 L_3,其计算方法与料室的一样,在求积分常数 C 时,其边界条件为:当 $x = 0$ 时,$\sigma_3 = 0$;当 $x = L_3$ 时,即 $\sigma_{31} = p$。

得

$$p = \sigma_s(e^{\frac{4\mu L_3}{d}} - 1) \qquad (10-108)$$

但此段塑性变形并没有在整个模嘴的长度上发生,则将 $e^{\frac{4\mu L_3}{d}}$ 展开成级数取前两项即:

$$e^{\frac{4\mu L_3}{d}} \approx 1 + \frac{4\mu L_3}{d}$$

则:

$$p = \sigma_s\left(1 + \frac{4\mu L_3}{d} - 1\right) = 4\sigma_s\mu\frac{L_3}{d} \qquad (10-109)$$

$$p' = p + p_1 = \sigma_s\left(1 + \frac{\tan\alpha}{\mu}\right)\left[\left(\frac{D}{d}\right)^{\frac{2\mu}{\tan\alpha}} - 1\right] + 4\sigma_s\mu\frac{L_3}{d} \qquad (10-110)$$

$$K' = (p' + \sigma_s) e^{\frac{4\mu L_1 \beta}{D}} - \sigma_s \tag{10-111}$$

式中　σ_s——糊料的流动极限应力，$\sigma_s = 1.8 \sim 2.5\mathrm{MPa}$；

　　　μ——糊料摩擦系数，$\mu = 0.1$；

　　　α——锥形模嘴锥角的二分之一，$\alpha \approx 22.5°$；

　　　L_1——料室的有效长度，mm；

　　　d——圆直筒嘴的内径，mm；

　　　L_3——圆直筒嘴的长度，mm；

　　　β——长度修正系数，$\beta = \dfrac{D}{2L_3} + 0.1$；当 D/d 的比值较大时，取 $\beta = 1/2$；当 D/d 的比

　　　值较小时，取 $\beta = 1/4$；

　　　K'——理论上在主柱塞压料板与糊料界面的挤压应力。

式(10-110)、式(10-111)、式(10-112)即为挤压应力的计算公式。

考虑到糊料的不均匀及颗粒的架桥作用等，势必存在着一定的压力损失，所以在 K' 上加上一个压力损失修正系数 m，一般取 $m = 1.1$，则实际上主柱塞处的挤压应力修正为：

$$K = mK'$$

还需考虑挤压机的效率 η，对于小型挤压机取 $\eta = 85\%$，对于大型挤压机取 $\eta = 90\% \sim 95\%$。所以对于挤压断面为圆形的棒材，挤压机主柱塞对于糊料的总压力 $P_总$ 为：

$$P_总 = \frac{\pi K D^2}{4\eta} \tag{10-112}$$

公式(10-113)即为电极挤压机挤压力大小的计算公式。

第九节　凉　料　机

一、圆盘式凉料机

　　圆盘式凉料机构造如图10-43所示，它是由以下零部件组成的：圆盘（直径5600mm）、分料器（直径1700mm）、大齿轮、电动机、减速机、加料口、出料口，以及悬挂在圆盘上可上下调节的六块翻料板，一套铲大块的切刀装置（上有十五把三瓣式铲刀，由另一台电动机带动），两个气动缸卸料装置，外罩等。

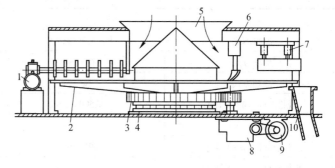

图10-43　圆盘式凉料机

1—电动铲块装置；2—转动圆盘；3—大齿轮；4—大型平面滚珠；5—进料口；
6—固定翻料铲；7—气动缸卸料装置；8—减速机；9—电动机；10—出料口

　　糊料从顶部加料口加入，经分料器的上部锥体分散在圆盘上，圆盘的转速为2.5r/min。散落在圆盘上的糊料随同圆盘旋转，同时被铲块切刀和翻料板所切碎和翻动，使糊料均匀地摊开，达到逐渐降温的目的。

为了加快糊料的降温,在凉料机附近安设两台轴流式风机,向圆盘上吹风。待料温降低到一定温度(100℃左右),即开动气动卸料装置分几次加入到压机的料室内。现在已趋向采用圆筒凉料机。

二、圆筒凉料机

(一)结构

圆筒凉料机由凉料圆筒、底座、托辊、大齿圈、小齿圈、无级减速机构、电动机、进料口,卸料槽组成,如图10-44所示。

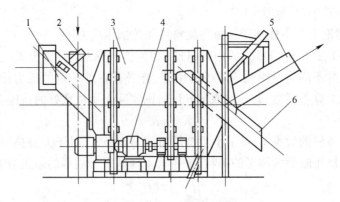

图 10-44　圆筒形凉料机
1—加料口;2—进风口;3—筒体;4—传动部分;5—排气管;6—出料槽

(二)性能

圆筒凉料机传动方式有液压传动和机械传动两种。两种传动装置的圆筒凉料机性能参数见表10-17。

表 10-17　两种圆筒凉料机性能参数

项　目	液压传动	机械传动
凉料方式	圆筒水平旋转方式	圆筒水平旋转方式
传动方式	液压传动	机械传动
冷却方式	风冷	风冷
规格/mm × mm × mm	$\phi 2500 \times 2500$	$\phi 2500 \times 2500$
装料量/kg	3000	2400
卸料油缸推力/kN(kgf)	30(3000)	31.6(3160)
卸料油缸拉力/kN(kgf)	20(2000)	21.7(2170)
筒体转数/r · min^{-1}	0～10	0～10
糊料入口温度/℃	135～150	130～170
糊料出口温度/℃	100～110	90～110
换向闸板推力/kN(kgf)		3.15(315)

项 目	液压传动	机械传动
换向闸板拉力/kN(kgf)		2.85(285)
工作压力/MPa	16.0 ~ 25.0	
液压马达型号	OZNT11 – 45	
转速/r · min⁻¹	5 ~ 150	
输出功率/kW	35 ~ 39	
大齿圈齿数	$E = 228, m = 12, \alpha = 200°$	
小齿圈齿数	$E = 24, m = 12, \alpha = 200°$	

(三)工作原理

混捏好的糊料,经圆筒一端上部加料口缓慢加入旋转圆筒内,圆筒内壁上焊有一定角度的叶片。糊料被叶片带到一定高度在自重作用下下落。由于圆筒的旋转,被叶片切割碎成小块的糊料与其他糊料结合成大块,被叶片又一次带到一定的高处下落,周而复始,不断循环。在旋转的同时开动鼓风机与引风机,强制空气对流,使糊料与冷空气进行热交换,从而得到较快冷却。到后期糊料形成球形糊团通过卸料槽卸料。

(四)凉料机故障及排除

凉料机的故障与排除见表 10 – 18。

表 10 – 18　凉料机的故障与排除

类型	故 障	原 因	处 理
圆盘机	滚珠磨碎	滑润不好,圆盘不平,负载受力不均匀	更换滚珠,加强日常维护
	飞刀磨短	磨损	调整飞刀轴杆或更换新飞刀片
	铧子不好用	磨损	调整距离或更新
	卸料挡板提不起或落不下	卸料挡板缸不好使	钳工修理
	通风机抽烟气失灵	通风管道堵塞	定期处理通风管道
圆筒机	圆筒凉料机进料口堵料	油量过大,下料过猛,进料口窄,进料速度过快	加大进料口,控制油量(加分料器),用撬棍捅掉堵料
	圆筒机内废料	凉料时间过长,吹风量过大,设备故障	降低圆筒转速,调节凉料时间,控制吹风时间,料过凉不准压形
	料温过凉	油大,料干,糊温过高,糊温过低	(1)油压机皮带反转从反溜口倒掉; (2)压机柱塞头进糊缸废料从柱塞杆两侧漏下运走

三、螺旋凉料机

螺旋凉料机有单轴式和双轴式,它们的结构是由槽体和带螺旋的轴组成,与螺旋输送机相似,但槽体有夹套,可通水冷却,轴中心为空心,也可通水冷却。

U 形双轴搅拌冷却螺旋机,螺距为 300mm,螺旋直径为 ϕ350mm,螺旋转速为 25.8r/min (10.35～41.4r/min),处理能力为 15.1t/h,糊料进入温度为 160℃,糊料排出温度为 150℃,冷却水温度最高 28℃最低 5℃,冷却水用量 110L/min,冷却面积为 5.05m^2,综合传热系数 418.68kJ/m^2·h·℃(100kcal/m^2·h·℃)。

四、快速凉料机

快速凉料机也可称为圆桶式凉料机或新式圆盘凉料机,结构与高速混捏机相类似,如图 10－45 所示。我国已从美国、德国引进此机。它的底部为圆盘,可水平或倾斜安装(倾角 α,可调),圆盘可转动,圆盘外周是圆桶,圆桶上方有支架,支架上安装有搅拌轴,搅拌轴有两根互相平行,搅拌轴上有搅刀,搅拌轴与圆桶和圆盘的中心线平行,但不同心,偏离一定的距离,转动方向相反,糊料从桶上加料口加入后,圆盘上的糊料被圆盘带动随圆盘转动,被逆向转动的两根搅拌轴上的搅刀切碎,上面冷却水多数呈雾状喷下,冷却糊料,冷却水用量由电脑计算并自动控制。抽风机将热风抽走,凉好的料从桶底或圆桶侧面卸料口卸出。

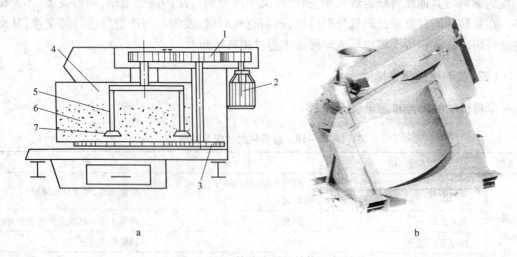

图 10－45　快速凉料机结构示意图

a—结构示意图;b—外形图

1、3—传动齿轮;2—电动机;4—锅体;5—搅拌轴;6—糊料;7—犁形搅刀

第十节　电极挤压成形机的操作与维护

一、电极挤压机各动作的控制

电极挤压机是以液体为工作介质,由泵站提供高压液(额定压力 32MPa),低压液(额定压力 5MPa),以压缩空气(0.6MPa)通过对各阀的控制,使压力液进入压机的不同工作腔,实现压机的不同动作。压机每一工作循环的动作包括:挡板升起、返行、捣固、预压、减压、挡板下降、挤压、切刀剪切、切刀退回,接料小车的控制等,现分述如下。

(1)挡板控制。挡板的升降,是通过对两个压力阀和两个溢流阀的不同控制,使其中一个压力阀和一个溢流阀同时动作来实现的。挡板升起,当操纵气阀位于挡板升起的位置时,压缩空气经过气阀、空气管,分别进入压力阀和溢流阀下部气缸无杆腔,推动活塞上移,顶起阀杆,使该二阀处于开的状态,低压水通过压力阀进入挡板的无杆腔,推动活塞上移,有杆腔水流经溢流阀进入溢流管,流回水箱,实现挡板升起。

挡板下降:当操作气阀处于挡板下降位置时,压缩空气经过气阀、空气管进入压力阀和溢流阀下部气缸无杆腔,推动活塞上移,顶起阀杆,使该两阀处于开的状态,低压液经过压力阀进入挡板有杆腔,推动活塞下移,无杆腔水或油经过溢流阀进入溢流管,流回水箱或油箱,实现挡板下降。

(2)凉料。当混捏锅送来的热电极糊料倒入凉料台,然后开动凉料台,自动凉料,冷却到一定温度后,按上卸料气缸按钮,气缸便将闸门放下,使料加入料室。

(3)压实与回程。装料后开始压实,在操纵台上按压实按钮,打开压力阀从泵站来的5MPa(50kgf/cm²)压力液通过单向阀和充液阀进入主工作缸,推动柱塞将疏松的电极糊压实,然后按回程。双连阀左腔阀口开启,右腔阀口关闭,这时50kgf/cm² 压力水进入充液阀的下腔,打开阀口,使主缸排液。

为了安全操作,在压实时误按挤压按钮是不会发生问题的,它是由电气来连锁的。

(4)喷油。在连续凉料、压实、回程三次往复后必须在压料柱塞头部喷射雾油,即按上喷雾油按钮,使压缩空气通过二位四通电磁气阀,进入柱塞喷油部分的油箱,稀油受到压力,即从喷嘴向压料柱塞头部喷油,以免压料柱塞头部黏牢电极糊料影响电极质量。

(5)预压。按上4KA按钮,0.6MPa(6kgf/cm²)的气压通过气阀和溢流阀上的橡胶薄膜,将阀关闭,32MPa(320kgf/cm²)高压液顶开单向阀通过单向阀和充液阀进入主缸,预压压力为22MPa(220kgf/cm²)左右,所以应同时调节角式节流阀,使压力保持在规定值内。压力的大小,可在操纵台的各种压力表中反映出来。

预压时间3~10min,由时间继电器控制,然后挡板开始降下,双连阀充液,而双连阀溢流。但在平时为了安全生产,挡板是始终升起的,只有在挤压时才开始降下。

(6)挤压与剪切。挤压和预压是两个按钮,共用一个气阀,所不同的是,不调节或减少调节角式节流阀。

挤压出的电极达到规定长度时,按动剪切卸载按钮22KA,使卸载阀打开,主缸瞬时卸载到5MPa(50kgf/cm²)时,再由电接点压力表控制6DT,使双连阀充液。设在嘴型口对称的两只剪刀缸开始剪切,为了自动剪切,可调节节流阀来实现。

这里应重点指出,不经瞬时卸载,电极将惯性前进,甚至将切刀挤弯,无法剪切。

(7)电极翻转及推入冷却槽并冷却。挤出的电极由翻转槽承受,待剪切完毕后,即按动19KA,使翻转电极槽退出嘴型口,并自动翻入冷却水槽冷却。

假如是挤压方形电极等产品,可调装翻转装置,并增设推料部分以便按动推料按钮,将方形制品推入冷却水槽。冷却水槽前面的翻转平台,随着电极规格或品种的变动而可前进或后退。

翻转平台的高低,还可通过调节装置来调整。

(8)主缸回程。当最后一根电极挤压完毕后,行程开关限止柱塞继续前进,并由警铃通知操作台,使主柱塞回复到原始位置,留在嘴型中的电极糊料待下一次挤压时挤出。

整个工序凉料到挤压完后回程的循环时间约为25min。

二、压机操作步骤

(一)操作前的准备

(1)检查各个液压缸密封情况,各柱塞润滑情况。

(2)检查操纵系统高、低压管道及各个阀门。

(3)检查地脚螺栓及连接螺栓的紧固情况。

(4)检查泵站及各电器,仪表情况。

(5)对润滑部位注入足量的润滑油脂。

(二)操作顺序

(1)将操作台各气阀手柄放于原始位置。

(2)先打开压机液压管路的回流闸门,再打开低压闸门。

(3)水压机打开蓄水罐下面低压水排水阀,使低压管道充水,让各低压泵处于可以向蓄水罐内打水的工作状态。

(4)打开液压管道高压系统的高压进液闸门和回流闸门。将挡板升起,堵住嘴口。

(5)装料。装料可分3~5次,要避免首末批糊料温差过大,每装完一次糊料,捣固压力要保持最低在4.0MPa。

(6)预压。一锅糊料全部装入压机料室后,启动高压泵使主柱塞在20.0~25.0MPa的压力下对糊料加压3min。

(7)挤压。预压结束后,将挡板落下,再次启动高压泵,使水压机的主柱塞对嘴子内的糊料再次施加压力,经压型嘴挤出来,为了提高制品密度要适当控制压形速度;

挤出的制品达到所要求的长度,要停止压型进行切断,否则卡刀,长度标记要量准,避免切长切短。

(8)产品冷却,挤出的产品经切断后放到水槽内冷却,依照产品的冷却效果来调节辊道开车速度级和调整水槽内的水温(冬季不低于15℃,夏季不高于30℃)。

(三)注意事项

(1)注意糊料勿装过多,不许在下料时预压、压形。

(2)各柱塞运行要平稳,无冲击。

(3)操作时禁止修理和掏料,避免伤人。

三、换压型嘴与缸垫操作技术

(一)操作前的准备

检查吊具钢丝绳;准备卡具、吊环等工具,穿戴好劳保用品。

(二)操作程序(卸压型嘴)

(1)关闭高压液阀门、低压液阀门和溢流阀门,打开卸油阀门或卸水阀门。

（2）找电工切断电流,关闭蒸汽或导热油加热阀门;

（3）卸压盖大螺丝,用天车吊装上盖放到一边冷却;

（4）放松拉杆螺丝,将夹箍吊下;

（5）用天车吊住压型嘴,调整刀架离开压型嘴,卸下压盖;

（6）指挥天车卸压型嘴并将压型嘴、料室牙和压盖上的糊料清除干净;

（7）通知钳工换嘴子。

上压型嘴子和卸压型嘴子其操作程序相反。

（三）注意事项

（1）嘴子上完后刀架要靠紧,螺丝拧紧,防止压形时发生设备故障;

（2）调整好接料小车、托板,铺好铁板,最后送电、送蒸汽或导热加热,并进行空载试车。

（四）主缸垫、副缸垫更换操作程序

（1）按尺寸规格用锯将橡胶垫拉成斜口;

（2）将法兰上螺丝全部卸掉;

（3）把缸内的旧垫取出换上新垫;

（4）确保副缸垫和液压缸不漏水。

四、泵站及传动介质选择

（一）传动介质选择

挤压机的动力是泵站供给的高压液体。挤压机的传动介质可以是油类,也可以是自来水（软化自来水加2% ~3%的切削脂,搅拌成白色的悬浮液,称为乳化液）。采用油作为传动介质时,是使由泵输出的高压油直接进入挤压机的各缸,推动柱塞工作。采用自来水（乳化液）作为传动介质时,是由高、中压泵和蓄势罐共同供给高压液,推动挤压机工作。我国目前的挤压机多数为油压机。

用水泵站传动存在的问题有:

（1）不适宜水质差和高原山区缺水的地区使用。

（2）使用自来水作为介质,设备易生锈,水中多杂质,密封件等易损坏。

（3）高压容器一般不易解决,且占地面积大,投资费用高等。

采用高压油泵直接传动,不存在上述条件限制。对于要求慢速挤压的电极生产来讲,具有油压平稳的优点,且泵阀等液压元件可选用标准件。当然也有不足之处,如油成本贵,要求密封性好等,目前国内外均已采用高压油泵直接传动。从现有资料看,其传动形式也不完全相同,如我国的3500t 压机,以及德国、日本、美国的压机的主机只进行预压与挤压;压实等由辅机完成。所以主机的泵系统很简单,但需要增加辅机。法国的主机要完成压实、预压、挤压等整个工艺过程,所以采用12 台高压泵和16m^3 的充液油箱（指4000t 压机）。我国的2500t 及以下压机,均无辅机,压实、预压、挤压均由主缸完成。

（二）最大耗油量、泵的台数以及功率计算

（1）挤压时，由高压泵直接向主缸供高压液，其供液量 $Q_{挤}$（L/min）为：

$$Q_{挤} = \frac{v_{挤} F_{主}}{1000} = \frac{0.785}{1000} D_{主}^2 \cdot v_{挤} \tag{10-113}$$

式中　$D_{主}$——主缸直径，mm；

　　　$v_{挤}$——主柱塞挤压行程速度，m/min；

　　　$F_{主}$——主缸横截面积，mm^2。

若泵的流量为 $q_{泵}$，则最少选用泵的台数 n 为

$$n = Q_{挤}/q_{泵} \tag{10-114}$$

对于 2500t 压机，若取 $v_{挤} = 0.17m/min$，则供油量 $Q_{挤}$（L/min）为：

$$Q_{挤} = \frac{0.785}{1000} \times (1000)^2 \times 0.17 = 134$$

若每台泵的流量 q 为 45L/min，则泵的台数为

$$n = Q_{挤}/q_{泵} = 134/45 \approx 3$$

n 取整数，当 n 不是整数时，小数只入不舍或另选其他流量的泵。

（2）压实时，油压机是利用侧缸进行压实，油的压力为中压，其最大耗油量 $Q_{实}$（L/min）为：

$$Q_{实} = \frac{Z \cdot F_{侧} \cdot v_{实}}{1000} = \frac{0.785}{1000} D_{侧}^2 \cdot v_{实} \cdot Z \tag{10-115}$$

式中　Z——侧缸数，一般为两个；

　　　$D_{侧}$——侧缸直径，mm；

　　　$v_{实}$——压实时，柱塞行程速度，m/min。

同理，可计算其他液压缸的供液量。

（3）泵的功率 N（kW）：

$$N = \frac{pQ}{612\eta} \tag{10-116}$$

式中　N——泵的功率，kW；

　　　p——泵的输出压力，kgf/cm^2；

　　　Q——泵的输出流量，L/min；

　　　η——传动效率，一般为 0.9 左右。

对于 2500t 油压机，各缸的最大耗油量，如表 10-19 所示，配套水泵站参数如表 10-20 所示。

表 10-19　2500 油压机工作时的最大耗油量

项　目	液压缸直径 /mm	速　度 /m·min^{-1}	液压工作面积 /cm^2	最大耗油量 /L·min^{-1}	功率/kW	泵的规格和台数
挤　压	1000	0.17	7850	134	43.6	250ycy14-1 变量油泵 2 台
压　实	320	5	2×1017	1017	40	250ycy14-1 变量油泵 6 台

项　目	液压缸直径/mm	速　度/m·min⁻¹	液压工作面积/cm²	最大耗油量/L·min⁻¹	功率/kW	泵的规格和台数
回　程（挤压或压实）	200	8	2×310	496	28	250ycy14 – 1变量油泵 4 台
挡板上升	260	4	530	212	23	$Q = 200$L/min叶片泵 1 台
剪　切	180	10	2×255	510	28.6	250ycy14 – 1变量油泵 2 台

表 10 – 20　2500t 卧式电极挤压机的配套水泵站参数

名　称		数　量
中压泵	压力 5MPa(50kgf/cm²)/台	2(其中备用 1 台)
	每台流量/L·min⁻¹	600
	主电动机功率/kW·台⁻¹	95
高压泵	3W – 6B₂,压力 32MPa(320kgf/cm²)/台	3(其中备用 1 台)
	每台流量/L·min⁻¹	75
	主电动机功率/kW·台⁻¹	55
蓄势罐	5MPa(50kgf/cm²)/只	3
	每只容积/m³	10
	水罐有效容积/m³	4
	最低工作压力(压力降 13%)/MPa(kgf/cm²)	4.3(43)
高压泵水量	压实时/L·min⁻¹	约 3900
	挤压时/L·min⁻¹	1～135
空压机	1 – 0.43/60,压力 6MPa(60kgf/cm²)/台	2(其中备用 1 台)
	功率/kW·台⁻¹	10
	2V – 0.6/7,压力 0.7MPa(7kgf/cm²)/台	2(其中备用 1 台)
	功率/kW·台⁻¹	5.5
	气动操纵压力/MPa(kgf/cm²)	0.6(6)
	水箱(10m³)/个	1
	地面以上最大部件高度(水罐)/mm	~8500
	地沟深度/mm	1000
	最大件质量/t	13
	水泵站面积(长×宽)/m×m	18×15＝270
	设备总重/t	72

五、水压机故障处理

油压机或水压机在操作中常出现下面一些故障,其原因大致相同,现介绍水压机的故障处理供参考:

（1）各阀门正常情况下,开启高压泵站,不上压。产生的原因有:1)卸压阀没关严;2)50kg 逆止阀没关严;3)大溢流阀没关严;4)卸载阀没关严;5)节流阀不严;6)主缸内有气体(跑气)在短时间内不上压,但时间长可能上压(上压后压力不稳或发生其他问题);7)冬天压力表水管结冰(压力表针不动,但压机实际已升压)。

（2）压机预压或压型时压力减不下来。产生的原因有:1)卸载阀不启动;2)没压缩空气或空气不足;3)压力减不到 4.0MPa;4)冬天压力表水管冰冻。

（3）水压机不返行。产生的原因有:1)大溢流阀打开;2)大溢流闸门脱落;3)柱塞头周围硬料片卡住;4)没有低压水或低压水压力低;5)没有压缩空气或压缩空气不足;6)缸内有气体。

（4）水压机自动返行。产生的原因有:1)大溢流阀没落严;2)高压逆止阀不严跑水;3)卸载阀关不严。

（5）挡板升不上。产生的原因有：1)上挡板水路压力阀没打开,溢流阀关不严;2)下挡板水路压力阀关不严,溢流阀没打开;3)挡板缸内柱塞头密封垫圈坏串水,螺帽松扣柱塞头脱落;4)挡板与嘴子间被硬料挤住;5)没有低压水或低压水压力低;6)没有压缩空气或不足。

（6）挡板放不下。产生的原因,与挡板升不上原因 1)和 2)相反,与挡板升不上原因 3)～6)相同。

（7）在空气压力正常,泵房供水压正常,各闸门正常情况下,水压机捣固柱塞不动。产生原因有:1)大溢流阀没关严;2)进液阀没打开。

（8）水压机各阀闸门正常情况下捣固或返行不动。产生的原因有:1)没有压缩空气或空气压力低;2)没有低压水或低压水压力太低;3)停蒸汽时间长,料室温度低,柱塞头周围被凉料片挤住。

（9）剪切刀不进,不退。产生原因有:1)切刀不进,压力阀没打开,溢流阀没关严。2)切刀不退,压力阀没关严,溢流阀没打开,剪刀柱塞头胶垫坏串水。

六、挤压机的维护

加强对设备的维护,是保证设备正常工作的必要措施,因此应做到以下各点:(1)注意安全操作,严禁在压机工作时检修设备。(2)严禁在高压罐、气罐、工作缸等上钻孔和焊接。(3)经常检查各管道系统的管夹是否牢固,法兰等处是否泄漏和各连接外螺栓是否松动。(4)双连阀等橡胶薄膜和各工作缸及阀的密封圈是否损坏,如有损坏应及时更换。(5)各柱塞和挡板等润滑应良好,如有干固,应清洗后再涂上新的二硫化钼(MoS$_2$)润滑油膏。(6)定期清理水箱和过滤器内的污染和其他杂质。(7)高中压泵系统的润滑,运转应良好,泵上的安全阀在超过规定值时应自动卸压。(8)乳化液时间用长后,如有变质发臭,应排除后加入新搅拌的乳化液。对于液压油,也应定期过滤或更换。(9)基础水沟内的污水应随时排除。(10)逢节假日或挤压机停车时期较长时,应将通往泵站的各截止阀关闭。并将电源切断。

第十一节　立捣卧挤旋转料室电极挤压液压机

目前,真空立捣卧挤式油压机在国外炭素生产中被普遍使用,其料室通常有两种结构形式:单料室和双料室。一般多采用单料室。凡旋转单料室(料室与嘴型连结式)电极挤压液压机的总体结构大致相似。现以上海重机厂设计的3500t旋转料室电极挤压液压机为例。予以简介。

一、结构特点

3500t旋转料室电极挤压液压机的结构如图10-46所示,它是由前、后横梁和挡架及四根主立柱构成的主机架;卧装在后横梁中的主缸、主柱塞及挤压头;分布在主缸上下的两个副缸及两个副柱塞;铰接在机架上可绕旋转轴转动90°的料室和料室旋转装置;抽真空装置、自动加料装置;500t立式压机、托板缸,卧装在前横梁弧形座中的嘴型、料室以及嘴型快速夹紧装置;挡板装置;同步自动剪切装置及电极小车翻转装置等组成。还有喷油、自动快印及圆筒凉料机和泵站系统等。

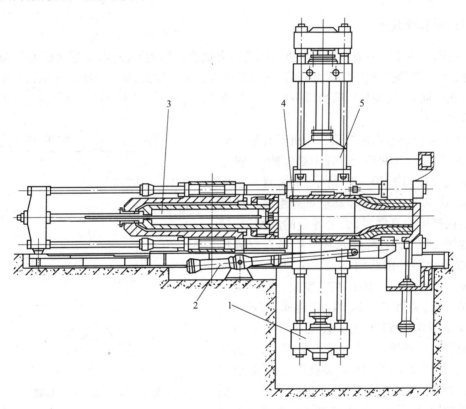

图10-46 3500t旋转料室电极挤压机
1—托板缸;2—旋转油缸;3—真空排气管;4—料室;5—压实真空罩

与2500t电极挤压机相比,在结构上有很多不同的地方。

(一)料室结构形式不同

2500t电极挤压机的料室既是卧式的,又是固定在前横梁中并与嘴型由夹紧卡环机械地连结在一起的,料室不能旋转。而3500t旋转料室电极挤压机的料室与嘴型通过夹紧机构连接成一体,并通过旋转装置,可将料室及嘴型从水平卧式位置旋转成垂直位置,旋转装置是主机中的关键部分。

（二）加料和压实（捣固）方法不同

2500t 电极挤压机的料室固定，在料室上设有一加料口，糊料从加料口装入再由主柱塞压实，一般糊料分 3～5 次加入，每加一次料，用主柱塞压实一次，这种加料方法使料室中的料上松下紧，对挤压出来的生坯质量有影响，同时，由于主柱塞频繁来回运动，增加动力消耗和主柱塞的磨损。

3500t 旋转料室电极挤压油压机料室与嘴型连结可旋转成垂直，下面由托缸的托板顶住嘴型口，故立式加料，一般可分 3 次加料，每次加料后由专门设计的 500t 立式压实装置进行压实（捣固）。因压实力小，所以压实机液压缸比主机的主缸小得多，这样可减少动力消耗。及对主缸的磨损，同时，在料室内径向方向各处的糊料松紧均匀，使挤压后的生坯质量均匀。

（三）抽真空装置

目前国内炭素厂一般使用的电极挤压机没有抽真空装置，加料时带进去的空气和沥青挥发分，在压实、预压和挤压时，包围在糊料里的气体无法排出，而被压缩成气泡留在压坯中形成气孔。同时，当糊料从嘴型口挤出后压力降低，气泡向外膨胀，因而产生裂纹，从而影响产品质量。

3500t 旋转料室电极挤压油压机具有抽真空装置，在压实、预压和挤压过程中都可抽气，料室真空排气原理如图 10－47 所示，该装置由水环真空泵，真空罐、电磁阀和真空罩等组成。在糊料压实或挤压抽真空时，盖上各自的真空罩、接通电磁阀 DT1 或 DT2，这时真空罩与真空罐相通，便能在几秒钟内达到 34.7～61.3kPa（260～460Torr，1Torr＝1mm 汞柱）的真空度。当压实或挤压结束时，关闭 DT_1 或 DT_2 电磁阀，接通 DT_3 或 DT_4 电磁阀，使料室通大气，便可打开真空罩。

但当挤压完毕，主柱塞挤压头回程时，由于挤压头与料室之间的周壁间隙极小（几乎是滑动配合），再加往复运动中挤压头上已黏附上一层薄薄的糊料，回程时，糊料与挤压头之间会变成

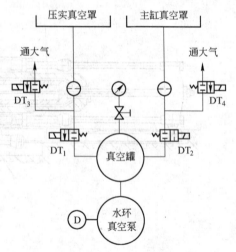

图 10－47　真空排气原理图

真空，有可能使留在嘴型内的糊料拉松，产生裂纹，这种缺陷会使这部分糊料在挤压成形后仍留在电极内，影响电极质量，为了克服这个缺点，设计有特殊的挤压头进气阀，如图 10－48 所示，从图可见，当主柱塞回程时，一定压力的气体通过主缸尾部进气阀，进气阀弹簧受到压缩，气压冲开挤压头端的挡板（挡板是一块薄钢板，只在上端用两只螺栓与压头连接）进入料室，破坏了料室的真空度，因而降低了糊料拉松。进气阀与糊料之间隔有一层挡板，也可防止糊料在挤压过程中渗入进气阀，使它失去抽气作用。

（四）料室与嘴型的夹紧装置不同

目前国内常用的电极挤压机和 2500t 电极挤压水压机的固定料室嘴型的夹紧装置，是

靠两者法兰边上的斜度来夹紧的,夹紧用的上下夹套(卡箍)也同样带有此斜度,但两者的斜度往往不易达到设计要求,因此挤压时糊料便从斜面空隙中溢出。并且上下套用梯形螺栓连接,一旦调换嘴型,不仅劳动强度大,而且当糊料从斜面溢出胶合在一起,更不易拆下。

3500t 旋转料室电极挤压液压机的料室与嘴型采用的夹紧装置如图 10 - 49 所示,它是由液压缸、微调撞块和夹紧圈等组成。液压缸与撞块固定在支承面板上,支承面板又与料室连接,而移动块与夹紧圈连接。夹紧圈与嘴型

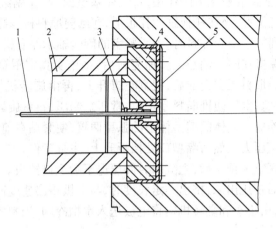

图 10 - 48　挤压头进气阀

1—进气管;2—主柱塞;3—进气阀;4—挤压头;5—挡板

连接的是开槽的特殊螺纹,即锯齿形结构,与料室连接是与特殊螺纹相同直径的锯齿形环形槽。当调换嘴型时,液压缸活塞向前推动,将夹紧圈转动 15°,这时原与嘴型夹紧的螺纹松开,再由嘴型行走机构将嘴型从带槽的缺口中退出,反之便能将嘴型夹紧。

快速夹紧机构调换嘴型时间大大缩短,老结构过去需几小时,新结构只需几分钟,同时取代了繁重的体力劳动。

(五)剪切机构不同

2500t 电极挤压水压机和国内常用的电极挤压机的剪切装置是固定在挡架上的,剪切时,若连续挤压,会挤坏或卡住剪刀,故主缸要瞬时卸压,主柱塞微退,这时糊料膨胀易产生微裂纹,同时因不能连续挤压,生产率低。3500t 旋转料室电极挤压液压机是同步自动剪切,即剪刀以与电极相同的速度纵向运动时,横向剪切电极,避免产生微裂纹,同时剪切时可连续挤压,提高了生产率。

此外,该机用圆筒凉料机代替了常用的圆盘凉料机,用油泵直接传动代替了水压机的泵—蓄势罐传动。除上述外,其他主要结构与2500t 电极挤压水压机大致相同。

二、工作原理和主要技术性能及参数

3500t 旋转料室电极挤压液压机的工作原理是,当料室内的糊料全部挤出后,打开真空

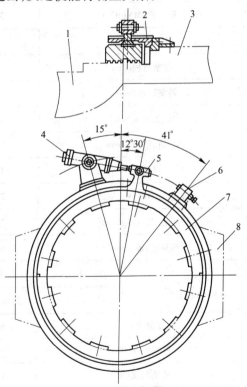

图 10 - 49　快速夹紧装置

1—嘴型变径段;2—支承面板;3—料室;4—液压缸;
5—移动块;6—撞块;7—夹紧圈;8—弧形垫翼叶

罩,由副缸液压力的作用,将主柱塞退回,再让副缸卸压。通过旋转机构将料室顺旋 90°为垂直位置,坐在托板缸的托板上,在圆筒凉料机内凉好的料(温度 130℃左右)通过下料装置加到料室中。加料时,支承料室的旋转轴承左右机架中的两只常压缸顶住,使料室与压实压头保持在同一轴心上。加完料后,将压实真空罩罩好,进行抽真空和用立式压实机压头压实。加料压实完成后,把真空罩升上,再由旋转机构将料室逆时针回转 90°转到水平位置,主缸真空罩便推向料室定位,常压缸卸压,料室旋转轴的移动轴承同时向前移动,这时与料室连成一整体的嘴型体上的弧型两翼,便紧贴在前横梁的左右弧形座上,承受挤压机全吨位的挤压力。然后嘴型口处挡板升上,主缸工作,主柱塞对料室内的糊料进行预压保压,同时抽真空。预压后,主缸瞬时卸压退下嘴型口挡板。主缸继续工作,把料室中的糊料经嘴型收缩后挤压出来,挤出一定长度时,与电极挤出速度同步的剪刀进行剪切成一定长度的电极生坯,由小车和翻转机构将电极送入水槽冷却,当料室内的糊料全部挤完后,即完成一次加料挤压循环。

3500t 旋转料室电极挤压液压机的主要性能和技术参数如表 10 - 21 所示。主要技术参数计算方法与前面 2500t 电极挤压水压机相同。

表 10 - 21　3500t 旋转料室电极挤压液压机主要技术性能及与国外对比

名 称 单 位		中国上海重型机器厂	日本神户制钢所	
公称压力/MN(tf)		35(3500)	35(3500)	40(4000)
主柱塞直径/mm		1200	1220	1350
主柱塞行程/mm		3330	3100	3700
料室直径/mm		1420	1500	1600
压实能力/MN(tf)		5(500)	5(500)	2(200)
嘴型直径规格/mm		320 ~ 632	310 ~ 700	300 ~ 800
挤压比		19.6 ~ 5	23 ~ 4.5	28 ~ 4
电极比压/MPa(kgf/cm²)		22(220)	19.8(198)	20(200)
工作压力/MPa(kgf/cm²)		32(320)	30(300)	29(290)
挤压速度/m·min⁻¹		0 ~ 0.25	0.24	0.25
真空度/kPa(mmHg)	压 实	约 40(约 300)		至 81.3kPa(610)
	挤 压	约 66.7(约 500)		
加热方式		工频感应加热	蒸汽与电加热	蒸汽与电加热
料室温度/℃		90 ~ 120	蒸汽 100 ~ 150	蒸汽 80 ~ 130
嘴型温度/℃		130 ~ 230	电 100 ~ 200	电 80 ~ 180
主电机功率/kW		75 × 2	160	150
凉料设备		圆筒凉料机	圆筒凉料机	圆筒凉料机
剪切机构		自动剪切翻料	水平自动剪	水平自动剪

三、3500t油压机的操作技术

(一)操作前的准备

(1)先擦拭柱塞杆(回转缸、压料柱塞、卧回程缸、插销缸)。

(2)作各机构部件的停机检查。包括:1)操作台各手柄须操作到正确位置。2)各有关闸门须打开。3)各元件在不加油压时不得有泄漏。4)油箱上的标位上限为960mm,在主柱塞回到位时下限为750mm可生产。5)各地脚螺丝不得有松动。6)各管路位置不能异常变动。

(3)作各机构部件的开机检查。包括:1)用于油泵加油,在油压方向小手柄不动的情况下,用手推拉大手柄打压到5~10MPa,然后拉(或推)小手柄再打压到5~10MPa,看各黄甘油位是否有黄甘油挤出,小车滑轨加黄甘油,各油壶加油,齿轮托轮加油,溜子导轨加油。2)把真空泵冷却水调好,以泵轴前后法兰刚滴水为宜,不可把水调大。3)压缩空气的油雾器和分水滤汽器是否正常。4)用手点动油泵,看是否有异常现象,一切正常后开启所有的泵。5)按工艺程序表试车,看各阀与缸是否漏油,灵活和位置是否正确,压力是否够用,如发生柱塞杆前后颤动请钳工放汽再开动。6)试凉料机时应先把调速打到零位,先点启动电机,看是否正常,辊筒全速运行看是否正常。7)冷却轨道在带重载时不可直接开快速,应先调到慢速。

(二)操作程序

(1)捣固操作。包括:1)主柱塞及真空罩退回到位;2)降挡板;3)水平定位锁退回(注意两侧各水平定位销);4)旋转料缸至垂直位置(注意旋转料缸之前,嘴口料必须平齐);5)垂直定位销进入(伸出);6)升托板;7)下料溜子进入加料(分数次加,每次一捣固);8)下料溜退回(最后一次料下完,柱塞头喷蔥油);9)下捣固真空罩;10)抽真空;11)立捣缸进入(下降)捣固,捣固压力控制在18~20MPa;12)捣固后立捣缸和真空罩退回;13)重复7)~12)动作三次。

(2)回转操作。包括:1)降捣固托板;2)垂直定位销退回;3)旋转料缸90°至水平位置;4)水平定位销进入(两侧)。

(3)挤压操作。包括:1)升挡板;2)卧挤柱塞头喷蔥油;3)主柱塞前进,真空罩前进到位;4)抽真空;5)主缸卸压(给压缩气);6)真空罩退回;7)降挡板;8)连接制品小车;9)开始挤压;10)主缸减压;11)剪切(切头);12)切刀退回;13)挤压电极;14)挤压电极到规定长度后,主缸减压;15)剪切;16)剪切刀退回;17)小车退回,接电极槽退回,翻倒电极;18)小车进入,接电极槽进入,重复13)~17)动作至挤压完最后一根电极;19)主缸卸压;20)主柱塞充气;21)主柱塞退回;22)升挡板,准备下一次循环;23)挤压完毕,应将柱塞头伸进料室,以便柱塞头保温。

(4)注意事项。包括:1)开手柄操作时,同一压力或同一压力系统的所有自重作用力的工作缸不能都在开启位置,以防相互干扰产生破坏。2)凡20min之内不用的泵应停泵,以防泵油空循环,产生过多的热量。3)泵的使用温度在10~30℃,当手感明显过热时,应打开窗户,使空气产生对流。4)当冷却水管热时应把水槽前部的大闸门打开,以便冷却水加大流量。5)当某一阀不好用时,请来回打几下手柄或请电、钳工处理,千万不可自己用手动来启动阀,否则产生重大事故。6)系统中红色管是高压管,请不要在此长期停留,以防被高压油击伤。7)当系统中有的接头油漏出成溜,必须停机或请电、钳工来处理。8)在挡板缸上升到位时,把电极槽上冷却水停下,以防挡板缸柱塞生锈。

四、3500t 油压机故障处理

(1)柱塞头黏料。产生原因是:柱塞头过凉,没及时处理。

处理方法:1)柱塞头打油;2)柱塞头保温;3)柱塞头尽量伸进糊缸内;4)柱塞前进,压实,上压保温一段时间;5)用钢丝切断黏料。6)如切不断则用扁铲、撬棍、大锤一点一点铲去。

(2)不返程。产生原因是:1)设备连锁故障;2)压得过紧;3)柱塞头没打油;4)糊缸移位;5)糊缸温度过低;

处理方法:1)处理连锁故障;2)不准压靠;3)柱塞头打油;4)手动提起糊缸复位;5)料室加温;6)再不返程用 50t 油压千斤顶两个顶回。

第十二节　振动成形机

在炭素制品生产中,最通用的成形方法是利用高压压缩炭糊,使糊料在模具内或经过挤压嘴而成形,且有一定的外形及密实度。由于黏塑性炭糊的内摩擦力以及炭糊对料缸、挤压嘴的外摩擦力都很大,而且炭糊对力的传导性能很差,所以要使炭糊压缩到较小的体积必须施加较高的压力,一般需要 $150 \sim 200 kgf/cm^2$。据试验资料该成形压力的 90% 以上是用来克服各种阻力。因为,不论是模压还是挤压,设备的总压力与产品截面大小成正比,所以,产品截面越大则需要的总压力越大,如总压力为 10MN(1000tf)的卧式挤压机,按过去设计只能压制直径为 200 ~ 350mm 的产品,总压力为 25MN(2500tf)的卧式挤压机最大压制规格:圆形产品直径不大于 550mm,方形产品不大于 440mm × 440mm。模压产品所需的压力还高些,且产品高度受到一定的限制。大型水压机或油压机的制造比较复杂,制造工艺要求高,投资大,周期大。其后开发出振动成形工艺,振动成形机结构简单,制造容易,且能生产大规格产品,还能生产异形件(如预焙阳极,带底坩埚和大型石墨管等),因此振动成形的方法已逐渐被重视和被采用。

一、振动成形原理

振动成形原理与模压成形原理相类似,炭素糊料的振动成形,主要是靠振动台下面的振动器所产生的振幅小、频率高的强迫振动,使振动台上成形模内的糊料受到多变速度运动,糊料间、糊料与模壁间的内摩擦力、外摩擦力、黏结力大幅度降低,从而使糊料流动性比振动前增高,颗粒间发生相对位移使其更加合理排列,而逐渐达到密实。与此同时在糊料表面再加上一个自由外力,则更能提高糊料的密度程度。振动过程中,颗粒以长轴方向垂直于振动方向而定向排列,形成结构上的各向异性,从而产生性能上的各向异性。振动主要沿垂直方向进行(理论上不产生水平方向的振动),振动力通过与振动台面直接接触传递,在成形模内的糊料受到的振动能量是自下而上衰减的,因而糊料在振动成形时变形速度较慢,一些沥青气体有足够的时间在振动的同时逸出,因此可直接使用温度较高的糊料而不易产生膨胀裂缝和变形现象,并且较高的成形温度有利于黏结剂性能的发挥,使糊料具有良好的流动性,均匀充填模内,取得较好的成形效果。

糊料的颗粒呈现振动状态后,它们的物理性质发生了重大变化:

(1)糊料颗粒间的内摩擦力以及与模壁的外摩擦力显著降低;

(2)糊料从弹性塑性状态转变成密实的流体状态,因而糊料颗粒间的黏结力也有很大程度的减弱;

(3)振动使糊料颗粒受到多变加速度,因而使大小不等的颗粒产生惯性力。

上述三种物理性质的变化,其中最重要的是糊料颗粒产生惯性力。由于颗粒大小不均,它们的质量有大有小,结果产生的惯性力有所不同。因而使糊料颗粒边界处产生应力。当这个应力超过糊料的内聚力时,颗粒间便开始相对移动,在位移的瞬间,如果再加上自由外力(如重锤等),就能迫使颗粒间加速移动,这样不但可以缩短振动时间,而且还能使糊料进一步密实。

振动成形机在振动过程中外加压力小,因而糊料中的大粒子不易受到压碎,基本上可以保持原来配合料的粒度组成,这对于产品的假密度、强度等方面有着重要的意义。

振动成形虽然有上述一些优点,但也存在着噪声大、振动大;成品在高度方向密度不十分均匀等不足。

对比来看,在一般采用的挤压法成形炭块时,由于糊料经过挤压的速度较快,而且糊料是由外向内压缩,是很容易出现沥青气体被压缩在糊料内的现象,致使成品发生膨胀裂纹,另外在挤压过程中,糊料受到很大压力,糊料中的大颗粒可能被压碎,从而破坏了配合时的粒度组成。

二、振动成形的主要结构和性能

目前国内设计的振动成形机主要是由振动台、成形模、重锤等部分组成,图10 - 50 所示为双轴振动成形机结构示意图,表10 - 22 为部分振动成形机的规格与技术指标。

(一)振动台的振动原理和特性

振动台的振动,是旋转轴上的振动子(不平衡质量)高速回转产生的离心力(激振力),激发而产生的简谐振动。旋转轴是由轴承支持的,轴承固定在台面框架下面。这个振动的特性,一般由振幅和频率来表示,振动强度用振幅和角频率平方之积表示。

机械传动的惯性振动台可以有两类振动——定向振动和椭圆振动,后者在某些情况下可能成为圆形振动。

定向振动时,振动台连同上面的物料颗粒是沿一直线往复运动;其所经过的路程是从一个边缘位置到另一个边缘位置(称为幅度)。振幅是幅度的1/2。

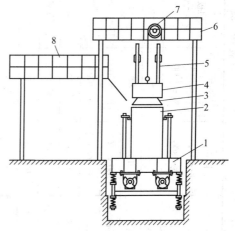

图10 - 50　双轴振动台振动成形机示意图
1—振动台;2—模具;3—压板;4—重锤;5—导向杆;
6—机架;7—卷扬机;8—平台

表 10 - 22　阴(阳)极炭块、电极振动成形机组

项目		阳极 长≤1625 宽≤800	阴极 长≤2000 宽≤1000	阴极 长≤2500	阴极 长≤3500	阴极 长≤4200	电极 φ≤650 卧振	电极 φ≤650 立振	电极 φ>650 卧振	电极 φ>650 立振
成形块规格/mm		长≤1625 宽≤800	长≤2000 宽≤1000	长≤2500	长≤3500	长≤4200				
效率	手动/块·h^{-1}	8	5	6	4	3				
	自动/块·h^{-1}	15	8	12	6	4				
振动台	台面尺寸/mm	1700×2500	1700×3000	1700×3000	1700×4000	1700×5000	1700×3000	1700×3000	1700×3000	1700×3000
调幅	振动力/kN	0~600	0~1000	0~800	0~1000	0~1300	0~600	0~600	0~1000	0~1000
	振动电机/kW	2×30	2×45	2×37	2×45	2×55	2×30	2×30	2×45	2×45
	频率/Hz	约39	约39	约39	约39	约39	约39	约25	约39	约25
重锤部分	压重/kN(tf)	100(10)	180(18)	180(18)	200(20)	280(28)	120(12)	120(12)	200(20)	200(20)
	最大提升力/kN(tf)	180(18)	300(30)	230(23)	300(30)	420(42)	200(20)	200(20)	300(30)	300(30)
	导向	两柱	四柱	四柱	四柱	四柱	四柱	四柱	四柱	四柱
脱模部分	形式	双链	双链	双链	双链	双链	双链	液压	双链	液压
炭块推出	最大力/kN(tf)	50(5)	150(15)	100(10)	150(15)	200(20)	50(5)	1500(150)	100(10)	3000(300)
	形式	机械或液压	液压	液压	液压	液压	液动翻滚	液动先夹升 后推出转平放	液动翻滚	液动先夹升 后推出转平放
	推力/kN	25	50	30	50	70				
计量供料	计量	电子秤	电子秤	电子秤	电子秤	电子秤	电子秤	电子秤	电子秤	电子秤
	形式	振动供料槽	振动供料槽	振动供料槽	振动供料槽	振动供料槽	振动供料槽	振动供料槽	振动供料槽	振动供料槽
保温拌料	容积/m³	1.3	2	1.5	2	2.5	1.3	1.3	2	2
	实验压力/MPa	蒸汽0.8号 热油0.1	蒸汽0.8号 热油0.1	蒸汽0.8号 热油0.1	蒸汽0.8号 热油0.1	蒸汽0.8号 热油0.1	蒸汽0.8号 热油0.1	蒸汽0.8号 热油0.1	蒸汽0.8号 热油0.1	蒸汽0.8号 热油0.1
模及底模	实验压力/MPa	蒸汽0.8号 热油0.1	蒸汽0.8号 热油0.1	蒸汽0.8号 热油0.1	蒸汽0.8号 热油0.1	蒸汽0.8号 热油0.1	蒸汽0.8号 热油0.1	蒸汽0.8号 热油0.1	蒸汽0.8号 热油0.1	蒸汽0.8号 热油0.1

圆形振动时,振动台连同上面的物料颗粒是沿圆周运动。振动的振幅等于该圆周的半径,而幅度等于圆周的直径。

按振动特性分类,振动台可分为:单轴振动台和双轴振动台。

1. 单轴振动台

单轴振动台的圆周振动过程如图 10 – 51 所示,如果振动系统 B 的质量为 M,而偏心半径为 r 的振动子 D 的质量为 m,那么由质量 M 和 m 组成的两个质点系统在没有外力的作用下,按照力学的质量中心定理,这两个系统应该保持平衡。

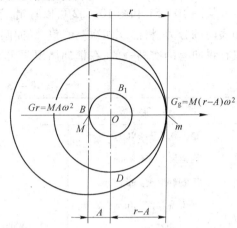

即:$F_B = F_g = MA\omega^2 = m(r-A)\omega^2$

$$(10 – 117)$$

在这种情况下,数值 A 作为振动系统圆周振动的振幅,ω 为振动子的角速度。

振动子所产生的激动力的实用计算式可为

图 10 – 51 单轴振动台圆周振动示意图

$$F_g = \frac{G_0}{900} \cdot r \cdot n^2 \qquad (10 – 118)$$

式中 F_g——激振力,kgf;

       G_0——振动子的重量,kgf;

       r——振动子的偏心半径,m;

       n——振动频率或轴的转速,r/min。

在不计介质阻力和以重量表示整理式(10 – 117)可得振幅 A 的计算式:

$$A = \frac{G_0 r}{P + G_0} \qquad (10 – 119)$$

式中 $G_0 r$——振动子重量与它的偏心距的积称为偏心动力矩(kgf·cm)。这个数值作为惯性振动台的基本性能之一。

       P——振动系统的重量(包括振动台、模具、物料)。

2. 双轴振动台

双轴振动台就是将两个上单轴振动器一起固定在台面框架下面。两个轴由一个电动机通过两个相同的圆柱斜齿轮衔接,使它们保持到一定速度和相反的方向回转。振动子旋转时,惯性力的作用简图如图 10 – 52 所示。

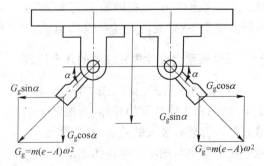

从图 10 – 52 中可看出,两个振动在水平方向的分力,在任何角度下都是大小相等,方向相反,因而互相抵消了,剩余的两

图 10 – 52 双轴振动台惯性力作用的简图

个垂直分力则作用于振动台上,因此,双轴震动台的振动是垂直定向振动。

若以 $\sum G_0$ 代表振动子总重量,则双轴振动台产生的离心惯性力实用公式可为:

$$F_H = \frac{\sum G_0}{900} \cdot r \cdot n^2 \qquad\qquad (10-120)$$

式中符号同前。

从图 10-51 和图 10-52 可以看出,单轴振动子转一周(360°)所产生的激动力在纵向和横向的分力,将出现四次高峰值,纵向两次,横向两次;双轴振动台振动子转一周(360°),仅在纵向有两次高峰值,在横向出现两次零值。振动台的主要性能见表 10-23。

表 10-23　振动台的性能指标

性　能	单轴振动台	双轴振动台
最大载重量/kN(tf)	30(3)	160(16)
台面尺寸/mm×mm	1200×1770	2400×1600
理论频率/次·min^{-1}	2300	2950(实为2500)
理论振幅空载/mm	1.88	2.2(最大),0.6(最小)
负载/mm	1.02(计模重500kg)	0.36(最大),0.11(最小)
理论激振力/kN(tf)	66(6.6)(最大),38.2(3.82)最小	550(55)(最大),168(16.8)(最小)
总偏心动力矩/N·cm(kgf·cm)	650~1125(65~112.5)	1730~5700(173~570)
振动器数量/个	1	2
重锤接触压力/kPa(kgf/cm^2)	100~150(1~1.5)	100~250(1~2.5)
振动性质	圆周振动	垂直定向振动
振动部分质量/kg	600	2500
电动机性能	JO 型,40kW,2950r/min	JO_2-91-2 型,55kW,2950r/min

(二)振动台的结构

如图 10-53 所示为双轴振动台的外形和结构,振动台体是由台面框架 1、振动器 2、同步齿轮轮箱 3、弹性联轴节 4、电动机 5、万向联轴节 6、减振弹簧 7、底架 8、减共振反弹簧(或橡胶块或气囊)9 等组成。

(三)振动台设计中应注意的几个问题

(1)振动子型式。在给定的偏心动力矩下,振动台工作情况的好坏,与振动子的型式是否合理有极大的关系,众所周知,当强迫振动频率与振动台弹性体系的自由振动频率重合时,所产生的共振对设备和建设物的危害极大。为减少共振引起的危害,应该缩短振动台的启动和制动时间。振动台启动或制动时间长短,主要取决于振动台振动子的转动惯量。在其他条件相同时,转动惯量越大,启动越慢,制动延续得越长。因为,振动子的转动

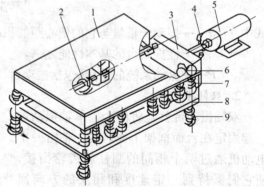

图 10-53　双轴振动台结构示意图
1—工作台;2—振动器;3—齿轮箱;4—联轴节;5—电动机;
6—万向联轴节;7—减振弹簧或橡胶块;
8—底架;9—弹簧或橡胶块

惯量与其质量和回转半径的平方成正比。欲减小振动子的转动惯量,最有效的办法,是减小回转半径。因此,在设计振动子时,宁可增加轴向厚度,不应加大轴向半径。偏心块最有利的形状是中心夹角接近90°的扇形。国产振动子与国外振动子形状及角度的调整,分别如图10-54和图10-55所示。

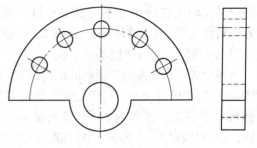

图10-54　国产振动子形状

(2)必须保证台面框架有足够的刚性,且振动台框架上不应出现振幅等于零的区域,一般沿台面长度的振幅偏离平均值的差异率不应当超过25%。

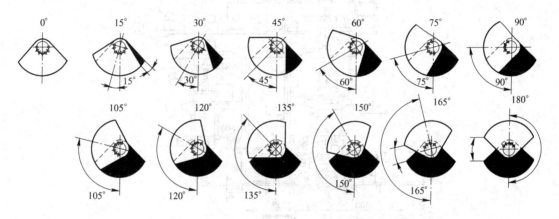

图10-55　国外振动子形状及角度调整

(3)减振装置的刚性,振动台工作时,要产生强烈的振动。因此必须有减振装置,以前采用由橡皮垫和螺旋弹簧联合组成的减振装置。减振弹簧的刚度在理论上要求其弹性体系质量的自由振动频率低于强迫振动频率的四倍。现在已采用橡胶块,但橡胶块易老化,弹性系数不可调。国外已普遍采用橡胶气囊,气囊内通压缩空气,其弹性力可调,便于自动控制。

(4)振动器旋转轴在振动台上布置应合理,两轴间距应合理;轴的长度及轴承座间距应合理。

(四)重锤接触比压

重锤接触比压是产品的单位横截面积上所受重锤的压力,即

$$p = \frac{W}{S} \tag{10-121}$$

式中　p——重锤的接触比压,kgf/cm^2;

　　　W——模具上加的重锤重量,kgf;

　　　S——产品的横截面积,cm^2。

接触比压大,制品的密度也大,现一般取$p = 1 \sim 2.5 kgf/cm^2 = 0.1 \sim 0.25 MPa$。

三、其他类型的振动成形机

目前国外振动成形的形式和种类很多,振动器有的是机械传动式的,有的是电磁式的,

还有的是气动式的;加压装置有的是机械式的(如重锤),也有的是液压式或气压式的;振动台有回转台式的,也有移动式的;还有真空压差式和真空挤压式的振动成形机。

(1)回转台式全自动振动成形机

回转台式全自动振动成形机的结构,如图10-56所示,它是由转动台、自动加料器、重锤(7000kg)、三个模具、振动台、产品推出装置等组成。三个模具互相成120°安装在转动台上,可随转动台转动。工作时,一个模壁喷油,一个在进料,一个在振动。振动时间为100~110s,振动台振幅4~4.5mm。振动频率为1450Hz,不平衡重块偏心角度为90°,偏心重块角度调整为图10-55所示。振动后成品自动脱模,用汽缸推至冷却输送线上。脱模后的模具转120°,同时装好料的模具转到振动台振动,振动一个周期约3min。

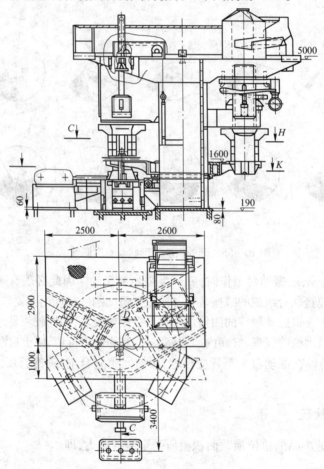

图10-56　三工位振动成形机结构示意图

(2)德国气囊式振动成形机。德国气囊式振动成形机结构如图10-57所示,其特点是:

1)振动台底由橡胶气囊托住,气囊由压缩空气提供压力支承,压力大小可进行调控。

2)由重锤与气囊共同组成加压系统,重锤很轻,但重锤上有气囊及液压缸,它不但可以保证有足够的比压,而且比压可以通过调整气囊和液压缸之压力进行调节,并自动控制,液压缸还可提升重锤。

该机全部工作程序都是采用微机自动控制。

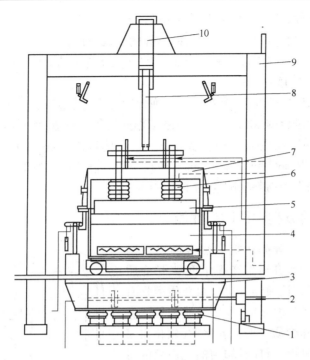

图 10-57　德国气囊式振动成形结构示意图

1,6—气囊；2—轴；3—振动台；4—模具；5—垂锤；7—支架；8—柱塞；9—机架；10—缸体

第十三节　等静压成形机

一、等静压成形的优点与应用

等静压技术的发明已有六十多年的历史，但前 40 年的发展是比较缓慢的，而近 20 年来，随着新兴技术的发展，等静成形技术的发展是相当快的。它不但在粉末冶金成形工艺中占有十分重要的地位，而且已被广泛地应用于炭石墨材料的成形。

等静压成形比一般的钢模成形有下列优点：(1)能够压制具有凹形、空心等复杂形状的压件。(2)压制时，粉末体与弹性模具的相对移动很小，所以摩擦损耗也很小。单位压制力较钢模压制法低。(3)能够压制各种金属粉末和非金属粉末。压制坯件密度分布均匀，对难熔金属粉末及其化合物尤为有效。(4)压坯强度较高，便于加工和运输。(5)模具材料是橡胶和塑料，成本较低廉。(6)能在较低的温度下制得接近完全致密的各向同性材料。

应当指出，等静压压制法也具有缺点：(1)对压坯尺寸精度的控制和压坯表面粗糙度的控制都比钢模压制法困难。(2)尽管采用干袋式或湿袋式的等静压制，生产效率有所提高，但一般地说，生产率仍低于自动钢模压制。(3)所用橡胶或塑料模具的使用寿命比金属模具要短得多。

原子能反应堆发电站使用的核石墨及宇航、火箭等所需的炭石墨材料，要求其性能为各向同性，而模压成形和挤压成形的制品都表现出各向异性，制造各向同性炭石墨制品，不仅要有相适应的工艺条件,还需要有相适应的成形设备。

液静压成形是可以获得密度均匀分布的压件的粉末成形方法之一,是改善各向异性的成形方法。根据在 25 ~ 28MPa(250 ~ 280kgf/cm²)压力条件下的对比试验,液静压制品的不均匀度为挤压制品的1/15 ~ 1/30。

液静压成形方法的实质在于:把粉末装在弹性膜壳中,经受各个方向的液体静压力,压制过程是在密封室中进行的,密封室装有用来工作的液体——油、水、甘油等。液压静压力通常是(100 ~ 200)MPa 或更高一些。原上海炭素厂的等静压成形机公称压力为 150MN(15000tf),缸体尺寸为 φ800mm × 2000mm。现在使用等静压成形机的炭素电炭厂已很多,已成为细组织结构炭石墨材料(制品)的主要成形设备。

二、等静压机的分类和结构与性能

等静压机可分为冷等静压机和热等静压机两种,冷等静压机又分为单介质型和双介质型,单介质型是压力液体直接作用于制品模具;双介质型是有工作介质和传压介质两种介质,工作介质和传压介质通过隔膜分开,工作介质一般为乳化液(软化自来水加2% ~3%的切削脂,搅拌成均匀的乳白色的悬浮液),工作介质直接作用于制品模具;传压介质(一般为液压油)的压力通过隔膜传递给工作介质。

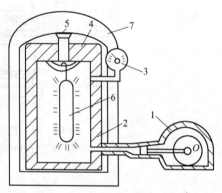

图 10 – 58　等静压制实验室设备示意图
1—高压泵;2—工作室;3—压力计;
4—密封盖;5—阀门;6—压件;7—机架

等静压机是由机架、缸体和介质传动部分组成,如图 10 – 58 所示。缸体是圆筒形,为缠绕有钢丝层的多层钢体,上、下有端盖。冷等静压机的缸体结构如图10 – 59 所示,图 10 – 59a 为单介质型结构,图 10 – 59b

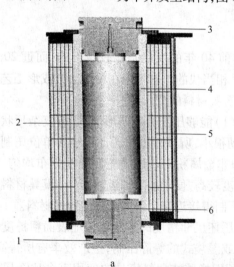
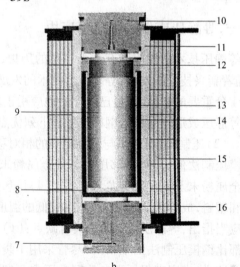

图 10 – 59　冷等静压机缸体结构示意图
a—单介质结构示意图　b—双介质结构示意图
1—高压油路;2—液体介质;3、10—上端盖;4、11—芯筒;5、15—缠绕钢丝层;6、16—下端盖;
7—高压油路;8—传压介质;9—工作介质;12—隔离筒;13—隔离套;14—保护筒

为双介质型结构,双介质型在工作缸内设置有隔膜,把压力介质分为工作介质和传动介质,隔膜内为工作介质,隔膜外为传压介质。其优点是:(1)工作介质和传压介质分开,能使液压系统清洁。(2)由于传压介质(液压油)污染降低,可大大减少液压油的更换频率,延长液压油的使用期限,因而可降低生产成本。(3)由于传压介质污染少,可延长液压元器件的使用寿命,减少液压系统的维护,因而可提高生产率,同时可减少易损件的消耗,降低成本。(4)采用隔膜后,隔膜内使用的是乳化液,便于对混入工作介质中的污染物沉淀与制品包装膜的清理和清洗。(5)特别适合怕油污染制品的成形。

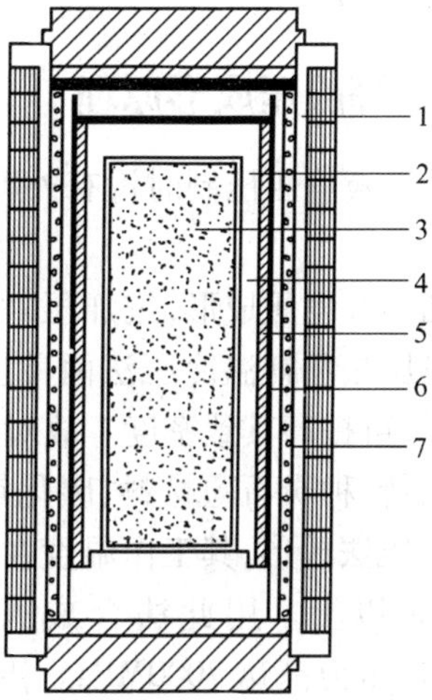

图10-60　热等静压机缸体结构示意图

1—压力容器;2—气体介质;3—粉末材料;
4—包套;5—加热炉;6—隔热层;7—冷却液

热等静压机缸体结构如图10-60所示,将工件放入加热炉内,通过气体压缩机导入高压气体,并通过加热炉对工件进行加热,炉内温度可自动控制和调整。在高温高压同时作用下,工件均匀收缩,并烧结成制品,这就是压形—焙烧一体化。炉内高温区与缸体通过隔热材料层隔开,缸体保持低温状态,以保护缸体。

部分国产等静压成形机的主要技术参数见表10-24。

表10-24　部分国产等静压成形机的主要技术参数

型号	有效装料尺寸/mm×mm	额定压力/MPa	空缸升压时间(不大于)/min	控制方式	轴向承载力/MN (kgf/cm²)	装机功率/kW	安装面积/mm×mm	备注
LDJ100/320-300	$\phi100×320$	300	3	继电器(手动卸压)	2.36 (236)	2.2	1010×900	
LDJ200/600-300	$\phi200×600$	300	5	继电器	10 (1000)	15.1	6000×6000	
LDJ300/1500-200	$\phi300×1500$	200	10	继电器	14.13 (1413)	15.1	5500×3400	
LDJ400/1000-550	$\phi400×1000$	550	60	继电器	74(7400)	30	8000×4600	
LDJ500/1500-250YS	$\phi430×1400$	250	8	PLC	52.5 (5250)	62	9540×5480	YS表示双介质
LDJ800/2500-200YS	$\phi720×2350$	200	15	PLC	100.5 (10050)	82	6590×9300	
LDJ800/3000-200YS	$\phi910×2850$	200	20	PLC+计算机监控	157.2 (15720)	115	12000×6000	带比例卸压方式
LDJ1000/3000-300YS	$\phi910×2850$	300	25	PLC+计算机监控	235.5 (23550)	130	12500×7200	
LDJ1050-3350-200YS	$\phi1050×3350$	200	25	PLC+计算机监控	173 (17300)	250	1200×10800	
RDJ120/250-200-2000	$\phi120×250$	200			最高工作温度2000℃	80	5000×3000	热压
RDJ650/1500-100-1000	$\phi650×1500$	100	10	PLC+计算机监控	最高工作温度1000℃	275	~130m²	热压

三、等静压成形原理

由于液静压压制时没有外摩擦的影响,因此与一般压制方法比较,单位压制压力可大大降低。

利用等静压成形,按加压时的工作温度不同,可分为高温热压法和常温冷压法两种。某些材料在较高温度下成形时,可提高其致密度。故对于一些技术要求很高的特种陶瓷、特种炭石墨材料、碳化钨、铝、铍、氧化铟等制品,采用热压法成形,其工作温度在 1500℃ 以上,工作压力在 200MPa 以上。用此法合成人造金刚石,工作温度为 2000℃,压力高达 7000MPa。传压介质采用惰性气体(氩气和氦气)。

坯料在常温下压制成形,称为常温冷压法,适用于一般高密度炭素材料和普通电瓷坯料。

根据制品形状、大小、生产量等因素,等静压法采用的模具有活动模和固定模两种。因模具的不同,成形分为湿袋法和干袋法两种。压机的结构也有所不同。

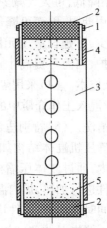

图 10 - 61　压制圆柱形制品时模具结构示意图
1—铁箍;2—橡胶塞;3—带孔的金属套筒;
4—塑料(橡胶)模具;5—物料

湿袋法采用活动模(图 10 - 61),所以又称为活动模法。这种方法所采用的模具是可以自由移动的。模具内装料在压力容器外进行,装料后封住模具,再装入压力容器内。这个方法的优点是变换制品种类容易,只要用不同的模具即可。不同形状的制品可同时装入压力容器内加压成形。

干袋法又称固定模法。弹性模具固定在压机上,向模内装料,制品脱模都有固定的机构进行。与一般压机颇为相似。这种方法易于实现操作自动化,生产率很高,适用于压制大批量、几何形状比较简单的小型制品。

四、等静压机的液压系统

液静压成形设备主要有高压泵(或手动泵、压力倍增器)、容器(工作室)等部分组成。

高压泵可选用单柱塞曲轴柱塞泵,其输出压力可达 $100 \sim 1000MPa(1000 \sim 10000kgf/cm^2)$ 的超高压。

如用手动泵,因只能达到 $150MPa(1500kgf/cm^2)$,要再提高就需要使用压力倍增器来完成用手动泵打压,压力倍增器由一只两端直径不同的活塞组成。设低压液体介质的压力为 p_1,高压液体介质的压力为 p_2,大活塞直径为 d_1,小活塞直径为 d_2,那么:

大活塞上所受的力　　　　　　$P_1 = \dfrac{\pi d_1^2}{4} \cdot p_1$

小活塞上所受的力　　　　　　$P_2 = p_2 \dfrac{\pi d_2^2}{4}$

由于大小活塞上所受的力应该是一样的,所以

$$p_2 \frac{\pi d_2^2}{4} = p_1 \frac{\pi d_1^2}{4}$$

$$p_2 = p_1 (\frac{d_1}{d_2})^2 \qquad\qquad (10-122)$$

由于 $d_1 > d_2$，所以 p_2 总是比 p_1 大得多，这样就使压力倍增起来,倍增的倍数取决于大小活塞的直径比。如果一次倍增达不到所需要的压力,则可以进行多次的倍增。

高压容器是整个设备的主体,压制的工作室,其结构是一个立式(或卧式)的筒体、两端用"不支撑原理"进行密封,底端用高压油管与高压泵(或压力倍增器的上部小活塞 P)相连,高压液体介质通过这一管道进入容器。上端密封活塞有一小孔直通末端,作为空气排出的孔道,待液体注满以及空气排除完毕,用螺钉把小孔封闭,即可进行升压操作。

五、等静压机的操作

进行压制操作时,先将装满粉料的弹性模具放入容器,注入一定量的液体介质,然后把上端密封活塞与螺帽装好,旋开放气孔的螺钉,这样就可以抽打高压唧筒,至液体介质从放气孔冒出,再旋紧密封螺钉。这时主要是排气,因为空气如果被保存在容器中,加压时将极大地被压缩,而当减压时则很快地膨胀,这就容易使压好的制品破裂。当把放气孔螺钉旋紧后即可开始升压,升到所需要的压力即可停止加压。然后释放压力,直到压力等于零为止。降压操作要控制得很缓慢,否则制品会因压力突然下降而破裂。

为了安全起见。高压容器和压力倍增器的安装应在钢板保护罩下,以防止万一发生爆裂时造成损失与损害。

液体介质有甘油、水(加防锈剂,软化自来水加 $2\% \sim 3\%$ 的切削脂,搅拌成白色的悬浮状乳化液)、机油、蓖麻油、刹车油等。在一般操作压力下使用甘油是比较理想的。它的压缩比小,但它必须经过处理,否则由于甘油容易吸水而使容器生锈,这是绝对不允许的,而且其成本较高。刹车油还是比较好的,价格便宜也容易处理。

模具材料的选择及制造是非常重要的。因为制品的形状和尺寸的准确性都取决于模具的结构和质量,此外,液压成形工艺应用范围是否能扩大,这也与模具的制作工艺所限,对于大的或形状复杂的模具制作是比较困难的,而且成本高。近年来已逐渐用软性塑料来代替橡胶,其优点是制作方便、成本低、受压后变形不大。

第十一章 沥青制备、输送与浸渍设备

第一节 沥青熔化、贮存与输送设备

一、密实的目的

随着炭石墨材料应用领域的不断扩大,对它提出了更多更高的要求,因此,必须在工业生产中引进新的工艺方法,以利于获得用一般方法不能取得的具有特殊性能的制品。这种新的工艺方法就是炭石墨材料的密实工艺,完成密实工艺的设备就称为密实设备。

炭石墨材料是一种多孔性材料,密实工艺是采用不同形式的炭质物质或金属、合金及其他非金属物质,填充气孔。通过密实,达到提高制品的密度、强度、电导率、热导率,耐腐蚀性和耐磨性等目的,有时为了保证制品对气体与液体的不渗透。

密实设备有浸渍罐和涂层设备。

二、沥青熔化与输送的目的及沥青熔化锅

(一)沥青熔化与输送的目的

在炭素、电炭生产中,混捏和浸渍所用的黏结剂和浸渍剂主要是液态沥青。一般沥青进厂时为干沥青,且含有水分和机械夹杂物,不能直接用于生产(个别预焙阳极生产除外),需加热熔化和净化,以除去水分和机械夹杂物并降低沥青的膨胀性。一般熔化后需沉淀 2~3 天,当沥青表面呈镜面状态后方可投入生产。沥青熔化需加热和保温,目前一般采用蒸汽或有机介质加热,所以沥青应集中熔化并靠近热源。熔化好了的沥青需输送到混捏和浸渍工段处以供混捏和浸渍之用。

沥青熔化和输送流程,如图 11-1 所示,它是由熔化锅、压力罐与空压机或泵、高位槽(储罐)和管道及阀门组成,沥青经熔化并除去水分和杂质后:(1)自动流入压力罐(沥青熔化锅位置高于压力罐)。待压力罐内沥青注满时,关闭沥青熔化锅进口阀,打开压力罐的出口阀及输送管道阀门,再开启空气压缩机和压缩空气进罐阀,向压力罐送入 0.588~0.686MPa(6~7kgf/cm²)的压缩空气,由空气压缩机的压缩空气将沥青通过管道输送到混捏工段和浸渍工段的高位槽(贮罐)以供使用。(2)采用沥青泵将熔化锅内沥青输送至混捏或浸渍处沥青高位槽,现在多数企业采用沥青泵直接输送。液态沥青的管道输送需满足两个基本条件:一是沥青在输送过程中将损失热量,温度降低,黏度增加以至凝固,为使沥青保持液态并保持一定温度便于流动,必须向沥青补充热量;二是向沥青供给足够的动能以便克服输送过程的各种阻力。

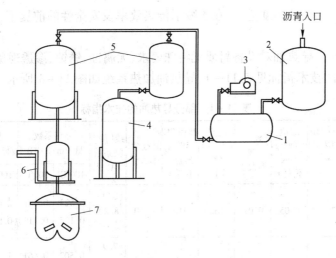

图 11-1 沥青熔化和输送流程图

1—压力罐;2—沥青熔化锅;3—空气压缩机;4—浸渍罐;

5—高位槽(贮罐);6—称量装置;7—混捏机

(二)沥青熔化锅的结构

沥青熔化锅也叫沥青熔化池,是沥青熔化与贮存库,如图 11-2 所示,它是用钢板焊接或砖和水泥砌筑成圆柱形的大形容器,也有方形的;上面有罐盖,外面用绝热材料层保温。加热方式有蒸气或有机介质加热。其锅内安装有蛇形管道,可通蒸汽压力 0.588~0.686MPa(6~7kg/cm²)或有机介质(或称导热油,温度 230~250℃);采用电加热的锅安有电加热装置,采用废烟气加热能节约能量,但加热不均匀,锅底易结焦、清除锅底残焦困难。同时,易烧坏锅底,已不太用。

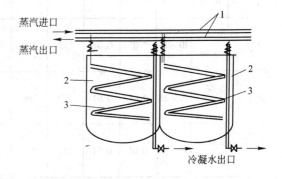

图 11-2 沥青熔化锅结构示意图

1—蒸汽管道;2—熔化锅;3—蛇形管道

沥青熔化锅一般容量为 30~50t/台,数量随混捏和浸渍需要量的多少而变。熔化周期一般为 7~8 天。

(三)导热油的性能要求

(1)热稳定性。导热油在使用温度范围内具有热稳定性,长期使用热分解程度小。

(2)氧化安定性。导热油的抗氧化能力要强,系统不必氮封。

(3)抗结焦性。导热油在高温运行时因化学变化而生成的氧化物易溶解,并使其分散悬浮于流体中,不致结成大颗粒积炭黏附在管壁上,从而具有清净、阻焦功能。

(4)安全性。导热油的蒸汽压低、闪点高、初馏点高,对设备的耐压等级无特殊要求,爆炸起火的危险程度低,操作安全可靠,且无毒,无味,对操作人员身体无损害。

(5)传热性。导热油具有较高的比热容和导热系数,是理想的热载体。

（6）泵送性。导热油黏度适宜,在兼顾了传热效率及安全性的前提下,具有较好的低温泵启动性。

（7）抗腐蚀性。导热油对设备材质无特殊要求,无腐蚀、锈蚀、渗透现象。

部分导热油的技术指标见表 11 - 1,导热油加热系统如图 11 - 3 所示。

表 11 - 1　部分导热油的技术指标

项目	密度(20℃)/g·cm⁻³	运动黏度(50℃)/mm²·s⁻¹	酸值(KOH/g)/mg 不大于	残炭/% 不大于	闪点(开口)/℃ 不小于	馏程/℃(5%流出点) 不低于	凝点/℃ 不大于	线[膨]胀系数/℃⁻¹	导热系数/kJ·(m·h·℃)⁻¹ 100℃	200℃	质量热容/kJ·(kg·℃)⁻¹ 100℃	200℃	最高使用温度/℃
1 号	0.84 ~ 0.86	17 - 24	0.05	0.01	160	310	-10	(8.0 ~ 8.2) ×10⁻⁴	0.523 (0.125)	0.481 (0.115)	2.411 (0.576)	2.805 (0.670)	300
2 号	0.84 ~ 0.86	18 - 24	0.05	0.01	170	320	-10	(7.9 ~ 8.1) ×10⁻⁴	0.502 (0.120)	0.461 (0.110)	2.386 (0.570)	2.784 (0.665)	310
3 号	0.85 ~ 0.87	19 - 25	0.05	0.01	175	330	-15	(7.8 ~ 8.0) ×10⁻⁴	0.481 (0.115)	0.440 (0.105)	2.366 (0.565)	2.763 (0.660)	320
4 号	0.85 ~ 0.88	19 - 25	0.05	0.01	180	340	-15	(7.7 ~ 7.9) ×10⁻⁴	0.461 (0.110)	0.419 (0.100)	2.345 (0.560)	2.742 (0.655)	330
5 号	0.86 ~ 0.89	20 - 26	0.05	0.01	185	350	-15	(7.6 ~ 7.8) ×10⁻⁴	0.440 (0.105)	0.398 (0.095)	2.324 (0.555)	2.721 (0.650)	340
6 号	0.86 ~ 0.9	20 - 26	0.05	0.01	190	360	-15	(7.5 ~ 7.7) ×10⁻⁴	0.419 (0.100)	0.378 (0.090)	2.303 (0.550)	2.700 (0.645)	350
7 号	1.00 ~ 1.010	16 - 20	0.05	0.01	170	335	-25	(7.8 ~ 8.0) ×10⁻⁴	0.038 (0.099)	0.381 (0.091)	1.863 (0.445)	2.227 (0.532)	350

三、沥青制备与贮存系统的结构及操作

沥青贮存系统(如图 11 - 4 所示)由沥青贮存罐、混合罐、压力罐(返回罐)、齿轮泵、沥青管道、压缩空气管道组成。

(一)沥青贮罐(沥青高位槽)

在沥青贮罐内一般都设置蜗轮蜗杆传动装置,故又称搅拌罐。

1. 构造

沥青贮罐由内、外筒体及罐盖组成,如图 11 - 5 所示。内、外筒体之间形成的夹套空间

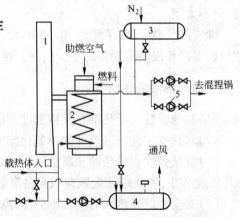

图 11 - 3　载热体加热系统示意图
1—烟囱;2—加热炉;3—压力罐;4—沥青罐;5—泵

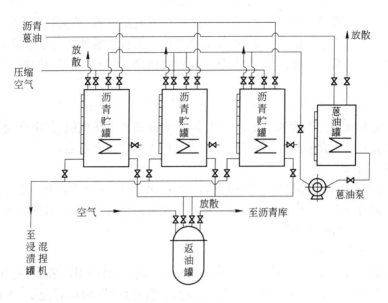

图 11-4　沥青贮存系统工艺流程图

为加热介质流通通道,加热介质沿贮罐夹层空间上下迂回运动,使沥青贮罐得到均匀加热,在贮罐下部设有介质加热进出口管道并设置阀门,控制贮罐加热温度(贮罐加热温度 160 ~ 180℃)。

在沥青贮罐下部设有人孔,一是通入罐内,二是通入加热介质夹层,供检修和清理之用。

为了准确反映沥青贮罐内沥青液面的高度,在贮罐内设有沥青液面指示计,即浮力式液压计(见图 11-6)。

在贮罐上部(罐盖上)安装有烟气放散管,在贮罐内产生的沥青烟气通过沥青烟气管集

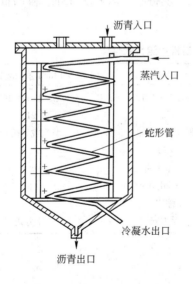

图 11-5　沥青贮罐

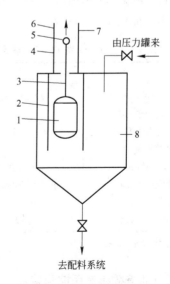

图 11-6　高位槽液面
1—浮标;2—浮标保护罩;3—联杆;4、6—上、下限位开关;
5—信号压盘;7—支架;8—高位槽

中送入烟气净化装置中处理。另外,在罐盖上还设置有沥青管、蒽油管、压缩空气管。

为了减少沥青贮罐的散热损失,改善劳动条件。沥青贮罐外部采用保温措施。

沥青贮罐一般都设置在高位,故又称作沥青高位槽,目的是为了向混捏机和浸渍罐注油方便。

2. 沥青贮罐温度测定

生产上要控制沥青贮罐的温度,故在贮罐的侧面布置了热电偶,热电偶通过套管伸入贮罐内部。夹层的加热介质温度也可测量,作为管理生产的控制参数。

3. 沥青取样管

生产工艺要求定期化验浸渍剂(煤沥青)的软化点,故在沥青贮罐上设有取样管,取样管设置在贮罐的下部,但要距罐底一定距离。当沥青需要分析化验取样时,打开取样管上的阀门,放出一定量的沥青即可。

4. 沥青贮罐安全措施

沥青贮罐在浸渍生产运行中,由于操作控制或其他原因而引起着火、爆炸事故、威胁着人身和设备安全,为安全生产、避免事故的出现,在沥青贮罐(包括蒽油罐)上应采取必要安全措施。

(1)设置沥青贮罐温度控制报警装置,根据生产实际需要的温度,规定一上限值,当温度超过规定的温度值后,警报器鸣示,提示操作者应及时关闭加热介质进口闸门,降低沥青贮罐的温度。

(2)设置灭火装置。在沥青贮罐上部空间内设置蒸汽灭火管,罐外壁设有喷水冷却管,当有火警时,即可向罐内喷入大量蒸汽灭火,同时向罐外壁喷水降温,注意冷却水不能进入罐内,以免引起沥青急剧膨胀,发生沥青外溢和罐爆炸事故。

5. 沥青贮罐技术性能

沥青贮罐的大小要根据浸渍罐和混捏机规格而定,现将某厂容积为 $13m^3$ 和 $67m^3$ 沥青贮罐技术性能列于表 11 – 2。

表 11 – 2　容积为 $13m^3$ 和 $67m^3$ 沥青贮罐技术性能

项　　目	$13m^3$ 贮罐	$67m^3$ 贮罐	$13m^3$(蒽油罐)
规格(内径)/m × m	$\phi2.25 \times 3.36$	$\phi3.5 \times 7.0$	$\phi2.25 \times 3.36$
加热面积/m²	21	82	21
加热介质	蒸汽或导热油	蒸汽或导热油	蒸汽或导热油
加热温度/℃	>200	>200	>200
注油方式	上部注油	上部注油	
油管直径/mm	$\phi89 \times 5/\phi133 \times 4.5$	$\phi89 \times 5/\phi133 \times 4.5$	
搅拌方式	压缩空气	压缩空气	
液面指示计	浮力式	浮力式	浮力式

注:工作温度150℃。

(二)沥青贮罐液面控制装置

沥青高位槽(贮罐)内的沥青,在生产中不断使用,罐内沥青存量将不断减少,因此,必须随时加入沥青,保持高位槽内有一定量的沥青,即保持液面的一定高度。这就需要设计一个自动控制系统,能够反映贮罐内沥青或蒽油的存量,也就是液面高度。一般采用的液面指示计为浮力式液位计,如某厂设计的控制系统如图 11-6 所示。它是用 1.5~2mm 的铁板卷制一个 $\phi200mm \times 300mm$ 铁浮标放在高位槽内,通过钢索与罐外平衡锤相连。浮标上接一铁联杆,联杆位于支架的套筒内,能在套筒内上、下移动。在支架上装有上、下限位开关,联杆上固定一个信号压盘,上、下限位开关的位置由所需控制的液面高低而定。罐内液面升高或降落时,液面的浮力使浮标带动联杆上升或下降,则联杆上的信号压盘可开或关限位开关。当罐内液面降到所需最低位置时,信号压盘压开下限位开关,通过电气控制系统,打开压力罐的出口电磁阀,使沥青注入高位槽。高位槽的沥青量增加,其浮标及联杆随之上升,当高位槽中液面达到所需最高位置时,信号压盘压开上限位开关,通过电气控制系统将压力罐的出口电磁阀关闭,并关闭压缩空气进入阀或关闭空压机。这样高位槽内的沥青不断自动补充,进行自动控制,平衡重锤随浮标升降而沿标尺升降,标尺上的刻度表示罐内沥青量,当重锤停在某一位置,即可知罐内沥青量。

(三)压力罐(或返油罐)

压力罐是利用压缩空气的膨胀作用输送液体沥青的一种装置,它适用于输送高度不太高的情况。是炭素、电炭厂输送液态沥青的常用设备,其型号有立式和卧式两种,一般多用卧式。压力罐是与空气压缩机配套使用的。

压力罐的结构如图 11-7 所示,罐体属于受内压的薄壁容器,用钢板焊接而成,外面包裹绝热材料。工作压力为 0.6~0.7MPa $(6~7kgf/cm^2)$,工作温度为 160~180℃。其强度应经过 0.98MPa$(10kgf/cm^2)$ 水压试验的压力而不漏水。罐内安装蛇形水煤气管通蒸汽或有机物导热油(温度 250~320℃)以补充沥青热量的损失。压缩空气以 0.6~0.7MPa$(6~7kgf/cm^2)$ 的压力将沥青经管道输送到沥青高位槽(贮罐)。

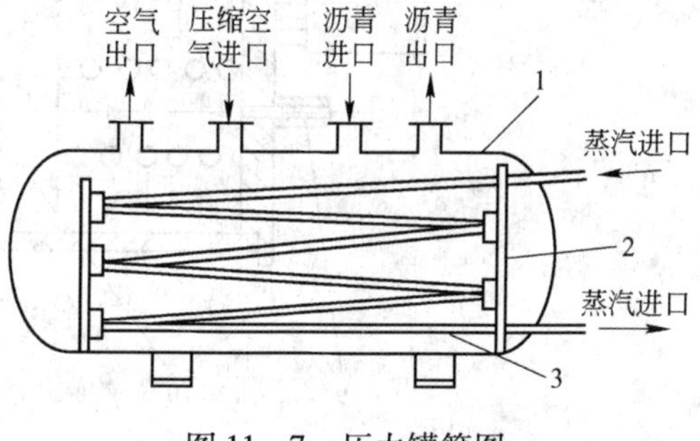

图 11-7　压力罐简图
1—罐体;2—支架;3—蒸汽管

压力罐也可供浸渍沥青返油之用(返回沥青库)。它是由罐体和罐盖组成,罐盖上有进油管、返油管、放散管、加压管。返油罐设置在低位(低于沥青贮罐标高),这样有利于沥青贮罐向压力罐内注油,同时也方便操作。压力罐的加热可以采用蒸汽,也可采用导热油。

四、沥青输送系统管路

1. 沥青管路

沥青贮存系统的沥青管路分注油管路(沥青库向沥青贮罐送油管路)、返油管路、沥青罐与压力罐之间的管路和沥青贮罐到浸渍罐或混捏机之间的管路。混捏机油系统较简单,浸渍供油系统复杂,下面介绍浸渍供油系统。

(1)沥青熔化库至沥青贮罐的送油管路。沥青库至沥青贮罐之间的沥青管道,由沥青贮罐上部进入罐内,沥青库至沥青贮罐只有一条管道,如果沥青贮罐不只一台,则从沥青库过来的送油总管上分出支管道连到各台沥青贮罐,哪台沥青贮罐需要注入沥青,就将哪台沥青送油支管道上的阀门打开。

（2）沥青贮罐至沥青库返油管路。返油管路为浸渍系统中返油之用，混捏机的油路系统不用。返油管道设置在沥青贮罐下部，但距罐底有一定的距离，以防止沥青贮罐中沉积的杂质堵塞管道，返油管道由沥青贮罐先至压力罐中，然后由压力罐引出至沥青库。

（3）沥青贮罐至浸渍罐或混捏机。沥青贮罐至浸渍罐或混捏机的沥青管道，出口设在贮罐下部，由沥青贮罐向浸渍罐内放油靠位差和真空泵产生的负压。向浸渍罐放油管道和由浸渍罐向沥青贮罐返油采用一根管道。

沥青管道采用蒸汽（或导热油）夹套保温。

由蒽油罐向沥青贮罐、混合罐内注入蒽油可以采取两种方法。一是利用高位差（蒽油罐设置在沥青贮罐上部）向混合槽、沥青贮罐内注油；二是通过齿轮泵向混合罐、沥青贮罐内注油。

（4）排油机构由排油阀、电磁阀、高压软管、高温软管，限位开关组成。其中排油阀是主部件。如图 11-8 所示排油阀由阀体、活塞、复位弹簧构成。阀体上有法兰、蒸汽加热通道、压缩空气通道等零部件。

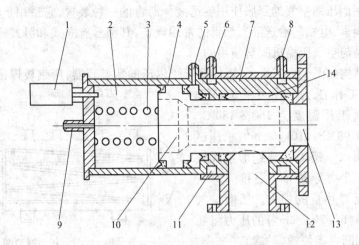

图 11-8　沥青控制阀示意图

1—限位开关;2—压缩空气腔;3—复位弹簧;4—密封圈;5—开阀压缩空气入口;6—蒸汽入口;
7—阀体;8—蒸汽出口;9—关阀压缩空气入口;10—阀芯;11—蒸汽通道;12—黏结剂出口;
13—黏结剂入口;14—黏结剂腔

排油阀不排油时，先到现场手动试验，如果手动好用说明是电气故障（有时是杂物堵塞），换电磁先导阀。如果手动不好用，再用手动检查空气是否换相。不换相，为电磁阀故障，换新阀。换相为排油阀故障，可从空气入口注入一些机油，然后上好风管，反复手动，如果仍然不开，需换排油阀。

2. 压缩空气管路

在混合罐、沥青贮罐内部设置压缩空气管路，当蒽油兑入沥青贮罐和混合罐时，为使沥青和蒽油混合均匀，采用压缩空气搅拌。压缩空气管路进入罐内距罐底部 1000mm。

3. 机械搅拌装置

除了采用压缩空气搅拌外，还可采用蜗轮蜗杆传动的搅拌装置。

4. 齿轮泵

沥青贮存系统中,为输送蒽油或沥青,采用齿轮泵输送的方法。齿轮泵的技术性能见表11-3。

表11-3 齿轮泵技术性能

型 号	工作压力/MPa	流量/m³·h⁻¹	转速/r·min⁻¹	配电机
2CY-11/14.5-1	2.5	16	1425	Y型

5. 加热管道沙眼漏气的检查与处理。沥青熔化池、高位槽(贮存罐)、称量斗等都有加热与保温的蛇形管道,管道漏气(蒸汽或加热介质)将使沥青外溢。要进行补漏,首先应查找沙眼的位置。可先将沥青排净,然后每次加入少量沥青,稳定后看沥青表面有无气泡溢出,若无,再加少量沥青,依次下去,直到发现气泡为止,沙眼就在发现气泡的上一次油面与这一次油面之间。找到加热管沙眼,进行修理。

五、沥青贮存系统操作

1. 注油(沥青)操作

注油操作是指从沥青库供油的操作过程。注油操作程序是:

(1)检查贮罐内沥青的数量(正常生产操作时),确定注油数量;

(2)检查贮罐浮标是否好用;

(3)打开需要注油沥青罐上的沥青管阀门;

(4)通知沥青库送油,并告之送油的数量;

(5)在沥青库向沥青贮罐送油过程中,操作者要注意观察沥青液面上升情况;

(6)送油完毕后,关闭送油管道阀;

2. 沥青软化点调节操作

浸渍时,沥青反复多次使用后,软化点升高。当软化点超过了工艺要求的规定时,就需要向沥青贮罐内输入一定量的蒽油(或煤焦油)来降低沥青软化点。向沥青贮罐输蒽油的方法有两种:一是从蒽油罐直接向沥青贮罐内注入蒽油;二是从沥青库向沥青贮罐内注入蒽油。

由蒽油罐向沥青贮罐内输油,一是利用齿轮泵输油,操作程序是:(1)检查蒽油罐浮标是否好用;(2)检查齿轮泵泵体,轴端,法兰密封是否完好;(3)齿轮泵空载开车,看是否有问题。二是利用高位差输油。

六、沥青贮存系统异常情况及处理方法

(一)沥青贮罐跑油事故

在浸渍结束返油、吹洗过程中,沥青从搅拌罐内大量溢出造成沥青贮罐跑油事故。沥青贮罐跑油原因如下:

(1)浸渍冷却水进入沥青贮槽。沥青贮罐跑油大多数都是由于贮罐内进入了大量的水。正常浸渍操作是返油,吹洗后关闭油阀,打开放散阀,之后再向罐内注入冷却水。但由于操作原因,返油、吹洗后沥青阀没关就向罐中放冷却水:1)水和沥青同时进入浸渍罐中相

互混合,沥青进入循环水管中堵塞管道;2)操作者进行返水操作时,沥青和水一同进入下水管道中堵塞管道;3)水进入沥青贮罐中,贮罐内沥青体积迅速膨胀,以致从贮罐上部入孔处喷出,若沥青贮罐密封,罐内压力达到一定值就会发生贮罐爆炸事故,这是危险的,应特别注意防范。

(2)用压缩空气返油时,压缩空气中含有一定量的水分;

(3)沥青贮罐贮油量超标,当返油、吹洗时沥青沸腾外溢;

(4)采用蒸汽加热的沥青贮罐,蒸汽管泄漏、冷凝水进入罐中;

(5)返油、吹洗时压力太大。

跑油的处理方法及其预防措施:

(1)若是在浸渍结束时返油、吹洗过程跑油,立即停止返油或吹洗,查明原因、确认贮罐中是否进入了大量的水,如果化验分析沥青中含水量大时,可将浸渍罐中剩余的沥青返到空沥青贮罐中(也可以留在浸渍罐内),这时可适当地提高沥青贮罐或浸渍罐的温度,对沥青进行脱水处理,加热一段时间后取样分析水分是否合要求,合格后方可用于生产;

(2)若是浸渍冷却水返水时造成沥青贮罐跑油,是由于油阀未关或未关严,这时应立即关闭油阀,停止返水,对贮罐内沥青和浸渍罐内沥青进行加热脱水处理。

当循环水管、下水管堵塞时,将管道卸下清理后重新安装;

(3)返油时要确定好沥青贮罐内的贮油量;

(4)返油吹洗时压力不能太大

(二)沥青贮罐着火爆炸事故

沥青贮罐着火爆炸的产生原因有:

(1)沥青贮罐加热温度太高,特别是沥青贮罐采用烟气加热时,若温度控制不当,加热温度超过沥青的自燃点,会导致罐内沥青自燃着火。

(2)罐内沥青挥发产生大量可燃物、遇明火则可能产生爆炸事故。

预防措施:严格控制沥青贮罐温度。同时在沥青贮罐上安设温度报警装置,温度超高报警器鸣示。

处理方法:当发生沥青贮罐着火事故时,对于烟气加热的,要立即关闭烟道闸门,停止煤气加热炉。打开通向沥青罐内的蒸汽阀门向罐内通入蒸汽。同时,向罐外壁喷水(注意不能向罐内注水)冷却罐壁。沥青贮罐最好是采用蒸汽或导热油加热。

七、空压机的选择

空压机的选择是根据沥青输送的流量和管道的阻力计算来进行的,管道的阻力计算方法如下:

设 H 为沥青被输送高度,p_1 及 p_2 分别代表压缩空气进口及管道至高位槽出口处压力,$\sum h$ 为管道中的全部摩擦阻力,根据伯努利方程式,输送沥青所需的压力为:

$$\frac{p_1 - p_2}{\rho} = H + \frac{v^2}{2g} + \sum h \tag{11-1}$$

或

$$p_1 = H\rho + \frac{v^2}{2g}\left[1 + \frac{\lambda L}{D}\right] + p_2 \tag{11-2}$$

式中　　v——输送沥青的速度,m/s;

　　　　ρ——沥青的密度,kg/m³;

　　　　L——管道的长度,m;

　　　　D——管道的内径,m;

　　　　λ——管道中的阻力系数;

　　　　p_1——空气压缩机输出的压缩空气压力;

　　　　p_2——管道至高位槽出口处压力。

常用的空气压缩机有3W－0.6/LO－C。

八、输送沥青的夹层管结构

　　输送沥青的夹层管的结构如图11－9所示,它是一双层夹管,中心管通沥青,外夹管通蒸汽或导热油,采用蒸汽或导热油保温。水平管安装时要有3%的坡度,以便停止输送时,管内沥青自动流回压力罐不致积存于管中。弯头选用曲率半径大些的。

　　为了使沥青保持良好的流动性,防止冻结,输送、储存沥青的储罐等都要进行保温及采用蒸汽或导热油加热。

　　绝热层和加热蒸汽或导热油用量是通过热平衡计算的,也就是单位时间内补充给沥青的热量不能少于管道和容器热传导而散失的热量。

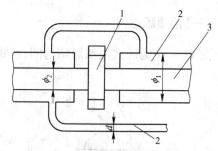

图11－9　输送沥青夹层管结构

1—法兰;2—蒸汽管;3—沥青管道

ϕ_1—外管径,通蒸汽或导热油;ϕ_2—内管径,输送沥青;

d—蒸汽输送支管内径

第二节　沥青浸渍设备

一、浸渍系统和浸渍罐的结构

　　在炭素生产中,为了改善制品的性能,增大制品密度等,已广泛采用浸渍工艺,浸入人造树脂、沥青等的浸渍装置如图11－10所示,由浸渍罐、沥青罐、预热炉、真空泵,空压机等组成。此外还有浸渍金属的设备。

　　浸渍罐又叫高压釜。它是一种薄壁受内压容器,是钢板制成的圆筒体,一头为圆形(或椭圆形)底,一头为圆形(椭圆形或为蝶形)可开启的罐盖,圆筒体外有加热夹套。根据浸渍制品的尺寸、加热方法和浸渍剂的不同,浸渍罐有多种规格,

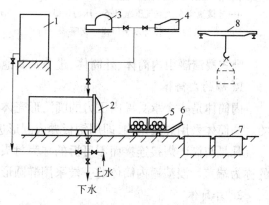

图11－10　浸渍系统简图

1—浸渍剂贮罐;2—浸渍罐;3—真空泵;4—空气压缩机;

5—料箱;6—小车;7—预热炉;8—吊车

从形式而言,有立式的和卧式的两种,浸渍小制品用立式浸渍罐,浸渍大制品用卧式浸渍罐,立式浸渍罐的有效容积比卧式高,缺点是装出罐要用起重设备,且浸渍质量不均匀,卧式浸渍罐对大型制品容易实施装出罐操作。

加热方式有:蒸汽加热、电加热、有机介质加热,还有燃料燃烧加热和废烟气加热。

二、立式浸渍罐的结构

图 11-11 为立式浸渍罐结构图,罐体是圆筒形,罐底是椭圆形,罐底是椭圆形封头与筒体焊接,罐盖也是椭圆形。罐体的内圆筒与外圆筒组成夹套以便通蒸汽或导热油进行加热。也有用电热管在罐内加热的。

三、卧式浸渍罐结构及性能

(一)浸渍罐结构

图 11-12 为卧式浸渍罐结构图,卧式浸渍罐结构与立式浸渍罐相同,只是安装型式不同。

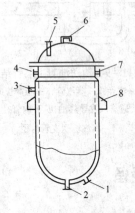

图 11-11　立式浸渍罐示意图
1—浸渍剂进出口;2—冷凝水进出口;3—蒸汽入口;
4—连接真空泵及空气压缩机;5—压力计口;
6—吊钩;7—冷却水出口;8—支座

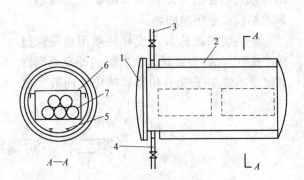

图 11-12　卧式浸渍罐示意图
1—罐盖;2—加热夹套;3—接抽真空或压缩空气管道;
4—接浸渍剂贮罐;5—小铁道;6、7—产品框和被浸渍产品

卧式浸渍罐由内筒体、外筒体、罐盖及其他一些附件组成。它属于夹套式压力容器。

1. 罐的内筒体

内筒体是一个承受罐内压力的圆筒形壳体,筒体是由一个圆形的筒体和封头、端盖组成的。圆筒体采用焊接结构,即用钢板卷成圆形进行焊接而成,筒体的直径已标准化。

凡是与筒体焊接连接而不可拆的称为封头,凡与筒体以法兰(或其他型式)连接而可拆的称为端盖。浸渍罐内筒体的一端采用椭圆形封头,另一端为端盖(或称为罐盖。)

2. 外筒体

外筒体比内筒体直径大,浸渍罐就是由内、外两个大小不同的圆筒体组成。两筒体之间用环形板焊接相连(或用工字钢作为支架),中间形成一个夹层空间,用以通入蒸汽与有机介质或烟气,使其与内筒中的介质进行热交换(加热)。

3. 浸渍罐法兰连接结构

浸渍罐内筒体与罐体法兰采用整体法兰连接型式。法兰与浸渍罐内筒体固定成为一个不可拆的整体,浸渍罐法兰采用平焊法兰,它套装在内筒体的外面,用填角焊接。

4. 浸渍罐法兰面密封型式

浸渍罐法兰面密封形式采用如图11-13所示,采用上述形式密封是为了保证在正常的工作压力下严密密封而不漏,防止浸渍罐内的气体或液体向外泄漏而影响浸渍罐正常工作。

在浸渍罐内筒体法兰圆周上有密封槽,在密封槽中嵌有环形钢圈,钢圈外面嵌有环形密封橡胶圈,内筒体法兰后面有一进气孔。工作时封闭用的氮气,通过小孔进入环形密封槽中,钢圈在气体作用下将环形密封橡胶圈从密封槽中顶出与浸渍罐盖法兰面紧紧接触,起到密封作用。

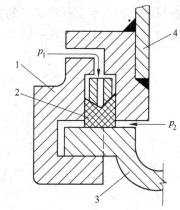

图11-13　密封门结构图
1—罐门内齿圈;2—环形橡胶密封圈;
3—罐门外齿圈;4—筒体

如图11-13所示,p_1为封闭用气体的压力,p_2为浸渍罐内工作压力,为保证不漏,浸渍罐内压力必须小于封门压力(即$p_2 < p_1$)。这样,即使浸渍罐温度在200℃的情况下压力有上升的趋势,浸渍罐内的液体也不会从罐内跑出,从而保证安全生产。

5. 浸渍罐烟气夹套的形式

浸渍罐烟气夹套的形式与通蒸汽和导热油的夹套形式相同,但夹套空间大一些。

浸渍罐采用烟气加热必须保证浸渍罐整体温度的均匀性。内筒与外筒之间采用工字钢作支架,与内筒体外表面焊接后,外套板沿纵向分六个长块与工字钢顶部搭接,并通过在浸渍罐前后端交叉留孔的办法,强迫烟气迂回加热,这样,就保证了浸渍罐的加热均匀性。

在浸渍罐烟气进出口设有烟道闸门,可通过调节闸门来调节浸渍罐的温度。

6. 浸渍罐附件

(1)接口管。接口管是浸渍罐专门与外部设备连接的一种附件,浸渍罐的接口管采用短管式。如图11-14所示。

(2)开孔补强结构。浸渍罐的筒体或封闭头开孔以后,不但减少了浸渍罐壁的受力面积而且还因为开口造成结构不连续而引起应力集中,使开口边缘处的应力大大增加。这对浸渍罐的安全运行是很不利的。为了减小孔边的局部应力需要对开孔进行补强。浸渍罐的开孔补强一般用局部补强法,即在孔边增加补强结构。

7. 浸渍罐罐盖

浸渍罐罐盖是浸渍罐重要组成部分,罐盖属于运动部件,同时它在浸渍罐运行时承受压力。罐盖开关,旋转采用液压

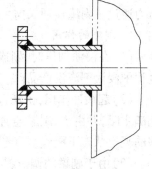

图11-14　接口管形式

控制。前已阐述,浸渍罐罐体端部采用组合式筒体端部,罐盖采用锯齿形结构,与浸渍罐端部相"配合",罐盖结构如图 11 - 15 所示。

8. 密封橡胶圈

浸渍罐罐体密封槽中,嵌有橡胶密封圈。密封圈性能好坏直接影响浸渍罐的正常运行,为此密封圈应具有适宜的机械强度、耐磨性,不和金属相互作用,而且具有一定耐温性,橡胶密封圈断面尺寸要均匀,表面不允许有裂痕和破损。

9. 浸渍罐内产品托架、轨道

在浸渍罐内设有支托产品管的支架,支架焊接在罐壁上,在浸渍罐底部设有供送料小车运行的轨道,如图 11 - 16 所示。

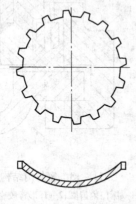

图 11 - 15　罐盖结构示意图

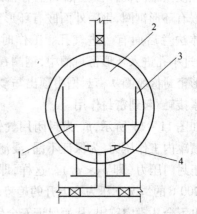

图 11 - 16　浸渍罐内轨道托架示意图
1—支架;2—浸渍罐;3—产品框;4—轨道

10. 安全阀

为了保证浸渍罐的安全运行,在浸渍罐(副罐)上安装有安全泄压装置,浸渍罐超压时安全阀自动泄压,保证浸渍罐在额定的工作压力下工作。一般采用弹簧式安全阀,垂直安装。安全阀要定期校验。

(二)副罐结构

副罐通过管道、阀门与浸渍罐、沥青输送系统、真空系统、加压系统、放散系统等相连接,气体加压是在副罐上进行的。根据帕斯卡定律,在密闭容器内加压,各处压力相等的原理,压力通过主副罐连通阀向主罐内传递,通过操纵副罐控制主罐。

1. 副罐的作用

(1)在浸渍加压时,副罐内的浸渍剂可以补充浸渍罐中浸渍剂的消耗,保证在整个浸渍过程中浸渍剂淹没产品。

(2)起缓冲作用,由沥青贮罐向浸渍罐内注油时不必停止真空泵,浸渍剂一直可以加到充满主罐,并由主、副罐连通管进入副罐,到一定位置再停止抽真空,这样就保证了产品在足够的真空状态下浸渍。

(3)由于副罐的调节缓冲,一般情况下可避免将沥青抽至真空泵内。

副罐作用原理如图 11 - 17 所示。

2. 副罐结构

副罐是由内筒体、外筒体、封头及接口管、人孔等组成。浸渍罐和副罐结构如图 11 – 18 所示。

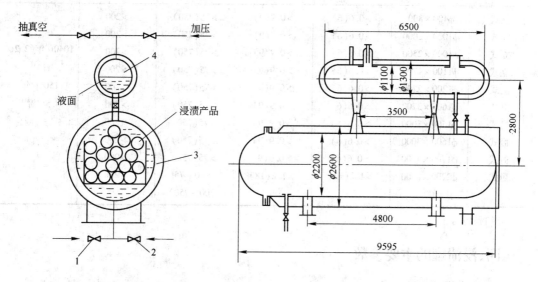

图 11 – 17 副罐作用原理示意图
1—冷却水阀门;2—沥青阀门;3—主罐;4—副罐

图 11 – 18 浸渍罐、副罐结构示意图

(三)浸渍罐、副罐技术性能

浸渍罐、副罐技术性能见表 11 – 4。

表 11 – 4 浸渍罐、副罐技术参数

技 术 性 能	主 罐		副 罐		旧罐（无副罐）
	1	2.3	1	2.3	
内筒内径/mm	$\phi2200$	$\phi2200$	$\phi900$	$\phi1100$	$\phi1500$
外筒外径/mm	$\phi2568$	$\phi2660$	$\phi1154$	$\phi1300$	
质材(内筒)	$16M_n$	$16M_nR$	A_3	$16M_nR$	A_3
有效长度/mm	约7400	9595	4500	6500	3300
容积/m³	26	35	2.8	6	5.8
每罐产量/t	12	15	—	—	—
工作压力/MPa	1.2	1.2	1.2	1.2	0.7 ~ 1.2
工作温度/℃	≤300	≤300	≤300	≤300	≤300
真空度/kPa	86	86	86	86	86

加热方法常用的有蒸汽加热,电热,燃料燃烧直接加热,废烟气加热和有机载体加热。我国炭素 – 电炭厂常用的部分浸渍罐规格和性能见表 11 –5。

表 11 – 5   我国炭素 – 电炭厂使用的部分浸渍罐规格和技术性能

型 式	规 格	工作压力 /MPa(kgf/cm²)	试验压力 /MPa(kgf/cm²)	真空度 /MPa(kgf/cm²)	工作温度/℃	产 量
立式	φ400×800	>0.6(6)	>0.9(9)	>75(750)	>200	
立式	φ1000×2000	>0.6(6)	>0.9(9)	>75(750)	>200	
立式	φ1000×2500	>0.6(6)	>0.9(9)	>75(750)	>200	1040t/年(2.2t/ 日)[1]
立式	φ1100×1700	>0.6(6)	>0.9(9)	>75(750)	>200	
立式	φ1200×2200	>0.6(6)	>0.9(9)	>75(750)	>200	1500t/年
立式	φ1600×3700	>0.6(6)	>0.9(9)	>75(750)	>200	4.5t/罐[1]
卧式	φ1500×3000	>0.6(6)	>0.9(9)	>75(750)	>200	4.5~5 罐/日[1]
卧式	φ1600×3000	>0.6(6)	>0.9(9)	>75(750)	>200	5t/日[1]
卧式	φ1700×4100	>0.6(6)	>0.9(9)	>75(750)	>200	
卧式	φ2200×8300	>1.2(12)	>1.8(18)	>70~75 (700~750)	>200	

①实际产量。

四、浸渍罐的主要参数

1. 浸渍罐的生产能力

浸渍罐的生产能力不但与浸渍罐的大小有关,而且与待浸制品的大小、浸渍周期的长短和浸渍操作等工艺因素有关,一般每次每罐浸渍制品的数量 $Q(t/罐)$ 为

$$Q = 0.785 D^2 \cdot H \cdot r \cdot \varphi \tag{11-3}$$

式中　D——浸渍罐内径,m;

　　　H——浸渍罐筒体高度,m;

　　　r——制品松装密度,t/m³;

　　　φ——填充系数,随制品的大小而变,立式 $\varphi = 0.35 \sim 0.55$,卧式 $\varphi = 0.3 \sim 0.5$。

2. 浸渍周期 T

浸渍周期就是浸渍一罐制品所需要的时间。

$$T = t_预 + t_装 + t_出 + t_抽 + t_入 + t_压 + t_回 + t_冷 \tag{11-4}$$

式中　$t_装$、$t_出$——装、出制品的时间;

　　　$t_预$——预热浸渍罐的时间;

　　　$t_抽$——抽真空的时间,一般为 $1 \sim 1.5h$;

　　　$t_入$、$t_回$——浸渍剂流入、压回贮罐的时间;

　　　$t_压$——用压缩空气(或 N_2)加压的时间,一般小制品为 $2.5 \sim 3h$、大制品为 $4 \sim 5h$;

3. 浸渍剂用量

浸渍剂用量一般为待浸制品质量的 $15\% \sim 18\%$,一般在生产操作上是掌握浸渍剂液面高出制品顶端的高度(h)来保证浸渍剂的用量,浸渍加压完毕时浸渍剂液面应不低于制品顶端,$h(m)$ 为:

$$h = \frac{Q \cdot \delta}{0.785 \cdot D^2 \cdot \gamma_浸} \tag{11-5}$$

式中 Q——待浸制品装罐量,t;

D——浸渍罐内径,m;

δ——浸渍增重率,%,浸渍沥青一般增重率应大于 10% ~ 15%;

$\gamma_{浸}$——浸渍剂密度,t/m³。

4. 浸渍压力

炭素厂以前一般浸渍压力为 0.6 ~ 0.7MPa(6 ~ 7kgf/cm²),现已采用 1.2 ~ 1.8MPa(12 ~ 18kgf/cm²)的高压浸渍。国外已普遍采用高压浸渍。

五、金属浸渍装置与金属浸渍罐

生产耐磨炭制品或耐磨石墨材料,需要浸渍低熔点的金属(铅锡合金、巴比特合金、铝合金或铜合金),浸金属与浸沥青相比,一般金属都具有熔点高、表面张力大的特点,所以浸渍时压力需大于 10MPa(100kgf/cm²),温度高(一般在 400 ~ 1000℃)。浸渍方法有两种:一种是将制品放入盛有熔融金属的浸渍罐内,关闭罐盖,先抽真空至 99.99kPa(700 ~ 750mmHg),然后停止抽真空而加压,通入高压氮气,对金属液面保持 5 ~ 10MPa(50 ~ 100kgf/cm²)的高压(压力大小视产品大小而定),使金属液体浸入制品气孔中,其装置如图 11 - 19 所示。

另一种浸渍是用机械加压,是将制品投入盛有熔融金属的浸渍罐,待金属液面气泡消失后,用喷雾或水冲的方法使金属液表面一层冷却凝固(内部仍是液态),此凝固层起着密封压盖的作用,再用压力机的冲头在凝固层上加压到 60MPa(600kgf/cm²)左右,使金属液浸入制品气孔中,其装置如图 11 - 20 所示。

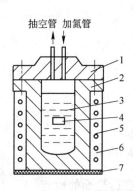

图 11 - 19　氮气加压浸渍金属装置

1—罐盖;2—罐体;3—金属熔液;4—制品;
5—加热线圈;6—绝热材料;7—石棉板

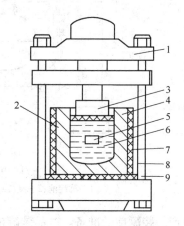

图 11 - 20　机械加压浸渍金属装置

1—压机;2—浸渍罐;3—压头;4—金属凝固层;5—制品;
6—金属熔液;7—绝热材料;8—加热线圈;9—石棉板

由于浸渍金属是在高温和高压下进行的,所以要求金属浸渍罐能承受高温和高压,金属浸渍罐应为厚壁容器,一般罐的内径较小,罐孔较深。其长径比 $H/D = 10 ~ 15$。罐外壁有电加热线圈和保温层。

六、其他设备及仪表

预热炉一般是用耐火砖和红砖砌筑箱体结构或井式结构,大小根据浸渍罐的大小和台数而定,它用于待浸制品的预热,一般制品预热到 240～300℃。用排烟机及烟囱排烟。加热方式可用燃煤气,或烧重油,也可用废烟气加热,烟道温度为 450～500℃。

除上述设备外还有称量设备、浸渍筐、装料小车、电动葫芦或卷扬机及蒽油罐等。

常用的仪表有温度计、压力表、负压表、真空压力表等。通常使用的真空压力表、压力表、负压表多数属于弹性压力表。温度计即电子电位计与热电偶配套使用,显示温度。

第三节　浸渍罐生产操作

一、用煤沥青做浸渍剂的浸渍操作

(一)卧式浸渍罐的操作

浸渍工艺流程如图 11－21 所示。

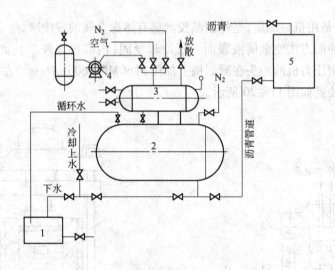

图 11－21　卧式浸渍罐浸渍工艺流程图
1—沉淀池;2—浸渍罐;3—副罐;4—真空泵;5—沥青贮罐

(1)产品装罐前的准备。产品装罐前对浸渍罐所有系统进行全面的检查。

1)检查运料小车升降架,液压系统是否正常。

2)检查封门用橡胶圈是否有破裂处,有问题及时更换,并在橡胶圈四周抹上润滑油。

3)检查各管路,阀门是否有问题。

4)开关罐门并检查其开关是否到位,并清理黏结在罐体法兰面和罐盖法兰面上的沥青。

(2)产品装罐。从预热炉中拉出来的产品,要迅速装罐,避免温度下降太多影响浸渍效果。

1)打开浸渍罐罐门,将载有从预热炉中拉出来的产品的横托车开到浸渍罐前对准轨道;

2)将运料小车开进罐内,并将运料小车升降架下降,将运料小车开出罐外至横托车上,产品筐留在罐内。

3)启动罐门液压控制系统,关罐门,合牙;

4)打开封门氮气进行封门操作;

5)待封门压力稳定后,开始抽真空、时间不少于45min,真空度不低于86kPa;

抽真空后,打开通向浸渍罐的沥青管道阀门,向浸渍罐内注入被加热到160~180℃的煤沥青,如浸渍罐附设有副罐,浸渍剂注满主罐并进入副罐后沥青液面高度达到副罐直径1/3时,停止真空泵,关闭真空阀门和关闭沥青阀门;如无副罐,一般情况下停止真空泵后再向浸渍罐内注煤沥青,放入主罐内的沥青液面高度要高出产品顶端150mm以上,保证加压结束后,制品不露出沥青液面。

(3)加压。浸渍加压分为气体加压和液体加压。

1)气体加压。检查压缩空气管道内是否有水,一般先用压缩空气加压(0.4MPa),保持10min后,改用氮气加压(0.98~1.18MPa,有些制品要求达到14.7~17.6MPa),加压时间视制品规格大小而定,大规格不少于4h,中型规格不少于3h,小规格不少于2h,加压时间的计算是以加压压力达到规定压力值时算起的,加压时浸渍罐温度控制在150~180℃。加压结束后,打开放散阀将罐内压力放散掉,关闭放散阀。

2)液体加压。当主罐内注满沥青后,即可启动液压泵向浸渍罐内加压。

(4)加压结束后,打开压缩空气向罐内加压(控制压力),之后打开沥青管道上的阀门,将浸渍罐内沥青返回到沥青贮罐内,此后,再用压缩空气吹洗15min后关闭沥青阀门,然后关闭压缩空气阀门;

(5)打开放散阀,将罐内压力放散掉;

(6)向罐注入冷却水。打开循环水阀、上水阀,当冷却水循环20min左右后关闭上水阀,循环水阀,打开下水阀,打开压缩空气阀门向罐内加压将罐内剩余水排出。然后关闭压缩空气,打开放散阀;

(7)关闭封门氮气,同时打开封门小放空阀;

(8)当确定浸渍罐内无压力时(压力表指示零位)方可出罐;

(9)启动罐门液压系统,将罐门打开,同时启动罐头上方的排烟系统;

(10)产品出罐。1)横托车对齐罐前轨道;2)运料小车升降架处在低位时,开进罐内;3)运料小车升降架上升,托起产品筐;4)将运料小车开出罐外至横托车上。

(11)产品出罐后,罐门闭合,不合牙。

(12)产品卸筐。

(二)立式浸渍罐的操作

立式浸渍罐的浸渍工艺流程如图11-22所示。

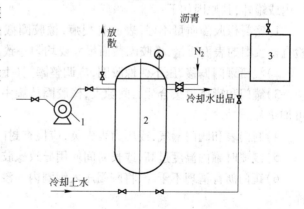

图11-22 立式浸渍罐浸渍工艺流程
1—真空泵;2—浸渍罐;3—沥青贮罐

立式浸渍罐的操作技术与卧式浸渍罐操作技术大同小异(这里略去)。

二、用树脂作浸渍剂的浸渍操作

采用树脂作为浸渍剂一般都采用热固性酚醛树脂。浸渍操作与浸沥青大同小异,但多一个树脂固化操作,其操作如下:

(1)浸渍结束的制品在浸渍罐内放置 6h 以上,加压 0.59MPa 以上(一般比浸渍压力高 0.049MPa)升温(目的是防止升温过程中残存在制品孔隙内的空气膨胀而使树脂流出,同时,树脂也易随温度升高其黏度降低而从孔内溢出),这称之为加压升温聚合。升温曲线如下:

室温~50℃	3h	
50~100℃	10h	5℃/h
100~130℃	3h	10℃/h
130℃	3~4h	恒温

恒温完毕后,关闭加热蒸汽阀门,自然降温至室温。

(2)打开放散阀,当确认罐内压力为零时,打开罐门盖。

(3)将制品吊出罐外。

三、浸渍罐操作异常及其处理

(1)浸渍罐温度偏低。

1)加热介质系统故障,加热介质没有进入加热套夹。应全面检查加热介质控制系统。

2)检查加热介质进出口闸门是否失灵,若失灵,应维修或更换阀门。

3)加热介质在夹套中流动不畅或堵塞,应检查罐夹层是否堵塞,可割开夹层检查。

4)罐入口加热介质温度低,应提高温度(蒸汽或导热油压力)。

(2)浸渍罐温度过高。

1)管道阀门开启太大,应关小阀门,减少进入浸渍罐的介质量。

2)加热介质温度过高,应降低介质温度或关小进气阀门。

(3)浸渍罐封门泄压。在浸渍罐封门过程中,封门压始终达不到规定值,封门气体进入罐内或罐外,其原因如下:

1)密封橡胶圈质量不好,表面有裂痕,橡胶圈截面尺寸不均匀,应更换橡胶圈前,仔细检查橡胶圈的表面质量,橡胶圈截面尺寸要均匀一致。

2)浸渍罐门偏移,压不住橡胶圈,应调整罐门(上下左右)。

3)罐门和罐体封头合牙后间隙大,橡胶圈从罐中出来太多,应减少罐门和罐体的间隙,可加垫片。

4)封门表和阀门漏气,或压力表失灵,应检查封门压力表,看是否需要更换。

5)浸渍时罐内温度过高,或长时间使用导致橡胶圈老化,应定期更换橡胶圈。

6)罐门沥青清理不干净,将胶圈压入钢圈内。浸渍罐使用前应将罐门表面沥青清理干净。

7)罐门或罐盖黏结沥青,没清理干净,罐门关不到位。

(4)浸渍罐注入沥青困难。

1)沥青管路蒸汽压力低,管道温度低,应提高沥青管道温度。

2)沥青贮罐温度低,沥青黏度大,应提高沥青贮罐的温度。

3)沥青管道阀门调节不对或阀杆断裂,应检查沥青管道阀门开关是否正确。

4)沥青管道堵塞,应检查沥青管道是否堵塞。

5)浸渍罐内压力太大,应打开放散管或边抽真空边放油。

(5)加压压力达不到规定值。在浸渍加压过程中,浸渍罐压力达不到工艺要求或保压时压力下降,其原因如下:

1)浸渍罐(或副罐)有泄气处,真空管道及阀门,放散管及阀门及副罐人孔法兰处泄气。应仔细检查真空管道及阀门,放散管及阀门;人孔法兰是否有泄气处,及时给予处理。

2)与浸渍罐、副罐连接的各管道阀门未关严,应检查各阀门是否关严。

3)加压管、阀门有漏气处,应检查加压管,阀门是否有泄气处,并判断是否堵塞。

4)加压管堵塞(安全阀有轻微漏气处),应检查安全阀是否泄气。

5)压力表显示不准确。

6)主、副通管,循环水管裂纹或焊口有开裂处,应检查主、副罐连通管,循环水管是否裂纹或焊口有无开裂处并修理。

(6)浸渍罐门漏油。产生的原因与处理方法为:

1)罐门封门压力小于浸渍罐加压的压力。当罐内沥青从罐内溢出时,应立即打开放散阀将罐的压力放散掉,或提高门封压力。

2)封门用橡胶圈老化或橡胶圈密封面开裂(伤痕)致使橡胶圈密封失效,应更换密封圈。

3)封门压力表失灵,未真正示出封门压力,应更换压力表。

4)没有封门就向罐内加压或放油,需用较小的压力将罐中沥青返回到沥青贮罐中。

(7)"崩"罐门。

1)带压打开罐门,应在罐内压力降为零时,打开罐门。

2)封门压力未放散,应在封门压力为零时,打开罐盖。

第四节　真空浸渍系统与设备

一、真空的概念及其测量

(1)真空概念。真空是指在给定的空间内,气体分子的密度低于该地区大气压的气体分子密度的状态,不同的真空状态,就意味着该空间具有不同的分子密度。

(2)真空度。即真空的程度。

1)容器内实际压力值的大小,以帕(Pa)或兆帕(MPa)表示。

2)容器内压力与大气压的比值。

$$真空度 = [(101325 - p)/101325] \times 100$$

式中　p——容器内压力,Pa;

　101325——1 个大气压,Pa。

二、真空浸渍设备

(一)真空泵的性能指标

真空泵可分为干式和湿式两大类,干式真空泵只能从容器中抽出干燥气体,一般可达到96% ~99.9%的真空度。湿式真空泵在抽吸气体时,允许带有较多的液体,它只能达到85% ~90%的真空度。常用真空泵有往复式、水环式、水环－大气喷射泵,现将有关真空泵性能指标简述如下;

(1)真空度。真空度是指真空泵所能造成最大真空程度的量度,是真空泵的一个重要性能参数。

(2)抽气速度。抽气速度是指单位时间由真空泵直接从待抽真空系统抽出气体的体积,一般以 m^3/h 表示。它与真空系统的操作条件有关,泵进口的气体绝对压力愈低,真空泵抽除气体的体积流率愈大;反之,亦然。与抽气速度有关的指标有:

1)气量。在真空技术中,气量一般用气体体积与气体压力的乘积表示($p \cdot V$)。如压力单位为 Pa,气体体积单位为 m^3,则气量单位为 $Pa \cdot m^3$。

2)流量。指单位时间内通过真空系统断面的气量。如时间单位为 h,气量单位为 $Pa \cdot m^3$,则流量单位为 $Pa \cdot m^3/h$。

3)抽气速率。指单位时间内,从真空系统中抽出气体的体积。真空系统气体体积与真空压力有关,故可以用流量与压力值表示:

$$S = Q/p \qquad\qquad (11-6)$$

式中　S——抽气速度,m^3/h;

　　　Q——流量,$Pa \cdot m^3/h$;

　　　p——压力,Pa。

(3)最大真空度(亦称极限真空)是指真空泵抽气时可以达到的最低压力值。

(二)往复式真空泵的结构与工作原理

这里只介绍往复式真空泵的结构和工作原理如图 11-23 所示,其他真空泵参见有关资料或泵说明书。

往复式真空泵特点:往复式真空泵(又称活塞真空泵)的极限真空,单级为 399.9 ~1333.2Pa,双极可达到 13.3Pa,抽速范围 45 ~20000 m^3/h。用于从密封的容器中抽除气体,被抽气体温度不超过35℃。如果加上辅助设备(如冷凝器)也可以抽蒸汽。往复式真空泵的排气量大,多用于真空浸渍、蒸馏、蒸发、结晶等过程中抽除气体。往复式真空泵对抽腐蚀性的气体或含有颗粒状灰尘的气体是不适宜的。被抽气体如果有灰尘,在泵的进口必须加装过滤器。

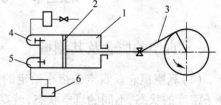

图 11-23　往复式真空泵工作原理示意图
1—气缸;2—活塞;3—曲柄连杆机构;
4—排气阀;5—吸气阀;6—被抽容器

1. 往复式真空泵工作原理

往复式真空泵的主要部件是气缸 1 及在其中做往复运行的活塞 2。活塞的驱动是用曲柄连杆机构 3 完成的。除上述主要部件外还有排气阀 4 和吸气阀 5。

运转时,在电动机的驱动下,通过曲柄连杆机构的作用,使气缸内的活塞做往复运动。当活塞在气缸内从左端向右端运动时,由于气缸的左腔体积不断增大气缸内气体的密度减小,而形成抽气过程,此时被抽容器(密器)中的气体经过吸气阀 5 进入泵体左腔。当活塞达到最右位置时,气缸内就完全充满了气体。接着活塞从右端向左端运动,此时吸气阀 5 关闭。气缸内的气体随着活塞从右向左运动而逐渐被压缩,当气缸内的气体压强达到或稍大于一个大气压时,排气阀 4 被打开,将气体排到大气中,完成一个工作循环。当活塞再由左向右运动时,又吸进一部分气体,重复前一个循环,如此反复直到被抽容器达到某一稳定的平衡压力为止。

2. 往复式真空泵的规格型号及技术性能(表 11 - 6)

表 11 - 6　W 型往复式真空泵规格型号及技术性能

型　号		W_1	W_2	W_3	W_4	W_6
抽气速率/$m^3 \cdot h^{-1}$		60	125	200	370	770
极限真空/MPa		0.013	0.013	0.013	0.013	0.013
转数/$r \cdot min^{-1}$		300	300	300	200	200
配电机/kW		2.2	4	5.5	10	22
气缸直径×行程/mm×mm		171×102	220×130	220×130	250×220	455×250
气管直径 ϕ/mm	进出	38.1、38.1	30.8、50.0	50.8、50.8	76.2、76.2	127、127
水管直径 ϕ/mm	进出	38.1、38.1	38.1、38.1	38.1、38.1	19.1、19.1	19.1、19.1

目前浸渍采用的真空泵规格主要有 PMK - 2、SZ - 3、WK - 1 及 W4,真空高压浸渍用的真空泵 2YK - 27P$_2$;水环 - 大气喷射泵等。真空泵为通用标准设备,可按设备样本选用。

(三)真空三套管路结构

真空三套管的作用是防止沥青进入真空泵内发生堵塞现象。

浸渍流程中,上、下水管及沥青管路比较简单,水管一般为 2 ~ 4in,采用 $\phi1500 \times 3000mm$ 浸渍罐时,沥青管道可选用 $\phi89mm \times 5mm/\phi133mm \times 4.5mm$,但真空加压管结构比较复杂(图 11 - 24),这样的结构可防止沥青跑到真空泵内,堵死真空泵。采用 $\phi1500mm \times 3000mm$ 浸渍罐时,采用的沥青管、真空加压管、压缩空气管及上下水管规格为:

(1)沥青管路:$\phi89mm \times 5mm/$ $\phi133mm \times 4.5mm$,转心阀 $\phi76mm$。

(2)真空加压管(三套管): $\phi6in/\phi4in/\phi2 \frac{1}{2} in$(或 $\phi273mm \times$

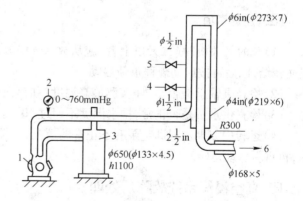

图 11 - 24　真空系统及真空加压管结构

1—真空泵;2—真空表;3—排气罐;4—冷凝水出口;

5—蒸汽入口;6—浸渍罐方向

1in = 25.4mm;1mmHg = 133.322Pa

$\phi 219mm \times \phi 133mm$）。

（3）压缩空气管：$\phi 1in$。

（4）循环水管：$\phi 4in$。

（5）上水管：$\phi 3in \sim 22in$。

三、真空浸渍系统操作

真空系统操作（以水环－大气喷射泵为例）程序如下：

（一）开车前的准备

（1）检查泵轴承架及填料内黄甘油是否足够；

（2）打开进水阀，向泵体内注入清水 $15 \sim 20min$，同时用手拉动转动转子，排除泵内积水；

（3）检查泵及其他的附属设备能否正常工作，无问题时，方可启动。

（二）开车程序

原则上不允许在高真空的情况下直接启动，避免起动困难和电流过大。

（1）注入清水，泵运转时，注入泵腔处水压为 0.15MPa。

（2）试验启动约 1min，检查电机和泵的转向是否正确，如无问题则正常启动。

（3）关闭接通大气的阀门，打开进气阀如果泵在真空状态下启动，则须打开接通大气的阀门，关闭进气阀门，启动之后，徐徐关闭接通大气的阀门，待泵内的真空度与设备内现有的真空度相适应时，打开进气阀门，同时关闭接通大气的阀门。

（4）抽真空时间不少于 45min，真空度不低于 86kPa。

（5）向浸渍罐内注入沥青，此时真空泵不停。

（6）当浸渍罐内油面高度达到要求时，关闭真空阀，同时打开大气阀，关闭一切进水管阀门。

（7）切断电源，停止真空泵。

（三）注意事项

（1）长时间停机时（二天以上者）应从放水管中放出泵内体积水，并在两天内转动叶轮，以防锈结，以后再按启动规程重新启动。

（2）检查泵轴承是否发热（实测最高温度不应大于 75℃）。

（3）检查供水量是否正常，排水温度不超过 40℃。

（4）运转中如果发现真空泵有不正常的情况，应按停机规则立即停车检查，待故障排除后，再重新启动运转。

四、真空浸渍系统故障及处理

（一）真空泵常见故障及其处理方法

往复式真空泵常见故障及其处理方法见表 11－7。

表 11 - 7　往复式真空泵常见故障及其处理方法

故　障	原　　因	处　理　方　法
真空度低	(1)吸入气体温度太高； (2)气阀片与气阀座接触不良； (3)气阀片破裂； (4)气塞磨坏，活塞环太松	(1)加冷却装置、冷却气体； (2)进行刮研； (3)更换新阀片； (4)修理气缸、更换活塞环
运转中有冲击声	(1)活塞杆螺帽松动； (2)连杆上和十字头销磨损或松动； (3)连杆轴瓦太松； (4)偏心圈太松发生冲击	(1)将螺帽拧紧； (2)更换衬套、将销修理； (3)抽出垫片； (4)抽出垫片，并进行调整
电机过负荷	(1)偏心圈与偏心轮摩擦产生高垫； (2)连杆轴瓦发生高热； (3)十字头发生高热	(1)如缺油则加油，如配合过紧应刮研或加垫片； (2)缺油加油，配合过紧应刮研或加垫片； (3)检查润滑油，检查机身安装是否平稳

（二）真空系统故障与处理

1. 真空泵或真空管道堵塞

(1)由沥青贮罐向浸渍罐内注入沥青时，注油量过多，应控制浸渍罐内沥青量。

(2)操作控制不及时；操作控制应及时。

(3)浸渍罐内有水，当产品装入罐内放入沥青时，油水混合，体积膨胀产生油沫子，装罐前应排除浸渍罐内积水。

(4)二次抽真空，二次抽真空时，注意浸渍罐中的油面高度。

2. 浸渍罐真空度达不到工艺要求

(1)真空管道、法兰有漏气处，检查真空管道、法兰是否有漏气处并维修；

(2)放散管、法兰有漏气处，或放散未关严，检查放散管是否关严并维修；

(3)浸渍罐接管处、副罐人孔法兰有泄气处，检查浸渍罐接管处、副罐人孔法兰并维修；

(4)真空泵故障；检查真空泵本体并排除故障。

第五节　浸渍加压、冷却系统操作

一、浸渍时气体加压系统操作

（一）压缩空气加压系统

1. 设备组成

浸渍压缩空气加压系统由如下设备组成：

(1)空气压缩机；(2)贮罐是一个圆柱形体椭圆封头的压力容器，贮罐上设置了压力表；(3)气水分离器，压缩空气进入贮罐前设置一气水分离器。压缩空气加压系统如图 11 - 25 所示。

2. 加压操作

(1)启动空气压缩机,向贮罐内充压。

(2)打开压缩空气管闸门,向浸渍罐内加压,当压力值达到工艺要求时,保压一段时间。

(3)加压结束后,关闭压缩空气闸门。

(4)停止空气压缩机。

(5)打开浸渍罐放散阀,产品出罐。

(二)氮气加压系统

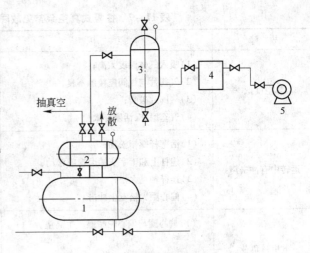

图 11-25　压缩空气加压系统示意图
1—浸渍罐;2—副罐;3—贮罐;
4—气水分离器;5—空压机

1. 设备组成

氮气加压系统由氮气贮罐、氮气充气装置、氮气瓶、减压阀组等组成。其工艺流程如图 11-26 所示。

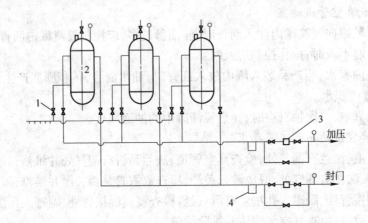

图 11-26　氮气加压系统流程示意图
1—充气装置;2—氮气贮罐;3—减压阀;4—过滤器

(1)氮气贮罐,氮气贮罐上设有安全阀和压力表。

(2)氮气充气装置,它是供小瓶氮气往氮气贮罐充气的装置,氮气也可通过充气装置直接向浸渍罐内加压。

(3)减压阀组,安装于氮气贮罐和浸渍罐之间的氮气管道上。

(4)氮气瓶,小瓶氮气来自制氧厂,压力比较高(12MPa),采用汽车运输。

2. 氮气加压系统操作

(1)充气操作是指小瓶氮气向氮气贮罐充气过程的操作。包括:1)检查充气装置是否合格好用;2)检查压力表是否合乎要求;3)将小瓶氮气连接在充气装置上,打开充气管阀门向贮罐内充气;4)在充气过程中,随时注意贮罐内的压力情况;5)当氮气贮罐内压力达到规定值时,停止充气。

(2)氮气加压操作。当制品装好罐后,首先进行封门操作。其操作程序如下:

1)打开封门氮气阀,向浸渍罐密封槽内充气,将密封槽内橡胶圈顶出压在罐盖法兰面上。

2)打开封门小放空阀,检查一下封门氮气;之后关闭封门小放空阀。

3)封门压力必须大于浸渍罐工作压力,否则失去密封效果。

4)待封门压力无下降趋势时,可进行加压操作。

(3)利用氮气贮罐加压。当浸渍罐抽真空放油结束后,即可向浸渍罐内加压。其操作程序如下。

1)检查加压管路、阀门、减压阀组、安全阀是否处于正常状态。

2)打开加压管氮气阀门,由贮罐向浸渍罐内加压。

3)加压过程中,随时观察浸渍罐压力上升情况,防止因减压阀组和安全阀失灵,浸渍罐超压出现安全事故。

4)当加压压力达到工艺要求规定值时,保压一定时间。

5)加压结束后,关闭氮气加压阀。

6)打开浸渍罐放散阀、产品出罐。

(4)利用小瓶氮气加压,包括:

1)检查小瓶氮气压力是否合乎要求。

2)将小瓶氮气通过胶管、减压阀连接在充气装置上。

3)调节减压阀至规定值。

4)打开充气阀门,向浸渍罐内加压。

5)加压过程中,随时观察浸渍罐压力上升情况。

6)当加压压力达到工艺要求规定值时,保压一定时间。

7)加压过程中,注意小瓶氮气压力,随时更换新瓶。

8)加压结束后,关闭氮气加压阀。

9)打开浸渍罐放散阀、封闭放空阀,产品出罐。

二、浸渍时液体加压操作

(一)液体加压特点

所谓液体加压就是利用浸渍剂(液体沥青)自身作为加压介质,用加压泵直接向浸渍罐内加压。其特点如下:

(1)加压控制、操作简单。

(2)防止因空气或氮气进入浸渍罐内而降低浸渍剂温度。

(3)可以取消副罐,故可以减少抽真空、注入沥青的作业时间,缩短了浸渍周期,提高了产能。

(4)生产安全,由于加压介质是液体,液体压缩性小,因此,即使浸渍罐爆破时,它的膨胀功也很小,也就是爆破时释放的能量很小。

(5)节约了氮气,费用低。

(二)浸渍时液体加压操作

1. 液体加压系统的设备

液体加压系统工艺流程如图 11－27 所示,液体加压系统主要设备是加压泵,加压泵应具有以下性能:(1)足够的加压压力,加压过程压力稳定;(2)具有一定流量,保证浸渍生产周期;(3)密封性能好。所以工作时不泄漏。

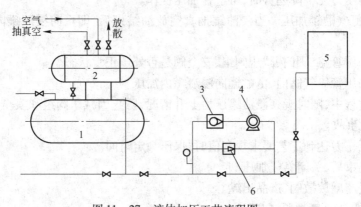

图 11－27　　液体加压工艺流程图

1—浸渍罐;2—副罐;3—单向阀;4—加压泵;5—沥青贮罐;6—溢流阀

2. 液体加压操作程序

(1)检查液压系统管路、阀门和开关是否有泄漏处,开关是否处于正常位置。

(2)泵空运转是否有问题。

(3)当浸渍罐充满沥青时,关闭油阀 F_2,关闭放散阀。

(4)打开沥青阀 F_3。

(5)启动加压泵,向浸渍罐内注入液体沥青。

(6)加压过程中,随时观察泵运转情况。

(7)当加压压力达到工艺规定时,保持一定时间。

(8)当加压压力超过工作压力时,沥青由溢流阀回到沥青贮罐中,保证浸渍罐工作压力不超过规定值。

(9)加压结束后,停止加压泵。

(10)关闭沥青阀门 F_3。

(11)打开压缩空气阀门,打开沥青阀门 F_2,将浸渍罐内沥青返回贮罐内,当沥青全部返回沥青贮罐时,关闭油阀 F_4 及油阀 F_2。

(12)产品出罐。

三、浸渍冷却系统操作

1. 浸渍后冷却的目的

(1)"固化"产品表面或内部沥青,防止因外压卸去后,浸入产品内部的沥青"反浸"出来。

(2)减少对环境的污染。

2. 冷却系统组成

冷却系统由冷却上水管、下水管,循环水管,水阀,沉淀池组成。

上水管向浸渍罐内注冷却水,冷却水可以从生产上水管直接向浸渍罐注入;也可采用循环方法,即利用泵将蓄水池内的冷却水注入浸渍罐。为了加速制品的冷却,在浸渍罐上设置了循环水管,当冷却水注满浸渍罐时由循环水管排出,加速了冷却水和制品的热交换。

3. 冷却系统的操作

当浸渍返油吹洗结束后,打开浸渍罐放散阀,即可向浸渍罐内放水冷却。其操作程序如下:

(1)打开循环水阀。

(2)打开浸渍罐底部水阀,上水阀,冷却水充满主罐后循环水管进入沉淀池中。

(3)产品冷却时间视产品规格大小而定,当冷却完毕后,关闭上水阀。

(4)关闭循环水阀和放散阀。

(5)打开下水阀。

(6)打开压缩空气阀门向浸渍罐加压,将浸渍罐内水排出罐外,冷却水经下水管排入沉淀池中。

(7)当冷却水全部排出罐外时,关闭压缩空气阀门、关闭下水管阀门。

(8)打开放散阀,产品出罐。

第六节　　浸渍罐和压力罐的设计

一、概述

在炭素生产中,沥青(或树脂)浸渍罐和沥青输送压力罐都属于受内压的薄壁容器,从受力来看,罐体采用球体较好,因为在压力一定的情况下,球形容器壁厚最小。同时,在一定的表面积下,球形有最大的容积。但是,由于球形壳体制造困难,且炭素制品的长径比大,因此,一般多采用圆柱形筒体,在两端加上半球形(或椭圆形和碟形)封头,构成组合壳体。

输送沥青的压力罐和浸入造树脂或浸沥青用的浸渍罐的壁都是很薄的,其外径与内径之比不大于 1.1~1.2,即

$$K = \frac{D_{外}}{D_{内}} \leqslant 1.1 \sim 1.2 \qquad (11-7)$$

金属浸渍罐要求承受较高的压力(几兆帕到几十兆帕),故采用厚壁,由于在操作压力不变时,罐的厚度随设备直径的增大而增厚,因此,为了节约金属材料,在满足一定工作体积情况下,通常将其做成直径较小而高度较大的柱体形,一般长径比 $H/D = 10 \sim 15$,这样对端盖密封有利,且多采用平板端盖。

二、薄壁浸渍罐和压力罐的应力分析

薄壁浸渍罐和压力罐内的蒸汽压力或压缩空气的压力,一般低压浸渍为 0.6~0.7MPa (6~7kgf/cm²),高压浸渍为 1.2~1.8MPa(12~18kgf/cm²)。罐内的压力对筒体和罐盖的作用,将使圆筒有沿纵截面和横断面扯裂的趋势,利用截面法平衡原理,可以确定纵向和环向应力的大小。

如图 11-28 所示,在筒壁上沿轴向和环向截取一微单元体 ABCD,令此单元上作用的

纵向和环向应力分别为 σ'' 和 σ'。

1. 先计算 σ''

作用在厚度为 t，直径为 D 的圆环形断面上，其横截面积 F（mm^2）为

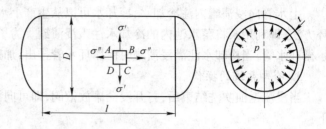

图 11 – 28　罐体受力图

$$F = \pi D t \qquad (11-8)$$

式中　D——圆筒的平均直径，mm；

　　　t——壁厚，mm。

作用在横断面上的应力所生成的合力应与筒盖上所受气压的合力互相平衡（图11 – 29），已知筒盖上受到气压的合力为

$$N = \frac{\pi}{4} D^2 p \qquad (11-9)$$

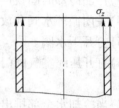

图 11 – 29　罐体横截面受力图

根据平衡条件，有　　$$\sigma'' \pi D t = N = \frac{\pi}{4} D^2 p \qquad (11-10)$$

整理得纵向应力为　　$$\sigma'' = \frac{pD}{4t} \qquad (11-11)$$

由上可知，沿纵向截面上的应力 σ' 比横向截面上的应力 σ'' 大一倍，这就是筒壁破裂时多产生纵向裂缝的原因。由于横向和纵向断面上都没有剪应力，所以在这两种断面上的应力都是主应力。

2. 计算横向应力

如图 11 – 30 所示，以直径方向将罐切开，被移去的上半部对下半部的作用相当于施加在直径平面上的均布压力 p 和垂直于筒壁断面的拉力 N'，

$$N' = \sigma' t \qquad (11-12)$$

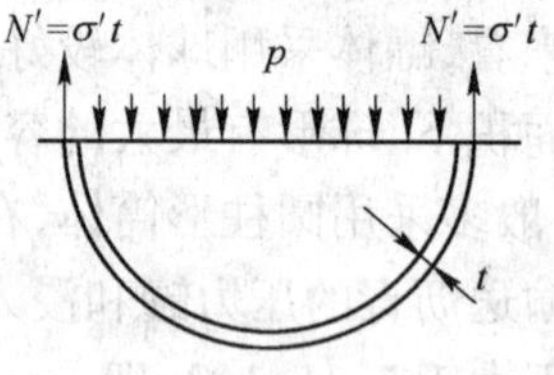

蒸汽压或压缩空气压力的合力为 $R' = pD$，筒壁上拉力的合力为 $R = pD$，筒壁上拉力的合力为

$$R = 2N' = 2\sigma' t \qquad (11-13)$$

R 与 N' 互相平衡，则有

图 11 – 30　罐体纵截面受力图

$$2\sigma' t = pD \qquad (11-14)$$

整理得横向切应力

$$\sigma' = \frac{pD}{2t} \qquad (11-15)$$

3. 单元体 $ABCD$ 内表面上的压力 p 它与 σ' 和 σ'' 相比，往往很小，可以忽略，这样一来，我们就得到了单元体的三个主应力为

$$\left.\begin{array}{l} \sigma_1 = \sigma' = \dfrac{pD}{2t} \\[2mm] \sigma_2 = \sigma'' = \dfrac{pD}{4t} \\[2mm] \sigma_3 = p \approx 0 \end{array}\right\} \qquad (11-16)$$

三、薄壁浸罐和压力罐的壁厚设计

1. 按最大主应力理论计算壁厚

根据最大主应力理论,由式(11-16)知,最大主应力为 σ',确立强度条件为:

$$\sigma' = \frac{pD}{2t} \leqslant [\sigma] \qquad (11-17)$$

式中　$[\sigma]$——材料的许用应力,MPa。

由上式可得罐的壁厚为

$$t \geqslant \frac{pD}{2[\sigma]} \qquad (11-18)$$

t 为不包括腐蚀裕度的理论计算壁厚。D 是圆筒的平均直径,$D = (D_{内} + D_{外})/2$。

2. 根据最大变形能理论计算壁厚

由最大变形能理论,其强度条件为

$$\sqrt{\frac{1}{2}[(\sigma_1 - \sigma_2)^2 + (\sigma_2 - \sigma_3)^2 + (\sigma_3 - \sigma_1)^2]} \leqslant [\sigma] \qquad (11-19)$$

将式(11-16)代入式(11-19)得:

$$\frac{pD}{2.3t} \leqslant [\sigma] \qquad (11-20)$$

$$t \geqslant \frac{pD}{2.3[\sigma]} \qquad (11-21)$$

在实际工程设计中,由于罐体系焊接制成,焊接处强度多少会有所削弱,需要将许用应力 $[\sigma]$ 折减为 $\phi[\sigma]$,其中 ϕ 为焊接强度系数。

此外,罐在使用中,罐壁厚不断地被腐蚀,必须增加一定的厚度作为补偿,即腐蚀裕度 C。

这样,就得到按两种理论建立的实际壁厚的设计公式为

$$\left. \begin{array}{l} t_{实} = \dfrac{pD}{2\phi[\sigma]} + C(\text{mm}) \\[3mm] t_{实} = \dfrac{pD}{2.3\phi[\sigma]} + C(\text{mm}) \end{array} \right\} \qquad (11-22)$$

或

$t_{实}$ 为实际壁厚尺寸。

腐蚀裕度 C 的确定,主要是根据实际情况来考虑,对普通碳素钢设备:在大气腐蚀条件下,取 $C = 1 \sim 3$mm;在轻腐蚀介质作用下,取 $C = 4$mm;在强腐蚀介质作用下,取 $C = 6$mm。

至于焊缝系数,主要由焊接方法和焊缝形式决定,大多数情况下,取 $\phi = 0.9 \sim 0.95$,只是在单面对接或双面搭接焊缝情况下(如图11-31),才取 $\phi = 0.7 \sim 0.8$。

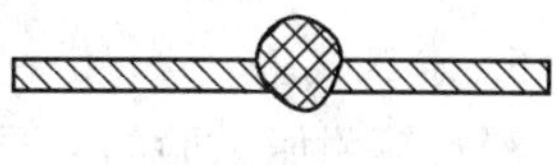

3. 罐的最小壁厚及刚度校核

按强度设计公式计算的壁厚,在压力很低时,可能很薄,这时可能罐的刚度不够,为了考虑罐的刚度要求,以及工艺制造方面的困难,多采用最小壁厚计算公式:

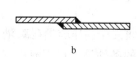

a

b

图 11-31　焊缝情况

a—单面对接;b—双面搭接

$$t_{\min} = \frac{D}{1000} + 2.54(\text{mm})(D \le 1200\text{mm})$$

或

$$t_{\min} = \frac{D}{1000} + 4.0(\text{mm})(D \ge 1200\text{mm})$$

$$(11-23)$$

则刚度条件为

$$t_{实} \ge t_{\min} \qquad (11-24)$$

4. 许用应力$[\sigma]$的确定

许用应力$[\sigma]$的选择是一个极重要的问题,它与所选用的安全系数n及材料的极限应力σ_B或σ_r有关,其中:

$$[\sigma_B] = \frac{\sigma_B}{n_B} \qquad (11-25)$$

$$[\sigma_r] = \frac{\sigma_r}{n_r} \qquad (11-26)$$

在实际工作中,究竟选用哪一种许用应力,要根据材料的性能和工作温度具体分析。一般说来,若罐壁中的应力超过材料的屈服极限,罐产生较大变形,而不能正常使用,则以屈服极限σ_r为计算依据比较合理;而对于铸铁等没有明显屈服极限的材料,则以强度极限σ_B为标准。对于在较高的温度(高于200℃)下操作的罐,应该用σ_r作为依据。

对于碳素钢等材料制成的罐在各种温度下的安全系数见表11-8。

表 11-8　各种温度下的安全系数

罐壁温度/℃	计算公式	安全系数	
		n_B	n_r
350~750	$t = \dfrac{pD}{2.3\phi[\sigma]}$	—	1.8~2.0
200~350	$t = \dfrac{pD}{2.3\phi[\sigma]}$	4.25	1.8
	$t = \dfrac{pD}{2.3\phi[\sigma]}$	4.0	1.7
200 以下	$t = \dfrac{pD}{2.3\phi[\sigma]}$	4.0	1
	$t = \dfrac{pD}{2.3\phi[\sigma]}$	3.5	1

注:ϕ—焊接强度系数。

5. 水压试验

浸渍罐耐压试验的主要目的是检验浸渍罐的强度,即验证浸渍罐在设计压力下安全运行所必需的承压能力,同时也可以通过试验发现局部的渗漏现象,及发现浸渍罐潜在的局部缺陷。

每一个内压容器(罐、液压缸)制成后,都应经水压试验,以保证安全。通常规定,水压试验的条件是:"最大允许试验压力所产生的应力不得超过材料屈服极限的80%",即

$$\sigma_{试} \le 0.8\sigma_r \qquad (11-27)$$

若以最大变形能理论为依据,即得

$$\sigma_{\text{试}} \leqslant \frac{p_{\text{试}} D}{2.3t} \qquad (11-28)$$

$$\sigma_{\text{试}} \leqslant \frac{0.8\sigma_{\text{r}} 2.3t}{D} \qquad (11-29)$$

再考虑焊接强度系数 ϕ，最大试验压力的限额为

$$p_{\max} \leqslant \frac{0.8 \times 2.3\sigma_{\text{r}} t\phi}{D} = 1.84\frac{\sigma_{\text{r}} t\phi}{D} \qquad (11-30)$$

式中　$p_{\max}$——最大试验压力限额，kgf/cm^2（$1\text{kgf/cm}^2 = 0.1\text{MPa}$）。

一般采用工作压力的 $1.25 \sim 1.5$ 倍作为试验压力，即

表压 $p \leqslant 5$ 时，$p_{\text{试}} = 1.5p$ 　　　　　　　　　　　$(11-31)$

表压 $p > 5$ 时，$p_{\text{试}} = 1.25p$ 　　　　　　　　　　　$(11-32)$

压力容器进行水压试验时，为了保证试压安全，试压装置都应置于坚固的专用实验室内进行，浸渍罐试压装置如图 $11-32$ 所示。

四、金属浸渍罐的设计

金属浸渍罐是一种厚壁容器，在承受内压时，应力状态是三向的，故必须运用强度理论计算，以判断是否处于危险状态，在国内外的设计中，最大主应力理论，最大剪应力理论和最大变形能理论都有应用，而以最大主应力理论和最大变形能理论应用最多。这是因为：（1）最大变形能理论，更接近于实测结果；（2）最大主应力理论出现较早，在工程设计中应用

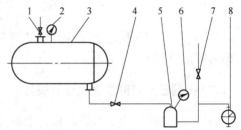

图 $11-32$　浸渍罐试压装置示意图
1、7—截止阀；2、6—压力表；3—浸渍罐；
4—进水阀；5—压力缓冲器；8—压力泵

历史较长，虽然它所表达的关系与实际实验结果有某些出入，但适当地调整安全系数，仍能保证足够的安全性。

（一）根据最大主应力理论设计壁厚

由应力分析可得筒壁各处的应力见表 $11-9$。

表 11-9　筒壁各处的应力

应　　力	任意半径 r 处	筒体内表面处	筒体外表面处
径向应力 σ_{r}	$\dfrac{p}{K^2-1}\left(1-\dfrac{R_2^2}{r^2}\right)$	$-p$	0
环向应力 σ_{t}	$\dfrac{p}{K^2-1}\left(1+\dfrac{R_2^2}{r^2}\right)$	$p\dfrac{K^2+1}{K^2-1}$	$\dfrac{2p}{K^2-1}$
轴向应力 σ_{x}	$\dfrac{p}{K^2-1}$	$\dfrac{p}{K^2-1}$	$\dfrac{p}{K^2-1}$

注：$K = D_{\text{外}}/D_{\text{内}} = R_2/R_1$。

由表 $11-8$ 可知，在筒内壁上应力最大，是危险点，其应力分布顺序为：

$$
\begin{cases}
\sigma_1 = (\sigma_t)_{R_1} = p\dfrac{K^2+1}{K^2-1} \\[2mm]
\sigma_2 = \sigma_z = \dfrac{p}{K^2-1} \\[2mm]
\sigma_3 = (\sigma_r)_{R_1} = -p
\end{cases}
\tag{11-33}
$$

根据最大主应力理论:材料的最大主应力超过简单拉伸时的极限强度时,材料就发生破坏,其强度条件为

$$
\sigma_1 = p\frac{K^2+1}{K^2-1} \leqslant [\sigma]
\tag{11-34}
$$

则

$$
K \geqslant \sqrt{\frac{[\sigma]+p}{[\sigma]-p}}
\tag{11-35}
$$

因为壁厚

$$
t = R_2 - R_1 = R_1(K-1)
\tag{11-36}
$$

则有

$$
t \geqslant R_1\left(\sqrt{\frac{[\sigma]+p}{[\sigma]-p}} - 1\right) + C
\tag{11-37}
$$

式(11-37)即为按最大主应力理论筒壁设计公式,在知道了许用应力[σ]及内应力 p 后,即可算出壁厚 t。

(二)根据最大变形能理论设计壁厚

当材料改变形状的变形能积累到单向拉伸时的极限变形能数量时,便发生破坏,其强度条件为:

$$
\sqrt{\frac{1}{2}\left[(\sigma_1-\sigma_2)^2 + (\sigma_2-\sigma_3)^2 + (\sigma_3-\sigma_1)^2\right]} \leqslant [\sigma]
\tag{11-38}
$$

将式(11-29)代入上式整理后得

$$
\frac{\sqrt{3}pK^2}{K^2-1} \leqslant [\sigma]
\tag{11-39}
$$

则

$$
K \geqslant \sqrt{\frac{[\sigma]}{[\sigma]-\sqrt{3}p}}
\tag{11-40}
$$

因此,筒壁要求最小厚度为

$$
t \geqslant R_1\left(\sqrt{\frac{[\sigma]}{[\sigma]-\sqrt{3}p}} - 1\right) + C
\tag{11-41}
$$

此即为按最大变形能理论建立的筒壁设计公式。

许用应力[σ]通常多根据强度极限 σ_b 确定,对于不同的强度极限取用不同的安全系数,如 $n_B = 3.5 \sim 4.0$,而 $n_r = 2.3 \sim 2.7$。

金属浸渍因工作温度和工作压力高,故应选用高温强度高的材料。一般选用高锰钢。

第七节　热解石墨的制备设备

热解石墨是用碳氢化合物气体或蒸气为原料,在高温下进行热分解,沉积在基体表面的一种新型炭素材料。其结构和性能与热解温度有直接关系,凡是在 800～1000℃温度下热

解的产物称为热解炭;而在1400～2200℃热解或在更高温度下处理过的称为热解石墨。

热解石墨是高温气相沉积的产物,目前多用中频感应加热(或扼流圈型石墨加热器加热)真空炉为其制备的主要设备。

一、感应加热沉积炉的结构

感应加热沉积炉的结构如图11-33所示,它主要是由炉体3、感应线圈2、石墨发热体6、石墨护套8、石墨压块4等组成;石墨护套构成的炉腔内有石墨基体(需要进行气相沉积的制品)作为沉积基体,石墨护套的上下有石墨基座和盖板及石墨压板4,石墨基座中心有导气管,盖板上有出气管;炉体内筑砌耐火砖和石棉10用以隔热,石墨发热体外用石油焦作填充料(0～4mm);炉底有石棉、玻璃布、云母热绝缘层11,下面有水冷炉座1,可通水进行冷却。感应线圈通电后可使石墨发热体、石墨套筒、石墨基体都被感应发热,使炉子升温。

二、扼流圈型气相沉积炉的结构

扼流圈型气相沉积炉的结构如图11-34所示,它是由炉外壳8、炉底9、炉盖1、石墨炉体3、发热器4、石墨坩埚5、石墨坩埚座6、石墨接头7、石墨坩埚盖2等组成。石墨炉体与炉外壳间填石油焦粒。

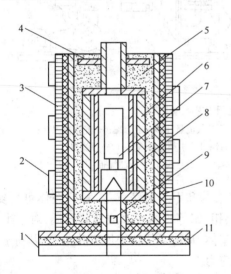

图11-33 感应加热沉积炉示意图
1—水冷炉座;2—感应线圈;3—炉体;4—石墨压板;
5—石油焦填充料(0～4mm);6—石墨发热体;
7—石墨基体;8—石墨护套;9—石墨导气管;
10—耐火砖、石棉垫板;11—石棉、玻璃布、云母热绝缘层

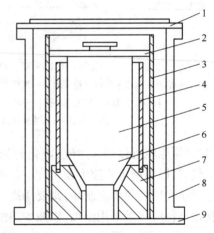

图11-34 高温气相沉积炉
1—炉盖;2—石墨坩埚盖;3—石墨炉体;4—发热器;
5—石墨坩埚;6—石墨坩埚座;7—石墨接头;
8—炉外壳;9—炉底

炉外壳、炉底、炉盖均有冷却水套,可通水冷却,石墨坩埚内腔为炉腔,内腔需涂层,沉积的基体或制品、石墨坩埚座和石墨坩埚盖的中心有进气孔和出气孔,发热器与石墨接头(两块)相连,石墨接头与外电源铜棒电极相接,通电后可使发热器发热。外电源经变压器和整流器后通入电炉内。

三、工作原理

感应加热炉由通过线圈的中频电流使石墨发热体、石墨筒体、石墨基体感应加热,而扼流圈型沉积炉是经整流后的大电流低电压直流电,流经发热器通过电阻直接发热。虽然两种炉的发热方式不同,但发热作用与效果是一样的,都是使沉积炉加热升温。

启动时,先将炉内空气排除,真空度达 133.3~266Pa 以下,然后送电升温,当基体达到规定沉积温度后,送入按一定比例混合的氮气和碳氢化合物气体的混合物,进行热解。在这一过程中,真空泵不断地将废气抽出,而混合物则源源不断地定量输入,经过一定时间的沉积后,就得到规定厚度的热解炭(或石墨)层。整个装置分为供气、加热、排气、监控四个系统,如图 11-35 所示。

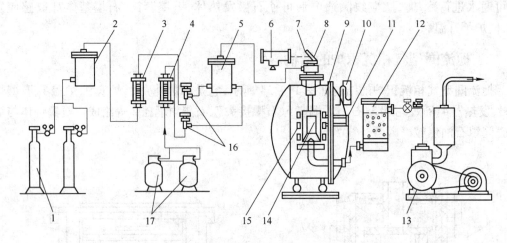

图 11-35　高温气相沉积工艺系统图

1—惰性气瓶;2—惰性气稳压罐;3—惰性气流量计;4—石油气流量计;5—混合罐;6—光学高温计;
7—反射镜;8—进气观测孔;9—真空炉;10—压力计;11—中频电源线路;12—过滤器;
13—真空泵;14—石墨基体;15—感应线圈;16—真空阀;17—石油气瓶

热解用原料可以用天然气、液化石油气、煤气或苯和甲苯的蒸气等,稀释载体可用氮、氩、氢气等,以控制沉积速度和密度。基体可用钨、钼、钽等难熔金属或块状石墨,对于半导体、电子技术用的热解炭制品,则要用高纯石墨为基体,基体必须精细加工并抛光,以利于脱模,拐角部位应尽量采用圆弧,以减少热解炭的内应力。

在沉积过程中,温度、压力、气流量三个主要参数,都要力求稳定,沉积时间则根据所需热解层厚度来决定,这些参数的最佳选择需视热解石墨的用途与性质而定。

第十二章　炭素制品机械加工原理与设备

第一节　炭素制品机械加工概述

一、机械加工的目的

炭素、电炭制品在成型、焙烧和石墨化处理过程中，从生坯到石墨化毛坯的尺寸是变化的，而引起尺寸变化的因素较多，一般用工艺的方法很难保证得到成品规定的尺寸和表面粗糙度，同时，生产中毛坯表面还会黏附一些填充料或保温料而使表面粗糙，甚至有时还有碰损或掉角，因此，一般炭素、电炭制品在生产中需要经过机械加工，其目的是使产品达到合乎规定的尺寸、形状和表面粗糙度。

另外，有些产品结构和形态复杂，不能用成型的方法直接生产出来，也需要用机械加工的方法加工出来，还有些产品使用时的连接装置，如冶金炼钢电极的螺纹，电刷刷辫的安装（一次成形电刷除外），炭块的燕尾槽等，都需要进行机械加工才能生产出来。

二、机械加工的重要性

1. 从生产成本看

炭素、电炭制品生产周期较长，从原料进厂到产品出厂一般需要 3~6 个月。且从原料到生产出加工前的毛坯需要投入大量的人力、物力和能源。对于石墨化电极，石墨化后的毛坯的生产成本约为石墨化电极生产总成本的 95% 以上，而机械加工消耗的人力、物力和能源及时间与石墨化毛坯生产相比却是极少的。若产品因机械加工的原因而使产品报废或降低等级，都是很不合算的，同时也是人力、物力和能源及时间的浪费。

2. 从商品价格看

毛坯的生产只是生产出材料，要变成成品就要进行机械加工。炭素电炭厂生产的产品最终是作为商品来与社会进行交换的。材料的价值一般较低，只有把材料变成最终产品才会具有较高的商品价值。而对于商品，不但材料要好，加工质量乃至包装质量都是影响商品质量和价格的重要因素，重视机械加工质量是提高企业经济效益的办法之一。

3. 从使用看

从使用的角度出发，加工精度和表面粗糙度不高的产品对使用也是不利的，例如，电极在电弧炉中经常发生螺纹连接处断裂或掉扣事故，有时往往不是由于电极的材质不良，而是由于加工质量低劣所造成的。因此要提高产品质量，除提高材质质量外，还应提高机械加工质量。

4. 从加工精度看

目前有些企业对机构加工的重视是不够的，认为炭素制品机械加工与金属加工相比只是粗加工，加工的尺寸精度和表面粗糙度反正要求不高。其实不然，对于机械用炭石墨轴承、密封环等的加工精度和表面粗糙度要求较高外,对石墨化电极,机械加工精度的要求也已超过一般的金属加工精度(见表 12－1,表 12－2)。

从表 12－1 可看出,石墨化电极连接螺纹的外径、中径和内径的加工允许误差,比一般金属螺纹的加工允许误差还小,加工精度要求也比金属螺纹高。

从表 12－2 可知,石墨电极和接头的锥形锥度的加工精度要比一般管螺纹和钻机管螺纹的锥度加工精度高得多。

依上所述,炭、石墨制品的生产,机械加工不但是不可缺少的主要一环,而且是具有较大的难度。国外对机械加工十分重视,其机械加工技术和设备及工具也在不断地改进和提高。

表 12－1　金属螺纹和石墨电极螺纹的允许误差对比　　　　　(mm)

螺纹种类		螺纹直径	螺距	外螺纹外径		外、内螺纹中径			内螺纹内径	备注
				1、2 级	3 级	1 级	2 级	3 级		
金属普通螺纹		185～260	6	－ 0.6	－ 0.8	－ 0.3	－ 0.37	－ 0.49	＋ 0.7	
		265～300	6	－ 0.6	－ 0.8	－ 0.315	－ 0.39	－ 0.52	＋ 0.7	GB 197—63
石墨电极螺纹	中国	155.58～298.45	8.47	－ 0.5					＋ 0.5	YB818—79
	日本	155.58～298.45	8.47			＋ 0.45，＋ 0.05(内螺纹)				TISR7201—79
	原苏联	155.58～298.45	8.47	－ 0.3					＋ 0.3	POCT4426—71

表 12－2　圆锥螺纹的螺距和锥度的允许误差对比　　　　　(mm)

螺纹种类		锥度允许误差	螺距要求		备注
			每英寸	50mm 范围	
金属	普通管接头	± 16′(中级)			
	圆锥螺纹	± 12′(高级)			
	钻探机管接头	± 16′	＋ 0.075		
	圆锥螺纹	－ 5′			
石墨电极	锥形接头孔	－ 7′ ～ ＋ 3′		± 0.02	机床达到的要求
	锥形接头	－ 3′ ～ ＋ 7′		± 0.02	日本标准

三、机械加工的方法及分类

炭石墨制品的机械加工方法有:车、钻、刨、磨、铣、切割及其他。

(1)车。主要是加工圆形表面,如车内外圆,另外是车螺纹,还可平端面和镗孔及切断。常用的机床是车床,加工的产品有电极、机械用炭石墨轴承和密封环、电影、电池、电弧用各种小炭棒和石墨坩埚及石墨管等。

(2)刨和铣。主要是加工平面,常用机床有刨床和铣床,主要用来加工石墨化阳极、化学阳极板和各种炭块。

(3)钻和镗。主要是加工孔,采用钻床和镗床,主要是加工电炭制品及机械、化工用炭石墨制品。如电刷的刷辫孔和热交换器的孔。

(4)磨。主要是加工外圆,采用磨床加工电影和电池用等各种小炭棒。

(5)锯。主要是用于切断,设备有锯床。锯床有带锯、条锯和圆盘锯。

四、机床的类型和特性代号

(一)机床的类型

金属切削机床的种类很多,但最基本的机床是车床、钻床、铣床、刨床和磨床。这几种机床,在炭和石墨制品加工中被广泛使用。为了便于区别及管理,需要对机床分类。机床主要是按加工性质和所用刀具进行分类的,目前我国机床分为12大类:车床、钻床、镗床、磨床、齿轮加工机床、螺纹加工机床、铣床、刨插床、拉床、超声波及电加工机床、切断机床及其他机床。

除了上述基本分类外,还有其他分类方法。上述机床按它们的使用性能可分为:通用机床,专门化机床和专用机床。加工石墨电极用的车床属于通用机床,加工高炉碳块使用的组合铣床,属于专用机床。在同一种机床中,按照加工精度的不同,可分为普通精度机床,精密机床和高精度机床三种精度等级。

(二)机床型号表示法简介

机床的型号是用来表示机床的系列、基本参数和特征的代号。我国机床型号,是按1976年12月颁布的第一机械工业部部标 JB 1838—76"金属切削机床型号编制方法"编制的。

机床型号表示方法可简述如下:

1. 机床的类别

按机床加工性质和使用刀具的不同,目前我国机床分为12大类。机床类别的代号是用汉语拼音字母(大写)来表示的,如"车床"的汉语拼音是"Chechuang",所以用"C"表示。其他详见表12-3。

表12-3 机床分类及代号

机床类型	车床	钻床	镗床	磨床	5	6	7	刨床	拉床	铣床	10	11	12
代 号	C	Z	T	M	2M	3M	Y	S	B	L	X	D	G	Q
参考读音	车	钻	镗	磨	2磨	3磨	牙	丝	刨	拉	铣	电	割	其

注:5—齿轮加工机床;6、7—螺纹加工机床;10—电加工机床;11—切断机床;12—其他机床。

2. 机床特性

机床特性代号,也是用汉语拼音字母表示。它代表机床具有的特别性能,包括通用特性和结构特性。在型号中特性代号排在机床类别代号的后面,见表12-4。

表12-4 机床特性及代号

通用特性	高精度	精密	自动	半自动	程序控制	轻便	万能	筒式	自动换刀
代 号	G	M	Z	B	K	Q	W	J	H
参考读音	高	密	自	半	控	轻	万	筒	换

3. 机床的组和型

组和型是用两位数字来表示的,跟在字母的后面。

4. 机床的主要参数

在表示机床组和型的两个数字后面的数字,一般表示机床的主要参数,通常用主要参数的 1/10 或 1/100 表示。

5. 机床结构的改进

规格相同而结构不同的机床,或经改进后结构变化较大的机床,按其设计次序或改进次数分别用字母 A、B、C、D…附加于末尾,以示区别。

机床类型表示法如图 12-1 所示。

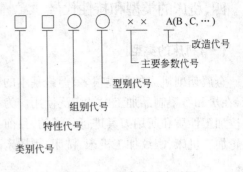

图 12-1　机床类型表示图

第二节　机加工机床和电极加工自动线

一、普通车床

加工各种圆形截面的产品(如石墨化电极、阳极棒和轴承及密封环等),都可以采用普通车床。车床是炭素制品机械加工的主要设备,如国产 C620 型、C630 型等车床及电极加工专用车床。对大规格的产品(如直径在 500mm 以上,长度在 2000mm 以上)可选用 C650 型车床。下面以 C620 型车床为例,介绍它的主要结构和主要技术性能。

C620 型车床的结构如图 12-2 所示,由床身、床头箱、走刀箱(进给箱)、溜板箱、刀架和尾座等组成。

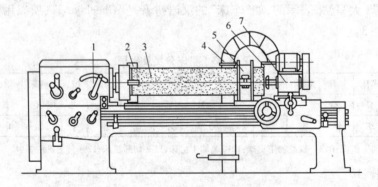

图 12-2　C620 型车床结构示意图
1—床头箱;2—长爪卡盘;3—电极;4—可移动通风管;5—中心架;6—通风罩;7—铣刀装置

C620 型车床的主要技术性能为:

(1)被加工工件最大直径:床面以上 400mm;拖板以上 210mm;棒料 37mm。

(2)顶尖中心高:200mm。

(3)顶尖间最大距离:750mm,1000mm,1400mm,2000mm。

(4)主轴转速范围(21 级):12~1200r/min。

(5)进给量:纵向(35 级),0.08~1.59mm/r;横向(35 级),0.027~0.52mm/r。

（6）螺纹螺距：公制螺纹（43 种），1～192mm；英制螺纹，每英寸扣数（20 种），2～24 扣/in；模数螺纹的模数（38 种），0.5～48mm；径节螺纹的径节（37 种），1～96 牙/in。

（7）机床功率：7kW。

（8）机床质量（对应于顶尖间最大距离）：1930kg，2010kg，2100kg，2280kg。

C620 车床适用于加工直径 200mm 以下的产品；顶尖与卡盘中心距为 3000mm 的 C630 车床适用于加工直径 250～500mm 的产品。车床除车内外圆外，还可镗孔，车螺纹，车端面及切断等。电极一般长 1.6～2m，所以应选顶尖中心距为 2000～3000mm 的车床。

普通车床性能及主要参数见表 12－5。

表 12－5　普通车床性能及主要参数

机床型号	顶尖距离/mm	中心高/mm	加工最大直径			刀架			尾架 莫氏锥度号数	主轴转速/r·min⁻¹	主电机功率/kW
			在床面以上/mm	在横刀架以上/mm	在溜板以上/mm	最大行程					
						纵向/mm	横向/mm	小刀架/mm			
C620	1000 1500	200	410	210	—	1400	250 280	100	4	11.5～600	4.5
C620－1	1000 1500	200	400	210		900 1400	280	100	4	12～1200	7.5
C630	1500 3000	300	615	345		1310 2810	390	200	5	14～750	10
C640	2800	400	800	450	—	2800	620	240	5		
C650	3000	500	1020	645	730	2410	>10	横200 纵500	6	正:3～15 反:5～400	22

二、双端面铣床

双端面铣床主要是由一个床身，一个工作台，两个床头箱，两个铣头和一个夹料装置组成，如图 12－3 所示。

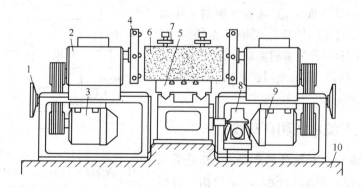

图 12－3　双端面铣床加工炭块示意图

1—进刀手轮；2—床头箱；3、9—电动机；4—铣刀盘；5—工作台面；6—被加工产品；

7—产品卡具；8—工作台面进给减速机；10—基座

　　炭块卧式组合铣床主要用于成套供应的电炉或高炉炭块、铝电解槽炭侧块和阴极的加工,应用机床上的垫铁、靠模、气动夹具可加工炭块斜角及梯形平面。炭块的截面尺寸一般是 400mm × 400mm,因此双端面铣床的铣刀盘直径应大于 400mm。双端面铣床有两个铣头,可以同时加工两个平面,加工梯形炭块的梯形平面及炭块的燕尾槽时只能用单个铣头或单面铣床加工。异形截面的炭块可用单臂刨床。

　　目前,铝电解槽阴极长为 3.5m,因此加工的组合铣床的工作台很长,工作台行程为 4 ~ 5m,全自动控制,国外采用微机控制。

(一)主要结构

　　该机床为卧式双面四轴,布置为"十字形",左右铣头箱中间有一个移动工作台,工作台的进给与后退由单独的传动装置来驱动。主要部件有床身、工作台、铣头箱(铣头箱上有大小刀盘),大刀盘上刀头用于主切割并精加工,小刀盘上刀头用于防止掉边角。

(二)技术性能

　　(1)最大加工尺寸(长 × 宽 × 高):3460mm × 520mm × 520mm;

　　(2)铣头主轴转速三级:大主轴有 200r/min、280r/min、400r/min;小主轴有 400r/min、560r/min、785r/min。

　　(3)工作台最大行程:4460mm

　　(4)工作台进给速度分为 6 级:390mm/min、490mm/min、600mm/min、800mm/min、1000mm/min、1230mm/min;快退速度:460mm/min。

　　(5)两铣刀刀尖间距:390 ~ 1500mm。

　　(6)总功率:42.2kW。

三、龙门刨床

　　龙门刨床主要是由床身、工作台、立柱、顶梁、横梁、侧面架、立刀架、侧刀架、进给箱和传动系统组成。如图 12 - 4 所示。

　　加工各种炭块一般用龙门刨床及专用的双端面铣床。在加工炭块平面时,双端面铣床的工作效率比龙门刨床高,但龙门刨床除可刨平面外,还可用于切割炭块,铣床却不能切割炭块。由于高炉炭块有的长达 3m。所以,选用龙门刨床时,行程应与加工规格相适应。

四、机械加工流水线和自动线

　　对于炭块、轴承和密封环等产品,一般是采用单机加工,有些产品,加工工序较多,不便用一台机床单独完成,则采用多台机床组成生产流水线,这样可提高生产效率,但它不能连续加工和自动控制。若设计自动生产线则可实现自动控制和连续加工,还可提高生产效率和改善劳动条件。

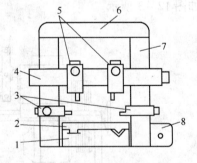

图 12 - 4　龙门刨床
1—床身;2—工作台;3—侧刀架;4—横梁;
5—主刀架;6—顶梁;7—立柱;
8—传动减速装置

目前对于电刷的加工一般是采用自动控制生产线;对于电极和接头,中小炭素厂是采用流水线,大厂则设计自动控制(国外采用微机控制)生产线,下面对电极和接头的加工流水线和自动线分别予以简介。

(一)电极加工流水线

电极加工流水线如图 12-5 所示,它是采用 3 台 C630 车床(或电极加工专用车床)和悬臂吊及输送架组成。第一台车床车外圆,外圆车好后,由输送架传到第二台车床,进行平端面和镗接头孔,然后再传到第三台车床车螺纹,车好的电极经检验、过秤打印记后可送去仓库。电极从输送架到车床的上下由悬臂吊吊装。电极接头的加工也可采用两台普通车床和一台锯床组成流水线。车圆锥形接头时,需采用靠模装置,如图 12-6 所示。

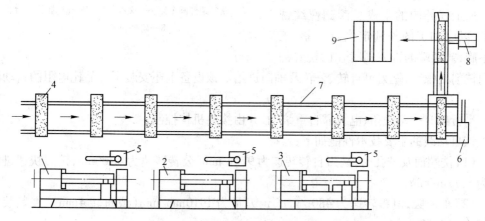

图 12-5　电极加工流水线示意图

1—外圆车床;2—平端面、镗孔车床;3—铣螺纹车床;4—待加工电极;
5—悬臂吊;6—磅秤;7—平行架;8—气动推电极装置;9—成品

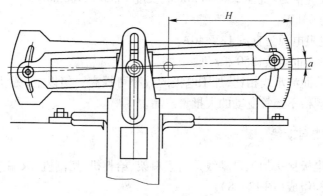

图 12-6　靠模装置示意图

(二)电极加工自动线

某厂的电极加工自动线由一台内孔端面铣床、一台外圆车床、一台螺纹铣床及相应的传送机构所组成,可以单机自动操作或全部机组实现自动连续生产(图 12-7)。

待加工的半成品由拨料装置传送给第一台内孔端面铣床,两端同时铣内孔和端面,端面铣刀与内孔铣刀同装在一根可调偏心套的轴上,铣刀可同时进行自转和公转。

经过铣孔及平端面的半成品传送到外圆车床,利用已加工好的两端内孔和端面定位及夹紧并旋转工件。车削外圆,俗称"拉荒"。为了缩短加工时间,可在相距800mm处各装一把车刀,分两段进行切削。

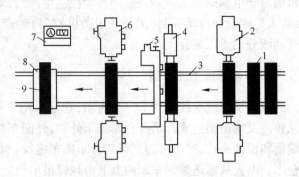

图12-7　电极加工自动线配置示意图
1—待加工产品;2—内孔端面铣床;3—平行架;4—车外圆定位夹具;
5—龙门架外圆车床;6—螺纹铣床;7—比电阻测定台;
8—磅秤;9—成品

加工好外圆的半成品滚到螺纹铣床上,以已加工的外圆定位及夹紧,工件不旋转,两端的铣刀同时在已铣好的孔内铣削出螺纹,铣刀可自转、公转及轴向进给。该设备上还安装了产品比电阻的自动测量装置。

平行架有一定倾角、电极靠自重滚动,并由拨料机构控制。

该自动线的主要技术性能如下:

(1)铣端面及铣孔时,铣刀自转转速为970r/min、公转转速为40r/min,铣刀快速进给速度为1.77m/min。

(2)车外圆,电极转速为480r/min、走刀量为1910mm/min(或每转4mm)、夹紧装置进给速度为4.77m/min。

(3)铣螺纹时铣刀的主轴自转转速为2860r/min、公转转速为25.4r/min。

(4)加工螺纹的螺距为8.47mm与12.7mm两种。

(5)加工电极规格为:直径250~400mm、长度1450~1900mm。

(6)总功率为64kW。

(7)测量比电阻电源为直流12V、40A。

(8)加工 ϕ300mm 电极,250根/班。

该自动线与前面流水线相比,加工电极的效率可提高一倍以上,劳动强度也大大降低。但只适合于加工规格不经常变动的大批量产品。

(三)接头加工自动线

某厂设计的电极接头加工自动线是由上料架、给料机、切割机、双端面铣床、螺纹铣床和运料槽及拨料机构组成(图12-8)。

待加工接头毛坯在上料架的斜面上靠自重向前滚动到给料机输送带导槽上,由气动传送机构按规定程序送到加工位置。切割机将毛坯按一定长度切断,一段一个接头,切割时毛坯夹紧不动、圆锯可上、下升降,双端面铣床将切断的段坯两端面铣平到规定长度。双端面铣床是由床身、两个铣头和一个夹料装置组成,并且电气联锁控制给料。螺纹铣床上安有两个铣刀头,一个铣刀头加工两端部的半扣及外圆表面;另一个铣头在外圆

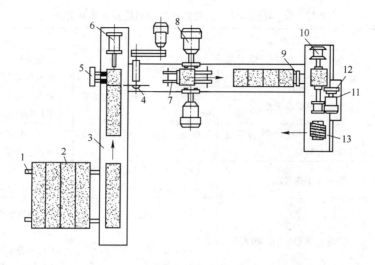

图 12 - 8　接头加工自动线配置示意图

1—上料架;2—待加工毛坯;3—给料机;4—切割机;5—夹紧装置;6—定位装置;
7—夹紧链条运输装置;8—平端面铣头;9—定期给料装置;10—夹紧和移动装置;
11—移动铣螺纹装置;12—组合铣刀;13—成品接头

表面铣出螺纹。

该电极接头加工自动线的技术性能为:

(1)切割机圆锯直径 1000mm,转速 502r/min;

(2)端面铣床铣刀直径 300mm,转速 1450r/min,进给速度 3m/min;

(3)螺纹铣床主轴转速 50r/min,铣刀转速为 5720r/min、工件进给速度为 635mm/min。

该接头自动加工线与前面讲的流水作业加工相比,可提高生产效率 1~2 倍,减轻劳动强度,同时也保证了加工质量。

五、机床的常见故障及其排除

机床在使用过程中,往往会出现一些故障,诸如手摇太沉、操作失灵、溜板失灵、溜板爬行、刺耳噪声等,如不及时排除,将直接影响生产的进行,并将使机床的技术状态迅速下降。

机床的常见故障就其性质可分为两大类:

(1)机床本身运行不正常;(2)加工产品质量出问题。

但故障的现象是多种多样的,产生的原因也常常是由多种因素综合形成的。

一般造成故障的原因有:

(1)机械部件,电气元件、液压系统、微机系统等工作失灵,或有些零件磨损严重,精度超差甚至损坏。(2)日常维护、保养不当。(3)使用不合理。(4)机床安装不精确。(5)原设计不适于石墨制品加工,密闭不严,润滑条件差,零件的强度、刚性不足等。

前四种原因可以通过调整、修理或加强管理的方法解决。最后一种原因只有进行必要的改装,才能适应炭和石墨制品生产的需要。

下面将普通车床常见的一些故障及其原因、排除方法列于表 12 - 6。

表 12 – 6　普通车床常见故障产生的原因及其排除方法

序　号	常见故障	产生原因	排除方法
1	负荷大时主轴转速降低及自动停车	摩擦离合器过松	调整摩擦片,使之能保证传递额定功率
2	摩擦片离合器发热	摩擦片调整太松,传递运动时打滑	调整摩擦片、离合器放松时摩擦片的总间隙为 3～5mm
3	离合器在空档停车位置时主轴仍自转	摩擦片装多了,或其间隙太小	去掉多余的摩擦片或调整摩擦片的总间隙
4	溜板箱手摇过沉	(1)齿轮与齿条啮合过紧; (2)导轨变形	(1)调整齿轮与齿条间隙; (2)修复导轨
5	中拖板进给手柄摇动太重	(1)丝杠中心与导轨不平行; (2)丝杠、螺母不同心; (3)丝杠弯曲	(1)刮研导轨; (2)调整或更换螺母; (3)调直丝杠
6	齿轮产生刺耳噪声或其他响声	(1)齿轮磨损啮合不良; (2)齿轮牙齿碰伤或打牙; (3)轴承磨损或松动; (4)轴弯曲	(1)更换齿轮保证啮合齿隙; (2)修复或更换齿轮; (3)更换新轴承或调试; (4)调整或更换新轴

第三节　电极与接头加工组合机床

　　从 20 世纪 50 年代起,世界石墨制品行业逐渐以专用机床代替通用机床,从美、日两国发展到美、日、德国、苏联等国家。石墨电极加工自动线及接头加工自动线,可实现生产连续与自动加工,从而提高了生产率,改善了工人的劳动环境,减轻了劳动强度,提高了产品质量。本节讲述的电极与接头加工组合机床(或称自动线),比上节所述的生产自动线更先进,加工更精密。

一、三机组数控石墨电极加工自动线

　　该机床是美国英格索铣床公司生产的,三机组数控石墨电极加工专用机床与国内生产的配套设备,上料、对中、下料、称重及测电阻率仪组成的一条完整的石墨电极加工自动线。

　　该自动线具有:自动化程度高、操作方便、生产能力大、工艺参数要求严格、加工精度高等特点。

　　自动线由上料机、对中机、1 号机、2 号机、3 号机、下料机,输送装置、液压、润滑、检测系统及控制系统组成,自动线布置如图 12 – 9 所示。

　　整个系统操作由两台美国 A – B 公司生产的 7360 型计算机(CNC)来控制。1 号机用于镗孔及粗加工两端面,2 号机用于粗车、精车外圆及精车两端面,3 号机用铣齿形螺纹的铣刀加工两端螺纹。石墨电极毛坯采用从空中装卸的悬挂运输,由输送架从电极上料机将电极输送到各加工部位,从而缩短了机床纵向布局,加工的成品石墨电极经下料机进入到检测

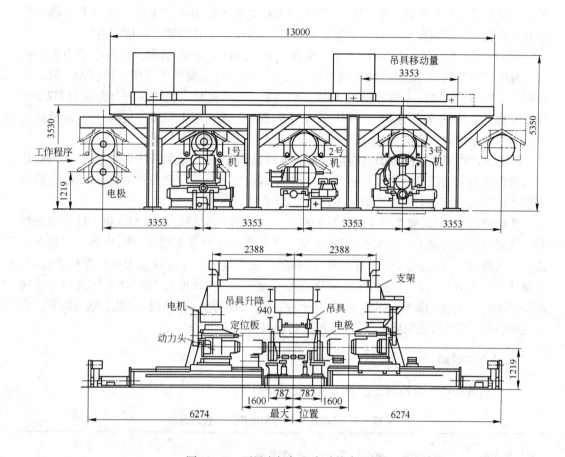

图 12 − 9 石墨电极加工自动线布置图

线,称重和测电阻率,高精度铣螺纹加工则由伺服系统和 DC − 300 直流驱动器来完成。液压,润滑系统保证了该自动线各部位的准确动作。

二、电极加工组合机床的主要结构及技术性能

(一)主要结构

1 号机用于镗孔及粗加工两端面,床身为钢制焊接结构,带有淬火及可更换的钢导轨,托板下面镶有聚四氟乙烯衬垫。托板是靠液压油缸驱动在床身上运动,左右床身中间有直径 228mm 长 3650mm 的螺旋排屑输送机。两台镗孔及铣端面动力头是相同的,主轴直径为 330mm,各用一台 44130W 电动机通过斜齿轮驱动。主轴中心有直径 25mm 的孔,用于通气吹出电极孔内的切屑,每个动力头都有自己的循环系统,动力头上的机械传感器控制刀盘向电机两端的移动量,切下的物料多少由计数器控制。

2 号机用于加工外圆及精加工两端面,两个床身和托板都与 1 号机相同,动力头和非动力头分别装在托板上,动力头是由一台 29420W 的直流电动机驱动,动力头和非动力头前安装锥形传动塞规定心锥,将石墨电机对中和撑起并驱动电极转动。托板的移动是用一台液压马达和滚珠丝杠带动。石墨电极的外圆加工用安装在复合滑板上的四组车力实现,每组

车刀有粗车刀和精车刀各一把,为了保证石墨电极端面与孔的垂直度,在动力头和非动力头托板上安装一组高精度平端面石墨电极的刀架,用液压缸实现端面刀的横向进给。

3 号机用于铣石墨两端螺纹,其主要部件与 1 号机基本相同,铣螺纹的两个动力头上都装有两坐标数控轴(X 轴和 Z 轴),螺纹加工由数控机通过可编程序应用逻辑(PAL)和工件编程序来控制。X 轴与 Z 轴分别用 2206.5W 伺服电动机带动。铣螺纹动力头由 11032.5W 直流电动机驱动,主轴转速为 20~60r/min,主轴前面刀架滑板上安装刀架的位置,滑板面上有三个用于定刀架的键槽,根据工件程序的要求确定刀架的安装位置。

动力头两边安装传感器,传感器的伸出、缩回、旋转是靠气动和液压电气系统来实现,动力头的移动是靠液压马达和丝杠带动。当动力头前进,传感臂碰到石墨电极端面时,它就会将信号传到机床控制器中并向机床发出指令,控制机床运行。

铣螺纹加工:螺纹加工是由两台数控机通过可编程序应用逻辑(PAL)和工件程序来控制。铣螺纹刀具为硬质合金梳形铣刀,铣螺纹走刀次数可分为 9 次,12 次,15 次,一般 9 次走刀铣出螺纹。可以加工内、外螺纹和左右螺纹,铣螺纹过程中螺纹梳刀始终作回转运动。主轴从 0°开始连续旋转。与此同时从 0°开始 Z 轴启动,主轴回转 360°时 Z 轴进给一个螺距(4.8mm)。当主轴旋转到 450°时铣刀开始退去,当回转到 495°时梳刀退出吃刀状态。直到主轴转到 720°时,该循环重复进行,至达到螺纹深度为止。

(二)技术性能

三机组数控石墨电极加工的技术性能见表 12 - 7。

表 12 - 7　三机组数控石墨电极加工技术性能

机床外形尺寸	高度 5410mm;宽度 13462mm;长度 13005mm
技术参数	电极输送架:水平行程 3350mm;垂直行程 1130mm;上料周期 32s 一号机床:主轴转速 105r/min;动力:65 马力(两台);进给速度:10~28in/min 二号机床:主轴转速 4 种:133r/min,200r/min,266r/min,400r/min 动力:29420W;进给速度 0.187in/r;端刀进给速度 24in/min 三号机床:主轴转速 20~60r/min;动力 11032.5W(两台)
加工规格	加工直径:ϕ250~800mm;长度 3000mm; 孔 深:0.25~0.333in(每英寸 4 扣~每英寸 3 扣); 螺纹角 1:6,9°27′45″; 质 量:2.95t
生产能力	小时产量(效率为 100%):36 根/h 年产量(两班 15h,加工 ϕ350mm×1860mm 石墨电极,年工作 250 日):3.8~4.0 万吨
控 制	控制装置将主机、输送机、装卸台一起按程序操作; 附带有:人工操作的主控制台和机床旁还有操作盘
操作程序	上料—镗孔及粗加工两端(第一台)—粗车、精车外圆及精车端面(第二台)—第三台梳铣两端螺纹—卸料
刀 具	螺纹加工采用梳形铣刀(加工 800 个孔重磨刀刃)
装 卸	石墨电极从机床的上面装卸(悬挂运输)

注:1in = 25.4mm,1 马力 = 746W。

三、圆锥形石墨接头加工自动线(组合机床)

目前电极接头大多数厂采用组合机床加工,电极接头加工组合机床种类很多,但基本原理和加工步骤大体相同。某厂利用圆锥形石墨接头加工组合机床,加工连结石墨电极的圆锥形螺纹接头,其加工范围为直径350mm,450mm,500mm,600mm,可加工的螺距为每英寸3扣和每英寸4扣两种,该自动线采用组合式梳齿刀铣削螺纹,生产效率高,用PC115型计算机进行整个过程自动监控。

(一)自动线的组成

由切断机、端头加工机、铣外锥机、铣螺纹机、钻接头栓孔机、称重测电阻率机以及机械手输送线、液压系统、计算机控制部分组成。

(1)切断机是自动线的第一工位,本机将接头毛坯棒料按一定长度切成数段,每段坯料供加工一个接头。由倾斜料架、送料装置、工作台夹具、主机、工件输送装置以及液压、电控、润滑系统组成。

(2)端头加工机是自动线中第二工位的主机,在自动线第一工位将毛坯料切成规定长度的基础上,对坯料刮削端面、钻中心孔、套车两端定位外圆。

该机由床身、滑台、动力头刀盘、夹紧、防尘罩、电气等部分组成。

(3)锥面加工机是自动线中第三台机床,主要功能是采用双刀将接头双锥面同时进行粗、精加工,由于切深及走刀量大,所以机床的刚度大。该机由主轴箱、前后刀架、后尾座、电机皮带拉紧机构和机座、床身组成。并另单设液压站和电气控制,输送线和微机控制台。如图12-10所示。

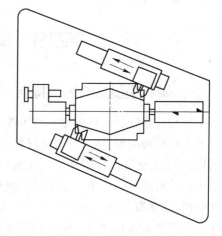

图12-10　接头双锥面加工示意图

(4)铣螺纹机是自动线中加工双锥螺纹的专用机床,该机主运动采用谐波减速器降速,其降速比大,传动链短,结构紧凑。进给系统采用滚珠丝杠,并且螺纹梳铣刀加工螺纹,以保证被加工工件的螺距精度。

该机床由PC1185型计算机进行上料、夹紧、加工、下料,过程自动控制。

该机床床身由床腿、主轴、传动、尾架、刀架部分组成。

机床的传动,由主传动电动机的转动通过三角皮带轮传递给I轴,在I轴上装有两个电磁离合器,以实现主轴正、反转。

在主轴箱内装有一谐波减速器,其传动比为1/200,在V轴上装有一电磁制动器,在工件的非加工阶段电磁制动器通电工作,使主轴停转、刀架静止。

(二)技术性能

(1)切断机。

1)圆锯尺寸(直径×厚度):φ1010mm×8mm;

2）切断毛坯棒料尺寸范围（直径 × 长度）：（220 ~ 320）mm × （300 ~ 400）mm；

3）圆锯转速及切削速度：转速 191、242、322（r/min）；速度 605、767、1201（m/min）；

4）圆锯进给速度：400 ~ 800mm/min。

（2）端头加工机床。

加工毛坯尺寸：直径 227 ~ 315mm；毛坯长度 315 ~ 382mm。

（3）锥面加工机。

1）主轴转速：490r/min；

2）前后刀架最小进给速度：$S_进 = 15$mm/s；

3）前后刀架最大行程：$L = 300$mm；

4）主电机功率：7.5kW，1000r/min。

（4）铣螺纹机。

1）主轴转速：正转（用于切削）2.36r/min；反转（用于退刀）4.72r/min；

2）铣刀转速：1234r/min；

3）铣刀的切削速度：775m/min。

（5）加工能力。

1）可加工工件直径：350，400，500，600（mm）；

2）螺距：0.25 ~ 0.33in（3 扣/in ~ 4 扣/in，1in = 25.4mm）；

3）操作时间：100s。

第四节　炭石墨制品的切削原理

一、炭石墨制品的加工特点

炭和石墨制品的机械加工与铸铁的加工方法相似，它们都属于脆性材料，它们的切屑是一些小颗粒和细粉，加工的刀具材料也大致相同。但炭和石墨制品的力学性能和内部组织结构不相同，铸铁的强度和硬度比炭、石墨材料要高得多，且其组织结构为致密的均质的固溶体，炭、石墨材料是由大小不同的焦炭颗粒或无烟煤颗粒靠黏结剂粘连在一起的非均质脆性材料，通常有 20% ~30% 左右的孔隙，这些孔隙大小不同，分布也不均匀，加工后的表面比较粗糙和有颗粒剥落后留下的凹坑。

对于炭石墨制品的加工，不论是车还是刨和铣，刀具对产品的表面不是单纯的剥离作用，而是刀具对产品组织结构中的表面颗粒（及黏结剂焦化后的焦炭）产生冲击、压碎和剥削等多方面的作用。所以炭和石墨制品加工后的表面粗糙度在很大程度上是由产品配料时的颗粒粒度及混捏、成型时形成的组织结构均匀性所决定。

各种石墨制品宏观硬度比较小，容易进行切削，加工后表面粗糙度一般也较低，特别是细颗粒结构的冷压石墨制品，加工后可以得到相当低的表面粗糙度，并显示金属光泽。各种炭素制品（焙烧品）比较硬，加工较困难，最好采用金刚石刀具。由于炭和石墨制品中石墨晶体 a、b 轴方向原子排列最紧密，其原子间距为 0.142nm（1.42Å），比金刚石原子间距 0.154nm（1.54Å）还小，因此，刀刃碰到 a、b 轴原子平面时，要打开其原子间距为 0.142nm（1.42Å）的原子键就需要很大的力，即炭石墨材料的微观硬度很高，对刀具磨损很大。另外,电极内含有微量 SiC,对刀刃也有研磨作用,所以刀刃容易磨钝。为减少刀具磨损,对炭石墨材料一般宜用高速切削,切削速度可取 500~600m/s,最高可取 1000m/s。

加工炭和石墨制品过程中将产生一定数量的粉尘,不仅污染环境,而且使设备容易磨损。因此,炭和石墨制品的机械加工车间必须设有相应的通风除尘设备。

二、切削时的运动和产生的表面

(1)切削时的运动。为了从被加工件上切去一层物料必须具备两种运动,即主运动和进给运动,如图 12-11 所示。

主运动——被加工工件的旋转运动;铣削与刨削时,主运动是工作台载着工件所作的往复运动。

进给运动——使新的物料继续投入切削的运动。车削或刨削时的进给运动是刀具的连续或间歇移动。

(2)切削时产生的表面。在每次行程中,工件上会出现下列三种表面,如图 12-11 所示。

待加工表面——工件上即将切去切屑的表面;

已加工表面——工件上已经切去切屑的表面;

切削表面——工件上直接由主刀刃形成的表面,亦即已加工和待加工表面之间的过渡表面。

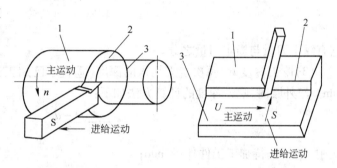

图 12-11 切削时的运动和产生的表面
1—待加工表面;2—切削表面;3—已加工表面

三、切削要素

切削要素可分为两大类:工艺的切削要素和物理的切削要素。前者又称为切削用量要素;后者又称为切削层横截面要素。炭素制品的机械加工主要是车削。下面重点介绍车床车削的情况。

(一)切削用量要素

切削用量要素用来表示切削时各运动参数的数量,以便按此调整机床。它包括切削速度 v,走刀量 S 和吃刀深度 t,如图 12-12 所示。

(1)切削速度 v。主运动的线速度称为切削速度,单位为 m/min,它和工件转速存在下列关系

$$v = \frac{\pi D n}{1000} \tag{12-1}$$

或

$$v = \frac{D n}{318}$$

式中 D——工件待加工表面直径,mm。

(2)走刀量 S。工件每转一转,刀具沿着进给方向移动的距离称为走刀量,单位为 mm/r。

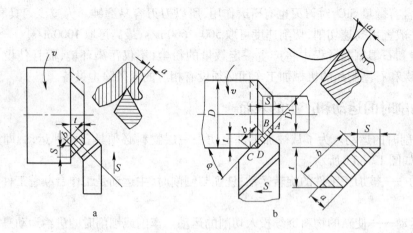

图 12－12　切削要素

a—车外圆；b—车端面

它有纵走刀量与横走刀量之分。

（3）吃刀深度 t。每次走刀切入的深度（垂直于已加工表面度量）t 为吃刀深度，单位为 mm。车外圆时，吃刀深度的计算方法如下：

$$t = \frac{D - d}{2} \tag{12-2}$$

式中　D——待加工工件外径，mm；

　　　d——加工后外径，mm。

（二）切削层横截面要素

切削层是工件每转一圈、主刀刃相邻两个位置间的一层物料（图 12－12），切削层被工件的轴向截面所截得的截面称为切削层的横截面，如图 12－12 中的 $ABCD$ 截面即是。

（1）切削厚度 a。切削层的厚度，它是垂直于主刀刃在基面上的投影度量的切削层的尺寸。由图 12－12 可得

$$a = S \cdot \sin\varphi \tag{12-3}$$

（2）切削宽度 b。切削层的宽度，它是沿着主刀刃在基面上的投影度量的切削层的尺寸，由图可得

$$b = \frac{t}{\sin\varphi} \tag{12-4}$$

（3）切削面积 f。切削层横截面的面积，简称为切削面积。由图可得

$$f = a \times b = s \times t \tag{12-5}$$

利用切削厚度与切削宽度能精确地阐明切削过程的物理本质，故它们又称为物理的切削要素。

（三）刨和铣削的要素

（1）刨削要素。对于刨削也有与车削相似的用量要素，其刨削速度就是刨削时工作台

移动的速度,工作台往复运动一次,只起一次加工作用,每分钟工作台往复次数即为每分钟的走刀次数。走刀量就是工作台往复一次时,刀具沿进给方向移动的距离;吃刀深度就是每次走刀切入的深度。

（2）铣削要素。端面铣的铣削要素如图12-13所示,它们是：

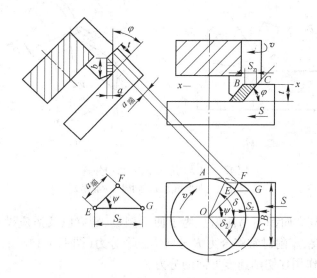

图12-13 端面铣的铣削要素

铣刀转速 n（r/min）;

铣削速度 v——铣刀旋转运动的线速度（m/min）。即

$$v = \frac{\pi D n}{1000} \qquad (12-6)$$

式中 D——铣刀直径,mm。

（3）铣削宽度 B——垂直于铣削深度和走刀方向度量的切削层尺寸;

（4）铣削深度 t——待加工表面和已加工表面的垂直距离。

设每齿走刀量为 S_Z,每转的走刀量为 S_n 和每分钟走刀量为 S_M,以及每齿切削厚度为 a,每齿切削宽度为 b 和每齿切削面积为 f,端铣的接触角为 δ;当导角 φ 不等于90°时,则

$$a = a_{端} \cdot \sin\varphi = S_Z \cdot \cos\psi \cdot \sin\varphi \qquad (12-7)$$

$$b = \frac{t}{\sin\varphi} \qquad (12-8)$$

$$f = a \times b \qquad (12-9)$$

式中 φ——导角;

ψ——端铣刀的齿位角;

由式（12-8）和式（12-9）知,端铣刀的 a 是变化的,而 b 是常数。

四、切削力和切削功率

切削时,切削层及加工表面上发生弹性变形与塑性变形,因此有变形抗力作用在车刀上;又因在工件与刀具间有相对运动,所以还有摩擦力作用在车刀上。它们是:分别垂直作

用在前刀面及后刀面上的弹力与塑性变形抗力 $P_{弹}$、$P_{塑}$ 和 $P'_{弹}$、$P'_{塑}$；分别作用在前刀面和后刀面上的摩擦力 F 和 F'（图 12–14），这些力的合力 R 称为切削阻力，简称切削力。

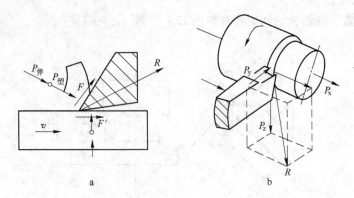

图 12–14　切削力的来源和分解

a—变形抗力与摩擦力；b—切削力 R 的分解

合力 R 的大小与方向都不易测量。为了便于测量、研究以及适应设计与使用机床、刀具和夹具的实际需要，车削时常将合力 R 分解为三个分力（图 12–14b）：

切向力 P_z——作用在切削速度方向的分力；

吃刀力 P_y——作用在吃力方向的分力；

走刀力 P_x——作用在走刀方向的分力；

$$R = \sqrt{P_x^2 + P_y^2 + P_z^2} \qquad (12-10)$$

实用上一般不计算 R，而只需求出 P_x、P_y 和 P_z。实验指出，P_z 总是较大的。

P_z 力是计算机床刚度，刀杆和刀片强度以及设计夹具和选择切削用量等的主要依据，如图 12–15 所示，P_z 力使刀杆受弯曲，使刀片受压，当决定刀杆或刀片尺寸时，须考虑它的大小。

纵向车外圆表面时，P_y 使工件在水平面内弯曲（图 12–16），影响工件精度，并易引起振动。

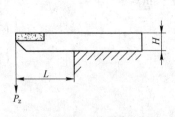

图 12–15　P_z 对刀具的作用

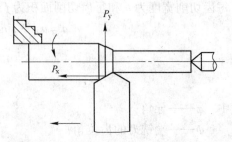

图 12–16　P_y 对工件的作用

P_x 力作用在机床的走刀机构上，是校验走刀机构强度的主要依据。

影响车削力的因素很多，工件材料对切削力的影响较大，吃刀深度 t 与走刀量 S 及切削速度均对车削力有影响；刀具的几何形状对车削力也有影响，综合以上因素，可得到计算 P_z

的公式如下：

$$P_z = CP_z \cdot t^{x_{P_z}} \cdot s^{y_{P_z}} \cdot k_{料P_z} \cdot k_{vP_z} \cdot k_{\varphi P_z} \cdot k_{hP_z} \cdot k_{rP_z} \qquad (12-11)$$

式中 CP_z——系数，在一定的切削条件下，CP_z 是一常数。当条件改变时，CP_z 也随之改变。

    x_{P_z}、y_{P_z}——指数；

    $k_{料P_z}$、k_{vP_z}、$k_{\varphi P_z}$、k_{rP_z}、k_{hP_z}——工件材料、切削速度、导角、前角、刀具磨损程度对 P_z 的修正系数。

当 P_z 及切削速度 v 已知时，在切削区内消耗的功率，即切削功率 $N_{切削}$（kW）为

$$N_{切削} = \frac{P_z v}{102 \times 60} \qquad (12-12)$$

上式中未计入 P_y 和 P_x，因为在 P_y 方向没有位移，不消耗功率；而在 P_x 方向的位移速度很慢，消耗的功率很少（约占总功率的 1% ~2%），故可略去。

第五节   切削加工用量和切削机床的选择

一、车床切削用量的选择

选择车削用量即是确定合理的吃刀深度 t、走刀量 S 和切削速度 v。这项工作对保证产品质量、提高生产率和降低成本具有重大意义。

在选择切削用量以前，工件、机床、刀具和其他切削条件皆为已知。

（一）选择车削用量的原则和次序

（1）选择车削用量的原则是：1）保证加工质量，主要是保证加工表面粗糙度和精度。2）不超过机床允许的动力和扭矩，不超过工件—刀具—机床工艺系统的刚度和强度，同时又能充分发挥它们的潜在能力。3）保证刀具有合理的耐用度，使机动时间少，生产率高或成本低。

（2）欲提高生产率，须使单件工时减少，并尽可能使机动时间为最小。在通常情况下，选择切削用量应该在考虑加工材质及加工精度和粗糙度要求下，采取如下步骤：

1）首先选择吃刀深度，因为在吃刀深度、走刀量和车削速度这三者之间对刀具耐用度影响最小的是吃刀深度，影响最大的是车削速度。故尽可能选择较大的吃刀深度，这对提高加工效率最有效，但吃刀深度过大会引起车床振动，甚至损坏车刀及车床。

2）其次是选择走刀量，走刀量受机床和刀具的耐用度、工件所要求的精度和粗糙度等限制。当吃刀深度受到加工余量的限制而取值不很大时，再尽可能用较大的走刀量 S。但走刀量太大时，可能会引起机床最薄弱的零件损坏、刀片破裂、工件弯曲和加工表面粗糙度提高。

（3）选择切削速度，当吃刀深度和走刀量选择妥后，可将切削速度尽可能选择大一些，应当做到既能发挥车刀的切削能力，又能充分发挥车床的能力。但也不是越大越好，要根据具体情况（如车床新旧，操作者技术水平等）灵活掌握。

（二）车削用量的选择

如何选择切削用量。这是值得重视的，因为切削用量不仅影响生产率，而且也影响加

工质量和设备的寿命及操作安全。一般来说,增加吃刀深度、走刀量及切削速度,可以提高生产率,但过大地增大切削用量,容易造成废品、撞坏车刀、加快车刀磨损甚至损坏车床。

1. 吃刀深度 t 和行程次数的选择

设毛坯直径为 D_0,加工后直径为 D,每边裕量为 $h(\text{mm})$,则

$$h = \frac{D_0 - D}{2} \qquad (12-13)$$

知道了 h 后,再来确定吃刀深度和行程次数。国内以前是一次切完,即 $t = h$。现在为了提高加工精度和降低表面粗糙度。一般可采用二次或三次进刀加工,第一次为粗车,第二次为精车;或者第三次再精车,或称光面。也可采用组合刀具,将粗车刀和精车刀相间一定距离组合在一起,这样一次同时完成粗车和精车。

2. 走刀量的选择

当 t 知道后来选择走刀量,走刀量 S 增加会使切削力增加和表面粗糙度提高,同时走刀量还受力杆、刀片、工件及机床等的强度、刚度或扭力矩的限制。电极车削外圆时车床的主轴转速及走刀量可参考表 12-8 选取。

表 12-8　车外圆时车床主轴转速和走刀量

加工产品规格/mm	$\phi50 \sim 100$	$\phi125 \sim 300$	$\phi350 \sim 400$	$\phi500$ 以上
主轴转速/r·min^{-1}	$600 \sim 750$	$480 \sim 600$	$380 \sim 480$	$173 \sim 286$
走刀量/mm·r^{-1}	<2	<2.5	<2.7	<3.0

3. 切削速度的选择

切削速度应是刀具切削性能允许的切削速度 v_r,为了保证切削时刀具的耐磨度和工件的表面粗糙度,实际选用的切削速度 $v_{\text{实}}$ 为

$$v_{\text{实}} \leqslant v_r \qquad (12-14)$$

目前加工炭石墨制品的切削速度是根据经验确定的,在实际加工中,往往是根据已定的切削速度 $v_{\text{实}}$ 和工件直径 D 来计算车床主轴的转速 $n(\text{r/min})$

$$n = \frac{1000 \times v_{\text{实}}}{\pi D} \qquad (12-15)$$

或

$$n = \frac{318 v_{\text{实}}}{D} \qquad (12-16)$$

根据国外资料,用车床粗加工炭素、电炭制品,其切削速度为 $500 \sim 600\text{m/min}$,进刀量 $0.20 \sim 0.30\text{mm/r}$,切削深度为 7mm 以下。在同一台车床上对制品进行精加工时,切削速度为 $200 \sim 300\text{m/min}$,最大进刀量为 0.10mm/r,切削深度 $0 \sim 0.4\text{mm}$。

在国内的 C620 型或 C630 及电极加工专用车床上车外圆时,车床主轴转速及走刀量可参考表 12-8;平端面及镗孔时主轴转速及走刀量可参考表 12-9;用铣刀加工螺纹时,车床主轴转速及铣刀转速可参考表 12-10;加工半扣时车床主轴转速及铣刀转速可参考表 12-10;加工 $\phi406.4\text{mm}(\phi16'')$ 石墨电极国内外切削参数对比见表 12-12。

表 12-9 平端面及镗孔时主轴转速与走刀量

加工产品直径/mm	$\phi75 \sim 100$	$\phi125 \sim 250$	$\phi500$
车床主轴转速/r·min^{-1}	600	480~600	380~470
走刀量/mm·r^{-1}	2~5	2~5	2~5

表 12-10 铣螺纹时车床主轴转速及铣刀转速

加工产品直径/mm	$\phi75 \sim 100$	$\phi150 \sim 250$	$\phi300 \sim 350$	$\phi400$	$\phi500$
车床主轴转速/r·min^{-1}	96	60~75	48	38	24~38
铣刀转速/r·min^{-1}	8500	8500	7300	7300	7300

表 12-11 平端面及加工半扣时车床主轴转速及铣刀转速

加工产品规格/mm	$\phi300 \sim 400$ 电极接头	$\phi500$ 电极接头
主轴转速/r·min^{-1}	190	120
铣刀转速/r·min^{-1}	>2870	>2870

表 12-12 加工 $\phi406.4$mm($\phi16''$)石墨电极国内外切削参数对比表

加工形式及参数		日本自动线	我国部分工厂
外圆加工	刀 具	双排组合铣刀	车刀
	电极转速/r·min^{-1}	12~16	5
	刀具转速/r·min^{-1}	800	
	走刀量/mm·min^{-1}	790~1080	1425~2375
面和孔的加工	刀 具	铣刀	车刀
	电极转速/r·min^{-1}	4~6.3	411~464
	刀具转速/r·min^{-1}	1000(端面)	
	走刀量/mm·min^{-1}	1600(孔)40~240	1325~2250
螺纹加工	刀 具	双排刃梳形铣刀	成形铣刀、单杆铣刀
	电极转速/r·min^{-1}	2~3.5	24、26~48
	刀具转速/r·min^{-1}	1900	4400、5950

二、车床的选型和加工操作及生产能力的计算

(一)选型

　　加工电极的车床应满意以下条件:(1)车床顶尖中心高应大于待加工电极的半径;(2)车床顶尖间最大距离应大于待加工电极的长度;(3)车床两导轨间距要宽,床身横截面积应大,机床刚性要好。因电极重量大,中心孔也难打得完全对准中心,故加工旋转过程中易产生很大的转动惯量。机床刚性不好,容易使机床产生振动,同时加工精度和粗糙度提高。目前通常采用的普通车床和电极加工专用车床加工 $\phi350$mm 以上电极时,其刚度均不够好。

　　加工 $\phi200$m 及其以下的电极,可选用 C-620 型顶尖间距为 1500mm 的车床;加工 $\phi250 \sim 500$mm 的电极,可选用 C-630 型顶尖间距为 3000mm 的车床或电极加工专用车床,

加工 φ500mm 以上的电极,可选用 C – 650 型车床,车接头可采用 C625 型和 C614 型车床。对于大厂,电极加工应采用组合机床(自动线)。

(二)加工操作

车外圆时,电极由悬壁吊吊上,一端由车床卡盘或气动夹具夹住,另一端用顶尖顶住,车刀安在刀架上,启动车床后使电极旋转,用手摇溜板箱和走刀架,根据电极的规格尺寸,逐次进刀和测量,使电极加工部分合格后再自动进刀纵向移动。为了提高精度和降低表面粗糙度,可分二次加工,第一次粗车、进刀深度大,第二次精车,进刀深度小。车削完后,电极由悬臂吊吊至水平架。

(1)粗车。依据实际情况确定粗车的吃刀深度,启动机床让工件低速运转,切削一小段后,锁紧尾架上的锁紧手柄,然后按规程中规定的参数变档切削,一般粗车后留下的加工余量为 1mm。由于料另一端用卡盘夹着,为不使车刀和卡盘碰撞,需要有 70 ~ 80mm 的余量,该量在镗孔中加工掉,工厂俗称为"扒大头"。

(2)精车。须先试车,试车步骤:试切一小段,停车用外卡钳或钢板尺测量直径,调整切削深度,再试切,重复几次,直至达到规定的尺寸,锁紧尾架上的锁紧手柄,而后自动进刀,精车后要使表面达到一定的粗糙度,粗糙度不够时可用细砂纸打磨。

(3)加工外圆的注意事项。

外圆加工质量的好与坏,对下工序影响很大,因为下道工序是以石墨电极外圆作为基准面。在外圆加工中应重点控制的是:1)石墨电极的外径大小;2)外圆的锥度和椭圆度;3)粗糙度;

外圆加工常见的疵病、原因和排除方法见表 12 – 13。

表 12 – 13　外圆加工常见的弊病、原因和排除方法

工序名称	问　题	产生的原因	排除方法	对下工序影响
外圆加工	表面出现有规律性的波纹	(1)主轴窜动; (2)大拖板压板螺丝松动	(1)拧紧主轴背帽; (2)拧紧压板螺丝	衬套将严重磨损
	产生锥度	(1)主轴与尾座不同心; (2)刀台后把螺母磨损	(1)调节尾座,使之同心; (2)更换螺母	产生锥度
	产生椭圆	(1)主轴转速高,料弯曲摆动; (2)尾座固定不紧	(1)按规程操作; (2)固定尾座	椭　圆
	粗糙度不好有黑皮	(1)刀角度不好、刀钝 (2)料变形、中心孔未打正	(1)勤磨力; (2)重新确定中心孔	

(4)平端面和镗接头孔,悬臂吊将电极吊至车床,电极一端由车床卡盘(或气动夹具)夹住,另一端在距端部 0.5m 左右处由中心架托住,产品在中心架内可自由转动。先平端面后

镗接头孔,可以在刀架上安两把车刀同时并进。加工完一端再掉头加工另一端。镗孔产生的疵病及排除方法见表12-14。

表12-14　镗孔工序易产生的疵病与排除方法

序　号	疵　病	原　因	排　除　方　法
1	端面凹凸现象	(1)主轴窜动; (2)端面刀安装不正; (3)中心架与主轴轴线不同心; (4)刀架螺母磨损	(1)将主轴承背帽拧紧; (2)把正端面刀; (3)测量、调整; (4)更换螺母
2	孔偏	(1)外圆直径是否合格; (2)主轴、中心架、刀架是否同心	(1)检查上工序,提出直径要求; (2)测量、调整中心
3	孔有锥度	(1)孔刀是否固紧; (2)刀架压把是否压紧; (3)刀架、中心架是否同心	(1)把紧孔刀; (2)拧紧压把螺母; (3)检查、调整中心
4	空刀不标准	(1)刀架螺母磨损; (2)刀角度不合适; (3)检查工艺系统	(1)更换螺母; (2)重新磨刀; (3)调整

在每一规格产品加工第一根电极时,应调整好卡盘与中心架的同心度,使之同心,加工过程中也应经常检查,若不同心,则会造成电极外圆与接头孔不同心。

(5)铣电极孔螺纹,电极安装调整同平端面,铣圆柱螺纹,铣刀安装在铣刀杆上,铣刀杆上同时还安装有配套的尾刀(修正端部的螺纹)。启动车床,电极低速转动,铣刀则高速转动,转动方向相同,经过仔细对刀(保证螺纹的深度、齿廓合乎要求),一次将螺纹铣成。螺纹加工易产生的疵病,见表12-15。

表12-15　螺纹加工疵病

序　号	疵　病	原　因	排除办法
1	螺距或宽或窄	(1)刀没磨好; (2)挂轮架三星轮啮合不好; (3)主轴窜动	(1)重新磨刀; (2)调整啮合间隙; (3)拧紧背帽
2	螺距不等或乱扣	(1)主轴—挂轮—丝杠有毛病; (2)卡盘卡紧力小; (3)退刀操作失误	(1)检查该传动系统; (2)换橡胶套,看压力表指示值; (3)脱开对开螺母后再进刀,采用乱扣盘
3	半扣有台	(1)卡盘卡不住工件; (2)铣刀—尾刀距离不对; (3)退刀操作不当	(1)检查该传动系统; (2)换橡胶套,看压力表指示值; (3)脱开对开螺母后再进刀,应用乱扣盘 (4)加垫调整
4	扣表面波浪纹	(1)主轴转速过高; (2)铣刀装置不稳; (3)刀没磨好	(1)按规程操作; (2)把紧橡胶绳或铣刀装置螺钉; (3)重新磨刀

(6)接头的加工,先车外圆(同车电极外圆一样),车好后再车削或铣出螺纹,然后用切刀按一定长度(比每个接头额定长度略长一些)切割至直径的2/3深,待整根电极分段切割完后,取下在木板上轻摔即可完全断开。最后平端面及加工半扣,对 φ300～500mm 电极接头在车床上进行,车床卡盘由相应规格的模具代替(模具内有螺纹,接头可以拧入),车床上安有铣刀装置,接头一端拧入模具后由铣刀平端面及加工半扣,加工完一端后再加工另一端。

对于 φ75～250mm 电极接头平端面与加工半扣可在装有接头模具和刀盘的砂轮机上进行。

锥形电极接头加工,它与圆柱形电极接头的加工方法相同。电极平端面、镗孔和铣螺纹时在车床上安靠模装置,使车刀或铣刀沿规定的斜线方向移动,从而加工出锥形。锥形接头的加工与柱形接头加工一样,只是车刀和铣刀由靠模装置控制移动,从而加工出锥形接头。

以上加工操作中,车床、主轴或车刀铣刀的转速和走刀量等参数可参考表 12 – 8 至表 12 – 11。

接头的加工多数厂已采用组合机床,不但可提高生产效率,同时还可提高精度和降低表面粗糙度。

由于炭和石墨制品加工粉尘较多,车床零件磨损也较大,加工大规格产品时,车床承受力也很大,因此车床使用寿命都比较短,如果只注意提高生产效率,不考虑车床本身的承受能力,车床的使用寿命会更短,同时精度也逐渐下降,加工质量也会受到影响。

(三)生产量的计算

车削一根电极外圆的时间 $T_{切}$(min)为

$$T_{切} = \frac{L}{n \cdot S} \tag{12 – 17}$$

式中　L——电极长度,mm;
　　　S——纵向进刀量,mm/r;
　　　n——车床主轴转速,r/min。

例如车削 φ300mm × φ1700mm 电极外圆,若车床主轴转速为 380r/min,进刀量为2.7mm/转,一次切削,则切削一根电极外圆所需的时间(min)为

$$T_{切} = \frac{L}{n \cdot S} = \frac{1700}{380 \times 2.7} = 1.66$$

每小时切削外圆的根数(根/h)为

$$n = \frac{60}{T_{切} + T_{机}} \tag{12 – 18}$$

式中　$T_{切}$——车削一根电极外圆的时间,min;
　　　$T_{机}$——车削一根电极外圆时,装卸电极和调整对刀等辅助时间(min),一般为 2～3min。

车削电极外圆,每小时的生产量 Q(t/h)为

$$Q = nq = 0.785D^2 \cdot L \cdot \gamma \cdot n \tag{12 – 19}$$

式中　q——单根电极的质量,t;

n——每小时加工电极根数,一般加工 $\phi300\text{mm}$ 电极外圆为 $15\sim20$ 根/h;

D——电极直径,m;

L——电极长度,m;

γ——电极视密度,t/m^3。

因平端面、镗孔及铣螺纹是在三台车床上同步加工,故车外圆的生产量可作为其流水线的生产量。

对加工接头的生产量,同上可先计算出加工每个接头所用的时间再求出每小时加工接头的根数 n,即可按下式求出生产量

$$Q = q \cdot n/1000 \qquad\qquad (12-20)$$

式中　Q——加工接头的生产量,t/h;

q——单个接头的质量,kg。

三、其他切削机床及切削用量的选择

(一)铣削用量选择

铣削用量包括铣削宽度 B、铣削深度 t、铣削速度 v 和转速 n、走刀量 S_z 和 S_m。选择铣削用量的原则方法基本上和车削相同。具体步骤为:

(1)铣削宽度 B、铣削深度 t、加工余量 h 应为已知,目前加工炭块一般 $t = h - 1\text{mm}$,即一次铣完后,为提高精度和降低表面粗糙度,可采用二次铣削,精铣深度为 1mm 左右。铣削宽度一般略小于铣刀盘直径。

(2)每齿走刀量 S_z(mm/齿),它受机床刚度和表面粗糙度的限制,一般先由粗糙度确定每转走刀量 S_n,然后按下式求出 S_z。

$$S_z = \frac{S_n}{Z} \qquad\qquad (12-21)$$

式中　Z——铣刀刀齿数。

(3)铣削速度 v 及转速 n,目前由经验确定 v,然后再取接近计算值的实有转数

$$n = \frac{1000v}{\pi D} \qquad\qquad (12-22)$$

式中　v——铣削速度,m/min;

D——铣刀盘直径,mm。

(4)每分钟走刀量 S_m(mm/min)可按下式计算,再根据机床取接近计算值的实有走刀量。

$$S_m = S_z \cdot Z \cdot n \qquad\qquad (12-23)$$

式中　Z——铣刀刀齿数。

目前加工炭块常采用铣床,尤其多采用双端面铣床,应注意的是两端铣刀间距离应大于炭块宽度。加工时其主要参数如下:铣刀盘转速为 $205\sim230\text{r/min}$;铣刀盘上铣刀头不少于四把(根据吃刀量安装铣刀数量);工作台行进速度 $1\sim1.2\text{m/min}$;吃刀量可在 $1\sim70\text{mm}$ 内调节。

（二）刨削用量选择

刨削用量包括刨削速度、走刀深度及进刀量,选择原则和方法与车削相类似。加工炭块一般采用双臂或单臂龙门刨床,应注意的是刨床工作台行程应大于炭块长度,加工时其主要参数如下:刨床具有无级变速,工作台行进速度可在 5~75m/min 内调节,一般控制在 45m/min 左右。吃刀深度不要超过 50mm,精加工时应减少吃刀深度。走刀量在 1~15mm。刨刀角一般为 12°~14°。

（三）磨削用量选择

用无心磨床研磨圆柱形制品和金属陶瓷制品(青铜石墨)的研磨工作条件见表 12-16,若要表面粗糙度,则要降低磨削量,在无心研磨金属陶瓷制品时,圆周速度降到 40~50r/min,纵走刀量降到 1500~2000mm/min,研磨深度降到 0.01~0.02mm。

表 12-16　研磨电炭制品和陶瓷制品的工作条件

工作条件	对炭素材料		对金属陶瓷制品
	研磨平面	磨圆表面的无心研磨	
研磨的圆周速度/m·r⁻¹	30~37	25	30~35
圆周的转速/r·min⁻¹	2200~5000	350	50~70
圆周的偏转角/(°)	±2	6	2
纵走刀/mm·min⁻¹	1300~3500		2000~2500
研磨的深度/mm	0.3 以下	0.5 以下	0.04~0.05

（四）钻孔

用普通型号的钻床,钻速可达到 60m/min,进刀量的大小,随着所用钻头直径的增大而大大提高,见表 12-17。

表 12-17　钻金属陶瓷制品时的进刀量

钻头直径 ϕ/mm	3~6	6~12	12~19	19~25
每转的进刀量/mm	0.05~0.1	0.1~0.15	0.15~0.20	0.20~0.30

第六节　切　削　刀　具

刀具的好坏直接影响炭素、电炭制品机械加工的质量及生产效率,而影响刀具顺利切削的主要因素是刀具的材料和刀头的几何角度等。

一、刀具材料

在切削过程中,刀具切削部分因承受力、热和摩擦的作用而发生磨损。刀具使用寿命的长短和生产率的高低,首先取决于刀具材料是否具备应有的切削性能。此外,刀具材料的制

备工艺性能对刀具本身的制造与刃磨质量也有显著影响,刀具切削部分的材料应满足下列基本要求:

(一)切削性能方面

(1)高的硬度,至少应高于被加工件材料的硬度,否则便不能进行切削;

(2)高的耐磨性;

(3)足够的强度和韧性;

(4)高的耐热性,所谓耐热性是指在高温下,继续保持上述性能的能力,常用红硬性或黏结温度作为衡量指标,它是评定刀具材料切削性能优劣的主要标志。

(二)工艺性能方面

(1)热处理性能好(热处理变形小,脱碳层小和淬透性好等),这是工具钢应具备的重要工艺性能。

(2)刃磨性能好,能够磨得光洁锋利。

(3)其他工艺性能(如焊接性能、被切削加工性能)好。

此外,刀具材料尚应具有资源丰富,价格低廉的优点。

炭和石墨制品一般使用高速钢刀具和硬质合金刀具来加工,对于炭电极或其他焙烧制品,由于炭质材料硬度高,最好采用金刚石刀具。

高速钢是合金钢的一种。高速钢刀制造简单,刃磨方便,且容易磨得锋利,此外其坚韧性好,还能承受较大的冲击力。但高速钢(约能耐热500~600℃,淬火后硬度约为62~65HRC)的红硬性不如硬质合金。

硬质合金是由难熔材料(如碳化钨、碳化钛)与黏结剂(如钴)在高温下烧结而成,硬质合金能耐高温,有很好的红硬性,在1000℃左右尚能保持良好的切削性能。耐磨性也很好,常温下硬度达87~92.8HRA。相当于70~75HRC。缺点是性脆,怕振,坚韧性差。但这一缺点可以通过刃磨合理的角度来弥补,所以在炭和石墨制品的加工中大量使用硬质合金刀头。

常用的硬质合金有两种:钨钴类硬质合金及钨钴钛类硬质合金。钨钴类硬质合金用字母 YG 表示,其后数字表示含钴的百分率,而其余成分则为碳化钨,含钴量愈多,则其韧性愈高,愈不怕冲击,但硬度和耐热性下降。钨钴钛类硬质合金用字母 YT 表示,其后数字表示含碳化钛的百分率。加入钛,能提高黏结温度,减少摩擦系数,增加硬度,但抗弯强度降低,性质脆。硬质合金的化学成分与物理力学性能如表12-18所示。

加工炭和石墨制品一般都选用钨钴硬质合金,如YG8。

表 12-18 常用硬质合金牌号,成分及其性能

类 别	我国牌号	概略组成/%			物理力学性能		密度 /g·cm⁻³
		碳化钨	钴	碳化钛	抗弯强度 /MPa(kgf/mm²)	硬度 HRA	
钨钴类	YG3	97	3		1050	89.5	14.9~15.3
	YG6	94	6		1400	89.5	14.6~15.0
	YG8	92	8		1500	89	14.4~14.8

类　　别	我国牌号	概略组成/%			物理力学性能		密度 /g·cm⁻³
		碳化钨	钴	碳化钛	抗弯强度 /MPa(kgf/mm²)	硬度 HRA	
钨钴钛类	YT5	85	10	5	1300	88.5	12.5 ~ 13.2
	YT15	79	6	15	1150	91	11.0 ~ 11.7
	YT30	66	4	30	900	92.8	9.35 ~ 9.7

二、车刀结构和切削部分的几何角度

车刀的组成部分如图 12 - 16 所示,车刀由刀头和刀杆组成,刀头用来切削,故又称切削部分。刀杆用来将车刀夹固在车刀架或刀座上。

刀头由下面几个部分组成,如图 12 - 17 所示。

(1)前刀面——刀头上面与切屑接触的表面,又称前面。

(2)后刀面——刀头下端向着工件的表面,它有主后刀面(主后面)和副后刀面(副后面)之分。

(3)主刀刃——主后面与前面相交的线称为主刀刃,它担任主要切削工作。

(4)副刀刃——副后面与前面相交的线称为副刀刃。

(5)刀尖——主刀刃与副刀刃相交的点称为刀尖。

此外,为了便于表示出角度还有几个面:

切削平面指通过主刀刃与切削表面相切的平面,如图 12 - 18 所示。

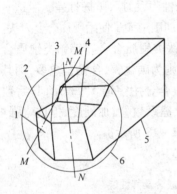

图 12 - 17　车刀的主要组成部分
1—副后刀面;2—副刀刃;3—刀尖;4—主刀刃;
5—刀杆;6—刀头(切削部分)

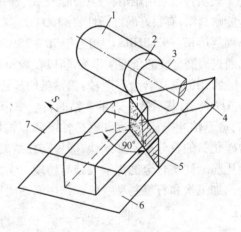

图 12 - 18　切削时的几个面
1—待加工面;2—切削表面;3—已加工面;
4—切削平面;5—主截面;6—底平面;7—基面

基面指通过切削刃上一点并垂直于切削平面的一个平面。

低平面指平行于车刀纵走刀与横走刀的平面。

主截面指垂直于主刀刃在底平面上投影的平面(图 12 - 17 中的 NN 线)。

副截面指垂直于副刀刃在底平面上的投影的平面(图12-17中的MM线)。

车刀在主截面内有下列几个角度,如图12-19所示。

(1)前角γ指前面与垂直于切削平面并通过主刀刃的平面之间的角度。或前面与基面的夹角。

(2)后角α是主后面与切削平面之间的角度。

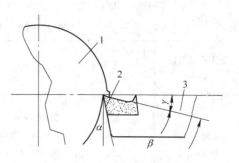

图12-19 车刀在主截面内的几个角度
1—被加工产品;2—刀头;3—刀杆

(3)楔角β是前面与主后面之间的角度。

(4)切削角δ是前面与切削平面之间的角度。

以上四种角度之间的相互关系为

$$\gamma + \beta + \alpha = 90°$$
$$\delta = \alpha + \beta = 90° - \gamma \qquad (12-24)$$

车刀刀头角度的选择很重要,下面分别介绍前角和后角的选择原则和方法。

(1)前角的作用是减少切屑变形,减少刀具前面与切屑的摩擦,使切削力降低。前角过大会削弱刀刃的强度和散热能力。前角大小与工件材料、刀具材料、加工性质有关,但影响最大的是工件材料。

切削塑性材料时,由于切屑沿刀具前面流过,切屑与刀具前面发生摩擦,为了减少摩擦和切屑变形,应取较大角度,切削脆性材料(炭和石墨制品)时,由于得到的切屑变形不大,并不从刀具前面流过,而集中在刀刃附近。为了保护刀刃,所以应取较小前角。加工石墨化制品时刀头的前角一般为0~10°,且为正前角。

(2)后角α是为了减少刀具后面与工件之间的摩擦。后角的选择是在保证刀具具有足够的散热性能和强度的基础上,尽可能使刀具锋利和减少与工件的摩擦。加工塑性材料时,由于工件表面弹性复原会与刀具后面发生摩擦。为了减少摩擦,后角应取大一些。加工脆性材料后角则可取小些。加工石墨化电极,刀头后角一般为10°~20°,加工炭块等较硬的产品,后角应更小些。

三、加工炭素和石墨制品的刀具举例

加工炭素和石墨制品用车刀的主要几何参数见表12-19。

加工炭素和石墨制品用的外圆车刀和镗孔刀具的规格分别列于表12-20和表12-21。

表12-19 加工炭素、电炭制品用车刀的几何参数

项 目	主后角α	楔角β	切削角α+β	前角(90-δ)	车刀安装角
加工炭素制品	25°~30°	60°	85°~90°	0~5°	45°
加工金属陶瓷制品 (青铜石墨)	7°~8°	72°	80°	10°	45°

表 12 – 20　车外圆刀具规格及性质

加工产品直径 φ/mm	刀头型号	刀头规格/mm	刀头材质 硬度合金牌号	刀杆规格/mm	刀杆材质
75	3211	20×6×30×6.5	YG8	16×16×250	45 钢
100 ~ 125	3211	20×6×30×6.5	YG8	16×16×250	45 钢
150 ~ 200	3215	30×8×42×13.5	YG8	28×24×250	45 钢
250 ~ 500	0237×2	35×10×20×A	YG8	28×24×250	45 钢

加工电极直径 φ/mm	250	300	350	400	500
A 值/mm	25	30	30	35	40

表 12 – 21　镗孔刀具规格及性质

加工产品直径 φ/mm	刀头型号	刀头规格/mm	刀头材质 （硬度合金牌号）	刀杆规格/mm	刀杆材质
75	0227	18×6×16	YG8	18×15×250	45 钢
100 ~ 125	0227×2	36×6×16	YG8	18×16×250	45 钢
150 ~ 200	0125	50×10.5×20	YG8	35×30×450	45 钢
250 ~ 500	0237	60×10.5×22	YG8	35×30×450	45 钢

加工螺纹采用铣刀时,目前一般将螺纹铣刀与修正端部的铣刀(即尾刀)同装于一把刀杆上,如图 12 – 20 所示,铣刀及尾刀规格如表 12 – 22,圆盘成形铣刀如图 12 – 21 所示。

加工炭块的刨刀结构及刀头的几何角度与车外圆相似。端面铣刀是由铣刀盘和铣刀头(不少于四把,根据吃刀量安装刀)组成。

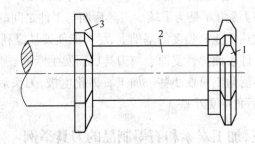

图 12 – 20　铣螺纹用铣刀
1—铣刀;2—刀杆;3—尾刀

表 12 – 22　铣螺纹用铣刀及尾刀规格和性质

加工尺寸/mm	φ75	φ100 ~ 125	φ150 ~ 200	φ250 ~ 500
铣刀规格 /mm×mm×mm×mm	28×12×9×8.47	40×12×13×8.47	70×22×15×8.47	110×22×15×12.7
铣刀及尾刀材质	高速钢	高速钢	高速钢	高速钢
尾刀规格/mm×mm×mm	32×14×10×47°30′	42×18×10×47°30′	78×22×10×47°30′	120×22×10×47°30′

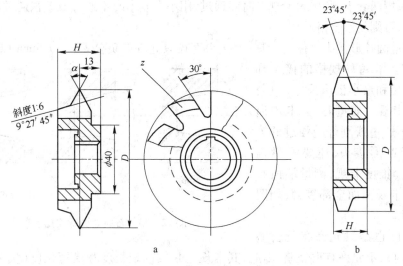

图 12 – 21　圆盘成形铣刀

a—A 型;b—B 型

四、刀具安装

磨好的车刀安装在刀架上,安装刀具一般应注意以下几个问题:

(1)刀尖对准顶尖,目的是使切削刃与工件旋转轴线等高;

(2)刀头伸出量要小于 2 倍刀体高度。

(3)刀体要与工件轴线垂直。

刀具安装不正确,不仅影响刀具的角度,也关系到切削加工的顺利进行。错误地安装刀具如图 12 – 22 所示,望操作者切记。

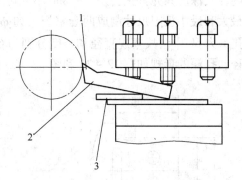

图 12 – 22　错误安装刀具示意图

1—刀尖与工件轴线不等高;2—车刀伸出过长;
3—垫片放置不齐整

第七节　炭石墨制品加工的量具及测量

对于同一规格的一批产品,经过加工后的尺寸决不会完全相同,在正常情况下,加工后的产品尺寸呈正态分布,即加工后的产品尺寸变化有一定范围。同时为了使产品具有互换性,而规定了加工后产品的实际尺寸应在规定的最大极限尺寸和最小极限尺寸范围内,允许尺寸的变动量,称为尺寸公差。在加工操作和检验中,根据最大极限尺寸和最小极限尺寸制成了控制加工和检验产品的量具。

目前炭石墨制品机械加工和产品检验中常用的量具有卡规和齿样板,另外还有钢板尺、角尺、游标卡尺和千分尺。

卡规,一般用来测量电极的外径、接头的外径和长度。对于每一规格电极外圆加工的控制或检验,采用两套卡规,用大卡规卡时能通过,用小卡规卡时不通过或勉强通过,则电极外圆尺寸合格,否则就不合格。

对于测量圆柱形接头直径的卡规,因接头直径只允许有负公差(- 0.5mm 以内),不允许有正公差。故每种规格的接头都有按额定直径和最小极限尺寸(负公差)制成的卡规。测量时,大卡规通过,小卡规不通过或刚好勉强过的为合格。对于锥形接头,还要测量锥度,制成两套锥度卡规,测量端面和锥面能否与卡规两面全部接触,如图 12 - 23 所示。

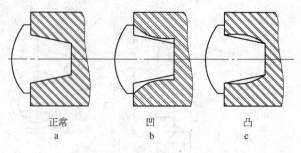

正常　　　　　凹　　　　　凸
a　　　　　b　　　　　c

图 12 - 23　石墨电极螺纹孔示意图

接头长度也是只允许有负公差(-1mm 以内),不允许有正公差,因此,其卡规也是按额定长度和最短长度(负公差)尺寸制成的。测量方法同上。

塞规,一般是用来测量孔深的,测量电极接头内径及深度用塞规。按工艺规定,电极接头孔内径及深度只允许正公差 0.5mm,不允许有负公差。因此对每一种规格都按内径及深度的最大和最小极限尺寸制成两套塞规。如 $\phi 100$mm 的电极,接头孔直径尺寸为 $60.6^{+0.5}_{0}$ mm,孔深为 $69^{+0.5}_{0}$,故塞规直径和长度分别为 61.1mm 和 60.6mm 与 69.5mm 和 69mm。测量孔径和孔深的量规如图 12 - 24 和图 12 - 25 所示。

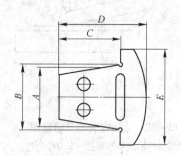

图 12 - 24　孔径量规
A—通规;B—止规

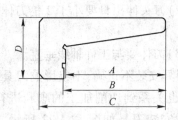

图 12 - 25　孔深量规

对于公差要求不太严格的电极长度以及炭块的尺寸,可用钢板尺测量,对于电炭或机械用炭小产品的测量。一般用游标卡或千分尺。

齿样板,它是用来测量螺纹轮廓和螺距的,如图 12 - 26 和图 12 - 27 所示,圆锥接头外径量规如图 12 - 28 所示。电极的螺距目前有两种,一种是 $\phi 200$mm 及以下规格的电极螺纹的螺距

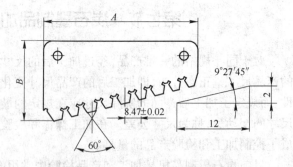

图 12 - 26　锥形螺纹样板

为 8.47mm:(1 英寸 3 扣)。$\phi 225$mm 及以上的电极螺纹的螺距为 12.7mm(1 英寸 2 扣)。

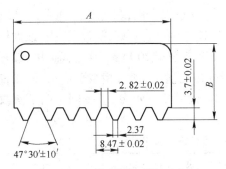

图 12-27　梯形螺纹样板示意图

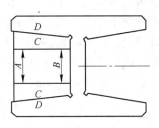

图 12-28　外径量规校正

石墨化电极圆柱形接头连接及尺寸如图 12-29 和表 12-23 所示。石墨化电极圆锥接头连接及尺寸如图 12-30 和表 12-24 所示。用齿样板测量螺纹时,当齿样板齿廓与电极或接头螺纹轮廓能很好啮合,并沿螺纹移动齿样板很顺利则为合格。

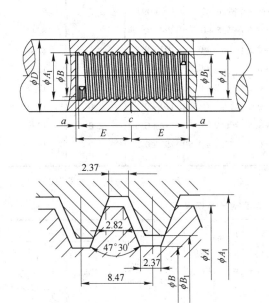

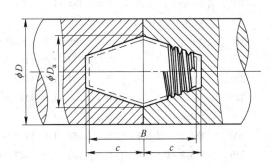

螺距为8.47mm电极接头及接头孔尺寸示意图

螺距为8.47mm电极接头槽及接头尺寸示意图

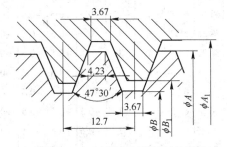

螺距为12.7mm电极接头及孔尺寸示意图

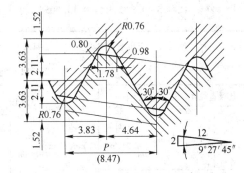

螺距为6.35mm电极接头槽及接头尺寸示意图

图 12-29　石墨化电极圆柱形接头连接及尺寸示意图

图 12-30　石墨化电极圆锥形连接及尺寸示意图

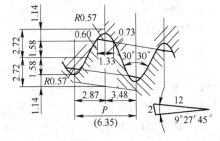

用齿样板测量螺纹,齿样板与电极螺纹的接触部分是很窄的,只能近似地看成是线接触,这样测量时螺纹合格了,当电极与接头配合时,往往产生啮合不好或拧不进去,或太松等现象,特别是中小厂家同规格产品的互换性较差。编著者曾于 20 世纪 70 年代提出,最好是将条形齿样板换成为圆柱(圆锥)形齿样规,这种齿样规测量电极时,相当于接头,而测量接头时,相当于电极。只是为了减轻重量,制成空心和螺纹镂空一部分,但一圈中余下螺纹应大于 1/2 周长。这样能较好地控制螺纹的加工质量。

表 12-23　石墨化电极的接头与接头孔尺寸表

电极直径/mm	接头尺寸/mm			接头孔尺寸/mm			间隙/mm	螺距/mm
	直　径		长度 B	直　径		深度 E		
	φA	φB		φA₁	φB₁			
75	41.2 - 0.5	33.8 - 0.5	103 - 1.0	42.5 + 0.5	35.1 + 0.5	53 + 0.5	1.5	8.47
100	66.7 - 0.5	59.3 - 0.5	135 - 1.0	68.0 + 0.5	60.6 + 0.5	69 + 0.5	1.5	8.47
125	69.8 - 0.5	62.4 - 0.5	153 - 1.0	71.1 + 0.5	63.7 + 0.5	73 + 0.5	1.5	8.47
150	88.9 - 0.5	81.5 - 0.5	169 - 1.0	90.2 + 0.5	82.8 + 0.5	86 + 0.5	1.5	8.47
175	101.6 - 0.5	94.2 - 0.5	169 - 1.0	102.9 + 0.5	95.5 + 0.5	86 + 0.5	1.5	8.47
200	122.3 - 0.5	114.8 - 0.5	203 - 1.0	123.5 + 0.5	116.1 + 0.5	103 + 0.5	1.5	8.47
225	139.7 - 0.5	128.8 - 0.5	203 - 1.0	141.4 + 0.5	130.5 + 0.5	103 + 0.5	1.5	12.7
250	152.4 - 0.5	141.5 - 0.5	228 - 1.0	154.1 + 0.5	143.2 + 0.5	116 + 0.5	2.0	12.7
300	184.2 - 0.5	173.3 - 0.5	254 - 1.0	185.9 + 0.5	175 + 0.5	129 + 0.5	2.0	12.7
350	215.9 - 0.5	205.0 - 0.5	280 - 1.0	217.3 + 0.5	206.7 + 0.5	142 + 0.5	2.0	12.7
400	244.5 - 0.5	233.6 - 0.5	305 - 1.0	246.2 + 0.5	235.3 + 0.5	155 + 0.5	2.0	12.7

注:尺寸数后面的正负数为允许公差。如 41.2 - 0.5mm 表示额定尺寸为 41.2mm,正公差为 0。负公差为 0.5mm。

表 12-24　锥形接头英制尺寸规格

电极直径 d		接头长度		接头外径 A/mm	接头最小直径 C/mm	接头尺寸 E/mm	电极孔内径 φD_a/mm	电极孔深度 H/mm	间距 F/mm	接头螺纹中径 /mm	螺距 P/mm	每吋扣数 n	接触间隙 G/mm	公差/mm			
in (吋)	/mm	B/mm	B/2 /mm											A	φD_a	B	C
3	76.2	76.2	38.1	46.04	20.79	6.0	39.72	41.1	6.0	42.88	6.35	4	3	-0.5	+0.5	-0.5	+0.5
4	101.6	101.6	50.8	69.85	40.37	6.0	63.53	53.8	6.0	66.69	6.35	4	3	-0.5	+0.5	-0.5	+0.5
5	127.0	127.0	63.5	79.38	45.66	6.0	73.06	66.5	6.0	76.22	6.35	4	3	-0.5	+0.5	-0.5	+0.5
6	152.4	139.7	69.85	92.08	56.25	6.0	85.76	72.85	6.0	88.92	6.35	4	3	-0.5	+0.5	-0.5	+0.5
7	177.8	165.1	82.55	107.95	67.88	6.0	101.63	85.55	6.0	104.79	6.35	4	3	-0.5	+0.5	-0.5	+0.5
8	203.2	177.8	88.9	122.24	80.06	6.0	115.92	91.9	6.0	119.08	6.35	4	3	-0.5	+0.5	-0.5	+0.5
9	228.6	203.2	101.6	139.7	93.28	6.0	133.39	104.6	6.0	136.55	6.35	4	3	-0.5	+0.5	-0.5	+0.5
10	254.0	220.1	110.05	155.58	103.86	10.0	147.14	113.05	10.0	151.36	8.47	3	3	-0.6	+0.6	-0.1	+0.6
12	304.8	270.9	135.45	177.17	116.98	10.0	168.73	138.45	10.0	172.95	8.47	3	3	-0.6	+0.6	-0.1	+0.6
14	355.6	304.8	152.4	215.9	150.06	10.0	207.47	155.40	10.0	211.69	8.47	3	3	-0.6	+0.6	-0.1	+0.6
16	406.4	338.6	169.3	241.3	169.83	10.0	232.87	172.3	10.0	237.09	8.47	3	3	-0.6	+0.6	-0.1	+0.6

第八节　炭石墨制品机械加工通风设备的操作与维护

炭和石墨制品机械加工时产生大量的碎屑和粉末。碎屑和粉尘约占毛坯重量的 15% 左右。为了回收这一部分碎屑及粉尘,并改善劳动环境和条件,必须重视和安装相应的通风除尘设施。另外,为了保护设备也应采取通风除尘。

一般采用的除尘办法是局部除尘,即在加工部位附近或周围安装透明通风罩,通风道吸尘口可随刀具移动,小颗粒的粉尘经抽风管进入旋风除尘器和袋式除尘器回收。大颗粒或碎片掉入机床下地沟,由螺旋输送机和斗式提升机送到料仓。各种不同的碎屑和粉尘分别贮存,以备待用。机加工车间通风除尘系统如图 12-31 所示。

一、除尘器的操作与维护

常用的除尘器有旋风除尘器、机械振打式除尘器、气环反吹式袋式除尘器和脉冲袋式除尘器,除尘器的结构与工作原理已在第六章讲述了,这里只讲述操作与维护。

(一) 旋风除尘器的特点与操作

(1)使含尘气体作旋转运动时,借作用于尘粒的离心力,把尘粒从气体中分离出来。这类除尘器的除尘效率比重力除尘装置高得多。因此多被用于处理颗粒粒径大,密度大的粉尘。

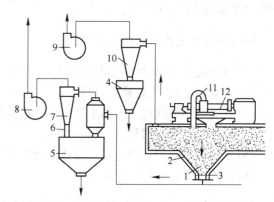

图 12-31　机加工车间通风除尘系统示意图
1—切屑;2—收尘管道;3—排料阀;4—料斗;
5—切屑料斗;6—卸料器;7,10—旋风分离器;
8,9—风机;11—吸尘罩;12—加工电极

(2)除尘器的排灰口不能漏风,排灰口的严密程度是除尘效率的重要保证。排灰口处的负压较大,稍不严密都会产生较大的漏风,已沉积下来的粉尘势必被上升气流带去排气管,失去除尘作用。漏风 1% 除尘效率降低 15%;漏风 5%;效率降低 50%;漏风 15%,效率将趋近于零。

(3)防止堵塞,因为旋风除尘器的进口处粉尘浓度大,若排尘不及时,和在温度高等情况下,均易发生堵塞,堵塞时阻力增大,除尘效率降低

(二) 扁袋式除尘器运行中的维护

(1)除尘器启动后要检查清灰机构的电动机工作是否正常,三角皮带有无磨损,传动链条松紧是否适宜,内风门和振打风门是否能正常工作。

(2)经常检查排料机构是否正常运转,除尘器内存灰量多少,摆线减速机是否正常运转,运料螺旋转动时有无摩擦声,排料阀轴是否弯曲。

(3)检查风机外排放出口是否冒烟。

(4)检查除尘器箱门是否严密。

(5)所有润滑部位每天注油一次。

(三)袋式除尘器运转过程中常出现的故障及原因

(1)运料螺旋不转动原因。有:1)料斗内积灰太多,把运料螺旋压住。2)摆线减速机出现故障。3)电机出现故障。4)除尘器进入杂物掩住了排料阀转子,将排料阀轴憋弯。5)排料螺旋断裂。

(2)除尘器清灰效果不好引起风量减小的原因。有:1)内风门始终处于关闭状态或外风门振打时内风门没关严。2)由于链条过松或外风门拨叉角度不合理,而引起外风门不振打,使布袋上的积灰过多。3)布袋尺寸不合理,过松或过大,清不下灰。

(3)外排超标原因。有:1)布袋破损。2)布袋上的胶圈与除尘器的孔板有间隙,跑灰。3)除尘箱内密封不严。

(四)脉冲除尘器在运行中的维护

(1)检查电磁阀,脉冲阀是否正常工作。
(2)检查电动机,蜗轮减速机是否正常运转。
(3)检查排料螺旋与除尘器下箱体有无碰擦声音。
(4)检查料斗的储料量,做到及时排料。
(5)及时巡视除尘器净化后的气体排放情况。
(6)所有润滑部位每天注油一次。

(五)脉冲除尘器经常出现的故障及产生的原因

(1)除尘器风量小于正常值的原因。有:1)电磁阀不动作或颤动造成脉冲阀不喷吹。2)脉冲阀膜片破损,形成长吹,使压缩空气气压不足,造成整个除尘器不能正常清灰。3)压缩空气中含水量过多,造成布袋潮湿不易清灰。4)压缩空气压力不足,清灰不彻底。5)除尘器箱盖不严密,跑风过多。

(2)除尘器堵料原因。有:1)放料不及时使得储料斗过满,造成除尘器无法排料而堵料。2)排料螺旋断裂,造成堵料。3)排料阀转子被异物(如木块、破布等)卡住,造成堵料。4)减速机发生故障,引起排料螺旋不能正常运转。5)排料螺旋电机出现故障,造成堵料。

(3)外排超标原因。有:1)布袋破损。2)布袋口绑扎不严或文式管上的螺栓没拧紧造成跑灰。3)除尘器箱体密封不严。

二、离心式通风机

(一)离心式通风机的构造

离心式通风机构造如图 12－32 所示。

(二)离心式通风机的操作

(1)风机启动前准备工作:1)将进风调节门关闭。2)检查风机各部的间隙尺寸,转动部分与固定部分有无碰撞及摩擦声音。

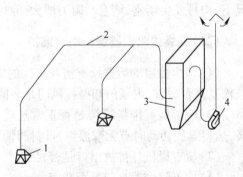

图 12－32　离心式通风机构造示意图
1—吸尘罩;2—管道;3—除尘器;4—风机

(2)风机启动后,达到正常转数时应在运转过程中,经常检查轴承温度是否正常,轴承温升不得高于40℃,表温不得高于70℃。如发现风机有剧烈的振动、撞击,轴承温度迅速上升等反常现象必须紧急停车。运转过程中还应检查电流表的电流值,不得超过电动机额定电流。

(三)风机的日常维护

为了避免由于维护不当而引起人为故障的发生,预防风机和电动机各方面自然故障的发生,必须加强风机的维护。

1. 风机维护工作的注意事项

(1)只有风机设备完全正常的情况下方可运转。

(2)风机在维修后开动时,应进行30min的试车,同时注意风机各部位是否正常。

(3)定期清除风机内部积灰和污垢等杂质,并防止锈蚀。

(4)为确保人身安全,风机的清扫必须在停车时进行。

2. 风机正常运转中的注意事项

(1)在风机停车或运转过程中,发现不正常现象应立即进行检查,发现大故障应立即停车检修。

(2)除每次拆修应更换润滑油外,正常情况下每3~6个月更换一次润滑油

(四)风机经常出现的故障及产生的原因(表12-25)。

表12-25　风机故障及产生原因

故　障	产生原因	消除方法
轴承座剧烈振动	(1)通风机轴与电动机歪斜不同心; (2)叶轮等转动部分与机壳进气口碰擦; (3)基础刚度不够或不牢固; (4)叶轮轮壳与轴松动; (5)联轴节上,机壳与支架轴承座与盖等连接螺栓松动; (6)通风机出气管道安装不良、产生振动; (7)转子不平衡; (8)轴承间隙不合理	(1)进行调整,重新找正; (2)修理摩擦部分; (3)进行加固; (4)重新配换; (5)拧紧螺母; (6)进行调整; (7)重新找平衡; (8)重新调整
轴承温升过高	(1)轴承座剧烈振动; (2)润滑油质量不良或变质; (3)轴与轴承安装位置不正确; (4)滚动轴承损坏或保持架与其他机件碰擦	(1)消除振动; (2)更换润滑油; (3)重新找正; (4)更换轴承
电动机电流过大和温升过高	(1)启动时进气管道内闸阀未关严; (2)流量超过规定值或管道漏气; (3)电动机本身的原因; (4)电流单相断电; (5)联轴节连接歪斜或间隙不均; (6)轴承座剧烈振动; (7)管网故障; (8)输送气体的密度增大,使压力增大	(1)开车时关严闸阀; (2)关小调节阀,检查是否漏气; (3)查明原因; (4)检查电源是否正常; (5)重新找正; (6)消除振动; (7)调整检修; (8)查明原因、减小风量

三、机加工车间的除尘系统

除尘系统一般包括吸尘罩、管道、除尘设备和风机等,如图 12－33 所示。

吸尘罩用于将污染源散发出来的有害气体或粉尘加以捕集,并经管道送至除尘系统进行处理,避免有害气体或粉尘对工作环境和大气的污染。

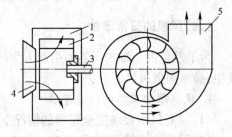

在生产过程中对吸尘罩应注意的问题是:(1)系统调整好后,不要随意变动调节装置。(2)定期检查管道和设备的严密性。(3)定期检查管道和设备防止积尘或被杂物堵塞。定期清扫管道和积尘。(4)对由于磨损或磨蚀的管道要及时维修和更换。

图 12－33　除尘系统示意图
1—机壳;2—叶轮;3—机轴;4—吸气口;5—排气口

四、气力输送

(一)气力输送系统的特点

炭石墨制品机械加工车间在加工电极或其他产品时切削下来的碎料主要采用高真空负压输送。高真空气力输送系统如图 12－34 所示。

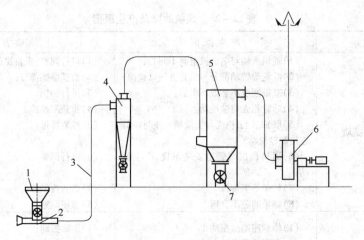

图 12－34　高真空气力输送系统示意图
1—贮料斗;2—进料器;3—输料管;4—旋风分离器;5—脉冲除尘器;6—风机;7—锁气器

高真空气力输送系统依靠高压风机产生的负荷作为动力,通过下料口和风送管道来吸送物料。系统内真空度较高,达 15400Pa。这种系统同其他气力输送系统相比,具有防尘效果好,输送效率高,动力消耗小;设备紧凑,工作稳定可靠,物料对管道和设备磨损较小等优点,特别宜于输送干的、松散的、流性好的物体。

(二)气力输送系统的运行维护

在气力输送系统运行中,经常遇到的问题是漏风、阻塞和磨损。

1. 漏风的危害与防止措施

在吸送式气力输送系统中,大部分的管道和设备处于负压状态,因此,空气往往可能通过系统的不严密处漏进去。料斗盖板、法兰和锁气器是否严密是产生漏风的主要原因。管道和设备的磨损也会引起漏风。

漏风使进料器、输料管风量减小,生产率降低,漏风严重时,物料就不能输送。漏风还会造成电能的消耗。锁气器漏风会导致分离器和除尘器效率降低,增加风机的磨损和污染大气。在运转过程中,对于易漏风的部位和易于磨损的部分要加强检查,及时采取补漏措施。

2. 阻塞的检查与排除方法

在运转过程中,由于操作不当,经常造成物料的沉积,引起管道的阻塞,通常最易发生阻塞的地方是弯管(特别是水平管转向的弯管)和较长的水平管段。

检查管道是否阻塞,可用铁器敲击管壁。声音冷脆("当","当"声)表示未阻塞;声音沉闷("咚","咚"声)表示已阻塞。另外若管道被阻塞,带动风机的电动机电流便急剧下降。

如果发生阻塞现象,可以采取以下方法加以排除:(1)用铁器敲击管道的底部和侧部,使管道内沉积的物料振动并被气流带走。(2)在弯管或水平管上开设透气孔,正常运转时封闭,发生阻塞时将阻塞处的透气孔打开,让外界空气从透气孔进入,同时敲击管壁,使沉积物逐渐被气流带走。

3. 减小磨损的主要措施

由于高速运动的物料的撞击和摩擦,使管道设备磨损。磨损最严重的部位是弯管和分离器入口转弯处。

为了减小磨损,对于最易磨损的弯管,应采用铸石、稀土球铁等耐磨材料制作,并从结构上提高其耐磨性,对于弯管处可增大曲率半径。

参 考 文 献

[1] 蒋文忠. 炭素工艺学[M]. 北京:冶金工业出版社. 2009.

[2] 蒋文忠. 焦炭超细粉末特性的研究[J]. 炭素技术,2002(4):19~21.

[3] 蒋文忠. 雷蒙磨风力系统的分析与调整[J]. 炭素技术,1999(1):31~37.

[4] 蒋文忠. 雷蒙磨产量的计算与调整[J]. 炭素技术,1999(4):42~46.

[5] 《化学工程手册》编辑委员会. 化学工程手册[M]. 北京:化学工业出版社,1985.

[6] 黄培云. 粉末冶金原理[M]. 北京:冶金工业出版社,1982.

[7] 李启衡. 碎矿与磨矿[M]. 北京:冶金工业出版社,1980.

[8] 北京矿业学院选矿教研室译. 有用矿物的破碎、磨粉和筛分[M]. 北京:中国工业出版社,1963.

[9] 机械工业部. 机械产品目录[M]. 北京:机械工业出版社. 1996.

[10] 化工部起重运输设计技术中心站,运输机械手册[M]. 北京:化学工业出版社,1983.

[11] 詹永麒. 液压传动[M]. 上海:上海交通大学出版社,1999.

[12] 俞新陆,杨津光. 液压机的结构与控制[M]. 北京:机械工业出版社,1989.

[13] 天津市锻压机床厂. 中小型液压机设计计算[M]. 天津:天津人民出版社. 1977.

[14] 古布金 C N. 金属压力加工原理[M]. 梁炳文译. 北京:高等教育出版社. 1957.

[15] 齐齐哈尔轻工业学院. 玻璃机械设备[M]. 北京:轻工业出版社,1981.

[16] 杨守山. 有色金属塑性加工学[M]. 北京:冶金工业出版社,1988.

[17] 魏军. 有色金属挤压车间机械设备[M]. 北京:冶金工业出版社,1988.

[18] 蒋文忠. 电极挤压机型嘴曲线的研究和设计[J]. 湖南大学学报,1990(4). 56~62.

[19] 斯德洛夫 M B,波波夫 E A. 哈尔滨工业大学锻压教研室等译. 金属压力加工原理[M]. 北京:机械工业出版社,1980.

[20] 吴岳昆,王景濂. 金属切削原理[M]. 北京:机械工业出版社,1966.

[21] 陈剑中,孙家宁. 金属切削原理与刀具[M]. 北京:机械工业出版社,2005.

[22] 贾亚洲. 金属切削机床概论[M]. 北京:机械工业出版社. 1994.

[23] 杨待成,王喜魁. 泵与风机[M]. 北京:水利电力出版社. 1990.

冶金工业出版社部分图书推荐

书　名	作　者		定价(元)
炭素工艺学	蒋文忠	编著	82.00
炭素工艺学	钱湛芬	主编	24.80
机械安装实用技术手册	樊兆馥	编	159.00
机械制图	田绿竹	主编	30.00
现代机械设计方法	臧　勇	主编	22.00
机械可靠性设计	孟宪铎	主编	25.00
机械优化设计方法	陈立周	主编	29.00
机械故障诊断基础	廖伯瑜	主编	25.80
机械电子工程实验教程	宋伟刚	等编	29.00
机械振动学	闻邦椿	等编	25.00
机械制造装备设计	王启义	主编	35.00
电机拖动基础	严欣平	主编	25.00
轧钢机械(第3版)	邹家祥	主编	49.00
炼铁机械(第2版)	严允进	主编	38.00
炼钢机械(第2版)	罗振才	主编	32.00
冶金设备(本科教材)	朱　云	主编	49.80
环保机械设备设计(本科教材)	江　晶	编著	45.00
炼铁设备及车间设计(第2版)	万　新	主编	29.00
炼钢设备及车间设计(第2版)	王令福	主编	25.00
液压传动	孟延军	主编	25.00
通用机械设备(第2版)	张庭祥	主编	26.00
高炉炼铁设备	王宏启	等编	36.00
机械工程材料	于　钧	主编	32.00
采掘机械	苑忠国	主编	38.00
机械设备维修基础	闫家琪	等编	28.00
机械安装与维护	张树海	主编	22.00
轧钢车间机械设备	潘慧勤	主编	32.00
工厂电气控制设备	赵秉衡	主编	20.00
冶金通用机械与冶炼设备	王庆春	主编	45.00
机械装备失效分析	李文成	主编	180.00
机械安装实用技术手册	樊兆馥	主编	159.00
液力偶合器使用与维护500问	刘应诚	编著	49.00
液压可靠性与故障诊断(第2版)	湛丛昌	等著	49.00
起重机司机安全操作技术	张应立	编著	70.00
起重机课程设计(第2版)	陈道南	主编	26.00